Don MacGregor
**Wissenschaft und Transzendenz**
Zwei Sichtweisen – eine Welt

Don MacGregor

# Wissenschaft und Transzendenz

Zwei Sichtweisen – eine Welt

Übersetzung aus dem Englischen von
Karl Friedrich Hörner

☾rotona

Titel der englischen Originalausgabe:
*Blue Sky God. The Evolution of Science and Christianity*
published by Circle Books John Hunt Publishing Ltd.
Laurel House, Station Approach, Alresford, Hants, S024 9JH, UK
© 2011 Don MacGregor. All rights reserved.

Deutsche Ausgabe:
1. Auflage 2014
© Crotona Verlag GmbH & Co. KG
Kammer 11
83123 Amerang
www.crotona.de
Alle Rechte der Verbreitung, auch durch Funk, Fernsehen, fotomechanische Wiedergabe, Tonträger jeder Art und auszugsweisen Nachdruck, sind vorbehalten.

Übersetzung aus dem Englischen: Karl Friedrich Hörner
Umschlaggestaltung: Annette Wagner
unter Verwendung von © agsandrew/169011365 – shutterstock.com
Druck: C.H. Beck • Nördlingen

ISBN 978-3-86191-052-7

# INHALT

Wer bin ich?..................................................................................9

Einführung ..................................................................................15
    Warum bedarf das Christentum weiterer Entwicklung?............15
    Gott ohne Grenzen................................................................16
    Wissenschaft und Christentum..............................................17
    Annäherung aus vier Richtungen...........................................19
    Wissenschaftliche Evolution..................................................21
    Die Katze des Gurus.............................................................22

**Teil Eins | Von der Wissenschaft zum Sakralen**

1    **Quantenwirklichkeit und Gott als Bewusstsein**..............27
    Quantenwissenschaft und Bewusstsein..................................27
    Der Primat des Bewusstseins.................................................31
    Urgrund und Bewusstsein......................................................32
    Bewusstsein und Christentum................................................35
    Bewusstsein und die Heilige Dreifaltigkeit.............................38
    Das Christentum entfaltet sich...............................................42
    Mit-Schöpfer........................................................................48

2    **Epigenetik, Heilen und Gebet**............................................51
    Biologie und Energiefelder...................................................52
    Epigenetik: Es geht weiter um die Gene................................54
    Komplementäre Therapien und Epigenetik............................59
    Die Macht des Gebets...........................................................63
    Energie-Medizin und Christentum........................................66
    Die Macht des Denkens........................................................69
    Energie-Psychologie.............................................................70

3    **Morphische Felder und das Werk Christi**.......................73
    Felder und Formen...............................................................73

Rupert Sheldrake und die morphische Resonanz ........................ 75
Morphische Resonanz und das Werk Christi ......................... 80
Sühne – Tod und Auferstehung ................................................. 83

**4    Das Quanten-Lichtmeer ............................................................89**
Nullpunktfeld ............................................................................ 89
Gedächtnis und Erinnerung ....................................................... 93
Licht .......................................................................................... 97
Spirituelles Licht ....................................................................... 99
Menschwerdung und Photosynthese ....................................... 100
Ewiges, zeitloses Leben .......................................................... 104
Akasha-Feld ............................................................................ 105

**Teil Zwei | Evolution des Christentums**
**5    Jesus mit neuen Augen ............................................................113**
Wissenschaft und Religion verbinden ..................................... 113
Das Potenzial Jesu .................................................................. 114
Sohn Gottes ............................................................................. 116
Jesus und das menschliche Potenzial ...................................... 119
„ICH BIN" ............................................................................. 122
Der Christus ........................................................................... 125
Jesus, befreit von Tradition .................................................... 127
Auferstehung .......................................................................... 132
Christus-Bewusstsein ............................................................. 134

**6    Neuerlicher Besuch im Reich Gottes ....................................139**
Das Reich Gottes .................................................................... 139
Buße und Erneuerung ............................................................. 143
Leben im Reich Gottes ........................................................... 144
Das Reich-Gottes-Betriebssystem .......................................... 146
Das Reich Gottes als vereinendes Bewusstsein ...................... 147
Buße, Liebe, Vergebung – Das Reich Gottes ......................... 151
Die gefilterte Botschaft .......................................................... 155
Der Weisheitsweg .................................................................. 156

## 7 Gedanken über die Erlösung ............................................................. 159
Heilung und Erlösung ............................................................. 159
Ewiges Leben? ............................................................. 161
Das Ganze heilen ............................................................. 163
Grundsätze ............................................................. 165
Frei werden ............................................................. 169
„Christed" ............................................................. 171
Erlösung für jeden ............................................................. 176

## 8 Spirituelle Evolution ............................................................. 179
Das Herz geht auf ............................................................. 180
Herz-Erleben ............................................................. 182
Meditation und kontemplatives Gebet ............................................................. 184
Kenosis ............................................................. 190
Das Herz-Download ............................................................. 191
Der Käfig ............................................................. 197
Spirituelle Veränderung ............................................................. 201

## 9 Die Evolution der religiösen Sprache ............................................................. 205
Das Problem der Sprache ............................................................. 205
Die Goldene Regel ............................................................. 208
Glaubensbekenntnis des Bewusstseins ............................................................. 212
Aramäische Übersetzungen ............................................................. 213
Die Natur der Wirklichkeit ............................................................. 222
Eine neue Sprache ............................................................. 225

## 10 Es geht weiter ............................................................. 229
Eine neue Art von Christen ............................................................. 229
Moderne Geisteswissenschaft ............................................................. 230
Frische Ausdrucksformen und aufkommende Kirche ............................................................. 234
Weisheitsschulen ............................................................. 235
Spirituelle/psychologische Praktiken ............................................................. 240
Ein neuer-alter Anfang? ............................................................. 242

**Anhang 1 | Die jungfräuliche Geburt
und die Weihnachtsgeschichte** ............................................................247
**Anhang 2 | Ein Gebetsgottesdienst zum Heilen
mit Handauflegung und Salbung** ...................................................**253**
   Eröffnung ............................................................................................253
   Beichte .................................................................................................254
   Das Handauflegen ..............................................................................255
   Die Salbung ........................................................................................255

**Anhang 3 | Abendmahl / Eucharistie** ............................................**259**
   1. Die Versammlung .........................................................................259
   2. Die Wortverkündung ....................................................................260
   3. Die Fürbitte ..................................................................................262
   4. Der Friedensgruß .........................................................................262
   5. Das Dankgebet .............................................................................262
   6. Die Kommunion ...........................................................................265
   7. Die Aussendung ...........................................................................266

Anmerkungen zu den Kapiteln ................................................................267
Bibliographie ............................................................................................278
Index .........................................................................................................285

## WER BIN ICH?

Ich bin Christ. Was meine ich damit? Ich meine, dass ich ein Anhänger der Lehren und des Vorbilds bin, die Jesus der Christus uns gegeben hat. Darüber hinaus bin ich ein Wahrheitssucher; für mich müssen Dinge sinnvoll sein. Den Lehren Christi zu folgen, erscheint mir sinnvoll und als die beste Art zu leben. Manchmal frage ich mich und überlege: „Warum bin ich Christ?" Es ist eine sehr gesunde Sache, sich diese Frage zu stellen. Bevor ich anfing, Christus ernsthaft nachzufolgen, hatte ich mich mit verschiedenen Religionen des Ostens befasst, mit Hinduismus, Buddhismus und auch mit esoterischeren Lehren wie der Theosophie und mit dem ganzen Körper-Seele-Geist-Kram, den man in Buchhandlungen gestapelt findet. Ende der 1970er Jahre zog mich das an, faszinierte und inspirierte mich. Nachdem ich mir dies alles angesehen habe – warum bin ich dann ein Christ? Weil ich glaube und erlebt habe, dass es in den Lehren Christi einen spirituellen Weg gibt, dem zu folgen es sich lohnt, einen Weg zu Wachstum und Transformation. Ich bin ein Fragender. Ich halte Dinge nicht für selbstverständlich. Ich habe keine „Helden" und bin unvoreingenommen in Bezug auf vieles, was die Kirche als christliche Glaubenslehre oder christliche „Wahrheit" festgezurrt hat. Das ist über die Jahre von Theologen unterschiedlichster Couleur ausgearbeitet worden; viele von ihnen haben dabei zuweilen auch ihr persönliches Süppchen gekocht. Ich denke, wir alle kochen gern unser eigenes Süppchen – und dieses Buch ist mein Angebot.

Thomas Cranmer zum Beispiel, der Erzbischof von Canterbury, stellte Mitte des 16. Jahrhunderts fast im Alleingang das *Book of Common Prayer* (das "Allgemeine Gebetbuch") zusammen, die Agenda für die Anglikanische Kirche. Dieses Werk beeinflusst unsere Sicht des Christentums seit vier Jahrhunderten. Es bietet wohl wunderschön polierte Sprache und Formulierungen, doch enthält es Auffassungen vom Christentum, mit denen viele Menschen heute nicht einverstanden wären. Beim Schuldbekenntnis im Rahmen der heiligen Kommunion sprechen wir: *"We acknowledge and bewail our manifold sins and wickedness, which we, from time to time have most grievously committed...The remembrance of them is grievous unto us, the burden of them is intolerable."* ("Wir bekennen und beklagen unsere vielfachen Sünden und gottloses Wesen, durch welches wir uns … auf das Schwerste vergangen haben. Das Andenken an unsere Missetaten betrübt uns, und ihre Last beschwert uns über die Maßen.") Beim Morgen- und Abendgebet richten wir die Bitte an Gott: "Erbarme Dich, Herr, über uns arme Sünder" – und noch mehr dergleichen. Es hatte für mich immer den Anschein, dass entweder die Menschen in jenen Tagen viel sündiger und schuldiger gewesen sind oder Cranmer in diesem Punkt übereifrig war. Während es zwar der Wahrheit entspricht, dass es "mannigfaltiges gottloses Verhalten" in der Welt gibt, ist dies doch eine sehr negative Sicht, wenn wir sie für jede unserer Andachten als Ausgangspunkt wählen. Diese Art von "Wehe mir!"-Mentalität, mit der wir uns ständig in Anfällen von Schuldgefühl geißeln, ist nicht gesund für uns, noch scheint sie mit einem Glauben an den Gott der Liebe vereinbar zu sein, den Jesus offenbarte. Das "Wehe mir"-Christentum hat die Anglikanische Kirche über vier Jahrhunderte lang in Knechtschaft gehalten. Erst heute sind wir im Begriff, uns dieser zu entwinden durch eine Revision der Liturgien, die wir gebrauchen. Ich strebe nach der Wahrheit, und in den Lehren Jesu finde ich einen Gott der Liebe und eine Art zu sein, die dem Reich Gottes entspricht – die beste Art zu leben und zu wachsen. Aus diesem Grunde bin ich ein Anhänger Christi, und ich finde Freiheit darin, einige jener Ausdrucksweisen und Formeln des Christentums abzuschütteln, die im Laufe der Jahrtausende entstanden sind, die ich jedoch nicht hilfreich finde.

Wie ich dazu gekommen bin? Ich wuchs in der Geborgenheit eines liebevollen christlichen Mittelklasse-Haushalts auf. Bis ich neun war, besuchte ich die Sonntagsschule, doch danach betrat ich keine Kirche mehr, bis ich dreißig war. In der Oberschule wählte ich den naturwissenschaftlichen Zweig mit einer agnostischen Sicht der Welt: Es könnte wohl irgendeine Kraft hinter dem Universum geben, aber mit mir hatte sie nichts zu tun. Schließlich wurde ich Naturkundelehrer an einer Realschule in Mittelengland. In jener Zeit als Lehrer führten mich persönliche Umstände ans Ende meines Selbstvertrauens. Meine Frau erlitt eine vierjährige Phase schwerer Depressionen, die mich mit den Grenzen meiner eigenen Ressourcen konfrontierte. Als Spross einer Ahnenreihe stoischer Schotten brauchte ich einige Zeit, bis ich mich der Tatsache stellte, dass diese Situation meine Möglichkeiten überstieg. Alles, was ich kannte, hatte ich versucht, um zu helfen, sowohl schulmedizinische als auch komplementäre Therapien – doch alles war vergebens. Hier war Neuland für mich, das mich aus meiner vertrauten Belastbarkeit ins Unbekannte herausforderte. In meiner Verzweiflung rief ich: "Wenn es einen Gott gibt – hilf!" Und das war der Ruf für mein eigenes geistiges Erwachen.

Etwa um jene Zeit las ich ein Buch mit dem Titel *The Secret Life of Plants* (dt. Ausg.: *Das geheime Leben der Pflanzen)*[1], welches davon handelte, wie Pflanzen auf messbare Weisen auf ihre Besitzer reagierten. Dann las ich *The Findhorn Garden* (dt. Ausg.: *Der Findhorn-Garten)*[2] über die Begründer der Findhorn-Gemeinschaft in Schottland, die Gemüse enormer Größe auf im Grunde unbrauchbarem Sandboden ziehen konnten, da sie ihre Pflanzen liebten und mit den Pflanzengeistern oder „Devas" kommunizierten. Dies verband sich mit meinem naturwissenschaftlichen Denken und erweiterte mein Interesse am spirituellen Schrifttum. Gemeinsam mit meiner Frau widmete ich mich eine Reihe von Jahren dem Entdecken und Erkunden verschiedener Aspekte des Hinduismus, des Buddhismus, der Theosophie und den Lehren von Alice Bailey; dazu gehörten auch tägliches Meditieren und das Beten der „Großen Invokation"[3]. So war ich Ende der 1970er, Anfang der 1980er Jahre ein New-Age-Anhänger. Durch jene Lehren, die Meditation und zahlreiche eigene Erlebnisse gelangte ich zu einem Glauben an Gott – wenn auch immer noch auf eine sehr großhirnige Weise. Um meinen Kopf mit dem Herzen zu verbinden, musste etwas anderes passieren, das ich im Christus-Erleben fand.

Mit dreißig wendete ich mich dem Christentum zu, und 1983 schlossen wir uns einer großen, liebevollen und aktiven Gemeinde in Leicester an. Irgendwie war ich immer noch auf der Suche. Später in jenem Jahr – es war während eines Urlaubs in Pembrokeshire, Wales – hatte ich ein tiefgreifendes, bekehrendes Erlebnis von Gottes Liebe; mein Herz wurde geöffnet, und mein Weg wurde der eines „wiedergeborenen" charismatischen Evangelikalen. In den folgenden sieben Jahren hatte ich zahlreiche intensive Erlebnisse dessen, was man als „Taufe im Heiligen Geist" bezeichnet, was ich aus heutiger Sicht aber lieber als „ein Erleben des Einsseins mit dem Göttlichen oder einenden Bewusstsein" bezeichnen würde. Die evangelikale Terminologie kann eine Hilfe sein oder ein Hindernis. Doch was zählte, war die zentrale spirituelle Wirklichkeit dessen, was geschah. Obwohl ich erkennbar ein Christ war, wusste ich irgendwo tief im Inneren meines Wesens stets, dass mein früheres Erleben und Begreifen in der New-Age-Sphäre keine vertane Zeit war und eines Tages irgendwo zu integrieren wäre.

Den Ruf zum Vollzeit-Dienst verspürte ich in den späten 1980er Jahren. 1991-1993 ließ ich mich in Nottingham zum Priester in der Anglikanischen Kirche ausbilden und hatte das Priesteramt in einer großen, evangelikalen Mittelklasse-Kirche, dann in einer kleinen Mittel-Anglikanischen Kirche inne. Danach war ich Studentenpfarrer an einer größeren britischen Universität, und jetzt bin ich Priester in der Church in Wales für drei traditionelle Gemeinden in Pembrokeshire. In den vergangenen fünfzehn Jahren fühlte ich mich von der Stille des kontemplativen Gebets und der Meditation angezogen, von der Weisheit der Mystiker und von einer liberaleren und radikaleren Theologie. Im Laufe dieser Zeit vertiefte ich mit Freude mein Verständnis des spirituellen Weges, beschäftigte mich dabei mit der Lektüre aller möglichen Lehren außerhalb der Kirche, von der Quantenphysik über die Metaphysik und die spirituellen Bereiche, und stieß auf zahlreiche Verbindungen zwischen beiden. Mein Glauben nahm zu und wurde tiefer, reicher und umfassender. Dieses Buch handelt von jenen Verbindungen. Manche Mystiker erkannten schon vor langer Zeit:

> Alles, das im Himmel, auf der Erde und unter der Erde ist, wird durchdrungen von Verbundenheit und Aufeinanderbezogensein.
>
> Hildegard von Bingen, Mystikerin, 12. Jahrhundert

Kürzlich begann ich eine Bewegung im menschlichen Bewusstsein zu erkennen, die sich im Laufe der vergangenen fünfzig Jahre ereignet hat. Mit dieser Wahrnehmung stehe ich nicht allein, viele Traditionen nehmen derzeit eine globale Veränderung wahr. Es scheint sich um eine weitere

Evolutionsstufe in der Geschichte der Menschheit zu handeln, eine erste Regung, die beginnt, uns vom stammesgemäßen Verhalten zwischen Menschen und Nationen hin zu einem Miteinander-Fühlen und der Erkenntnis unserer gemeinsamen Menschlichkeit und Einheit zu führen. Das vorliegende Buch ist ein Versuch, einige der Punkte zwischen Wissenschaft und Christentum miteinander zu verbinden, die sich beide in ihren jeweiligen Sphären einem neuen Verständnis entgegen entfalten.

Mein Dank gebührt Janice Dolley vom Wrekin Trust für ihre Ermutigung, weiter zu schreiben, Reverend Canon Jeremy Martineau, Reverend John Henson und Elizabeth Daniels für ihre kenntnisreichen Kommentare zum Text, Nuri Wyeth für ihre redaktionelle Assistenz und meiner Frau Jayne für ihre ständige Ermutigung und Geduld sowie ihre unschätzbare Assistenz beim Formulieren der Begriffe und Ideen im Text.

Don MacGregor

# EINFÜHRUNG

## WARUM BEDARF DAS CHRISTENTUM WEITERER ENTWICKLUNG?

Unsere höchsten Wahrheiten sind nur Halbwahrheiten;
glaube nicht, sie gälten ein für allemal.
Nutze sie wie ein Zelt für eine Sommernacht,
doch bau' kein Haus daraus, es würde dir zum Grabe.
Sobald dir zu dämmern beginnt, dass sie nicht genügt,
sobald eine Gegenwahrheit wie ein lichter Nebel dahinter aufscheint,
so weine nicht, sag vielmehr Dank.
Es ist die Stimme des Herrn, die zu dir flüstert:
„Nimm dein Bett und wandle."

Arthur James [Earl of] Balfour[1]

Eine neue Glaubwürdigkeit und gesellschaftliche Relevanz kann die theologische Aufgabe unserer Zeit nur durch eine intellektuell verantwortungsvolle Darstellung des christlichen Glaubens erlangen, die den Forderungen des Evangeliums und des dritten Jahrtausends gerecht wird. Wir brauchen diese Darstellung für den Weg in eine Phase der Weltgeschichte, die als postmodern bezeichnet wurde.

Hans Küng[2]

## Gott ohne Grenzen

Umgeben vom Meer, lebe ich in Pembrokeshire an der Westküste von Wales, wo der Himmel von einem so kräftigen Blau ist, dass ich es zuweilen als atemberaubend erlebe. Und der Himmel ist riesengroß und schier endlos weit, er dehnt sich über die Irische See und die Grüne Insel und dann weiter über den Atlantik bis hinüber nach Nordamerika. Diesen gewaltigen Himmel kann man weder angemessen beschreiben noch begrenzen. Das „In-den-blauen-Himmel-Denken", das Phantasieren ohne Grenzen (engl. *blue sky thinking)*, ist eine Redensart, die man verwendet, wenn Ideen unkonventionell sind und weit über den Horizont des eigenen Tellerrandes hinaus reichen – Ideen, die durch das herkömmliche, geläufige Denken oder den Glauben nicht begrenzt sind. Und so handelt das vorliegende Buch (Originaltitel: *Blue Sky God)* von jener göttlichen Präsenz, die weder festgelegt noch eingeschränkt werden kann. Der Mensch kommt immer wieder auf neue Gedanken über Gott – auch auf Gedanken aus dem Blau des Himmels –, wenn die bisherigen Versuche von Beschreibungen und Festlegungen zu zerbröseln scheinen. Jetzt ist eine solche Zeit.

Alle Dinge in dieser Welt entwickeln sich weiter. Das ist ein Prinzip des Lebens. Auch Kulturen und Gesellschaften entwickeln sich, und die Ausdrucksformen aller Religionen wandeln sich ebenso wie die Gesellschaften selbst. In der Gesellschaft von heute gibt es viele Fragen, die im Rahmen des traditionellen Christentums nicht angesprochen werden, und viele Themen, die einer neuen Betrachtung bedürfen im Lichte der Entdeckungen und Erkenntnisse der vergangenen hundertfünfzig Jahre. In der westlichen Welt haben unzählige Menschen der traditionellen, dogmatischen, allumfassenden Geschichte den Rücken gekehrt, welche die institutionalisierte christliche Kirche anbietet. Das ist sehr traurig, denn tatsächlich hat sie so viel zu bieten, wenn sie sich aus ihrer Zwangsjacke von Dogma und Liturgie befreien kann. In eine Zwangsjacke werden Menschen gebunden, damit sie sich nicht rühren und sich nicht selbst verletzen und auch anderen nicht schaden können. Dies ist genau das Prinzip, welches dem Gebrauch von Sprache, Liedern und Lehren in den institutionellen Kirchen zugrunde liegt: Sie sollen den Glauben der Menschen definieren, begrenzen und in Ordnung halten. Das ist größtenteils nicht mit Absicht geschehen, sondern aus theologischen Erwägungen und Fragen erwachsen, die aus dem Verständnis beantwortet wurden, das in den frühen Tagen der Kirche vorherrschte. Es brachte einige kreative und spirituell inspirierende Hymnik und Liturgie hervor. Doch viel von der Lehre und Liturgie wurzelt in einer Sicht der Welt, die inzwischen überholt ist. Wir wissen heute viel mehr über das Universum und die Natur als zu jenen Zeiten, da das Neue Testament zusammengestellt oder die Dogmen der Kirche ausgefeilt wurden. Die Wissenschaftler haben gesehen, wie sich das Universum weiter entwickelt und wie es sich seit nahezu vierzehn Milliarden Jahren (nach aktueller Schätzung) entfaltet hat. Unser Glauben muss sich gewiss ebenfalls entwickeln, andernfalls laufen wir Gefahr, eine weitere Art von Flat Earth Society zu werden, die bekundet: "Warum sagen wir, die Erde sei eine Scheibe, während die überwiegende Mehrheit das Gegenteil behauptet? Weil wir die Wahrheit kennen."[3] Die Kirche verteidigt ihre Doktrin manchmal wie die Flat Earth Society und macht sich damit zum Gespött der Außenstehenden.

## Wissenschaft und Christentum

Das Christentum ist schon viele Male durch die Offenbarungen wissenschaftlicher Forschung und Entdeckungen aufgerüttelt worden und weitergegangen. Die Kugelgestalt der Erde war eines der ersten Probleme, mit denen die wissenschaftliche Theorie die christliche Theologie konfrontierte. Die Vorstellung, dass es Menschen auf den Antipoden geben könnte, einer Landmasse auf der anderen Seite des Erdballs, verstimmte den Papst. Es war doch „offensichtlich", dass es keine Art von Transport von Europa zu jenen Regionen gegeben haben konnte; also stammten jegliche Menschen an den angeblichen „Antipoden" nicht von Adam ab, und eine solche Annahme leugnete die „Wahrheit" der Schöpfungsgeschichte. Diese Offenbarung verursachte damals nicht geringes Entsetzen und führte in der Kirche zu Drohungen mit Exkommunikation; eine solche Drohung des Papstes Zacharias betraf einst auch Bischof Virgilius von Salzburg (ca. 700–784). Virgilius wurde angeklagt, die Lehre von der „Kugelgestalt der Erde" zu verbreiten – eine Ketzerei, die „der Heiligen Schrift zuwider" war. Papst Zacharias entschied in diesem Falle:

> Sollte klar festgestellt werden, dass er einen Glauben an eine andere Welt und andere Menschen bekundet, die unter der Erde existierten, oder an eine [andere] Sonne und einen Mond daselbst, musst du ein Konzil abhalten und ihm seinen priesterlichen Rang aberkennen und ihn aus der Kirche verbannen.[4]

Doch schon bald revidierte die Erkundung der Erde diese Sicht, und ein neues Wissen über die Kontinente brachte die Theologie dahin, sich mit nur wenig echten Schwierigkeiten der neuen Sicht der Welt anzupassen.

Eine weitere große Herausforderung kam mit den wissenschaftlichen Erkenntnissen von Nikolaus Kopernikus. Dieser vollendete im Jahre 1530 seine Abhandlung *De revolutionibus orbium coelestium* ("Über die Umschwünge der himmlischen Kreise"), in der er behauptete, dass die Sonne im Zentrum des Universums stehe und die Erde sich um die Sonne drehe. Zum Glück für ihn wurde dies erst 1543[5], kurz vor seinem Tode, veröffentlicht; andernfalls wäre sein Ableben wohl auf ungleich schmerzhaftere Weise erfolgt. Die Römisch-Katholische Kirche setzte das Werk auf die Liste der verbotenen Bücher, und wäre der Verfasser noch am Leben gewesen, hätte man ihn vermutlich der Ketzerei beschuldigt und verbrannt. Giordano Bruno, ein italienischer Dominikanermönch, hatte weniger Glück. Er endete im Jahre 1600 wegen ähnlicher Anschauungen nach einem siebenjährigen Prozess[6] auf dem Scheiterhaufen. Bald jedoch äußerte Galileo Galilei die Behauptung, dass eine kürzlich eingeführte wissenschaftliche Erfindung, das Teleskop, die Korrektheit von Kopernikus' Theorie beweise. Er wurde von der Inquisition vor Gericht gestellt und gezwungen, seinen Glauben zu widerrufen; für den Rest seines Lebens – er starb 1642 – wurde er unter Hausarrest gestellt. Im Umgang mit neuen wissenschaftlichen Erkenntnissen kann die Kirche keine gute Erfolgsbilanz aufweisen.

Später kamen Darwin und seine Theorie von der Evolution, und für einen großen Teil der christlichen Theologie und Liturgie ist es immer noch ein schwieriges Ringen, dahin aufzuschließen – ganz zu schweigen von den jüngeren Entdeckungen und Theorien der Relativität, der Quantenmechanik und der Energiefelder. In dem Maße, in dem unser Verständnis vom Wesen der Schöpfung zunimmt und sich entwickelt, muss sich auch unser Verständnis von der Theologie und der Natur Gottes wandeln. Wie sich die Weltanschauung entwickelt, muss sich auch das Christentum weiterentwickeln, um für jede neue Generation glaubwürdig zu sein.

## Annäherung aus vier Richtungen

Ich habe diese Thematik aus vier verschiedenen Richtungen betrachtet. Erstens, die Naturwissenschaft entwickelt sich ebenfalls. Kürzlich bekannt gewordene wissenschaftliche Theorien über die Natur der Wirklichkeit haben die etablierten Theorien über den Kosmos sowie das bestehende medizinische Wissen infrage gestellt. Manche neue Entdeckungen und Theorien lassen sich mit einem aktualisierten und weiterentwickelten christlichen Ansatz vereinbaren. Ein wichtiges neues Paradigma, das sich in den Naturwissenschaften durchsetzt, ist der Primat des Bewusstseins. Es geht davon aus, dass Bewusstsein der Urgrund ist, was wiederum weitreichende Konsequenzen für unsere Vorstellungen von Gott, für die Rolle des Menschen und das Gebet hat. Diese und weitere Theorien führen zu einigen radikalen Ansichten über das Wesen Gottes und Jesus den Christus; sie werden in den Kapiteln 1-4 vorgestellt und behandelt.

Zweitens glaube ich, dass sich unsere Vorstellung von einem Gott in Menschengestalt wandeln muss. Ich habe mit den Gewissheiten eines evangelikalen Glaubens und eines buchstabengläubigen Christentums gelebt und fand es starr; es ermangelte der Glaubwürdigkeit. Aus meiner Sicht versäumt es zu akzeptieren, dass wir uns aus einem mittelalterlichen, anthropomorphen Denkgebäude hinausentwickelt haben, in dem ein allmächtiger Gott regiert und interveniert. Dieser intervenierende Gott macht für manche Menschen alles besser, andere hingegen werden anscheinend von einem unerbittlich tyrannischen Gott bestraft. Ich verstehe die Auseinandersetzungen über einen Gott, der im Leiden bei uns ist; das Hauptproblem scheint aber zu sein, dass wir weiter an der Idee festhalten, dass Gott auf eine sehr menschliche Art und Weise eingreift. Ein Witzbold sagte einmal: „Gott erschuf uns nach seinem Bilde – und dann haben wir dieses Kompliment umgedreht!" Es ist notwendig, dass wir weitergehen und Abstand nehmen von unserer Vorstellung von einem menschengleichen Gott, den wir erschaffen haben. Wie wir uns als Gemeinschaft entwickelt haben und in unserem Wahrnehmen und Begreifen der Natur des

Universums, in dem wir leben, gewachsen sind, müssen wir uns auch in unserem Verständnis von Religion, Glauben und der Natur Gottes weiterentwickeln. Gott mag unveränderlich sein, aber unser Verständnis von der Natur Gottes ist es nicht – es entwickelt sich ständig weiter, reift und wächst.

Drittens gibt es in Folge einiger neu hervortretender Bereiche der Wissenschaft alle Arten von Möglichkeiten für den Einzelnen, die für die Menschheit insgesamt hoffen lassen. Neue Generationen stellen alte und neue Fragen. Junge Menschen sind oft gespannt darauf, mehr über wissenschaftliche Sichtweisen der Wirklichkeit zu erfahren und darüber, wie wir diese Welt zu einem besseren Aufenthaltsort machen können. Sie haben drängende Fragen über das Leben: Worum geht es dabei? Wozu ist es gut? Wozu bin ich hier? Viele sind fasziniert von der Idee des Übernatürlichen oder von noch unentwickelten Fähigkeiten, die sie vielleicht selbst besitzen. Da kommt eine neue, verlockende Welt auf uns zu, und sie strotzt vor Möglichkeiten. Wir alle bemühen uns, den Sinn unserer Existenz zu finden, die inzwischen so verwoben ist, so global, dass wir eine radikale Vision der Wirklichkeit benötigen. Worum geht es wirklich im Leben? Wie sollte ich mein eigenes Leben führen? Welche Möglichkeiten gibt es für Menschen, die ihr volles Potenzial entfalten sollten? Eine meiner speziellen Fragen war: „War Jesus göttlich oder nur ein Mensch, der sein volles Potenzial erlangt hatte? Und ist es dies, was göttlich bedeutet?"

Viertens denke ich schon lange, dass das Heilen ein Bereich ist, in dem sich das Christentum jenen öffnen und auf sie hören sollte, die sich mit komplementären Therapien und der neuen Wissenschaft der subtileren Energien beschäftigen, die heute oft als „Energiemedizin" bezeichnet werden. Viele dieser Therapien sind zwar in einem spezifischen kulturellen Kontext entstanden, können aber heute zum Wohle aller Menschen freigegeben und verbreitet werden. Wir erfahren von wissenschaftlichen Theorien, welche die Macht der Intention in den Mittelpunkt jedes Heilungsgeschehens stellen, und dies mit einem Verständnis der Quantenphysik und der Kenntnis vom Wesen der Wirklichkeit verbinden. Können wir uns von Skepsis, Zynismus, Argwohn und Angst weit genug freimachen, um diese neuen Gedanken anzunehmen oder sie wenigstens ergebnisoffen zu erforschen? Ist es möglich, einen Schritt aus dem Kraftfeld der bestehenden christlichen Doktrin und Dogmatik hinauszutreten, um jene Theorien zu prüfen und einige Aspekte der Theologie neu zu gestalten, so dass sie zu der Welt passen, die wir um uns herum wahrnehmen?

## Wissenschaftliche Evolution

Auch das wissenschaftliche Weltbild wandelt sich, und seine Veränderung ist so gewaltig wie jene, der sich einst die Erdscheiben-Gläubigen unterwerfen mussten, um sich der Vorstellung vom Globus anzupassen. Sie ist so revolutionär wie die Idee des Kopernikus, dass sich die Sonne nicht um die Erde dreht, obwohl unsere Augen täglich den Anschein des Gegenteils wahrnehmen. Es begann erst langsam mit Darwins Theorie von der Evolution. Zu Beginn des 20. Jahrhunderts kamen dann Einstein und die Relativität, und sie ließen Newtons Mechanik hinter sich. Es wurde komplizierter und gewann allmählich an Schwung mit der Quantenphysik und der Erkenntnis, dass bereits unser Beobachten Dinge geschehen machen kann. Nun hat es „Warpgeschwindigkeit" angenommen mit der neuen Wissenschaft namens Epigenetik, die besagt, dass unsere Gedanken und Gefühle Energiefelder sind, die beeinflussen, welche unserer Gene „aktiviert" werden oder stumm bleiben – und damit unser Verhalten, unsere Gesundheit und unser spirituelles Leben prägen. Nehmen Sie hierzu noch die Untersuchungen über das Wesen des Bewusstseins und die Macht der Intention, und Sie haben ein berauschendes Gebräu.

Doch jetzt eile ich mir selbst schon weit voraus. Teil Eins dieses Buches wird keine stringent argumentierende Doktorarbeit sein, sondern ein Überblick über einige aktuelle Theorien, die für unser Verständnis der christlichen Theologie von unmittelbarer Bedeutung sind. Wir haben fast alle etwas Naturwissenschaft in der Schule gelernt, doch bei den meisten von uns ist jenes Gelernte wahrscheinlich veraltet. Viele grundlegende wissenschaftliche Theorien haben sich weiterentwickelt und vermitteln uns heute eine neue, tiefere Sicht der Wirklichkeit. Diese neue Sicht der Welt ist eine Herausforderung, der es sich zu stellen gilt und mit der klarzukommen so manchem schwerfällt. Dies gilt nicht nur für die Angehörigen der religiösen Gemeinde, sondern auch für viele Vertreter der Wissenschaft. Neue wissenschaftliche Konzepte stellen das Weltbild sowohl der Wissenschaftler als auch jener infrage, die eine religiöse Sicht teilen.

Teil Zwei des Buches versucht, die neue Wissenschaft mit der Theologie zu verbinden, und schließt mit einigen Anregungen für den weiteren Weg des Christentums.

## Die Katze des Gurus

Neue wissenschaftliche Erkenntnisse haben dem Christentum viel zu sagen, doch innerhalb der Kirche gibt es viel Widerstand gegen alles, was als Drohung empfunden wird, die Doktrin von Jahrhunderten zu verändern, die Liturgie und Hymnik verkörpern. Die Geschichte von der Katze des Gurus kann uns hier etwas sagen:

> Jeden Abend, wenn sich der Guru zur Andacht niederließ, pflegte die Ashram-Katze herumzustreunen und die Beter abzulenken. Also ließ er die Katze während der abendlichen Andacht anbinden.
> 
> Auch noch lange nach dem Tod des Gurus wurde die Katze während der abendlichen Andacht stets angebunden. Als die Katze selbst schließlich das Zeitliche segnete, wurde eine andere Katze in den Ashram gebracht, so dass man sie ordnungsgemäß während der abendlichen Andacht anbinden konnte.
> 
> Jahrhunderte später schrieben die Schüler des Gurus gelehrte Abhandlungen darüber, von welch großer liturgischer Bedeutung das Anbinden einer Katze während der abendlichen Andacht sei.[7]

In den folgenden Kapiteln werden wir über die Katze des Gurus in verschiedenen Verkleidungen sprechen und neue Erkenntnisse im Lichte der bestehenden christlichen Theologie betrachten. Alle diese Überlegungen bieten uns neue Perspektiven für unseren Blick auf den spirituellen Weg und unser wachsendes Verständnis der physischen Wirklichkeit. Die vorliegende Arbeit ist vor allem ein Buch der Möglichkeiten, ein Buch der Fragen und Vorschläge – ein Buch, in dem ich versuche, Dinge miteinander zu verknüpfen.

Wenn ich versuche, Dinge miteinander zu verknüpfen, muss es auch viele andere geben, die bestrebt sind, das Gleiche zu tun. Dieses Buch ist ein Angebot an sie. Einige der hier vorgeschlagenen Antworten gehen über die akzeptierte Doktrin der Kirche hinaus und werden von manchen als an Häresie grenzend beurteilt werden, aber es ist für eine neue Welt notwendig, auf neue, weiterführende Wege hinzuweisen. Dies ist keine perfekt ausgefeilte Doktorarbeit – und ich bin sicher, dass es bei der Lektüre zahlreiche Aufschreie geben wird wie „Aber was ist mit …?", da hier bestehende Traditionen infrage gestellt werden –, aber wir leben in einer Zeit des Wandels, in einer Zeit, die geeignet ist, „aus dem Blau des Himmels" neue Konzepte von Gott zu formulieren. Die feinen Details können später kommen – für heute genügen einige Striche mit dem breiten Pinsel.

Lebendige Wahrheit kann das Christentum den aufeinanderfolgenden Geschlechtern nur werden, wenn in ihnen ständig Denker auftreten, die im Geiste Jesu den Glauben an ihn in den Gedanken der Weltanschauung ihrer Zeit zur Erkenntnis werden lassen.

Albert Schweitzer[8]

Beobachte die Schildkröte: Sie kommt nur vorwärts, wenn sie ihren Hals riskiert.

James Bryant Conant[9]

# TEIL EINS

## VON DER WISSENSCHAFT ZUM SAKRALEN

Die Intuition ist ein göttliches Geschenk und der denkende Verstand ein treuer Diener. Wir haben eine Gesellschaft erschaffen, die den Diener ehrt und das Geschenk vergessen hat.

Albert Einstein

**1**

# QUANTENWIRKLICHKEIT UND GOTT ALS BEWUSSTSEIN

~

Dieses erste Kapitel präsentiert eine zentrale These des Buches, die auf den Bewusstseinsbegriff in der Quantenphysik zurückgeht: Gott ist das Bewusstsein, der Urgrund, der die materielle Wirklichkeit trägt, in der wir leben. Weiter umreißen wir einige Auswirkungen dieser These auf das christliche Gottes- und Menschenbild.

~

Wissenschaftliche Untersuchungen zum Bewusstsein, in denen Neuland beschritten wurde, haben alles auf den Kopf gestellt, was wir bislang als wissenschaftliche Gewissheit über die Welt erachteten. Diese Entdeckungen beweisen überzeugend, dass alle Materie im Universum in einem Netz von Verbindungen und unaufhörlicher Beeinflussung existiert, die oft gegen viele universelle Gesetze verstoßen, die wir für allgemeingültig hielten.

Lynne McTaggart[1]

## Quantenwissenschaft und Bewusstsein

Die Wissenschaft hat das Atom gespalten, sie ist auf Quantenebenen tief in das Wesen der Wirklichkeit eingedrungen, hat gewaltige technische Fähigkeiten entfaltet ... und ist nun zu sich gekommen, um darüber nachzudenken, warum wir überhaupt in der Lage sind nachzudenken. Menschen sind bewusste Wesen, aber was ist Bewusstsein eigentlich? In jüngster Zeit erleben wir eine mächtige Zunahme von Forschungen, die sich der

Frage widmen, was Bewusstsein wirklich ist; viele gehen dabei von der Theorie aus, dass Bewusstsein, nicht Materie, der entscheidende Faktor für ein Verständnis des Universums sein könnte. Vor fünfzig Jahren wurde den Schülern vermittelt, dass das Atom aus Elektronen bestehe, die wie kleine Planeten um einen zentralen Kern sausten, der wiederum aus Protonen und Neutronen zusammengesetzt sei; schließlich sei alles aus Atomen aufgebaut. Genau dies unterrichtete ich als Naturkundelehrer in den 1980er Jahren, und aus einer Radiosendung, der ich kürzlich lauschte, erfuhr ich, dass dies heute immer noch gelehrt wird. Die konventionelle Wissenschaft vertritt die Perspektive, dass Materie der Baustein aller Dinge sei und Leben, Denken und Bewusstsein aus diesen Bausteinen aus Materie hervorgehe, die wiederum immer komplexer werde. Im Anfang, so sagt die konventionelle Sicht, verbanden sich Atome zu Molekülen, welche auf immer kompliziertere Weisen reagierten, bis schließlich organisches Leben entstand, das allmählich, im Laufe von Äonen, immer komplexer wurde. Das Gehirn entwickelte sich, um die lebendige Materie zu koordinieren, und innerhalb des Gehirns trat allmählich Bewusstsein hervor. Diese konventionelle Sicht ist uns allen sehr vertraut; sie ist Teil der Wissenskulisse der westlichen Gesellschaft.

Doch im wissenschaftlichen Denken hat sich eine neue Betrachtungsweise entwickelt – ein neues Paradigma, das schon etwa seit den 1920er Jahren existiert, aber eine Weile gebraucht hat, bis es auch ins alltägliche Verständnis durchgesickert ist. Es begann seinen Weg in der Welt der Quantenphysik, einer seltsamen, unberechenbaren Welt, in der subatomare Teilchen Verhaltensweisen zeigen, die der konventionellen Wissenschaft und Forschung spotten. Das neue Paradigma besagt, dass die treibende Kraft im Universum nicht Materie ist, sondern Bewusstsein. Wir alle sind ein Teil jenes Bewusstseins, wir alle sind auf irgendeiner Ebene miteinander verbunden. Es ist Bewusstsein, was alles im Dasein hält, und dieses Bewusstsein wirkt durch Energiefelder. Tatsächlich besteht alles aus Energiefeldern, nicht aus Materie. Doch wir sehen und fühlen es als Materie – ein Tisch ist hart, der Boden ist fest, mein Körper ist Wirklichkeit für mich. Was also bedeutet dieser neue Ansatz?

Die Welt der Materie, der Substanz, der harten, festen Stofflichkeit entsteht dadurch, dass Quantenenergiewellen zu Quantenpartikeln zusammenfallen, was durch *Bewusstsein* bewirkt wird. Um eine Vorstellung davon zu bekommen, stellen Sie sich vor, einen von Rauch erfüllten Raum zu betreten; der Rauch stammt von einem Stück glimmenden Holzes, das nun verbrannt ist. In dem Augenblick, in dem Sie den Rauch sehen, fällt dieser in seine vormalige Daseinsform zurück und bildet wieder das Stück Holz – wie in einem rückwärts ablaufenden Film. Dieser Kollaps, dieser Rückfall des Rauches zu einem Stück Holz, wird allein dadurch verursacht, dass Sie ihn gerade betrachten. Der Rauch ist wie eine Quantenwelle, die den ganzen Raum ausfüllt; doch sobald wir sie betrachten, kollabiert die Welle und wird zum Teilchen. Wir *betrachten* also Dinge ins Dasein. Dies ist eine schwindelerregende Theorie, und sie hat ungeheure Konsequenzen für unser Verständnis sowohl der metaphysischen und spirituellen als auch der physikalischen Welt.

Um ein wenig tiefer in diese Welt der Quantenmechanik einzutauchen, betrachten wir ein Elektron, ein winziges subatomares Teilchen. Die Quantentheorie sagt nun: Dieses Elektron existiert nicht an einem bestimmten Ort, sondern nur als eine Energiewelle von Möglichkeiten – *bis es betrachtet wird.* Man spricht hier vom Welle-Teilchen-Dualismus, nach der Erkenntnis, dass subatomare Teilchen sich manchmal verhalten, als seien sie Wellen, und manchmal, als seien sie Teilchen. Eine Welle ist eine Energie-Bewegung innerhalb des Mediums, das sie leitet. Denken wir an eine Welle im Meer: Die Wellenenergie bewegt sich horizontal weiter, während sich der Ozean, das Medium, nur auf und ab bewegt. Elektronen verhalten sich wie eine Energiewelle im Meer; man kann dies durch ein mathematisches Modell, eine sogenannte Wellenfunktion, beschreiben. Was die harte, nahezu greifbare Wirklichkeit des Elektrons als Teilchen aus all den potenziellen (möglichen) Örtlichkeiten der Wellenfunktion hervorholt, ist das *Betrachtetwerden*. Das ist, um eine weitere Analogie zu gebrauchen, ein wenig wie Regen, der sich aus dem Wasserdampf in der Luft bildet. Wasserdampf ist unsichtbar und fast überall, doch wenn die Voraussetzungen dazu erfüllt sind, dann kondensiert er zu sichtbaren, einzelnen Tröpfchen, die wir als Wolken wahrnehmen. Auf ähnliche Weise werden Energiewellen, wenn die Bedingungen gegeben sind, zu individuellen Teilchen, die wir sehen und fühlen könnten, wenn wir ein so winziges Quantum Wirklichkeit wahrzunehmen vermöchten. Der Physikprofessor Amit Goswami schrieb:

Bevor es betrachtet wird, erstreckt sich das Elektron über den ganzen Raum, allerdings nur als eine Welle von Möglichkeit. Erst die Betrachtung führt den Zusammenfall der Möglichkeitswelle in ein tatsächliches Ereignis herbei.[2]

Im Grunde genommen *sehen* wir Dinge in die materielle Existenz! Die Physiker sagen, dass subatomare Teilchen in die materielle Existenz *betrachtet* werden. Damit eine Energiewelle zusammenfällt und zu einem Teilchen wird, muss sie betrachtet werden, sie muss von einer Form von Bewusstsein wahrgenommen werden. Diese Theorie, dass Bewusstsein Dinge ins Dasein bringt, hat zu einer Wende in einem Teil des wissenschaftlichen Denkens geführt – obwohl etwa achtzig Jahre vergangen sind, bis dies aus der akademischen Welt herabgesickert ist. Davor galt die sogenannte „Aufwärts-Verursachung" als Erklärung und Beschreibung für das Werden und Sein der Dinge: Elementarteilchen bilden Atome, Atome bilden Moleküle, Moleküle bilden Zellen, Zellen spezialisieren sich und bilden das Gehirn, und das Gehirn wiederum bringt Bewusstsein hervor. Doch dabei kommt eine grundlegende Frage auf, die man jahrzehntelang vermied: Wie kann bewusste Betrachtung den Zusammenfall jener Möglichkeitswellen in tatsächliche Teilchen bewirken, wenn Bewusstsein erst entsteht, *nachdem* sich die materielle Welt bis auf die Stufe bewusster Lebewesen entwickelt hat? Das hieße doch, das Pferd von hinten aufzäumen! Im Grunde sagt die Quantentheorie: Wenn es nicht bereits im Anfang Bewusstsein gegeben hätte, wären niemals Teilchen ins Dasein gekommen, und die materielle Welt, in der wir leben und deren Teil wir sind, würde nicht existieren. Statt von Bewusstsein könnten wir auch von Denken sprechen, das Dinge ins Dasein bringt, oder sogar sagen: „Geist schafft Materie." Damit treten wir augenblicklich in Resonanz mit dem ersten Kapitel der Genesis: „Und Gott sprach: Es werde Licht! Und es ward Licht." (1. Mose 1,3) Gott visualisierte, und die Schöpfung kam ins Dasein. Wir existieren aufgrund des schöpferischen Denkens Gottes, das nach den Gesetzen der Quantenmechanik wirkt.

## Der Primat des Bewusstseins

Aus dieser neuen Perspektive ist Bewusstsein der Ausgangspunkt, der Urzustand, und Bewusstsein bringt in einer „Abwärts-Verursachung" materielle Wirklichkeit hervor, indem es aus dem Spektrum der Möglichkeiten „auswählt", die in der Energiewelle angeboten sind. Einfach ausgedrückt: Ohne (s)einen Betrachter scheint das Universum nicht zu existieren. Denken Sie einmal an einen gewöhnlichen Haushalts-Computer. Er birgt immense Möglichkeiten und Potenzial – er kann herrliche Bilder präsentieren, großartige Musik wiedergeben, eleganteste Dichtkunst anzeigen, komplizierteste Berechnungen durchführen usw. –, aber solange nicht das Bewusstsein einer Person an ihm tätig wird, tritt nichts davon in Erscheinung. Auf ähnliche Weise existieren Energiewellen voller Möglichkeiten im Universum mit allem Potenzial, materielle Teilchen zu bilden – Elektronen, Protonen, Atome, Moleküle –, doch bevor nicht Bewusstsein auf sie einwirkt, tritt nichts davon ins materielle Dasein. Bewusstsein ist die allem zugrunde liegende Wirklichkeit, die Matrix, die alles umfasst. Der Physiker und Nobelpreisträger Max Planck sagte bei der Entgegennahme des Preises für seine Erforschung des Atoms:

„Meine Herren, als Physiker, der sein ganzes Leben der nüchternsten Wissenschaft, nämlich der Erforschung der Materie, widmete, bin ich sicher von dem Verdacht frei, für einen Schwarmgeist gehalten zu werden. Und so sage ich nach meinen Erforschungen des Atoms dieses: Es gibt keine Materie an sich. Alle Materie entsteht und besteht nur durch eine Kraft, welche die Atomteilchen in Schwingung bringt und sie zum winzigsten Sonnensystem des Alls zusammenhält ... Wir müssen hinter dieser Kraft einen bewussten intelligenten Geist annehmen. Dieser Geist ist der Urgrund aller Materie.[3]

Dann ist Bewusstsein nicht länger als ein Phänomen des Gehirns anzusehen, sondern als eine göttliche Matrix, als Urgrund, in dem alle materiellen Möglichkeiten als Potenzial geborgen sind, wie Amit Goswami schreibt:

Bewusstsein kann materielle Möglichkeiten zusammenfallen machen, weil es über das materielle Universum hinausgeht; somit ist es jenseits der Jurisdiktion der Quantenmechanik. Im Bewusstsein sind alle Möglichkeiten enthalten.[4]

## Urgrund und Bewusstsein

Der „Urgrund" ist ein Begriff, der seit vielen Jahren als Umschreibung des Göttlichen gebraucht wird. Der Theologe Paul Tillich prägte ihn einst, später wurde er durch Bischof John Robinson und dessen kontroverses Buch *Honest to God* (dt. Ausg.: *Gott ist anders*) weithin bekannt. Da wir Individuen sind, denken und fühlen wir als separate Wesen; wir alle scheinen unser je eigenes, separates Bewusstsein zu besitzen, unser Selbst-Bewusstsein. Damit haben wir automatisch ein Problem mit der Vorstellung, dass Bewusstsein materielle Wirklichkeit ins Dasein bringt. Gewiss besitzen wir jeder ein individuelles Bewusstsein – ich bin ich und Sie sind Sie. Doch dies wirft auf einer sehr elementaren Ebene die naheliegende Frage auf: Wie können zwei „Bewusstseine" materielle Wirklichkeit herbeiführen, ohne dass es zu einem Konflikt kommt? Wenn zwei Individuen gleichzeitig die gleiche Situation betrachten, dann muss es doch einen Unterschied geben in der Art und Weise, wie sie sie wahrnehmen oder sein haben wollen; gibt es da einen Konflikt zwischen ihren „Bewusstseinen"? Wer oder was entscheidet, wie die Welt aussehen wird? Die Antwort der Physiker lautet: Tatsächlich gibt es keine individuellen, separaten Bewusstseine; es gibt nur ein Bewusstsein, von dem wir alle ein Teil sind. Es gibt nur ein riesiges Bewusstseinsfeld, in dem das Universum existiert, ein Feld, das dieses Universum und uns im Dasein hält. Bewusstsein ist all-eins.

Hier mag eine andere Analogie helfen: Ein Glas Wasser ist nur ein Teil allen Wassers, das auf unserem Planeten vorhanden ist. Es ist ein Teil des Meeres gewesen, es ist Dampf in der Luft gewesen, Wolken am Himmel, Regen auf die Erde, Wasser in den Bächen und Flüssen. Es ist Teil des Wassers der Erde. Es ist nur ein Glasvoll Wasser, gefasst und still, aber von der gleichen Essenz wie alles Wasser auf dem Planeten. Aus dem Glas befreit, wird es wieder Teil des Meeres, der Luft oder der Wolken. Alles zusammen ist „das Wasser"; so etwas wie *ein* Wasser im Singular gibt es nicht. So ist es auch mit dem Bewusstsein – es gibt nur eines, wie Goswami andeutet:

> Sie und ich haben individuelle Gedanken, Gefühle, Träume etc., aber wir *haben* nicht Bewusstsein, schon gar keine separaten [Bewusstseine] – wir *sind* Bewusstsein. Und es ist dasselbe Bewusstsein für uns alle ... Bewusstsein ist der Urgrund; wir können es nicht abschalten.[5]

Diese Theorie der Abwärts-Verursachung, derzufolge alle Dinge vom Bewusstsein herrühren, ist unter Wissenschaftlern immer noch umstritten. Doch sie gewinnt an Boden, da sie Erklärungen für alle Arten von paranormalen und psychologischen Phänomenen bietet, die beobachtet und aufgezeichnet worden sind, sich aber nicht mit den traditionellen Vorstellungen vom materiellen Universum vereinbaren lassen. Ein Versuch, die Beachtung der Medien anzuziehen, war der Film *What the Bleep do we Know*[6], der ungeachtet vieler Kritik fast einen Kult nach sich gezogen hat mit einer eigenen Internetseite, Newsletter und weltweiter medialer Aufmerksamkeit. Ervin László, Systemtheoretiker und Nobelpreis-Kandidat, hat über seinen Optimismus für die Zukunft geschrieben, den er auf die Vorstellung stützt, dass sich menschliches Bewusstsein weiterentwickelt:

> Die Evolution des Bewusstseins geht von der Ego-gebundenen zur transpersonalen Form. Wenn das stimmt, können wir Hoffnung schöpfen, denn transpersonales Bewusstsein öffnet uns für mehr Information, als das heute noch vorherrschende Bewusstsein empfangen kann. Dies könnte Konsequenzen von großer Tragweite haben. Dies könnte größere Nächstenliebe unter den Menschen bringen und mehr Verständnis für Tiere, Pflanzen und die gesamte Biosphäre. Es könnte einen unterschwelligen Kontakt zum übrigen Kosmos ermöglichen.
>
> Wenn sich eine „kritische Masse" der Menschen auf die transpersonale Stufe des Bewusstseins entwickelt, wird wahrscheinlich eine höhere Zivilisation entstehen, eine Zivilisation mit mehr Solidarität und einem stärkeren Empfinden von Gerechtigkeit und Verantwortung.[7]

Die Samen dieses gestiegenen transpersonalen Bewusstseins in unserer Welt können wir heute schon sehen. Die Globalisierung hat uns die Wahrnehmung der Probleme erleichtert, mit denen die Menschen rund um den Globus konfrontiert sind. Ökologische Themen, welche die ganze Erde betreffen, rangieren unter den wichtigen Tagesordnungspunkten der Politik. Wir sind heute nicht mehr nur mit den Problemen unserer eigenen Nation befasst. Viele Menschen hängen noch in der Stammesmentalität fest und vertreten einen Standpunkt wie: „Dies ist mein Volk, dies ist mein Verein, dies ist mein Land; wir sind drinnen und ihr seid draußen." Die Stammesmentalität definiert Grenzen und Barrieren, um zu bestimmen, wer dazugehört und wer außerhalb ist. Das ist die Wurzel aller Kriege. Seit Tausenden von Jahren wurden auf der Grundlage dieser Denkweise Kriege ausgefochten, weil wir keinen Weg finden können, in Harmonie miteinander zu leben – oder vielleicht weil wir die Wahl getroffen haben, die Möglichkeit zu ignorieren, in Harmonie und Frieden miteinander zu leben.

Die Evolution des Bewusstseins auf eine transpersonale Ebene beginnt gerade, Samen der Hoffnung auf eine neue Lebensweise zu säen. Wir sind global geworden, und wir wissen, unter welchen Umständen Menschen an allen möglichen Orten der Welt leben. Unsere Wahrnehmung und unsere Herzen öffnen sich für die anderen Menschen, die in Ländern und an Orten leben, über die wir in früheren Generationen nichts gewusst haben. Dies ebnet unserem eigenen „Stamm" den Weg zum Wachsen, um nicht mehr nur unsere Stadt zu sein, nicht nur unsere Nation, nicht nur unser Teil der Welt, sondern um die ganze Welt zu umfassen und darauf hinzuarbeiten, dass wir Wege finden, um anhaltenden Frieden zu erlangen, um den Unterdrückten Gerechtigkeit zu bringen und um diese Welt für die Zukunft nachhaltig zu machen. Ich glaube, dass sich aus dem Tribalismus, dem Stammesdenken, allmählich ein Globalismus entfaltet, während wir unseres Einsseins im Bewusstsein gewahrer werden. Das ist unsere Hoffnung für die Zukunft. Wenn unsere Wahrnehmung aus einem mitfühlenden Zentrum kommen kann, das alle Menschen als eine Menschheit sieht, dann können wir das stammes-begrenzte Konkurrenzdenken hinter uns lassen. Dann können wir zur globalen Kooperation gelangen und beginnen, in Harmonie und Frieden miteinander und mit aller Schöpfung zu leben. Ein Traum nur? Mag sein. Aber manche Träume werden Wirklichkeit – „Geist schafft Materie".

## Bewusstsein und Christentum

Das Konzept von Gott als dem Urgrund bezieht sich auf den ganzen Bereich der Spiritualität, quer über alle Religionen. Das mystische Erlebnis des Einsseins oder des vereinenden Bewusstseins ist allen Glaubenswelten gemeinsam. Jesus gebrauchte sein eigenes Kürzel dafür, als er über das Reich Gottes als eine neue Art des Seins sprach. Dies war die frohe Botschaft, die zu verkünden er gekommen war: Das Reich Gottes ist nahe!

> Jesus kam nach Galiläa und predigte das Evangelium vom Reich Gottes und sprach: „Die Zeit ist erfüllt, das Reich Gottes ist nahe. Tut Buße und glaubt an das Evangelium." (Markus 1,14-15)

Eine weiter entwickelte Zivilisation, die in transpersonalem Bewusstsein mit tieferer Empathie, Verständnis und Mitgefühl lebt, klingt wie die Vision Jesu vom Reich Gottes (dazu mehr in Kapitel 6). Bewusstsein als der Urgrund allen Seins ist letztlich ein anderer Begriff für Gott. Nach christlichem Verständnis hält Gott alles im Dasein, ist unendlich schöpferisch und trägt alles. So können wir im Neuen Testament in Bezug auf Christus, den Logos (das Wort) Gottes, lesen:

> Im Anfang war das Wort, und das Wort war bei Gott, und das Wort war Gott. Im Anfang war es bei Gott. Alles ist durch das Wort geworden, und ohne das Wort wurde nichts, was geworden ist. (Johannes 1,1-3)

> Alles ist durch ihn und auf ihn hin geschaffen. Er ist vor aller Schöpfung, in ihm hat alles Bestand. (Kolosser 1,16-17)

> Der Sohn ist der Abglanz von Gottes Herrlichkeit und das Ebenbild seines Wesens; er trägt das All durch sein machtvolles Wort. (Hebräer 1,3)

Dieses theologische Konzept, dass Gott alles Seiende erhält, lässt sich gut vereinbaren mit der Vorstellung aus der Physik, dass Bewusstsein der

Urgrund ist (den die meisten Physiker allerdings nicht als Gottheit oder fühlendes Wesen betrachten würden). Wir können uns Gott als das immense Bewusstsein denken, welches das Universum im Dasein erhält; im Christentum wird es Gott genannt, im Judentum Jahwe (der „ICH BIN"; weitere Ausführungen über diesen Namen in Kapitel 5) und im Taoismus Tao. Dies ist die Gottheit als schöpferisches Prinzip, das das Universum ins Dasein bringt und es durch das Wort erhält, das als Gottes Energie durch sein Bewusstsein verströmt wird.

Wo bleiben wir da als Individuen? In biblischer Sprache sind wir der Tempel des Heiligen Geistes oder des heiligen Atems. Gott atmet uns ins Dasein, natürlich durch einen Prozess der Evolution. In jedem Menschenwesen ist ein Funke oder ein Gewahrsein von Gottes Bewusstsein; der Gott darin *ist* wir, weil wir nur innerhalb jenes Bewusstseins existieren – es hält uns im Dasein. Ohne den Urgrund gäbe es kein Sein, das man annehmen könnte. Man könnte also sagen – und dies wurde schon von vielen ausgesprochen –, dass wir Teil von Gott sind. Doch als Individuen können wir die Grenzenlosigkeit des Bewusstseins nicht ausloten, welches das Schöpfungsganze im Dasein erhält und durch alle empfindenden Wesen wirkt, ja selbst durch alle Materie, überall im ganzen Universum. In diesem Sinne sind wir nicht Gott. Somit haben wir es mit einem Paradox zu tun: Wir sind Gott, und wir sind nicht Gott. Wie die einzelnen Quantenteilchen, die auch als Welle im ganzen Raum zu existieren scheinen, sind wir sowohl Teil des Wellenfeldes des Gott-Bewusstseins als auch zugleich individuelle Wesen – ein Quanten-Paradox!

Wir können uns diesem Paradox folgendermaßen nähern: Das Bewusstsein des Menschen als eines bewussten Wesens ist ein Teil des göttlichen Bewusstseins des Universums. Dass wir uns für den Bereich des Gott-Bewusstseins öffnen, geschieht durch religiöses Erleben, Meditation, kontemplatives Gebet, mystisches Erleben und in Augenblicken erhöhter Wahrnehmung. Bei Erlebnissen dieser Arten tritt unser eigenes, individuelles Ich-Selbst in den Hintergrund, und wir werden des Ozeans von Gott-Bewusstsein gewahr, von dem wir ein winziger Tropfen sind. Das ist das mystische Erlebnis des Einsseins mit allem, des Vereintseins in einem zusammenhängenden Ganzen, als „ich bin" im „ICH BIN". Wer mystische spirituelle Literatur gleich welcher Glaubenswelt gelesen oder selbst ein mystisches Erlebnis des Einsseins mit Gott erfahren hat, wird all dies als bekannt und akzeptiert betrachten. Doch das Neue im 21. Jahrhundert ist, dass die Wissenschaft nun beginnt, sich für eine Einigung mit der Sicht zu öffnen, welche die Mystiker bereits seit Jahrtausenden teilten – in der Theorie vom Primat des Bewusstseins. Fundierte wissenschaftliche Experimente in jüngerer Zeit sind sogar noch weiter gegangen und zeigten, dass nicht nur subatomare Teilchen von zielgerichtetem Bewusstsein beeinflusst werden können, sondern dass sich Atome und Moleküle, die Bausteine der Materie, tatsächlich auf die gleiche Weise verhalten: Sie existieren erst als Materie, wenn Bewusstsein auf sie fällt. In den berühmten Doppelspalt-Experimenten[8] wurde demonstriert, dass sich nicht nur winzige Elektronen, sondern auch große Moleküle wie Möglichkeits-Wellen verhalten, nicht wie Teilchen.[9] Es ist ein enormer Sprung von der subatomaren Ebene – viel zu klein, um sichtbar zu sein – hin zur Materie, die zwar immer noch winzig, aber doch groß genug ist, um sich mit technischer Hilfe im Blickfeld des Elektronenmikroskops zu zeigen. Alle wissenschaftlichen Theorien sind genau dies, nämlich Theorien – bis experimentelle Evidenz sie entweder beweist oder widerlegt. Man hatte es für vorstellbar gehalten, dass sich Quantenteilchen auf derart seltsame Weise verhalten könnten, aber nicht auch etwas Größeres. Doch nun ist bewiesen, dass die Quantenwelt auf reale, messbare Weisen existiert und nicht als „Quantenquark" im Reich des Subatomaren abgetan werden kann.

Andere Experimente haben gezeigt, wie die Kraft zielgerichteten Bewusstseins Zufallsgeneratoren beeinflussen kann. Diese sind die computerisierte Entsprechung des Münzenwerfens; das Resultat kann „Kopf" oder „Zahl" sein. Statistisch gesehen, sollte das Resultat auf 50 : 50 hinauslaufen. Die Teilnehmer der Studien werden aufgefordert, zu versuchen, das Ergebnis zu beeinflussen, so dass zum Beispiel mehr „Kopf"-Seiten sichtbar werden. Über zweieinhalb Millionen Versuche haben gezeigt, dass menschliche Intention diese elektronischen Apparate zu beeinflussen vermag; die Resultate sind von 68 Forschern unabhängig voneinander wiederholt worden.[10] Bei anderen Experimenten ging es um Versuche, Würfel zu beeinflussen. Die Zahlen auf den Würfelseiten sollten normalerweise gleich häufig zu sehen sein, doch man stellt fest, dass menschliche Intention die normale Verteilung der Würfelergebnisse beeinflussen kann, die erwartungsgemäß vom Zufall allein bestimmt wird. In 73 Studien mit 2500

Versuchspersonen und mehr als zweieinhalb Millionen Würfen betrug die Wahrscheinlichkeit, dass die tatsächlich erzielten Resultate durch Zufall erreicht wurden, nur 1 : $10^{76}$ (das ist eine Eins, gefolgt von 76 Nullen).[11] Bewusstsein und bewusste Intention scheinen aktive und starke Kräfte zu sein – wie nun wissenschaftlich bewiesen ist.[12]

Einen weiteren Aspekt dieser sonderbaren Welt der Quanten zeigt die Entdeckung, dass Quantenteilchen eine seltsame Verbindung miteinander haben. Wenn sie einmal miteinander interagiert haben, dann können sie sich gegenseitig augenblicklich auch über riesige Entfernungen hinweg beeinflussen auf eine Weise, die sich unserem derzeitigen Verständnis von Raum und Zeit entzieht. Experimente haben gezeigt, *dass* es geschieht, ohne uns aber ein umfassendes Verständnis davon zu vermitteln, *wie* dies geschehen kann. Dies führt zu der Schlussfolgerung, dass diese „korellierten" (in einer Wechselbeziehung stehenden) oder „verschränkten" Quantenteilchen in irgendeinem „Bereich" miteinander verbunden sein müssen, der über Raum und Zeit hinausgeht – vielleicht im Reich des Bewusstseins. Deshalb nennen wir solche Beziehungen „nicht-lokale Verbindungen".

Dies bedeutet im Grunde, dass wir erst am Anfang sind, die Natur der Wirklichkeit zu begreifen; die Wissenschaft hat noch einen langen Weg vor sich, um sich ein auch nur annähernd umfassendes Bild zu machen. Das Konzept von nicht-lokalen Verbindungen außerhalb der akzeptierten Vorstellungen von Raum und Zeit öffnet Möglichkeiten aller Art für die Erklärung bereits beobachteter menschlicher Phänomene. Während die Experimente von winzigen Quantenpartikeln handeln, sollten wir nicht die Tatsache aus den Augen verlieren, dass gerade sie es sind, woraus wir bestehen. Die Quantenpartikel interagieren miteinander, wenn wir Beziehungen miteinander bilden. Vielleicht könnten nicht-lokale Verbindungen die Erklärung sein für Phänomene wie das Wahrnehmen von Dingen, die geliebten Menschen in der Ferne zustoßen, für Vorahnungen, Telepathie usw.

## Bewusstsein und die Heilige Dreifaltigkeit

Die potenzielle Schnittmenge dieser Theorie der Abwärts-Kausalität des Bewusstseins mit unserem spirituellen Verständnis ist immens. Eine der Schwierigkeiten, die viele Menschen mit der christlichen Tradition haben, ist deren anthropomorphe oder *personale* Vorstellung von Gott. Gregor von Nyssa (ca. 335 – nach 394), einer der frühen Väter der Kirche, schrieb über die Unmöglichkeit, die Natur Gottes mit unserem Verstand zu begreifen:

> Jedes Konzept, das der Intellekt in seinem Versuchen ersinnt, die Gottesnatur zu erfassen und zu umschreiben, kann nur bewirken, dass ein Idol gebildet, und nicht, dass Gott bekannt gemacht wird.[13]

Von Gott wird gesprochen als vom Vater, Sohn und Heiligen Geist, und die Heilige Dreifaltigkeit wird als die drei Personen des einen Gottes betrachtet. Tertullian (nach 150 – nach 220) war als Theologe verantwortlich für die Entwicklung der trinitarischen Terminologie. Er erfand in seinen Schriften viele neue lateinische Wörter, darunter *trinitas,* die Trinität, die aus drei *personae* bestand, was unvermeidlich als „Personen" übersetzt wurde. Im Lateinischen bedeutet *persona* buchstäblich eine Maske, wie sie von Schauspielern in einem römischen Theater getragen wurde. Die Akteure trugen unterschiedliche Masken (durch die ihre Stimme tönte: *per-sonare)*, an denen das Publikum erkannte, welche Rolle sie gerade verkörperten, da ein Schauspieler im Laufe eines Stücks auch mehr als eine Rolle spielen mochte. So kam der Begriff *persona* zu der Bedeutung „die Rolle, die jemand gerade spielt". Professor Alister McGrath, Verfasser von *Christian Theology: An Introduction* und vielen weiteren Büchern, erklärt, was dies für die Heilige Dreifaltigkeit bedeutet:

> Es ist durchaus möglich, dass Tertullian wollte, dass seine Leser die Idee von "eine Substanz, drei Personen" in dem Sinne verstanden, dass der eine Gott in dem großen Drama der menschlichen Erlösung drei unterschiedliche, aber miteinander verwandte Rollen spielte. Hinter der Pluralität der Rollen stand ein einziger Schauspieler. Die Komplexität des Prozesses der Schöpfung und Erlösung implizierte nicht, dass es viele Götter gab; vielmehr gab es einen Gott, der auf mannigfaltige Weisen agierte ... Substanz ist, was die drei Personen der Trinität gemeinsam haben.[14]

Also sind Vater, Sohn, und Heiliger Geist von der *Substanz* Gottes, Aspekte der einen Substanz, Metaphern, die für viele in ihrem Verständnis Gottes sehr hilfreich sind, sich aber auch einem tieferen Verständnis erschließen können. Unglücklicherweise werden sie oft für buchstäbliche Wahrheit gehalten. Andere Metaphern nehmen wir nicht buchstäblich: „Der Herr ist mein Fels", ist eine Metapher, die im Alten Testament häufig verwendet wird. Sie vermittelt uns, dass Gott fest ist, unverrückbar und eine solide Grundlage für das Leben. Sie sagt nicht, dass Gott grau ist, funkelnde Glimmerteilchen enthält und aus der Erde herausragt. Wir wissen, welche Aspekte der Metapher Wahrheit sind, das heißt, auf welche Qualitäten von „Fels" hier Bezug genommen wird. Gott als Heilige Trinität ist auch eine Metapher, die sehr hilfreich war, als sich das Christentum in seiner Theologie entwickelte und gewachsen ist. Wir sollten wissen, welche Aspekte der Metapher Wahrheit sind. Aber die Kirche hat eine Neigung, diese Metapher immer buchstäblich zu deuten, was so weit ging, dass sie für viele zum Stolperstein geworden ist mit einem Gott, der buchstäblich als ein Vater betrachtet wird, der in recht menschlicher Gestalt im „Himmel" existiert, ja sogar auf einer weißen Wolke sitzt und einen wallenden Bart trägt.

Doch wenn wir das Modell vom Bewusstsein als die letztliche Wirklichkeit Gottes nehmen, können wir das traditionelle Modell der Heiligen Trinität ausdehnen, ohne es als Metapher zu verwerfen. In seinen *Principles of Christian Theology* beschreibt Professor John Macquarrie die Trinität in Begriffen seines Verständnisses von Gott als "Sein" *[Being]* – ein ähnliches Konzept für ein Gottesbild wie das Bewusstsein im vorliegenden Buch. Der Vater wird als "Ur-Sein" *[Primordial Being]* verstanden, als die Quelle von allem, das ist, und von allem, das Potenzial hat, zu sein. Der Sohn ist "Sein im Ausdruck" *[Expressive Being],* also die Art und Weise, wie sich das Ur-Sein in der Welt Ausdruck verleiht. Der Heilige Geist ist das "Vereinende Sein" *[Unitive Being],* das danach trachtet, die Einheit zwischen dem Ur-Sein und der Welt der "Wesen" wiederherzustellen und zu stärken, zurück zu einer umfassenderen Einheit mit dem Sein. Wir können dies in die Begriffe übersetzen, die im vorliegenden Buch verwendet werden:

- Der Vater ist das mitfühlende Bewusstsein, das alles im Dasein hält, wie Macquarries "Primordial Being".
- Der Sohn ist der Christus-Ausdruck, der sich in dem Menschenwesen manifestiert, das zum vereinenden Bewusstsein erweckt worden ist. Jesus war das Ur-Beispiel des "Expressive Being" in menschlicher Gestalt.
- Der Heilige Geist ist die treibende evolutionäre Kraft der Liebe, die alles in die Beziehung mit dem Vater zurückzieht, das "Unitive Being".

Die Lehre von der Trinität zeigt, wie sehr wir mit Wörtern und Sprache zu kämpfen haben, um das Göttliche zu beschreiben. Es gibt keine Wörter, die dem Ursprung von allem wirklich gerecht werden. Der Kirchenvater Johannes Klimakos (vor 579 – ca. 649) formulierte es so:

> Gott ist Liebe. Wer je versuchte, ihn zu definieren, gleicht einem Blinden, der versucht, die Sandkörner am Strand zu zählen.[15]

Die Verwendung von Begriffen wie Mitgefühl und Empfindungen impliziert Personalität, aber es ist nicht so, dass Gott personal ist, vielmehr sind wir gottähnlich dadurch, dass wir Teil des Bewusstseins Gottes sind und deshalb einige der Attribute Gottes besitzen. Wir werden im Dasein erhalten durch die Präsenz von Gottes Bewusstsein in uns, dessen bewegende Kraft Mitgefühl ist. Wir werden durch jenes Bewusstsein ins Dasein gebracht und sind deshalb in unserem tiefsten Wesen gottähnlich mit einem Impuls zum Mitgefühl, weil wir bewusste Wesen sind. Die Geschichte der Menschheit ist eine Geschichte des langsamen Fortschreitens hin zu einer mitfühlenden Lebensweise, ein allmähliches Wachsen im mitfühlenden Bewusstsein. Gott ist das totale Bewusstsein, Gewahrsein und Wirklichkeit, darin alles sein Dasein hat. Dieser Urgrund ist schöpferisches, mitfühlendes Bewusstsein, das alles ins Dasein *will* und es dort erhält.

Viele Autoren haben sich mit dieser Thematik befasst. Ich erinnere mich an den Film *Die unendliche Geschichte* nach Michael Endes Buch, in welchem das Reich Phantásien vom Leser ins Dasein gewollt wird. Doch die Phantasiewelt zerfällt, weil der junge Leser sie durch seine Gedanken ganz zusammenhält und nicht glaubt, dass er die Macht hat, die Geschichte zu erschaffen. Schließlich ist der Klageruf der Kindlichen Kaiserin zu vernehmen, als diese sich an die letzten Reste der Welt klammert: „Bastian, wie lautet mein Name?" Bastian, der junge Leser, erkennt staunend, dass er ein Teil der Geschichte ist, gibt ihr einen neuen Namen und beginnt dann, Phantásien durch seine Gedanken neu zu erschaffen. Ähnliche Elemente finden wir in der *Matrix*-Filmtrilogie. Hier ist die Wirklichkeit, wie sie von Menschen erlebt wird, die von einem Computerhirn erzeugte Matrix, und die Menschen in dieser Welt haben die Fähigkeit, durch die Illusion hindurch den wirklichen Zustand der Dinge zu sehen. Die erste Person, die dies tut, wird „The One" („der Eine") genannt[*] – eine Anspielung auf den Christus Jesus als den ersten, der von unserer eigenen Welt zu der wahren Natur der Wirklichkeit durchbricht. Leider ist die tatsächliche Lage der Dinge in Matrix weniger angenehm: das Schlachtfeld des Krieges zwischen Mensch und Maschine!

## Das Christentum entfaltet sich

Bischof John Spong von der Episkopalkirche[**] in den Vereinigten Staaten fasst seine Sicht von dem Gott, der alles Sein umschließt und ist, folgendermaßen zusammen; sie stimmt weitgehend mit der Idee von Gott als mitfühlendem Bewusstsein überein:

> Dieser Gott ist kein übernatürliches Wesen, das in Zeit und Raum aufbricht, um den Bedrückten zu retten. Dieser Gott ist die Quelle des Lebens, die Quelle der Liebe, der Urgrund des Seins ... Der theistische Gott von gestern war ein Symbol für die göttliche Tiefe des Lebens, dieses riesige Bewusstsein, das wir in der Mitte des Lebens treffen und das uns gemein ist.[16]

Eine aus der Christenheit selbst neu entstehende und sich entfaltende Vorstellung ist die von Gott als höchstem, vereinendem, mitfühlendem

---

[*] In der deutschen Version trägt er den Namen „Neo" (ein Anagramm von „One"); Anm.d.Ü.
[**] Episkopalkirchen sind die Mitglieder der Gemeinschaft anglikanischer Kirchen außerhalb des Vereinigten Königreichs (Anm.d.Ü.)

Bewusstsein, in dem wir und das ganze Universum existieren. Wie wir bereits gesehen haben, erklärt uns die Quantenphysik, dass wir als Materie nur aufgrund von Bewusstsein existieren. Unser physisches Wesen wurde erschaffen, gestaltet und entwickelt nach Gottes Ebenbild – nicht in körperlicher Ähnlichkeit, sondern um ein *bewusstes* Wesen zu sein. Zudem haben wir uns zur Selbstbewusstheit entwickelt und sind deshalb imstande, des Gott-Bewusstseins gewahr zu werden. Vielleicht ist es dies, wovon die Geschichte von Adam und Eva und dem Sündenfall[17] handelt. Der Garten Eden ist der Urgrund, in dem wir alle existieren, und in seiner Mitte steht der Baum des Lebens und der Baum der Erkenntnis von Gut und Böse. Die Frucht vom Baum der Erkenntnis von Gut und Böse zu essen, können wir als eine Metapher dafür verstehen, dass der Mensch zum selbstbewussten Wesen wurde. Vor unserem selbstbewussten Sein waren wir wie die Tiere und alles andere Leben, im Gott-Bewusstsein geborgen und gehalten in einem Zustand der Unschuld. Adam und Eva existierten in diesem seligen Zustand bei Gott, bis sie von dem Baum der Erkenntnis von Gut und Böse aßen. Dann aber wurde ihnen bewusst, dass sie nackt waren, sie verhüllten ihre Blöße mit Feigenblättern, verbargen sich vor Gott und wurden aus dem Garten Eden vertrieben.

Wir können diese Geschichte auch als Bild für die Entwicklung des Menschen betrachten: Wir lassen die Kindheit hinter uns, wachsen heran und reifen und werden uns dabei des Schadens gewahr, den wir anderen mit unseren Kräften, Entscheidungen und Freiheiten antun können, bis wir im Erwachsenenalter – hoffentlich – selbstbewusste und verantwortungsvolle Menschen werden. Doch wir können jene Paradies-Geschichte auch auf eine Zeit in der menschlichen Evolution beziehen, als sich unser Gehirn so weit entwickelte, dass wir selbstgewahr wurden; wir begannen, uns selbst in einem anderen Licht zu sehen und wurden unserer selbst bewusst. Auf jener Stufe unserer Evolution nahmen wir uns als Individuen wahr, von Gott getrennt und nicht länger geborgen und gehalten in einem seligen Zustand der Unschuld. Mit dieser Bewusstwerdung veränderten wir uns. Als Individualität mehr und mehr in den Vordergrund trat und sich durchsetzte, setzte die Entfaltung unseres Egos ein, und wir begannen, unser Gewahrsein der Präsenz Gottes in uns zu verlieren. Wir nahmen uns als individuelle Wesenheiten wahr. Dann haben wir unser Gewahrsein verloren, *in* Gott zu sein. Das Wachstum unseres Egos hat dazu geführt, dass wir Dinge für uns selbst haben wollen; so entstanden Gier, Neid und die Wurzeln von allem, was nicht stimmt in unserer Welt. Auf dem spirituellen Weg geht es darum, zurück in die Präsenz Gottes zu finden, zurück nach Eden. Doch dies geschieht nur, indem wir von unserem Ego loslassen und uns Gott ergeben. Der Sinn unserer spirituellen Reise ist es, zur Identität mit dem Bewusstsein Gottes zurückzukommen. Der Weg ist allen Religionen gemeinsam: Es gilt, zum Einssein mit Gott zurückzugelangen. Olivier Clément sieht einen ähnlichen Prozess in den Schriften der frühen Kirchenväter:

> Der Geschichte vom „Sündenfall" in der Genesis haben mehrere (frühe Kirchen-)Väter eine sehr profunde Deutung gegeben ... Der „Baum des Lebens" war der Baum der Betrachtung, die Möglichkeit, die Welt in Gott zu erkennen. Adam und Eva waren erst nach einer langen Vorbereitung imstande gewesen, sich ihm zu nähern; wären sie in einem Zustand kindlicher Unschuld zu dem Baum gegangen, oder getrieben von egozentrischer Gier und dem Willen, die Welt auszubeuten, statt sie zu verehren und Gott darzubieten, wären sie in der Strahlkraft der Gottheit verbrannt. Sie mussten erst reifen und zum Gewahrsein wachsen durch willige Zurückhaltung und durch Glauben, ein liebendes Vertrauen in einen persönlichen Gott ... Sie wollen „Besitz ergreifen von den Dingen Gottes, doch ohne Gott". Und Gott hält sie fern von dem Baum des Lebens, um zu vermeiden, dass sie beschmutzt werden in einem Zustand der Unwahrheit und der „Selbstvergötzung".[18]

Wir finden die gleiche Geschichte neu erzählt im Gleichnis vom verlorenen Sohn.[19] Wir können den Sohn als Repräsentanten des Menschen nehmen, den Vater als Symbol für das Gott-Bewusstsein, in dem wir geborgen sind. Der Sohn nimmt die Reichtümer vom Vater und geht fort, seiner eigenen Wege; das ist die Evolution des selbstgewahren Zustandes und des Egos und die Herauslösung aus Gott. Schließlich, als alles schiefgeht, erkennt der Sohn, dass er ohne den Vater nicht überleben kann. Er kehrt zurück, wird willkommen geheißen und in liebende Arme und das Vaterhaus aufgenommen. Wir lassen los von unserem Ego oder lassen es – und damit unsere Trennung – hinter uns und werden willkommen geheißen und aufgenommen in das Gott-Bewusstsein. In traditionellen christlichen Worten würde man sagen: Sich der Gnade Gottes ergeben. Dies ist auch die Bedeutung einiger rätselhafter Sätze, die von Jesus überliefert sind. Hier betrachten wir zwei von ihnen:

Da sprach Jesus zu seinen Jüngern: „Wer mein Jünger sein will, der verleugne sich selbst, nehme sein Kreuz auf sich und folge mir nach." (Matthäus 16,24)

Sich selbst zu verleugnen, bedeutet in diesem Kontext nicht psychologische Unterdrückung oder Verdrängung, sondern dem Ego keine Aufmerksamkeit zu geben – jenem Teil von uns, der sich als von Gott getrennt erlebt. Das Ego zu verleugnen oder das ichbezogene Wesen hinter sich zu lassen, ist schwierig; es ist ein Kreuz, das es zu tragen, das es auf sich zu nehmen gilt. Die Aufforderung bedeutet also: „Lasst ab von eurem Ego und nehmt das Kreuz der Ergebung auf; lasst los und folgt dem Christus."

Wer das Leben gewinnen will, wird es verlieren; wer aber das Leben um meinetwillen verliert, wird es gewinnen. (Matthäus 10,39)

Oberflächlich betrachtet, ist dies sehr schwer zu verstehen. Doch wir können es mit anderen Worten ausdrücken: „Wer sein Leben allein in seinem Ego findet, wird das Göttliche verlieren, aber wer von seinem Ego-Leben loslässt, wird göttliches Leben finden." So wird der Sinn plötzlich offenbar.

Bewusstsein führt gerade aufgrund seiner göttlichen Natur zu einer Fähigkeit zu Mitgefühl und Zuwendung und weist verschiedene Gewahrseins- oder Schwingungsstufen auf. Auf der Ebene der Instinkte finden Mitgefühl und Zuwendung Ausdruck zwischen Eltern und Kindern in der Verbundenheit einer Familie. Dies stellt sicher, dass die nächste Generation aufgebaut und genährt wird. Je höher das Bewusstsein entwickelt ist, desto mehr Mitgefühl kommt auf und die Bereitschaft, andere einzubeziehen. Im Tierreich umfasst das mitfühlende Gewahren die Familiengruppe und das Rudel, beim Menschen dann umfasst das weitere Bewusstsein die Nachbarschaft, das Dorf und den Stamm, schließlich die Nation. Auf höheren Stufen des Bewusstseins umfasst das Mitgefühl alles und alle; die universelle Liebe will das Beste für alle und kümmert sich hingebungsvoll um die wechselseitige Verbundenheit aller. Bewusstsein ist die Gegenwart Gottes unter und in uns. Wir können dies nicht definieren, aber wir sind uns, per definitionem, dessen gewahr, denn wir sind bewusste Wesen.

Wir könnten nun fragen, woher das Böse in der Welt kommt, wenn alles in göttlichem mitfühlendem Bewusstsein geborgen und getragen ist. Wie ist es möglich, dass manche Menschen absichtlich böse zu sein scheinen und Taten begehen, die man nur als böse bezeichnen kann? Ohne uns allzu weit von dem Problem von Gut und Böse ablenken zu lassen, können wir doch erkennen, dass es mit dem Thema Sünde zusammenhängt – oder mit Menschenwesen, die ihrem freien Willen Ausdruck verleihen und ihren eigenen Weg gehen. Wenn es einen freien Willen besitzt, besteht auch das Risiko, dass das individualisierte, selbst-bewusste Wesen Entscheidungen unabhängig von dem göttlichen Bewusstsein fällt, das es trägt. Bis das individualisierte Bewusstsein schließlich in den Zustand des Einsseins, in das vereinende Bewusstsein zurückkehrt, besteht immer das Risiko des Bösen, doch die evolutionäre treibende Kraft der Liebe motiviert und bringt die Menschen allmählich auf höhere Stufen der Bewusstseinsentwicklung.

Dies bedeutet weiter, dass alle Materie in Gottes Bewusstsein existiert und daher ein elementares Bewusstsein besitzt. Experimente haben gezeigt, dass Pflanzen in gewissem Grade am Bewusstsein teilhaben und darauf reagieren, wenn andere Pflanzen misshandelt werden.[20] In weit größerem Maßstab haben wir in jüngerer Zeit das komplizierte und komplexe Wesen der Biosphäre kennengelernt, in der wir selbst leben, sowie die wechselseitige Verbundenheit allen Lebens auf der Erde. Diese Entdeckungen führen zu Theorien, dass vielleicht sogar Planeten am Bewusstsein – einer anderen Art als die Menschen – teilhaben und vermutlich auf einen anderen Aspekt des immensen Bewusstseins Gottes zugreifen. Viel wurde bereits geschrieben über James Lovelocks Gaia-Hypothese, der zufolge sich die Biosphäre wie ein lebendiger Organismus verhält, in dem es selbst-regulierende Mechanismen gibt, die jenen in organischen Lebewesen ähneln. Und wenn noch mehr an der Sache ist und die Erde selbst eine Form von Bewusstsein hat? Ihr Bewusstsein würde nicht von der gleichen Art und Beschaffenheit sein wie unseres, doch damit es überhaupt existiert, muss es auf jeden Fall ein Teil des Bewusstseins Gottes sein.

Es gibt eine Vielzahl esoterischer Schriften, die die Ansicht vermitteln, dass jedes materielle Objekt eine Art von Bewusstsein besitzt und sogar die Planeten ihnen ähnliche Wesen in geistigen Bereichen haben, die das spirituelle Gegenstück ihrer physischen Existenz sind. Diese kosmische Sicht vertreten Theosophen wie Helena Blavatsky und Alice Bailey, in jüngerer Zeit auch William Meader. Sie war sehr einflussreich bei der Entstehung mancher Philosophien und Überzeugungen im Schmelztiegel dessen, was man als „New-Age"-Lehren bezeichnet, das aber inzwischen unter dem Sammelbegriff der zeitgenössischen oder holistischen Spiritualität vereint ist. Da gibt es komplizierte Kosmologien mit Hierarchien spiritueller Wesenheiten, aufgestiegener Meister und Stufen des geistigen Aufstiegs. Während eine natürliche Entwicklung von der Erkenntnis, dass das mitfühlende Bewusstsein Gottes alle materielle Existenz im Dasein hält, schließlich zu der Überzeugung führt, dass alles irgendeinen Grad von Bewusstsein besitzt, welches seine Existenz trägt, kann es ein Umweg von dem realen Vorgang der Transformation in unserem Bereich der Existenz sein, wenn man sich zu sehr in Spekulationen über andere Bereiche verliert. Gottes Bewusstsein durchzieht alles, ist in allem, hält alles im Dasein. Es ist der Urgrund, und alle offenbare Wirklichkeit strahlt aus der göttlichen Quelle hervor. Die Weisheits-Tradition des Christentums, die von vielen Mystikern über die Jahrhunderte hinweg getragen wurde, folgt diesem Pfad, und Cynthia Bourgeault, Priesterin der Episkopalkirche und selbst Weisheitslehrerin, fasst es so zusammen:

> Wenn wir beginnen, uns auf der Straßenkarte der Weisheit zu orientieren, erkennen wir an, dass unser manifestiertes Universum nicht einfach ein „Objekt" ist, das von einem gänzlich anderen Gott durch Verströmen seiner Liebe erschaffen wurde, sondern dass es *jene Liebe selbst ist,* die auf die einzige Art und Weise manifestiert wurde, die in den Dimensionen von Energie und Form möglich ist. Der so erschaffene Bereich ist nicht ein Gegenstand, sondern ein Instrument, durch welches das göttliche Leben sich selbst wahrnehmbar wird. Es ist die Art und Weise, wie die Noten der Partitur in Musik verwandelt werden.[21]

## Mit-Schöpfer

Die Erkenntnis, dass der Mensch seine Existenz als ein Teil von Gottes Bewusstsein hat, kann sich auch auf andere Bereiche der Theologie und der Praxis auswirken. Wir können das Gebet als die Kraft des zielgerichteten Bewusstseins betrachten, oder als Intention, in der wir unser Gewahrsein zu dem Bewusstsein Gottes aufheben und daher aus allen potenziellen Möglichkeiten das beeinflussen, was werden soll. Wir werden Mitschöpfer Gottes, indem wir dazu beitragen, materielle Möglichkeiten ins Dasein zu bringen (mehr darüber in Kapitel 2). Wir erschaffen, weil wir Bewusstsein haben; das ist spirituelle Energie, „Gott-Stoff". Wir erschaffen durch einen Prozess des Gewahrseins, indem wir spirituelle Energie durch diejenigen Bilder ausrichten, auf denen wir unsere bewusste Aufmerksamkeit verweilen lassen. Paulus schien dies zu erkennen; er schrieb an die Gemeinde von Philippi und drängte sie, ihre Aufmerksamkeit auf gesunde Tugenden zu richten:

> Schließlich, Brüder: Was immer wahrhaft, edel, recht, was lauter, liebenswert, ansprechend ist, was Tugend heißt und lobenswert ist, darauf seid bedacht! (Philipper 4,8)

Mit anderen Worten, wenn wir reine und edle Gedanken hegen und dabei das Beste für andere wollen, dann baut die reine spirituelle Energie, das Bewusstsein Gottes, die äußere Form der Bilder, die wir kollektiv im Sinne haben. Deshalb sind wir ständig Mit-Schöpfende. Die andere Seite der Medaille ist, dass wir auch im negativen Sinne schöpferisch tätig sind. Wenn unsere Gedanken von Hass oder Selbstverachtung erfüllt sind, bauen wir negative Energie in die Schöpfung. Doch wenn wir Gott-bewusst werden, bauen wir im Sinne des mitfühlenden Bewusstseins Gottes und tragen damit zur Umsetzung von Gottes Absicht für seine Schöpfung bei. Unsere Gebete sind dann zielgerichtete Intention, die zu dem spirituellen und physischen Ganzen beiträgt. Mit der Zunahme unseres Gott-Bewusstseins wächst unser Vermögen, durch Gebet und zielgerichtete Intention an der Veränderung mitzuwirkrn. Eine höhere Erkenntnis vom Wesen Jesu besagt, dass er die höchste Stufe der Verschmelzung von Menschlichem und Göttlichem erreichte. Somit besaß er die Fähigkeit, zu heilen und die Welt der Form und Materie zu verändern, so dass sein individuelles Leben durch sein Einssein mit Gott jeden Menschen in seinem Umfeld berührte. Das Potenzial eines Menschen, eins mit Gott zu sein, erfüllte er zur Gänze. (Was dies für die Menschheit bedeutet, wird in Kapitel 3 in einem Abschnitt über *morphische Resonanz* besprochen.) Das Aufregende daran ist, dass dieses Potenzial jedem Einzelnen von uns offensteht! Dawson Church fasst es in seinem Buch *The Genie in your Genes* (dt. Ausg.: *Die neue Medizin des Bewusstseins*) zusammen:

> Wir erkennen jetzt, dass Bewusstsein der Materie zugrunde liegt und sie ordnet, und nicht umgekehrt. Wir haben entdeckt, dass Veränderungen im Bewusstsein solchen in der Materie vorausgehen. Wir haben erkannt, dass das Bewusstsein an erster Stelle steht und die Materie an zweiter. Die Veränderungen in unserem Körper, die das Bewusstsein auslöst, erweisen sich als das machtvollste Werkzeug für Heilung, das wir je gefunden haben. Einer Kultur, die es gewohnt ist, „draußen" nach Lösungen zu suchen, erscheint es unbegreiflich, dass die Antworten im Inneren liegen könnten.
>
> Eine alte Sufi-Geschichte erzählt von Engeln, die im Morgendämmer der Zeit zusammenkommen, um zu besprechen, wo der Sinn des Lebens verborgen werden sollte – ein Geheimnis, das als so heilig galt, dass nur die würdigsten Eingeweihten Zugang zu ihm finden sollten.
> „Lasst es uns auf den Grund des Meeres legen", schlägt einer vor.
> „Nein, auf den Gipfel des höchsten Berges", empfiehlt ein anderer.
> Schließlich meldet sich der weiseste Engel zu Wort: „Es gibt nur einen Ort, an dem niemand suchen wird. Wir können ihn ganz offen sichtbar verstecken: mitten im Herzen der Menschen."[22]

Aus der christlichen Tradition kennen wir die Geschichte von Adam und Eva. Sie wurden aus dem Garten Eden vertrieben, nachdem sie von der Frucht vom Baum der Erkenntnis von Gut und Böse gegessen hatten und selbst-gewahr geworden waren. Aber es gibt noch ein weiteres Geheimnis in dem Garten – die Frucht vom Baum des Lebens in seiner Mitte:

> Und Gott der Herr sprach: „Seht, der Mensch ist geworden wie wir; er erkennt Gut und Böse. Dass er jetzt nicht die Hand ausstreckt und

auch vom Baum des Lebens nimmt, davon isst und ewig lebt!" Gott der Herr schickte ihn aus dem Garten von Eden weg, damit er den Ackerboden bestellte, von dem er genommen war. (1. Mose 3,22-23)

Schreiben wir die Deutung der Geschichte als eine Allegorie des menschlichen Bewusstseins fort, so ist der Baum des Lebens zu finden, wenn wir zu dem Garten des Bewusstseins Gottes in uns zurückkehren, das heißt, wenn wir uns mit unserer individuellen Ego-Natur ergeben. Wenn wir vom Ego loslassen und in den Zustand des vereinenden Bewusstseins, des Einsseins mit dem Göttlichen, eintreten, werden wir der echten gegenseitigen Verbundenheit von Leben und Wirklichkeit gewahr. Wir entdecken den Baum des Lebens. Die Sufi-Geschichte weiß: Der Sinn des Lebens liegt im Inneren des Menschenherzens verborgen.

Der Schlüssel zu der Beziehung zwischen Wissenschaft und Spiritualität liegt in einem Verständnis des Bewusstseins sowohl aus einer wissenschaftlichen als auch aus einer spirituellen Perspektive – nicht als Gegensätze, sondern als unterschiedliche Facetten vom Wesen derselben letzten und höchsten Wirklichkeit. Das Thema „Gott als mitfühlendes Bewusstsein" durchzieht das ganze Buch; im weiteren Verlauf werden seine Bedeutung und seine Auswirkungen in verschiedenen Bereichen des christlichen Denkens und der Theologie dargelegt.

# 2
# EPIGENETIK, HEILEN UND GEBET

~

In diesem Kapitel betrachten wir, wie Energiefelder auf die Vorgänge in unserem Körper einwirken, sowie das neue Gebiet Epigenetik, das sich damit befasst, wie unser Denken die Genetik unserer Körperzellen beeinflusst. Dies bietet uns viele Einblicke in den Heilungsvorgang und auf die Kräfte, die Gebet und Intention freisetzen.

~

Es ist der größte Fehler bei der Behandlung der Krankheiten, dass Leib und Seele allzu sehr voneinander getrennt werden, wobei sie doch nicht getrennt werden können; aber gerade das übersehen die Ärzte, und darum entgehen ihnen so viele Krankheiten; sie sehen nämlich niemals das Ganze. Dem Ganzen sollten sie ihre Sorge zuwenden, denn dort, wo das Ganze sich übel befindet, kann unmöglich ein Teil gesund sein.

Platon (vor rund 2500 Jahren)

Wunder geschehen nicht im Widerspruch zur Natur, sondern nur im Widerspruch zu dem, was wir von der Natur wissen.

Augustinus (vor rund 1600 Jahren)

## Biologie und Energiefelder

Es sind nicht nur Physik und Quantentheorie, die zum Denken in der Religion etwas beizutragen haben. In der Biologie gibt es ebenfalls faszinierende neue Einsichten, die radikale Konsequenzen für das Heilen von Körper, Denken und Fühlen haben können. Einige Bereiche in der wissenschaftlichen Forschung beginnen bereits, Schlussfolgerungen über Energien zu ziehen, welche die biologische Wissenschaft noch sehr behutsam zu akzeptieren beginnen. Jeder Mensch sendet Energie einer bestimmten Wellenlänge aus, und unterschiedliche Teile unseres Körpers strahlen unterschiedliche Energiemengen aus. Es wurde bewiesen, dass gesundes Gewebe Energie anders aussendet als krankes Gewebe.[1] Das ist die Energie, die von einem Magnetresonanztomografen aufgenommen wird. Mediziner halten diese Geräte für ein fantastisches neues Diagnose-Werkzeug.

Die Schulmedizin hat zwar die Rolle der Energie als Informationsträger weitgehend ignoriert, aber sie hat sich nicht-invasive Durchleuchtungs-Techniken zunutze gemacht, die genau solche Energiefelder ablesen … Die Ärzte erkennen Störungen im Körperinneren, da sich die Spektralenergie des gesunden Gewebes von krankem unterscheidet.[2]

Doch die medizinische Welt ist erst ganz am Anfang damit, Zusammenhänge festzustellen zwischen dieser Energie, die jetzt mit der neuen Technik abgebildet werden kann, und der Art und Weise, wie wir geheilt werden können. Eine große Vielfalt psycho-spiritueller Praktiken, die in den meisten alten Kulturen anzutreffen sind, hat Energie seit Äonen mit dem Heilen assoziiert. Ich behaupte, dass Jesus diesen Zusammenhang vor zweitausend Jahren intuitiv erkannte und die Fähigkeit besaß, seine Energieschwingung anzuheben, um jenen Heilung zu bringen, die ihn umgaben. Biologen beginnen heute zu erkennen, dass das Funktionieren unseres Körpers von Energie-Informationsfeldern bestimmt wird, die die Tätigkeit der verschiedenen Teile unseres Organismus regulieren. Grundlegende Fragen – etwa wie die einfachen Zellen eines Embryos erfahren, dass sie sich in eine Muskel-, Haut- oder Leberzelle differenzieren sollen – vermag die Theorie zu beantworten, dass es Informationsfelder gibt, die jene Zellen anleiten, sich in die jeweils erforderliche Richtung zu entwickeln. Felder sind das gestaltgebende Prinzip hinter der materiellen Wirklichkeit. Wenn man Energiefelder beeinflussen kann, könnte Heilung vielleicht auch von einer anderen Person ausgehen und kommen, die ein höheres Maß an Energie oder eine heilsamere Schwingung besitzt. Durch das Energiefeld, das wir selbst erzeugen, können wir einander beeinflussen. Dies funktioniert wohl dadurch, dass die Kraft der menschlichen Intention nutzbar gemacht wird, das heißt, dass Gedankenmuster mit der Kraft starker Empfindungen ausgerichtet werden. Dies könnte die medizinische Praxis in der Zukunft revolutionieren.

Im Jahre 1997 erarbeiteten zwei Forscher, William Braud und Marilyn Schlitz, eine Metaanalyse aller Experimente, die sie finden konnten, die die Wirkung von Intention auf andere Lebewesen untersuchten. Ihre Analyse zeigte, dass überall auf der Welt Forschungen darüber durchgeführt worden waren, wie menschliche Intention Bakterien, Hefekulturen, Pflanzen, Ameisen, Küken, Mäuse, Ratten, Katzen, Hunde, Kulturen menschlicher Zellen und Enzymaktivität zu beeinflussen vermag. Darüber hinaus fanden sie Beweise dafür, dass Menschen erfolgreich verschiedene physiologische Funktionen anderer Menschen beeinflussen konnten, zum Beispiel Augen- und motorische Bewegungen, Atmung und sogar Gehirnaktivitätsrhythmen. Diese kleinen, aber übereinstimmenden Resultate wurden nicht etwa von geübten Versuchspersonen erzielt, sondern von gewöhnlichen Leuten, die dies zum ersten Mal machten. Schlitz und Braud zeigten in ihrer statistischen Analyse aller Versuchsergebnisse, dass diese Experimente eine Erfolgsrate von 37% hatten, was die Zufallswahrscheinlichkeit bei weitem überstieg; sie wird auf 5% geschätzt.[3] Es wurde offenkundig, dass zielgerichtetes Denken andere lebende Wesen auf allen möglichen Ebenen beeinflussen kann.

Diese Studien ließen eine weitere Möglichkeit erkennen, dass nämlich die Erwartung der beteiligten Personen die Resultate beeinflusste. Wenn Menschen glauben, alles sei miteinander verbunden und ihre Gedanken könnten andere Lebewesen beeinflussen, so waren sie mit größerer Wahrscheinlichkeit erfolgreich. Je mehr es den Versuchsteilnehmern bedeutete, desto höher war die Wahrscheinlichkeit, dass ihre Gedanken etwas bewirkten; die größten Wirkungen wurden beobachtet, wenn es eine andere Person zu beeinflussen galt und wenn diese die Beeinflussung wirklich benötigte. Wenn man andere Lebewesen mit guten Gedanken beeinflussen konnte, wie stand es dann mit schlechten Gedanken? Können negative Gedanken körperliche Auswirkungen zeitigen? Es gibt viele Geschichten über die Wirkung von Vodoo und Verwünschungen. Braud unternahm einige vorbereitende Studien, die zeigten, dass es möglich war, einen Schutzschild zu visualisieren, der einen bösartigen Einfluss abhalten konnte.[4]

Jene Forschungen sind von unmittelbarer Bedeutung für die christliche Praxis, Gott oder Christus zum Schutz vor Bösem anzurufen. Sie belegen, dass der Visualisierungsvorgang und die Wirkung des vertrauenden Glaubens imstande sind, so etwas wie einen energetischem Schutzschild für Denken und Körper aufzubauen. Genau diese Art von Visualisierung wird in der Bibel empfohlen; Paulus forderte dazu auf, die ganze Rüstung Gottes anzulegen – so jedenfalls im Verständnis des 1. Jahrhunderts:

> Zieht die Rüstung Gottes an, damit ihr den listigen Anschlägen des Teufels widerstehen könnt. Denn wir haben nicht gegen Menschen aus Fleisch und Blut zu kämpfen, sondern gegen die Fürsten und Gewalten, gegen die Beherrscher dieser finsteren Welt, gegen die bösen Geister des himmlischen Bereichs. Darum legt die Rüstung Gottes an, damit ihr am Tag des Unheils standhalten, alles vollbringen und den Kampf bestehen könnt. Seid also standhaft: Gürtet euch mit Wahrheit, zieht als Panzer die Gerechtigkeit an und als Schuhe die Bereitschaft, für das Evangelium vom Frieden zu kämpfen. Vor allem greift zum Schild des Glaubens! Mit ihm könnt ihr alle feurigen Geschosse des Bösen auslöschen. Nehmt den Helm des Heils und das Schwert des Geistes, das ist das Wort Gottes. Hört nicht auf, zu beten und zu flehen. Betet jederzeit im Geist. (Epheser 6,11-18)

## Epigenetik: Es geht weiter um die Gene

Auch andere Bereiche der biologischen Forschung geben viel Nahrung für spirituelle Gedanken. Eine der großen Entdeckungen des vergangenen Jahrhunderts war die Desoxyribonukleinsäure, die DNS-Helix. Seit damals ist der genetische Code insofern geknackt, als wir nun verstehen, wie Genetik wirkt. Nun sind wir in der Phase der genetischen Manipulation und erschaffen Pflanzen- und Tierarten mit bestimmten vorteilhaften Eigenschaften. Die Frage nach unserer ethischen Berechtigung dazu bleibt offen. Unsere Gene sind an der Macht – oder erwecken diesen Anschein, denn der Glaube, dass sie alle unsere Züge – Körper, Verhalten und Emotionen – beherrschen, ist weit verbreitet. Er ist der Grund, warum wir nach Aspekten Ausschau halten, die sich in Familien wiederholen, und warum Wissenschaftler unsere Gene weiterhin nach diesem oder jenem bestimmten Charakteristikum durchsuchen. Man sagt, unsere Geschicke seien in unseren Genen verschlüsselt, und weil wir diese nicht verändern können, seien wir Opfer unseres eigenen genetischen Erbes. So gelangen wir zu einer eher fatalistischen Sicht des Lebens: Wenn meine Gene sagen, dass ich an Krebs erkranken werde, dann kann ich nichts daran ändern. Doch wie alles, das mit dem erstaunlichen menschlichen Körper zu tun hat, ist auch dies nicht ganz so einfach.

In der Biologie wächst mit der *Epigenetik* ein ganz neuer Bereich heran, der erforscht, welchen Einfluss die Umgebung der Zelle auf die Tätigkeit und Wirkung der Gene im Zellinneren hat. Viele solcher Erkenntnisse sind der Forschung von Bruce Lipton zu verdanken. Laut dessen „großer Idee" ist die DNS nicht das Gehirn der Zelle. Diese These stellt Jahre biologischen Denkens auf den Kopf, da es laut Theorie der Genetik die DNS-Doppelhelix ist, die alles bestimmt, was eine Zelle tut. Tatsächlich jedoch ist es offenbar viel komplexer. Die DNS-Helix ist von einer Scheide von Eiweißmolekülen umgeben, die wie Schalter funktionieren. Diese Proteinschalter können verschiedene Teile der DNS-Genstruktur aktivieren bzw. deaktivieren, was jeweils das Verhalten der Zelle verändert. Doch diese Proteine werden selbst wiederum von anderen Proteinketten geschaltet, die schließlich die Zellmembran durchdringen und als Rezeptoren für Einflüsse von außen dienen. Somit wird die Aktivität der Gene letztlich von Proteinrezeptoren an der Oberfläche der Zellmembran bestimmt. Diese Proteinrezeptoren werden von elektrischen und chemischen Signalen *in der Umgebung der Zelle* beeinflusst. Es sind diese Signale, die die Proteinrezeptoren betätigen, und, weiter unten in der Kette, die die DNS umgebenden Proteine und somit Gene aktivieren bzw. stummschalten. Der entscheidende Faktor ist also die Umgebung der Zelle, nicht die DNS. Natürlich können wir nur die DNS nutzen, die wir geerbt haben, doch welche Pforten in der Bibliothek der DNS geöffnet sind, wird von der Umgebung der Zelle bestimmt. Die Umgebung der Zelle wiederum wird auf zwei verschiedene Weisen beeinflusst. Erstens erzeugen unsere Denkvorgänge elektrische und chemische Signale und schütten chemische Verbindungen in den Blutstrom aus, die ihren Weg zu den Zellen finden. Zweitens sprechen manche Proteinrezeptoren auch auf elektromagnetische Strahlung an, auf die Energiefelder, die von Lebewesen aller Arten – einschließlich uns selbst – erzeugt werden. Diese subtileren Energien stehen im Verdacht, das Mittel oder Medium zu sein, durch welches man die Gesundheit eines anderen Menschen sowie die eigene Gesundheit beeinflussen kann. Bruce Lipton beleuchtet die zahlreichen Forschungsstudien, die die Wirkung von elektromagnetischer Strahlung auf die genetische Funktion gezeigt haben.

Spezifische Frequenzen und elektromagnetische Strahlungsmuster steuern die DNS-, RNS- und Proteinsynthese, verändern Form und Funktion der Proteine, kontrollieren Genregulation, Zellteilung, Zelldifferenzierung, Morphogenese (der Vorgang, in dem sich die Zellen zu Organen und Geweben zusammenschließen), Hormonausschüttung, Nervenwachstum und Nervenfunktion. Jede dieser Zellaktivitäten ist unabdingbar für die Entfaltung des Lebens. Obwohl diese Forschungsarbeiten in einigen der angesehensten und wichtigsten biomedizinischen Zeitschriften veröffentlicht wurden, fanden ihre revolutionären Ergebnisse keinen Eingang in die Lehrpläne der medizinischen Fakultäten.[5]

Dies besagt, dass die elementaren biologischen Vorgänge in unserem Organismus durch die energetische Umgebung, in welcher wir leben, beeinflusst werden und verändert werden können. Die Implikationen all dieser Forschungsergebnisse sind weitreichend. Wir haben in Wirklichkeit viel größeren Einfluss darauf, wie unser Körper funktioniert, als wir jemals gedacht haben. Unsere Gedanken und Emotionen und die Gebete und Intentionen anderer Menschen beeinflussen uns auf einer biologischen Ebene. Wenn wir einen Raum betreten, nehmen wir eine Verbindung mit dem energetischen Feld anderer Menschen in diesem Raum auf; dadurch wird Information übertragen. Wenn wir anderen Menschen zulächeln, ob sie es sehen oder nicht, übermitteln wir ihnen Wohlwollen. Dawson Church hat wichtige Bereiche dieser Forschung in seinem Buch *Die neue Medizin des Bewusstseins* beleuchtet.

Die Wissenschaft entdeckt, dass unsere Chromosomen vielleicht eine festgelegte Reihe von Genen enthalten, doch welches dieser Gene aktiv ist, hat sehr viel mit unserem subjektiven Erleben zu tun und damit, wie wir es verarbeiten ... Wir entdecken gerade, dass die Gene im Einklang mit unserem Bewusstsein tanzen. Gedanken und Gefühle schalten Gengruppen in komplexen Mustern an und ab.[6]

Alles beginnt mit einem Signal, das von außerhalb der Zelle kommt – von den Hormonen, von elektrochemischen und elektromagnetischen Signalen, die wir selbst erzeugen durch unser Denken und Fühlen und die Art unseres Reagierens auf äußere oder innere Umstände. Dies bedeutet, dass alles, was wir denken und fühlen – und auch was andere gegenüber uns denken und fühlen – unsere Gesundheit und unser Wohlbefinden beeinflussen kann. So kann zum Beispiel ein Mangel an Selbstwertgefühl ein signifikanter Faktor sein, der unsere Gesundheit beeinträchtigt. Wie wir über uns selbst denken und unsere Gedanken verarbeiten, ist sehr wichtig. Negativität in Bezug auf uns selbst hat physiologische Konsequenzen. Nur allzu oft sind es subtile psychologische „Schleifen" – vielleicht aus der Kindheit –, die in unserem Unterbewussten ablaufen und uns einreden, dass wir nutzlos seien oder unwürdig, dass wir keine Risiken eingehen können oder nicht versuchen sollten, etwas zu leisten oder zu vollbringen, weil wir ohnehin versagen würden. Solche unterschwelligen Programme beeinflussen die Zellfunktion in unserem Körper.

Wenn Sie verstehen, dass Sie mit jedem Gefühl und Gedanken, in jedem Augenblick Ihre eigenen Zellen epigenetisch steuern, dann können Sie sofort den „Taktstock" in die Hand nehmen – für mehr Gesundheit und Glücksgefühl, und dies bewirkt einen himmelweiten Unterschied in Ihrem Leben.[7]

Wir haben schon immer gewusst, dass unser Bewusstsein, unsere emotionalen Denkvorgänge und unsere Gefühle unsere Gesundheit zum Besseren oder Schlechteren beeinflussen können. Nun beginnt die Wissenschaft, ein Verständnis dafür zu entwickeln, wie dies möglich ist, und Wege zu suchen, um jene verborgene Kraft zu nutzen. Gleichzeitig wird uns die Verantwortung für unsere Gesundheit zurückgegeben; jeder von uns ist von Anfang an selbst dafür zuständig. Positives Denken oder Intention, Optimismus, Gebet und Meditation – sie alle, so hat sich gezeigt, haben eine positive Wirkung auf unsere Gesundheit und Lebensdauer. Energie- oder bio-energetische Medizin sind die Sammelbegriffe für ein ganzes Spektrum von Therapien, vom Heilen durch Handauflegen bis hin zum Tragen eines Magneten oder Kupferarmreifs. Derlei Maßnahmen sind unter einer bunten Palette unterschiedlicher Begriffe bekannt und zunehmend akzeptiert, obwohl ihre Wirkungen von der Mainstream-Medizin meist noch geleugnet oder ignoriert werden. Doch die heilsamen Energien werden nicht ohne Grund „subtil" genannt; die Angelegenheit ist sehr subtil, und manche Experimente haben gezeigt, dass es die Versuchsergebnisse beeinträchtigt, wenn der Forscher, der den Versuch durchführt, von Skepsis und negativer Energie erfüllt ist. So überrascht es nicht, dass viele medizinische Skeptiker bei ihren Untersuchungen keine Beweise für die Wirkung verschiedener subtil-energetischer Behandlungsweisen feststellen können. Dies spiegelt eine der Schwierigkeiten der experimentellen Technik bei der Beurteilung der Resultate von Versuchen mit subtiler Energie wider: Die Energie und Intention des Heilers, diejenige der Person, die die Behandlung empfängt und die des Versuchsleiters – sie alle können das Ergebnis beeinflussen.

In einer anderen Reihe von Studien wurde gezeigt, dass sowohl die Energie und Intention der Behandler als auch der Glaube des Patienten, eine Heilbehandlung erhalten zu haben, die tatsächliche Heilung förderten. Der Glaube an die Wirkung unterstützt die Wirkung![8] Jesus sagte nach vielen seiner Heilungen: „Dein Glaube hat dich gesund gemacht." (Markus 5,34; Markus 10,52; Lukas 17,19) Beides, die heilende Energie von Jesus und der Glaube des Kranken, dass er/sie geheilt werden kann, beeinflussten die Zellfunktion des Körpers. Dass der Placeboeffekt zur Heilung beitragen kann, ist schon lange bekannt. Studien im Centre for Advanced Wound Care in Reading, Pennsylvania, haben gezeigt, dass Patienten mit nur langsam heilenden Wunden oft negative Gedankenmuster hegen und Verhaltens- oder emotionale Verletzungen haben – zum Beispiel Schuld,

Wut, mangelndes Selbstwertgefühl –, die ihre Selbstheilungskräfte beeinträchtigen.[9] Wir sehen also, dass unsere Gedanken und Emotionen, unser Immunsystem und die Selbstregulierungsmechanismen unseres Körpers durch unglaublich komplexe und subtile Interaktionen miteinander verbunden sind. Dies ist die Theorie hinter der Mehrzahl der ergänzenden und alternativen Therapien, die jedoch von den meisten Praktikern der Mainstream-Medizin nicht anerkannt wird.

## Komplementäre Therapien und Epigenetik

Manche der „respektableren" Formen alternativer Medizin, wie Akupunktur und Homöopathie, erfreuen sich einiger Akzeptanz unter den Medizinern, sind aber immer noch Gegenstand des Spottes vieler. Der Sonderausschuss Wissenschaft und Technik des britischen Oberhauses veröffentlichte im Jahr 2000 einen Bericht[10] über komplementäre und alternative Medizin (CAM), in dem diese in drei Gruppen eingeteilt wird. Die erste Gruppe enthielt „professionell organisierte alternative Therapien mit einem individuellen diagnostischen Zugang". Hierzu gehörten Osteopathie, Chiropraktik, Akupunktur, Pflanzenheilkunde und Homöopathie. Die zweite Kategorie war „Therapien, welche gebraucht werden, um die konventionelle Medizin zu ergänzen und die nicht ‚diagnostizieren'", hierzu gehörten:

- Alexander-Technik
- Aromatherapie
- Bach- und andere Blütenessenzen
- beratende Stress-Therapien
- Ernährungsmedizin
- Heilen
- Hypnotherapie
- Körperarbeit-Therapien einschließlich Massage
- Maharishi-Ayurveda-Medizin
- Meditation
- Reflexzonenbehandlung
- Shiatsu
- Yoga

Die dritte Gruppe der Verfahren ergänzender und alternativer Medizin wurde in zwei Untergruppen geteilt wie folgt:

Andere Disziplinen, die sowohl "diagnostizieren" als auch "behandeln" und andere Glaubens-Bezugssysteme hinsichtlich der Krankheits-Verursachung vertreten als die konventionelle Medizin:

*Gruppe 3a*
traditionelle und bewährte Systeme der Gesundheitspflege
anthroposophische Medizin
ayurvedische Medizin (Hindu-Tradition)
chinesische Pflanzenheilkunde
östliche Medizin (Tibb = „eine Tradition, die Elemente der Gesundheitslehren aus Ägypten, Indien, China und dem klassischen Griechenland vereint")
Naturheilkunde
Traditionelle Chinesische Medizin (TCM)

*Gruppe 3b*
andere Disziplinen, die „jeglicher glaubwürdigen Evidenzbasis entbehren"
Irisdiagnose
Kinesiologie
Kristalltherapie
Pendeln
Radionik

Es gibt noch viele, viele weitere Therapien, die vom Oberhaus nicht angesprochen wurden, wie Reiki, Farbtherapie, Lichttherapie, Klangheilung, Techniken zur emotionalen Freiheit, verschiedene biomagnetische und energetische Therapien, Aura-Behandlung, Feng Shui, Neuro-Linguistisches Programmieren (NLP), Tachyonenenergie, Kraniosakraltherapie, Sekhem-Energiebehandlung, Gesangstherapie (Healing Voice) usw. Dass sich eine derart enorme Vielfalt von Techniken entwickelt hat, ist verwirrend, aber es zeigt einen echten Wandel in der Art und Weise, wie viele Menschen heute ihre eigene Gesundheit betrachten und abseits der Pfade des konventionellen Gesundheitssystems nach zusätzlicher Behandlung suchen. Dawson Church spricht auch das Problem an, wie fest das konventionell-medizinische Denken und die Allopathie unser Denken über Gesundheit im Griff und unter Kontrolle hat. Allopathisch nennen wir die evidenzbasierte Medizin einschließlich ihrer Praxis, rezeptpflichtige Medikamente oder Operationen zu verordnen, um Symptome von Krankheiten zu behandeln oder zu unterdrücken, anstatt deren eigentliche Ursachen anzugehen.

Es ist beängstigend falsch, anzunehmen, dass die konventionelle allopathische Medizin die ganze Medizin sei. Das ist, als meinte die Trommel, sie sei das ganze Orchester. Sie mag durchaus eine phantastische Trommel sein, die genau die richtige Stimmung und die korrekten Effekte liefert, wo es im Laufe der Symphonie von ihr verlangt wird; doch wenn sie anfängt, ständig zu ertönen, ist das Ergebnis eine Kakophonie, die leisere Töne überdeckt. Wie Sie nicht versuchen würden, eine Blinddarmentzündung durch Handauflegen zu behandeln, gibt es eine große Zahl medizinischer Beschwerden, für welche die Maßnahme der Wahl eine bewusstseins-basierte Behandlung sein könnte – sogar noch bevor Sie Ihren Arzt aufsuchen, um eine medizinisch behandelbare organische Ursache auszuschließen.[11]

Gene werden also von Signalen aus der Umgebung, nicht aus dem Inneren der Zelle aktiviert. Auf welche Weise eine Zelle funktioniert, wird nicht von der DNS bestimmt, sondern von Signalen, die von außerhalb der Zelle Teile der DNS aktivieren können. Diese äußere Umgebung der Zelle wird von vielen Faktoren beeinflusst, nicht zuletzt von unseren eigenen Gedanken und Gefühlen. Die DNS und die Gene sind wie eine große Referenzbibliothek für die Zelle, in der jedoch bestimmte Bereiche hinter verschlossenen Türen verborgen sind. Die Schlüssel zum Öffnen der Zugänge der verschiedenen Abteilungen befinden sich außerhalb der Bibliothek. Wir betreten die Bibliothek und haben vielleicht nur Zutritt zur Abteilung „Kochbücher"; unsere Lektüre wird dann von Küche und Kochkunst handeln. Doch dann könnte uns der Schlüssel zur Abteilung

„Garten" gegeben werden. Er würde uns eine ganze neue Welt von Möglichkeiten erschließen, deren Studium auch unser Kochen bereichern würde. Die Bibliothek enthält riesige Mengen an Information, doch solange wir zu bestimmten Abteilungen keinen Zugang haben, vermag uns das dort gespeicherte Wissen nicht zu helfen. Die DNS birgt immense Mengen an Information und Anweisungen für die Körperzellen; welche Teile davon geöffnet und aktiviert werden, wird von „Schlüsseln" in der Umgebung außerhalb der Zellen bestimmt. Diese Schlüssel in der Zellumgebung sind für uns direkt zugänglich. Dawson Church beklagt, dass das medizinische Potenzial dieser Entdeckungen kaum Anerkennung findet.

Wenn wir daran gehen, alle die Stücke zusammenzulegen – die wissenschaftlichen Studien der Energie-Psychologie, die Tausenden von Fallgeschichten, die auf den Webseiten von Praktikern berichtet werden, und die Forschungen über die Wirkung von Glauben und Zuversicht beim Heilen –, dann ist nicht zu übersehen, dass hier ein gewaltiges Spektrum von Behandlungsweisen zum Vorschein kommt, die sicher, rasch und effektiv wirken. Wir sind für unser Wohlbefinden nicht länger auf ein Repertoire von Medikamenten und Operationen beschränkt. Zudem bietet die neue Medizin jedem von uns ein gewisses Maß an Kontrolle über unser Wohlbefinden, bis hinunter auf die Ebene unsere Zellen – eine Möglichkeit der Einflussnahme, von der die Wissenschaft noch vor einer Generation nicht einmal geträumt hat.[12]

Doch in gewissem Umfang scheint dies dem gesunden Menschenverstand völlig zu widersprechen. Gewiss haben wir doch keine Kontrolle über unsere Gesundheit? Wir sind einer Invasion von Bakterien, Viren und anderen winzigen Krankheitserregern ausgesetzt und leiden unter allen möglichen seltsamen Dingen wie dem chronischen oder dem postviralen Erschöpfungssyndrom, und dann gibt es noch die Killer-Krankheiten wie Krebs, Amyotrophe Lateralsklerose (ALS), die Parkinsonsche Krankheit, Alzheimer und so weiter. Wie könnten wir sagen, dass unser Denken auch nur die geringste Macht über diese Dinge habe? Doch dies ist der Schluss, zu dem man kommt. Es gibt viele Fälle von Krankheits- bzw. Gesundungsverläufen, die man in der ärztlichen Profession „Spontanremission" nennt, in denen ein Patient im Endstadium einer Krankheit allem Wissen über den normalerweise zu erwartenden Krankheitsverlauf trotzt. Das *Institute of Noetic Sciences* („Institut für noetische Wissenschaften") hat zahlreiche dokumentierte Fälle zusammengetragen, die zeigen, dass es bei Krankheiten buchstäblich aller Art Gelegenheiten gibt, in welchen lebenswichtige Organe oder Körperteile, die vermeintlich unwiederbringlich geschädigt waren, eine spontane Heilung erfuhren.[13] Das schwierigste Problem ist, in Erfahrung zu bringen, was in unseren Emotionen und tief in unserem Inneren unbewusst vor sich geht und welche Hindernisse für die Selbstheilung jene unterbewussten Gefühle aufbauen. Wir alle haben verborgene Wiederholungsschleifen emotionaler Denkvorgänge, die von schädigenden Erlebnissen und frühen Traumata herrühren und das Funktionieren unseres Körpers ernstlich blockieren können. Oft ist es notwendig, dass sie uns bewusst werden, bevor irgendein Fortschritt im Sinne von Heilung möglich ist.

Man kann sich eine Zeit in naher Zukunft vorstellen, in der wir zuerst einmal *aufmerksam* werden, wenn wir erkranken. Spirituelle und emotionale Heilweisen werden die erste Verteidigungslinie darstellen, nicht die letzte. Die Leidenden werden andere als nur physische Hilfe suchen, nicht erst dann, wenn sie alle konventionellen Möglichkeiten ausgeschöpft haben, sondern *bevor* sie sich den Medikamenten und Operationen der allopathischen Medizin unterwerfen. Die Allopathie könnte eine Medizin der letzten Zuflucht werden, statt die erste.[14]

## Die Macht des Gebets

Der christliche Standpunkt hat das spirituelle Element beim Heilen schon immer anerkannt, denn er basiert auf dem Glauben an einen Gott der Liebe: „Denn Gott ist die Liebe" (1. Johannes 4,8). Wie ich in Kapitel 1 dargelegt habe, stellen wir uns Gott als mitfühlendes Bewusstsein vor, als die göttliche Energie, die das Universum im Dasein hält und trägt. Unsere Energiefelder existieren in einem größeren Feld mitfühlenden Bewusstseins, das Gott ist, die Quelle, der Urgrund. Gottes Energie ist eine heilende Energie, die Ganzheit will, die alles zur Reife zu bringen sucht. Deshalb ist das Beten um Heilung ein Ausrichten von Gottes göttlicher Energie, ein Sichverbinden mit jenem mitfühlenden Bewusstsein, ein Vertrauen, dass die Energie ein gewisses Maß an Heil-und-Ganzsein bringen wird, ein Hoffen, dass sie etwas in den Zustand wiederherstellen wird, in dem es gemeint ist. Dieses Verständnis des Gebets gilt auch auf einer breiteren Basis – für das Beten um Gottes heilende Liebe, die in der weiteren Welt tätig wird, die Harmonie und Frieden bringt, die in allen Situationen das Gute sucht, die Beziehungen wiederherstellt und für das Beste wirkt. Das Gebet gilt der Heilung des Individuums und dem Heilwerden der Welt in Übereinstimmung mit den heiligenden Energien Gottes – dem all-liebenden, lebenserhaltenden Atem Gottes, der jeden von uns und alle Schöpfung durchdringt.

Wenn eine positive Intention bewirken kann, dass Gene an- oder abgeschaltet werden, dann sind wir vielleicht einem Mechanismus auf der Spur, der uns zu erklären vermag, wie das Gebet funktioniert. Und es funktioniert tatsächlich: Das *Office for Prayer Research* ("Amt für Gebetsforschung") hat über 227 Studien untersucht und aus deren Resultaten geschlossen, dass 75% der Untersuchungen zeigen, dass das Gebet eine positive Wirkung hat.[15] Ich gebrauche das Wort Gebet, weil es der Terminologie entstammt, die mir vertraut ist. Ich könnte ebenso gut sagen, dass ich eine Heilungs-Intention für jemanden hege. Forschungen in jüngster Zeit haben gezeigt, dass der springende Punkt bei dieser zielgerichteten Intention die Emotion und Kraft der Liebe ist. Mehr als sechzig wissenschaftliche Studien haben die Evidenz geliefert, dass Gebete eine messbare Wirkung auf den Heilungsprozess haben. Diese Studien offenbaren kollektiv, dass das Gebet – gleichgültig aus welcher Religion oder in welcher Form – ohne Liebe und Mitgefühl wenig oder keine Wirkung entfaltet. Ein Wissenschaftler bat einen buddhistischen Abt, zu erklären, warum sich die Mönche jeden Tag stundenlang rituellen Gesängen widmeten. Er fragte: „Wenn wir Ihre Gebete sehen – was tun Sie da eigentlich?" Der Abt antwortete: „Sie haben unsere Gebete niemals gesehen, weil man ein Gebet nicht sehen kann. Was Sie gesehen haben, ist, was wir tun, um das Empfinden in unserem Körper zu erzeugen. Das Empfinden ist das Gebet." Dem Abt war klar, dass Denken allein nicht genug ist; es muss auch eine entsprechende Emotion vorhanden sein, die dem Gedanken Kraft verleiht.

Anscheinend sagt uns die Forschung auch, dass die Kraft der zielgerichteten Intention nicht im Denken liegt, sondern in dem Empfinden, das dabei eingebracht wird. Diese Aussage finden wir auch in der Bibel. Wenn wir die Aufforderung „*Bittet, so wird euch gegeben*" aus dem biblischen Griechisch ins originale Aramäisch zurückübersetzen, das Jesus sprach, stellen wir fest, dass diese Sprache viel mehr Bedeutungsnuancen und Facetten besitzt. Der Satz könnte erweitert werden und lauten: „*Bitte ohne verborgenen Beweggrund, und sei umgeben von deiner Antwort – sei eingehüllt in das, was du ersehnst, auf dass deine Freude voll sei.*" Dies ist möglich und berechtigt, weil es in der aramäischen Sprache weniger Wörter gibt, so dass jedes Wort ein größeres Bedeutungsspektrum umfasst. Die Erweiterung der Bedeutung zeigt uns, dass das Bitten auf eine sich vorstellende, vergegenwärtigende Weise erfolgen muss mit dem aufrichtigen Verlangen, dass das Erbetene geschehe. „*Sei umgeben von deiner Antwort*" heißt, dass man sich ein Bild davon macht, wie man die Dinge haben möchte. Andererseits bedeutet es auch: Sollte es verborgene Beweggründe geben, die dem Erbetenen im Wege stehen, dann können sie verhindern, dass die Intention zur Erfüllung gelangt. Das „*Bittet, so wird euch gegeben*" birgt also viel mehr und tiefere Bedeutung, als der Satz dem ersten Blick verrät. Durch die Übersetzung verlieren wir viel.

In der christlichen Tradition wird am Ende jedes Gebets „Amen" gesagt. Das Amen bedeutet „So sei es" oder „Lasse es so sein". Intentionales Gebet bedeutet, sich innerlich mit der Emotion und Kraft des Mitgefühls das Erlebnis dessen zu erschaffen, was man ersehnt, als existierte es bereits. Lasse es so sein! Effektives Gebet heißt, sich mit der Kraft des Mitgefühls eine Person gesund oder eine schwierige Situation gelöst vorzustellen. Versteckte Beweggründe und unterbewusste Programmierungen in uns selbst oder in der Person, für die wir beten, können diesen Prozess stören und behindern. Vielleicht beten wir für die Genesung eines kranken Arbeitskollegen, doch unterbewusst gefällt es uns, wenn er nicht zur Arbeit kommt, weil dieser Kollege recht kritisch ist. Wir tragen diesen versteckten Beweggrund in uns, und wenn wir nicht damit umgehen, wird er ein effektives Gebet verhindern. Oft werden bei Gebeten um Heilung – wie auch bei vielen heilenden Behandlungen – der jeweiligen Person die Hände aufgelegt oder über sie gehalten. Wenn wir einem Menschen, für den wir beten, dabei die Hände auflegen, ist das Gebet doppelt so wirksam, wenn wir es mit Mitgefühl, Integrität und Vorstellungskraft unterstützen – und mit Selbsterkenntnis.

## Energie-Medizin und Christentum

Wörter sind verfänglich, und es gibt so viele terminologische Probleme, wenn wir daran gehen, eine der alternativen Therapien aus dem Bereich der Energie-Medizin zu betrachten. Was ist diese subtile Energie, von der da die Rede ist? Manchmal wird sie als elektromagnetische Energie bezeichnet, bei anderen Gelegenheiten wiederum scheint sie etwas mehr zu sein und in das hineinzureichen, was man bisher immer als den spirituellen Bereich angesehen hatte. Wir können nicht einfach annehmen, dass andere Energieformen nicht existieren, nur weil sie von der Wissenschaft noch nicht nachgewiesen oder entdeckt worden sind. Selbst unsere heutige Wissenschaft vermag inzwischen neue Erklärungen für alte Therapien zu bieten. Denken Sie zum Beispiel an die Akupunktur. Manche fundamentalen oder konservativen evangelikalen Christen verurteilen die Akupunktur, weil sie aus der Welt einer anderen Religion kommt oder gar aufgrund ihrer Vermutung, sie habe etwas mit Okkultem zu tun. „Das Okkulte" wiederum ist selbst keine greif- oder definierbare Sache. Das Wort *okkult* kann verwendet werden, um Dinge zu beschreiben, die einfach jenseits des menschlichen Verständnisses sind; sie sind unserem Blick verborgen und in Begriffen der westlichen Wissenschaft noch nicht zu erklären. In der Bibel aber kommt das Wort gar nicht vor. Ich denke, in vergangenen Zeiten haben viele Menschen, motiviert von einem mitfühlenden Verlangen, zu heilen und zu lindern, Methoden und Praktiken des Heilens entdeckt, die funktionierten, und dann Wege und Theorien gesucht, um zu verstehen, wie das geschah. Dabei haben sie ihre Methoden des Heilens mit den Begriffen ihres Glaubens und ihrer Zeit gedeutet.

So gehen zum Beispiel die Theorie und Praxis der Akupunktur in China mindestens bis in die Zeit um 540 v. Chr. zurück. Die überlieferte Erklärung besagte, dass das Leben davon abhängig sei, dass zwei Energien – Yin und Yang, Sonne und Erde – miteinander ausgeglichen werden. Krankheit galt als die Folge eines Ungleichgewichts. Gesundheit wird bewahrt durch die Bewegung der vitalen Kraft in Kanälen, die lebenswichtige Organe miteinander verbinden; diese Kanäle im Körper nannte man „Meridiane". Man hielt es für möglich, die Bewegung dieser Vitalkraft zu beeinflussen und den normalen Fluss wiederherzustellen, indem man die Meridiane an verschiedenen Punkten mit Hilfe von Nadeln stimulierte. Ein traditioneller Akupunkteur arbeitet auf dieser Basis und hat eine umfangreiche Ausbildung in dem komplexen System der Traditionellen Chinesischen Medizin absolviert, um die relevanten Meridiane zu lokalisieren und dem Patienten eine Diagnose zu erstellen.

Ein westlicher Akupunkteur sieht es vielleicht nicht auf genau die gleiche Weise und mag versuchen, es in Begriffen der westlichen Medizin zu erklären. Doch die Akupunktur wurde in einer anderen Kultur und Zeit entdeckt, und ihre Erklärung entwickelte sich innerhalb der Weltanschauung jener Kultur. Aber dass etwas *funktioniert,* bedeutet nicht zwangsläufig, dass die Erklärung seiner Herkunfts-Kultur für die *Art und Weise,* wie es funktioniert, universell zutreffend und gültig ist. Die traditionelle Beschreibung, wie Akupunktur funktioniert, wird heute neu interpretiert, weil wir einiges Wissen darüber erlangt haben, wie sie aus physiologischer Sicht funktionieren könnte. Wir können die Technik anwenden und die traditionelle Arbeitshypothese ablehnen oder unserer eigenen anpassen. Die traditionelle Akupunktur gebraucht eine Terminologie, die den meisten westlichen Ohren fremd ist, die wir aber neu interpretieren können. Es gibt eine Fülle von Studien und Belegen dafür, dass die Akupunktur hilfreich sein kann, und viele Ärzte scheinen sie deshalb als ein zusätzliches Werkzeug anzunehmen. Um jedoch die Akupunktur wirklich gut praktizieren zu können, bedarf es einer jahrelangen Ausbildung sowie eines Gespürs für die subtilen Energien und einer geschulten Beobachtung der Vorgänge im menschlichen Körper; zudem unterscheidet sich diese Ausbildung erheblich von den in der westlichen Medizin vorherrschenden Ansichten. Die Akupunktur muss nicht innerhalb der Kultur und Weltanschauung praktiziert werden, die aus der traditionellen chinesischen Gesellschaft überliefert ist. Es gibt heute eine Theorie und Erklärung ihrer Wirkungsweise über die Bindegewebe im Körper, wie Dawson Church darlegt:

Bindegewebe ist das, was alle Teile des Körpers zusammenhält –
eine Reihe von „Leitungen" und „Taschen", die alle Organe einhüllen
und als Bänder und Sehnen alles miteinander verbinden. Als Ganzes betrachtet, ist es das größte Organ des Körpers. Bindegewebe
besteht aus Kollagenfasern, die in überaus gleichmäßig parallelen
Molekülverbänden angeordnet sind. Sie fungieren wie ein riesiges
Gebilde aus Flüssigkristallen, ein Halbleiter, der elektrische Energie
sehr rasch von einem Ort zum anderen zu leiten und damit Information im Körper weiterzugeben vermag. Dies erklärt, warum das
Antippen oder Stechen mit einer Nadel in einen Teil des Körpers
ein piezoelektrisches Signal erzeugt, welches einen fernen Teil des
Körpers oder den ganzen Körper beeinflussen kann.[16]

Die Traditionelle Chinesische Medizin stimuliert die „Meridianpunkte" auf der Haut, welche durch das Bindegewebe mit allen Teilen des Körpers verbunden sind und den Energiefluss im ganzen Körper beeinflussen. Die Meridianpunkte, die in der traditionellen Akupunktur und bei der Akupressur genutzt werden, weisen einen viel geringeren elektrischen Widerstand auf als die Haut in ihrer Umgebung.

Werden diese Punkte mit niederfrequentem Strom stimuliert, spricht
der Körper darauf an, indem er Endorphine und Kortisol produziert.
Werden sie mit einem hochfrequenten Strom stimuliert, produziert
der Körper Serotonin und Noradrenalin. Wird die umgebende Haut
mit Strom der gleichen Art behandelt, werden diese Hormone und
Neurotransmitter nicht produziert.[17]

Endorphine sind die natürlichen schmerzstillenden Substanzen im Körper, Kortisol ist ein Steroid, das bei der Reparatur des Gewebes hilft, und Serotonin und Noradrenalin sind stimmungsregulierende Neurotransmitter. Mit diesem Wissen erhalten wir eine erste Ahnung davon, wie Akupunktur wirken könnte. Studien von Dr. Robert Becker mit einem rollenden Aufnahmegerät haben gezeigt, dass es bei allen Testpersonen an den gleichen Stellen elektrische Ladungen gibt; diese Stellen entsprechen den chinesischen Meridianpunkten.[18] Andere Studien haben ergeben, dass deprimierten Menschen durch Stimulation dieser Meridiane geholfen wurden konnte, in 64% der Fälle wurde eine vollständige Remission berichtet.[19] Es ist zu hoffen, dass solche wissenschaftlichen Studien dazu beitragen werden, einige der Vorurteile abzubauen, die sowohl innerhalb des ärztlichen Berufsstandes als auch bei den konservativen Christen gegenüber der komplementären Medizin allgemein bestehen. Tatsächlich wurden manchen Medizinern bereits auf recht dramatische Weise die Augen geöffnet:

> Dr. Isador Rosenfeld erzählt die folgende Geschichte: „Im Jahre 1978 wurde ich nach China eingeladen, um einer Operation am offenen Herzen einer jungen Frau beizuwohnen. Sie blieb bei vollem Bewusstsein und lächelte während der ganzen Operation, obwohl die einzige „Narkose", die sie erhalten hatte, eine Akupunkturnadel war, die man ihr ins Ohr gesteckt hatte."[20]

## Die Macht des Denkens

Es gibt viele Beispiele von der Macht des Denkens über den Körper. In der BBC-Serie *Your Life in Their Hands* erfahren wir, dass Dr. Angel Escudero aus Valencia mehr als 900 komplexe chirurgische Operationen ohne Anästhesie durchgeführt hat. Die BBC filmte eine Frau, deren einzige Anästhesie bei einer Operation darin bestand, dass sie wiederholt den Satz "Mein Bein ist anästhesiert" sagte, während sie den Speichel in ihrem Mund behielt. Aus physiologischer Sicht ist ein trockener Mund eines der ersten Anzeichen dafür, dass wir uns in Gefahr fühlen. Der Gedanke hinter jener Anästhesie ohne Betäubungsmittel war: Solange der Mund feucht bleibt, nimmt das Gehirn an, dass alles in Ordnung sei, und schaltet deshalb seine Schmerzrezeptoren ab.[21] Eine andere faszinierende – wenn auch in ethischer Hinsicht eher zweifelhafte – Studie wurde von dem Orthopäden Dr. Bruce Moseley ausgeführt. Er nahm dazu 150 Patienten, die unter schwerer Knie-Arthrose litten und mit einer Operation an ihrem Kniegelenk rechneten. Alle Patienten erwarteten diese Operation, zwei Drittel von ihnen erhielten sie. Ein Drittel der Patienten wurde jedoch nur zum Schein für eine Operation vorbereitet, erhielt eine Narkose und einen Einschnitt in das Knie, aber keine Operation.

Die Patienten wurden über die nächsten beiden Jahre beobachtet, und alle berichteten von Verbesserungen. Das Erstaunliche ist jedoch, dass die Placebo-Gruppe bessere Resultate zeigte als manche Personen, die tatsächlich operiert wurden. Anscheinend hatte die mentale Erwartung einer Heilung die körpereigenen Selbstheilungsmechanismen aktiviert. Die von der Erwartung einer erfolgreichen Operation erzeugte Intention führte eine körperliche Veränderung herbei.[22] Dies mag auch als Erklärung für das Phänomen der Stigmata dienen, bei dem sich sie Wundmale Christi am Körper eines frommen Christen manifestieren. Die *Association for the Scientific Study of Anomalous Phenomena* ("Vereinigung zur wissenschaftlichen Untersuchung anomaler Phänomene") hat mindestens 350 solcher Fälle dokumentiert. Allem Anschein nach kann die Kraft des intentionalen Gebets und der Identifikation mit dem Gekreuzigten tatsächlich zu einer solchen körperlichen Veränderung führen.[23]

Andere Studien galten dem Vorkommen von Spontanheilungen bei Krankheiten im Endstadium, also ohne jegliche medizinische Maßnahme. Sie haben gezeigt, dass eine von acht Hautkrebserkrankungen spontan heilt, auch nahezu jede fünfte Krebserkrankung des Urogenitalsystems. Es ist belegt, dass alle Arten von langwierigen Erkrankungen auch spontan heilen können. Wenn irgendeine starke positive psychologische Veränderung im Patienten eintritt, die ihn neuen Sinn im Leben empfinden lässt, scheint diese Neuausrichtung des Denkens oft eine Genesung herbeiführen zu können.[24]

## Energie-Psychologie

In jüngster Zeit ist eine Reihe von Behandlungstechniken bekannt geworden, bei denen Intentionen mit Klopf-Praktiken kombiniert werden. Durch Klopfen mit den Fingerspitzen werden Meridianpunkte stimuliert. Mit die populärste dieser Methoden ist die „Emotional Freedom Technique" (die Techniken der Emotionalen Freiheit, EFT). Ihre Anwender behaupten, durch das gleichzeitige Beklopfen einiger Meridianpunkte, während man einen Satz oder eine Intention wiederholt, schon seit Jahren gespeicherte psychische Spannungen und Traumata auflösen zu können.

Dieses ganze Gebiet wird als "Energie-Psychologie" zusammengefasst, und auch diese Methoden sollen über das Bindegewebe wirken. Hierbei komme der piezoelektrische Effekt zum Tragen. Wenn auf einen Kristall Druck ausgeübt wird, kann er statische Elektrizität abgeben, die in Gestalt eines Funkens austritt. Geräte, die auf diesem Prinzip beruhen, benutzen viele von uns täglich im Haushalt – Gasanzünder oder Feuerzeuge. Aufgrund der kristallinen Struktur des Bindegewebes bewirkt das Klopfen auf den Meridianpunkten eine winzige piezoelektrische Entladung, die dem Bindegewebe folgt und die Umgebung um die Zellen beeinflussen kann – und damit über die Proteinrezeptoren auch die Gene der DNS.

Aller Wahrscheinlichkeit nach erzeugt das Klopfen eine piezoelektrische Ladung, die durch das Bindegewebe wandert und dem Weg des geringsten elektrischen Widerstandes folgt. In der Kombination mit der bewussten Erinnerung an ein Trauma und der Wahrnehmung derjenigen Stelle im Körper, an dem jenes Trauma hauptsächlich gespeichert wurde, werden die IEGs *(immediate early genes:* Gene, die innerhalb von zwei Sekunden aktiv werden*)* aktiviert, die am Heilungsvorgang beteiligt sind, und die Intensität des körperlichen Gefühls an dieser Stelle wird entladen, wobei sie die Intensität der mit dem Trauma verbundenen Emotion mitnimmt.[25]

Es gibt noch viele weitere Bereiche der Forschung, die sich mit Energien und Energiefeldern befassen: Wie Wasser Information auf einer Schwingungsebene zu halten vermag – eine Art von Speicherung dessen, was es enthalten hat und worauf der Körper reagiert, wie in der Homöopathie; wie sich das Ionen-Gleichgewicht in den Händen eines Heilers verschiebt und dabei das elektromagnetische Feld der Umgebung verändert; wie das Energiefeld einer Person eine Resonanz im Energiefeld einer anderen Person erzeugen kann, um diese zu stabilisieren, und wie der sogenannte Placeboeffekt, der in der Medikamentenforschung als ein eher lästiger Faktor empfunden wird, tatsächlich die Macht unseres Denkens und Fühlens beim Heilen offenbart. Ohne dass wir alle diese Themen detailliert besprechen werden, scheint es doch offenkundig, dass der menschliche Körper wiederholt unter Beweis stellt, dass er zu weit mehr fähig ist, als man bisher für möglich gehalten hat, wie Lynne McTaggart verdeutlicht:

Dutzende von Wissenschaftlern haben in der Fachliteratur Tausende von Aufsätzen veröffentlicht, in denen sie schlüssig beweisen, dass unsere Gedanken alle Aspekte unseres Lebens tiefgreifend beeinflussen können. Als Beobachter und Schöpfer gestalten wir unsere Welt in jedem Augenblick fortlaufend neu. Jeder Gedanke, der uns durch den Kopf geht, jedes Urteil, das wir gefällt haben – sei es auch unbewusst –, hat eine Wirkung. In jedem Moment, den er wahrnimmt, sendet der bewusste Geist eine Absicht aus.[26]

Doch besinnen wir uns auf eine christliche Perspektive: Ich glaube, dass das Heilen oder ein Drang nach Heilsein ein göttliches Potenzial des Menschen ist, die göttliche Energie zu nutzen, die durch die ganze Schöpfung fließt. Das Problem ist, dass wir noch nicht wissen, wie wir sie richtig nutzen können. Die Techniken der komplementären Medizin sind aufgrund der Subtilität ihrer Interaktion mit unserem Denken und Körper insgesamt noch eher Aufs-Geratewohl-Zugänge. Wie wissen aber, dass es beim Heilen nicht nur um unseren physischen Körper geht, sondern auch um unseren mentalen und spirituellen Zustand. Es ist alles eins. Es geht letztlich um das Heil-und-Ganzsein, welches das Potenzial in einer Beziehung mit dem göttlichen Bewusstsein in uns ist.

Im Christentum geht es – oder sollte es gehen – um das Wiederherstellen jener Beziehung durch Befolgen des Weges und der Lehre Christi. Er war ein Heiler. Er war imstande, mit heilenden Energie umzugehen und andere auf eine Weise zu beeinflussen, die es ihrem Körper ermöglichte, sich selbst „in Ordnung zu bringen". Er war ein voll entfaltetes menschliches Wesen und brachte das ganze Potenzial zur Erfüllung, das ein Mensch zum Heilen besitzt. Er vermochte die heilende Energie Gottes dahin zu richten, wo sie am meisten gebraucht wurde.

Die essenzielle Botschaft und Aussage Jesu ist in der Übersetzung und Tradition verzerrt worden in „Kehrt um und seid gerettet". Sie sollte eher lauten: „Kommt zu Gott und werdet heil." Dies mag nicht immer zugleich vollständige *körperliche* Gesundheit bedeuten, jedoch eine größere Fülle des Geistes, des inneren Einsseins und Friedens, und über die körperliche Behinderung, Krankheit und letztlich den Tod hinausgehen. (Diesen Gedanken werden wir in Kapitel 7 weiter vertiefen.)

# 3

## MORPHISCHE FELDER UND DAS WERK CHRISTI

~

In diesem Kapitel betrachten wir die Informationsfelder, die bestimmen, wie die Welt funktioniert, und werfen einen Blick auf Rupert Sheldrakes Theorie der morphischen Felder und morphischen Resonanz. Dann befassen wir uns mit der Bedeutung der Wirkung vom Leben und Tode des Jesus von Nazareth auf das morphische Feld der Menschheit.

~

### Felder und Formen

Ein weiterer Bereich neuen wissenschaftlichen Denkens, der das Spirituelle betrifft, hat mit Feldern und Formen zu tun; deshalb soll hier eine kurze Erklärung stehen. Die moderne Physik sagt, dass wir in einer ganzen Vielfalt von Energiefeldern existieren, die Informationen enthalten, welche wiederum die Form unserer physischen Existenz bestimmen. Alle Kräfte und Energien bedürfen eines Mediums, durch welches sie sich ausbreiten. Wasserwellen sind Energie, die sich durch Wasser verbreitet, Schallwellen bewegen sich durch die Luft. Wasser und Luft könnten wir auch als „Felder" bezeichnen, durch die sich Wasser- oder Schallwellen fortbewegen. Wir existieren in einem Gravitations- oder Schwerefeld, welches das ganze Universum ausfüllt. Es verursacht eine Anziehungskraft zwischen zwei Körpern; je größer ein Körper ist, desto stärker seine Anziehungskraft. Die Erde, ein großer Körper, besitzt eine große Schwerkraft, die uns auf ihrer Oberfläche hält; andernfalls würden wir einfach ins All davonschweben. Die Anziehungskraft des Mondes wiederum wirkt auf die Gewässer der Erde und bewirkt so deren Gezeiten. Der Gravitationssog wird durch das universelle Gravitationsfeld übertragen. Wir befinden uns auch in einem elektromagnetischen Feld; es ist das Medium für alle elektromagnetische Strahlung – Mikrowellen, Radiowellen, Infrarot, Licht, Röntgen- und Gammastrahlen. Der einzige Unterschied zwischen **diesen** Formen elektromagnetischer Energie ist die Schwingungsrate, ihre Frequenz. Elektromagnetismus spielt also bei sämtlichen Interaktionen in unserem täglichen Leben eine Rolle. Er ist die Kraft zwischen den elektrisch geladenen Teilchen der Atome, aus denen alle Materie besteht, er ist die Energie, mit der die grünen Pflanzen Sauerstoff erzeugen, der wiederum unser Leben ermöglicht, und er ist die Energie, durch welche Radio-, Fernseh- und Mobilfunk-Signale übermittelt werden. Die elektromagnetischen und Gravitations-Kräfte sind zwei der vier bekannten fundamentalen Kräfte. Die anderen beiden fundamentalen Kräfte sind die starke Nuklearkraft (die winzige, Quarks genannte Energiebündel und Atomkerne zusammenhält), sowie die schwache Nuklearkraft (die bestimmte Formen von radioaktivem Zerfall bewirkt). Alle anderen bekannten Kräfte (z.B. Reibung) sind letztlich von diesen fundamentalen Kräften abzuleiten. (Bitte achten Sie auf das Attribut „bekannt". Wir können nicht davon ausgehen, dass es keine weiteren fundamentalen Kräfte gibt, doch sind uns derzeit keine weiteren bekannt.)

Vielleicht haben Sie in der Schule einst ein Experiment mit einem Magneten und Eisenspänen durchgeführt, das die Existenz des Magnetfeldes illustrierte. Dazu werden Eisenfeilspäne auf ein Stück Papier gestreut, auf dem sie wahllos zu liegen kommen. Dann wird ein Magnet unter das Papier geführt und das Papier leicht angetippt. Siehe da, die Eisenspäne ordnen sich zu einem klaren Muster konzentrischer Bögen, die aus den Polen des Magneten hervorzukommen scheinen. Die Eisenspäne werden beeinflusst und neu arrangiert, so dass sie mit dem unsichtbaren Feld übereinstimmen. Felder beeinflussen uns zu jeder Zeit.

So ist unser Körper auch von der Einwirkung jener Kräfte nicht ausgenommen, die im elektromagnetischen Feld erzeugt werden und wirken, denn dieses ist alles-durchdringend, ja man hält man es sogar für ein Kommunikationsmittel innerhalb des Körpers. Wir strahlen selbst Elektromagnetismus aus, der mit Hilfe empfindlicher moderner medizinischer Geräte festgestellt werden kann, etwa durch Hirn- und Herz-Monitore, Magnetresonanztomografie etc. Wir sind umgeben von einem Meer aus

Schwingungsenergie, von der wir nur einen winzigen Teil sehen oder fühlen können, nämlich Wärme und Licht. Wir befinden uns auch innerhalb des Magnetfeldes der Erde, das verschiedene Tierarten auf eine Weise, die wir noch nicht ganz verstehen, zur räumlichen Orientierung nutzen. Wir vermuten, ihre Wahrnehmung des Feldes beruht auf winzigen Eisenerzkristallen (Magnetit) im Gehirn. Es gibt auch verschiedene Arten von Feldern auf der materiellen Ebene selbst, so zum Beispiel das Elektronenfeld und das Neutronenfeld. Alle Materie existiert als Quanten von Schwingungsenergie innerhalb von Feldern. Felder sind überall um uns und in uns. Es bedarf keiner großen Anstrengung unserer Phantasie, um anzunehmen, dass es noch weitere Felder gibt, deren Existenz wir nicht feststellen können, weil wir noch nicht die Instrumente erfunden oder entdeckt haben, um sie aufzuspüren. Gleichwohl könnten sie eine tiefgreifende Wirkung auf uns haben und eine Erklärung für viele Rätsel des Lebens bieten. Es gibt Felder innerhalb von Feldern, die die Reaktionen und Phänomene bestimmen und beherrschen, die wir in der physischen Welt sehen und messen können.

## Rupert Sheldrake und die morphische Resonanz

Das Wissen um diese Gegebenheiten ist nicht nur für Physiker, sondern auch für Biologen hilfreich. Viele Jahre rätselte der Biologe Rupert Sheldrake, was es ist, das die Form eines Körpers bestimmt. Die DNS ist in jeder Körperzelle dieselbe; was also bestimmt, dass sich manche zu Leberzellen, andere zu Hautzellen und wieder andere zu Gehirnzellen entwickeln? Was drängt die Zellen in eine bestimmte „Form", einen bestimmten Körper, sei es einer Pflanze, eines Tieres oder eines Menschen? Sheldrake hat den Begriff der morphogenetischen (gestaltgebenden) Felder entwickelt, die er „morphische Felder" nennt. Hierbei spielt auch Resonanz eine Rolle, das heißt, dass ein Feld ein anderes beeinflusst. Resonanz tritt ein, wenn Schwingungsenergie aus einer Quelle die Schwingungen aus einer anderen Quelle auslöst. Wenn man zum Beispiel in einem Zimmer Klavier spielt, in dem auch eine Gitarre steht, werden einige von deren Saiten in Resonanz mitschwingen und jene Töne erklingen lassen, die die gleiche Frequenz haben. Sheldrake überträgt dieses

Phänomen auf seine Theorie der morphischen Felder: Es gebe Felder innerhalb von Feldern innerhalb von Feldern dergestalt, dass das Wachstum und die Form von jedem Teil eines Körper von seinem eigenen morphischen Feld bestimmt wird. Deshalb wird auch ein von dem Zweig einer Pflanze abgeschnittener Steckling von deren Feld gestaltet und in Übereinstimmung mit diesem beginnen, Wurzeln zu treiben; ein Plattwurm wiederum kann in kleine Stücke geschnitten werden, und jeder Teil wird zu einem neuen, vollständigen Plattwurm heranwachsen, wie es seinem morphischen Feld entspricht.

Darüber hinaus, so Sheldrake, besitze jede biologische Art ein Feld für die ganze Spezies, das eine Art von eingebautem Gedächtnis aufweist, das Information speichert, die für die Spezies von Belang ist. Es gibt also ein Spezies-Gedächtnis, zu welchem alle Angehörigen der Art beitragen. Jede Spezies hat ein artspezifisches morphisches Feld, das nicht nur die äußere Gestalt ihrer Angehörigen bestimmt, sondern auch deren Verhalten, die gesellschaftlichen und kulturellen Systeme und ihre mentale Aktivität.[1] Dieses Feldgedächtnis ist kumulativ; es basiert auf dem, was der Spezies in der Vergangenheit widerfahren ist und wird geprägt von den Erlebnissen und dem Verhalten aller vorausgegangenen Generationen. Man könnte auch von Informationsfeldern sprechen, die sich mit der biologischen Evolution der Spezies entwickeln. Diese Vorstellung ähnelt der Idee des „kollektiven Unbewussten", die Carl Gustav Jung einst einführte.[2]

Wir sprechen von *morphischer Resonanz,* wenn ein individueller Organismus vom Verhalten eines anderen Organismus der gleichen Spezies beeinflusst werden kann – selbst wenn er keinen physischen Kontakt mit diesem hat –, weil beide durch das morphische Feld der Spezies miteinander verbunden sind. Jede neue Entwicklung oder Verhaltensweise eines Individuums wird zu einem Teil des morphischen Feldes. Somit ist zu erwarten, dass es für jeden Angehörigen der Spezies einfacher sein wird, sich eine neue Fertigkeit oder Gewohnheit anzueignen, wenn diese bereits von einem anderen Vertreter der gleichen Art gelernt und zum morphischen Feld der Spezies hinzugefügt worden ist. Dies gilt nicht nur für Lebewesen im landläufigen Sinne, sondern auch für Proteinmoleküle, Kristalle und sogar Atome. Sheldrake schreibt:

Wenn zum Beispiel Ratten in London einen neuen Trick lernen, dann sollten Ratten überall imstande sein, den gleichen Trick rascher zu lernen, als sie es vorher konnten, denn nun hatten die Ratten in London ihn gelernt. Je mehr Ratten den Trick lernen, desto einfacher sollte es werden, ihn überall zu lernen. Gleiches gilt zum Beispiel für eine neue chemische Verbindung, die in New York zum ersten Mal kristallisiert wurde; je häufiger dies geschieht, desto leichter sollte es diesen Kristallen überall auf dem Globus fallen, sich zu dieser Formation zusammenzufinden. Wenn Kinder in Japan den Umgang mit einem neuen Videospiel lernen, sollte es einfacher sein, dass Kinder das gleiche Spiel in anderen Ländern ebenfalls lernen. Diese Effekte sollten ohne irgendein normales Mittel der Kommunikation eintreten.[3]

Dieser Effekt ist tatsächlich in Experimenten bei einer Vielzahl von Arten beobachtet worden. Sheldrake zitiert eine Reihe von Fällen.[4] Pavlov zum Beispiel führte ein Experiment mit weißen Mäusen durch, die er trainierte, zu ihrer Futterstelle zu rennen, wenn eine Klingel ertönte. Die erste Mäuse-Generation brauchte durchschnittlich dreihundert Versuche, um dieses neue Verhalten zu lernen, doch bei der vierten Generation waren es nur noch maximal zehn Versuche, bis sie es konnten. William McDougall leitete ein umfassendes Experiment mit Ratten, die in einem Labyrinth lernen mussten, den richtigen Ausgang zu wählen. Wenn sie durch den beleuchteten Ausgang herauskamen, erhielten sie einen Stromschlag, doch welcher Ausgang beleuchtet war, wechselte immer. Die erste Ratten-Generation machte durchschnittlich 165 Fehlversuche, bevor sie lernte, welcher Ausgang zu wählen war. In der dreißigsten Generation wurden nur fünfundzwanzig Fehler gemacht, bis das neue Verhalten gelernt war. Nach der Veröffentlichung dieser Ergebnisse beschloss ein anderer Biologe in Edinburgh, F. A. E. Crew, McDougalls Experimente zu wiederholen, stellte aber fest, dass seine erste Versuchsratten-Generation viel rascher lernte – es gab durchschnittlich nur noch fünfundzwanzig Fehlversuche –, als ob sie an dem Punkt „weitergelernt" hätten, wo McDougalls Ratten seinerzeit aufgehört hatten. In Melbourne wurde das Experiment ebenfalls durchgeführt (fünfzig Generationen Ratten über zwanzig Jahre) und zeigte das gleiche Muster. Doch sie wiederholten die Experimente auch mit Ratten, deren Eltern völlig ungeübt waren, und stellten eine ähnliche

Verbesserung des Lernverhaltens fest. Diese Resultate entsprachen genau dem, was man als Übereinstimmung mit der Theorie der morphischen Resonanz erwarten konnte.

Eines der am besten dokumentierten und interessantesten Beispiele für die Ausbreitung einer neuen Gewohnheit sind Blaumeisen mit ihrer Fähigkeit, die Deckel von Milchflaschen zu öffnen, die vor der Haustür bereitstehen. Dieses Verhalten wurde erstmals in Southampton im Jahre 1921 beobachtet; dabei waren in mehreren Fällen Blaumeisen, die kopfüber in die Flasche fielen, in der Sahne erstickt. Von Southampton aus verbreitete sich die nahrhafte Fertigkeit der Vögel, oft in Sprüngen von fünfzig oder hundert Meilen zum nächsten Ort, an dem man sie beobachten konnte. Blaumeisen sind eher revieransässig und entfernen sich selten weiter als sechs bis acht Kilometer. Doch bis 1947 war die erlernte Technik über ganz Britannien verbreitet. In Skandinavien und Holland tauchte sie in den 1930er Jahren auf und verbreitete sich danach weiter. Doch interessanterweise gab es in Holland ab 1940 – es war Kriegszeit – keine Milchlieferungen an die Haustür mehr. Sie wurden erst 1948 wieder aufgenommen. Da Blaumeisen gewöhnlich nur zwei bis drei Jahre alt werden, waren 1948 vermutlich keine Tiere mehr am Leben, die bereits von den Vorkriegs-Milchlieferungen genascht hatten. Doch als die Lieferungen 1948 wieder aufgenommen wurden, tauchte auch sehr bald wieder das Phänomen der deckelöffnenden Blaumeisen auf, und zwar in durchaus weit voneinander entfernten Orten in Holland. Es verbreitete sich äußerst rasch und war innerhalb von ein bis zwei Jahren wieder überall festzustellen. Dieses Mal verbreitete sich die erlernte Fertigkeit viel schneller und trat viel häufiger an voneinander unabhängigen Orten auf als bei der ersten Welle. Dieses Beispiel zeigt die evolutionäre Ausbreitung einer neuen Gewohnheit, die nach Sheldrakes Meinung nicht genetisch vermittelt wird, sondern eher auf einer Art von kollektiver Erinnerung aufgrund von morphischer Resonanz beruht. Sheldrake gibt uns eine hilfreiche Analogie, die ich hier ungekürzt zitiere:

> Die Unterschiede und Verbindungen zwischen diesen beiden Formen der Vererbung werden leichter zu verstehen sein, wenn wir eine Analogie zum Fernsehen betrachten. Denken Sie an die Bilder auf der Mattscheibe als die Form, für die wir uns interessieren. Wenn Sie nicht bereits gewusst haben, wie die Form entstanden ist, wäre

die naheliegendste Erklärung wohl, dass es kleine Menschen im Inneren des Geräts gibt, deren Schatten Sie auf dem Bildschirm sehen. Kinder denken sich dies manchmal so. Wenn Sie jedoch die Rückwand des Fernsehers abnehmen und sich das Innere ansehen, stellen Sie fest, dass da keine kleinen Menschen sind. Nun fühlen Sie sich vielleicht ein wenig schlauer und spekulieren, dass die kleinen Menschen mikroskopisch winzig sein und in Wirklichkeit in den Kabeln des Fernsehers stecken müssen, die Sie sehen. Doch wenn Sie die Kabel durch ein Mikroskop betrachten, können Sie auch da keine kleinen Menschen finden.

Sie werden vielleicht noch raffinierter und vermuten, dass die kleinen Menschen auf der Mattscheibe tatsächlich durch „komplexe Interaktionen zwischen den Teilen des Geräts" entstehen, „die man noch nicht ganz genau versteht". Möglicherweise denken Sie, diese Theorie werde bewiesen, wenn Sie einige Transistoren aus dem Apparat entfernten; dann würden die kleinen Leute verschwinden. Wenn Sie die Transistoren zurück platzieren, würden sie wieder erscheinen. Dies könnte als überzeugende Evidenz gelten, dass die Leute aus dem Inneren des Geräts entstanden, ganz aufgrund einer inneren Interaktion.

Angenommen, jemand meint nun, dass die Bilder von kleinen Menschen von außerhalb des Geräts kommen, und der Fernseher nehme sie auf infolge von unsichtbaren Schwingungen, auf die das Gerät eingestellt ist. Dies klänge wahrscheinlich wie eine sehr okkulte und mystische Erklärung. Sie stellen vielleicht in Abrede, dass es irgendetwas gibt, das in den Fernseher hereinkommt. Dies könnten Sie sogar „beweisen", indem Sie das Gerät wiegen, wenn es abgeschaltet, und dann, wenn es angeschaltet ist; das Gewicht wäre identisch. Daraus könnten Sie schließen, dass es nichts gibt, das von außen hereinkommt.

Ich denke, das ist die Position der modernen Biologie: Sie versucht, alles im Sinne dessen zu erklären, was im Inneren passiert. Je mehr Erklärungen für die äußere Form im Inneren gesucht werden, als desto schwerer fassbar erweisen sich diese Erklärungen, und desto mehr werden sie immer subtileren und komplexeren Interaktionen zugeschrieben, die sich der Untersuchung immer weiter entziehen. Ich behaupte, tatsächlich stimmen sich unsichtbare Verbindungen, die außerhalb des Organismus entstehen, auf die Formen und Verhaltensmuster ein. Die Entwicklung der Form ist ein Ergebnis sowohl der inneren Organisation des Organismus als auch der Interaktion der morphischen Felder, auf die er eingestimmt ist.[5]

Wenn wir diese Theorie auf das Menschenreich übertragen, bedeutet dies: Wann immer ein Mensch etwas tut, das weiter geht, als irgendjemand vorher gegangen ist, so bewirkt dies Veränderungen im morphischen Feld für die ganze Menschheit, da es nun für jedermann leichter möglich ist, diesen Schritt zu tun. Diese Auswirkung können wir in verschiedenen menschlichen Leistungen erkennen. Seit Hillary und Tensing den Mount Everest bestiegen haben, tun dies Jahr für Jahr immer mehr Menschen. Nachdem Roger Bannister (1954) die Meile in vier Minuten gelaufen war, wurde diese Bestzeit immer öfter erreicht. Seit der erste Kanalschwimmer die Distanz zwischen dem europäischen Festland und England überquerte, wurde diese Leistung immer wieder erreicht. Doch alle diese Leistungen werden auch von anderen Faktoren beeinflusst – verbesserte Ernährung und Fitness, besseres Training, eine größere Auswahl und technische Fortschritte. Ein anderes Beispiel ist der alljährliche Aufschrei der Prüfungsgremien in England, dass die Prüfungen *nicht* einfacher seien als in früheren Jahren, dass jedoch der Anteil derer, die sie bestehen, immer weiter zunehme. Ist dies allein dem besseren Unterricht geschuldet, oder ist auch hier morphische Resonanz am Wirken? Es ist bei den Menschen sehr schwierig, die Einflüsse und Wirkung aller möglichen anderen Faktoren auszufiltern und das zu isolieren, was allein auf morphische Resonanz zurückzuführen ist.

## Morphische Resonanz und das Werk Christi

Die Theorie von der morphischen Resonanz wurde von manchen als Pseudowissenschaft bezeichnet, die sie für nicht verifizierbar halten, doch sie gewinnt allmählich Unterstützung aus vielen Lagern. Wenn wir einmal davon ausgehen, dass morphische Resonanz tatsächlich zu erklären vermag, wie die Welt funktioniert, dann hat diese Theorie weitreichende

Konsequenzen im Hinblick auf den Tod und die Auferstehung Jesu und die Sühne-Theologie.
Die christliche Theologie vermittelt uns, dass Jesus ganz Mensch war. Also wird, was er tat und wie er sich verhielt, das morphische Feld der Menschheit beeinflussen und andere Menschen befähigen, das Gleiche zu tun. Im Johannes-Evangelium sagt Jesus:

> Wahrlich, ich sage euch: Wer an mich glaubt, der wird die Werke, die ich vollbringe, auch vollbringen, und er wird noch größere vollbringen als diese, denn ich gehe zum Vater. (Johannes 14,12)

Erinnern Sie sich, was Jesus in seinem Leben und Tod getan haben soll. Er demonstrierte die Fähigkeit, den menschlichen Körper zu heilen, und führte ein Leben, das Gott geweiht war. Der Weg Jesu war ein Weg der „Kenosis" (Selbst-Leerung, Entäußerung). In seinem Brief an die Philipper gebrauchte Paulus dieses Wort zum ersten Mal in Bezug auf Jesus, und es ist eine genaue Charakterisierung des Pfades, den Jesus beschritt:

> Ein jeder sei gesinnt, wie Jesus Christus auch war: Er war Gott gleich, hielt aber nicht daran fest, wie Gott zu sein, sondern er entäußerte sich und wurde wie ein Sklave und den Menschen gleich. (Philipper 2,5-7)

Jesus war imstande, sein Ego, sein niederes Selbst, an Gott hinzugeben und ganz in Gottes Bewusstsein einzutreten. Und doch war er ganz Mensch, gleich uns, also hatte er eine Ego-Natur. Die Geschichte seiner Jahre öffentlichen Wirkens zeigt uns wiederholt, wie er jenes Ego, jenes niedere Selbst, überwand und eins wurde mit Gott – ganz göttlich. Wiederholt leerte, entäußerte er sich selbst und ergab sich in den Prozess.

Dies sehen wir in den Versuchungs-Geschichten im vierten Kapitel des Matthäus-Evangeliums. Jesus wurde drei Mal in Versuchung geführt: Erstens, Steine in Brot zu verwandeln – das heißt, seine Kräfte egoistisch und für seine eigenen Ziele zu nutzen. Zweitens, sich vom Dach des Tempels zu stürzen – das heißt, die Sensationsgier auszunutzen, um sich eine ichbezogene, das Ego aufblähende Gefolgschaft zu gewinnen. Schließlich wurde er versucht, Satan anzubeten, um dafür eigene Macht und Prestige zu erhalten. In jedem einzelnen Falle lässt Jesus den angebotenen Köder einfach unberührt baumeln – zufrieden, dem Pfad der Hingabe zu folgen und sich egoistischer Begierden nach mehr zu entäußern. Jesus ging es nicht um Macht, Bewunderung oder Prestige; er hatte jedes Bedürfnis danach überwunden. Er hatte sein Ego losgelassen und war erfüllt von dem mitfühlenden Bewusstsein Gottes.

Diese Hingabe des Egos sehen wir auch im Garten Gethsemane[6]. Als Jesus erfasst, was ihm bevorsteht, ist er versucht, sich abzuwenden, aber *„nicht mein Wille geschehe, sondern deiner"*, sagte er zu Gott. Er ergab sich in den Prozess und stellte sein eigenes Ego hintan. Diese Selbstentäußerung zog sich auch durch seine Reaktionen während des Prozesses, den man ihm machte, selbst in der Folter und der Kreuzigung. Hingabe und *kenosis* waren sein Weg, das Handeln aus der Liebe und dem Mitgefühl, die sein wurden, als er sein Ego zurückstellte und in das immense Feld von Gottes mitfühlendem Bewusstsein eintrat. Er handelte und schöpfte aus dem tiefen Quell der Liebe, aus dem Urgrund, der Gott ist. Die Botschaft der Bibel impliziert, dass dies für alle Menschen möglich ist.

Im Johannes-Evangelium wird dieses Eintreten ins vereinende Bewusstsein als „Einssein mit dem Vater" bezeichnet.

Ich und der Vater sind eins. (Johannes 10,30)

Heiliger Vater, bewahre sie in deinem Namen, die du mir gegeben hast, auf dass sie eins seien wie wir. (Johannes 17,11)

Wie du, Vater, in mir und ich in dir, mögen auch sie in uns eins sein, auf dass die Welt glaube, dass du mich gesandt hast. (Johannes 17,21)

Diese Zitate, ob sie nun tatsächlich Jesu Worte sind oder nicht, implizieren, dass Jesus einen Grad des Einsseins mit Gott kannte, den zu erlangen allen Menschen möglich ist. Er war der Erste, der ganz dem Weg der umwandelnden Liebe folgte und deshalb den Weg bereitete und das morphische Feld für alle Menschheit veränderte, indem er es allen Menschen leichter möglich machte, das Ego zu überwinden und diese mystische Erfahrung der Verbundenheit mit dem mitfühlenden Bewusstsein Gottes zu erleben. Andere große Lehrer und Meister, sowohl im Christentum als auch in anderen Religionen, werden ebenso ihre Anteile zur Veränderung im morphischen Feld der Menschheit beigetragen haben; so nehmen der Buddha und andere Lehrer ihren Platz in dem Gesamtbild ein. Wenn die morphische Resonanz eine Wirklichkeit ist, dann tragen wir alle zu dem Spektrum des für den Menschen Erreichbaren bei. Die andere Seite der Medaille ist, dass negative Beiträge ebenfalls eine Auswirkung haben. Gräueltaten, die ein Mensch begangen hat, beeinflussen das morphische Feld auch, und dann hängt es davon ab, auf welche Art von Energien wir uns ausrichten, welche Taten wir vollbringen. Die ganze Ausrichtung des Christentums und der meisten anderen Weltreligionen ist zur Liebe hin. Jesus sagte einst, wir sollten Gott lieben, unseren Nächsten lieben, uns selbst lieben und sogar unsere Feinde lieben.

### Sühne – Tod und Auferstehung

Die christlichen Sühne-Theologie ist die Lehre von der Versöhnung Gottes und der Menschheit, insbesondere wie sie durch Leben, Leiden und Tod Jesu erreicht wurde. Eine der traditionellen Auffassungen stellt vor allem die Idee des Opfers in den Mittelpunkt. Die Propheten im Alten Testament riefen die Menschen ständig auf, zu Gott zurückzukehren, und die Menschen kehrten mit Tieropfern zurück, um ihren Gott zu beschwichtigen. Cynthia Bourgeault macht aus ihrem Unbehagen mit dieser Theologie keinen Hehl:

> Die Sühne-Theologie präsentiert Christus als den makellosen und sündenfreien „großen Hohepriester", dessen Tod am Kreuz die Sünde der Welt hinwegnimmt. Diese Theologie ist wortwörtlich im Hebräer-Brief im Neuen Testament zu finden; sie stellt Jesu Opfer als eine Wiedergutmachung für menschliche Sündhaftigkeit dar – eine Idee, die tief in den kultischen Traditionen des Alten Testaments wurzelt. Und was ich hier beschreibe, ist nur die blindeste und affirmativste Version der Sühne-Theologie; in der düstereren Version, die einen großen Teil der fundamentalistischen Theologie dominiert, hören wir, dass Gott „erzürnt" war und die Opferung seines Sohnes verlangte, um seinen Zorn zu besänftigen. Diese primitive, monst-

röse Interpretation wird den Tiefen der Liebe weder im Alten noch im Neuen Testament gerecht. Aber für viele Christen ist es das, womit sie aufgewachsen sind. Der ganze Begriff der Sühne, wie er so präsentiert wird, macht die *kenosis* zum Gespött und löscht Jesu eigenes Verständnis dessen aus, worum es ihm ging.[7]

Im Alten Testaments finden wir immer wieder Gelegenheiten, bei denen Gott durch die Propheten darauf hinwies, dass es nicht ein Opfer war, was er wollte:

Schlachtopfer willst du nicht; ich würde sie dir geben; an Brandopfern hast du kein Gefallen. Das Opfer, das Gott gefällt, ist ein zerknirschter Geist, ein zerbrochenes und zerschlagenes Herz wirst du, Gott, nicht verschmähen. (Psalm 51,18-19)

„Was soll ich mit euren vielen Schlachtopfern?", spricht der Herr. „Die Widder, die ihr als Opfer verbrennt, und das Fett eurer Rinder habe ich satt; das Blut der Stiere, der Lämmer und Böcke ist mir zuwider." (Jesaja 1,11)

Liebe will ich, nicht Schlachtopfer, Gotteserkenntnis statt Brandopfer. (Hosea 6,6)

Anfänglich meinten die Israeliten, dass ihr Gott zu seiner Besänftigung nach Tieropfern verlangte, doch spätere Einsichten lösten jene primitive Vorstellung ab. Gott wollte nicht den Tod von Tieren, ihr Blut oder ihr Leben. Was er wollte, so sagten die Propheten, sei ein verwandeltes Herz und Denken, was Gerechtigkeit bringe, Erbarmen und Mitgefühl.

Ich schenke euch ein neues Herz und lege einen neuen Geist in euch. Ich nehme das Herz von Stein aus eurer Brust und gebe euch ein Herz aus Fleisch. (Ezechiel 36,26)

Es ist dir gesagt worden, Mensch, was gut ist und was der Herr von dir erwartet: Nichts anderes als dies: Recht tun, Güte und Treue lieben, in Ehrfurcht den Weg gehen mit deinem Gott. (Micha 6,8)

Die Aufforderung Jesu galt dem gleichen: Einem verwandelten Herzen und Sinn, nach dem Reich-Gottes-Streben, nach dem Wiedergeborenwerden in die Art Gottes. Paulus, dessen Briefe die frühesten christlichen Schriften sind – sie wurden vor allen Evangelien geschrieben (möglicherweise mit Ausnahme des Thomas-Evangeliums, das 1945 in Ägypten wiederentdeckt wurde) –, nahm die Idee vom Opfer auf, verwendete sie aber anders. Er schrieb: *„Er erleuchte die Augen eures Herzens"* (Epheser 1,8) und: *„Wandelt euch durch Erneuerung eures Denkens, so dass ihr euch selbst als lebendiges und heiliges Opfer darbringen könnt."* (Römer 12,1-2) Das ist eine Spiritualisierung der Opfer-Idee. Paulus war ein gebildeter Mann und tief verwurzelt in der jüdischen Kultur und Geschichte. Die Juden waren so durchdrungen von der Vorstellung, dass Gott der Opfer bedürfe, dass es ihnen buchstäblich unmöglich war, sich einen Gott vorzustellen, der das Opfern nicht auf irgendeine Weise brauchte. Aber dies entsprach überhaupt nicht der Botschaft Jesu. Der Aufruf Jesu galt einem verwandelten Herzen und Denken, wie die Evangelisten auf verschiedene Weisen formulierten in ihrem Versuch, einer mystischen Wirklichkeit Ausdruck zu geben, die sich menschlicher Worte entzog. Markus, der Autor des frühesten Evangeliums, zitierte Jesus mit den Worten:

> Die Zeit ist erfüllt, das Reich Gottes ist nahe. Tut Buße und glaubt an das Evangelium! (Markus 1,15)

Als „Tut Buße!" pflegte man [seit Hieronymus] den griechischen Imperativ *metanoieite* zu übersetzen; in modernen Bibelausgaben steht hier meist das korrekte „Kehrt um!" Doch die noch buchstäblichere Bedeutung ist „Denkt um, ändert euren Sinn", oder „Geht über das Denken hinaus!" Dies meint Gedanken aufzunehmen, die über die derzeitigen Begrenzungen hinausgehen, oder außerhalb der gewohnten Bahnen zu denken; so erhält diese Aufforderung einen ganz anderen Sinn. Im Business-Jargon entspricht dieses Umdenken dem *blue sky thinking,* dem „In-den-blauen-Himmel-Denken", dem Grenzen überschreitenden Phantasieren und damit der Metapher, die ich als englischen Titel für dieses Buch wählte. Das Reich Gottes war, wie ich glaube, Jesu Kürzel dafür, wie es ist, in das mitfühlende Bewusstsein Gottes einzutreten und ein gotterfülltes Leben zu führen. Dies ist die Hauptbotschaft, die er zu vermitteln suchte.

Doch nachdem Jesus hingerichtet worden war, kehrten die Menschen bald zu dem opfer-orientierten Denken zurück und fassten den Tod Jesu als Opfer auf, ein für allemal. In dem Bemühen, zu ergründen, warum er gestorben war, besannen sie sich auf ihre altgewohnte Denkweise. Sie ist bedauerlicherweise die vorherrschende Ansicht über den Tod Jesu geblieben. Die extreme Sicht, wie sie Bourgeault oben erwähnte, ist der Glaube an die Stellvertreter-Bestrafung, demzufolge wir alle Gottes Maßstab nicht gerecht werden und deshalb ewige Verdammnis verdienen. Der Zorn Gottes findet schließlich Ausdruck im Tode seines einen und einzigen Sohnes am Kreuz. Gott bekommt das Opfer, das er fordert, indem sein eigener Sohn getötet wird, und unser Schuldigsein vor Gott ist damit wieder ausgeglichen. Es fällt schwer, sich eine barbarischere Sicht vorzustellen. Dies entsprach nicht der Absicht Jesu. Die Vorstellung von der Stellvertreter-Bestrafung ist aus der Sicht vieler Christen unchristlich in der Art und Weise, wie sie über Gott und Versöhnung denkt. Der Theologe John Macquarrie spricht sich dagegen aus:

> Diese Auffassung von Sühne ... ist ein Beispiel für jene Art von Doktrin, die – selbst wenn sie sich auf die Bibel oder die Geschichte der Theologie beruft – abgelehnt werden müsste, weil sie eine Beleidigung von Verstand und Gewissen bedeutet.[8]

Die klassische Auffassung besagt, dass das Werk Christi – sein Leben, sein Tod und seine Auferstehung – ein Sieg über all die Mächte war, die den Menschen versklaven, und somit dessen Befreiung von ihnen. Das ist Erlösung: Aus der Sklaverei losgekauft zu werden und dann frei zu sein. Das Heil ist die Freiheit von Versklavung und die Heilung der inneren Dämonen, die Befreiung ins Ganz- und Geheiltsein. Nun ist das eigene Selbst, das eigene Ego, die letzte Macht, die es zu überwinden gilt. Jesus vollbrachte dies in der gänzlichen Ergebung in seine Passion und Hinrichtung. Aber indem er dies tat, bewirkte Jesus – falls Sheldrakes Theorie von der morphischen Resonanz korrekt ist – eine Veränderung im morphischen Feld für alle Menschen, denn er erschloss eine neue Art und Weise, in Beziehung mit Gott zu sein. Macquarrie spricht davon in seiner Erklärung Gottes als Sein:

Gleichzeitig eröffnet dieses Werk eine neue Möglichkeit der Existenz, einer Existenz, die auf das Sein hin ausgerichtet ist, die von der Gnade des Seins getragen und zur sich verschenkenden Liebe befähigt wird.[9]

Dies ist das Aufgehen des Herzens, von dem der Theologe Marcus Borg spricht, ein tiefes Sich-Öffnen, das sich auf unser Denken, Fühlen und Wollen auswirkt.[10] Es ist das Reich-Gottes-Leben, über das Jesus so viel sprach, das Leben in dem Gewahrsein des mitfühlenden Bewusstseins Gottes. Durch sein Leben und seinen Tod gab Jesus dieser Art zu leben Gestalt, und damit machte er es – nach der Theorie der morphischen Resonanz – für uns alle einfacher, auf die gleiche Weise zu leben, denn das morphische Feld der Menschheit wurde verändert, um uns allen diese neue Art zu leben zu ermöglichen. Damit schuf Jesus einen Durchbruch im Bewusstsein und Potenzial für alle Menschen. Es waren nicht nur sein Tod, der dies erreicht hat, sondern sein Leben und die Tiefe seines bewussten Gewahrseins des Einsseins mit Gott. Der Tod Jesu am Kreuz war die letzte Konsequenz seines Lebens der Hingabe an den Weg des Vergebens und Mitgefühls, er schuf einen Durchbruch für alle Menschen. So kann uns die Idee von der morphischen Resonanz einen radikal neuen Blick auf das Thema Sühne vermitteln, der nun auf einer wissenschaftlichen Theorie beruht. Wir können sogar einen Schritt weiter wagen und sie auf den „Leib Christi" beziehen, der aus theologischer Sicht die Kirche ist, doch auch als das Menschheits-Ganze verstanden werden könnte, wie Olivier Clément sagt:

Die ganze Menschheit „bildet sozusagen ein einziges lebendes Wesen". In Christus bilden wir einen einzigen Körper, wir sind alle „Glieder voneinander".[11]

Können wir so weit gehen, das morphische Feld der Menschheit mit dem Leib Christi zu assoziieren? Alle Menschen haben das Potenzial, „christed"* zu werden, den Pfad zu beschreiten, den Jesus wählte, und in

---

\* Mit diesem eigens geprägten Wort meint der Verfasser „mit dem besonderen göttlichen Erwachen gesalbt" (nicht identisch mit „Christus-gleich" oder „-ähnlich". Um einen analogen Notbehelf „gechristusst" zu vermeiden, wird *christed* wie im Original verwendet. Eine ausführlichere Erklärung folgt in Kapitel 7. (Anm.d.Ü.)

einen Zustand des Einsseins mit Gott zurückzukehren. Dies, so behaupte ich, hat Jesus für alle Menschen eingerichtet durch sein Leben und seinen Tod – den kenotischen Pfad der Hingabe an Gott, der es möglich macht, dass menschliches und göttliches Bewusstsein zusammenkommen. Er veränderte das morphische Feld so, dass es allen Menschen leichter möglich ist, jenem Pfad zu folgen. Ist dies das Gleiche wie in den Leib Christi einzutreten? Jesus hat es für uns vollbracht als einen Akt mitfühlender Gnade, und wenn wir diese frohe Botschaft erkennen und seinem Weg folgen, sind wir befähigt, zum Bewusstsein Gottes zu gelangen.

Hier beginnen wir nun, ein modernes, wissenschaftliches Konzept mit der Sühne-Theologie zu verknüpfen. Eine traditionelle Zusammenfassung, die sich mit der vorwissenschaftlichen Weltanschauung wohl vertrug, lautet: Wie sind von Gott getrennt, weil wir der Vollkommenheit nicht gerecht werden und deshalb Sünder sind; wegen unseres Sündigens fallen wir unter sein Gericht. Dann kaufte Jesus uns durch seinen Tod frei; er bezahlte den Preis und starb für unsere Sünden. Damit sind wir erlöst.

Im Kontext dieses Buches könnten wir es umformulieren: Die Trennung von Gott wurde nicht durch Sünde verursacht, sondern durch das Ego-Selbst, das sich aus dem Gott-Bewusstsein im Kern unseres Wesens herausindividualisiert hat. Wir wurden so selbst-gewahr, dass wir unser Gott-Gewahrsein verloren und in der Folge unter uns selbst leiden, uns selbst ausgeliefert sind. Jesus kaufte uns zurück, nicht nur durch sein Selbstopfer aus Liebe in seinem Tode, sondern durch sein ganzes Leben. Die Art und Weise, wie er ein Leben des Mitgefühls und der kenotischen Selbstentäußerung und Hingabe führte, bewirkte, dass er das morphische Feld der Menschheit veränderte und uns alle dadurch befähigte, seinem Beispiel zu folgen. Es hat uns nicht so sehr frei-*gekauft,* sondern uns eher zurück-*gebracht* – er zeigte uns den Weg. Und so verschieben wir das Gewicht der Sühne-Theologie vom Erlöst-Sein zum Erwachen und Nachfolger-Werden auf dem Weg Christi.

# 4

# DAS QUANTEN-LICHTMEER

~

In den vergangenen dreißig Jahren hat sich ein neues Forschungsgebiet im Bereich der elektromagnetischen Wellen entwickelt, zu denen auch das Licht gehört. Im Folgenden versuchen wir, das Nullpunktfeld und einiges von seiner Bedeutung für das Wesen der Wirklichkeit zu erklären. (Dieses Kapitel ist dem letzten Bereich neuer Wissenschaft gewidmet, den wir betrachten, und es enthält eher mehr wissenschaftliche Hintergrundinformationen als die anderen. Für den nicht-wissenschaftlichen Leser könnte es einige schwierige Abschnitte geben, doch danach wird es einfacher!)

~

## Nullpunktfeld

Der Begriff Feld wird gebraucht, um Informationen oder Inhalte gleicher Form zu bezeichnen. Wie kennen den Ursprung des Wortes von Feldfrüchten und sprechen zum Beispiel von einem Weizenfeld, im übertragenen Sinne aber auch von einem Feld der Wissenschaft wie der Physik und von einem Energiefeld wie dem elektromagnetischen. Der Begriff bedeutet einfach, dass alles, was das Feld umfasst, eine gemeinsame Eigenschaft hat.

Quantenphysiker wussten schon immer von einem bestimmten Feld, das sie „Nullpunktfeld" nannten. Der absolute Nullpunkt liegt bei 0 Grad Kelvin, das entspricht minus 273 Grad Celsius und ist die Temperatur, bei der, wie man annimmt, alles stillsteht, in dem alle Bewegung aufhört. Im Nullpunktfeld ist dies aber nicht der Fall. Selbst am absoluten Nullpunkt auf der Kelvin-Skala, so zeigt die Quantenmechanik, gibt es ein Restfeld elektromagnetischer Energie, die in ständiger Bewegung ist. Dieser elementare Unterbau des Universums ist durch kein bekanntes Gesetz der Physik zu eliminieren. Elektromagnetische Energie kennen wir zum Beispiel als Radiowellen, Mikrowellen, Infrarot, sichtbares Licht, Ultraviolett, Röntgenstrahlen und Gammastrahlen. Sie alle sind Teile des elektromagnetischen Spektrums, die sich in ihrer Frequenz und Wellenlänge unterscheiden. Wir können sie uns als unterschiedliche Formen von Licht vorstellen; unsere Augen nehmen nur den zentralen Teil des Lichtspektrums wahr. Der Astrophysiker Dr. Bernard Haisch bezeichnet das Nullpunktfeld als „Quanten-Lichtmeer".[1] Die Nullpunkt-Energie tauchte als eine Konstante in Quanten-Rechungen auf und schien nichts zu beeinflussen, deshalb subtrahierte die Mehrheit der Quantenphysiker sie in ihren Berechnungen, ignorierte sie also praktisch; diesen mathematischen Schritt nennt man Renormierung. Weil die Konstante allgegenwärtig war, veränderte sie nichts, und deshalb zählte (man) sie auch nicht mehr. Einige Wissenschaftler jedoch haben diesen Bereich und seine Implikationen über viele Jahre stillschweigend eingehender untersucht, doch bis vor kurzem unternahm keiner den Versuch, alle Fäden dieser Forschungen miteinander zu verknüpfen. Es bedurfte der investigativen Journalistin Lynne McTaggart, die schließlich die verschiedenen Beobachtungen und Forschungsergebnisse zusammenführte und das Ergebnis unter dem Titel *The Field – the Quest for the Secret Force of the Universe* (dt. Ausg.: *Das Nullpunkt-Feld. Auf der Suche nach der kosmischen Ur-Energie*) veröffentlichte. Ihr Fazit ist atemberaubend:

> Wenn wir alle Bewegung von allen Teilchen aller Arten im Universum addieren, haben wir es mit einer riesigen, unerschöpflichen Energiequelle zu tun, die ganz unauffällig im Hintergrund des leeren Raumes sitzt, der uns umgibt, so etwas wie eine alles durchdringende, aufgeladene Kulisse. Ich will Ihnen eine Vorstellung von der Größenordnung dieser Kraft vermitteln: Die Energie in einem einzigen Kubikmeter "leeren" Raumes reicht aus, um alle Meere auf der Erde zum Kochen zu bringen. Das [Nullpunkt-]Feld verbindet alles im Universum mit allem Übrigen, wie ein riesiges unsichtbares Netz.[2]

Es gibt mehrere in den angesehensten Physik-Fachzeitschriften veröffentlichte Studien, die auf die Möglichkeit hinweisen, dass ein Teil dieses grenzenlosen Energievorrats in nutzbare Energie umgewandelt werden kann. Mehrere Wissenschaftler[3] versuchen, Wege zu finden, dieses Reservoir anzuzapfen; wenn dies gelingt, werden wir unerschöpfliche Energievorräte zur Verfügung haben, die die Gesellschaft, wie wir sie kennen, verwandeln werden. Stellen Sie sich eine Welt vor ohne Konkurrenz um Öl, Gas und Kohle, ohne weitere Plünderung der Ressourcen der Erde und Biosphäre zur Deckung unseres Energiebedarfs. Allerdings kann man sich leicht ausmalen, dass bei den derzeitigen Energielieferanten mächtige Eigeninteressen bestehen, den Status quo ihrer Produktion aufrechtzuerhalten; dies dürfte erklären, warum es auf diesem Gebiet insgesamt nur wenig Unterstützung gibt.

Abgesehen von der Möglichkeit eines Zugangs zu kostenloser Energie, zeigen uns diese Entdeckungen, dass wir alle mit diesem Quantenfeld verbunden sind, dass wir alle ständig mit ihm interagieren. Als lebende Wesen strahlen wir selbst Energie aus. Alle biologischen Prozesse laufen auf einen Energie-Austausch in sehr geringem Umfang hinaus, der aber nun mithilfe moderner Instrumente wie dem Magnetresonanztomografen wahrzunehmen und nachzuweisen ist. Aus der theoretischen Mathematik wissen wir, dass die Energie, die wir abgeben, mit der Energie des Nullpunktfeldes interagiert und innerhalb des Feldes Interferenzmuster erzeugt. Diese Interferenzmuster verhalten sich wie eine Aufzeichnung aller Energie-Interaktionen – eine Art von Gedächtnisspeicher von allem.

Wenn alle subatomare Materie in der Welt ständig mit diesem sie umgebenden Feld der Urenergie in Wechselwirkung steht, dann enthalten die Wellen des Nullpunktfeldes stets umfassende Informationen über die Form von allem, was existiert ... Das Nullpunktfeld ist eine Art zeitloser Schatten des Universums, ein Spiegelbild oder eine Aufzeichnung von allem, was je existiert hat.[4]

Dies ist ein schwer vorstellbares Konzept, aber Ervin László, Systemphilosoph und bereits zwei Mal Nobelpreis-Kandidat, gibt uns eine hilfreiche Analogie:

Wenn ein Schiff übers Meer fährt, breiten sich Wellen in seinem Kielwasser aus. Diese Wellen wirken sich auf die Bewegung anderer Schiffe in jener Gegend des Meeres aus ... Jedes Schiff – und jeder Fisch, Wal und jedes andere Objekt im Meer – ist diesen Wellen ausgesetzt und wird gewissermaßen von ihnen geformt oder „in-formiert". Alle Wasserfahrzeuge und Objekte „machen" eigene Wellen, die wiederum einander begegnen sich, schneiden und überlagern und Interferenzmuster erzeugen. Bewegen sich viele Dinge gleichzeitig in einem Wellenmedium, so wird das Medium dadurch moduliert. Es ist voller Wellen, die sich gegenseitig überschneiden und überlagern. Das sieht man, wenn mehrere Schiffe den Ozean durchpflügen. Betrachten wir das Meer an einem ruhigen Tag aus der Höhe – von einem Hügel an der Küste oder von einem Flugzeug aus –, dann erkennen wir die Spuren von Schiffen, die Stunden zuvor diese Wasser durchzogen haben. Wir erkennen auch, wie sich diese Spuren überschneiden und komplexe Muster formen. Die Modulation der Meeresoberfläche trägt Information über die Schiffe, die diese Störung verursacht haben. Dies findet sogar praktische Anwendung: Aus den Wellenmustern kann man auf den Ort, die Geschwindigkeit und sogar die Tonnage der Schiffe schließen.

Da sich frische Wellen mit schon vorhandenen überlagern, wird das Meer immer mehr moduliert; es trägt immer mehr Information. An ruhigen Tagen bleibt die Oberfläche stundenlang moduliert, manchmal tagelang. Die bleibenden Wellenmuster sind die Erinnerung der Schiffe, die über dieses Stück Meer gezogen sind. Löschten der Wind, die Schwerkraft und die Küsten diese Muster nicht aus, so hätte diese Erinnerung ewigen Bestand.[5]

So können also Interferenzmuster, die von zwei oder mehr interagierenden Wellen verursacht wurden, riesige Mengen von Information über die Quelle der ursprünglichen Wellen bergen. Auf diese Weise funktionieren Hologramme. Ein Hologramm ist ein dreidimensionales Bild, das durch die Interferenz der Lichtstrahlen aus einer kohärenten Lichtquelle wie einem Laser gebildet wird. Um ein einfaches Hologramm zu erzeugen, wird ein Strahl kohärenten, monochromen Lichtes in zwei Strahlen gespalten. Der eine Strahl wird auf das Objekt gerichtet und auf eine hochauflösende Photoplatte reflektiert. Der andere Strahl wird geradewegs auf die Photoplatte gerichtet, die dann das Interferenzmuster der beiden Lichtstrahlen aufzeichnet. Wenn die holografische Platte entwickelt ist und von hinten durch einen Strahl kohärenten Lichtes beleuchtet wird, projiziert sie ein dreidimensionales Bild des ursprünglichen Objekts im Raum, dessen Perspektive sich je nach Betrachtungswinkel verändert. Wenn ein Hologramm in Stücke geschnitten wird, projiziert jedes Stück das ganze Bild. Holografische Wellen-Interferenzmuster können gewaltige Mengen an Information speichern. Es heißt, dass bei einer Speicherung in holografischen Wellen-Interferenzmustern der gesamte Bestand der US-Kongressbibliothek – d.h. praktisch jedes jemals in englischer Sprache veröffentlichte Buch – in einen großen Zuckerwürfel passen würde.

### Gedächtnis und Erinnerung

Wellen, ob sie über den Ozean wandern oder das elektromagnetische Feld durchqueren, sind ein äußerst effizientes Medium zur Speicherung und Weiterleitung von Information. So sind elektromagnetische Wellen das Mittel, durch welches Mobilfunk-, Fernseh- und Radiosignale gesendet werden. Sie transportieren Information durch Modulation. Ein Musiker kann die Schallwellen modulieren, die ein Instrument aussendet, indem er die Lautstärke, das Zeitmaß und die Stimmung verändert. Der hervorgebrachte Klang trägt dann Information, die Melodie. Auf ähnliche Weise lässt sich eine elektromagnetische Welle modulieren – in der Amplitude („Lautstärke"), Phase („Zeitmaß") und Frequenz („Stimmung") – und wird so zu einer Trägerwelle, die zum Beispiel das Radio- oder Fernsehsignal übermittelt. Die Interferenzmuster, die entstehen, wenn sich diese modulierten Wellen überschneiden und mit dem elektromagnetischen Nullpunktfeld interagieren, können gewaltige Datenmengen speichern.

Die Erforschung des Nullpunktfeldes hat schon zu vielen Spekulationen geführt. Lynne McTaggart führt die Idee ein, dass diese Form der Speicherung im Nullpunktfeld als Erklärung für das Gedächtnis dienen könnte.

Das Abspeichern von Erinnerung in Form von Wellen-Interferenzmustern ist bemerkenswert effizient und bietet eine Erklärung für das gewaltige Fassungsvermögen des menschlichen Gedächtnisses.[6]

Diese Spekulation vermutet, dass die Erinnerung nicht im Gehirn wohnt, sondern in den Quanten-Fluktuationen des Feldes aufgezeichnet wird; unser Gehirn wiederum ist Rezeptor und Abrufmechanismus für unsere eigene, spezifische Schwingung innerhalb des eigentlichen Speichermediums, des Nullpunktfeldes.[7] Genauso verwende ich meinen Terminkalender. Ich kann mich nicht an alles erinnern, das ich zu tun und vorzubereiten habe, und so notiere ich es in meinem Terminplaner; mit Hilfe von Stift und Papier interagiert mein Gehirn mit diesem Speichermedium. Wenn ich herausfinden will, was ich heute tun sollte, dann greift mein Gehirn auf den Terminplaner zu, in dem alles für mich Wichtige aufgezeichnet ist. Angenommen, ich bewahrte meinen Terminkalender in einer Weltbibliothek aller Terminplaner auf. Was mich an das erinnert, was ich an einem gegebenen Tag zu tun habe, stünde dann immer noch auf den Seiten meines Terminbuches. Doch ich bräuchte irgendeinen genauen Code oder Schlüssel, um meinen Terminplaner zwischen denjenigen aller anderen Menschen zu finden.

Der Gedanke, dass das Nullpunktfeld unser Erinnerungsspeicher ist, entwickelte sich aus der theoretischen und experimentellen Arbeit einer Reihe von Wissenschaftlern mit ihren verschiedenen Ansätzen. Es ist interessant, einigen Aspekten dieser Geschichte nachzuspüren, wie sie Lynne McTaggart[8] geschildert hat, weil sie die Wichtigkeit der interdisziplinären Kommunikation bei der Entwicklung neuer Theorien illustriert. (Was nun folgt, ist recht technisch, und so werden manche Leser vielleicht den Wunsch verspüren, es zu überblättern und erst nach dem nächsten Untertitel [„Licht"] weiterzulesen.)

Karl Pribram hat Jahrzehnte damit verbracht, die Funktionsweise des Gehirns zu untersuchen, seine Organisation und das Wesen von Wahrnehmung und Bewusstsein. Bei seiner Arbeit mit Affen gelang es ihm, diejenigen Bereiche im Gehirn zu lokalisieren, in welchen kognitive Vorgänge, Emotionen und Motivation stattfanden; auf welche Weise dies tatsächlich geschah, vermochte er aber immer noch nicht zu erklären. Die alten Theorien von der vermuteten Übereinstimmung von den Bildern in der Welt mit dem elektrischen Feuern der Gehirnzellen erschienen unbrauchbar. Doch dann las er über Wellenfronten und Holografie, die damals – in den 1960er Jahren – gerade entwickelt wurde.

Pribram dachte nun, das Gehirn müsse die Information irgendwie „lesen", indem es die ursprünglichen Bilder in Wellen-Interferenzmuster transformierte und diese dann erneut in virtuelle Bilder umsetzte, so wie es in einem Laser-Hologramm geschieht. Das andere Mysterium, das durch die holografische Metapher gelöst wurde, war die Gedächtnisfunktion. Statt präzise lokalisierbar zu sein, waren die Erinnerungen überall verstreut, so dass jeder Teil das Ganze enthielt.[9]

Dann traf sich Pribram mit Dennis Gábor, der für die Erfindung der Holografie mit dem Nobelpreis ausgezeichnet wurde, und sie arbeiteten gemeinsam mit Hilfe der sogenannten Fourier-Transformationen an der Mathematik der Interferenzmuster. Es gelang ihnen, eine Theorie dafür auszuarbeiten, wie es dem Gehirn möglich sein könnte, auf Wellen-Interferenzmuster anzusprechen und die Information dann in Gedankenbilder zu übertragen. Diese Theorie blieb eine Reihe von Jahren unbestätigt, bis sich Walter Schempp, ein deutscher Mathematikprofessor, auf die Mathematik für die jungen Magnetresonanztomografen einließ in einem Versuch, diese zu verbessern. Ohne hier auf die Einzelheiten darüber einzugehen, wie diese komplexen Maschinen funktionieren, entwickelte Schempp mit Hilfe von Fourier-Transformationsreihen seine Theorie der „Quantenholografie" und zeigte, dass Information in den Quanten-Fluktuationen des Nullpunktfeldes getragen wird und in ein dreidimensionales Bild konvertiert werden kann. Schempp lernte dann Peter Marcer kennen, einen britischen Physiker, und sie arbeiteten gemeinsam an der Nutzung der Funktionsweise eines Magnetresonanztomografen, um besser zu verstehen, wie das Gehirn arbeitet, indem sie natürliche Strahlung und Emissionen vom Nullpunktfeld analysierten. An ihrer Forschung beteiligte sich auch der Apollo-14-Astronaut und Astrophysiker Edgar Mitchell, der an seiner eigenen Theorie über die menschliche Wahrnehmung gearbeitet hatte.

Als Nächstes kam eine Zusammenarbeit mit dem Anästhesisten Stuart Hameroff, der untersuchte, auf welche Weise verschiedene Narkosegase das Bewusstsein ausschalten. Bei seinen Experimenten fand er heraus, dass lebendes Gewebe Photonen ausstrahlte und es Verbindungen zwischen und innerhalb von Zellen gab, sogenannte Mikrotubuli, welche die „Lichtleitungen" sein könnten, die Zellen durch Lichtenergie miteinander verbinden. Andere Wissenschaftler griffen Karl Pribrams Ideen auf, dass das Gehirn Quantenprozesse nutzt.

Schließlich beschlossen viele dieser Wissenschaftler, von denen jeder ein Stück des Puzzles zu besitzen schien, zusammenzuarbeiten. Pribram, Yasue, Hameroff und Scott Hagan vom Fachbereich Physik der McGill-Universität entwickelten eine gemeinsame Theorie über das Wesen des menschlichen Bewusstseins. Danach repräsentierten die Mikrotubuli und die Membranen von Dendriten [Teil der Nervenzelle, des Neurons] das Internet des Körpers. Alle Nervenzellen des Gehirns konnten sich gleichzeitig einloggen und simultan über die internen Quantenprozesse mit allen anderen Nervenzellen kommunizieren. Die Mikrotubuli halfen dabei, widersprüchliche Energien zu ordnen und eine globale Kohärenz der [Licht-]Wellen im Körper zu erzeugen – einen als „Superstrahlung" bezeichneten Prozess –, und ermöglichten es diesen kohärenten Signalen dann, durch den Rest des Körpers zu pulsieren.[10]

Damit haben wir nur die gröbsten Umrisse der komplizierten Geschichte in McTaggarts Buch *Das Nullpunkt-Feld*[11] skizziert – einer Geschichte, die sich von den 1960er bis in die 1990er Jahre zugetragen hat. Das Nullpunktfeld spielte darin eine zentrale Rolle, und daraus erwuchs die Idee, dass sowohl Kurz- als auch Langzeit-Gedächtnis nicht im Gehirn angesiedelt sind, sondern in den Quanten-Interaktionen des Nullpunktfeldes. Das Gehirn sei damit der Abruf- und Auslese-Mechanismus für den Hauptspeicher, das Nullpunktfeld.

Dies führt zu einer möglichen Erklärung für Ausbrüche intuitiver Erkenntnis, die ganz plötzlich eintreten können, wenn jemand entspannt oder auf irgendeine Weise „eingestimmt" ist und dabei auf andere Regionen des Feld-Gedächtnisses zugreift. Es könnte auch eine Erklärung bieten für die Erinnerung an frühere Leben – ein Phänomen, das besonders bei Kindern aufgetreten ist und dokumentiert wurde. Untersuchungen kleiner Kinder haben gezeigt, dass deren Gehirn mehr im Alpha-Rhythmus aktiv ist als im normalen Beta-Rhythmus wie bei Erwachsenen. Erwachsene Gehirne zeigen den Alpha-Rhythmus nur in Zuständen veränderten Bewusstseins, in Meditation und Entspannung.

Wenn ein kleines Kind behauptet, es könne sich an ein früheres Leben erinnern, dann kann dieses Kind seine eigenen Erfahrungen vielleicht nicht von der Information eines anderen Menschen unterscheiden, die im Nullpunktfeld gespeichert ist. Irgendeine Gemeinsamkeit – vielleicht eine Behinderung oder eine besondere Begabung – könnte eine Assoziation auslösen, und das Kind würde diese Information so aufnehmen, als sei sie die Erinnerung an sein eigenes früheres Leben. Dabei handelt es sich nicht um Reinkarnation, sondern hier hat sich ein Mensch, der jederzeit eine Vielzahl von „Rundfunksendern" empfangen kann, zufällig auf die Frequenz eines anderen Menschen eingestimmt.[12]

Dies stellt die Möglichkeit, dass Reinkarnation eine Realität ist, nicht in Abrede, sondern heißt nur, dass das Phänomen der Erinnerung an das, was vergangene Leben zu sein scheinen, eine Erinnerung sein könnte, die aus einem anderen Teil des Nullpunktfeldes „durchsickert".

## Licht

Licht ist eines der beständigsten und am weitesten verbreiteten Symbole in Religion und Spiritualität. Schon das Wort Erleuchtung bedeutet, mit Licht erfüllt zu sein. Jesus soll sich selbst *„das Licht der Welt"* genannt haben, und die Christen werden ermuntert, *„im Licht zu wandeln"* (1. Johannes 1,7). Eine interessante Tatsache, die erst in jüngerer Zeit bekannt wurde, haben wir bereits erwähnt, nämlich dass alle Lebewesen Licht erzeugen. Dies könnte einer der entscheidendsten Aspekte der biologischen Interaktionen sein. Lynne McTaggart erzählt die Geschichte des deutschen Forschers Fritz-Albert Popp, der in den 1970er Jahren die ersten Entdeckungen auf diesem Gebiet machte.[13] Er hatte eine extrem empfindliche Maschine gebaut, den sogenannten Photomultiplier (einen Restlichtverstärker), mit dem er Licht messen konnte, indem er Photon für Photon zählte. Ein Photon ist die kleinste messbare „Menge" an Lichtenergie, das „Lichtteilchen", aus dem elektromagnetische Strahlung besteht. Man testete diese Maschine bei Gurkenkeimlingen und stellte fest, dass sie winzige Mengen sehr kohärenten Lichtes abgaben. Kohärenz bezeichnet in der Quantenwelt den

Punkt, an dem alle Teilchen oder Energiewellen beginnen, in eine Form von Kommunikation miteinander zu treten: Sie gelangen „in Phase", synchronisieren sich miteinander und fangen an, ein gemeinsames Verhalten zu zeigen; was einem von ihnen geschieht, beeinflusst auch alle anderen. Dies erinnert ein wenig an die Mitglieder und Instrumente in einem Orchester; sie alle spielen ihre eigene Stimme, sind aber in Kommunikation miteinander verbunden, um ein größeres Ganzes zu bilden.

Nachdem dies entdeckt war, ging Popp weiter und zeigte mit seinem Photomultiplier, dass alle lebenden Zellen Photonen ausstrahlen, eine sogenannte „Biophotonenemission" aufweisen. Diese wechselt von wenigen Photonen bis zu Hunderten Lichtquanten pro Quadratzentimeter und Sekunde. Die Zellen absorbieren diese Photonen auch und speichern sie – sie speichern Licht. Weiteres Experimentieren ergab, dass diese Speicherung und Abstrahlung über die DNS in der Zelle stattfand, was bedeuten mag, dass die DNS kohärentes Licht als Mittel zur Kommunikation innerhalb der Zelle benutzt. „Kohärenz" bedeutet, dass die Lichtwellen „in Phase" miteinander sind. So sind zum Beispiel zwei Wellen kohärent, wenn die Scheitelpunkte der einen Welle mit den Scheitelpunkten der anderen übereinstimmen, und die Wellentäler der einen Welle mit denen der anderen. Andernfalls bezeichnete man die Wellen als inkohärent. Licht, das von einem Laser erzeugt wird, ist kohärent, seine Wellen sind alle gleichgerichtet und in Phase, deshalb bewegt sich ein Laserstrahl fort, ohne zu streuen. Licht von einer Glühlampe ist inkohärent, es breitet sich aus und streut in alle Richtungen.

Popp forschte weiter und zeigte, dass die Biophotonenemission von gesunden Versuchspersonen geordnet und kohärent ist, bei Krebs-Patienten war sie es nicht. Es hatte den Anschein, dass hier die interne Kommunikation durcheinander und das Licht am Verlöschen war. Bei Patienten mit Multipler Sklerose fand er den gegenteiligen Effekt: Hier stellte er zu viel Lichtemission fest, die Zellen ertranken sozusagen im Licht. Popp äußerte auch Vermutungen über den Zusammenhang zwischen Biophotonenemission und den Fluktuationen des Nullpunktfeldes und deutete an, dass die Abstrahlung von Photonen auch so etwas wie ein kompensatorischer Mechanismus sei, der versuchte, das richtige energetische Gleichgewicht aufrechtzuerhalten. Die Gesundheit bleibt erhalten, wenn die Emission kohärenter Lichtquanten alles in Balance und in einem Zustand perfekter subatomarer Kommunikation hält; Krankheit ist ein Zustand, in dem die Kommunikation zusammenbricht. Wir sind krank, wenn unsere Wellen nicht mehr synchronisiert sind. Dann sind wir nicht „in Ordnung".

## Spirituelles Licht

Diese Entdeckung der zentralen Rolle des Lichtes in den biologischen Prozessen des Körpers trägt dazu bei, eine Brücke zu schlagen zwischen dem Licht als spiritueller Metapher und der Wirklichkeit der Funktionsweise des menschlichen Körpers. Die Bibel ist voll von Licht-Analogien und -Metaphern. Unter den ersten Sätzen der Genesis steht der Befehl Gottes „Es werde Licht" – und es ward Licht. Es ist fast so, als sei die erste Energie, die aus dem mitfühlenden Bewusstsein Gottes wurde, das Nullpunktfeld, das Lichtquanten-Meer, aus dem alles andere hervorkommt. Es gibt noch viele andere Stellen in der Bibel, an denen die Metapher Licht erscheint, um die Gegenwart Gottes anzuzeigen, sowohl innerhalb von uns als auch um uns herum. Hier ist eine kurze Auswahl:

> Denn bei dir ist die Quelle des Lebens, in deinem Licht schauen wir das Licht. (Psalm 36,10)

> Kommt nun, ihr vom Hause Jakob, lasset uns wandeln im Lichte des Herrn! (Jesaja 2,5)

> Dann wird dein Licht hervorbrechen wie die Morgenröte, und deine Wunden werden schnell vernarben. (Jesaja 58,8)

> Ihr seid das Licht der Welt. (Matthäus 5,14)

> So lasst euer Licht leuchten vor den Menschen, damit sie eure guten Werke sehen und euren Vater im Himmel preisen. (Matthäus 5,16)

> Wenn nun dein ganzer Körper von Licht erfüllt und nichts Finsteres in ihm ist, dann wird er so hell sein, wie wenn eine Lampe dich mit ihrem Schein beleuchtet. (Lukas 11,36)

Das wahre Licht, das jeden Menschen erleuchtet, kam in die Welt. (Johannes 1,9)

Jesus sprach zu ihnen und sagte: „Ich bin das Licht der Welt. Wer mir nachfolgt, der wird nicht wandeln in der Finsternis, sondern wird das Licht des Lebens haben." (Johannes 8,12)

Denn einst wart ihr Finsternis, jetzt aber seid ihr durch den Herrn Licht geworden. Lebt als Kinder des Lichtes! Das Licht bringt lauter Güte, Gerechtigkeit und Wahrheit hervor. (Epheser 5,8-9)

Das ist die Botschaft, die wir von ihm gehört haben und euch verkünden: Gott ist Licht, und keine Finsternis ist in ihm. (1. Johannes 1,5)

## Menschwerdung und Photosynthese

Licht ist eine sehr geeignete Metapher für die spirituelle Erleuchtung, wir finden sie in jeder religiösen Tradition. Wenn wir die spirituelle Metapher mit der kürzlich entdeckten wissenschaftlichen Realität verknüpfen, ergeben sich kraftvolle Verbindungen und Assoziationen. In *Radical Amazement: Contemplative Lessons from Black Holes, Supernova and Other Wonders of the Universe*[14] praktiziert Judy Cannato dies auf einer tieferen Ebene; sie gebraucht die Metapher der Photosynthese, um die Menschwerdung Jesu zu "beleuchten". Vor etwa 4,45 Milliarden Jahren, als sich Sternenstaub zu fester Materie zusammenfand, kam die Erde ins Dasein. Es dauerte eine weitere Milliarde Jahre, bis lebendige Materie erschien, die sich dann zu immer größerer Komplexität entwickelte. Etwa eine halbe Milliarde Jahre später kam es zu einer Mutation, als eine Zelle die Fähigkeit entwickelte, die Energie des Sonnenlichts einzufangen in einem Prozess, den wir Photosynthese nennen. Durch diesen Vorgang verwandeln grüne Pflanzen Energie von der Sonne, indem sie sie mit Kohlendioxid und Wasser verbinden, um Zucker zu bilden, den Nährstoff für die Pflanzen, und Sauerstoff, von dem das tierische Leben abhängt. Dies, so Cannato, war ein wichtiger Meilenstein in der Evolution, eine neue Interaktion, von der nun buchstäblich alles Leben auf der Erde abhängig ist – ein erstaunlicher Durchbruch vor über drei Milliarden Jahren. Schon vor jenem Durchbruch, erklärt Cannato, hatte die Sonne ihre Lichtenergie ausgestrahlt, doch erst nach der Entwicklung dieser neuen Zellfunktion konnte das Licht die *nährende* Quelle sein, die sie bis heute ist. Vorher war die Beziehung zwischen der Sonne und der Erde eingeschränkt – nicht weil die Sonne nicht gegeben hätte, sondern weil die Erde nicht empfangen konnte. Milliarden von Jahren hatte die Sonne Lichtenergie in den Raum gestrahlt, die jedoch „verloren" war, da es keinen Empfänger für sie gab, bis die Photosynthese des Weges kam. Nun verwendet die Autorin die Photosynthese als Metapher bei ihrer Betrachtung der Menschwerdung Jesu.

Ich denke über Photosynthese nach, und meine Gedanken wandern zum Thema Menschwerdung – zu jenem bestimmten Ereignis im Christentum, bei dem göttliches Leben in der Person des Jesus von Nazareth in menschliches Leben überfloss. Eine Betrachtung der Menschwerdung aus der Sicht der Evolution und im Hinblick auf die Interaktion der Photosynthese kann uns Einsichten darüber vermitteln, wer Jesus ist und worin seine Bedeutung für die ganze Schöpfung liegt.[15]

Cannato verfolgt den Evolutionsweg des Menschen, die Entwicklung der Selbstbewusstheit und die Entwicklung des Gottesbildes in den hebräischen Schriften und kommt schließlich an den Punkt, an dem Jesus in die Welt kam. Er ist die Inkarnation, das heißt die „Fleischwerdung" Gottes, die definitive Offenbarung, auf der das Christentum beruht. Hier ist ein gänzlich menschliches Wesen, das den nächsten großen Evolutionsschritt im menschlichen Bewusstsein verkörpert. Er wird zum Empfänger für die Liebe Gottes.

Wie das Licht der Sonne, strahlte auch die Gnade Gottes schon immer zur Erde; unablässig teilte sie sich mit, unablässig drängte sie von innen und außen zum Leben. Mit Jesus kommt der Augenblick des Durchbruchs. Nach Äonen der Vorbreitung ist die Menschheit endlich in der Lage, die Gnade auf eine *bewusstere* Weise zu empfangen. Durch Jesus und seine Interaktion mit dem Heiligen Einen

> bricht das Licht ins Leben herein auf eine Weise, die noch nie zuvor erlebt wurde. Jesus vermag die Gnadenstrahlung Gottes auf eine Weise zu absorbieren, die jene in seiner Mitte verwandelt, die bereit sind, diesen Durchbruch zu empfangen ... Das Universum, das sich in der und durch die Liebe des Schöpfers über Milliarden von Jahren in Raum und Zeit entfaltete, entwickelte sich schließlich dahin, wo es auf den Schöpfer ganz ansprechen kann, in der Person Jesu. Sein radikales Annehmen der schöpferischen Liebe schließt den Kreis, der mit dem Urknall begann, als Gottes Sich-Mitteilen in Liebe und Gnade anfing, der weiterging über die Geburt der Erde und die Entwicklung des Lebens, der in die Morgendämmerung des Gewahrseins auftauchte und heraustrat in das in Jesus verkörperte Bewusstsein, dass in Gottes Liebe und Gnade alles Leben angenommen und aufgenommen ist.[16]

Dies ist eine schöne Verwendung eines wissenschaftlichen Konzepts, um einen Einblick in die christliche Theologie zu vermitteln. Wenn die Kirchen-Liturgiker bereit sind, diese Art von Sprache anzunehmen, nähern wir uns langsam einem Punkt der Verständigung, dass Wissenschaft und Religion einander ergänzen können, nicht um den Rang konkurrieren müssen. Cannato fährt fort und beschreibt, wie Jesus jenes Licht in die Welt brachte und es vorlebte:

> Jesus begann über die göttliche Energie zu lehren, dass sie inklusiv ist, dass sie in ihrer strahlenden Präsenz alles umfasst, das ist. Sie ist die Macht der verwandelnden Liebe. Die Verbundenheit alles Lebendigen ist nicht nur ein physikalisches Phänomen, sondern ein wesentlicher Ausdruck jener göttlichen Präsenz. Liebe ist nicht nur ein Gefühl, sondern eine Kraft zur Evolution, die alles in Beziehung bringt. Wie die Sonne, welche ihr eigenes Leben verströmt, um das Leben auf Erden zu nähren und zu unterstützen, so verströmt das Heilig-Eine sein eigenes Leben, um uns zu nähren und zu unterstützen. Und das Wesen dieses Verströmens ist Liebe, eine Liebe, die keine Grenzen ihres Opferns kennt und kein Maß ihrer Fülle.[17]

Dies könnten wir fast so formulieren: Die spirituelle Energie des Lichtes ist die Trägerwelle für die Liebe. Die göttliche Lichtausstrahlung ist Trägerin der evolutionären Kraft der Liebe aus dem mitfühlenden Bewusstsein Gottes. Jesus war der erste Mensch, dessen Bewusstsein so weit entwickelt war, dass er diese Liebe ganz zu verkörpern vermochte. Er war sowohl erleuchtet als auch „erliebt", wenn wir dieses Wort für diesen Zweck erfinden wollen. Die spirituelle Trägerwelle des Lichtes ist moduliert, um die Information, die „Stimmung" oder Melodie der Liebe zu tragen. Jesus verkörperte die Liebe, indem er lebte, was später im Neuen Testament so ausgedrückt wurde:

> Liebe Brüder, wir wollen einander lieben; denn die Liebe ist aus Gott, und jeder, der liebt, ist ein Kind Gottes und kennt Gott ... Niemand hat Gott je gesehen, doch wenn wir einander lieben, bleibt Gott in uns und seine Liebe ist in uns vollendet. (1. Johannes 4,7 und 12)

Es ist Wirklichkeit, dass wir alle in einem Meer von Lichtenergie, dem Nullpunktfeld, existieren. Licht gilt als das ordnende Prinzip in den Zellen des Körpers, und Licht ist das zentrale Motiv auf dem spirituellen Weg, da es aus Gott stammt, der Licht und Liebe ist. Dies scheint mehr als ein Zufall zu sein. Es wäre irreführend, das mitfühlende Bewusstsein Gottes mit dem Nullpunktfeld gleichzusetzen, was manche stillschweigend tun. Doch dieses „Lichtmeer" als den ersten schöpferischen Strahl zu betrachten, der aus dem göttlichen Bewusstsein hervorging, ist eine inspirierende Vorstellung von der Verbindung zwischen Quantenphysik und Schöpfungstheologie. Es gibt auch eine unmittelbare Verbindung zu Gottes überreicher Natur, da für einen grenzenlosen Nachschub freier Energie gesorgt sein mag. Die entspräche gerade dem freigebigen Gott, den Jesus offenbarte, der dafür sorgt, dass alle ein Leben in Fülle haben mögen. Da wir auf eine Energiekrise zugehen, wäre es ein göttlicher Zufall, gerade in dieser Phase der menschlichen Geschichte auf einen grenzenlosen Nachschub an kostenloser, sicherer elektromagnetischer Energie zu stoßen.

## Ewiges, zeitloses Leben

Der Astrophysiker Bernard Haisch vermittelt uns eine weitere Einsicht, die er aus seiner Erforschung des Nullpunktfeldes gewonnen hat.

> Wenn Licht die fundamentale Wirklichkeit ist, die unser physisches Universum stützt – wie erscheint dann das Universum von Raum und Zeit aus der Perspektive eines Lichtstrahls? Anders ausgedrückt: Wie sehen Dinge aus, wenn man selbst sich mit Lichtgeschwindigkeit fortbewegt? Die Gesetze der Relativität sind in diesem Punkt eindeutig. Könnte man sich mit Lichtgeschwindigkeit bewegen, sähe man allen Raum auf einen einzigen Punkt schrumpfen, und alle Zeit in einem Augenblick zusammenfallen. Ist der Bezugsrahmen Licht, gibt es weder Raum noch Zeit.[18]

Denken wir an ein Photon, jenes kleinste Energiepäckchen, das Licht ist. Ab dem Augenblick seiner Erschaffung saust es mit der Geschwindigkeit des Lichtes dahin, bis es auf ein anderes Objekt trifft, das es absorbiert – so sehen wir es jedenfalls. Die Entfernung zu den Sternen im All berechnen wir in Lichtjahren; ein Lichtjahr ist die Distanz, die das Licht in einem Jahr zurücklegt. Angesichts der Lichtgeschwindigkeit von 300.000 km pro Sekunde ist ein Lichtjahr *sehr* weit (9.460.730.472.580,8 km = ca. 9,5 Billionen Kilometer). Doch ein Photon, das sich in dieser immensen Geschwindigkeit bewegt, würde diese Dinge ganz anders wahrnehmen, wenn es sich seiner eigenen Existenz bewusst sein könnte. Aus unserer Sicht mag das Licht von einem fernen Stern eine Million Jahre benötigen, um bis zu uns zu gelangen. In der Wahrnehmung eines Photons gibt es jedoch keinen Raum; nach der speziellen Relativitätstheorie wird das Licht erschaffen und erreicht augenblicklich, wie in einem einzigen, zeitlosen Sprung unsere Augen. Dies alles klingt recht geheimnisvoll und mystisch, aber aus religiöser Sicht kann es uns einen Einblick geben in das, was in der Bibel mit „ewigem oder ewigwährendem Leben" gemeint ist. Mit oder bei Gott zu sein, könnte bedeuten, in einem „Bereich des Lichtes" zu sein, in einer zeit- und raumlosen Existenz außerhalb der Gesetze der Physik, außerhalb der Schöpfungsordnung, wo alle Dinge im Einssein zusammenfallen. Das ewige Leben wäre also treffender zu bezeichnen als „zeitloses" Leben, wenn man eine wissenschaftlichen Sichtweise in Betracht zieht.

Bernard Haisch stieß auf eine Passage aus der *Haggada*, einer Sammlung von Schriften in der jüdischen Kabbala, die ihn verblüffte, weil hier unterschieden wird zwischen dem Licht, das „im Anfang" erschaffen wurde, und dem Licht, das von Sonne, Mond und Sternen ausgestrahlt wird. Hier schien ein Wissen um die Natur der Wirklichkeit mit einzufließen:

„Das Licht des ersten Tages war von der Art, die den Menschen befähigte, die Welt auf einen Blick zu sehen, von einem Ende bis zum anderen. Da er die Schlechtigkeit der sündhaften Generationen der Sintflut und des Turmbaus zu Babel vorausahnte, die unwürdig waren, den Segen solchen Lichtes zu genießen, verbarg Gott dieses, doch in der kommenden Welt wird es den Frommen in all seiner ursprünglichen Herrlichkeit erscheinen."[19]

Hieraus können wir folgern, dass das Licht nicht nur ein Schlüssel zur Schöpfung ist, sondern möglicherweise auch eine verborgene und potenziell nützliche Kraft. Ist diese das Gleiche wie das Nullpunktfeld? Es gibt allerlei Erkenntnisse aus der Welt der Wissenschaft, die sich als dankbarer Stoff für theologische Spekulationen anbieten.

## Akasha-Feld

Ervin László, ein Systemphilosoph und Vertreter einer integralen Weltsicht (d.h. jemand, der versucht, Theorien zu einem größeren Ganzen zu verknüpfen), entwickelt den Begriff des Nullpunktfeldes noch einen Schritt weiter. László veröffentlichte eine faszinierende Theorie in *Science and the Akashic Field* (dt. Ausg.: *Zu Hause im Universum: die neue Vision der Wirklichkeit*). Viele Wissenschaftler haben festgestellt, dass es eine Verbindung, eine Kohärenz zwischen allen materiellen Dingen gibt, die sich über die etablierten wissenschaftlichen Ansichten hinwegsetzt. (Kohärenz als wissenschaftlicher Begriff bezeichnet eine logische, ordentliche und konsistente Beziehung von Teilen. Diese sind „in Phase" miteinander und reagieren aufeinander.) In alltäglichen Begriffen stellen wir uns den Raum als ein Vakuum vor, in dem nichts existiert. Da mag nichts „Materielles" existieren – nichts, das wir mit unseren Augen oder mit Hilfe des Mikroskops sehen können –, aber was die Energie betrifft, so summt und brummt es im Raum, wie wir bereits festgestellt haben. Elektromagnetische Wellen bewegen sich zuhauf durch den Raum, das Licht von der Sonne und den Sternen ist ein Aspekt davon. Auch Schwerkraft wirkt durch jenes Vakuum. Energie kann sich also in verschiedenen Formen durch das Vakuum des leeren Raumes ausbreiten. Doch die Energie muss von irgendetwas vermittelt oder übertragen werden, und so entwickelten wir universelle Feld-Theorien. Sie konstatieren, dass das Vakuum des Raumes ein universelles elektromagnetisches Feld enthält, ein universelles Gravitationsfeld, ein universelles Higgs-Feld (das etwas mit der „Masse" eines Objekts zu tun hat) und auch das universelle Nullpunktfeld, das jene unvorstellbaren Mengen von Information und Energie enthält. László postuliert ein weiteres universelles Feld, das den Effekt der „nichtlokalen Kohärenz" vermittelt, aufgrund derer die Dinge buchstäblich augenblickliche Verbindungen über Raum und Zeit hinweg haben. Dieses Feld bezeichnet er mit einem Begriff aus der indischen Philosophie als das „Akasha-Feld" oder „A-Feld".

> Im Sanskrit der indischen Hochkulturen ist Akasha das allumfassende Medium, das allen Dingen zugrunde liegt, das Medium, aus dem alles *wird*. Es ist real, aber so fein, dass es erst wahrnehmbar wird, wenn es die vielen Dinge wird, die die Welt um uns herum erfüllen.[20a]
> Unsere körperlichen Sinne nehmen Akasha nicht wahr, aber wir können es durch spirituelle Praxis erreichen. Die Rishis vergangener Jahrhunderte erreichten es durch eine disziplinierte, spirituelle Lebensweise und durch Yoga. Sie beschrieben, was sie erlebten, und machten Akasha zu einem wichtigen Element der Philosophie und Mythologie Indiens.[20b]

> Was ist der Ursprung dieser Welt? ... Es ist Akasha, aus dem alle diese Kreaturen hervorgehen und in welchen sie wieder aufgenommen werden; Akasha ist älter als sie alle, Akasha ist der letzte Ausgangspunkt.[21]

Dieses Akasha-Feld, so László, ist das Mittel, welches die augenblickliche Kommunikation zwischen den Teilchen ermöglicht. Experimentelle Beweise von Alain Aspect aus den 1980er Jahren zeigen, dass die Kommunikation zwischen Partikeln mindestens zwanzig Mal schneller war als die Lichtgeschwindigkeit. Weitere Experimente, die Nicolas Gisin 1997 mit zehn Kilometer voneinander entfernten Teilchen durchführte, ergaben, dass diese Partikel mit dem mindestens Zwanzigtausendfachen der Lichtgeschwindigkeit miteinander kommunizierten, die laut Relativitätstheorie als absolute Höchstgeschwindigkeit gilt. Diese Partikel waren, was man als quantenmechanisch „verschränkt" bezeichnet, das heißt, sie kommunizieren irgendwie außerhalb von Zeit und Raum. Diese Fernwirkung tritt schneller ein als mit Lichtgeschwindigkeit.[22] Übertragen wir dieses subatomare Geschehen ins tägliche Leben, so ist es ihre Interaktion, die Menschen „verschränkt". László berichtet Einzelheiten einer ganzen Reihe von Experimenten namhafter Wissenschaftler. Zwei Physiker, Russell Targ und Hal Puthoff, zeigten, dass sich bei einer Versuchsperson, dem „Sender", die in einem versiegelten und elektrisch abgeschirmten Raum rhythmischen Lichtblitzen ausgesetzt war, ein rhythmisches Muster in den Gehirnwellen entwickelte, die mit Hilfe eines Elektroenzephalografen (EEG) aufgezeichnet wurden. Eine zweite Person, der „Empfänger", befand sich in einem anderen Raum, und ihre Gehirnwellen wiesen die gleichen rhythmischen Muster auf. Targ und Puthoff führten auch Experimente mit Fernwahrnehmung durch, bei denen eine Versuchsperson ein Objekt betrachtete und eine andere Person in weiter Entfernung zu „empfangen" versuchte, was der Sender sah.

Unabhängige Schiedsrichter fanden dann, dass die Beschreibungen oder Zeichnungen in 66% der Fälle im Wesentlichen mit dem Anblick übereinstimmten, der sich jeweils dem Sender geboten hatte.[23]

An der Nationaluniversität von Mexiko führte Jacobo Grinberg-Zylberbaum mehrere Experimente durch. Er verwendete zwei separate, schalldichte „Faradaysche Käfige", die jegliche elektromagnetische Strahlung abschirmten. Die Versuchspersonen wurden zusammen in einen Käfig gesetzt und aufgefordert, dort gemeinsam zwanzig Minuten lang zu meditieren; danach wurden sie in zwei separate Käfige gesetzt. Eine Versuchsperson wurde allen möglichen Reizen in wahlloser und unregelmäßiger Folge ausgesetzt – Lichtblitzen, Geräuschen und sogar elektrischen Schlägen –, während die Versuchsperson in dem anderen Käfig aufgefordert wurde, sich zu entspannen. Die Analyse der EEG-Aufzeichnungen zeigte eine Korrelation zwischen den Gehirnströmen beider Versuchspersonen in etwa 25% der Fälle. Wenn die Versuchspersonen zu Beginn des Experiments nicht zusammen gewesen waren, gab es keine Korrelation; dies lässt darauf schließen, dass eine Verbindung hergestellt wurde, die über die körperliche Nähe hinausgeht. Zwei junge Menschen, die an dem Experiment teilnahmen, waren sehr ineinander verliebt, und ihre EEG-Muster blieben während des ganzen Experiments eng synchronisiert. Vielleicht ist das Gefühl des Einsseins, das als Teil einer liebevollen Beziehung erlebt wird, mehr als eine Illusion – und Liebe tatsächlich die evolutionäre Kraft zur Verbundenheit im Universum.

Das Phänomen der „Zwillingsschmerzen" ist wohldokumentiert: Ein Zwilling spürt den Schmerz oder das Trauma, die dem anderen, räumlich fernen Zwilling zustoßen. In einer Fernsehsendung wurden 1997 vier Paare eineiiger Zwillinge getestet, man zeichnete beider Gehirnströme, Blutdruck und Hautwiderstand auf. Ein Zwilling jedes Paares wurde einem lauten Alarmsignal ausgesetzt. Bei drei von vier Paaren registrierte der andere Zwilling, der sich in einem separaten, schalldichten Raum aufhielt, den Schreck, den der erste Zwilling erhalten hatte.[24] László vermutet, dass diese telepathische Übertragung zwischen zwei verschränkten Menschen außerhalb der physikalischen Parameter von Raum und Zeit auf nichtlokale Weise über das Akasha-Feld stattfindet. Später zitiert er den indischen Yogi Swami Vivekananda:

Den Philosophen Indiens zufolge ist das ganze Universum aus zwei Stoffen zusammengesetzt, von denen sie den einen Akasha nennen. Akasha ist das allgegenwärtige, alles durchdringende Dasein. Alles, was Gestalt hat, alles, was eine Zusammensetzung aufweist, ist aus Akasha geworden. Es ist Akasha, aus dem die Luft wird, die Flüssigkeiten und die festen Körper; es ist Akasha, das die Sonne wird, die Erde, der Mond, die Sterne und die Kometen; es ist Akasha, aus dem der menschliche Körper wird, die Körper der Tiere, die Pflanzen und alle Formen, die wir sehen, alles, was spürbar ist, alles, was existiert. Es ist nicht wahrnehmbar; es ist so fein, dass es jenseits jeder gewöhnlichen Wahrnehmung ist; es ist nur zu sehen, nachdem es grob geworden ist, Gestalt angenommen hat. Zu Beginn der Schöpfung gibt es nur Akasha. Am Ende des Zyklus schmelzen die Feststoffe, Flüssigkeiten und Gase alle wieder in Akasha zurück, und die nächste Schöpfung wird auf ähnliche Weise aus Akasha hervorgehen.[25]

Indem er so die Verbindung zur Hindu-Philosophie herstellt, führt László die ganze Idee, dass Information und Erinnerung in Energiefeldern gespeichert sind, zu denen unserer Gehirn Zugang hat, in die Sphäre von Religion und Spiritualität ein. Das Erleben des Einsseins mit der Quelle, dem Sein oder Gott, das alle Religionen in der einen oder anderen Form kennen, können wir so in wissenschaftlichen Begriffen andeuten. Das Nullpunktfeld und das Akasha-Feld bieten eine Theorie der Verbundenheit, die uns in neue Bereiche des Verständnisses von der Natur des Menschen und des spirituellen Lebens führt, die bisher nur in uralten spirituellen Überlieferungen gestreift wurden. László beschreibt kurz, wie diese Sichtweise unser Bild von der physischen Welt verändert.

Nun steht die Auffassung des Raumes als leer und passiv... in völligem Gegensatz zur Sicht der modernen Physik. Was die neue Physik als das einheitliche Vakuum beschreibt – den Sitz aller Felder und Kräfte der physischen Welt –, ist tatsächlich das am fundamentalsten reale Element im Universum. Aus diesem Vakuum entsprangen die Teilchen, aus denen unser Universum besteht, und wenn schwarze Löcher „verdampfen", ist es dieses Vakuum, in das die Teilchen wieder zurückfallen. Was wir als Materie betrachten, ist nichts als die quantisierte, halbstabile Bündelung der Energien, die dem Vakuum entspringen. Letzten Endes ist Materie nur eine Störung der Wellenform in dem nahezu endlosen Energie-und-Informations-Meer, welches das verbindende Feld und das anhaltende Gedächtnis des Universums ist.[26]

Wenn wir dies mit dem Gedanken verbinden, dass Gott das mitfühlende Bewusstsein ist, in dem wir alle existieren, haben wir die Anfänge einer radikalen Theologie, die mit wissenschaftlichen Sichtweisen mehr übereinstimmt als konkurriert. Gott „dachte" und strahlte das „Wort" der Schöpfung aus, wobei er Energiefelder ins Dasein rief, die zu der Entwicklung von Materie, Leben und Selbst-Gewahrsein führten – und letztlich zu der Fähigkeit, den Gott wahrzunehmen, der den ganzen Prozess in Gang gesetzt hat und der alles trägt und erhält. Der Weg des Menschen führt dann zurück zu dem Bewusstsein Gottes, und der Kreis schließt sich. Die religiöse Erkenntnis gibt es seit Äonen, doch wir fangen jetzt gerade erst an, eine Sprache und ein Verständnis zu entwickeln, die eine Brücke zwischen Religion und wissenschaftlichem Denken zu schlagen vermögen.

~

Die Verbindungen und Ideen, die in diesem Buch zusammengestellt wurden, basieren auf der Lektüre verschiedener wissenschaftlicher Theorien, und es muss angemerkt werden, dass sich wissenschaftliche Theorien häufig verändern und auf der Suche nach der wahren Natur der physischen Wirklichkeit oft überholt oder verworfen werden. Aber wir können nur mit dem arbeiten, was wir haben. Im Teil Zwei dieses Buches betrachten wir eingehender, wie die in den ersten vier Kapiteln skizzierten Erkenntnisse in christliche Theologie und Praxis eingearbeitet und umgesetzt werden können.

# TEIL ZWEI

## EVOLUTION DES CHRISTENTUMS

Im zweiten Teil des Buches werden die in Teil Eins skizzierten neuen wissenschaftlichen Konzepte in die christliche Theologie und Terminologie eingearbeitet – was in manchen Bereichen provozierend, in anderen hingegen erhellend sein wird.

In unserer heutigen Zeit müssen wir uns auf eine Stufe begeben, wo die eigentliche Arbeit der Menschheit erst beginnt. Es ist die Zeit, in der wir zum Partner der Schöpfung werden bei der Erschaffung unserer selbst, bei der Wiederherstellung der Biosphäre, der Erneuerung der Gesellschaft und der Entwicklung einer neuen Art von Kultur – einer Kultur der Freundlichkeit. Dabei leben wir unser tägliches Leben, zurückverbunden mit und genährt von der Quelle, so dass wir frei werden und uns in der Welt und für unsere Aufgaben engagieren.

Jean Houston

# 5

## JESUS MIT NEUEN AUGEN

~

Nun machen wir uns an die Aufgabe, die wissenschaftlichen Erkenntnisse in den vorausgegangenen vier Kapiteln auf Jesus den Christus zu beziehen und zu untersuchen, welche Konsequenzen dies für ein weiter entwickeltes Verständnis seiner Beziehung zu Gott hat. Wir betrachten die wahre Bedeutung einiger Begriffe, die in Verbindung mit Jesus gebräuchlich sind, und versuchen, einiges von der gewichtigen Tradition zu durchleuchten, die sich um Jesus aufgebaut hat, um ihn mit neuen Augen zu sehen.

~

Für den geistigen Weg braucht man das Herz eines Spielers.
Br. Raphael Robin[1]

### Wissenschaft und Religion verbinden

In den vorangegangenen vier Kapiteln haben wir neue und anspruchsvolle wissenschaftliche Konzepte vorgestellt, die echte Einblicke in den spirituellen Weg ermöglichen. Die Theorie, dass es am Urgrund des Seins ein einheitliches Bewusstseinsfeld gibt, führt zu einer Vorstellung von Gott als mitfühlendem Bewusstsein, das alles umfasst, das ist, und von dem alle Energiefelder und Materie ausgehen. Wir sind alle Teil von jenem Bewusstsein. Dies wirft alle möglichen theologischen Fragen und Themen auf, welche die Glaubenslehren von der Menschwerdung, der Trinität, der Erlösung und andere wichtige Bereiche der christlichen Theologie betreffen. Dieses Buch versucht nicht, sie alle detailliert zu beantworten, stellt aber einige Gedanken vor, die zu weiteren Analysen führen können.

In diesem Kapitel werden wir die Konsequenzen für unser Bild von der Person des Jesus von Nazareth untersuchen. Die These lautet, dass er ganz eins wurde mit jenem mitfühlenden Bewusstsein. Damit erfüllte er das Potenzial des Menschen und veränderte also das morphische Feld der ganzen Menschheit, denn seine Stufe spiritueller Reife zu erlangen, ist nun für andere Menschen leichter möglich. Die Epigenetik zeigt, dass wir durch subtiles Beeinflussen der Umgebung unserer Zellen viel mehr Kontrolle über die Gesundheit und das Funktionieren unseres eigenen Körpers haben, als wir bisher dachten. Die Art und Weise, wie wir denken und fühlen, beeinflusst die Energiefelder, die das Muster unseres physischen Wesens tragen. Möglicherweise hatte Jesus die Fähigkeit erlangt, mit Hilfe seiner Gedanken und Emotionen die materielle Welt zu beeinflussen, und war deshalb in der Lage, anderen durch die Kraft seiner Intention, seiner zielgerichteten emotionalen Gedankenmuster und Energien Heilung zu bringen. Alle diese Aussagen stützen sich auf neue wissenschaftliche Erkenntnisse und sind eine Herausforderung für die Annahme, dass Jesus göttlicher war als das Potenzial des Menschen ist – er also Gott auf eine Weise war, wie es keiner von uns sein kann. Für einen traditionellen christlichen Gläubigen ist dies wahrscheinlich der provozierendste Gedanke im vorliegenden Buch. In diesem Kapitel werden wir uns dieser Idee ausführlicher widmen.

## Das Potenzial Jesu

Ich glaube, dass Jesus ein reales, lebendiges, ganz menschliches Wesen war – Jesus von Nazareth, von Maria geboren. (Was die jungfräuliche Geburt betrifft, verweise ich auf Anhang 1.) Er war nicht Gott, der sich als Mensch tarnte. Auch war Jesus kein Landei. In unserer westlichen Tradition hält sich eine starke Neigung, sich Jesus als einen ungebildeten Zimmermann vorzustellen, der in einer abgelegenen Region Galiläas aufgewachsen ist. Doch dies hat bei genauerer Betrachtung weder Hand noch Fuß. Jesus war aus Nazareth, einem kleinen Bauerndorf in Galiläa, das aber nur sieben Kilometer südlich von Sepphoris lag, der größten Stadt Galiläas und während der Jugendzeit Jesu Sitz der herodianischen Verwaltung. Der Historiker Flavius Josephus beschrieb Sepphoris als „das

Schmuckstück Galiläas". Josef und Jesus könnten dort gearbeitet haben; die Stadt wurde ab ca. 4 n. Chr. wiederaufgebaut und dürfte Zimmerleuten und Steinmetzen sichere Arbeit geboten haben. Der griechische Begriff, der als „Zimmermann" übersetzt wurde, umfasst tatsächlich mehr als diese Berufstätigkeit und könnte auch die Steinmetzarbeit einschließen. Zudem wurde Sepphoris auf einem Hügel gebaut und war meilenweit zu sehen. Es könnte die Stadt sein, die Jesus meinte, als er sagte: „Eine Stadt, die auf einem Berg liegt, kann nicht verborgen bleiben." (Matthäus 5,14) Jesus hat wohl einen großen Teil seiner Zeit in Sepphoris gearbeitet. Dorthin kamen Eselskarawanen mit Händlern aus der ganzen Region, die ihre Waren verkauften, von fernen Orten und Ländern erzählten und über fremde Philosophien und Weltanschauungen diskutierten.

Wir neigen dazu, uns Jerusalem als das kulturelle Zentrum der Region vorzustellen; aus Galiläa nach Jerusalem zu kommen, wäre da wie eine Reise aus der tiefsten ländlichen Provinz in die große Stadt. Tatsächlich war es fast umgekehrt. Galiläa war nicht provinziell, sondern ein recht kosmopolitisches Umfeld, durch das die Seidenstraße führte, das große Viadukt des Handels, der die Länder des Mittelmeerraumes und Ägypten mit Mittelasien und China verband, der sich bereits in der Zeit von Julius Cäsar (100-44 v. Chr.)[2] entwickelte und im ersten Jahrhundert n. Chr. wohl funktionierte.[3]

Galiläa lag nicht nur an der Seidenstraße, sondern auch an der Weihrauchstraße.

> Die Weihrauchstraße bestand aus einem Netz wichtiger antiker Handelsrouten zu Lande und zu Wasser, die den Mittelmeerraum mit den Herkunftsländern von Räucherwerk, Gewürzen und anderen Luxusgütern im Osten und Süden verband und sich von den Mittelmeerhäfen über die Levante und Ägypten durch Nordostafrika und Arabien bis Indien und darüber hinaus erstreckte. Der Weihrauchhandel zwischen Südarabien und dem Mittelmeer florierte zwischen dem etwa 7. Jahrhundert v. Chr. und dem 2. Jahrhundert n. Chr. Die Weihrauchstraße diente dem Handel mit Gütern wie dem arabischen Weihrauch und Myrrhe, indischen Gewürzen, Edelsteinen, Perlen, Ebenholz, Seide und feinen Stoffen sowie den Edelhölzern vom Horn von Afrika, Federn, Tierhäuten und Gold.[4]

Diese Routen führten durch Kapernaum, wo Jesus viel Zeit verbrachte, predigte und lehrte – und lernte.[5] Nicht nur Handelswaren fanden entlang dieser Routen Verbreitung, sondern auch menschliche(s) Kultur(gut) einschließlich anderer religiöser Glaubens- und Denkweisen. Jesus hatte leicht Gelegenheiten, Ideen und Konzepte von hinduistischen und buddhistischen Lehren aus dem Osten und den Mysterienreligionen von Ägypten und Persien aufzunehmen. Er hat von den Lehren der griechischen Philosophen gehört. Er lebte in einer Gegend, die reich war an spiritueller Weisheit. Wir wissen, dass er lesen konnte, wie wir in Lukas 4,16 erfahren, wo er in der Synagoge die Schriftrolle nimmt und Hebräisch daraus vorliest. Er sprach wahrscheinlich mehrere Sprachen – mit Gewissheit Aramäisch und Hebräisch; angesichts seines Wortwechsels mit Pilatus verstand er wahrscheinlich Griechisch und möglicherweise auch einiges Latein. Wie die Aufzeichnungen der Evangelien vermitteln, war er mit den jüdischen Schriften offenbar vertraut. Dieser Mann war kein unwissender Hinterwäldler, sondern ein hochgebildeter Weisheitslehrer. Doch für einen Christen stellt sich die große Frage: In welchem Sinne war er der Sohn Gottes?

## Sohn Gottes

> Nathanael antwortete und spricht zu ihm: „Rabbi, du bist Gottes Sohn, du bist der König von Israel." (Johannes 1,49)

Was meinten die Menschen zur Zeit Jesu, wenn sie, wie Nathanael, sagten: „Du bist Gottes Sohn"? Dies dürfte der Titel sein, der heute für Jesus am meisten gebraucht, aber am wenigsten verstanden wird. Für die ersten Christen war er von zentraler Bedeutung, wenn sie ihren Glauben an Jesus bekannten und ihre Verehrung für ihn zum Ausdruck brachten. Doch wenn die Zeitgenossen Jesu „Sohn Gottes" sagten – also vor Jesu Tod am Kreuz, vor der Auferstehung, vor den Schriften des Paulus und bevor die Evangelien geschrieben wurden –, meinten sie etwas ganz anderes, als was man heute gewöhnlich darunter versteht. Im Hebräischen des Alten Testaments konnten Engel „Gottessöhne" genannt werden.[6] So wurde auch der historische König von Israel bezeichnet[7], alle Juden hießen Söhne Gottes, und zuweilen war damit auch die ganze Nation gemeint.[8] Im Alten Testament spricht Gott zu Moses:

> Dann sag zum Pharao: „So spricht der Herr: Israel ist mein erstgeborener Sohn. Ich sage dir: ‚Lass meinen Sohn ziehen, damit er mich verehren kann.'" (2. Mose 4,22-23)

Als Nathanael sagte: „Rabbi, du bist Gottes Sohn, du bist der König von Israel", meinte er dies also nicht auf die gleiche, buchstäbliche Weise wie wir es heute verstehen würden, als einen Menschen, dessen männliche Gene von Gott stammten. „Gottes Sohn" galt mehr als ein Synonym für den König, den Anführer, als für irgendetwas anderes. Nathanael, der ein gläubiger Jude war, sagte zu Jesus nicht: „Du bist der ewige Gott in menschlicher Gestalt." Er sagte effektiv: „Lehrer, du bist das Herzblut Israels, du bist der Gesalbte, der rechtmäßige Führer." Diese Anrede enthielt wohl auch eine Anerkennung seiner göttlichen Weisheit, seiner hochentwickelten Intuition und Begabung, doch sie bedeutete nicht, dass der Angesprochene auf eine Weise göttlich sei, auf die es kein anderer sein konnte.

Wenn die Leute das Wort weiter verbreiteten in dem Sinne, dass Jesus der neue Führer Israels sein sollte, wäre die jüdische Obrigkeit schon bald unruhig geworden und hätte Dinge gesagt wie: „Mit welchem Recht redet er so? Wer ist er, dieser Emporkömmling, ausgerechnet aus Nazareth? Er wird beim Volk beliebt. Wenn er noch mehr Unterstützung bekommt, werden die Römer energisch gegen uns vorgehen. Besser, wir schaffen ihn aus dem Weg…" Die Juden erwarteten einen Messias – das bedeutet „der Gesalbte" –, und es waren in erster Linie Könige, die gesalbt wurden.

Israel war ein Marionettenstaat, ein Teil des Römischen Imperiums, und wurde brutal unterdrückt. Einst waren die Israeliten eine eigene, freie Nation mit eigenem König gewesen, und nun sehnten sie sich nach einem weiteren Gesalbten, der sie anführen würde, um die Römer niederzuwerfen. Das ist es wahrscheinlich, woran Nathanael dachte, als er Jesus als den Gottessohn erkannte: Er identifizierte ihn als den nächsten König oder Führer, der sie aus der Knechtschaft der Römer retten würde. Es waren revolutionäre Worte, die er sprach. Oder er erkannte Jesus als den wahren Erben der spirituellen Tradition, als den Einen, der die jüdischen Führer stürzen würde. So oder so wäre dieser Sohn Gottes aus Sicht der Obrigkeit ein Unruhestifter.

In der Folge wurde Jesus festgenommen, gekreuzigt und dann wieder zum Leben erweckt (was man auf viele verschiedene Weisen verstehen kann – wie sich später in diesem Kapitel zeigen wird), und die frühen Christen standen vor der Aufgabe, sich einen Reim darauf zu machen. Die erste theologische Antwort auf die Frage, wer Jesus war, entwickelte sich aus dem nachösterlichen Erleben der ersten Christen und der Verehrung, die sie ihm entgegenbrachten. Nach Ostern erlebten die Anhänger Jesu diesen als eine spirituelle Wirklichkeit, die nicht – wie vorher Jesus von Nazareth – auf Zeit und Raum begrenzt war. Nach der Himmelfahrt konnte er überall sein, und sein Geist war im Inneren zu erreichen. Immer mehr sprach man ihm alle Eigenschaften Gottes zu. Im weiteren Verlauf der Zeit erlangten Sätze wie Nathanaels Wort vom „Sohn Gottes" Bedeutung als Bestätigung, dass Jesus als der „eingeborene Sohn" erkannt worden war, als derjenige, der „sitzet zur Rechten Gottes" usw. Viele versuchten, dies zu rechtfertigen, indem sie auf Nathanael und andere in den Evangelien zurückverwiesen, doch das ist nicht stichhaltig, weil es nicht das ist, was Nathanael mit den Worten gemeint hatte, die ihm zugeschrieben werden. Das Argumentieren über das Wesen Jesu hielt an und ging noch fünfhundert Jahre weiter, bis die großen Glaubensbekenntnisse der Kirche formuliert und beschlossen waren. Dann wurde alles in Stein gemeißelt und nur noch von wenigen mutigen Theologen infrage gestellt, die damit ihr Leben riskierten und oft als Ketzer bezeichnet und gezwungen wurden, zu widerrufen. Manche derer, die es nicht taten, wurden hingerichtet. Auf diese Weise gewann eine Form des Christentums über zahlreiche andere die Oberhand.

Die Geschichte der Entwicklung der Theologie der Kirche in den ersten fünfhundert Jahren ist voll von alternativen Formen des Christentums; viele von ihnen hätten am Ende zum Mainstream werden können, wenn die Dinge anders verlaufen wären. Professor Bart D. Ehrman weist in *Lost Christianities* deutlich darauf hin, dass es Christen gab, die diametral entgegengesetzte Ansichten über Jesus hatten.

> Im 2. und 3. Jahrhundert gab es Christen, die glaubten, dass Jesus sowohl göttlich als auch menschlich sei, Gott und Mensch. Es gab

andere Christen, die argumentierten, dass er ganz göttlich und gar nicht menschlich sei ... Es gab weitere, die darauf bestanden, dass Jesus ganz Mensch aus Fleisch und Blut sei und von Gott als Sohn adoptiert, aber selbst nicht göttlich. Wieder andere Christen behaupteten, er sei zweierlei: a) Jesus, ganz Mensch aus Fleisch und Blut, und b) Christus, ein ganz göttliches Wesen, das den Körper Jesu während der Jahre seines Wirkens bewohnte und ihn vor dem Tode verließ; er inspirierte seine Lehren und Wunder, entzog sich aber dem Leiden und was danach kam ... Es gab Christen, die glaubten, dass der Tod Jesu die Erlösung der Welt herbeigeführt habe. Es gab andere Christen, die dachten, dass der Tod Jesu mit der Erlösung der Welt nichts zu tun habe. Wieder andere Christen sagten, dass Jesus nie gestorben sei.[9]

Da bleibt uns nur zu fragen: „Wie konnte man nur alle diese Ansichten für christlich halten?" Ehrman legt dar, dass es seinerzeit noch nicht das Neue Testament gab, wie wir es kennen. Der Kanon (das heißt, welche Bücher „darin" waren und welche nicht) war noch nicht beschlossen worden, und es gab alle möglichen anderen Evangelien und Briefe – und andere Teile der christlichen Welt, die an „ihren" geheiligten Schriften festhielten. Die Seite, die sich durchsetzte, nannte Ehrmann die „proto-orthodoxe", also jene Fraktion, aus der die traditionelle Kirche wurde und deren Sichtweise in den Debatten und Konzilien schließlich den Sieg davontrug. Doch er merkt auch an, dass es häufig nur eine knappe Mehrheit gab – und so könnten wir heute leicht eine ganz andere Glaubenslehre überliefert bekommen haben, wenn seinerzeit andere Stimmen den Ausschlag gegeben hätten. Sobald die proto-orthodoxe Gruppe die Oberhand hatte, bezeichnete sie all jene, die anderer Meinung als sie waren, als Ketzer, was für viele von diesen Andersgläubigen fatale Konsequenzen hatte.

## Jesus und das menschliche Potenzial

In den Evangelien, die wir haben, ist Jesus jemand, der das Leben eines Menschen führte, aber auch jemand, in dem das volle Potenzial des Menschen – Körper, Seele und Geist – entfaltet war, da er in das mitfühlende

Bewusstsein Gottes erwachte. Denken Sie einmal an all die Fertigkeiten, die wir im Spektrum der Menschheit finden können. Es gibt Menschen mit fotografischem Gedächtnis, mit unglaublichen mathematischen Fähigkeiten, mit erstaunlichen Kenntnissen in Sprachen oder Musik, mit enormem Einfühlungsvermögen und Mitgefühl oder mit vielen weiteren ungewöhnlichen Talenten. Solche Ausnahmeerscheinungen bezeichnen wir gewöhnlich als Genies oder Savants. Stellen Sie sich nun viele solcher Gaben in einer einzigen Person vereint vor, in jemandem, der die Fähigkeit und Weisheit besitzt, sie zum Wohle der Menschheit zu gebrauchen (denn dies ist eine wesentliche Bedingung und das Zeichen echter Weisheit). Diese Person nimmt vielleicht auf irgendeiner Ebene die Feinheiten von Energiefeldern und deren Wirkungen wahr und hat dank ihrer hochentwickelten Wahrnehmung dieser quantenenergetischen Felder, die allem zugrunde liegen, eine gewisse Macht über ihre Umgebung. Ein solcher Mensch kann anscheinend die Wirklichkeit manipulieren, „Wunder" wirken und vielleicht sogar – nach der Auferstehung – die Teilchen seines eigenen Körpers dergestalt beherrschen, dass er sie nach Belieben erscheinen und verschwinden lässt. Fraglos würde er uns göttlich scheinen, gottgleich – und war doch immer noch ganz Mensch.

Was aber, wenn dies der Richtung entspricht, in welche die Menschheit in ihrer evolutionären Entwicklung unterwegs ist? Die Wissenschaft beginnt heute zu begreifen, wie manche dieser Begabungen in dem voll entfalteten Menschen potenziell vorhanden sein können. Die christliche Theologie erkennt Jesus als ein gänzlich göttliches Menschenwesen – so gänzlich göttlich, wie ein Menschenwesen nur sein kann. Wenn wir nun anfangen zu sagen, dass er *mehr* ganz göttlich ist, als ein Menschenwesen sein kann, dann verabschieden wir uns von der Vorstellung, dass er ganz Mensch und ganz göttlich ist. Wenn er ganz Mensch ist, kann er nicht göttlicher sein als jedes andere voll entfaltete Menschenwesen. Was ihn ganz göttlich machte, war, dass sein Bewusstsein eins mit Gottes Bewusstsein war – er war eins mit Gott. Dies lässt einige der Worte, die ihm im Johannes-Evangelium zugeschrieben werden, völlig sinnvoll erscheinen. (Der Begriff „zugeschrieben" wird hier bewusst verwendet, da das Evangelium nach Johannes nicht nur als letztes entstanden ist, sondern sich auch sehr von den anderen Evangelien unterscheidet; es enthält lange Diskurse von Jesus, die erst gut sechzig bis siebzig Jahre, nachdem sich die

Dinge zugetragen hatten, aufgeschrieben wurden. Es wurde schon viel darüber debattiert, ob es sich tatsächlich um die Worte Jesu handelt oder um des Johannes lange und mystisch inspirierte Betrachtung über den wahren Sinn des Christus-Ereignisses – eine hoch gebildete, kenntnisreiche Darstellung esoterischer Wahrheit.)

> Aber ich bitte nicht nur für diese hier, sondern auch für alle, die durch ihr Wort an mich glauben. Alle sollen eins sein: Wie du, Vater, in mir bist und ich in dir bin, sollen auch sie in uns sein, damit die Welt glaubt, dass du mich gesandt hast. Und ich habe ihnen die Herrlichkeit gegeben, die du mir gegeben hast; denn sie sollen eins sein, wie wir eins sind, ich in ihnen und du in mir. So sollen sie vollendet sein in der Einheit. (Johannes 17,20-23)

Joel S. Goldsmith, der Gründer der Bewegung *The Infinite Way (Der Unendliche Weg)*, vertrat die interessante Ansicht, dass die unverhüllte Wahrheit der Lehren Jesu bis etwa dreihundert Jahre nach seinem Erdenwirken manchen bekannt war, dass diese Wahrheit aber um das Jahr 300, als allmählich die Glaubensbekenntnisse ausgearbeitet wurden, wieder verschleiert wurde und bis vor kurzer Zeit verborgen geblieben ist.

> Jedes Mal, wenn die Wahrheit offenbart wurde, haben sie jene, denen sie offenbart wurde, mit dem Namen des Offenbarenden identifiziert und diesen verehrt. Der Offenbarer der Wahrheit hat dies selbst nie getan, weil keiner, dessen Bewusstsein hoch genug entwickelt ist, eine solche Offenbarung zu empfangen, sie jemals personalisieren würde. Tatsächlich könnte kein Mensch ein offenes Gefäß sein, um eine solche Offenbarung zu empfangen, wenn er versucht wäre, sie zum persönlichen Vorteil oder zur Selbstverherrlichung zu nutzen. Doch möglicherweise gibt es andere, die – sei es aus Unwissenheit oder aus böser Absicht – beschließen, ein Standbild zu errichten für Moses, Elias, Jesus oder einen anderen Offenbarer der Wahrheit, und dann ist der Schleier wieder darüber. Jesus entfernte den Schleier, und dies tat er, damit die Wahrheit vollkommen klar sei für alle Zeiten.[10]

Die Wahrheit, von der Goldsmith spricht, ist die Erkenntnis, dass wir von gleicher Natur sind wie Jesus, der von sich selbst sagte:

> Von mir selbst aus kann ich nichts tun ... Wenn ich über mich selbst Zeugnis gebe, so ist mein Zeugnis nicht wahr. (Johannes 5,30-31)
>
> Meine Lehre stammt nicht von mir, sondern von dem, der mich gesandt hat. (Johannes 7,16)

Goldsmith erklärt, dass die menschliche Identität Jesu die gleiche war wie Ihre und meine – ganz menschlich. Doch gerade im Johannes-Evangelium äußerte Jesus, was wie Behauptungen klingt, Gott zu sein, besonders in den „Ich bin"-Worten:

> Ich bin das Brot des Lebens. (Johannes 6,35)
> Ich bin das Licht der Welt. (Johannes 8,12)
> Ich bin die Tür. (Johannes 10,9)
> Ich bin der gute Hirte. (Johannes 10,11)
> Ich bin die Auferstehung und das Leben. (Johannes 11,25)
> Ich bin der Weg, die Wahrheit und das Leben. (Johannes 14,6)
> Ich bin der Weinstock, ihr seid die Reben. (Johannes 15,5)

### „ICH BIN"

Das „ICH BIN" ist in der mystischen Theologie der Teil von uns, der sich mit Gott identifiziert, der Teil, der Gott in uns ist. Gott ist im Inneren eines jeden von uns, wenn wir uns nur für diese Präsenz öffnen können. Sie ist das Erleben des nicht-dualen oder vereinenden Bewusstseins. Das Mysterium liegt darin, dass im Inneren eines jeden von uns sowohl das persönliche „Ich bin" als auch das göttliche „ICH BIN" ist. Goldsmith präzisiert dies und sagt, dass jede Wahrheit, die über Jesus Christus oder einen der Heiligen oder Weisen der Vergangenheit oder Gegenwart ausgesprochen wird, als Wahrheit über jede Person zu erkennen ist.[11] An dieser Stelle müssen wir eine notwendige Unterscheidung treffen zwischen dem Wort Gottes, dem Logos (wie es im Griechischen heißt), und dem historischen Jesus – eine Unterscheidung, die im Neuen Testament gründet. In der christlichen Theologie ist der Christus das ewige Wort, der Logos Gottes, welcher war beim Vater und dem Heiligen Geist seit aller Ewigkeit:

> Im Anfang war das Wort, und das Wort war bei Gott, und Gott war das Wort. (Johannes 1,1-3)

Bei der Geburt Jesu in Bethlehem – oder bei der Taufe Jesu (je nach Theologie) – wurde das Wort Gottes, der Logos, in dem historischen Jesus inkarniert. An bestimmten Stellen im Johannes-Evangelium spricht Jesus von sich selbst als dem inkarnierten Logos, so zum Beispiel in dem Wort: *„Bevor Abraham [geboren] wurde, bin ich."* (Johannes 8,58) Das barg für die Juden eine besondere Bedeutung. „ICH BIN" war der Name, den Gott sich im Alten Testament selbst gegeben hatte. Als Moses vor der Präsenz Gottes im brennenden Dornbusch stand, fragte er, mit welchem Namen er Gott ansprechen solle:

> Und Gott antwortete dem Mose: „Ich bin der ich bin." Er sprach weiter: „Also sollst du zu den Israeliten sagen: Der ICH BIN hat mich zu euch gesandt." (2. Mose 3,14)

Im Hebräischen drücken die Worte „ICH BIN" unveränderliches und ewiges Sein oder Werden aus. John Henson, der das Neue Testament neu übersetzte *(„Good As New"),* bemerkte, dass sich die Aussage jenes Satzes im Hebräischen sowohl auf die Gegenwart als auch auf die Zukunft bezieht, er bedeutet sowohl „Ich bin, was ich bin", als auch „Ich werde sein, was ich sein werde". Dies zeigt nicht nur die ewige Existenz Gottes an, sondern auch den ewig voranschreitenden, sich entwickelnden, stets schöpferischen, sich entfaltenden, überraschenden Aspekt Gottes. Der springende Punkt am „ICH BIN" ist jedoch, dass es *kein* Name oder Titel ist, sondern eine Zusicherung, dass Gott letztlich unfassbar und letztlich unvorhersagbar ist. Jesus änderte dies ein wenig, indem er in Worten und Taten zeigte, dass Gottes essenzielle Natur Liebe ist.[12]

In den meisten Übersetzungen des Alten Testaments steht das Wort HERR in Großbuchstaben tatsächlich anstelle der vier Buchstaben JHWH (das Tetragrammaton), das „ICH BIN" oder „SEIN" bedeutet. Bei der Lesung aus der hebräischen Heiligen Schrift im Rahmen des jüdischen Gottesdienstes erinnerte „ICH BIN" die Juden ständig an den Namen Gottes. In den meisten heutigen Bibelausgaben finden wir JHWH als HERR (in Großbuchstaben) oder zunehmend als „Herr" übersetzt. Bruce Metzger erläutert in seiner Einführung zur *New Revised Standard Version* der Bibel, dass das ursprüngliche Hebräisch nur Konsonanten kannte und keine Vokale anzeigte. Diese wurden von jüdischen Gelehrten, den Masoreten, erst zwischen dem 7. und 10. Jahrhundert n. Chr. hinzugefügt. Zu jener Zeit jedoch galt der Name Gottes inzwischen als zu heilig, um ausgesprochen zu werden.

> Und so ergänzten sie Vokalzeichen, die andeuteten, dass an ihrer Stelle das hebräische Wort *adonai* gelesen werden sollte, das „Herr" bedeutet. Die griechischen Übersetzer in der Antike hatten das Wort *kyrios* („Herr") anstelle des göttlichen Namens verwendet. In der lateinischen Vulgata findet sich entsprechend der Begriff *dominus* („Herr").[13]

„HERR" gibt Gott einen Titel, mit dem wir Assoziationen von Macht, Dominanz und Herrschaft verbinden. Doch alle Juden, die Hebräisch lesen, werden überall, wo sie die vier Buchstaben JHWH lesen, den Namen Gottes erkennen, „ICH BIN DER ICH BIN". Als Jesus also sagte, wie im Evangelium nach Johannes überliefert ist: *„Bevor Abraham [geboren] wurde, bin ich"*, oder *„Ich bin der Weg, die Wahrheit und das Leben"*, verstanden die Juden dies eher als: *„Bevor Abraham geboren wurde, war ich in Gott"*, und *„Gott in mir ist der Weg, die Wahrheit und das Leben."* Jesus implizierte, dass seine Identität in dem Bewusstsein Gottes in seinem Inneren lag. Wenn ein ganz menschliches Wesen dies zu verstehen gab, so können wir dies als eine Erklärung auffassen, dass der Gott aller in jedem präsent ist. „ICH BIN" bezog sich auf den ewigen Logos Gottes, der vor der Gründung der Welt beim Vater war, der alles im Sein erhält – und nicht der menschliche Jesus, von Maria geboren. Weil die meisten Bibelausgaben „Herr" oder „HERR" schreiben statt JHWH oder ICH BIN, haben wir in der westlichen Kirche jene Assoziation mit den „Ich bin"-Aussagen Jesu völlig aus dem Blick verloren. Wenn wir uns jene Assoziation vergegenwärtigen, wird es viel deutlicher, dass Jesus ein menschliches Wesen war, eingetaucht in Gott-Bewusstsein, erwacht in den universellen Logos, das Wort Gottes. Durch dieses „Wort" belebte das mitfühlende Bewusstsein Gottes die ganze Schöpfung.

## Der Christus

Im traditionellen Christentum verwenden wir die Begriffe Christus oder Messias für Jesus. Beide bedeuten das Gleiche, nämlich „der Gesalbte" auf Griechisch bzw. Hebräisch. Christus ist also ein Titel wie Graf oder Herzog. Wenn jemandem – zum Beispiel einem Mann namens Kevin – ein Titel zuerkannt wurde – zum Beispiel der eines Earls –, so konnte der Geehrte künftig Earl Kevin genannt werden, oder Kevin der Earl, aber nicht Kevin Earl, denn Earl wäre nicht sein Familienname. Also sollte es entweder Christus Jesus heißen, Messias Jesus oder Jesus *der* Christus, Jesus *der* Messias. Christus ist *kein* Familienname.

Ein „Gesalbter" zu sein, kommt aus dem Hebräischen des Alten Testaments. Personen und Gegenstände wurden gesalbt, um ihre Heiligung anzuzeigen, sie waren damit Gott geweiht. Das Tabernakel (die Stiftshütte) der Israeliten und alle Teile seiner Einrichtung wurden gesalbt, weil dies der Ort war, wo die Israeliten Gott begegnen sollten.[14] Könige, Priester und Propheten wurden gesalbt, um anzuzeigen, dass sie von Gott für die Aufgabe geweiht waren, die sie zu erfüllen hatten.[15] Das Salben war einfach ein Markieren, ein Anerkennen, dass die Person oder der Gegenstand eine spezielle göttliche Rolle zu erfüllen hatte. Die Tatsache, dass die Jünger Jesus „den Christus" nannten, bedeutete anzuerkennen, dass dieser Mann vom Geist speziell gesalbt war; er war ein Prophet, eine speziell begabte Person mit einer göttlichen Aufgabe – und vielleicht derjenige, der sie von den Römern befreien würde. Inzwischen aber bedeutet „der Christus" viel mehr als das und wird oft, wie bereits erwähnt, mit dem Logos identifiziert, dem Wort Gottes, als eine Art von universellem Christus-Prinzip. Das war jedoch *nicht*, was die Jünger und ersten Anhänger von Jesus meinten.

Wie also kam diese sehr menschliche Person zu der erhabenen Position eines Königs der Könige, eines Erhabenen, eines eingeborenen Sohnes, und zu all den anderen Titeln, die ihm in der christlichen Tradition zugesprochen wurden? Bischof John Spong, ein liberaler Theologe, sieht durchaus realistisch, dass dies hauptsächlich zustande gekommen ist, als sich die Orthodoxie durchsetzte – indem jene, die an der Macht waren, andere Meinungen verdrängten:

> Als die Theologie im Westen sich entwickelte, wurde Jesus zuerst der göttliche Sohn Gottes, dann die Inkarnation Gottes, dann schließlich die zweite Person der ewigen Trinität der drei Personen in dem einen Gott. Dieser theistische Gott beherrschte immer noch die Welt, sandte Sonne und Regen und griff ein, um hier eine Krankheit zu heilen oder dort eine Armee zum Sieg zu führen. Wer irgendeinen Teil dieses fest definierten theologischen Systems angriff, wurde exkommuniziert; und wessen Unglaube zu großem Ärgernis führte, dessen Leben stand auf dem Spiel, und der Tod kam langsam genug in den Flammen, um Zeit zur Buße zu gewähren, bevor das Leben ausgelöscht wurde. Im Namen der Sicherheit wurden alle Zweifel unterdrückt, alle Ambivalenz dementiert.[16]

In seinem Buch *A New Christianity* (dt. Ausg.: *Warum der alte Glaube neu geboren werden muss*) setzt Spong einen mutigen Kurs, fort von dem theistischen, anthropomorphen Gottesbild. Für ihn ist die Vorstellung von Gott als einem übernatürlichen Wesen, das einer Nation helfen kann, einen Krieg zu gewinnen, oder die Krankheit eines Menschen heilt oder das Wetter zu irgendjemandes Vorteil beeinflusst, überholt und irrelevant. Dies hat freilich auch Konsequenzen für Jesus, der aus Spongs Sicht nicht länger als eine irdische, mit wundertätigen Kräften begabte Inkarnation einer übernatürlichen Gottheit betrachtet werden kann. Auch die Menschheit sieht er nicht als gefallen, vielmehr seien Sünde und Böses die Nebenwirkung unserer evolutionären Selbstentfaltung, unseres Abfallens von der Präsenz Gottes.

## Jesus, befreit von Tradition

Theologen, die den Versuch unternehmen wollen, die theologischen Schichten zu identifizieren und abzutragen, die um Jesus den Christus seit seinem tatsächlichen, historischen Leben und Tod gelegt und gehäuft wurden, stehen vor einem ewigen Rätsel. Der amerikanische Theologe Marcus Borg unterscheidet zwischen dem vorösterlichen Jesus und dem nachösterlichen Jesus. Er sieht in Jesus vor dessen Tod einen erleuchteten galiläischen Juden, der um das Jahr 30 von den Römern hingerichtet wurde. Der Fleisch-und-Blut-Jesus ist damit tot und vorbei. Der nachösterliche Jesus ist laut Borg das, was Jesus nach seinem Tode geworden ist, der Jesus der christlichen Erfahrung und Tradition. Seine Anhänger erlebten Jesus auch nach seinem Tode weiter und tun es bis heute, somit ist der nachösterliche Jesus eine Erfahrungs-Wirklichkeit. Auch dieser Glaube wurde in der Tradition der Kirche entwickelt, gestaltet und aufgenommen. Alle Evangelien wurden aus jener Erfahrung und Tradition geschrieben, und die Theologie der Kirche hat diese nun seit fast zweitausend Jahren gepflegt.[17] Borg versteht Jesus folgendermaßen:

> Jesus ist für uns als Christen die entscheidende Offenbarung eines von Gott erfüllten Lebens. Grundlegend auf Gott gebaut und vom Geist erfüllt, ist Jesus die entscheidende Enthüllung und Epiphanie dessen, was wir von Gott, im menschlichen Leben verkörpert, erkennen können.[18]

Borg findet in den Evangelien fünf verschiedene Rollen des vorösterlichen Jesus. Er unterscheidet den jüdischen Mystiker, den Heiler, den Weisheitslehrer, den Sozialpropheten und den Initiator einer Bewegung.[19] Jede dieser Rollen zeigt einen Aspekt des Wirkens Jesu, wie es in den Evangelien überliefert wird. Verbinden Sie alle diese Rollen in einer Person, haben Sie einen ganz besonderen, erleuchteten Menschen von enormer Weisheit, Charisma und Kraft vor sich. Doch es gibt keine Anzeichen dafür, dass Jesus selbst beabsichtigte, auf die Weise verehrt zu werden, wie es geschehen ist. In den Evangelien verwies er stets auf das göttliche Leben, das er den Vater nannte, den Schöpfer und Erhalter von allem. Es ging ihm immer darum, dass wir mit dem Vater in Verbindung kommen

– durch Umkehr, indem wir uns abwenden von unserer Selbstbezogenheit und dem Leben des Egos, es hinter uns lassen und zur Gottbezogenheit weitergehen.

Hat Jesus jemals beansprucht, gänzlich göttlichen Wesens zu sein wie Gott selbst? Er mag gesagt haben *„Ich und der Vater sind eins"* (Johannes 10,30), doch er sagte niemals, dass er Gott sei. Er fragte auch: *„Warum nennt ihr mich gut? Niemand ist gut außer Gott allein"* (Markus 10,18), was anzeigt, dass er sich selbst nicht für Gott hielt. Und er stellte fest: *„Der Vater ist größer als ich."* (Johannes 14,28)

Er war ganz eins mit Gott, und man könnte wohl sagen, dass er mehr Gott-bewusst war, als jeder andere Mensch es je gewesen ist. Doch was ist, wenn wir alle auf verschiedenen Stufen eines Weges sind, der uns immer tiefer in das Bewusstsein Gottes führt? Ist es denn allzu schwer zu glauben, dass Jesus einen Punkt des Weges erreicht hatte, an dem er uns allen weit voraus war, an den aber wir – das heißt der Rest der Menschheit – eines Tages auch gelangen werden? Eines Tages mögen wir alle das Format des Christus erreichen, und dann dürften sich die Worte Jesus bewahrheiten:

> Wahrlich, ich sage euch: Wer an mich glaubt, der wird die Werke, die ich vollbringe, auch vollbringen, und er wird noch größere vollbringen als diese, denn ich gehe zum Vater. (Johannes 14,12)

Der Theologe John Macquarrie denkt in etwa in die gleiche Richtung:

> Anscheinend müssen wir bestätigen, dass Christus an der Grenze der menschlichen Existenz göttliches Sein manifestiert, so dass in ihm Menschheit und Gottheit zusammenkommen ... Wenn Jesus Christus tatsächlich wahrer Gott und wahrer Mensch ist, sind wir anscheinend gezwungen, gewissermaßen eine Art offenen Platz zu postulieren, wo göttliches Sein und menschliche Existenz zusammenkommen; oder wo kreatürliches Sein, das danach strebt, wie Gott zu sein, die Stufe der Gottheit tatsächlich erreicht hat.[20]

Falls es einem „kreatürlichen Sein" möglich ist, die Stufe der Gottheit zu erreichen, dann ist dies das Potenzial, das dem Menschengeschlecht insgesamt innewohnt und gilt nicht exklusiv für Jesus. Um es mit einer neuen wissenschaftlichen Erkenntnis zu verbinden, die wir in Kapitel 3 besprachen: Jesus hat das morphische Feld der ganzen Menschheit beeinflusst und für uns alle das Potenzial aktiviert, zu sein wie er und zu tun, was er einst tat. Er hat den Pfad nicht nur selbst beschritten, sondern ihn für uns alle markiert, damit wir ihm folgen können. Die Briefe im Neuen Testament beziehen sich auf diese Stufe, die Jesus durch den „Geist Christi" erlangt hat:

> Ein jeder sei des Geistes, wie Jesus Christus auch war. (Philipper 2,5)

> Der geisterfüllte Mensch urteilt über alles, ihn aber vermag niemand zu beurteilen. „Denn wer begreift den Geist des Herrn? Wer kann ihn belehren?" Wir aber haben den Geist Christi. (1. Korinther 2,15-16)

In diesen beiden Zitaten wird der Geist Christi fast wie eine weitere Stufe der menschlichen Evolution eingeführt, als etwas, mit dem Jesus begnadet war oder in das er eintrat, um das volle göttliche Potenzial des Menschen zu zeigen. Zudem wies Jesus von sich selbst weg und auf den Vater hin, um zu zeigen, wie die Menschheit spirituell fortschreiten könnte. Wie bereits erwähnt, meinte er mit den Worten *„Ich bin der Weg, die Wahrheit und das Leben"* nicht sein eigenes Ego-Selbst, sondern das ewige „ICH BIN", das Gott ist und in das sein Gewahrsein erwacht war. Er lebte einen Weg der Hingabe vor; er legte sein eigenes Wollen ab, seine eigene „Fleischesnatur", sein Ego und gab sich selbst ganz. Die materielle, physische Welt konnte ihn nicht begrenzen, der Tod konnte ihn nicht halten, und die Auferstehung war vielleicht seine Art zu zeigen, dass dieser Weg für alle Menschen möglich war, nicht nur für einen einzigen.

Macquarrie teilt allerdings nicht die Überzeugung, dass Jesus übernatürliche Kräfte gehabt habe, sondern zieht es vor, diese als „Zugaben" seitens der frühen Kirche zu sehen:

> Die Forschungen der Formgeschichte haben deutlich gezeigt, dass der historische Jesus in einem viel größeren Ausmaß, als wir bis dahin erkannt hatten, über den Horizont dessen hinausgewachsen ist, was wir wissen können, und dass die in den Evangelien präsentierte Gestalt und die Ereignisse, die ihn betreffen, durch den Glauben und

die Lehre der frühen Kirche, gelinde gesagt, stark gefärbt sind. Der historische, menschliche Jesus wurde im Denken der Kirche in den übernatürlichen Christus verwandelt ... Die Geschichte Jesu in den Evangelien wird im Lichte dieser Vorstellung von dem übernatürlichen Christus erzählt, und die Glaubenslehren der Kirche in Bezug auf Jesus als den Christus sind in die Geschichte von seinem Leben zurück-übertragen worden.[21]

Als ein Beispiel nennt Macquarrie den deutschen Theologen Rudolph Bultmann und andere, die behaupten, dass Jesus sich selbst nicht für den Christus oder Messias gehalten habe; anstatt streng bei den historischen Fakten zu bleiben – falls diese sich jemals mit Gewissheit feststellen ließen –, hätten die Evangelisten die Glaubensmeinungen der frühen Kirche auf den Jesus in ihren Schriften projiziert.[22] Doch angesichts der neuen wissenschaftlichen Erkenntnisse der Epigenetik, die wir in Kapitel 2 erwähnten, besitzt der Mensch anscheinend das Potenzial, zu heilen und heilende Energie zu kanalisieren; auch all die anderen Dinge, die man von Jesus als Heiler glaubt, beruhen wahrscheinlich auf Realität. Wenn der Geist des Menschen aus einem Zentrum der Liebe, aus dem mitfühlenden Bewusstsein Gottes, agiert, übertrifft sein Potenzial alles, was wir heute begreifen können. Was uns „übernatürlich" erscheint, könnte in Wirklichkeit eine natürliche Eigenschaft oder Begabung jedes hoch entwickelten und spirituell erwachten Menschen sein, der aus dem mitfühlenden Bewusstsein Gottes im Inneren tätig ist. Bischof John Spong beschreibt das Leben Jesu als ein Leben in Liebe – eine weitere Möglichkeit, das Einssein mit Gott in Worten auszudrücken.

Das menschliche Leben braucht keine göttliche Rettung. Was wir vielmehr brauchen, ist ein Leben, das so offen, so frei, so vollständig und so voll Liebe ist, dass wir, wenn wir dieses Leben erfahren, in die Wirklichkeit der Liebe hineingerufen sind. Wir sind für die Quelle der Liebe geöffnet und treten in die machtvolle Wirklichkeit der Liebe ein. Ein solches Leben gewährt uns Zugang zur unendlichen und unerschöpflichen Macht der Liebe. Ich nenne diese Liebe Gott. Ich nehme sie in Jesus von Nazareth wahr und sehe, dass ich selbst aufgerufen bin zu einem neuen Sein, zu einem grenzenlosen

Menschsein und dazu, in ihrer Gegenwart vollkommen gemacht zu werden. Ich sage, dass Gott auf diese Weise in Christus war. Jesus offenbarte so die Quelle der Liebe und lädt uns zu ihr ein.[23]

Wenn wir Jesus von einigen der späteren Traditionsschichten befreien, beginnen wir, sein Leben auf eine neue Weise wahrzunehmen. Es war nicht so sehr ein Leben der Aufopferung, sondern mehr eine evolutionäre Erfüllung und Demonstration des Potenzials eines Menschen, der die Fülle des mitfühlenden Bewusstseins Gottes erlangt hat. In seinem Leben der Heilungen und Wunder zeigte Jesus die Fähigkeit, durch die Kraft von Gebet und Intention, in Verbindung mit den zugrunde liegenden Energiefeldern, die Wirklichkeit zu verändern. Auf seinem Weg zum Kreuz zeigte er eine vollkommene Hingabe des Egos, eine *kenosis* oder *Leerung* des niederen Selbst. Die Auferstehung demonstriert, dass es ein Jenseits gibt und für jene, die vollkommen entwickelt und erleuchtet sind, die Möglichkeit, in einer energetischen Form, bewusst und mit vollem Gewahrsein, zurückzukehren, zumindest für eine kurze Zeit. Durch sein Leben und seinen Tod veränderte Jesus das morphische Feld für alle Menschen – eine neue Interpretation von „er erlöste uns von unseren Sünden". Sein Grad der Entfaltung der menschlichen Natur hat dieses Feld vergrößert, was allmählich der ganzen Menschheit ermöglicht, mehr Liebe und Mitgefühl in dieser Welt zum Ausdruck zu bringen und uns allen dabei hilft, höhere Stufen des mitfühlenden Bewusstseins zu erreichen, d.h. auf eine neue Weise in Gott einzugehen und „wiedergeboren" zu werden.

Nach all diesen Überlegungen glaube ich, das Jesus nicht beabsichtigte, verherrlicht zu werden; er wollte, dass man ihm folgte. Er wollte nicht verehrt werden, man sollte ihm nachstreben. Er hatte nicht den Wunsch, vergöttlicht zu werden, separat vom Rest der Menschheit, sondern er wollte die Göttlichkeit im Inneren der wahren Natur des Menschen offenbaren. Die Menschen befinden sich auf einer evolutionären Reise, und manche von ihnen sind schon weiter vorangekommen als andere. Jesus war uns allen so weit voraus, dass er als gottgleich wahrgenommen wurde; tatsächlich aber kartierte er einen Pfad für uns alle, damit wir ihm folgen können. Nur mit quälender Langsamkeit nimmt die Bewusstheit der Menschen zu, und die Morgendämmerung des Reiches Gottes, des mitfühlenden Bewusstseins, bricht an.

## Auferstehung

Was geschah bei der Auferstehung? Sie ist für den christlichen Glauben von so zentraler Bedeutung. Mein Nachdenken über dieses Thema ist noch im Gange, und meine Überlegungen beziehen auch andere Ebenen und Bereiche der Wirklichkeit ein, die den Rahmen dieses Buches sprengen würden. Deshalb kann ich an dieser Stelle nur einige Hinweise und Impulse zur weiteren Betrachtung anbieten. Der Auferstehungskörper Jesu war, wie die Evangelien berichten, gewiss kein normaler menschlicher Körper. Er konnte selbst durch verschlossene Türen erscheinen und verschwinden (Johannes 20,19). Er konnte sich ungehindert bewegen mit einer tiefen Stichwunde in der Seite und durchbohrten und eingerissenen Händen und Füßen, ganz zu schweigen von den schweren Verletzungen durch die Geißelung und Schläge, die er vor der Kreuzigung erlitten hatte (Johannes 20,26-28). Auf der Straße nach Emmaus konnte er verhindern, dass Menschen ihn erkannten, bis er selbst wollte, dass sie ihn erkannten; und dann konnte er vor ihren Augen verschwinden. Wie vermochte der geschundene, geschlagene, durchstochene Leib Jesu dies zu tun? Ausgehend von dem Gedanken, dass Jesus ein Menschenwesen war, das das menschliche Potenzial erfüllte und ein gewisses Maß an Kontrolle über die Quantenphysik seiner Umgebung besaß, können wir vermuten, dass sein Energiefeld das Muster seines Wesens auf einer unsichtbaren Ebene hielt, auf einer höheren Ebene, in einem anderen Schwingungsbereich. Seine Auferstehung sollte den Menschen zeigen, wozu wir in der Lage sind, und sein Auferstehungskörper war aus jenem Energiefeld irgendwie rematerialisiert worden. Bei der Himmelfahrt dematerialisierte er ihn und ging weiter in eine höhere Dimension des Seins.

Der letzte Satz könnte in den Ohren mancher Leser leicht nach New-Age-Hokuspokus klingen, aber in Wirklichkeit bringt er das Christus-Ereignis in zeitgenössischen Begriffen zum Ausdruck. Es mag weit hergeholt scheinen, doch für den heutigen spirituell Suchenden außerhalb des Christentums klingt die traditionelle christliche Version viel weiter hergeholt. Sie sagt, dass Jesus, als er starb, den Tod für uns alle besiegte, dass er beim Sterben alle Sünden aller Menschen und Zeiten auf sich nahm und sie überwand, und dass er die Macht Satans und des Bösen brach. Für viele Menschen unserer Zeit sind diese Aussagen buchstäblich unglaublich, nämlich nicht zu glauben. In der Vergangenheit, als die Menschen allgemein eine vorwissenschaftliche, vorrationale Sicht der Welt hatten, waren sie hilfreich, und sie sind es weiter für alle, die an jener Weltsicht noch heute festhalten. Für den Christen sind es vertraute Worte – aber sind sie wirklich glaubhafter als Ideen, die aus Theorien über Quantenphysik, Energiefelder und morphische Resonanz herrühren? Es hängt sehr von Ihrer Weltanschauung oder Ihrem Paradigma ab, wie Sie sich die Welt erklären. Für die meisten Menschen in der westlichen Welt stimmt das traditionelle christliche Weltbild nicht mehr.

Das Christentum hat seine Botschaft schon immer an die vorherrschende Weltanschauung angepasst, was oft zu neuen Einsichten und Erkenntnissen führt; dies ist die Aufgabe, vor der die Kirche auch heute steht. Wir leben in einer sehr rationalen Welt, die in vielen Bereichen von der Sprache der Wissenschaft, der Technik und des Internets beherrscht wird. Sie brauchen nur an die Fülle neuer Wörter zu denken, die in den letzten Jahren Eingang in unseren Wortschatz gefunden haben. Wir können heute nach Information „googeln", wir schreiben „Blogs", wir „twittern" oder lassen uns mit irgendeiner Form von „Quantentherapie" behandeln. Wir können Filme „herunterladen", um uns durch Zerstreuung die Zeit zu vertreiben, oder wir hören uns „MP3s" an, die uns fortan als „Ohrwurm" begleiten. Bei der Arbeit „performen" wir, üben uns im „Brainstorming", beteiligen uns am „blue sky thinking" (In-den-blauen-Himmel-Denken). Die Sprache wandelt sich, und so muss sich auch die Sprache der Religion bewegen, wenn diese den Anschluss behalten möchte. Um eine Botschaft zu vermitteln, muss sie sich innerhalb der Kultur jener aufhalten, die ihre Botschaft empfangen sollen – sie muss „inkulturisiert" werden. Wissenschaftler stehen vor dem gleichen Problem, wenn sie versuchen, ihre Wahrnehmungen zu vermitteln. Die richtige Sprache zu finden, um schwierige Konzepte zu vermitteln, ist oft knifflig und mühsam.

Diese Gedanken über die Auferstehung verbinden sich mit der Idee der morphischen Resonanz und der Vorstellung von Sühne (in Kapitel 3). Indem Jesus ein Leben der Selbstentäußerung und der Hingabe an den göttlichen Impuls lebte, das zu seinem Tode führte, veränderte er das morphische Feld für die ganze Menschheit. Diese Veränderung im morphischen Feld hat es uns allen möglich gemacht, uns durch Selbstentäußerung dem Göttlichen zu nähern. Das morphische Feld enthält nun einen Weg zum

Überwinden unserer ichbezogenen Natur, und auf diesem Wege können wir die Verbindung zu Jesus herstellen, der für unsere Sünden lebt und stirbt. Kombinieren wir dies mit einem tieferen Verständnis vom Wesen der Wirklichkeit – nämlich dass wir alle aus einem Gewimmel miteinander interagierender Energiefelder bestehen, die über unser Raum-Zeit-Kontinuum hinausgehen –, dann beginnt die oben erwähnte Sichtweise der Auferstehung an Sinn zu gewinnen. Bewusstsein ist das Primäre, alles geht aus ihm hervor, und unser Körper wird in ihm gehalten. Unser Bewusstsein ist zu erstaunlichen Dingen fähig. Jesus hatte nicht nur menschliches Bewusstsein, sondern auch Gott-Bewusstsein. Ist es zu weit hergeholt anzunehmen, dass sein Grad höchst entfalteten Bewusstseins die Kontrolle über die Materie mit sich brachte, die von der energetischen Wirklichkeit unserer Wesen gestaltet ist, so dass er nach dem Tode in einer anscheinend festen Form zurückkommen konnte?

## Christus-Bewusstsein

Im Laufe der vergangenen fünfzig Jahre hat sich der Begriff Christus-Bewusstsein langsam in den allgemeinen Gebrauch hereingeschlichen. Seine Geschichte reicht viel weiter zurück. Ich begegnete ihm erstmals in den Schriften von Alice Bailey, die zwischen 1919 und 1949 eine Reihe von Büchern aus einer theosophischen Perspektive schrieb oder channelte, und darin eintrat für etwas, das sie „zeitlose Weisheit" nannte. Ich glaube, der Begriff könnte sogar auf die Schriften des Theologen Friedrich Schleiermacher im 19. Jahrhundert zurückgehen. Seit den 1960er Jahren wurde er auf verschiedene Weisen gebraucht, um einen Zugang zum Göttlichen anzuzeigen, der zwischen der Person des Jesus von Nazareth und dem Christus-Prinzip im Universum unterscheidet. In *Field of Compassion* trifft auch Judy Cannato diese Unterscheidung zwischen Jesus und dem Christus. Wenn wir Gott als das mitfühlende Bewusstsein betrachten, das alles ins Dasein gebracht hat – und es dort erhält –, dann ist Christus-Bewusstsein das Letztlich-Höchste in der spirituellen Entwicklung des Menschen.

Während Jesus evolutionär der Erste war, müssen sich diejenigen, die ihm nachfolgen, auf den Prozess einlassen, so umfassend es ihnen möglich ist, die göttliche Selbstmitteilung anzunehmen, die den Kern der Evolutionsgeschichte und des menschlichen Lebens bildet. In diesem Sinne bezieht sich "der Christus" nicht auf eine Person, sondern auf eine Art von Bewusstsein, das in Resonanz mit dem Geist steht und sich in Freiheit und Liebe Ausdruck gibt.[24]

In der christlichen Tradition ist der Christus die Salbung, die spezielle Berührung von Gott, die den Gesalbten mit dem Geiste Gottes vereint – daher wurde Jesus von Nazareth der Christus. Aber wie Christus zu werden, steht allen frei. Von Jesus selbst wird folgendes Wort zitiert: *„Wahrlich, ich sage euch: Wer an mich glaubt, der wird die Werke, die ich vollbringe, auch vollbringen, und er wird noch größere vollbringen als diese."* (Johannes 14,12). Dies war ein Rätsel für die christliche Theologie – wie können wir größer sein als der eingeborene Sohn? Doch in diesem Falle ist es die traditionelle Theologie, die das Problem verursacht. Indem sie Jesus Christus nicht nur als Sohn Gottes, sondern auch als den *eingeborenen* Sohn definiert, impliziert sie, dass keiner so sein könne wie er. Doch wenn wir die Salbung als Merkmal eines weiter entwickelten Bewusstseins – ja sogar als ein Prinzip der Schöpfung – verstehen, dann gibt es ein liebendes Christus-Prinzip, dass uns zu dem Bewusstsein Gottes hinzieht.

Ken Wilber, einer der führenden Autoren über Theorien der spirituellen Entwicklung, spricht von der Liebe als einer evolutionären Kraft, der zentralen Triebkraft im Universum, die grundlegend in die Struktur des Kosmos eingewoben ist. Liebe ist die Triebkraft, die alle Dinge in Beziehung bringt, von den Elementarteilchen und Molekülen bis hin zu den empfindenden Wesen. Ihr Zweck ist es, den Kosmos zum Gewahrsein zu bringen und zurück zu der göttlichen Präsenz, die ihn im Anfang geschaffen hat.[25] Das ist ein gewaltiges Konzept – und passt gut zur christlichen Theologie vom Gott der Liebe.

Das Ziel der menschlichen Spezies ist es, zum vollen Christus-Bewusstsein hin zu wachsen; hierunter können wir den Seinszustand verstehen, der eintritt, wenn wir in unsere Existenz als Teil des Bewusstseins Gottes eingetreten sind. Wenn das Göttliche und das Menschliche in eins zusammenkommen, dann sind wir Christus-bewusst geworden. Diese mystische oder numinose Erfahrung des Einsseins von allem mit Gott, der nächsten Wirklichkeit, haben Mystiker aller Epochen vorübergehend erlebt. Die Mystikerin Teresa von Avila beschrieb es im 16. Jahrhundert so:

> Wenn es dem Herrn gefällt, kann es geschehen, dass die Seele im Gebet ist und im Besitz all ihrer Sinne, und dass ihr dann plötzlich Entrücktheit widerfährt, in welcher der Herr ihr die allergeheimsten Dinge mitteilt, die sie in Gott selbst zu sehen scheint ... in welcher der Seele offenbart wird, wie alle Dinge bei Gott gesehen werden und wie Er sie alle in sich hält. Eine solche Vision ist überaus einträglich, weil sie, obgleich sie in einem Augenblick vorübergeht, in der Seele eingeprägt bleibt.[26]

William James identifiziert dieses Erlebnis in seinem Klassiker über religiöse Erfahrung in allen religiösen Traditionen:

> Dieses Überwinden aller gewöhnlichen Barrieren zwischen dem Individuum und dem Absoluten ist die große mystische Leistung. In mystischen Zuständen werden wir sowohl eins mit dem Absoluten als auch unseres Einsseins gewahr. Dies ist die unvergängliche und siegreiche mystische Tradition, sie kennt kaum Unterschiede nach Landstrich und Bekenntnis. Im Hinduismus, im Neuplatonismus, im Sufismus und in der christlichen Mystik finden wir das gleiche wiederkehrende Merkmal.[27]

Dieser Zustand der mystischen Vereinigung ereignete sich in Jesus, jedoch nicht nur für einen Augenblick; er blieb ständig in diesem Zustand des Einsseins mit Gott, völlig identifiziert mit dem mitfühlenden Bewusstsein Gottes. Gänzlich „christed" zu sein, heißt, dass die Selbstbewusstheit schwindet und man allein des Bewusstseins Gottes gewahr ist, der alles im Dasein erhält. So wurde Jesus zum göttlich-menschlichen Gottmenschen. Er war imstande, die Selbstbewusstheit zu überwinden und ganz ins Gott-Bewusstsein einzutreten.

Dies ist die Geschichte des Menschengeschlechts, wie wir sie in der Schöpfungsgeschichte von Adam und Eva (1. Mose 2,15-3,24) und in Jesu

Parabel vom verlorenen Sohn (Lukas 14,11-32) finden. Wie bereits in Kapitel 1 erwähnt, können wir sie als Metapher für die Bildung und Ausprägung des Egos und der Selbstbewusstheit sehen. Die Selbstbewusstheit entsteht durch die Abspaltung aus dem Gott-Bewusstsein und das Heraustreten des Egos. Das Ego entfaltet sich, bis wir an den Punkt des Gott-Gewahrseins gelangen. Von da an befinden wir uns auf dem langen Weg zurück zu Gott. Wir ringen darum, die Getrenntheit und Dualität zu verlieren und unser Bewusstsein wieder mit Gott zu verschmelzen, d.h. „christed" zu werden, da menschliche und göttliche Natur wieder zusammenkommen. (Dies ist ein zentrales, „Gottwerdung" genanntes Konzept in der Griechisch- und der Russisch-Orthodoxen Tradition.) Die ganze Zeit über drängt, ermutigt und führt uns das mitfühlende Bewusstsein Gottes zurück, sobald wir uns ihm im Inneren zuwenden.

Der Sinn des Christseins liegt darin, dem Weg Jesu zu folgen, um „christed" oder wie Jesus zu werden. In unseren neuen Begriffen bedeutet dies, dass wir unsere Stufe des spirituellen Bewusstseins auf die Ebene angehoben haben, auf der wir das Ego überwinden, über das individuelle „Ich bin" hinausgehen und eins mit Gott werden können, dem größeren „ICH BIN". Damit erlangen wir den Zustand des vereinenden Bewusstseins oder Christus-Bewusstseins. Dies bedeutet, in den Bereich der universellen Liebe einzutreten und Gott unser Herz ganz zu öffnen. Jesus fasst es in den großen Geboten zusammen:

> „Meister, welches Gebot im Gesetz ist das wichtigste?" Jesus antwortete: „Du sollst den Herrn, deinen Gott, lieben mit ganzem Herzen, mit ganzer Seele und mit all deinen Gedanken." Das ist das wichtigste und erste Gebot. Ebenso wichtig ist das zweite: „Du sollst deinen Nächsten lieben wie dich selbst." (Matthäus 22,36-39)

Die Internetseite „Ask the Real Jesus" („Frage den realen Jesus") drückt dies auf eine Weise aus, die mit der wissenschaftlichen Theorie vom Primat des Bewusstsein übereinstimmt, die wir im ersten Kapitel erwähnten:

> Das Christus-Bewusstsein kann sehen, dass alles in der Welt der Form (Materie) einfach ein Ausdruck der tieferen Wirklichkeit Gottes ist. Das Christus-Bewusstsein kann hinter den äußeren Schein se-

hen. Es kann sogar hinter die Welt der Form sehen und den Zustand des reinen Seins wahrnehmen. Das Christus-Bewusstsein ist ein universeller Bewusstseinszustand. Damit meine ich, dass es nicht individualisiert ist. Es ist nur individualisiert, wenn sich ein spirituelles Wesen (ein Sohn oder eine Tochter Gottes) aus freiem Willen entscheidet, sich mit dem Christus-Geist zu vereinigen und dadurch zu einer vollen Erkenntnis seiner spirituellen Identität und Herkunft zu gelangen.[28]

Dies erinnert ein wenig an eine Szene in dem Film *Matrix*, in der der Held Neo (auch „The One" [„der Eine"] genannt in Anspielung auf die Geschichte von Jesus) einen Durchbruch hat und die Wirklichkeit hinter der Welt der Materie wahrnehmen kann, in der er lebt. Er beginnt den Computercode zu sehen, aus dem das erschaffen wird, was er als Wirklichkeit erlebt. Alles ist ein großes Computerprogramm, und sobald er den Code sehen kann, ist er selbst in der Lage, diese Wirklichkeit zu verändern, um dem menschlichen Bewusstsein zu helfen, ihr zu entfliehen. (Im Film haben Computer die Weltherrschaft übernommen. In kokonähnlichen Behältern halten sie reglose Menschen, während deren Bewusstsein die Computerwelt erlebt.)

Die zugrunde liegende Idee ist, dass ein menschliches Wesen die wahre Natur der Wirklichkeit erkennt, indem es sein Bewusstsein erweitert und damit die Fähigkeit erlangt, sie zu überwinden und das gewonnene intuitive Wissen zu nutzen, um die bösen Mächte zu besiegen und den Rest der Menschheit zu befreien. Im Grunde genommen scheint es sich um eine Analogie zu der Geschichte von Jesus dem Christus zu handeln.

~

So viele Wörter! Wir können lesen und lernen und studieren, aber solange das Gelernte nicht gelebt ist, paddeln wir nur im Seichten. Auf dem spirituellen Pfad geht es darum, es zu leben und einzutreten in jenes mitfühlende Bewusstsein, das Gott ist. In Kapitel 8 werden wir die christliche Praxis betrachten – wie wir das Gelernte leben –, doch zunächst gilt es noch einige weitere Implikationen zu bedenken, insbesondere Jesu Lehren über das Reich Gottes (im nächsten Kapitel).

# 6

# NEUERLICHER BESUCH IM REICH GOTTES

~

Hier betrachten wir, was Jesus mit seinen Aussagen über das Reich Gottes meinte, sprechen dabei auch die wahre Bedeutung der Buße an und wie sehr wir ein Erwachen nötig haben. Es geht um einen Weg vom Kopf zum Herzen und in das Mitgefühl. Wir untersuchen, wie die Kern-Botschaften Jesu gefiltert worden sind.

~

### Das Reich Gottes

Das Wesen Jesu haben wir nun im Lichte von vier neuen wissenschaftlichen Erkenntnissen betrachtet; jetzt wenden wir uns dem beherrschenden Thema seiner Lehrtätigkeit zu, wie sie uns in den Evangelien überliefert ist – dem Reich Gottes oder Himmelreich. Beide Begriffe beziehen sich auf das gleiche Konzept.

In den Evangelien gibt es keine Anzeichen dafür, dass Jesus die Absicht verfolgte, eine neue Religion zu gründen; sein Anliegen war vielmehr, eine Botschaft zu bringen, die den Menschen helfen würde, auf ihrem spirituellen Weg im Rahmen der jüdischen Tradition zu einem Gewahrsein des Gottes der Liebe zu gelangen. Seine Jünger wurden angewiesen, die Botschaft in die Welt hinaus zu tragen und weitere Jünger zu werben – auf die gleiche Weise, wie ein Rabbi es zur Verbreitung seiner Lehre tun würde. Das Reich Gottes kommt in den Evangelien als Thema etwa siebzig Mal vor, der Begriff selbst wird über hundert Mal verwendet, am häufigsten in den Evangelien nach Matthäus und Lukas.

Kein anderer von Jesus gebrauchter Begriff ist Gegenstand so vieler Spekulationen gewesen. Ein großer Teil dieses Spekulierens drehte sich um die Frage, ob das Reich Gottes, das er im Sinne hatte, irdisch oder himmlisch sein würde. Beabsichtigte er, eine Gruppe von ausgewählten Anhängern zusammenzustellen, die ihren Lohn später in Empfang nehmen würden? Wollte er eine politische Revolution? Sagte er das drohende Ende der Welt voraus? Änderte er seine Meinung darüber, ob das Reich Gottes hier und jetzt sein würde – oder später und irgendwo anders? Seine Botschaft lautete: *„Tut Buße, denn das Himmelreich ist nah"* (Matthäus 3,2). Seine Anhänger wurden aufgefordert: *„Trachtet zuerst nach dem Reich Gottes"* (Matthäus 6,33), und *„Werdet wie kleine Kinder"* (Matthäus 18,3). Petrus wurde mitgeteilt, er halte die Schlüssel zum Himmelreich (Matthäus 16,19), und Jesus bestätigte, dass sie das relevante Wissen bereits erhalten hätten:

Euch ist es gegeben, die Geheimnisse des Himmelreichs zu erkennen. (Matthäus 13,11)

Das Himmelreich war nahe, unter ihnen und zwar mitten unter ihnen.

Als Jesus von den Pharisäern gefragt wurde, wann das Reich Gottes komme, antwortete er: „Das Reich Gottes kommt nicht so, dass man es an äußeren Zeichen erkennen könnte. Man kann auch nicht sagen: Seht, hier ist es!, oder: Dort ist es! Denn das Reich Gottes ist bereits mitten unter euch." (Lukas 17,20-21)

Das griechische Wort für (König-)Reich, *basileia,* könnte man auch als *Bereich* oder *Herrschaft* übersetzen. Die üblichen Merkmale eines Bereichs, eines Herrschaftsbereichs oder Königreichs, waren Autorität, Gehorsam, Gesetz, Zwang, Steuern an einen zentralen Staat, gemeinsame Verteidigung, gemeinsame Sprache usw. Jesus gebrauchte viele Gleichnisse, um seinen Anhängern das Reich Gottes zu beschreiben und um die radikale Vorstellung von der Art und Weise zu übermitteln, wie Gott es verwirklicht sehen wollte. Diese Parabeln gaben Stoff zum Nachdenken und zum wiederholten Nachsinnen, wie das Futter einer Kuh, das sie sich wiederkäuend aneignet. Nach den Parabeln Jesu ist das Reich Gottes oder das Himmelreich wie ...

… ein Senfkorn – ein winziger Same, aus dem eine sehr große Pflanze, ein veritabler Baum hervorwächst. (Matthäus 13,31-32)

… Hefe – von der ein kleines bisschen eine große Menge Teig durchwirkt. (Matthäus 13,33)

… ein Schatz im Acker – deshalb gehe hinaus und kaufe den ganzen Acker. (Matthäus 13,44)

… eine kostbare Perle – deshalb wende all dein Geld auf, um sie zu erwerben. (Matthäus 13,45-46)

… ein Netz, das Fische aller Art einfängt; manche, um weggeworfen zu werden, andere, um sie zu behalten. (Matthäus 13,47-49)

… ein Mann, der guten Samen auf seinen Acker sät. Als die Saat aufging, kam auch das Unkraut dazwischen zum Vorschein. Bei der Ernte wird das Unkraut ausgesondert. (Matthäus 13,24-30)

… ein Festmahl, zu dem alle eingeladen sind. (Matthäus 22,2-14)

… ein König, der mit seinen Knechten abrechnen wollte, und der König ist gnädig und gerecht. (Matthäus 18,23-35)

… ein Gutsbesitzer, der zu verschiedenen Zeiten des Tages Arbeiter für seinen Weinberg anheuerte. Am Abend erhielten alle den gleichen Lohn, manche wurden sehr großzügig bezahlt. (Matthäus 20,1-16)

… die zehn Jungfrauen, die ihre Lampen nahmen und hinausgingen, dem Bräutigam entgegen. Manche waren schlecht vorbereitet und versäumten den Bräutigam. (Matthäus 25,1-13)

Jesu Aussagen über das Reich Gottes werfen zwei grundsätzliche Fragen auf: Erstens: Ist das Reich Gottes etwas für hier und jetzt, oder ist es Zukunftsmusik für die Zeit nach dem Tode? Mit anderen Worten: Ist es ein himmlischer Zustand, der noch kommen wird, oder haben wir es bereits irgendwie erhalten? Zweitens: Ist das Reich Gottes etwas in unserem Inneren, oder ist es etwas zwischen und unter uns? Das Lukas-Evangelium impliziert, dass es sowohl unter als auch in uns ist (*„Man kann auch nicht sagen: Seht, hier ist es!, oder: Dort ist es! Denn: Das Reich Gottes ist mitten unter euch."* Lukas 17,21). Unser Verständnis von Gott als mitfühlendem Bewusstsein kann uns bei diesen Fragen helfen. Gottes Bewusstsein ist panentheistisch, d.h. Gott ist in uns und unter uns, er stützt und erhält uns – wir stellen uns weniger vor, dass Gott „in uns" ist, als dass wir „in Gott" sind. Gott ist der eine, in dem „wir leben und uns bewegen und unser Sein haben" (Apostelgeschichte 17,28). Die Idee, dass Gott „unter uns" ist, entspricht dem Konzept eines gemeinschaftlichen Erlebens von Gott, einer Einheit, in die wir eintreten können. „Im Reich Gottes" zu sein, ist mit dem Zustand des vereinenden Bewusstseins verwandt, über das wir bereits früher gesprochen haben – ein Erlebnis, in dem wir das Potenzial haben, miteinander zu teilen. Das ist das Gewahren der pantheistischen Präsenz Gottes. Das Reich Gottes ist dann sowohl in als auch unter uns, es ist mehr „sowohl-als auch" denn „entweder-oder". Es ist auch sowohl „jetzt" als auch „noch nicht", da wir das Potenzial besitzen, auf Reich-Gottes-Art zu leben, aber noch nicht die Stufe der Erleuchtung erreicht haben, die dazu notwendig ist. Es gilt, das Potenzial zu gewinnen, im Zustand des vereinenden Bewusstseins zu bleiben und aus dem Mitgefühl heraus zu handeln, statt dieses bloß in Augenblicken der Erleuchtung zu erleben. Es besteht die Hoffnung, dass wir diesen Reich-Gottes-Zustand des Einsseins stabilisieren können, so dass die Augenblicke länger werden und der Abstand zwischen ihnen kürzer. In Jesus haben wir jetzt ein Vorbild für das Reich-Gottes-Leben, und es ist uns Hoffnung gegeben auf dessen Erfüllung in der Zukunft.

Jesus demonstrierte dieses Reich Gottes in seinem Handeln, um den Menschen Anlass zu geben, sich darüber Gedanken zu machen, was es wirklich bedeutet, auf Gottes Weise zu leben. Leider haben wir in der Kirche einiges von der Wirkung jener Botschaft verloren. Es ist, mehr als alles andere, eine Seinsweise, was uns zu einer Handlungsweise führt. Erst muss die Art des Seins fest verankert werden – der Weg des Mitgefühls –, denn wenn wir nicht aus dem Mitgefühl heraus handeln, kann unser Tun sehr egoistisch werden.

## Buße und Erneuerung

Das Reich Gottes und die Buße hängen zusammen – die Evangelien enthüllen, dass Jesus kam, um uns aufzufordern, Buße zu tun, weil das Reich Gottes nahe ist. „Bringt euer Leben in Ordnung", war der Aufruf, weil die Herrschaft Gottes nahe war.

Tut Buße, denn das Himmelreich ist nahe. (Matthäus 4,17)

Das Reich Gottes ist nahe. Tut Buße und glaubt an das Evangelium. (Markus 1,15)

Buße oder Reue verstanden als: „Sag, dass es dir leid tut." In den Liturgien der anglikanischen und römischen Kirchen spielt der Akt der Buße eine zentrale Rolle; dem Schuldbekenntnis folgt die Absolution. In evangelikalen Kreisen gebraucht man die Formulierung „Kehrt um und kehrt zurück zu Gott", oder sogar, in der gröbsten und hartherzigsten Deutung: „Kehrt um oder brennt!" (engl. *turn or burn!*)

Doch die Bedeutung des zugrunde liegenden griechischen Wortes *metanoia* birgt eine Überraschung. Es bedeutet nicht, Bedauern zu empfinden, da man Schlechtes getan oder gedacht hat. Es bedeutet nicht einmal „umzukehren". Es geht nicht einfach darum, einen Neuanfang mit Gott zu machen. Das Wort besteht aus zwei Teilen, *meta* und *noia*. *Meta* kann bedeuten „jenseits", „nach", „neben", „unter", „bei" oder „mit", und *noia* geht auf die Wurzel *nous* zurück, was „Sinn" oder „Gedanke" bedeutet. Damit heißt es tatsächlich: „Geh über dein Denken hinaus" oder „Geh neben deinen Sinn". Im neutestamentlichen Griechisch war die gewöhnliche Bedeutung von *metanoia*, seinen Sinn, seine Einstellung, sein Herz zu ändern in Bezug auf jemanden oder etwas. Die Buße, von der Jesus spricht, meint, uns selbst zu überwinden, in den großen Geist, das Bewusstsein Gottes einzutreten, auf eine neue Stufe der Wahrnehmung zu wechseln, oder, wie Paulus es sagte: *„Wandelt euch durch Erneuerung eures Denkens."* (Römer 12,2) Jesus verband Buße mit der Nähe des Reiches Gottes, der Herrschaft Gottes. Er sprach über eine neue Art zu sein: Aufzusteigen auf eine neue Stufe der Wahrnehmung, über unser Ego hinauszugehen, unser egozentrisches Denken zu überwinden und in den großen Geist einzutreten, das „ICH BIN", das mitfühlende Bewusstsein Gottes – das Reich Gottes.

## Leben im Reich Gottes

Für Cynthia Bourgeault ist das Reich Gottes etwas Subtileres, dessen wir uns bewusst werden müssen:

> Es ist nicht später, sondern lichter – eine subtilere Qualität oder Dimension des Erfahrens, die Ihnen genau in diesem Augenblick zugänglich ist. Sie brauchen dazu nicht zu sterben; Sie werden sich seiner bewusst.[1]

Das zeigt die Sache aus einer anderen Perspektive: Unserer wahren Natur werden wir bewusst – oder: Wir steigen spirituell auf – als jene, die im Reich Gottes leben, oder, um es mehr in der Sprache unserer Zeit auszudrücken, als jene, die auf den Strom von Gottes Bewusstsein eingestimmt sind. Bourgeault weist darauf hin, dass wir das Reich Gottes als eine Metapher für einen Bewusstseinszustand sehen können – nicht als einen Ort, an den man hingeht, sondern einen Zustand, aus dem man herkommt, ein transformiertes Gewahrsein, das die Wirklichkeit umkrempelt. Wir kommen aus diesem Zustand des Einsseins mit Gott, in dem wir alles als miteinander verbunden wahrnehmen, in dem es keine Trennung gibt zwischen Gott und Mensch, oder zwischen den Menschen, oder zwischen der Menschheit und der ganzen Schöpfung. Der spirituelle Weg ist die Reise, die wir antreten, um in jenen Seinszustand zurückzugelangen. Alles ist miteinander verbunden. – Dies zeigt jetzt auch die Teilchenphysik in der Verschränkung aller Partikel in dieser physikalischen Wirklichkeit durch das Nullpunkt- und das Akasha-Energiefeld, die in Kapitel 4 besprochen wurden. Vor achthundert Jahren wurde dies von den Mystikern erkannt und von Hildegard von Bingen beschrieben:

> Alles, das im Himmel, auf der Erde und unter der Erde ist, wird durchdrungen von Verbundenheit, durchdrungen von Aufeinanderbezogensein.

Die moderne Bezeichnung für diese "Neuverdrahtung" des Gehirns zu einem Zustand des Einsseins ist "nicht-duales Bewusstsein" oder "vereinendes Bewusstsein". Was einst nur die größten Mystiker erreichten, streben heute viele Menschen an und erlangen es für kurze Augenblicke. Die Schwierigkeit ist, in einem solchen Zustand zu bleiben, so dass das Bewusstsein ordentlich transformiert wird, da wir nur allzu leicht zurückfallen ins ichbezogene Denken, wo wir in unserer egozentrischen Natur Trost finden. Statt uns in jenen Zustand zu begeben oder zurückziehen zu müssen, nachdem wir durch eine belastende Situation aufgeregt worden sind, werden wir mit wachsender Meditationspraxis zunehmend im vereinenden Bewusstsein verweilen, der Welt also von hier aus begegnen und mit größerer Klarheit und Mitgefühl handeln können.

Immer mehr Menschen beginnen und üben Formen der Meditation in einem Bemühen, sich selbst zu verändern und die Welt, in der sie leben. Dies könnte auch auf den Effekt der morphischen Resonanz zurückzuführen sein, über die wir in Kapitel 3 sprachen. Da mehr und mehr Menschen das vereinende Bewusstsein erleben, werden auch immer mehr Menschen befähigt, es zu erleben, weil das morphische Feld für die Menschheit insgesamt verändert wird. Dies ist eine neue Art zu denken – eine neu-alte Art. Das vereinende Bewusstsein hatte bereits einen alten Namen, eine Bezeichnung, die Jesus einst gebrauchte – das Reich Gottes. Es war der Kern seiner Lehre und seiner Weltvision. Dieses Reich war keine politische Utopie und kein Ort, an den man geht, nachdem man gestorben ist. Vielmehr ist es ein anderer Blick auf die Welt, der eine Aussicht auf Großzügigkeit, Fülle und Mitgefühl bietet. Es bedeutet ein Leben mit den Früchten des Geistes, von denen Paulus spricht:

> Die Frucht des Geistes aber ist Liebe, Freude, Friede, Langmut, Freundlichkeit, Güte, Treue, Sanftmut und Selbstbeherrschung; dem allem widerspricht das Gesetz nicht. (Galater 5,22)

Die Idee, dass das Reich Gottes für jetzt ist und wir uns seiner bewusst werden, hat in der christlichen Tradition wenig Aufmerksamkeit gefunden. Man betrachtet es zumeist als eine Belohnung oder den Ort, an den wir gehen, wenn wir sterben, jedoch nicht als etwas für hier und jetzt. Dies mag daran liegen, dass die Menschheit insgesamt nicht den Wahrnehmungsrahmen oder das nötige Bewusstsein gehabt hat, um die volle Botschaft Jesu anzunehmen. Beim Eintreten in das Reich Gottes geht es darum, die Wirklichkeit auf die gleiche Weise zu sehen, wie Jesus es tat, das heißt, in den Zustand des vereinenden Bewusstseins zu wechseln. Den Geist Christi anzunehmen, verlangt nicht vor allem, mehr moralischen Ernst an den Tag zu legen, sondern unser grundlegendes Wahrnehmungsfeld "neu zu verdrahten", so, dass wir die Welt auf die gleiche Weise sehen, wie Jesus es tat. In Kapitel 8 werden wir in einiger Ausführlichkeit auf die Praxis der Meditation und des stillen Gebets eingehen. Sie hat sich als Weg bewährt, "das Gehirn neu zu verdrahten", damit ein Zustand veränderten Bewusstseins erreicht werden kann, der uns den Zugang zum göttlichen Bewusstsein ermöglicht. Die Stille der Meditation macht es uns leichter, von unseren geschäftigen Gedanken loszulassen, mit dem Ziel, unser ichbezogenes Denken zu überwinden und in den Strom von Gottes Bewusstsein in der Stille einzutreten.

## Das Reich-Gottes-Betriebssystem

In einem Vortrag, der 2008 in London aufgenommen wurde, brachte Cynthia Bourgeault eine interessante Analogie mit Computersystemen.[2] Sie bezeichnete unsere gewöhnliche, normale Art zu denken als das „Ego-Betriebssystem" (EOS), zu dem es jedoch eine Weiterentwicklung, ein sogenanntes Upgrade, gebe. Frühere Computer hatten noch zu kämpfen, um ins Internet zu gelangen, weil ihr Betriebssystem (engl. *operating system,* OS) nicht genügend Kapazität dafür zur Verfügung stellte, da es mit den weltlichen Aufgaben voll ausgelastet war, die alltäglichen Programme am Laufen zu halten. So ist es auch mit unserem gewöhnlichen Denken. Unser Ego-Betriebssystem kann auf das Reich-Gottes-Bewusstsein nicht zugreifen, weil es zu sehr mit dem täglichen Leben beschäftigt ist, mit dem Haben und Bekommen, dem Organisieren und Sortieren. Doch das Vereinende-Bewusstsein-OS kann und tut es. Es verschafft uns Zugang zum Reich-Gottes-Bewusstsein.

Das Ego-OS steht für eine Methode, die Wirklichkeit so für uns zu organisieren, dass wir etwas damit anfangen können. Wie das binäre System in einem Computer, teilt es die Welt ein in Dies oder Das, in Subjekt und Objekt. Der Satz „Ich liebe Gott" zum Beispiel macht Gott zu einem Objekt, das von uns getrennt ist. Bei seiner Arbeit spaltet unser Ego-OS die Dinge in kleinere Einheiten, analysiert sie mit Verstand, und wir identifizieren sie dann danach, wie verschieden sie sind. Wir vergleichen und stellen gegenüber, sie und uns. So arbeitet das Ego-OS.

Aber es gibt noch ein anderes Betriebssystem in uns, auf das wir zurückgreifen können. Wir müssen von dem Ego-OS Gebrauch machen, um etwas mit der Welt, die uns umgibt, anfangen zu können und um zu einem Selbstempfinden zu gelangen. Doch es gibt noch einen weiteren, höheren Modus – die mystische Tradition identifiziert ihn mit dem Herzen, der Mitte unseres Wesens –, das Herz-Betriebssystem oder vereinende Bewusstsein. Diese Sichtweise nimmt holografisch wahr, als ein Ganzes. Das vereinende Bewusstsein sieht das Ganze über den Teilen. Es sieht die Zusammenhänge und erkennt die gegenseitige Verbundenheit von allem. Es ermöglicht uns zu sehen, wo wir selbst uns innerhalb des Ganzen befinden. Es verbindet uns mit unserem zerbrechlichen Planeten, von dem wir ein Teil sind – ein Mikroorganismus in dem Makroorganismus Erde –, und mit dem göttlichen Ursprung, der das ganze Universum durchzieht und so auch uns. Das ganze Universum wird in der göttlichen Quelle gehalten, geht aus ihr hervor und wird von ihr energetisiert.

### Das Reich Gottes als vereinendes Bewusstsein

In unserem Zusammenhang bedeutet „im Reich Gottes" zu sein, das *Gewahrsein,* in dem Bewusstsein Gottes gehalten zu werden, verbunden mit dem Urgrund des Seins. Im Lichte des Reiches Gottes als des vereinenden Bewusstseins gewinnen einige Worte aus dem Johannes-Evangelium mehr oder neuen Sinn:

Ich und der Vater sind eins. (Johannes 10,30)

An jenem Tag werdet ihr erkennen: Ich bin in meinem Vater, ihr seid in mir, und ich bin in euch. (Johannes 14,20)

Ich bin der Weinstock, ihr seid die Reben. Wer in mir bleibt und in wem ich bleibe, der bringt reiche Frucht. (Johannes 15,5)

Sie sollen eins sein, wie wir eins sind. Ich in ihnen und du in mir. So sollen sie vollendet sein in der Einheit. (Johannes 17,22-23)

Diese und viele weitere Zitate vermitteln einen Eindruck von Jesu Verständnis und Erleben des vereinenden Bewusstseins. Er wusste, dass er das menschliche Potenzial erfüllte, nämlich eins mit Gott zu sein und von einer höheren Warte aus zu handeln als der Rest der Menschheit seiner Zeit.

Das Reich Gottes ist nicht nur im Inneren, da es auch in der Welt erarbeitet wird. Es hat sowohl individuelle als auch gesellschaftliche Dimensionen. Jesus lebte in einer Kultur, die vom „Königtum" oder „Kaisertum" dominiert war. Alles Drum und Dran, alle Insignien von Macht und Glanz gingen mit der Rolle des Herrschers einher. Königliche Macht war ausschließend, unterdrückend und nach Klassen unterscheidend. Jesus kehrte dieser Welt der Macht und Privilegien den Rücken und versuchte oft, ihre Bedeutung zu untergraben. Er bot eine kontra-kulturelle Perspektive: Eine neue Weltordnung mit Beziehungen in Gleichheit, mit Gerechtigkeit, Liebe, Frieden und Befreiung. Darum geht es im Reich Gottes, das darauf aufbaut, alles als ein wechselseitig verbundenes Ganzes zu sehen, das auf der Basis des „Vereinenden-Bewusstsein-Betriebssystems" operiert. Das ist das „Upgrade", das wir benötigen, um damit zu beginnen, das Reich Gottes hereinzubringen.

Diese neue Betrachtungsweise sollte ein Empfinden von Einschließlichkeit in eine Gesellschaft einführen, in der die Unterscheidung von Klassen und exklusive Privilegien an der Tagesordnung schienen. Durch sein Infragestellen ihrer spitzfindigen Gesetze forderte Jesus die religiösen Autoritäten offen heraus, er ignorierte die herrschenden Tabus, strafte die ehrwürdigen religiösen Vorschriften mit Nichtachtung und schloss jeden in sein Angebot des Lebens ein. Diese neue Art zu leben, das Reich Gottes, war für alle. Die gleiche Haltung scheint noch in den frühchristlichen Gemeinschaften vorgeherrscht zu haben, in denen man einander diente und sich unterstützte, den Besitz gemeinschaftlich teilte, die Unterschiedlichkeit der Begabungen achtete, Angehörige von Randgruppen und Unterdrückte aufnahm und Raum ließ für viele unterschiedliche Schattierungen der Meinung und äußeren Form, ein Christ zu sein. So erfahren wir zum Beispiel über die junge Kirche in der Apostelgeschichte:

> Die Gemeinde der Gläubigen war ein Herz und eine Seele. Keiner nannte etwas von dem, was er hatte, sein Eigentum, sondern sie hatten alles gemeinsam. Mit großer Kraft legten die Apostel Zeugnis ab von der Auferstehung Jesu, des Herrn, und reiche Gnade ruhte auf ihnen allen. Es gab auch keinen unter ihnen, der Not litt. Denn alle, die Grundstücke oder Häuser besaßen, verkauften ihren Besitz und brachten den Erlös. (Apostelgeschichte 4,32-34)

Als das Christentum wuchs und sich ausbreitete, begannen die Prioritäten zu verschwimmen. Der Aufstieg der Kirche zur Institution – nach ihrer Akzeptanz durch das Römische Reich sogar zur Staatsreligion – brachte Regeln und Vorschriften, Machtkämpfe, männliche Vorherrschaft, Glaubensbekenntnisse und Konzilien, die entschieden, wer „in" und wer „out" war. Verdrängung und Unterdrückung wurden jenen zuteil, die nicht „in" waren, und so kam es zu Anklagen wegen Ketzerei, zu Gerichtsverfahren, Tod auf dem Scheiterhaufen, Korruption, Spaltungen, neuen Konfessionen und allem anderen, was nicht stimmt in der Kirche. Dies war ein langer Weg, eine weite Entfernung von dem prophetischen, mystischen Weisheitslehrer aus Galiläa, der nicht zu stolz war, seinen Begleitern die straßenerfahrenen Füße zu waschen, der das Brot teilte mit Steuereintreibern und Sündern, der die Gesellschaft und Begabung von Frauen schätzte und der die religiösen Führer seiner Zeit als weiß getünchte Gräber bloßstellte – sauber von außen, aber voll Verwesung im Inneren. (Matthäus 23,27).

Viele Christen sehnen sich heute wieder nach Jesu radikaler Sicht vom Reich Gottes. Das Christentum hat eine geheiligte Tradition etabliert, die jedoch aus dem Schritt geraten ist mit unserer Kultur und sich, wie viele glauben, von den ursprünglichen Lehren Jesu losgelöst hat und in der westlichen Welt im Niedergang und in Auflösung begriffen ist.[3] Dies konfrontiert die Gemeinschaft der Christen mit einigen lebenswichtigen Fragen, mit grundlegenden Sinnfragen. Als christlicher Priester, der Gottesdienste in traditionellen Kirchen abhält, kleide ich mich in eine Robe, deren Schnitt sich aus dem einer formellen römischen Toga entwickelt hat, ich stehe in der Mitte eines Gebäudes, dessen Baustil sich vor tausend Jahren ausformte, leite einen Gottesdienst, der auf einem Muster beruht, das sich im 4. Jahrhundert bildete, übermittle Konzepte, die auf einem Weltbild beruhen, das fest im Mittelalter gründet, und singe Lieder, die meistens aus einer Zeit vor ein- bis dreihundert Jahren stammen und auf jenen mittelalterlichen Konzepten aufbauen. Ich muss die Frage stellen: „Welche Relevanz hat all dieses kulturelle Drum und Dran für den spirituell Suchenden?" Die Lehren Jesu, die Kernbotschaft der Bibel, die Grundwerte Liebe, Barmherzigkeit und Gerechtigkeit – sie alle sind hoch relevant, aber sie können inmitten all der „Kirchlichkeit" der Kirche verloren gehen.

Die Suchenden von heute mögen sich für einige spirituelle Dinge interessiere, haben schon etwas Yoga praktiziert oder lesen über Meditation. Sie fragen sich vielleicht, worum es im Leben geht, und ob es um mehr gehen sollte als einen Job, einen Partner, zwei Kinder, die monatlichen Raten und den jährlichen Urlaub. Aber sie kämen nicht auf die Idee, eine Kirche zu betreten, um an einem Gottesdienst teilzunehmen. Die Suchenden von heute verstehen die ganze kirchliche Tradition nicht, da diese für sie keine Bedeutung mehr zu haben scheint. Sie wollen einfach das Gefühl haben, dass es einen Gott der Liebe gibt, und ein Leben führen, das Wert und Würde hat. Vielleicht kommen sie und setzen sich in die Stille und den Frieden einer geöffneten Kirche, um nachzudenken oder sogar zu beten, aber die liturgische Zwangsjacke der Worte und Gesänge ist nichts für sie. Vielleicht würden bestehende Gemeinden neu belebt, wenn die einfache Botschaft von Jesu umfassender vermittelt würde. Viele schätzen wohl die schönen Worte und die Musik eines Gottesdienstes in der Kirche oder Kathedrale, doch Jesus ging es darum, dass die Menschheit durch Liebe verwandelt würde, nicht dass sie kommt, um eine Darbietung im kirchlichen Rahmen zu genießen, was aus der Andacht manchmal werden kann. Die beste christliche Liturgie und Symbolik kann der spirituellen Suche helfen und unser gemeinsames Erleben Gottes bereichern. Doch Liturgie und Symbolik werden oft zum Selbstzweck, statt als Mittel dem Zweck zu dienen. Transformation ist das Ziel, nicht eine kuschelige Decke zum Wärmen.

## Buße, Liebe, Vergebung – Das Reich Gottes

Jesu Lehre war, Gott zu lieben und deinen Nächsten wie dich selbst. Seine zentrale Botschaft war recht einfach und lässt sich in vier Wörtern zusammenfassen: „Tue Buße", „liebe", „vergib" und „Reich Gottes".

Erstens: „Tue Buße" bedeutet, wie bereits erwähnt, über das Denken hinauszugehen und einzutreten in das Bewusstsein Gottes; dies geschieht durch Hingabe oder Transformation des Egos und Loslassen von der egoistischen Natur. Dies ist ein lebenslanger Prozess, der einen recht disziplinierten spirituellen Zugang verlangt. Dazu gehört, auf eine neue Stufe des Gewahrseins zu gelangen, auf der das mitfühlende Bewusstsein Gottes unser Bewusstsein umfassen und sich mit ihm vereinigen darf.

Zweitens: „Liebe" steht absolut im Zentrum seines Lehrens. Sie ist der entscheidende Faktor, das Merkmal des Christentums. Wie der Faden in einem Seil zieht sie sich durch das ganze Christentum. Die Evangelien überliefern Jesu Gebote, Gott zu lieben, den Nächsten und sich selbst, und einander zu lieben, wie er uns geliebt hat. Die mitfühlende Liebe steht im Mittelpunkt der Lehre Jesu. Sie ist der Grundwert eines Lebens in Treue zu Gott, wie es Jesus beispielhaft vorgelebt hat. Er fasst es in einer kurzen Formel zusammen: *„Darum seid mitfühlend, wie euer Vater mitfühlend ist."* (Lukas 6,36) Das Wort wird häufig als barmherzig übersetzt, doch mitfühlend gibt seinen Sinn im heutigen Sprachgebrauch besser wieder. Mit jemandem Erbarmen zu haben, impliziert eine Position der Überlegenheit gegenüber dem anderen, während Mitfühlen bedeutet, dass man jemandes Leid(en) so empfindet, als wäre es das eigene. Das Wort für Mitgefühl ist sowohl im Hebräischen als auch im Aramäischen mit dem Wort für Eingeweide oder Gebärmutter verwandt. Mitfühlend zu sein, heißt also, im Inneren bewegt zu sein oder wie eine Gebärmutter zu sein. Jesus sagte damit: „Gott ist wie eine Gebärmutter, deshalb sollt auch ihr wie eine Gebärmutter sein." Marcus Borg geht darauf noch ausführlicher ein.[4] Mitfühlend zu sein, kann bedeuten, heftig wie eine Mutter zu empfinden, die ihr Kind beschützen will, und ist nicht zu verwechseln mit Sanftmut. Mitgefühl hat Stärke und Ausdauer. Eine Gebärmutter wiederum ist nährend, beschützend und lebensspendend. In der westlichen christlichen Tradition gibt es das paulinische Element, dass Jesus der Heiland ist, der uns von unseren Sünden erlöst. Doch die syrische Tradition, die dem römischen Einfluss widerstand, betont Jesus als Lebensspender, als den Einzelnen, der Leben in Fülle gibt. „Der Einzelne" hat nichts mit dem Zölibat zu tun, sondern er erreicht den Zustand des nicht-dualen Bewusstseins, indem er die Dualität überwindet, in der man sich als von Gott getrennt erlebt, und in das Einssein mit Gott eintritt. Jesus kam, um uns zu einem Zustand des Ganzseins zu rufen, des Einsseins mit Gott, zum vereinenden Bewusstsein, einem einzigen, vereinenden Ganzen.

Wenn Mitgefühl zu haben die zentrale Tugend des Christentums ist, so bleibt dieses weniger eine Religion für die Gerechten, sondern wird zu einem Weg des mitfühlenden Handelns und offenen Herzens. Marcus Borg führt aus:

> Vergleichen Sie es einen Augenblick mit dem, was manche Christen für den Dreh- und Angelpunkt des christlichen Lebens gehalten haben, nämlich dass es wirklich um Rechtschaffenheit geht – das heißt, dass man seine moralische Weste sauber hält und achtgibt, dass sie von der Welt nicht beschmutzt wird; in diesem Sinne unterscheidet sich das christliche Leben zutiefst von Mitgefühl. In vielerlei Hinsicht ist Mitgefühl fast das Gegenteil von Rechtschaffenheit. Wenn Rechtschaffenheit uns mahnt, unsere Weste rein zu halten, ruft das Mitgefühl uns auf, die Ärmel hochzukrempeln und uns die Finger schmutzig zu machen. Jesus als Person war voller Mitgefühl, und er ruft uns zum Mitgefühl auf. Er blieb nicht im Tempel und debattierte mit den Pharisäern über kluge Thesen, sondern er ging auf die Straße und kümmerte sich um die Sünder und jene, die weniger geachtet wurden in der Welt.[5]

Borg ist hier vielleicht ein wenig schwerfällig mit seinem Begriff von Rechtschaffenheit, denn diese hat sowohl Aspekte von *rechtem Tun* als auch von *recht haben*. Gute Werke waren schon immer ein Teil der christlichen Rechtschaffenheit. Mitgefühl führt auch zu einem Streben nach Gerechtigkeit. Das Gegenteil von Gerechtigkeit ist Ungerechtigkeit, die sich sowohl auf der persönlichen als auch der gesellschaftlichen Ebene auswirkt. Ganz elementar äußert sie sich in dem Schrei „Das ist unfair!" auf dem Kinderspielplatz. Auf höheren Ebenen der Gesellschaft kann Ungerechtigkeit schon endemisch sein, weil sie das Wachstum der gesellschaftlichen, politischen und wirtschaftlichen Strukturen beeinflusst hat. In den vergangenen zweihundert Jahren hat der Westen eine Form endemischer Ungerechtigkeit nach der anderen überwunden, oft auf Betreiben von Christen. Sklaverei, Kinderarbeit, Bildung, mentaler, verbaler und sexueller Missbrauch, Rassismus, Gleichberechtigung der Geschlechter und so weiter sind Themen, die hier angesprochen wurden. Heute sind wir in einem Stadium der Diskussion und Veränderung in Bezug auf die Weltwirtschaft, die Bankenkrise und die internationale Verschuldung. Jesus hatte eine Leidenschaft, soziale Ungerechtigkeit in der Gesellschaft zu erkennen, und diese Leidenschaft wurzelte in seinem mitfühlenden Bewusstsein. Seine Kritik richtete er insbesondere gegen die religiös Rechtschaffenen seiner Zeit, gegen die Pharisäer und Schriftgelehrten, die Gelehrsamkeit und das Wissen besaßen, aber versäumten, den Weg der Liebe selbst zu beschreiten.[6] Dies brachte ihn gegen die politischen Machtstrukturen seiner Zeit auf, was letzten Endes zu seinem Tode führte.

Drittens: Jesus rief uns auf zu „vergeben". Wenn uns jemand verletzt hat, hegen wir leicht Gefühle des Grolls und der Verärgerung. Wenn wir an ihnen festhalten, können sie uns langsam vergiften, da sie nicht nur unser Denken beeinflussen, sondern auch unseren Körper. (In Kapitel 2 behandelten wir die Epigenetik und die Art und Weise, wie unsere Gefühle, Gedanken und Intentionen das Verhalten unserer Zellen beeinflussen.) Die emotionale Belastung durch das Festhalten an jenen Gefühlen kann zu körperlichen Problemen aller Art führen. Der Aufruf zur Vergebung ist ein Aufruf zum Heilen und Heilsein des Wesens. Jesus war absolut klar in seiner Anweisung, dass wir vergeben müssen:

> Vergib uns unsere Sünden, wie wir jenen vergeben haben, die gegen uns sündigen. (Matthäus 6,12)

> Da trat Petrus zu ihm und fragte: „Herr, wie oft muss ich meinem Bruder vergeben, wenn er sich gegen mich versündigt? Siebenmal?" Jesus sagte zu ihm: „Nicht siebenmal, sondern siebenundsiebzigmal." (Matthäus 18,21-22)
> (In der hebräischen Numerologie steht die Sieben für Vollkommenheit.)

Und wenn ihr beten wollt und ihr habt einem anderen etwas vorzuwerfen, dann vergebt ihm, damit auch euer Vater im Himmel euch eure Verfehlungen vergibt. (Markus 11,25)

Richtet nicht, dann werdet auch ihr nicht gerichtet werden. Verurteilt nicht, dann werdet auch ihr nicht verurteilt werden. (Lukas 6,37)

Der Schlüssel zur Vergebung liegt in einem Herzen voll Mitgefühl. Wenn man sehen kann, wie ein anderer Mensch so geworden ist, wie er heute ist, und verstehen kann, was ihn dazu gebracht hat, das zu tun, was er getan hat, dann wird Vergebung zu einer Option oder sogar Notwendigkeit. Es ist ein Entwicklungsschritt, erkennen zu können, dass das, was in anderen Menschen ist, auch in mir selbst liegt. Wir empfinden Empathie und sind von dem mitfühlenden Bewusstsein Gottes bewegt, von Herzen Vergebung anzubieten. Was uns dazu inspiriert, ist das Leben Jesu, dessen Herz liebevolle Vergebung war.

Tue Buße, liebe und vergib – und das Reich Gottes, der letzte Kern-Teil seiner Botschaft. Das Reich Gottes war wirklich Jesu ganze Botschaft in einem Begriff. Das Reich Gottes ist nahe, es ist in euch. Es gibt viele verschiedene Worte, um dies auszudrücken. Wir beginnen, in das Reich Gottes einzutreten, wenn wir

- unser Denken verwandeln
- Gott nahe kommen
- in das Bewusstsein Gottes eintreten
- unseren Nächsten lieben
- Mitgefühl für die Welt empfinden
- jenen vergeben können, die uns verletzen.

Dann treten wir ein in das Reich Gottes, was bedeutet:

- Wir werden verwandelt, transformiert, geläutert und gereinigt,
- wir nähern uns der Resonanzfrequenz Gottes,
- wir beginnen, das gott-gegebene Potenzial zu erfüllen, das wir Menschen haben,
- wir richten uns aus nach Christus, werden "christed",

- wir werden Gotteskinder,
- wir erkennen den Christus in uns.

Wir können uns in Streitigkeiten über Lehrmeinungen zu diesen Themen verlieren – wie es viele tun, wenn Themen wie die Taufe, die Frauenordination oder Homosexualität anstehen –, doch die Hauptbotschaft Jesu war nicht, darüber zu reden, sondern es zu leben – ein Leben zu führen, das von mitfühlendem Bewusstsein motiviert ist. In seiner Botschaft ging es nicht darum, moralische, aufrechte Menschen zu sein, die ein gutes Leben führen, sondern mitfühlende Menschen zu sein, voll von Leben und Licht, die anderen Energie und Leben schenken. Moral sollte aus Mitgefühl erwachsen; für sich allein kann sie zu Beurteilungsdünkel werden.

### Die gefilterte Botschaft

Eines der größten Probleme des Christentums ist, dass wir nur „gefilterte" Aufzeichnungen aus seiner Frühzeit haben. Wir kennen die Filter namens Paulus und Petrus, und die Filter Markus, Matthäus, Lukas und Johannes (um sie in der wahrscheinlichsten Reihenfolge ihrer evangelistischen Tätigkeit zu nennen). Alle Schriften des Neuen Testaments sind uns durch Menschen überliefert, und Menschen filtern, was sie schreiben – durch ihre Persönlichkeit, ihre Kultur und ihr Umfeld. Damit gaben sie den Geschichten in den Evangelien von vornherein ihre jeweils eigene Note. Ihre Schriften vermitteln uns kein unbefangenes oder unverfälschtes Bild von Jesus. Das Christentum ist gewachsen und ein bisschen verwildert, es hat so viele Schichten von Meinungen und Ablagerungen von Deutungen um sich gesammelt, dass sein wahres Gesicht zuweilen gar nicht mehr zu erkennen ist. Daher erschallt aus vielen Richtungen der Ruf, zu den zentralen Lehren Jesu zurück zu gehen, die oben skizziert wurden: *Tue Buße und vereinige dich mit dem Geist Gottes, zeige mitfühlende Liebe und vergib.* Wenn wir dieser Aufforderung folgen, werden wir verwandelt und treten ein ins Reich Gottes. So gesehen, ist es ganz einfach. Doch da die Kirche über zweitausend Jahre lang an ihrer Theologie gearbeitet hat, wurde die Angelegenheit sehr kompliziert. In der Botschaft Jesu ging es um eine Art zu leben, die dem Reich Gottes gerecht wird und uns hilft, spirituell voranzukommen.

Dies sage ich als ein christlicher Priester, der eingesetzt wurde mit der Aufgabe und Verantwortung, den Glauben zu hüten, wie er im *Book of Common Prayer*, den *Neununddreißig Artikeln* von 1571 und den *Canons*, den religiösen Vorschriften der Anglikanischen Kirche, dargelegt ist. Gleichwohl trat ich in den Dienst ein, weil ich inspiriert war von Jesu Botschaft vom Reich Gottes und vom Leben in aller Fülle in der Bezogenheit auf Gott, und weil ich ein Verlangen hatte, anderen zu helfen, diesen Schatz zu finden. Die Kern-Botschaft von Jesus dem Christus ist genau richtig, aber bei dem Versuch, sie zu vermitteln und zu erleben, geraten einem oft zu viele Dinge in den Weg.

Von wenigen Ausnahmen abgesehen, gebrauchen die Anglikanische und die Römisch-Katholische Kirche noch heute Liturgien und Hymnik, die Konzepte und Denkweisen präsentieren, welche mit dem Leben im 21. Jahrhundert nur wenig gemein haben. Ungeachtet der Tatsache, dass viele Menschen darüber hinwegsehen und nach der Präsenz Gottes streben, tischen wir sonntagmorgens immer noch häufig eher unverdauliche Brocken von geheiligter Pampe auf, statt den Menschen einige wohlschmeckende Aperitifs zu geben, die sie zur Hauptmahlzeit hereinlocken. Die Unverdaulichkeit liegt sowohl in der Sprache, die wir gebrauchen, als auch in den Ideen und Denkweisen, die hier zementiert werden und einem Weltbild aus der Vergangenheit entstammen. Wir müssen zu der Einfachheit der Botschaft Jesu zurückkehren.

## Der Weisheitsweg

Jesus hatte nie die Absicht, eine neue Religion zu gründen, doch er war auch nicht glücklich mit dem Judentum seiner Zeit. Er war Jude, fest verwurzelt in der Tradition, aber erleuchtet durch sein Erleben des vereinenden Bewusstseins. Er wirkte aus einem neuen In-sich-Sein, aus einem Gewahren Gottes, das er selbst das Reich Gottes nannte. Er wollte vor allem mehr Menschen in diese Art zu sein eintreten sehen. Er wollte „Reich-Gottes-Leute", die in das mitfühlende Bewusstsein Gottes eintreten können, das unser Sein erhält. Cynthia Bourgeault spricht hier vom „Weisheits-Weg", den sie folgendermaßen zusammenfasst:

Auf dem Weisheitsweg wird dieses Spektrum subtiler Energie für das erwachte Herz direkt wahrnehmbar. Und da offenbart es wirklich ein weites inneres Reich, das zu entdecken und erfüllen ist. Mystiker, Theologen und Visionäre aller großen spirituellen Traditionen haben dieses Reich als endlos beschrieben. Die griechischen Kirchenväter nannten es die „verständliche Welt", die Welt der reinen Idee, die der Form vorausgeht. Für die Hebräer in der Antike war es *chesed* oder die Barmherzigkeit Gottes: Ein starkes Feld des Bundes, das göttliche und menschliche Energien zusammenhielt. In den Traditionen der Sufis und der Theosophen ist es die „Bilderwelt"; im keltischen ist es *faerie* – in beiden Fällen eine innere und subtilere Intelligenz, die die äußere Form erhellt. Die Bezeichnung, unter der es den Christen vertrauter ist, ist der Begriff, den Jesus verwendete: das „Himmelreich". Obwohl die gewöhnliche christliche Interpretation dieses Ausdrucks – als ein Ort von endloser Seligkeit, den man nach dem Tode als Belohnung für gutes Verhalten erreicht – eine tragische Verzerrung dessen ist, was er tatsächlich lehrte.[7]

Wenn Jesus über das Reich Gottes sprach, redete er in den jüdischen Begriffen seiner Zeit von einer höheren oder tieferen Ebene des Bewusstseins, von der aus wir zu agieren haben, wenn wir eine Welt der Liebe, des Friedens und der Harmonie herbeiführen wollen. Dieses vereinende Bewusstsein ist ein Gewahren der wechselseitigen Verbundenheit von allem, getragen und erhalten in dem Urgrund, dem Bewusstsein Gottes.

Der Übergang dorthin ist der Prozess globaler Veränderung, den die Welt zur Zeit erlebt. Die Auswirkung der technischen Revolution, die uns alle rund um den Planeten miteinander verbindet, hat zu dem „arabischen Frühling" beigetragen und bringt noch weitere Länder in das Spiel, das auf der Bühne der Welt stattfindet. Die Weltordnung verändert sich, der „Westen" dominiert nicht länger, und Veränderungen geschehen immer schneller, während die Schwingungsfrequenz des Bewusstseins der Menschheit langsam zunimmt. Die globale Erwärmung und die Wahrnehmung der Wirkung des Menschen auf die Umwelt machen uns allen die Notwendigkeit bewusst, die Lebensweise zu ändern, die uns die Zivilisation gebracht hat, in der wir leben. Obwohl diese Zeit eine Fülle von Vorhersagen drohenden Unheils für den Planeten erlebt – Voraussagen, aus denen die Medien maximalen Profit herausschlagen –, gibt es einen anderen Weg, der immer deutlicher hervortritt. Es ist ein Weg durch die Zeit des Übergangs, in der alte Muster sterben und ein neues Muster im Bewusstsein der Menschen verankert wird. Es ist der Weg des Mitgefühls, der Zusammenarbeit und der Koexistenz mit allen lebenden Geschöpfen. Es ist ein Weg des Lebens in Harmonie mit dem Planeten. Es ist ein evolutionärer Weg, auf dem wir auf eine neue Ebene des Bewusstseins für die Menschheit weiterschreiten. Es ist der Reich-Gottes- oder Weisheitsweg, der Weg Christi.

# 7

# GEDANKEN ÜBER DIE ERLÖSUNG

~

Erlösung hat viele verschiedene Facetten, und in diesem Kapitel werfen wir einen Blick auf ihre wichtigste Bedeutung im Zusammenhang mit Ganzsein und Heilung. Wir betrachten die ursprünglichen Bedeutungen des Wortes in allen biblischen Sprachen, einige Auswirkungen auf Körper, Seele und Geist, und beschäftigen uns mit der Frage, was es bedeutet, „christed" zu sein.

~

## Heilung und Erlösung

Heile mich, Herr, so bin ich heil, hilf mir, so ist mir geholfen; ja, mein Lobpreis bist du. (Jeremia 17,14)

Heilung und Erlösung hängen eng zusammen. Dies zeigt sich insbesondere, wenn wir die ursprüngliche Bedeutung des Begriffes betrachten und uns mit seiner Etymologie befassen. Viele nehmen an, bei Erlösung gehe es einfach um ein Gerettet-Werden, so dass wir in den Himmel kommen, statt an die Hölle verloren zu gehen. Das hängt mit unserem Verständnis von Sühne zusammen: Jesus ist dabei der Verteidiger, der für uns eintritt und sich selbst an unserer Stelle opfert. Jesus starb für unsere Sünden. Aber gerettet zu werden, ist nicht die ganze Bedeutung von Erlösung. Das englische Wort *salvation* geht über das Lateinische auf das Sanskrit-Wort *sarva* zurück, das „alles", „ganz", „vollständig" bedeutet, und ist somit ein Hinweis auf Ganzheit, Vollständigkeit und Gesamtheit. Die Wurzel des Wortes ist *sar*, das als *sal* ins Lateinische übernommen wurde und dann im Englischen in Wörtern zu finden ist, die mit Gesundheit, Ganzheit oder Heilsein zu tun haben, wie *salutary* (heilsam), *salubrious* (gesund, zuträglich) und *salute* (etwa, wenn man jemandem Gesundheit wünscht). *Sal* steckt auch in dem lateinischen *salvare,* das „retten, sicher machen" bedeutet – zum Beispiel sicher vor Krankheit oder Tod. Auch in einem englischen Wort ist diese Wurzel noch erhalten, nämlich in *salve,* das einen heilsamen Balsam bezeichnet (deutsch: *Salbe).*

Das hebräische Wort, das im Alten Testament am häufigsten als „Erlösung" gebraucht wird, ist *yesha* oder *yeshua,* die beide auf die Wurzel *yasha* zurückgehen, das bedeutet „frei sein", in einem weiten oder geräumigen Raum, im Sinne von befreit sein von Einengung, Einschränkung und Begrenzung. In eine geräumige Umgebung gebracht zu werden, ist tatsächlich die ursprüngliche Bedeutung des Namens Jesus, Joshua oder Yeshua. Im alttestamentlichen Buch der Sprüche finden wir auch Heilung im Zusammenhang mit dem Lauschen auf die Worte der Weisheit:

> Mein Sohn, achte auf meine Worte; neige dein Ohr meiner Rede zu. Lass sie nicht aus den Augen, bewahre sie tief im Herzen! Denn Leben bringen sie dem, der sie findet, und Gesundheit seinem ganzen Leib. (Sprüche 4,20-22)

Das griechische Wort, das im Neuen Testament als Erlösung übersetzt wurde, ist *soterion.* Es hat die gleiche Wurzel wie das Verb *sozein,* das buchstäblich „heilen, retten" bedeutet. In der phönizischen Schrift, die ursprünglich aus Bildzeichen bestand und aus der sich das griechische und das lateinische Alphabet entwickelten, ist das Symbol, das als das Wort *soterion* ins Griechische kam, ein zerbrochenes Gefäß – *soterion* ist der Vorgang des Heil-gemacht-Werdens, der Wiederzusammensetzung. Dies vermittelt uns ein ganz anderes Bild von der Erlösung: Es geht um das Heil-gemacht-Werden aus dem Zerbrochensein. Somit beziehen sich alle antiken Bedeutungen von Erlösung auf Ganzsein und Gesundheit – und nicht darauf, vor ewiger Verdammnis gerettet zu werden. *Salaam* im Arabischen und *shalom* im Hebräischen haben die gleiche Wurzel, beide wünschen dem Angesprochenen Gesundheit, Ganzheit und Frieden.

Alle Menschen erleben Zerbrochensein oder Zerrissenheit in der einen oder anderen Form in ihrer Beziehung zu sich selbst, zu anderen und dem Universum. Zerbrochensein und Unvollkommenheit sind universelle menschliche Erfahrungen. Wir sind alle unterwegs auf unserer Reise zum

Ganzsein, und dieser Prozess geht immer weiter. Jeder, gleich welchen Alters, hat die Chance, in ein größeres Ganz- und Heilsein zu wachsen; in Anbetracht unserer menschlichen Unvollkommenheiten wird dieser Prozess niemals wirklich abgeschlossen sein. Dieses Wachstum hängt mit der Evolution unseres Bewusstseins zusammen. Wie in Kapitel 2 skizziert, hat die Art unseres Denkens über uns selbst weitreichende Auswirkungen auf unseren Körper. Wenn wir an negativen Gefühlen wie Schuld, Wut, Verletztheit, Wertlosigkeit etc. festhalten, richten wir langfristig Schaden an, beeinträchtigen unser Immunsystem und werden angreifbar für chronische Krankheit und Degeneration. Wenn wir jedoch aus dem Reich-Gottes-Geist des Mitgefühls leben, werden wir unserer unbewussten emotionalen Beweggründe gewahr – und wir werden frei, anderen und uns selbst zu vergeben. Wir wachsen in das Ganz- und Heilsein – und dies ist unsere Erlösung.

### Ewiges Leben?

In der Bibel finden wir Erlösung in Verbindung mit ewigem Leben, wobei das Wort ewig geändert werden müsste, denn – wie wir in Kapitel 4 gesehen haben – die moderne Physik sagt uns, dass sowohl Raum als auch Zeit Teil der Ordnung des Universums sind. Beim Tode aus der Schöpfungsordnung auszutreten und zum Schöpfer zurückzukehren, würde bedeuten, sowohl die Zeit als auch den Raum zu verlassen. Eine geeignetere Wortwahl wäre wohl *zeitloses Leben,* das heißt, eine Form der Existenz außerhalb der Zeit in einem anderen Bereich. Falls wir die physischen Grenzen des materiellen Universums hinter uns lassen, überschreiten wir auch die Grenzen von Zeit und Raum und gelangen in eine grenzenlose, zeit- und raumlose Existenz, von der sich das menschliche Gehirn keinerlei Vorstellung machen kann – abgesehen von wenigen Gehirnen, die die Sprache der höheren Mathematik beherrschen. „Bei Gott im Himmel" zu sein, außerhalb des physischen Universums, bedeutet also, in einer Zeitlosigkeit zu existieren. „Ewigkeit, ewig, immerwährend" – dies alles sind Begriffe aus der Welt der Zeit, die sich jedoch auf das Gottes-Konzept, das wir zu vermitteln versuchen, nicht mehr übertragen oder anwenden lassen.

Doch in den Lehren Jesu geht es nicht in erster Linie darum, dass wir erlöst werden, um in den Himmel oder irgendeinen Zustand ewiger oder zeitloser Glückseligkeit eingehen zu können. Es geht darum, wie wir in unserem Leben zum Ganz- und Heilsein finden, auf welche Weise wir uns bemühen, ganz und heil zu werden in unseren Beziehungen zu uns selbst, zu anderen und zum Rest der Schöpfung. Sie umfassen körperliche, seelische und geistige Gesundheit. Auf dem christlichen Weg geht es darum, in das „Reich Gottes" einzutreten, wie Jesus es nannte, in weiträumige Stille, die das mitfühlende Bewusstsein von Gott ist, dem Urgrund. Jesu Lehren handelten nicht davon, was wir tun müssen, um in den Himmel zu gelangen. Im Evangelium nach Johannes sagte Jesus: *„Ich bin gekommen, damit sie das Leben haben und es in Fülle haben."* (Johannes 10,10) Erlösung handelt von jenem Leben in Fülle, welches uns davor rettet, zu zerbrechen oder abzustürzen; sie bringt uns in die weiträumige, gesunde Umgebung, die uns ganz und heil macht. Erlösung bringt uns in den Strom von Gottes Bewusstsein, in dem wir wiederhergestellt werden. Sie ist ein Angebot für jeden einzelnen Menschen. Um eine umfassendere Bedeutung des Wort Erlösung zum Ausdruck zu bringen, bevorzugt Cynthia Bourgeault den Begriff „Wiederherstellung zur Fülle des Seins":

> Befreit von dem egoistischen Selbst und dem Licht ausgesetzt, wird man zur „Fülle des Seins" wiederhergestellt, zu seinem wahren Selbst ... Die Wahrnehmungsperspektive ist jetzt eine andere, aus der Dualität wurde die Teilhabe in Gott, und die abschließende Verwandlung in das nicht-duale Bewusstsein ist nun möglich.[1]

Die Geschichten in den Evangelien schildern uns, dass Jesus genau dies tat: Er stellte Menschen zur Fülle des Seins wieder her. Seine anfängliche Aufforderung, Buße zu tun, war ein Aufruf, das Reich-Gottes-Leben wiederherzustellen, wie wir im vorangegangenen Kapitel gesehen haben. Er erzählte Geschichten von Wiederherstellungen – die Parabeln von dem verlorenen Schaf und dem verlorenen Sohn. Aber mehr noch: Jesus heilte, er betete, er predigte und er heilte wieder. Er tat mehr, als kranke Körper und Seelen zu heilen; er verwandelte Beziehungen, er richtete Menschen auf, die sich im Leben abgekämpft hatten, er vergab Sünden. Er machte heil und ganz. Vielen der Leiden, die Jesus heilte, scheinen mir deutlich psychische Ursachen zugrunde zu liegen, die dann zu einer körperlichen Symptomatik führten, die gelindert wurde. Die Geschichte von der Frau, die seit achtzehn Jahren unter einem verkrümmten Rücken gelitten hatte, ist ein Beispiel (Lukas 13,10-17). Anscheinend war ihr Kranksein mehr eine psychische Angelegenheit, und die Heilung war eine Wiederherstellung zum Heil- und Ganzsein. Ihr krankes Denken hatte ihren physischen Körper schon seit Jahren krank gemacht. Mag sein, dass Schuldgefühle, Verbitterung oder Mangel an Selbstwert sie verkrüppelt hatte. Vielleicht war sie auf irgendeine Weise missbraucht worden und trug davon mentale Narben, die im Laufe der Zeit die Balance ihrer Energiefelder beeinträchtigten und damit ihren physischen Körper schädigten. Wie in Kapitel 2 besprochen, würde die neue Wissenschaft der Epigenetik sagen, dass Jesus imstande war, ihre subtilen Energiefelder auszugleichen, und so beeinflusste er die Sensor-Proteine auf den Zellmembranen. Dies wurde dann an die Proteine weitergemeldet, welche die Gene umgeben, und so wurde das genetische Muster der Frau neu programmiert, was es ihr ermöglichte, sich wieder aufzurichten. Sie wurde zur Fülle des Seins wiederhergestellt. Sie wurde geheilt. Die Bibel berichtet, dass Jesus sagte: „Frau, du bist von deinem Leiden erlöst." Dann legte er ihr die Hände auf, und im gleichen Augenblick richtete sie sich auf.

## Das Ganze heilen

In der christlichen Tradition und in den meisten komplementären Therapien geht die Heilung über das Physische hinaus und sucht Körper, Seele und Geist zu integrieren. Das Heilen richtet sich an die ganze Person und betrifft Beziehungen, Einstellungen und Emotionen ebenso wie auch körperliche Beschwerden. Wir Menschen sind komplexe Wesen, und so kann unsere geistige Verfassung den körperlichen Zustand beeinflussen. Unsere Gefühle können im Körper verheerende Schäden anrichten, und die Epigenetik bietet uns eine Erklärung für den Mechanismus, durch den beeinflusst werden kann, welche Gene in unseren Zellen „ausgepackt" werden. Wir müssen das Ganze betrachten, das wir sind – Körper, Seele und Geist. Es gibt dabei auch eine soziale Dimension neben der Heilung von verletzten Körpern, kranken Gedanken und verwundeten oder gebrochenen Herzen, nämlich die Heilung von Beziehungen und Zerwürfnissen zwischen uns und von Spaltungen in und zwischen Gemeinschaften und Nationen. So sind auch unsere Gebete, unsere zielgerichteten Intentionen, erwiesenermaßen eine Ergänzung zu dem Wirken der medizinischen und anderen Formen des Heilens, die ebenso Werkzeuge und Mittler der liebenden und transformierenden Kraft des mitfühlenden Bewusstseins sind, das uns im Dasein erhält.

Das medizinische Wissen hat sich weiter entwickelt, und je mehr wir wissen, desto mehr finden wir, dass wir nicht wissen. Statt den Körper als einen Mechanismus zu betrachten, tendiert die medizinische Wissenschaft nun in die Richtung, ihn auf eine ganzheitlichere und organischere Weise zu sehen und die Person als Ganzes wahrzunehmen, nicht nur die Symptome. Viele komplementäre Therapien leisten dies bereits. Die Anwender komplementärer Behandlungsweisen nutzen deren Möglichkeiten seit Jahren, weil sie an ihre Wirkung glauben, ungeachtet des Spottes seitens der medizinischen Wissenschaft. Die Epigenetik liefert nun eine wissenschaftliche Basis, die ansatzweise zu erklären vermag, wie jene ergänzenden Therapien funktionieren – und bestätigen damit die Weisheit von Augustinus:

> Wunder geschehen nicht im Widerspruch zur Natur, sondern nur im Widerspruch zu dem, was wir von der Natur wissen.
> Augustinus (vor rund 1600 Jahren)

Das Wachsen ins Heil- und Ganzsein ist auch ein Anliegen der christlichen Heilsbotschaft und der jüdischen Tradition, aus der sie entstand; wir sind, wie Psalm 139 es ausdrückt, „wunderbar und staunenswert" geschaffen (Psalm 139,14). Die Evangelien überliefern viele Heilungen, die Jesus von Nazareth bewirkte, und das Heilen als Dienst am Nächsten war von Anfang an ein Teil des gelebten Christentums. Darüber hinaus gibt es eine Heerschar unterschiedlichster komplementärer Behandlungsweisen; die meisten von ihnen können sich auf eine ebenso gute Wirksamkeit berufen wie Gebete um Heilung. Aus den Reihen der Kirche begegnet man den ergänzenden Therapien oft mit Argwohn, doch mit einem Verständnis der Epigenetik und subtilen Energien können wir nun allmählich sehen, dass das, was ein „Gebet um Heilung" tut, weitgehend dem entspricht, was viele andere, komplementäre Energie-Therapien, wie etwa Reiki oder Therapeutic Touch, leisten. Das mitfühlende Bewusstsein, in dem wir unsere Existenz haben, stattete den Kosmos mit den Energien aus, die für das Heilen und das Heilsein notwendig sind. Die Menschen können diese Energien nutzen und ausrichten, um Heilung herbeizuführen. Jesus, glaube ich, vermochte dies auf höchst kompetente Weise.

## Grundsätze

Beim Nachdenken über das Heilen gibt es einige Grundprinzipien zu beachten. Erstens: Der Körper des Menschen heilt sich selbst. Es ist sein natürlicher Zustand, selbstheilend, selbstregulierend, gesund und vital zu sein und die dem jeweiligen Individuum angeborenen Stärken und Gaben gänzlich zum Ausdruck zu bringen. Der Körper hat ein Immunsystem, dessen Aufgabe darin besteht, unserer volle Funktionstüchtigkeit zu erhalten bzw. wiederherzustellen. Dieses System greift ausgleichend ein, um einen Zustand des Gleichgewichts zu bewahren; die Wissenschaft nennt dieses Prinzip Homöostase. Doch es gibt verschiedene Faktoren, die unsere Homöostase beeinträchtigen und bewirken können, dass Dinge schiefgehen. Die Art, wie wir über uns selbst denken, die Umgebung, der wir uns aussetzen (sowohl körperlich als auch emotionell), die Dinge, die wir essen, die Menschen, mit denen wir verkehren, der Stoff, den wir lesen – sie alle tragen zu der Umgebung bei, in der unsere Körperzellen existieren, und damit auch die Gene unserer DNS. Gänzlich ohne wissenschaftliche Kenntnisse über Genetik drängte Paulus einst seine Mitchristen, positiv zu denken:

> Schließlich, Brüder: Was immer wahrhaft, edel, recht, was lauter, liebenswert, ansprechend ist, was Tugend heißt und lobenswert ist, darauf seid bedacht! (Philipper 4,8)

Zweitens gibt es die Maxime: „Löse die Ursache auf und stelle die Funktion wieder her." Um gesund zu werden und gesund zu bleiben, müssen wir die Ursache eines Symptoms oder einer Funktionsstörung behandeln. Das Symptom allein zu behandeln, kann wohl kurzfristig nützlich sein, dringt aber nicht bis zur Wurzel vor. Erst wenn die einem gesundheitlichen Problem zugrunde liegende Ursache angesprochen ist, werden die mit ihr einhergehenden Symptome die Bereitschaft zeigen, sich spontan aufzulösen. Wir sagen vielleicht, dass wir uns einen Bazillus oder Virus zugezogen haben, doch unser Körper ist von Natur aus gerüstet, Viren abzuwehren – warum also hat dieser Erreger die körpereigene Abwehr überwunden? Ist es ein neuer Stamm, oder ist unsere Abwehr aus irgendeinem Grund geschwächt? Arbeitet das Immunsystem nicht ordentlich? Stehen wir unter Stress, der uns beeinträchtigt? Gibt es irgendein tief wurzelndes Problem in unserem Leben, das noch nicht behandelt worden ist? Wenn die Ursache gefunden und die Funktion wiederhergestellt werden kann, dann sollten sich die Symptome auflösen.

Die Ursache einer Erkrankung mag viel tiefer liegen als die Symptome, die wir an der Oberfläche sehen. Wenn wir die Ursache auflösen, kann dies zu einer Wiederherstellung der beeinträchtigten Funktion führen. Bei vielen der Heilungswunder Jesu spielt Vergebung eine wichtige Rolle; sie nimmt der Schuld ihre verkrüppelnde Macht und beseitigt so die körperlichen Symptome, die diese bewirkte. Wenn Jesus einen Menschen berührte, schien er oft eine ausgleichende Energie zu übertragen – er führte die Homöostase herbei. Er nahm auch selbst wahr, dass „Kraft" von ihm ausgegangen ist:

> Im selben Augenblick fühlte Jesus, dass eine Kraft von ihm ausströmte, und er wandte sich in dem Gedränge um und fragte: „Wer hat mein Gewand berührt?" (Markus 5,30)

Das Studium der Epigenetik zeigt, dass die Fähigkeit zu heilen, die in Jesus voll entwickelt war, in allen Menschen angelegt ist, zum Wohle des Ganzen. Unsere Gedanken und Emotionen beeinflussen das Energiefeld um uns, und mit seinem Gewahrsein, wie dies zu erzeugen ist, kann das gesunde Energiefeld des Heilers die Energien der heilungsuchenden Person ausgleichen und echte körperliche Veränderung herbeiführen. Vielleicht ist dies die „Kraft", die Jesus verließ, wenn er heilte.

Drittens und offensichtlich existieren Körper, Seele und Geist in einem komplizierten Gleichgewicht. Wir wissen, dass der menschliche Körper in einer fein abgestimmten Balance von miteinander verbundenen Energien steht, deren Wirken durch eine Vielzahl von Faktoren beeinflusst werden kann. Einwirkungen von außen können uns beeinflussen und infizieren; der Körper kann auf vielerlei Weisen durch das beeinträchtigt werden, was wir in uns aufnehmen oder was andere ihm antun; auch unsere eigenen Denkvorgänge können uns tiefgreifend beeinflussen. Wir sind Körper, Seele und Geist – das heißt, wir sind selbst ein miteinander verbundenes Ganzes. Was einen Aspekt dieses Ganzen beeinflusst, wird sich auch auf die beiden anderen auswirken. Wir wissen zum Beispiel, dass bestimmte Dinge im Leben dazu führen, dass wir überlastet werden. Bei manchen Menschen zeigt sich solche Belastung im mentalen Anteil und bewirkt ungesunde Denkweisen, Furchtsamkeit, Panikattacken, Depression; bei anderen zeigt sich die Auswirkung im Körper in Gestalt verschiedener Leiden und Beschwerden. Bei manchen kommt es zu beiden Beeinträchtigungen. Die im Körper verankerte Stressreaktion äußert sich in Kampf oder Flucht, wenn eine rasche Reaktion notwendig ist. Erlebt unser Organismus einige Minuten lang die Ausschüttung von Stresshormonen wie Adrenalin und Kortisol in den Blutstrom, weil er mit einer Notsituation konfrontiert oder plötzlich erschreckt wird, dann beruhigt er sich bald wieder, und die Hormonspiegel sinken auf Normalwerte. Wenn die erhöhten Stresshormonpegel jedoch länger bestehen, können sie das delikate Gleichgewicht im Körper beeinträchtigen. „Eine langfristige Belastung durch Kortisol und andere Stresshormone zieht zahlreiche schädliche Auswirkungen nach sich. Sie unterdrückt die Immunabwehr, mindert die Knochenbildung, baut die Muskelmasse ab und schädigt die Gehirnzellen, was zu einer Schwächung von Erinnerung und Lernvermögen führen kann."[2]

Unser Körper ist dazu ausgerüstet, Krankheit zu bekämpfen und mit ihr fertigzuwerden; dazu steht ihm ein erstaunliches Immunsystem zur Verfügung, das beim ersten Anzeichen eines Problems aktiv wird. Doch unser gestresstes Denken kann dem Immunsystem verheerenden Schaden zufügen und bewirken, dass es nicht richtig arbeitet, sondern zulässt, dass sich Krankheit einnistet und festsetzen kann. So kann unser Denken und Fühlen den Körper sogar verkrüppeln. Jahrelanges Festhalten an Verbitterung, Groll, Wut und Hass kann alle möglichen körperlichen Beschwerden herbeiführen. Auch ein Mangel an Selbstwertgefühl und Selbstachtung kann uns allmählich körperlich schädigen. Unsere Einstellung zu physischen Leiden und Behinderungen wiederum kann unseren Geist im Laufe der Zeit verkrüppeln. Wir alle kennen das Szenario des Alterns – verschiedene Teile des Körpers beginnen zu knirschen, und was einst einfach war und leicht ging, wird zunehmend schwieriger. Wie wir damit umgehen und welche Einstellung wir dazu hegen, kann für unseren Geist und vermutlich auch unseren körperlichen Zustand einen gewaltigen Unterschied bedeuten. Um das Offenkundige zu wiederholen: Wir sind ein in- und miteinander verbundenes Ganzes aus Körper, Seele und Geist, und jedes beeinflusst die beiden anderen.

Diese Miteinander-Verbundenheit ist extrem komplex, und mehrere Faktoren – umweltliche, emotionale, körperliche und spirituelle – können unsere Energiefelder beeinflussen. Die letzten Geheimnisse der Funktionen und Arbeitsweisen unseres Organismus sind noch nicht ergründet, doch sie erschließen sich zunehmend unserem Forschen. Heute wissen wir um den starken Zusammenhang zwischen Krankheit und emotionalem Stress. Viele der langwierigen chronischen Krankheiten haben mit dem Nervensystem zu tun, dem Blutkreislauf, den Muskeln und Gelenken unseres Körpers – die wiederum alle von Energiefeldern und elektrochemischen Reaktionen beeinflusst werden, die in unserem Gehirn ablaufen. Was bewirkt diese elektrochemischen Reaktionen? Es sind unsere Gedanken und Emotionen, unser Bewusstsein. Der Gesundheitszustand unseres Körpers hängt eng mit der Art und Weise zusammen, wie wir denken und fühlen. Gefühle wie Schuld, Traurigkeit, Mangel an Selbstwert, Wut und Hilflosigkeit können unseren Körper beeinträchtigen – sei es, dass sie sich auf unsere Haltung auswirken, im Zustand unserer Haut zeigen, unsere Muskulatur schwächen oder sich auf andere Weise mehr im Inneren manifestieren. Wenn sie uns über Jahre hinweg beeinflusst haben, kann es geschehen, dass wir ernste Gesundheitsprobleme entwickeln. Manche gesundheitlichen Probleme kommen natürlich einfach mit dem Alterungsprozess, den wir noch nicht ganz verstehen, andere kommen aus keinem Grund, den wir schon kennen – wieder andere aber sind die Folgen davon, dass wir viele Jahre lang eine Last oder eine bestimmte Lebenseinstellung mit uns getragen haben, die uns beeinträchtigen.

Der Gelähmte auf der Trage (Markus 2,1-10) mag ein solcher Fall gewesen sein. Vielleicht gab es etwas, dessen er sich sehr schuldig fühlte, und seine psychische Reaktion darauf war – aus welchem Grund auch immer

–, abzuschalten oder dichtzumachen. Er wurde gelähmt durch Schuld und Angst. Dann kam Jesus in die Stadt – dieser Mann, über den er schon so viel gehört hatte, diese Messias-Gestalt –, und die ersten Worte, die er zu ihm sprach, als er ihm ins Herz blickte, waren: *„Deine Sünden sind dir vergeben."* Indem er dies aussprach, hob Jesus die psychologische Last der Schuld auf, die diesen Mann seit Jahren verkrüppelt hatte, und machte ihn frei. Gleichzeitig hatte die Begegnung mit einem, dessen Energiefelder alle in perfekter Balance waren, eine Auswirkung auf den Gelähmten und stellte Harmonie und Gleichgewicht in dessen physischem Körper wieder her – und er stand auf und ging umher.

## Frei werden

Es ist eine Tatsache des Lebens, dass viele Menschen aus irgendeinem Grund unter Gefühlen wie Schuld oder Wut oder unter mangelndem Selbstwertgefühl leiden. Im Lauf der Jahre können uns solche Gefühle verkrüppeln – sei es buchstäblich körperlich oder psychisch. Auch wir können Vergebung erlangen und frei werden und haben vielleicht den Weg zu finden, um Verletzungen loszulassen, die uns angetan wurden, um selbst anderen Vergebung gewähren zu können. Aber es ist nicht immer so einfach, wie es für den Mann in der Geschichte im Evangelium war. Manchmal braucht es Jahre, um zu verlernen, was wir uns zeitlebens eingeredet haben. Das ist wie eine Schallplatte, die hängengeblieben ist und nun ausgewechselt werden muss – oder, um eine modernere Analogie zu bemühen: Eine DVD ist hängengeblieben, und das Bild vor unseren Augen scheint eingefroren. Es ist ein Teil des christlichen Weges, zuzulassen, dass Gott uns von diesen machtvollen, aber oft im Stillstand erfrorenen Emotionen allmählich heilt. Wenn dies geschieht, werden wir wirklich frei, wir werden freigelassen in die Ganzheit des Lebens, die Fülle des Lebens, von der Jesus sprach. Das ist Erlösung.

Manchmal benötigen wir die Hilfe von anderen, um uns selbst zu befreien, sei es durch Erkenntnis im Gebet, durch Beratung oder Psychotherapie; bei anderen Gelegenheiten kann es plötzlich geschehen, und wir empfinden es als ein Wunder, da göttliche Heilungsenergie fließt und unsere Energien wieder ins Gleichgewicht finden. Wenn das geschieht, können wir aufstehen, gerade und aufrecht, und erleben die heilige, heilende Energie in unserem Leben auf eine neue Weise. Wir finden die Ausrichtung auf das mitfühlende Bewusstsein Gottes, das nicht länger gehemmt ist, sondern frei und wahrnehmbar.

Doch häufig geschieht es nicht, dass jemand körperlich geheilt wird. Zur Fülle des Lebens wiederhergestellt zu werden, ist nicht das Gleiche, wie körperlich ganz geheilt zu werden. Wir können innerlich, in unserem Geist und Denken, freiwerden, unabhängig davon, wie unser körperlicher Zustand beschaffen ist. Ich bin körperlich gesunden Menschen begegnet, die innerlich gebunden und unglücklich waren, während andere, die unter schweren körperlichen Einschränkungen leiden, innerlich frei sein können, mit ihrem Los klarkommen und anderen Menschen Liebe und Freude schenken. Ich hatte einmal die Ehre, eine junge Mutter kennenzulernen, die einen Gehirntumor hatte; sie war offen und ehrlich, warmherzig und liebevoll bis zum Ende, als sie ihre beiden Töchter und ihren Mann zurücklassen musste. Ich konnte nur staunen: „Was für eine Art zu gehen!" Die letzte, endgültige Freiheit mag der Tod sein – und ist es letzten Endes für uns alle.

Gebete um Heilung sind nicht einfach Bitten, dass Gott etwas tun möge; sie sind Gebete aus unserer Intention, in denen wir alle Aspekte unseres Wesens auf das vereinende Bewusstsein Gottes ausrichten, so dass wir selbst – oder andere, die wir kennen und lieben – aus der göttlichen heilenden Energie schöpfen können, die wir in Jesus dem Christus sehen. Da Jesus vor uns in jene zeitlose Existenz gegangen ist, ist auch er auf irgendeine Weise immer und allgegenwärtig, eine „Jetzt"-Präsenz, auf deren Sein und Essenz wir uns beziehen können. Bereits bei der Bildung und Formulierung einer Intention mit unseren Gedanken und Gefühlen beeinflussen wir die subtilen Energiefelder, welche die körperliche Gesundheit regieren. Wir kennen nicht alle Elemente, die einer Heilung im Wege stehen. Wir kennen nicht das komplizierte Netz von Verbindungen zwischen Körper, Seele und Geist und die Hindernisse, die der Gesundheit im Wege stehen. Aber wenn wir uns auf Gott, auf die Quelle, ausrichten und in jenes mitfühlende Bewusstsein eintreten, das der ganzen Existenz zugrunde liegt, dann können wir wohl beginnen, mehr Shalom, mehr Frieden, mehr Gesundheit und mehr Ganzheit in diese Welt zu bringen. Das ist die Erlösung, von der die Bibel spricht. Es ist ein Wachsen ins Heil- und Ganzsein und in eine bessere Lebensweise. Wir werden erlöst, befreit und entlassen von „Sünde" – der Sonderung, der Getrenntheit von Gott, die aufgrund unseres egoistischen menschlichen Wesens entstanden ist. Wenn wir uns der göttlichen Energien bewusst werden, können wir dahin gelangen, jenes mitfühlende Bewusstsein kennenzulernen, das allem zugrunde liegt und uns in die Ganzheit und Kommunion mit der Quelle von allem führt.

## „Christed"

Falls es bei der Erlösung wirklich um das Wachsen ins Heil- und Ganzsein geht, das Befreitwerden von Verletzungen aus der Vergangenheit und von falschen Denkweisen, dann bedeutet dies effektiv, dass Erlösung für alle ist: Uns allen sind Gelegenheiten geboten, durch das Erwachen für das göttliche Bewusstsein im Inneren ins Ganzsein zu wachsen. Dies ist eine universelle Wahrheit, eine Vorstellung, die allen Religionen und spirituellen Traditionen gemein ist. Wenn wir – um einen Gedanken aus Kapitel 5 aufzugreifen – davon ausgehen, dass der Christus-Status die Salbung ist, die spezielle Berührung von Gott, die jeden Menschen mit dem Geist Gottes vereint, dann können Menschen jedweder Religion und spirituellen Tradition – oder gar keiner – ebenfalls „christed" werden. Ich gebrauche hier das Wort „christed", um es von dem einfachen „Wie-Jesus-Werden" zu unterscheiden. Jesus war auch „christed", und es ist zwar das Ziel, wie er zu werden, doch die Salbung von Gott ist der Weg, auf dem wir unser Bewusstsein dazu bringen, wie Jesus jenes mitfühlenden Bewusstseins gewahr zu sein – und selbst in ihm zu sein –, das Gott ist. Es ist ein feiner Unterschied, aber er ist wichtig.

Ein Abschnitt aus der Heiligen Schrift, der zuweilen hergenommen wird, um zu zeigen, dass wir *ausschließlich* an Jesus Christus glauben müssen, um „gerettet" zu werden, ist die Geschichte von dem Gefängniswärter und seiner Familie. Laut Apostelgeschichte waren Paulus und Silas ins Gefängnis gesperrt, als ein Erdbeben kam, die Ketten der Insassen abfielen und die Zellentüren aufsprangen. Der Gefängniswärter war verzweifelt, weil er meinte, die Gefangenen seien entflohen, und wollte sich das Leben nehmen. Da rief Paulus ihn an. Zitternd fiel der Aufseher vor Paulus und Silas nieder und sagte:

„Ihr Herren, was muss ich tun, um gerettet zu werden?" Sie antworteten: „Glaube an Jesus, den Herrn, und du wirst gerettet werden, du und dein Haus." (Apostelgeschichte 16,30-31)

„Glauben" bedeutet, „sein Vertrauen setzen auf", und wir erinnern uns, dass „gerettet" auch andere Bedeutungsnuancen kennt, wie erlöst werden, geschützt, geheilt und ganz werden. Der Autor und Übersetzer John Henson wählt in seiner Evangelien-Übersetzung *Good As New* die Formulierung: *„Setze dein Vertrauen auf Jesus, und du wirst wahre Gesundheit und Glück in deinem Leben kennenlernen.*[3] Als der Gefängniswärter seine Frage stellt, meinte er *nicht:* „Wie kann ich es vermeiden, in die Hölle zu kommen?" Sondern er stellte eine Standardfrage der griechischen Philosophen: „Was muss ich tun, um ein wahrlich befriedigendes Leben zu erlangen?" Und „glaube an Jesus, den Herrn" bedeutet nicht, das zu glauben, was über Jesus im Apostolischen Glaubensbekenntnis oder in irgendeinem anderen Bekenntnis erklärt wird, das in späterer Zeit formuliert wurde. Es geht um eine Vertrauens-Beziehung zu der Person Jesus; in dieser Beziehung inspiriert der Charakter Jesu den Menschen, der ihm vertraut, und bringt ihn näher zu Gott.[4] In der letzten Zeile jener kleinen Geschichte erfahren wir sogar, dass der Gefängniswärter zu einem Glauben an Gott fand, nicht an Jesus („weil er zum Glauben an Gott gekommen war", Apostelgeschichte 16,34). Der Gefängniswärter wurde durch jenes Erlebnis aus sich selbst herausgenommen, überwand sein eigenes, ichbezogenes Wesen, übergab sich dem Göttlichen und wurde auf den Weg der Wiederherstellung zur Fülle seines Seins gestellt.

In der Apostelgeschichte gibt es eine weitere Passage, die gern zitiert wird, um zu belegen, dass ausschließlich der Glaube an Jesus notwendig sei, um gerettet zu werden. Dieses Mal sind es die Worte des Petrus:

Dieser Jesus ist „der Stein, der von euch Bauleuten verworfen wurde, der aber zum Eckstein geworden ist". Und in keinem anderen ist das Heil zu finden. Denn es ist uns Menschen kein anderer Name unter dem Himmel gegeben, durch den wir gerettet werden sollen. (Apostelgeschichte 4,11-12)

Diese Bibelstelle wird traditionell in dem Sinne gedeutet, dass *nur* jene gerettet werden können, die einen Glauben an Jesus Christus als Herrn und Heiland bekennen. Doch sie kann ebenso gut bedeuten, dass Erlösung – oder das Wachsen in die Ganzheit des Seins –, dadurch zu erlangen ist, dass man wird, wie Jesus war. Der „Name" einer Person stand für deren Charakter, ihre Art zu sein. Setzen wir an die Stelle des Namens in dem obigen Zitat diese Bedeutung, würde es lauten: *„Denn es ist uns keine andere Art zu sein ... gegeben, durch die wir gerettet werden sollen."* Wenn wir also das Gleiche werden wie Jesus, wenn wir seinen Charakter haben und Gott kennen, wie er es tat, werden wir gerettet vor einem Leben, in dem wir nicht in Kommunion mit Gott sind. Wir werden gerettet, versöhnt und eins mit Gott, indem wir „christed" werden, wie Jesus es war. Indem Jesus das morphische Feld der Menschheit veränderte, wie in Kapitel 3 skizziert, bereitete er einen Pfad für jeden Menschen.

Wenn wir diese Bibelstelle so betrachten, vermeiden wir die Ansprüche des christlichen Glaubens auf Exklusivität und erschließen ein ganz neues Verständnis. Es umgeht die Tücken des Arguments „Mein Glauben ist der einzige Weg", weil es nach dem Christus-Weg in allen Religionen und spirituellen Orientierungen sucht. Es ist der Weg der *kenosis,* der Selbstentäußerung, die erst ermöglicht, dass wir von dem mitfühlenden Bewusstsein Gottes erfüllt werden. Das Beschreiten dieses Pfades, des Reich-Gottes-Weges, von dem Jesus sprach, führt zur Erlösung. Dann können wir unser Leben von jenem verwandelten Zustand aus führen, statt die ichbezogene Existenz mit Konkurrieren, Abwehren und Urteilen fortzusetzen, mit dem wir kämpfen.

An einigen Stellen in der Bibel finden wir die Idee der Erlösung auf alle Menschen bezogen. Sie wird ausgedrückt in Worten und Bildern, die für die Kulturen und Sprachen relevant sind, aus welchen sie hervorgingen. Im Alten Testament steht die Geschichte von Naaman, dem Feldherrn des Königs von Aram (2. Könige 5,1-14), in der ein Nicht-Israelit vom Aussatz geheilt oder *gereinigt* wurde, als er schließlich die Worte des Propheten Elisa befolgte, sich im Fluss Jordan zu waschen. Das für „reinigen" gebrauchte hebräische Wort hat etwas mit Ritual und spiritueller Reinheit zu tun; es ging also nicht nur um Sauberkeit. Dies bedeutet, dass es Naamans Unterwerfung gegenüber Gott war, was ihn ganz und heil machte, weniger die Waschung im Fluss. So wurde eine nicht dem Stamme Israel angehörende Person durch die Übergabe an Gott heil und ganz. Erlösung gab es also nicht nur für die Israeliten. Der Prophet Maleachi spricht für Gott, wenn er sagt, dass Heilung das Resultat eines gottgefälligen Lebens ist:

> Für euch aber, die ihr meinen Namen fürchtet, wird die Sonne der Gerechtigkeit aufgehen, und ihre Flügel bringen Heilung. Ihr werdet hinausgehen und Freudensprünge machen wie Kälber, die aus dem Stall kommen. (Maleachi 3,20 bzw. 4,2)

In der Apostelgeschichte des Neuen Testaments gab Petrus mit seinen an die Anhänger Jesu gerichteten Worten zu verstehen, dass Erlösung für alle Religionen da ist.

> Da begann Petrus zu reden und sagte: „Wahrhaftig, jetzt begreife ich, dass Gott nicht auf die Person sieht, sondern dass ihm in jedem Volk willkommen ist, wer ihn fürchtet und tut, was recht ist." (Apostelgeschichte 10,34-35)

„Jedes Volk" bedeutete die Völker anderen Glaubens, die Menschen außerhalb Israels und der jüdischen Nation. „Wer ihn fürchtet" hat mehr die Bedeutung von „wer ihn verehrt" oder „wer Ehrfurcht vor ihm hat". Zu tun, „was recht ist", kann die rechte Praxis des Gott-nahe-Kommens einschließen oder bedeuten, im Gewahrsein des göttlichen Bewusstseins zu wachsen. Mit anderen Worten: Menschen anderen Glaubens, die ihren Glauben so leben, dass sie im mitfühlenden Bewusstsein wachsen, werden „erlöst" oder heil und ganz. (Dies gilt natürlich auch für jene, die nicht der Tradition eines bestimmten Glaubens folgen, aber einen Pfad des mitfühlenden Wachstums beschreiten.) Der Apostel Paulus dachte in dieser Hinsicht ähnlich:

> Alle, die sündigten, ohne das Gesetz zu haben, werden auch ohne das Gesetz zugrunde gehen, und alle, die unter dem Gesetz sündigten, werden durch das Gesetz gerichtet werden. Nicht die sind vor Gott gerecht, die das Gesetz hören, sondern er wird die für gerecht erklären, die das Gesetz tun. Wenn Heiden, die das Gesetz nicht haben, von Natur aus das tun, was im Gesetz gefordert ist, so sind die,

die das Gesetz nicht haben, sich selbst Gesetz. Sie zeigten damit, dass ihnen die Forderung des Gesetzes ins Herz geschrieben ist; ihr Gewissen legt Zeugnis davon ab. (Römer 2,12-15)

Das „Gesetz" – das sind nicht nur die Zehn Gebote, sondern es umfasst auch noch viele weitere Schriftstellen im Alten Testament, im Talmud und anderen Dokumenten, in denen festgelegt und vorgeschrieben war, wie die Israeliten sich zu verhalten hatten. Auf seine etwas umständliche Art sagt Paulus hier, dass Menschen gerettet werden, wenn sie nach ihrem höchsten ethischen Maßstab leben. Wenn Menschen auf ihr Gewissen hören, auf ihr Wissen um Recht und Falsch, und wenn sie zum Wohle anderer wirken, dann werden sie Erlösung erfahren; sie werden wachsen in der Ganzheit des Seins.

Diese Art zu denken hat eine lange Geschichte. Justinus der Märtyrer, ein berühmter Christ aus dem 2. Jahrhundert (100-165), sagte:

> Es ist unser Glaube, dass die Menschen, die danach streben, Gutes zu tun, Anteil an Gott haben. Nach unserem traditionellen Glauben werden sie durch Gottes Gnade seine Wohnstätte teilen. Und es ist unsere Überzeugung, dass dies im Prinzip für alle Menschen gilt … Christus ist das göttliche Wort, in dem das ganze Menschengeschlecht und jene, die nach dem Licht ihres Wissens leben, Christen sind, selbst wenn man sie für gottlos hält.[5]

John Wesley, der Begründer der methodistischen Bewegung, argumentiert in seiner Predigt „Über den Glauben" für die Notwendigkeit eines Glaubens an Gott, um gerettet zu werden; doch selbst er bestätigte, dass dieser Glaube nicht ausdrücklich ein christlicher zu sein braucht:

> Aber was ist der Gauben, der auf richtige Art und Weise rettet, der all jenen ewige Erlösung bringt, die bis zum Ende an ihm festhalten? Es ist eine derart göttliche Überzeugung von Gott und den Dingen Gottes, dass sie – selbst in ihrem Kindesalter – jedermann befähigt, der sie besitzt, Gott zu fürchten und rechtschaffen zu handeln. Und wer auch immer, in jedwedem Volke, so weit glaubt, ist, wie der Apostel erklärt, angenommen.[6]

Selbst die Römisch-Katholische Kirche hat ihre Einstellung gegenüber anderen Weltreligionen laut den Worten der Erklärung des Zweiten Vatikanischen Konzils entspannt:

> Die Katholische Kirche lehnt nichts von alledem ab, was in diesen Religionen wahr und heilig ist. Mit aufrichtigem Ernst betrachtet sie jene Handlungs- und Lebensweisen, jene Vorschriften und Lehren, die zwar in manchem von dem abweichen, was sie selber für wahr hält und lehrt, doch nicht selten einen Strahl jener Wahrheit erkennen lassen, die alle Menschen erleuchtet.[7]

## Erlösung für jeden

Erlösung ist für alle und bedeutet vieles, die Grundbedeutung ist jedoch die Wiederherstellung zur Fülle des Seins, zur Ganzheit. Sie umfasst die Heilung im Körperlichen, Psychischen und Spirituellen, und auch die Wiederherstellung der Beziehung zu Gott. In dem weiteren Sinne, der in diesem Buch dargelegt wird, kann das Eintreten in das mitfühlende Bewusstsein Gottes im Inneren durch epigenetische Wirkung auf die Gene der Zelle eine energetische Balance wiederherstellen. Eine gesündere Balance von Denken und Fühlen in den Energiefeldern, die wir erzeugen, hat eine Wirkung, die über das Individuum hinausreicht und auch zum Heilen anderer Menschen genutzt werden kann. Wenn wir diesem Gedanken ein wenig weiter folgen, bedeutet es auch, dass jeder von uns durch sein Handeln das morphische Feld für die Menschheit als Ganzes beeinflusst. Was Sie und ich tun, um zur Fülle des Seins wiederhergestellt zu werden – indem wir ein mitfühlendes Leben in der Hingabe an das göttliche Bewusstsein führen –, macht es anderen Menschen leichter, den gleichen Pfad zu finden. Damit hat jeder von uns eine Verantwortung, zur Erlösung der Menschheit beizutragen.

Wenn wir akzeptieren, dass die Art und Weise unseres Denkens, Fühlens und Lebens das morphische Feld der Menschheit beeinflusst, dann hat dies weitreichende Konsequenzen für alle. Unsere gemeinsame Verantwortung wird zum Gebot – im Interesse zukünftiger Generationen einen grüneren, nachhaltigen Lebensstil zu pflegen, mitfühlende Gemeinschaften aufzubauen, Gebete auszusenden für die Heilung nicht nur von einzelnen Menschen, sondern von Familien, Städten, Nationen und sogar Ökosystemen. Die Agenda der Rettung wird allumfassend – die Erlösung der Welt.

# 8

## SPIRITUELLE EVOLUTION

~

Wie werden wir des göttlichen Bewusstseins im Inneren gewahr? Betrachten wir dazu die spirituelle Praxis der Meditation und des kontemplativen Gebets, die uns hilft, das Herz zu öffnen. Sie ermöglicht den Weg der Selbstentäußerung oder *kenosis,* dem Jesus folgte.

~

Das Menschenwesen ist ein Tier, das die Berufung erhalten hat, Gott zu werden.
Basilius (der Große) von Cäsarea[1]

Die Herrlichkeit Gottes ist der lebende Mensch.
Irenäus von Lyon[2]

Was macht dich zur dir? Und was bedeutet überhaupt „lebend"? Vom Augenblick unserer Geburt bis zum Moment unseres Todes ist lebendig zu sein eine Achterbahn des Erlebens. Doch die körperliche Geburt ist nur der Anfang – der Rest des Lebendig-*Seins* handelt davon, lebendig zu *werden* – das heißt, lebendig zu werden für den Geist in unserem Inneren auf einer Reise ins Unbekannte. Es geht darum, mit den tiefsten Schichten unseres Selbst in Berührung zu kommen. Dies ist eine Reise in das mitfühlende Bewusstsein Gottes. Jesus hat diese Reise vor uns unternommen und einen Weg markiert. Damit bewirkte er eine Veränderung in dem morphischen Feld der ganzen Menschheit. Jesus erschuf einen neuen Weg, doch das war ein aufwendiger Prozess. Er musste leiden, als er durch Nesseln, Disteln und Dornen ging. Aber nachdem er einmal gebahnt ist, steht der Pfad nun offen für uns alle; wir können ihn beschreiten, wenn wir den zeitlosen schmalen Pfad finden können, den Weg des vereinenden Bewusstseins. So können wir zur Lebendigkeit gelangen.

## Das Herz geht auf

Jesus lehrte, dass der innere Zustand des Herzens in unserer spirituellen Entwicklung entscheidend ist: *„Selig, die ein reines Herz haben, denn sie werden Gott schauen."* (Matthäus 5,8) Die Bibel enthält eine ganze Reihe von Sätzen über das Herz:

Neigt eure Herzen dem Herrn zu. (Josua 24,23)

Mit ganzem Herzen vertraue auf den Herrn. (Sprüche 3,5)

Dein Gesetz habe ich in meinem Herzen. (Psalm 40,9)

Ich gebe ihnen ein Herz, damit sie erkennen, dass ich der Herr bin. Sie werden mein Volk sein und ich werde ihr Gott sein; denn sie werden mit ganzem Herzen zu mir umkehren. (Jeremia 24,7)

Denn wo dein Schatz ist, da ist auch dein Herz. (Matthäus 6,21)

Gott erforscht die Herzen. (Römer 8,27)

Denn Gott, der sprach: „Aus Finsternis soll Licht aufleuchten!", er ist in unseren Herzen aufgeleuchtet. (2. Korinther 4,6)

Es gibt noch viele, viele weitere. In der Bibel ist das Herz das Bild für unser Tief-Inneres, tiefer als unsere Gedanken, als Intellekt und Emotionen. Es ist mehr der Sitz unserer tiefsten Beweggründe und das spirituelle Zentrum unseres Selbst; es beeinflusst unser ganzes Wesen. Wenn wir uns Gott zuwenden oder ausliefern, treten wir ein in das göttliche Bewusstsein in uns, es ist unserer eigentliches Sein.

Laut Marcus Borg geht es auf dem spirituellen Pfad darum, ein offenes, nicht ein verschlossenes Herz zu haben. Ein verschlossenes Herz ist von Gott abgewandt. Die Bibel spricht von diesem Zustand mit einer reichen Auswahl von Metaphern. Unsere Herzen können „geschlossen" oder „hart" sein, sie können „abgestumpft und satt" sein, wie unter einer dicken Schicht erstickt, sie können „stolz" sein oder „aufgebläht" und vergrößert. Sie können wie „aus Stein" sein statt aus Fleisch. Ein Mensch mit verschlossenem Herzen ist blind für die spirituelle Seite des Lebens. Offenherzige Menschen sind das Gegenteil, da sie in allen Dingen und Situationen Gottes Hand sehen und lebendig sind, bereit zu ehrfürchtigem Staunen. Ein offenes Herz ist voll Dankbarkeit und voller Mitgefühl. Ein offenes Herz fühlt den Schmerz und das Leid der Welt und will darauf reagieren, es sieht Ungerechtigkeit und will Veränderung bringen. Auf dem spirituellen Pfad geht es darum, ein offenes Herz zu entwickeln, ein Herz aus Fleisch, ein Herz voll Mitgefühl.[3] Es geht darum, Gott-bewusst zu werden und aus der Gottesgegenwart in uns zu leben, statt nur dem Ego allein, so dass wir dazu beitragen, die Welt zum Besseren zu verändern und den Reich-Gottes-Weg des Lebens in unsere Mitte zu bringen.

John O'Donohue verfasste eine Reihe erbaulicher Bücher und beschreibt in poetischen Worten diesen Prozess der Veränderung, der im Christentum und auf allen echten spirituellen Wegen von zentraler Bedeutung ist. Liebe ist der Weg des Herzens, und den Weg der verwandelnden Liebe zu leben, verändert uns und erneuert uns nach dem Bilde Christi.

> Wenn in unserem Leben, in der Nacht unseres Herzens,
> die Liebe erwacht, ist es so, als ginge die Sonne in uns auf.
> Wo zuvor Anonymität war, da ist jetzt Nähe;
> wo zuvor Angst war, da ist jetzt Mut;
> wo unser Leben zuvor gehemmt und befangen war,
> da schwingt es jetzt im Rhythmus der Anmut und Heiterkeit;
> wo wir zuvor plump und unbeholfen waren,
> da sind wir jetzt elegant und befinden uns im Einklang mit uns selbst.
> Wenn in unserem Leben die Liebe erwacht,
> ist es wie eine Wiedergeburt, ein Neuanfang.
> Auch wenn der Körper des Menschen
> in einem Moment vollständig auf die Welt kommt,
> ist sein Herz nie endgültig geboren.
> Mit jeder Erfahrung, die wir in unserem Leben machen,
> wird es neu geboren.
> Alles, was uns widerfährt, birgt das Potenzial, uns zu vertiefen.
> Es gebiert in uns neue Gebiete des Herzens.[4]

Das zentrale Element des christlichen Glaubens ist weder das korrekte Befolgen des Rituals noch sind es äußerliche Handlungen; es geht um das, was in unserem Herzen geschieht. Jesus war in diesem Punkt absolut unzweideutig.

> Was aber aus dem Mund herauskommt, das kommt aus dem Herzen, und das macht den Menschen unrein. (Matthäus 15,58)

> Ein guter Mensch bringt Gutes hervor, weil in seinem Herzen Gutes ist; und ein böser Mensch bringt Böses hervor, weil in seinem Herzen Böses ist. Wovon das Herz voll ist, davon spricht der Mund. (Lukas 6,45)

Dies bezieht sich auf die Veränderung, die in jedem Einzelnen von uns herbeigeführt werden kann, die Transformation vom verschlossenen Herzen zum offenen Herzen, das offen ist zu geben, zu empfangen, zu lieben und Mitgefühl für jedes andere Menschenwesen zu empfinden. Das ist der zentrale Punkt, das Herz des Christentums. Das führt uns in Bereiche höherer spiritueller Schwingung und zurück ins mitfühlende Bewusstsein Gottes.

### Herz-Erleben

Worte können wirklich sehr „kopfig" sein und halten unsere Aufmerksamkeit im Gehirn und im kognitiven Denken, wenn in Wirklichkeit das Herz-Erleben vonnöten ist, das uns einen anderen Wahrnehmungsmodus öffnet. Das Herz kann auf verschiedenste Weisen geöffnet werden. Manche erleben ganz plötzlich ein Hervorströmen von Gott-Gewahrsein und empfinden es wie das Herunterladen oder Aktivieren eines neuen Programms, das die Welt in einem anderen Licht zeigt. Darauf folgt oft ein stetigeres Wachstum im Verständnis des Erlebten und die Integration desselben in einen Bezugsrahmen religiösen Glaubens. Andere Menschen erleben es allmählich als Frucht ihrer disziplinierten Praxis über Jahre. Es kann in einem stillen Moment des Gebets geschehen oder einem geräuschvollen Lobpreis-Gottesdienst. Manchmal ist es ein Erlebnis von Trauer oder Verlust, Verzweiflung oder Krankheit, in dem das Herz aufbricht. Es kann auch mit dem Reifeprozess und den Lebensjahren einhergehen, aber nicht immer. Spirituelle Praktiken gibt es in enormer Vielfalt: Ekstatisches Tanzen und Singen, das Herbeiführen veränderter Bewusstseinszustände durch (natürliche oder künstliche) Drogen, asketische Praktiken der Selbstkasteiung, verbales Gebet, Stille, gemeinsame Andacht, Rituale und Riten. Manche Wege sind effektiver als andere, doch das Ziel muss dem Wachstum in Liebe und Mitgefühl dienen, und die Früchte jeder Praxis sollten im Leben des Übenden zu erkennen sein. Juliana von Norwich, die englische Mystikerin des 14./15. Jahrhunderts, beschreibt, wie sich ihr durch die Betrachtung von etwas Haselnuss-Großem das Herz-Wissen erschloss:

> Und der Herr zeigte mir mehr, ein kleines Ding von der Größe einer Haselnuss, das in meiner Handfläche lag, rund wie eine Kugel. Ich betrachtete es nachdenklich und fragte mich: „Was ist dies?" Und die Antwort kam: „Es ist alles Geschaffene." Ich staunte, dass das Ding weiter existierte und sich nicht plötzlich auflöste; es war so klein. Und wieder kam mir die Antwort in den Sinn: „Es existiert jetzt und für immer, weil Gott es liebt." Kurzum, alles verdankt sein Bestehen der Liebe Gottes. In diesem kleinen Ding sag ich drei Wahrheiten. Die erste, dass Gott es geschaffen hat, die zweite, dass Gott es liebt, und die dritte, dass Gott es erhält. Aber was er ist, der in Wahrheit Schöpfer, Erhalter und Liebender ist, vermag ich nicht zu sagen, denn solange ich nicht so wesenhaft vereint bin mit ihm, kann ich niemals wahre Ruhe oder Zufriedenheit haben; mit anderen Worten, bis ich so verbunden bin mit ihm, dass es absolut nichts gibt zwischen Gott und mir.[5]

In meinem eigenen Leben kann ich eine Reihe solcher Erlebnisse erkennen: In meinen Zwanzigern war ich mit einer familiären Situation konfrontiert, die mich zur Verzweiflung brachte, da meine Frau über einen Zeitraum von zwei Jahren immer wieder mit schweren Depressionen ins Krankenhaus musste. Damals kam ich ans Ende meiner eigenen Ressourcen und rief flehend: „Wenn es einen Gott gibt: Hilf!" Drei Jahre später, inzwischen war ich ein bewusst Suchender, erlebte ich ein Verströmen von Gottes Liebe, die wie Wellen über mich flutete, und am nächsten Morgen sah ich die Welt mit neuen Augen. Alles erschien lebendiger und strahlender als je zuvor. Es war, als wären meine Sinne geschärft und erhellt, als wäre ein Schleier fortgezogen worden. Viele Male habe ich auch die Gänsehaut erregende Präsenz Gottes erlebt, wenn ich an Küstenpfaden entlangging oder zwischen Hügeln und Bergen in der Natur unterwegs war. Musik und Gesang können mich sehr berühren und mich aus meinem normalen Gemütszustand davontragen. In jüngeren Jahren war es nun die Praxis des stillen Gebets und der Meditation, die mich in eine ungekannte Tiefe des Gottes-Erlebens geführt hat. Und darüber hinaus bin ich – es war nicht zu vermeiden – älter und hoffentlich auch weiser geworden.

## Meditation und kontemplatives Gebet

Es gibt eine verschüttete Tradition innerhalb der Kirche, die geradewegs bis zu deren Anfängen zurückgeht: die Übung der Meditation und des kontemplativen Gebets. Man ist sich nicht einig, mit welchem Begriff man diese Tradition bezeichnen mag, da die Kriterien zur Unterscheidung und Abgrenzung je nach Sichtweise variieren. (Erfahrene Praktiker erkennen feine Nuancen, durch die sich die existierenden Lehren unterscheiden, auf die wir hier aber nicht detailliert eingehen werden.) Im Wesentlichen geht es um die bewusste Nutzung der Stille, um das Denken aus seinem ständigen Geplapper zur Ruhe zu bringen und zu ermöglichen, dass unser Gewahren des göttlichen, mitfühlenden Bewusstseins zunimmt, was Heilung und Transformation bewirkt. Dies ist eine Methode des spirituellen Wachstums, die zur Entfaltung eines offenen Herzens führt. Diese Praxis für die Lehre im Mainstream-Christentum zurückzugewinnen, ist für den christlichen Weg sehr wichtig, ist sie doch ein Aspekt des Pfades der Wiederherstellung zur Fülle des Seins – Teil der Erlösung. Wir müssen unserer selbst und der Probleme, Kränkungen und verschiedenen verletzten Aspekte unseres Wesens gewahr sein, die der Heilung bedürfen, und zur gleichen Zeit die göttliche, heilende Präsenz spüren. Das kontemplative Gebet ist der kürzeste Weg dorthin, da es uns in die Präsenz des heilenden, mitfühlenden Bewusstseins bringt, das Gott ist. Gebet in allen seinen Formen dient dem Ziel, eine Beziehung mit dem Göttlichen aufzubauen.

Wenn wir in Gedanken geradewegs zu Jesus zurückgehen, der sich bei zahlreichen Gelegenheiten in die Natur zurückzog, um früh am Morgen oder sogar über Nacht zu beten – stellen wir uns da vor, dass er die ganze Zeit mit Gott redete, oder war er wohl still und schwieg? Wir können es nicht mit Gewissheit sagen, doch es scheint mehr als wahrscheinlich, dass er sich dem kontemplativen Gebet widmete. Sein Rat, wie wir beten sollten, lautete: Nach innen zu gehen, die Tür zu schließen und Gott im Verborgenen zu finden (Matthäus 6,6). Wir wissen von den Wüstenvätern, jenen Mönchen, die in die Wüsten Ägyptens und Syriens hinauswanderten, um Zeit für Gott zu finden; sie verbrachten Stunden, Tage und Jahre in der Meditation. Aus jenen Wüsten-Gemeinschaften bildeten sich die ersten Klöster, die großes Gewicht auf die Disziplin des Gebets legten. In der Gesellschaft der Vereinigten Staaten finden wir heute Meditations-Zentren, die ausgebucht sind und die Nachfrage nach Stille und Anleitung zum stillen Gebet kaum erfüllen können.

Johannes Cassianus, einer der Wüstenväter im 4./5. Jahrhundert, empfahl jedem, der beten lernen und ständig beten wollte, sich einfach nur einen einzelnen kurzen Vers oder ein Wort zu wählen und es zu wiederholen – wieder und immer wieder. Seine Vorstellung vom Gebet stützte sich auf einen Vers im Evangelium nach Matthäus:

> Wenn ihr betet, sollt ihr nicht plappern wie die Heiden, die meinen, sie werden nur erhört, wenn sie viele Worte machen. (Matthäus 6,7)

Das Gebet im kontemplativen oder meditativen Stil wird mehr ein Ruhen in Gott, bei dem man sich der göttlichen Präsenz im Inneren gewahr ist, anstatt Gott nach irgendwo anders zu projizieren und äußerlich zu ihm zu reden und ihn um Dinge zu bitten. Um zur Ruhe zu kommen, müssen wir ganz still werden, und einen kurzen Vers oder ein Wort zu wiederholen, ist eine Methode, dies zu erreichen. Sie bietet uns einen dringend benötigten Ankerplatz, zu dem wir zurückkehren können, wenn wir merken, dass unsere Gedanken sich ablenken lassen, zerstreuen oder verselbstständigen.

In der orthodoxen Kirche entwickelte sich die Praxis des Jesus- oder

Herzensgebets: *„Herr Jesus Christus, Sohn Gottes, hab Erbarmen mit mir Sünder."* Diese Formel wurde, zuweilen in leicht gekürzter Form, zu allen Gebetszeiten ständig wiederholt, bis daraus ein ununterbrochenes, „immerwährendes" Gebet wurde, das einen unterschwellig begleitet. Diese Tradition ist im Osten bis heute verbreitet; häufig werden Gebetsperlen verwendet, um die Wiederholungen abzuzählen. In der katholischen Tradition erfüllte der Rosenkranz eine ähnliche Funktion.

Auch andere Quellen empfahlen die gleiche Praxis. Tausend Jahre nach Cassianus schrieb ein anonymer englischer Mystiker in dem sehr einflussreichen Buch *The Cloud of Unknowing (Die Wolke des Nichtwissens):*

> Wir müssen beten in der Höhe, Tiefe, Länge und Breite des Geistes, nicht in vielen Worten, sondern in einem kleinen Wort von einer Silbe.[6]

Im Westen ist diese Lehre seit der Reformation kaum zugänglich gewesen oder in den Kirchen vermittelt worden, sondern war vor allem das Interesse bestimmter kontemplativer klösterlicher Orden und Mystiker, doch in jüngeren Jahren sind auch im Westen etliche Lehrer des kontemplativen Gebets und der Meditation hervorgetreten. Der Trappist Thomas Merton schrieb viele Bücher und rief ständig zum kontemplativen Leben auf. John Main, ein englischer Benediktinermönch, entwickelte die Idee weiter und bezog sich dabei auf die Lehre von Johannes Cassianus und die frühesten Traditionen in der Kirche. Er vermittelte die Essenz der Einfachheit. Erst in seinen Fünfzigern, starb er bedauerlicherweise 1982, doch er hinterließ zahlreiche Bücher und Vorträge über seine Methode des Gebets, das einen kurzen Gebetssatz verwendete (ein Mantra, wie er es nannte). Main war ein begeisterter Anhänger der Meditation als eines Mittels, das Leben Gottes in Inneren zu entdecken.

> Viele Menschen neigen dazu, die Meditation als ein Mittel zur Entspannung zu betrachten, mit dem sie auch unter dem Druck des modernen Lebens ihren inneren Frieden bewahren können. Dies ist an sich nicht unbedingt falsch. Aber wenn dies alles ist, was man mit der Meditation verbindet, dann ist diese Sichtweise sehr beschränkt. Je entspannter wir nämlich in uns selbst werden und je länger wir

meditieren, desto mehr nehmen wir wahr, dass der Ursprung unserer neugefundenen Ruhe im täglichen Leben gerade das Leben Gottes in unserem Inneren ist.[7]

In der Meditation ... trachten wir nicht, über Gott nachzudenken, sondern bei Gott zu sein und ihn als den Urgrund unseres Seins zu erleben.[8]

Die Anhänger von John Mains Lehre gründeten, was heute die „World Community for Christian Meditation" („Weltgemeinschaft für christliche Meditation") ist, angeführt von Lawrence Freeman OSB. Eine andere Meditations-Methode wird „zentrierendes Gebet" oder „Gebet der Sammlung" („Centering Prayer") genannt. Sie nahm ihren Ausgang in Nordamerika bei Br. Thomas Keating, einem Zisterziensermönch, und wurde aus der Lehre in dem mittelalterlichen Text *The Cloud of Unknowing (Die Wolke des Nichtwissens)* entwickelt. Die Bezeichnung „zentrierendes Gebet" stammt von Thomas Merton und bezeichnet eine Methode, dies es uns erleichtert, in unsere eigene Mitte zu gehen, um dort in der Präsenz Gottes zu sein. Die von Keating gegründete Organisation „Contemplative Outreach" bietet jenen, die den kontemplativen Pfad beschreiten, ein System der Unterstützung an in Form einer breiten Vielfalt von Ressourcen, Workshops und Retreats. Thomas Keating, derzeit hoch in den Achtzigern, hat die Lehren des zentrierenden Gebets unter Einbeziehung vieler psychologischer Erkenntnisse entwickelt und mit anderen führenden spirituellen Lehrern – zum Beispiel Ken Wilber und seiner Organisation „Integral Life" – zusammengearbeitet, um Verbindungen zu erforschen und Ideen auszutauschen. Es gibt zahlreiche weitere Organisationen, die das stille Gebet praktizieren, wie „The Fellowship of Contemplative Prayer", gegründet von dem anglikanischen Priester Robert Coulson, und die „Julian"-Meetings, die dem Glauben von Juliana von Norwich folgen, dass die höchste Form des Gebets darin bestehe, einfach Gott zu dienen. Sie alle praktizieren die eine oder andere Form des stillen Gebets.

Welche Form auch immer geübt wird – es ist klar, dass es sich bei dem stillen Gebet um eine sehr alte christliche Praxis handelt. Benedicta Ward findet es bereits im Leben der frühen Wüstenväter:

Das Ziel war *hesychia,* die Stille und Ruhe im ganzen Menschen; sie ist wie ein stiller Teich, dessen Oberfläche die Sonne widerspiegeln kann. In einer echten Beziehung mit Gott verbunden zu sein und in jeder Situation vor ihm zu stehen – das war das Leben der Engel, das geistliche Leben, das klösterliche Leben, und das Ziel und der Weg des Mönchs. Es war ein auf Gott ausgerichtetes Leben.[9]

Interessanterweise ist *tefilah,* das hebräische Wort für Gebet, mit dem Verb *tofel* verwandt, das heißt „anheften, zusammenfügen, aneinander binden" – etwa die Fragmente eines zerbrochenen Gefäßes, damit dieses wieder heil und ganz wird. Das kontemplative Gebet trägt dazu bei, menschliches und göttliches Bewusstsein im Einssein zu verbinden.

Die Praxis der Meditation hat auch aus medizinischer Sicht viele Vorteile, wie zahlreiche wohl dokumentierte Studien belegen. Sie trägt dazu bei, den Blutdruck zu senken, das Risiko von Schlaganfällen, Herzkrankheiten und Krebs zu reduzieren. Zudem hat sie chronische Schmerzen zu lindern sowie Angst und Depression zu reduzieren, und hat verschiedene weitere medizinische Vorteile.[10] Dawson Church schreibt: „Wäre Meditation ein Medikament, gälte es als Behandlungsfehler, wenn der Arzt sie nicht verordnete."[11]

Meditation oder kontemplatives Gebet – fast alle Religionen kennen und überliefern diese Disziplin. Sie verwenden vielleicht unterschiedliche Begriffe, um über den Vorgang zu sprechen, und haben divergierende Vorstellungen von dem, was dabei vor sich geht. Entscheidend ist jedoch, dass die Begegnung mit der göttlichen Präsenz in Ruhe und Stille etwas Heilendes und Ausgleichendes mit sich bringt. Viele Menschen, die eine Meditationstechnik üben, werden bestätigen, dass sie während der Zeit ihrer Meditation wenig Spürbares erleben, doch es ist die Auswirkung ihrer Praxis auf den Rest des Lebens, worauf es ankommt. Die meisten Lehren warnen sogar davor, sich auf phänomenale Erlebnisse während der Gebetszeit zu versteifen, die doch in erster Linie ein disziplinierter Zugang zur inneren Wahrnehmung ist. Das Ziel heißt, alles Erleben loszulassen, um sich für das nicht-duale Gewahrsein zu öffnen, und nicht, irgendeine bestimmte Erfahrung wie Seligkeit oder ein anderes Gefühl zu erwarten. Die innere Stille scheint sich ins tägliche Leben des Alltags zu übertragen, dabei mindert sie den Stress und bringt die Fähigkeit mit, sich inmitten eines auch hektischen Lebensstils besser zu sammeln. Darüber hinaus bringt die Meditation das endlose Geplapper des Verstandes zum Schweigen und ermöglicht den Zugang zum inneren Sein, zum verborgenen Selbst. Dieses innere Selbst ist der Sitz des mitfühlenden Bewusstseins, in dem wir die vereinende Wirklichkeit finden, die Gott ist. Dies ist Teil unserer fundamentalen Wirklichkeit, wie Martin Laird in *Into The Silent Land* erklärt:

> Menschen, die schon eine lange Strecke auf dem kontemplativen Pfad hinter sich gebracht haben, haben oft erkannt, dass das Gefühl, von Gott getrennt zu sein, aus einem Konglomerat von Gedanken und Emotionen besteht. Wenn der Geist jedoch zur Ruhe kommt und in das Land der Stille gelangt, vergeht das Gefühl des Getrenntseins. Dann erkennt man Einheit als die fundamentale Wirklichkeit, und Trennung als eine überaus gefilterte mentale Wahrnehmung ... „Bei Gott allein kommt meine Seele zur Ruhe." (Psalm 62,6)[12]

Diesen Ort der Stille aufzusuchen, ist eine Disziplin, die man lernen kann. Sie ist theoretisch sehr einfach, aber in der Praxis recht schwierig, weil sich unser Denken dagegen sträubt, still zu sein. Das steht unserer Wahrnehmung der Gegenwart Gottes im Wege, des mitfühlenden Bewusstseins, in dem wir existieren. Wir können von ihm nicht getrennt sein, und Martin Laird erklärt, dass Gott nicht weiß, *wie* man abwesend ist. Jegliches Empfinden einer Abwesenheit Gottes, das wir vielleicht haben, ist die große Illusion, in der wir gefangen sind, die menschliche Wahrnehmung, getrennt zu sein.[13] Die große Illusion, in der wir gefangen sind, ist unsere Selbstbewusstheit. Wir nehmen uns selbst so stark wahr, dass wir unsere Wahrnehmung des Gott-Bewusstseins verloren haben, in dem wir existieren. Unsere Egos sind zu stark. Wir empfinden Gott als getrennt von uns, und so stellen wir ihn uns als ein Wesen vor, das „dort draußen" ist, statt dass wir Gott „hier drinnen" wahrnehmen. Auf dem spirituellen Pfad der Meditation überwinden wir das Ego-Selbst, lassen das illusorische Selbst hinter uns und erlangen ein Empfinden des vereinenden Bewusstseins und finden Gott in unserem eigenen Gewahrsein des größeren Selbst. Dies ist der Weg der verwandelnden Liebe.

## Kenosis

Das Leerwerden, die Selbstentäußerung oder (griechisch) *kenosis,* meint die Bibel mit Formulierungen wie „sich selbst sterben" oder mit dem Wort *„Wer sein Leben um meinetwillen verliert, der wird es gewinnen."* (Matthäus 16,25) Bei der *kenosis* geht es darum, unser egobezogenes Denken hintanzustellen, es loszulassen. Wie bereits erwähnt, können wir das Ego als ein Nebenprodukt der Evolution betrachten. Über Äonen haben wir uns entwickelt, bis wir eine Stufe erreichten, auf der wir unserer selbst bewusst wurden, und aufgrund dieser Selbstbewusstheit empfinden wir uns als von Gott getrennt. Darum geht es in der Geschichte von Adam und Eva und dem Baum der Erkenntnis von Gut und Böse: Die Menschen gelangen zur Selbstbewusstheit und lösen sich aus dem Gott-Bewusstsein, das uns in Wirklichkeit alle im Dasein hält. Aber unsere Bewusstseinsentwicklung geht weiter, und die Menschheit befindet sich auf ihrer Reise zurück zu Gott, zum vereinenden Bewusstsein. Diese Reise ist der Weg der Überwindung unseres egoistischen Selbst, der Weg der Selbstentäußerung.

In *The Wisdom Jesus* weist Cynthia Bourgeault darauf hin, dass dies genau das ist, was Jesus tat. Die *kenosis,* die Selbstentäußerung, war seine zentrale Geste.[14] In seinem Brief an die Philipper greift Paulus einen Hymnus auf, in dem der Weg Christi beschrieben wird:

> Ein jeder sei gesinnt, wie Jesus Christus auch war: Er war Gott gleich, hielt aber nicht daran fest, wie Gott zu sein, sondern er entäußerte sich und wurde wie ein Sklave und den Menschen gleich. Sein Leben war das eines Menschen; er erniedrigte sich und war gehorsam bis zum Tod, bis zum Tod am Kreuz. (Philipper 2,5-8)

Es sind zwei Schlüsselbegriffe in dieser inspirierten Passage, die man für einen sehr frühen christlichen Hymnus hält, nämlich „entäußerte sich" und „erniedrigte sich". Sich selbst zu entäußern oder zu leeren, ist die kenotische Hingabe an das Göttliche; mit „Erniedrigung" wiederum ist der Akt oder Prozess des Loslassens gemeint. Demütig zu sein bedeutet, von Stolz und Arroganz, Gier und Verlangen abzulassen. Der Weg Jesu ins Zentrum der Wirklichkeit bestand darin, dass er sich selbst gab, indem er seine Ego-Natur losließ. Bourgeault nennt es die „Wirf-es-weg-Schule" und stellt diese dem Weg des spirituellen Aufstiegs gegenüber, dessen Merkmal das Konzentrieren von spiritueller Energie durch Einsatz authentischer asketischer Disziplinen wie Gebet, Fasten und anderen Praktiken ist. Dieser konzentrative Weg kann dazu führen, das vereinende Bewusstsein zu erlangen, doch gibt es auch einen anderen Weg:

> Es gibt noch eine andere Route zur Mitte, einen gewagteren und extravaganten Pfad. Hier werden Energie und Lebenskraft nicht gesammelt und konzentriert, sondern sie werden ganz verausgabt – oder verschenkt. Der vereinende Punkt wird nicht durch Konzentrieren des Seins erreicht, sondern durch das freie Verschwenden; nicht durch Erlangen und Sammeln, sondern durch Selbst-Leerung; nicht durch „aufwärts", sondern durch „abwärts". Dies ist der Weg der *kenosis,* der revolutionäre Pfad, den Jesus in das Denken des Westens einführte.[15]

## Das Herz-Download

Kehren wir zu der Idee zurück, die wir in Kapitel 6 skizzierten – Cynthia Bourgeault hatte sie aus dem Reich der Computer-Terminologie entliehen –, benötigen wir ein Update vom Ego-Betriebssystem auf das Reich-Gottes- oder Herz-Betriebssystem, um diesem verschwenderischen Weg der Selbstentäußerung zu folgen, um das Ego loszulassen und zu überwinden, das uns als von Gott getrennt wahrnimmt.

Auf einer Konferenz im ostenglischen Norwich, im Jahre 2011, erläuterte Bourgeault ihre Analogie, derzufolge das Ego-Betriebssystem (EOS) bei der Geburt als ein Teil unserer normalen Gehirnfunktion „installiert" wird. Nun ist es notwendig, ein Upgrade zum EOS herunterzuladen – das Herz-Betriebssystem (HOS). Im EOS können wir unser wahres, göttliches Selbst nicht finden, da das Ego-Denken nur Dinge in der Dualität sieht; wir können nur von einer Dualität zur anderen gehen, ein Bild gegen ein anderes auswechseln. Das EOS leistet gute Arbeit, solange es gilt, zwischen den Koordinaten Zeit und Raum den Überblick über das Leben zu behalten. Doch wenn es darum geht, tiefer zu gehen und die vertikale Dimension unserer Beziehung mit Gott zu entwickeln, wird das HOS benötigt. Wir neigen dazu, uns mit unserem Verstand und dem kognitiven Denken zu identifizieren, dies entspricht der Funktionsweise des EOS. Descartes sagte einst: „Ich denke, also bin ich." Dieses Selbstverständnis stützte sich ausschließlich auf das EOS, aus dem wir unsere Identität bezogen.

Mystische Schriften, wie der mittelalterliche Text *Die Wolke des Nichtwissens*, vermitteln uns, dass wir Gott nicht durch Wissen oder Intellekt erreichen können. Hier wird der sogenannte *apophatische* Pfad skizziert, auf dem wir mit dem Herzen statt mit dem Intellekt auf Gott zugehen.

> Was ich sage, ist dies: Liebe hat Erfolg, wo der Intellekt versagt. Alle vernunftbegabten Geschöpfe, sowohl Engel als auch Menschen, besitzen jede für sich eine Hauptwirkkraft, welche die Erkenntniskraft heißt, und eine andere Hauptwirkkraft, welche die liebende Kraft heißt; für die erste dieser beiden Kräfte, die Erkenntnisfähigkeit, ist Gott als ihr Schöpfer immerdar unfasslich; für die zweite, die liebende Kraft, ist er für jeden einzelnen Menschen völlig fasslich.[16]

> Der höhere Teil der Kontemplation liegt ganz in dieser Dunkelheit und Wolke des Nichtwissens mit einer Regung der Liebe und einer unbedingten, ausschließlichen Hingabe an das reine Sein Gottes.[17]

Unser Intellekt funktioniert nach den Vorgaben und innerhalb des EOS; um also über das EOS hinaus zu gelangen, müssen wir, wie Bourgeault es ausdrückt, „einen Stock in die Speichen des Verstandesdenkens" stecken. Mit anderen Worten, um die Abhängigkeit von unserem Denken abzubauen, müssen wir einen Weg finden, es zur Ruhe zu bringen oder seine ständigen Einflüsterungen auszuschalten. In Kapitel 6 betrachteten wir das Wort *metanoia* – das von ihm abgeleitete Verb wird traditionell als „Buße tun" übersetzt –, und sahen, dass es in Wirklichkeit bedeutet „über sein Denken hinausgehen". Dies war der erste Aufruf, der uns von Jesus berichtet wird – über das Denken hinauszugehen und in das Reich Gottes oder das vereinende Bewusstsein einzutreten.

Eine geistige Disziplin, die uns dabei helfen kann, besteht darin, dem Denken Geschichten oder Probleme zu präsentieren, die es an seine Grenzen führen, zum Beispiel das Koan in der buddhistischen Praxis. Ein typisches Koan ist die Frage: „Was ist der Klang einer klatschenden Hand?" Wir können diese Frage mit unserem EOS nicht beantworten, und sie drängt uns auf eine andere Ebene der Empfänglichkeit, die tiefer liegt als unser Intellekt. Bourgeault schreibt: „Das killt den Verstand!" Eine Parabel oder ein Kernspruch hat die gleiche Wirkung, und Jesus gebrauchte dramatische Lehrbeispiele und prägnante Situationen, die die Menschen verblüfften und jenseits ihres EOS-Denkens nach Verständnis suchen ließ. Ein Beispiel für diesen Typ der Parabel ist das Gleichnis von den Arbeitern im Weinberg (Matthäus 20,1-16). Sie alle – selbst diejenigen, die nur eine Stunde gearbeitet hatten – erhalten am Abend den gleichen, vollen Tageslohn, ohne Rücksicht darauf, um welche Tageszeit sie zur Arbeit angeheuert wurden. Tagelöhner, die den ganzen Tag lang gearbeitet hatten, murrten und beschwerten sich. Der Spielplatz-Schrei würde lauten: „Das ist unfair!" Die Antwort des Gutsbesitzers war:

„Mein Freund, dir geschieht kein Unrecht. Hast du nicht den üblichen Tageslohn mit mir vereinbart? Nimm dein Geld und geh! Ich will dem letzten ebensoviel geben wie dir. Darf ich mit dem, was mir gehört, nicht tun, was ich will? Oder bist du neidisch, weil ich gütig bin?"
(Matthäus 20,13-15)

Besonders bei einigen der Parabeln über das Reich Gottes können wir sehen, welche Wirkung Jesus erzielte, wenn die Bedeutung der Geschichte die Zuhörer vor Rätsel stellte.

Er erzählte ihnen ein weiteres Gleichnis und sagte: „Mit dem Himmelreich ist es wie mit einem Senfkorn, das ein Mann auf seinen Acker säte. Es ist das kleinste von allen Samenkörnern; sobald es aber hochgewachsen ist, ist es größer als alle anderen Gewächse und wird zu einem Baum, so dass die Vögel der Lüfte kommen und in seinen Zweigen nisten." (Matthäus 13,31-32)

Was ist die Aussage? Dass das Reich Gottes wachsen und riesig groß werde (und manche mögen daraus auf die Absicht geschlossen haben, dereinst die Römer zu dominieren), oder dass es großes Potenzial besitze, oder dass das Eingehen ins Reich Gottes bedeute, ins Heil- und Ganzsein, in die Vollkommenheit zu wachsen? Wofür stehen die Vögel der Lüfte? Sind sie höhere Gedanken, die sich in dem auf das Reich Gottes ausgerichteten Geist niederlassen, auf einem Senfkorn jedoch offenkundig nicht nisten können? Es folgt eine ähnliche Parabel:

> Und er erzählte ihnen noch ein Gleichnis: „Mit dem Himmelreich ist es wie mit dem Sauerteig, den eine Frau unter einen großen Trog Mehl mischte, bis das Ganze durchsäuert war." (Matthäus 13,33)

Hier breitet sich der Sauerteig nicht nur durch das Ganze aus, sondern er macht es auch größer. Bedeutete dies nun, dass es einen geheimen Plan und Weg gab, die Herrschaft der Römer zu stürzen und wieder einen jüdischen König einzusetzen, oder geht es darum, alles zusammen ins Einssein zu bringen, auf dass es wachsen möge? Vielleicht sagt es uns aber auch, dass das Leben mit Licht und Liebe ansteckend ist: Es breitet sich allmählich über die ganze Menschheit aus. Parabeln können auf unterschiedliche Weisen und auf unterschiedlichen Ebenen gedeutet und verstanden werden, und Jesus beendete ein Gleichnis oft mit der Aufforderung: „Wer Ohren hat, der höre!" Mit anderen Worten: Denke sorgfältig darüber nach und lasse zu, dass es dich auf eine tiefere Ebene des Verständnisses führt und dir hilft, einer weiteren Perspektive als der deines EOS bewusst zu werden. Bei diesen Parabeln gab es oft eine äußere, exoterische, offensichtlich-naheliegende Bedeutung und einen inneren, esoterischen, verborgenen Sinn.

Jesus sprach nicht nur in Gleichnissen, sondern gebrauchte auch viele Merk- und Kernsprüche, die in aller Knappheit Stoff zum Nachdenken boten, wie zum Beispiel: *„Die Ersten werden die Letzten und die Letzten werden die Ersten sein."*[18] oder *„Das Auge gibt dem Körper Licht. Wenn dein Auge gesund ist, dann wird dein ganzer Körper hell sein."* (Matthäus 6,22) Diese verzwickten kleinen Sätze bahnen sich ihren Weg an dem kognitiven Ego-Denken vorbei, erreichen dabei das Herzdenken und regen die Intuition an. Das Bemühen, zu erfassen, was Jesus mit solchen Sätzen vermitteln wollte, führt uns über das dualistische Denken hinaus, das die Basis des EOS bildet. Im Gegensatz zur Lehrmeinung müssen wir das Ego nicht mit Füßen zu treten, sondern sollten lernen, es zu überwinden. Dies bedeutet nicht, dass Sie es gänzlich aufgeben. Das egobezogene Denken bleibt immer noch ein Teil von Ihnen, doch der Mittelpunkt Ihres Bewusstseins liegt jenseits von ihm. Jesus erkannte intuitiv, dass die Schwierigkeiten, in die wir geraten, auf der Verdrahtung unseres Denkens basieren, auf dem Ego-Betriebssystem. Wir leben im Rahmen einer rationalen, reduktionistischen Mentalität, und alles ist unserer egobezogenen, kognitiven Denkweise unterworfen. Die Weiterentwicklung (das „Upgrade"), die wir benötigen, ist das Herz-Betriebssystem. Auf ihm basiert der Modus, dessen Mitte und Schwerpunkt im Herzen liegt – wie der Prophet Hesekiel schon vor langer Zeit erkannte:

> Ich schenke euch ein neues Herz und lege einen neuen Geist in euch. Ich nehme das Herz von Stein aus eurer Brust und gebe euch ein Herz aus Fleisch. (Hesekiel 36,26)

Das Herz-Betriebssystem finden wir in vielen Traditionen, meist unter dem Begriff „Herzdenken". Das Wahrnehmen mit dem Herzen gibt es in allen Traditionen des Westens – im Judentum, im Christentum und im Sufismus. Letzterer wird weithin für die innere, mystische Dimension des Islam gehalten; manche Stimmen sagen, dass die Sufi-Philosophie ihrem Wesen nach universell sei, denn ihre Wurzeln reichen weiter zurück als die Geschichte des Islam. Sogar manche Moslems siedeln den Sufismus außerhalb der Sphäre ihrer Religion an. Während sich das westliche Christentum zunehmend mit dem Definieren seiner Lehre befasste, verlor es den wichtigen Schwerpunkt aus dem Blick – mit dem Herzen zu denken. Das Herz gilt als das Organ der Wahrnehmung, das die Übersicht über die vertikale Achse behält, über die subtilen, kausalen, nicht-dualen Bereiche – Dinge also, die für die Sinne unsichtbar sind, und Reize, die für das EOS unsichtbar sind. Das Herz folgt der Intuition, die über das EOS hinaus geht. Kabir Helminski, ein zeitgenössischer Sufi-Lehrer, drückt es in ähnlichen Begriffen aus:

> Wir haben subtile Bewusstseins-Fähigkeiten, die wir nicht nutzen. Jenseits des begrenzten analytischen Intellekts gibt es einen riesigen Bereich unseres Geistes; er schließt psychische und außersinnliche Fähigkeiten ein, Intuition, Weisheit, ein Empfinden von Einheit; ästhetische, qualitative und kreative Fähigkeiten, dazu bild-gestaltende und

symbolische Kapazitäten. Obwohl diese Befähigungen zahlreich sind, geben wir ihnen mit einiger Berechtigung einen einzigen Namen, denn sie operieren am besten, wenn sie gemeinsam tätig sind. Sie bilden einen Geist – darüber hinaus, in ihrer spontanen Verbindung mit dem kosmischen Geist –, den umfassenden Geist, den wir „Herz" nennen.[20]

Wir verwenden „das Herz" als Metapher – abgesehen von der Bezeichnung für das physische Pumporgan –, doch das Institute of HeartMath zeigt, dass wir die beiden nicht voneinander trennen können. Laut dieser neuen Denkschule tut das Herz viel mehr, als nur das Blut im Kreislauf durch das Gefäßsystem zu pumpen. Es erzeugt ein elektromagnetisches Feld und sendet elektrische und chemische Signale zum Gehirn. Das vom Herzen erzeugte Feld ist das stärkste im menschlichen Körper und wirkt in diesem als eine Art von Kohärenzfeld. Gehirn und Herz sind innig miteinander verbunden, dabei hat das Herz viel größeren Einfluss auf das Gehirn als umgekehrt. Seit über zwanzig Jahren hat das Institute of HeartMath Forschungen durchgeführt und dabei festgestellt, dass das Herz weit komplexer ist, als man in medizinischen Kreisen je geträumt hatte.

Die Antworten auf viele unserer ursprünglichen Fragen bieten nun eine wissenschaftliche Grundlage, um zu erklären, wie und warum das Herz die mentale Klarheit, Kreativität, emotionale Balance und persönliche Leistungsfähigkeit beeinflusst. Unsere eigenen und andere Forschungen zeigen, dass das Herz weit mehr ist als eine einfache Pumpe. Tatsächlich ist das Herz ein hochkomplexes, selbstorganisiertes Informationsverarbeitungszentrum mit seinem eigenen funktionellen „Gehirn", das über das Nervensystem, das Hormonsystem und auf anderen Bahnen mit dem kranialen Gehirn kommuniziert und auf dieses einwirkt. Damit beeinflusst es die Gehirnfunktion und die meisten Hauptorgane des Körpers tiefgreifend und bestimmt letztlich die Lebensqualität.[21]

„Mit dem Herzen zu denken", könnte wohl buchstäblicher zutreffen, als wir je angenommen haben. Dass das Herz der Sitz von Intuition und nichtdualem Denken ist, scheint einigermaßen glaubwürdig. Der Weg vom Ego-Betriebssystem zum Herz-Betriebssystem ist nicht nur eine gedankliche Konstruktion, sondern besitzt einiges an energetischer Wirklichkeit. Ein bewährter Pfad, auf dem wir die Verbindung zu jener energetischen Wirklichkeit aufnehmen und aufbauen können, sind Meditation und kontemplatives Gebet – der Weg der Stille. Martin Laird wiederum betrachtet die Stille als den Weg zu jener tief-inneren Präsenz Gottes:

> Wenn der Geist zum Schweigen gebracht ist ... zeigt sich eine tiefere Wahrheit: Wir sind – und waren schon immer – eins mit Gott, und wir sind alle eins in Gott.[22]

## Der Käfig

Laird schildert uns plastisch, dass uns das Ego-Selbst wie in einem Käfig gefangen hält – und welches Potenzial uns erwartet, wenn wir uns daraus befreien können. Er beschreibt, wie er auf langen Spaziergängen oft einen Mann sieht, der seine vier Kerry-Blue-Terrier ausführt:

> Es waren erstaunliche Hunde. Voll springender Energie, elastischer Anmut und rasender Geschwindigkeit jagten und tollten sie über die Felder. Es war erfrischend, nur zuzusehen, wie diese muskulösen Freiheitsbündel umhersausten. Drei der vier Hunde, sollte ich sagen. Der vierte blieb an der Seite seines Herrn, wo er in einem kleinen Kreis rannte. Ich konnte nie verstehen, warum das Tier dies tat; es hatte allen Freiraum der Welt, um ebenfalls zu springen und zu rennen. Eines Tages war ich kühn genug, den Eigentümer zu fragen: „Warum macht Ihr Hund das? Warum rennt er in kleinen Kreisen, statt zusammen mit den anderen?" Bevor er diesen Hund erwarb, erklärte mir der Mann, habe das Tier praktisch sein ganzes Leben in einem Käfig verbracht und „Auslauf" nur in kleinen Kreisen kennen gelernt und üben können. Zu rennen, bedeutet für diesen Hund, in engen Kreisen zu rennen. Deshalb rannte er in kleinen Kreisen, statt über das offene Feld zu tollen.[23]

Laird vergleicht dieses Rennen in Kreisen mit der Grundbedingung des menschlichen Lebens. Wir sind frei, aber wir beschränken uns selbst auf die Fläche des Käfigs, in dem wir leben, begrenzt durch unsere eigene Wahrnehmung der Wirklichkeit. Wie der Hund, der mit dem Schwanz wedelt, können wir auch in unserer Käfig-Mentalität glücklich sein, doch sie macht uns glauben, dass wir von Gott getrennt seien. Unsere empfundene Getrenntheit führt dazu, dass wir uns Gott als „irgendwo anders" vorstellen und denken, dass wir allein seien, uns fürchten und sogar nicht liebenswert seien. Schließlich glauben wir die Lüge, in dem Käfig zu leben – wo gar kein Käfig ist.

Da ist die Meditation ein Weg, aus der Käfig-Mentalität zu entkommen, den Ego-Käfig beiseitezuschieben, uns von jenem Ego zu befreien und im Einssein mit Gott wahre Freiheit zu entdecken. Meditation oder kontemplatives Gebet ist eine Praxis, die uns hilft, zu erwachen und bewusst zu werden, dass wir eins sind mit Gott und Teil seines mitfühlenden Bewusstseins. Ich glaube, diese Praxis sollte an theologischen Hochschulen, Seminaren und in jeder Kirchengemeinde im Lande gelehrt werden; es ist lebenswichtig, dass die Kirche diesen Schatz wiederentdeckt.

Auch ein anderes Bild bietet sich an: Manchmal denke ich, dass das traditionelle Christentum Gemeinsamkeiten mit einer marinen Aquakultur zeigt. Die Fische kennen nur die „Welt" innerhalb des Netzes, das sie umgibt. Sie schwimmen den ganzen Tag innerhalb dieses Netzes, sie erhalten dort ihre tägliche Ration Futter und führen in jener begrenzten Umgebung ein recht zufriedenes Leben. Das Wasser, der Lebensraum für jeden Fisch, ist Teil des großen Ozeans, den sie aber gar nicht wahrnehmen. Wenn die Fische dem Netz entkommen könnten, wären sie frei, die Höhen und Tiefen des Meeres zu erkunden und nahrhafteres und abwechslungsreicheres Futter zu finden als die standardisierte Mischung, die ihnen ins Netz geschüttet wird. Die Form des Christentums, die in der westlichen Welt vorherrscht, ist auf die gleiche wohlgemeinte Weise restriktiv. Doch es gibt Reichtum zu finden bei jenen, die dem Netz entkommen sind, sowie auch in den Tiefen und in anderen Traditionen.

Wer in der Einsamkeit der Stille weilt, ständig in Meditation und Betrachtung ... mit Frieden in Gedanken, Worten und Körper ... der hat den höchsten Gipfel erreicht und ist würdig, eins zu sein mit Brahman, mit Gott.[24]

Wenn dieser Ort der Stille gefunden ist, wollen wir verweilen, bei Gott in der Stille, die unserem Geist erlaubt, in Ruhe und Gewissheit zu wachsen, wie der Wüstenvater Abba Sisoës wusste:

> Ein Bruder fragte Abba Sisoës: „Warum hast du Scetis verlassen, wo du bei Abba Orr gelebt hast, und bist gekommen, um hier zu leben?" Der alte Mann antwortete: „Zu der Zeit, als Scetis überfüllt wurde, hörte ich, dass Antonius tot war, und ich stand auf und kam hierher zu dem Berg. Da ich den Platz friedvoll fand, habe ich mich hier für eine kleine Weile niedergelassen." Der Bruder sprach zu ihm: „Wie lange bist du nun schon hier?" Der alte Mann sagte zu ihm: „Zweiundsiebzig Jahre."[25]

Mit ihrer Idee, das Ego-Betriebssystem hinter sich zu lassen, stützt sich Cynthia Bourgeault auf eine Haltung zum alltäglichen Leben, die sie „Gelassenheit" nennt (im Gegensatz zum egobezogenen „Klammern"). Sie nennt sie die „Willkommen-Praxis".

> Während es eine Reihe von sowohl alten als auch universellen spirituellen Praktiken gibt, um sich in einen Zustand anhaltender innerer „Gelassenheit" zu bringen, ist folgende die direkteste und effektivste, die ich kenne: Sie können in jeder Lebenssituation, die Sie mit einer Bedrohung oder Gelegenheit von außen konfrontiert, beobachten, dass Sie innerlich auf eine von zwei verschiedenen Weisen darauf ansprechen. Entweder Sie verspannen sich, verhärten und widerstehen, oder Sie werden weich, öffnen sich und geben nach. Folgen Sie ersterer Routine, werden Sie augenblicklich in Ihr kleines Selbst mit seinen animalischen Instinkten und Überlebens-Reaktionen katapultiert. Wenn Sie bei letzterer Verhaltensweise bleiben, ganz gleich wie die äußeren Umstände beschaffen sind, werden Sie auf Ihr innerstes Sein ausgerichtet bleiben, durch welches das göttliche Sein Sie erreichen kann. Von Augenblick zu Augenblick zu lernen, nichts in einem Zustand innerer Verspannung zu tun, ist spirituelle Praxis in ihrer schlichtesten und einfachsten Form. Verspannen lohnt sich nie.[26]

In der Stille und Einsamkeit können wir wirklich in Kontakt mit der höchsten Wirklichkeit kommen, mit dem Einen, dem Urgrund unseres Seins. Wenn wir unser Denken zum Schweigen bringen, öffnen wir unserem Geist den Weg ins Herz, denn in der Tiefe ist der Sitz der intuitiven Weisheit, der Kommunikation mit dem Göttlichen. Br. John Main, der Gründer der World Community for Christian Meditation, sah hier deutlich den Ort, wo wir eins mit Gott werden:

> Bei diesem wunderbaren Vorgang, wenn wir in das volle Licht der Wirklichkeit gelangen ... strahlt eine tiefe Stille aus dem Zentrum hervor. Wir fühlen uns eingetaucht in die ewige Stille Gottes. Wir sind nicht mehr damit beschäftigt, zu Gott zu reden, oder schlimmer, zu uns selbst zu reden. Wir lernen zu sein – bei Gott zu sein, in Gott zu sein.[27]

Wenn das Zentrum erst im Bewusstsein Gottes lokalisiert ist, können wir erblühen, Inspiration erlangen, hinaustreten in „die stille Musik und die klingende Einsamkeit"[28] und unsere Bestimmung erfahren. Dies wurde sowohl in der christlichen Mystik als auch in anderen Traditionen des theosophischen und mystischen Denkens erkannt und oft im Symbol einer erblühenden Rose dargestellt – vergleichbar der Lotosblüte als Sinnbild der erwachenden Seele im östlichen Kulturraum. Auch Alice Bailey, die in der theosophischen Tradition schrieb, gebrauchte die Symbolik der Rose für das Erwachen der Seele.

> In der Einsamkeit erblüht die Rose der Seele, in der Einsamkeit kann das göttliche Selbst sprechen; in der Einsamkeit können die Fähigkeiten und Gnadenkräfte des höheren Selbstes in der Persönlichkeit Wurzel fassen und aufblühen.[29]

Die Rose steht als Symbol für das sich öffnende Herz, das Erblühen des nicht-dualen Geistes im Herzen und die Reise zurück zum Einssein mit dem mitfühlenden Bewusstsein Gottes. Auch mit Maria, der Mutter Jesu, wird manchmal die mystische Rose assoziiert, die auch als Symbol für Christus verwendet wird, wie wir an dem alten Weihnachtslied „Es ist ein Ros' entsprungen" sehen.[30] Von Herzen, die sich öffnen, hören wir gelegentlich auch in Kirchenliedern. Charles Wesley, der Bruder des Begründers der methodistischen Bewegung, hat Tausende von Gedichten geschrieben, viele von ihnen wurden als Kirchenlieder bekannt und manche zu Klassikern. *„And Can It Be"* („Kann es denn sein, dass Gott mir gibt") beschreibt in anderen Worten, wie das Herz aufgeht:

Gefangen lag schon lang mein Geist,
gebunden in der Sünde Nacht.
Du blickst mich an – die Nacht zerreißt,
Licht leuchtet auf, ich bin erwacht.
Die Fessel fällt, mein Herz ist frei.
Ich stehe auf und komm herbei.[31]

Poetische Beschreibungen dieses Vorgangs gibt es zuhauf – eine Rose, die erblüht, Ketten, die abfallen, Schleier, die gelüftet werden. So sehr wir uns auch bemühen, uns einen Weg zur Nicht-Dualität des Herzens auszudenken, erschließt er sich doch nur einer anderen Wahrnehmung, der Wahrnehmung des Herzens – im „aufleuchtenden Licht". Unser egobezogener Geist kann sich dem dualistischen Denken in Gegensätzen nicht entziehen; wir sind konditioniert, so zu denken. Dieses Denken zu überwinden und hinter sich zu lassen *(metanoia,* Buße), bedeutet, in das Reich des Herzens einzutreten, in das mitfühlende Bewusstsein, das Gott ist. Von hier aus zu leben, heißt, im Reich Gottes zu leben.

## Spirituelle Veränderung

Zusammenfassend stellen wir fest: In der christlichen Kirche des Westens ist das Hervortreten einer spirituellen Veränderung zu beobachten. Statt Lehrmeinung und Konformität zu vermitteln, lehrt echte spirituelle Praxis den Weg des Herzens, und dieser wird langsam als die Essenz des Christentums wiederentdeckt. Das ist der Weg, den Jesus in seinen Aufforderungen zur Liebe wies. Er war ein Meister der Weisheit, der den Pfad der umwandelnden Liebe lehrte. Die Praxis der Meditation und des kontemplativen Gebets, die uns hilft, das dualistische Denken hinter uns zu lassen und zum Herzdenken zu finden, trägt einen großen Teil dazu bei, das Herz zu öffnen. Wenn wir dem Weg des Herzens folgen, entdecken wir das Geist-Bewusstsein in unserem Inneren sowie eine Verbindung mit anderen spirituellen Traditionen. So enthalten zum Beispiel Hindu-Schriften viele Erkenntnisse, die Resonanz mit den christlichen Quellen aufweisen. Hier ist ein Zitat aus der Chandogya-Upanishad, das in wenigen poetischen Zeilen das Konzept der Immanenz und Transzendenz Gottes vermittelt.

> Es gibt einen Geist, der ist Denken und Leben, Licht und Wahrheit und weiter Raum. Er enthält alle Werke und Wünsche und alle Düfte und Geschmäcke. Er umfasst das ganze Universum, und in der Stille liebt er alle.
>
> Das ist der Geist, der in meinem Herzen ist, kleiner als ein Reiskorn oder ein Gerstenkorn oder der Samen des Wegerichs, oder der Kern eines Wegerich-Samens. Das ist der Geist, der in meinem Herzen ist, größer als die Erde, größer als der Himmel und größer als alle diese Welten.[32]

Die Wiederbelebung der Praxis von Meditation und kontemplativem Gebet ist von entscheidender Bedeutung, wenn sich das Christentum in eine Form entwickeln soll, die für die westliche Kultur, in der wir heute leben, besser geeignet ist. Viele Menschen suchen in dieser rastlosen, schnelllebigen Welt nach Bewältigungsmechanismen, um in unserer sich rasch wandelnden Gesellschaft weiterleben zu können. So kam es zu einem Wiederaufleben des Interesses an spirituellen Praktiken allgemein, insbesondere auf dem Gebiet der ganzheitlichen Spiritualität – der neuen Bezeichnung für das, was im späteren Teil des 20. Jahrhunderts „New Age" genannt wurde.

Die Wiederbelebung der Tradition des Herzens im Christentum wird eine Anziehungskraft über die bestehende Kirche hinaus ausüben. Dabei dürfte sie innerhalb der bestehenden Kirche wohl nicht viele ansprechen, da die meisten Menschen in der Kirche vermutlich noch da sind, weil sie sich mit deren Lehre, wie sie ist, wohlfühlen. Doch die Tradition des Herzens verträgt sich mit den nun bekannter werdenden wissenschaftlichen Ansichten über die Natur der Wirklichkeit und des Bewusstseins, die energetischen Zusammenhänge und Felder, und da neue Generationen mit dieser Wirklichkeit leben, wird der Weg des Herzens ein Teil von ihr werden. Er ist das Geschenk, das Jesus der Welt gegeben hat, obwohl er im Westen fast zwei Jahrtausende lang in der Versenkung verschwunden schien. Trotz dieses Untertauchens blieb er immer eine starke Strömung, die das mystische und orthodoxe Denken bewegte und nun wieder an die Oberfläche aufsteigt. Im letzten Kapitel werden wir einige aktuelle Anzeichen und Ausdrucksformen dieses neu aufkommenden Christentums betrachten, doch zunächst müssen wir uns dem Thema der religiösen Sprache widmen, die in der Kirche in Gebrauch ist.

# 9

# DIE EVOLUTION
# DER RELIGIÖSEN SPRACHE

~

In diesem Kapitel betrachten wir mehrere Probleme, die mit der religiösen Sprache zu tun haben, einige Erkenntnisse aus dem Aramäischen, das Jesus sprach, und wie wir in den Gottesdienst eine Sprache einführen können, die mit der wissenschaftlichen Sicht der Welt, in der wir leben, mehr Gemeinsamkeiten hat.

~

## Das Problem der Sprache

Die Sprache ist immer ein Problem, wenn wir religiöse Konzepte und Ideen zu vermitteln versuchen, weil wir es mit Erlebnissen des Göttlichen zu tun haben, die von jedem Individuum anders wahrgenommen werden können. Jeder Mensch erlebt auf höchst persönliche Weise. In jedem Denksystem oder kulturellen Milieu entwickelt sich ein Vokabular für die Kommunikation innerhalb der jeweiligen Sphäre, sei es im medizinischen Rahmen, in der Welt der Musik oder im religiösen Denken. Jeder Bereich entwickelt seinen eigenen Jargon.

Die Sprache des liturgischen Christentums zeigt die Tendenz, sich auf die biblische und mittelalterliche Sicht der Welt als einem dreistufigen Universum zu stützen. Der Mensch hat seine fragile Existenz auf der Erde, der mittleren Schicht des Firmaments; über uns ist der Himmel, wo Gott und die Engel leben, und unter uns ist die Hölle oder Unterwelt. Jedem von uns ist klar, dass das Universum nicht so aufgebaut ist, aber viele Elemente unserer Sprache bestärken jenes Weltbild, zum Beispiel im Vaterunser, das wir mit der Anrufung „Vater unser, der du bist im Himmel" beginnen, was uns sagt, dass Gott immer noch „oben im Himmel" sei, oder zumindest „anderswo". Später in diesem Kapitel werden wir uns mit der jener ersten Zeile des bekanntesten christlichen Gebets zugrunde liegenden Bedeutung eingehender befassen.

Wörter lösen bei unterschiedlichen Individuen auch unterschiedliche Reaktionen aus, je nach Alter, Kultur und Lebenserfahrung des Einzelnen. Sie können Erinnerungen und Emotionen wecken sowie Vorurteile und Einstellungen aktivieren. Darüber hinaus können Wörter, je nach der Zeit und Epoche, in der sie gebraucht werden, ihre Bedeutung recht schnell verändern. So hat sich zum Beispiel das Wort *gay* innerhalb von fünfzig Jahren von seiner Bedeutung „lustig, heiter, lebhaft" entfernt und bezieht sich heute (als „schwul") praktisch ausschließlich auf Menschen mit homosexueller Orientierung. In jüngster Zeit habe ich es in England als ein Wort verwendet gehört, das jemanden charakterisiert, der ohne besonderen Grund peinlich oder dämlich ist. *Wicked* pflegte gleichbedeutend mit „böse" oder „schlimm" zu sein, kann aber heute erstaunlicherweise „gut" bedeuten. Wir verarbeiten Wörter, wie es unserer Erfahrung in der Kultur entspricht, in der wir aufgewachsen sind.

Wenn in der christlichen Welt über Christus gesprochen wird, gilt diese Bezeichnung bei den meisten Menschen als Synonym für Jesus von Nazareth; im Bereich der Theosophie hingegen ist der Christus ein universelles Prinzip, das die Seele von Jesus während dessen Jahre des öffentlichen Wirkens überstrahlte. Wir meinen vielleicht, über das Gleiche zu sprechen, doch tatsächlich verstehen wir das Gesagte auf zwar verwandte, aber sehr unterschiedliche Weisen.

Wenn wir uns beispielsweise Gedanken über den Glauben im Christentum machen, sehen wir uns mit einem Problem der Wörter konfrontiert, die verwendet wurden, um das Erlebte zu beschreiben – Jahrhunderte nach dem Christus-Ereignis, als die Doktrinen des Christentums formuliert wurden. Die traditionelle liturgische Sprache im Christentum passt nicht gut zu den Ideen vom nicht-dualen Bewusstsein und dem Weg des Herzens, mit denen wir uns bereits beschäftigt haben. Das ichbezogene Denken, in dem die traditionelle Liturgie größtenteils wurzelt, denkt in Gegensätzen – innen/außen, entweder/oder, du und ich, Gott und Mensch. Die aufkommende wissenschaftliche Sichtweise vermittelt uns jedoch, dass es keine Dualität gibt; wir sind alle eine pulsierende, energetische

Wirklichkeit, gehalten und bewahrt in dem Bewusstsein, das unser aller Urgrund ist.

Die christliche Terminologie, die einem vorwissenschaftlichen Weltbild entstammt, betont eine Trennung zwischen Gott und Mensch und zwischen dem Geistlichen und dem Weltlichen. Schriften der Mystiker gehen zwar weiter und zeugen von einer Nicht-Dualität, hatten aber geringen Einfluss auf die kirchliche Liturgie. Die liturgische Ausdrucksweise wird beherrscht von einem allmächtigen, allgewaltigen personalen Gott – in der traditionellen Liturgie ist er stets männlich –, zu dem wir beten und den wir bitten können, unseretwegen auf wundersame Weise einzugreifen. In den aktuellen Gottesdiensten der Kirche von England wird Gott immer noch am häufigsten als „Allmächtiger" bezeichnet, was dazu beiträgt, den Glauben zu bestärken, dass Gott getrennt von uns sei und irgendwo in weiter Ferne existiere. Dieser allmächtige Gott geht auf die Glaubensvorstellungen im Alten Testament zurück: Eine machtvolle, kriegerische Gestalt, die Feinde abwehrt – und ein Gott, der von Zorn erfüllt ist, wenn wir gegen ihn sündigen. Treffendere Beschreibungen, die mit den Lehren von Jesus und mit Gott als dem Urgrund allen Seins im Einklang stehen, wären zum Beispiel „all-liebend, all-gegenwärtig, zeitlos, Schöpfer, Geliebter" und viele weitere, passendere Anreden.

In den jüngst überarbeiteten Liturgien der Kirche von England wird Gott auch noch als barmherzig oder barmherzigst bezeichnet. Wie Marcus Borg darlegt, ist das Wort, das recht oft als *merciful* vom Hebräischen ins Englische übersetzt wurde, genauer zu übersetzen als *mitfühlend* (engl. *compassionate)*.[1] Aber Mitgefühl zu haben, ist etwas durchaus anderes, als Erbarmen zu zeigen. Barmherzigkeit impliziert Überlegenheit, eine Position der Macht, die Position eines Übergeordneten gegenüber einem Untergebenen, wie sie aus den Zeiten der Herrschaft von Königen und Königinnen, Kaisern und anderen Gebietern überliefert ist. Dass Erbarmen gezeigt wird, impliziert auch ein Fehlverhalten; der Höherstehende zeigt in dieser Situation Nachsicht und gewährt Vergebung. Mitgefühl hingegen bedeutet, dass jemand mit einem fühlt, der sich damit neben einen stellt und fürsorglich seine emotionalen Fähigkeiten Empathie und Sympathie für das Leiden eines Mitmenschen zeigt. Borg schreibt: „Barmherzigkeit trägt ein menschliches Antlitz, Mitgefühl ein menschliches Herz."[2] Wir könnten auch sagen: Barmherzigkeit heißt, dass ein Mensch einem anderen etwas gibt; Mitgefühl ist eine Wesensart, ein Sich-Anschließen an oder Sich-Einstellen auf einen anderen Menschen. Warum sprechen wir nicht von einem „Gott des Mitgefühls" oder sogar (mit einer Formulierung aus diesem Buch) von einem „Gott des mitfühlenden Bewusstseins"? Bei Larry Dossey, einem Arzt, der viele Bücher über die Wechselbeziehung zwischen Bewusstsein, Spiritualität und Heilen geschrieben hat, lesen wir:

> Die genaue Untersuchung der vielen Studien zu Fernheilung und Gebet zeigt, dass nicht-lokales Denken *[Dosseys Begriff für Bewusstsein]* aufs engste verbunden ist mit Liebe, Mitgefühl und tiefer Fürsorge – wie Heiler es schon zu allen Zeiten behaupteten.[3]

Diese Studien zeigen, dass Mitgefühl entscheidend ist, damit Heilbehandlung und Gebet eine Wirkung haben. In allen großen religiösen Traditionen gilt Mitgefühl als eine der wichtigsten Tugenden. Wir finden sie auch in der Goldenen Regel, die in den Schriften fast aller Religionen – und im Christentum in den Worten Jesu – überliefert ist: „Behandle andere so, wie du von ihnen behandelt werden möchtest." Für Gott ist *mitfühlend* ein passenderer Begriff als *barmherzig*.

### Die Goldene Regel

Den Weg des Mitgefühls weisen alle Religionen; er ist als Wahrheit allen Pfaden gemeinsam, wie wir hier sehen:

Baha'i

> Bürde keiner Seele eine Last auf, die du selbst nicht tragen wolltest, und wünsche niemandem, was du dir selbst nicht wünschen würdest.
> Baha'ullah, Ährenlese

## Buddhismus

Behandle andere nicht so, wie du es selbst als verletzend empfändest.
Der Buddha, Udana-Varga 5,18

Einen Zustand, der nicht angenehm oder erfreulich für mich ist – wie könnte ich ihn einem anderen zumuten?
Samyutta Nikaya, v. 353

## Christentum

Alles, was ihr also von anderen erwartet, das tut auch ihnen! Denn darin besteht das Gesetz und die Propheten
Jesus, Matthäus 7,12

## Hinduismus

Dies ist die Summe aller Pflichten: Tue keinem anderen etwas an, das bei dir selbst Leid verursacht hätte.
Mahabharata V,1517

## Islam

Keiner von Euch ist gläubiger, solange er nicht das für andere wünscht, was er für sich selbst wünscht.
Mohammed, Hadith

## Jainismus

Man sollte alle Geschöpfe auf der Welt behandeln, wie man selbst behandelt werden möchte.
Mahavira, Sutrakritanga

Im Glück und im Leid, in Freude und Trauer sollten wir alle Geschöpfe betrachten wie uns selbst.
Mahavira, 24. Tirthankara

## Judentum

Du sollst deinen Nächsten lieben wie dich selbst.
3. Mose 19,18

Was dir verhasst ist, das tue keinem anderen an. Das ist die Weisung der Thora ganz und gar; alles andere ist ihre Auslegung.
Hillel, Talmud, Shabbath 31a

## Konfuzianismus

Ein Wort, das die Grundlage allen rechten Verhaltens zusammenfasst: Güte. Was du nicht willst, das man' dir tu, das füg' auch keinem anderen zu.
Konfuzius, Analekta (Gespräche) 15,23

Tsi Kung fragte: „Gibt es ein Wort, das als Verhaltensregel für das Leben gelten kann?" Konfuzius antwortete: „Es ist das Wort *shu* – Gegenseitigkeit. Bürde anderen nicht auf, was du selbst nicht erstrebst."
Maß und Mitte 13,3

Man sollte sich gegen andere nicht so verhalten, wie es einem selbst unangenehm ist.
Menzius 7A4

## Sikhismus

Keinem bin ich fremd, und niemand ist mir fremd. Ja, ich bin allen freundschaftlich verbunden.
Guru Granth Sahib, S.1299

## Sufismus

Die Basis des Sufismus ist die Rücksicht auf die Herzen und Gefühle der anderen. Wenn du nicht den Willen hast, jemandes Herz zu er-

freuen, dann vermeide es wenigstens, jemandes Herz zu verletzen, denn es gibt auf unserem Weg keine andere Sünde als diese.
Java Nurbakhsh, Meister des Nimatullahi-Sufiordens

Taoismus

Betrachte den Gewinn deines Nächsten als deinen eigenen und auch den Verlust deines Nächsten als den Deinen.
Lao-Tse, T'ai Shang Kan Ying P'ien, 213-218

Unitarismus

Wir bekunden Ehrfurcht and Achtung vor dem ineinander verwobenen Netz allen Lebens, in das auch wir eingebunden sind.
(Unitarischer Leitsatz)

Zoroastrismus

Tue anderen nicht an, was dir schaden würde.
Shayast-na-Shayast 13.29

Die Goldene Regel ist auch als das Prinzip „Ethik der Gegenseitigkeit" bekannt. Wir sehen deutlich, dass Jesus damit einen gemeinsamen Kern aller spirituellen Wege zum Ausdruck brachte, den Weg des Mitgefühls. Indem wir Gott als mitfühlend bezeichnen, bestätigen wir den Aufruf Jesu, einander zu lieben, das Herz zu öffnen und das ichbezogene Denken zu überwinden, somit von einer anderen Bewusstseinsebene aus zu operieren. Es erinnert uns an das mitfühlende Bewusstsein, das Gott ist und an welchem wir teilhaben.

Die Wörter *allmächtig* und *barmherzig* sind nur zwei Beispiele dafür, wie sich die Liturgie an einem dualistischen Gottesbild orientiert. Die in diesem Buch skizzierte und offenbar von verschiedenen wissenschaftlichen Theorien bestätigte, neu aufkommende Sichtweise verlangt von uns, dass wir einen Weg finden, in der christlichen Liturgie für das 21. Jahrhundert einem nicht-dualistischen Gottesbild Ausdruck zu geben, einem Gott als mitfühlendem Bewusstsein und Urgrund. Dualität finden wir in Formulierungen und Vorstellungen wie: Gott ist „dort oben", und wir sind „hier unten". Nicht-Dualität vermittelt Gott als immanent, als in aller Schöpfung präsent. Gott ist sowohl immanent als auch transzendent, aber letzteres bedeutet nicht „dort oben", sondern es bedeutet „anders" im Sinne von „jenseits des gewöhnlichen Spektrums der Wahrnehmung". Damit ist Gott sowohl in uns als auch anders als wir. Hierfür gibt es den Begriff *Panentheismus,* was bedeutet, dass alles in Gott gehalten, aber nicht dasselbe ist wie Gott. Die Vorstellung von Gott als dem mitfühlenden Bewusstsein, das alles im Dasein erhält, ist deshalb panentheistisch. Viele experimentelle Liturgien werden in unserer Zeit ersonnen, die sich bemühen, für den künftigen Weisheitsweg innerhalb des Christentums vom kontemplativen, mitfühlenden Bewusstsein Neuland zu erschließen. (In den Anhängen 2 und 3 finden Sie eine neue Liturgie mit Texten und Gebeten für Heilungs- und Salbungsgottesdienste sowie eine neue Version der Heiligen Eucharistie; sie basiert auf der Liturgie der „Church in Wales" und verwendet Begriffe und Formulierungen, die in diesem Buch erarbeitet und dargelegt wurden.)

Hier folgt ein Beispiel für ein neues Glaubensbekenntnis (oder eine Affirmation des Glaubens), das ich geschrieben habe, um einige der Ideen in diesem Buch zusammenzufassen.

## Glaubensbekenntnis des Bewusstseins

Ich glaube an den Gott des schöpferischen Wirkens,
    das mitfühlende Bewusstsein, in dem wir leben und uns bewegen und unser Sein haben.
Wir werden im Sein gehalten von Gott,
    der unser aller Mutter und Vater ist,
    der in uns und in aller Schöpfung wohnt,
    und aus dem wir hervorkommen.

Ich glaube, Jesus der Christus war ein Sohn Gottes,
    ein ganz menschliches Wesen, das die Tiefen des Gott-Bewusstseins erreichte,
    um ganz göttlich zu werden,

und einen Pfad bereitete für den Rest der Menschheit,
auf dem Wege der Selbstentäußerung und des Mitgefühls.

Ich glaube an den Geist Gottes,
die göttliche Energie, die in der Welt wirkt,
um alles zur Fülle und Wiederherstellung zu führen.

Ich glaube an die heilige Natur der Erde und jedes Menschenwesens,
und dass die spirituelle Reise heißt,
verwandelt zu werden durch Liebe,
abzulassen von unserem ichbezogenen Wesen
und einzutreten in das mitfühlende Bewusstsein,
das Gott ist.

## Aramäische Übersetzungen

Ein radikaler Ansatz, die in der Bibel überlieferten Evangelien zu studieren, ist dem Pionier Dr. Neil Douglas-Klotz zu verdanken. In seinem Buch *The Hidden Gospel* (dt. Ausg.: *Der Prophet aus der Wüste*) erforscht er die drastischen Unterschiede zwischen einem nahöstlichen Verständnis der Worte Jesu und der landläufigen westlichen Interpretation. Er betrachtet die Worte Jesu aus der Perspektive einer anderen Sicht der Welt – nämlich derjenigen des Nahen Ostens, des Landes, in dem Jesus aufgewachsen war, der Gegend, wo inmitten der anderen, einander bekriegenden Stämme die Nation Israel gegründet wurde.

Als Textgrundlage verwendet er die Bibel der östlichen Christen, die *Peschitta*, die in ostaramäischer Sprache geschrieben wurde (die westliche Sprachwissenschaftler „Syrisch" nennen). Die früheste Manuskript-Kopie der Peschitta stammt aus dem 4. Jahrhundert, und Aramäisch sprechende Christen verschiedener Denominationen behaupten, dass dieser Text der ursprünglichen Form der Worte Jesu am nächsten sei.

Um die Zeit des Konzils von Nicäa – als sich das westliche Christentum bemühte, sich zu sortieren und einige Streitfragen darüber, wie Jesus Christus zu verstehen sei, aus der Welt zu schaffen – gehörten die östlichen Regionen des Gebietes, das sich heute Türkei, Syrien und Irak teilen, zum Neupersischen Reich. Die Christen hatten sich dort seit der Zeit der Zerstörung Jerusalems (70 n. Chr.) niedergelassen; sie waren weitgehend semitischer Abstammung und sprachen Aramäisch. Jene frühen Christen wurden nicht unterdrückt und verfolgt wie im Römischen Reich; sie bauten mit persischer Unterstützung Schulen, Bibliotheken und Andachtsstätten. Darüber hinaus hatten sie von Anfang an Zugang zu Kopien der frühen Schriften in ihrer Muttersprache, dem Aramäischen, die sie zu Hause studieren konnten. Diese Versionen wurden als die Peschitta bekannt – *peshitta* bedeutet „einfach, geradeheraus, wahr". Jene Textsammlung umfasste die vier Evangelien, jedoch in einer Form des Aramäischen, die mit dem Dialekt, den Jesus selbst gesprochen hatte, eng verwandt war. Die Schriftgelehrten sind sich heute darüber einig, dass die Bücher des Neuen Testaments der Peschitta aus dem Griechischen ins Aramäische übersetzt waren. Einige Wissenschaftler bezweifeln dies allerdings und erklären, dass die Evangelien durchaus bereits ursprünglich auf Aramäisch geschrieben worden sein könnten, doch dafür gibt es keinen wirklichen Beweis. Syrische Christen empfinden die Peschitta immer noch als eine Version der original aramäischen Worte Jesu und ihre große Nähe zum Geist seiner ursprünglichen Botschaft.

Nach dem Konzil von Chalcedon, im Jahre 451, kam es zur Spaltung der Christenheit. Die heute sogenannten orientalisch-orthodoxen Kirchen, darunter jene Aramäisch sprechenden Gruppen, brachen die Verbindung zu der damals noch einigen römischen Reichskirche (das heißt der Katholischen und der Orthodoxen Kirche) ab; der Grund waren die immer komplexeren Glaubensbekenntnisse und das entschlossene Bestreben, allen Christen eine einheitliche Theologie aufzuzwingen. In den folgenden rund 1500 Jahren war in Europa über jene orientalischen Kirchen nur wenig zu hören. Es scheint wie eine Ironie des Schicksals, dass es den meisten Christen in Europa bis lange nach Erfindung der Druckerpresse im Mittelalter nicht erlaubt war, die heiligen Schriften zu lesen, während die Aramäisch sprechenden Christen der syrisch-orthodoxen Kirche bereits tausend Jahre früher Abschriften der Evangelien auf Aramäisch besaßen, die sie zu Hause ungehindert lesen und studieren konnten. Wir müssen uns fragen, wer wohl mit größerer Wahrscheinlichkeit etwas hatte, das dem Original näher war?

Douglas-Klotz befasste sich mit der Peschitta-Version der Worte Jesu und versuchte, sie direkt ins Englische zu übersetzen auf eine Weise, die etwas von den Bedeutungsnuancen im aramäischen Original vermittelte – und deren gibt es viele. Weil die aramäische Sprache weniger Wörter kennt, birgt jedes Wort mehr Bedeutungsnuancen. Obwohl die Evangelien zuerst in griechischer Sprache geschrieben wurden, waren die Worte Jesu doch auf Aramäisch gesprochen worden. Als die Evangelisten sie in griechischer Sprache niederschrieben, mussten sie Wörter mit einem deutlich geringeren Bedeutungsumfang wählen, um die aramäischen Wörter Jesu zu übersetzen. Stellen Sie sich einen Stammbaum der Wörter vor, auf dem unter einem aramäischen „Eltern-Wort" eine große Zahl griechischer „Nachkommen" verzeichnet sind. Griechisch zu schreiben, bedeutet, nur eines dieser Wörter zu verwenden, das freilich nur einen Teil der Bedeutung des aramäischen Wortes vermittelt und somit den Sinn beträchtlich einengt. Wenn man nun den umgekehrten Weg geht und die aramäischen Wörter betrachtet, gelangt man zu der Feststellung, dass es nicht eine definitive Übersetzung gibt – wie es unseren rationalen, westlichen Denkgewohnheiten gefiele –, sondern mehrere, je nachdem, wie wir ein Wort hören, was wir hineinlesen und welche Resonanzen es im jeweiligen Hörer oder Leser auslöst. Der Übersetzer muss entscheiden, welches moderne Wort er gebraucht – und gleichgültig, welches Wort er auch wählt, wird es zwangsläufig den Bedeutungsumfang des Originals schmälern. Andrew Harvey illustriert die Schwierigkeiten beim Übersetzen aus dem Aramäischen in andere Sprachen:

> Jesus lehrte zumeist in Aramäisch, einer blumigen und poetischen Sprache, die keine scharfen Grenzen zieht zwischen Mittel und Zweck, zwischen innerer Qualität und äußerer Handlungsweise. Wie die arabische Sprache, so bewahrt auch sie durch ihre Grammatik, ihren Satzbau und ihren Rhythmus in einer ineinander verwobenen Konstellation möglicher Bedeutungen eine fließende und holistische Sichtweise des Kosmos, in der es die in der griechischen oder lateinischen Sprache willkürlich gezogenen Grenzen zwischen Verstand, Körper und Geist nicht gibt. Das bedeutet, dass schon die Sprache, die Jesus sprach – und die er mit solch großer Brillanz und spiritueller Schönheit benutzte –, etwas von dem Bewusstsein des Reiches Gottes ausstrahlte und seine Zuhörer auf natürliche Weise in einen Vorgang des schöpferischen Zuhörens hineinzog, der wesentlich

umfassender und komplexer war als alles, was spätere Übersetzungen uns vermitteln können ... Der Hebräisch-Gelehrte Fabre D'Olivet war der Auffassung, dass die Tragödie biblischer Übersetzungen darin bestand, dass Äußerungen, die auf vielen unterschiedlichen Bedeutungsebenen zugleich schwingen sollten – zumindest aber auf intellektueller, metaphorischer und universeller Ebene –, „beschnitten und in ihrem Wesen grob gemacht wurden..., auf materielle und ausgewählte Äußerungen beschränkt". (*The Hebraic Tongue Restored*, 1921 [OA 1815])[4]

Douglas-Klotz bietet für jede der von ihm übersetzten Passagen verschiedene Bedeutungsvarianten an und berücksichtigt auch die etymologischen Wurzeln der Wörter, was den Aussagen Jesu eine [für uns] gänzlich neue Tiefendimension verleiht.

Betrachten Sie zum Beispiel die folgenden ausführlichen Übersetzungen einiger wohlbekannter Jesus-Worte:

*„Selig die Trauernden, denn sie werden getröstet werden." (Matthäus 5,4)*
„Selig sind diejenigen in Aufruhr und Verwirrung, sie werden im Inneren vereint werden."
„Reif sind diejenigen, deren Fäden sich lösen, die sich an den Säumen auftrennen; sie werden im Inneren wieder verknüpft werden."[5]

*„In meinem Namen ..."* kann gedeutet werden als:
„mit meiner Atmosphäre ..."
„aus meiner Erfahrung heraus ..."
„im Rhythmus mit meinem Klang ..."
„mit meinem Gefühl der Erleuchtung ..."
„mit dem Licht meines Wesens ..."[6]

*„Dein Auge gibt dem Körper Licht. Wenn dein Auge gesund ist, dann wird auch dein ganzer Körper hell sein. Wenn es aber krank ist, dann wird dein Körper finster sein." (Lukas 11,34)*

„Das Maß deiner Erleuchtung,
deines Verstehens von allem, was ist,
leuchtet durch dein Auge, dein Gesicht,
und alles, was du tust.
Wenn dein Ausdruck geradlinig und weitreichend ist,
ohne etwas zurückzuhalten oder vorzutäuschen,
wie Licht durch eine klare Linse,
dann wird alles, was du verkörperst,
den gleichen Blitz des Verstehens zeigen,
der die Welt erschaffen half.
Wenn aber dein Ausdruck verschleiert ist,
das Auge umwölkt und unstet,
die Handlung zur falschen Zeit und am falschen Ort,
dann wird, was du vom Licht und Verstehen verkörperst,
chaotisch, wirbelnd und verborgen sein.
Dann wird dein Nicht-Verstehen
an der ursprünglichen Finsternis des Kosmos teilhaben."[7]

*„Dein Wille geschehe, wie im Himmel"* (Matthäus 6,10)
„Lasse dein Licht durch uns fließen,
in Welle und Partikel.
Lasse deine Freude sich in uns manifestieren,
in Licht und Form.
Lasse dein Verlangen durch uns wirken
als gemeinschaftlichen und individuellen Zweck."[8]

Der Autor führt zahlreiche weitere Beispiele von Übersetzungen aus der Peschitta an, die auf die Worte Jesu ein ganzes neues Licht werfen und das Christentum revolutionieren könnten, wenn sie allgemein an- und übernommen würden. Er weist insbesondere auf die Bedeutung von *aluha* hin – dem aramäischen Wort, das im neuen Testament als *Gott* übersetzt wird:

Der Name *Alaha* bezieht sich im Aramäischen auf das Göttliche; und wo immer Sie in einem Zitat von Jeschua [Jesus] das Wort „Gott" lesen, fügen Sie dieses Wort ein! Es kann bedeuten: Heilige Einheit, Einheit, das All, die äußerste Kraft, das größte Potenzial, das Eine

ohne Gegenteil ... Im Gegensatz dazu beruht unser Wort für „Gott"
auf der germanischen Wurzel, die „gut" bedeutet. Zweifellos kann
auch das Gute als ein Aspekt des Göttlichen gesehen werden, doch
ist es nicht die Einheit.[9]

Hier sehen wir die Verbindung zwischen dem Verständnis von Gott als
dem göttlichen Bewusstsein, das alles in Einheit hält, und dem Konzept,
das aus der Wissenschaft hervorgeht, dass alles eins und in einer riesigen
Verflechtung von Energiefeldern miteinander verbunden ist. Besonders
„das Eine ohne Gegenteil" erinnert uns an den Zustand der Nicht-Dualität
oder das vereinende Bewusstsein, mit dem wir uns im letzten Kapitel beschäftigten.
In der ursprünglichen Sprache Jesu war Gott die heilige Einheit,
in der das All existierte. Wir stellen fest, dass Jesus über Gott in nichtdualen
Begriffen sprach. Douglas-Klotz belegt im weiteren, dass *Allah*,
der Name für Gott im Arabischen, von der gleichen Wurzel-Bedeutung
wie „Einheit" stammt und den Moslems nicht exklusiv zu eigen ist.

Dieses Wort (*Allah*) wird nicht ausschließlich von Moslems benutzt,
sondern bezeichnet das in den vergangenen zwei- bis viertausend
Jahren im Nahen Osten vorherrschende hauptsächliche Konzept des
Göttlichen. Schon bevor die jüdischen Schriften zusammengestellt
wurden, verwendeten einige Völker im Nahen Osten eine Form dieses
Wortes – *Allat* oder *Elat* –, um die Heilige Einheit zu bezeichnen.[10]

Das Werk von Douglas-Klotz birgt das Potenzial, unser Denken über das
Wesen Gottes völlig zu verändern. Wenn die Kenntnis und das Verständnis
der größeren Nuancen und breiteren Bedeutungsspektren einiger Jesus-Worte
in die Mainstream-Liturgie übernommen würden, könnte dies
das Verständnis des westlichen Christentums um radikale Erkenntnisse
bereichern; darüber hinaus könnte es uns von unserer Fixierung auf den
anthropomorphen, personalen „Gott nach unserem Bilde" hin zu einer
Sicht des Einsseins und der Heiligen Einheit – und des mitfühlenden Bewusstseins
führen.
Jesus bezeichnet Gott auch häufig als „unseren Vater". Die Worte in der
ersten Zeile des Vaterunsers lauten auf Aramäisch *abwûn d'bwaschmâja*,

übersetzt zumeist als „Unser Vater[, der du bist] im Himmel." Untersuchen wir das Aramäische Silbe für Silbe, schenkt es uns verschiedene Offenbarungen:

> Die alte nahöstliche Wortwurzel *ab* bezieht sich auf jedes Keimen, jede Frucht, die aus der Quelle der Einheit hervorgeht. Die Wurzel *ab* ist auch im aramäischen Wort für den leiblichen Vater – *abba* – enthalten, aber das ursprünglich Ungeschlechtliche der Wurzel schwingt in Klang und Bedeutung mit. Obwohl *abwûn* eine Ableitung dieses Wortes ist, beziehen sich seine ursprünglichen Wurzeln nicht auf ein bestimmtes Geschlecht; wir könnten sie mit „göttliche Eltern" übersetzen. ... *bwn* bezeichnet den Lichtstrahl oder die Emanation der Vater-/Mutterschaft, die von der Möglichkeit aus zur Wirklichkeit im Hier und Jetzt führt ... ein Gebären, eine Schöpfung, ein Fließen von Segen, als käme er aus dem „Innersten" dieses Einen zu uns. ... *û* ist der Atem oder Geist als Übermittler des Segensflusses, als Echo des Atemlautes ... *n* ist die Schwingung des schöpferischen Atems des Einen, wenn er die Form berührt und durchdringt.[11]

Damit enthalten die ersten beiden Wörter unseres Vaterunsers, „Vater unser", Obertöne von Mutterschaft, von Gebären, von Schöpfung und von dem Fließen des Geistes oder Atems. Der zweite Teil, *d'bwaschmâja*, hält ebenfalls eine Reihe von Überraschungen bereit:

> In *d'bwaschmâja* steht die zentrale Wurzel in der Mitte: *schm.* Von dieser Wurzel stammt das Wort *schem,* welches Licht, Klang, Schwingung, Name oder Wort bedeuten kann. Die Wurzel *schm* weist auf das, was „im Raum aufsteigt und leuchtet", auf die gesamte Sphäre, die ein Lebewesen umgibt. So gesehen, enthält der Name einer Person ihren Klang, ihre Schwingung oder Atmosphäre; Namen wurden deshalb früher bedachtsam gegeben und empfangen. Das „Zeichen" bzw. der „Name", der *abwûn* für uns erkennbar macht, ist das ganze Universum. ... *Schmâja* besagt, dass die Schwingung oder das Wort, der göttliche Name, durch den man das Eine erkennen kann, das Universum *ist.* Hierin liegt die aramäische Vorstellung von „Him-

mel" ... Im Altgriechischen und später in den neueren europäischen Sprachen wurde „Himmel" zum metaphysischen Konzept, das nichts mehr mit dem Schöpfungsprozess zu tun hatte.[12]

Somit enthält das „der du im Himmel bist" Facetten der Erkenntnis der göttlichen Natur aus dem Universum von Klang und Schwingungsenergie, in dem wir existieren – nicht einen fernen Ort namens „Himmel", sondern wo wir hier und jetzt sind. Wenn Jesus vom „Reich Gottes" oder „Himmelreich" sprach, bezog sich dies auf das Einssein, in welchem wir jetzt existieren. Auf der Grundlage seiner Deutung der subtilen Nuancen in jenem ersten Satz des Vaterunsers gibt uns Douglas-Klotz die folgende poetische Fassung:

O Gebärer(in)! Vater-Mutter des Kosmos,
alles, was sich bewegt, erschaffst du im Licht.

O Du! Atmendes Leben in allem,
Schöpfer(in) des schimmernden Klanges,
der uns berührt.

Du Strahlende(r): Du scheinst in uns und außerhalb von uns –
sogar die Dunkelheit leuchtet,
wenn wir uns erinnern.

Name aller Namen, unserer kleine Identität entwirrt sich
in dir, du gibst sie uns zurück
als eine Aufgabe.

Wortlose Tat, stille Kraft –
wo Ohren und Augen erwachen,
naht sich der Himmel.[13]

Aramäisch ist, wie gesagt, eine sehr poetische Sprache, und die vielen Bedeutungsfacetten und -nuancen können gewöhnlich nicht mit einem einzigen Wort aus einer modernen Sprache zum Ausdruck gebracht werden. Die verschiedenen maßgeblichen Evangelien-Übersetzungen, die uns heute vorliegen, wurden mit großer Genauigkeit aus dem Griechischen angefertigt, doch sie vermögen bei weitem nicht die Feinheiten und die Mannigfaltigkeit der Bedeutung wiederzugeben, die in den aramäischen Worten Jesu lagen. Douglas-Klotz probt nun nicht einen Aufstand gegen diese maßgeblichen Übersetzungen. Er erklärt sie auch nicht für falsch, sondern weist darauf hin, dass sie nur von begrenzter Aussagekraft sind, soweit die Worte ursprünglich aramäische Worte waren. Er schöpft aus seinem Verständnis des Aramäischen, um des Lesers Verständnis von den elementaren Lehren Jesu zu ergänzen und abzurunden. Im weiteren Verlauf des Vaterunsers erklärt er, dass das aramäische Wort *tzevjânach,* übersetzt als „Wille", auch als „eines Verlangen" oder „tiefes Verlangen" bedeuten könnte. Damit legt die Zeile „Dein Wille geschehe" das Gewicht weniger auf eine äußere Kraft, die unser Leben von oben beherrscht, sondern auf eine Harmonisierung unseres Herzens-Verlangens mit dem mitfühlenden Bewusstsein Gottes. Es wird offensichtlich, dass dieser radikale Ansatz, den verborgenen Sinn aus den Worten ans Licht zu holen, Liturgie und Hymnik transformieren könnte – wenn er als gültiger Ausdruck dessen, was Jesus einst sagte, akzeptiert und übernommen würde. Er erlaubt uns, eine eigene Version zu schreiben, da wir die ursprünglichen Bedeutungen der Wörter kennen. Als Beispiel folgt hier eine Version des Vaterunsers, die ich auf Grundlage der Interpretationen von Douglas-Klotz geschrieben habe:

O Atem des Lebens, der in aller Schöpfung fließt,
möge das Licht deiner Gegenwart das Universum erfüllen.
Deine Seinsweise komme, dein Verlangen geschehe,
in dieser und allen Sphären der Existenz.
Bringe hervor, was wir an Nahrung heute brauchen.
Vergib uns die Schwächen, die uns binden,
wie wir davon ablassen, an den Schwächen anderer festzuhalten.
Und lasse uns nicht zufrieden sein mit der Oberfläche des Lebens,
sondern erlöse uns von Irrwegen.
Denn du bist Leben in Fülle, schöpferische Einheit und herrliche Harmonie,
allezeit und darüber hinaus. Amen.

## Die Natur der Wirklichkeit

Außer den tieferen Bedeutungsschichten, die wir in der aramäischen Sprache finden können, gibt es tiefere Erkenntnisse über unsere Existenz, die in die Sprache des Gottesdienstes aufgenommen werden müssen. Wir leben in einer Zeit, in der den Menschen allmählich dämmert, dass sich die Wirklichkeit tatsächlich stark unterscheidet von der Art und Weise, wie wir sie bisher immer wahrgenommen haben. Langsam sickert aus der wissenschaftlichen Welt ins allgemeine Bewusstsein durch, dass wir eine Existenzform bewohnen, die aus Energie- und Informationsfeldern zusammengesetzt ist, nicht aus fester Materie. Die Neurophysiologin Dr. Mary Schmitt hat dies in einem Aufsatz unter der Überschrift *„If All is Consciousness, What Then is my Body?"*[14] („Wenn alles Bewusstsein ist – was ist dann mein Körper?") gut zum Ausdruck gebracht. Auf spielerische Weise beschreibt sie zuerst, wie der Körper in der Größenordnung eines Millionstel Zentimeters unter einem Elektronenmikroskop aussieht:

> In dieser Dimension erscheint der Körper mehr wie eine riesiger Ozean, der von Kreaturen verschiedenster Arten bevölkert ist. Tiefe unterseeische Höhlen (Hautporen) scheinen von verschiedenen Meeresgeschöpfen (Bakterien) bewohnt zu sein: Nervenzellen des Innenohres sehen aus wie Seeanemonen, und die Geschmacksknospen wie herrliche Blumen-Arrangements … Seeschlangen, die huckepack auf riesigen Seelöwen daherkommen, sind in Wirklichkeit Muskelgewebe mit Nervenfasern, die auf der Oberfläche entlangziehen, und so weiter.[15]

Der Körper wird auf dieser Ebene immer noch als feste Materie wahrgenommen – real, aber seltsam. Gehen wir aber auf eine viel stärkere Vergrößerung, zu einem Millionstel dieser Größe (d.h. $10^{-14}$ cm – für die mathematisch Gesonnenen), kommen wir in einen Bereich, in dem alle Festigkeit verschwunden ist. Auf dieser Ebene würden wir, wenn wir so stark vergrößern könnten, jedes Atom sehen, aus dem der Körper besteht. Könnten wir schließlich den Kern des Atoms auf den Durchmesser eines Staubkorns vergrößern, befänden sich die Elektronen auf Umlaufbahnen in Hunderten von Metern Entfernung (wenn wir sie im Moment als Partikel und nicht als Wellen betrachten). Dazwischen ist nichts, Leere. Mary Schmitt erklärt uns so anschaulich wie ernüchternd, dass wir, wenn wir all die Leere in unseren Atomen zum Verschwinden bringen können, auf einen Stecknadelkopf passen würden und noch Platz übrig hätten! Gehen wir noch weiter und betrachten die Vergrößerung der subatomaren Ebene. Hier wird es schwerfallen, überhaupt noch von „Materie" zu sprechen.

> Die Hunderte von subatomaren Teilchen der Protonen und Neutronen des Atomkerns, wie Leptonen, Mesonen, Quarks, sind, auch wenn man sie als Teilchen bezeichnet, nicht so sehr „Wesenheiten", sondern eher intelligente Schwingungsmuster von interagierenden, kommunizierenden Energien. Einige dieser sogenannten „Partikel" können sich rückwärts in der Zeit bewegen und sowohl in die Existenz treten als auch aus dieser verschwinden.[16]

Das ist es also, woraus wir bestehen; das ist die Natur der Wirklichkeit unseres Körpers. Wir sind im Grunde interagierende, kommunizierende Energien auf einer subtileren Ebene, als man sich das noch vor fünfzig Jahren überhaupt vorzustellen vermochte, wo selbst Zeit und Raum keine festen Größen mehr sind. Auf dieser Ebene beginnen wir Verbindungen zwischen Materie und Geist oder Bewusstsein zu sehen. Wenn wir unseren Bildauschnitt noch weiter vergrößern, gelangen wir bis zum unvorstellbar Kleinen ($10^{-33}$ cm), jener „Länge", die als Plancksche Konstante oder Plancksches Wirkungsquantum bezeichnet wird und so klein zu sein scheint, wie die Natur es noch zulassen will. Die Plancksche Konstante spiegelt die Größe der Quanten in der Quantentheorie wider. (Diese wurde 1899 von Max Planck entdeckt – was illustriert, wie lange es dauert, bis wissenschaftliche Erkenntnisse Eingang in den allgemeinen Sprachgebrauch finden.) Staunend schildert Mary Schmitt diese Ebene der Wirklichkeit:

> An diesem Punkt können wir nicht länger von Raum oder Zeit oder auch nur von manifester Wirklichkeit sprechen. Wir befinden uns in der „impliziten Ordnung", wie David Bohm es nennt, wo die Natur (einschließlich unserer selbst) alles erschafft, alle ihre Erinnerungen

trägt (morphogenetische Felder) und wo alles, was existiert, unendliches Potenzial ist. Wir sind im Bereich des „einheitlichen Feldes" ... Ich bin eins mit allem, das ist, in dem zeitlosen Bereich unendlicher Komplexität, aber höchster Einfachheit.[17]

In vielerlei Hinsicht ist diese Wahrnehmung und Vorstellung der Wirklichkeit so etwas wie eine Kulisse für die westliche Kultur geworden. Das unvorstellbar Kleine wurde zu einem Alltags-Begriff. Wir reden von Nanotechnik und verstehen darunter technische Anwendungen und Möglichkeiten im unvorstellbar Kleinen, nämlich im Nanometer-Maßstab (1 Nanometer = $10^{-9}$ Meter). Das Wort Quant hat Eingang gefunden in die Welt der religiösen Schriftstellerei, in Filme, Musik und die sozialen Medien. Eine grobe Internet-Suche zeigt, dass wir inzwischen Quanten-Springen, Quanten-Berührung, Quanten-Heilen, Quanten-Einzelhandel, Quanten-Medien und sogar eine Quanten-Mausefalle haben! Die Folge dieses Quanten-Erfolgs ist, dass ein schwieriger Begriff letztlich gar nicht mehr so fremd erscheint, da das Wort allzu vertraut ist. Je mehr solcher Wörter und Begriffe in alltäglichen Gebrauch kommen, desto stabiler wird die Kulisse aufgebaut. Die Herausforderung an die religiöse Sprache ist die Frage, ob sie sich auf dieses neue Verständnis von der Natur der Wirklichkeit als interagierende, kommunizierende Energiefelder einlässt und etwas von seiner Sprache übernimmt oder nicht. Bleiben wir bei der traditionellen Sprache, die aus einer früheren Zeit stammt – oder respektieren wir die Entwicklung der lebendigen Sprache und verleihen unserem Glauben an das Göttliche und die Natur des Menschen und aller Schöpfung Ausdruck in modernen Worten, Symbolen und Metaphern? Die Lebenserfahrung in der westlichen Welt zeigt, dass sich viele vom Christentum abgewandt haben und sich ganzheitlichen zeitgenössischen spirituellen Strömungen öffnen und anschließen, die genau jene Sprache von subtilen Energien, Quantenvorgängen und Energiefeldern gebrauchen und sie mit bestehenden Konzepten von Aura, Chakras und Meridianen kombinieren. Man braucht nur einen Blick in die „Körper, Seele, Geist"-Abteilung einer örtlichen Bibliothek oder Buchhandlung zu werfen, um dies zu erkennen. Mein Glaube ist, dass das Christentum von einer neuen Begrifflichkeit, die in unserem heutigen Verständnis von der Natur der Wirklichkeit wurzelt, profitieren und gestärkt würde. Wir können weiterhin die gleichen zeitlosen Wahrheiten ausdrücken und vermitteln – jedoch auf eine neue Weise, für eine neue Generation.

## Eine neue Sprache

Die Erkenntnisse aus dem Aramäischen und der Weisheits-Tradition und das aufkommende Verständnis von der Natur der Wirklichkeit können in der kirchlichen Liturgie, in Hymnik und Liedgut Ausdruck finden durch Vermittlung eines Glaubens an ein nicht-duales Universum, in dem alles eins ist, gehalten und geborgen in dem mitfühlenden Bewusstsein Gottes.

Als Beispiel diene hier die sogenannte Reinigungskollekte, das Gebet, das traditionell zu Beginn der Eucharistiefeier im Gottesdienst der Anglikanischen Kirche gesprochen wird. Der traditionellen Version folgt eine zeitgenössische Form:

Allmächtiger Gott, dem alle Herzen offen, alle Wünsche bekannt und vor dem keine Geheimnisse verborgen sind: Reinige die Gedanken unserer Herzen durch die Eingebung deines Heiligen Geistes, damit wir Dich vollkommen lieben und Deinen heiligen Namen würdig erheben mögen, durch Christus, unseren Herrn. Amen.

Gott allen Mitgefühls, dessen Gegenwart im Inneren die Wünsche und verborgenen Geheimnisse unserer Herzen sieht: Lasse deine Energie und Licht fließen, auf dass wir deinen Atem des Lebens in unserem inneren Sein erfahren und aufrichtiges Lob in unserem Leben zeigen, wie es Jesus der Christus getan hat. So sei es.

Ein weiteres Standard-Gebet ist das Schuldbekenntnis. Obgleich es viele neuere Versionen davon gibt – manche von ihnen deutlich verbessert –, ist die traditionelle Fassung immer noch in regelmäßigem Gebrauch. Sie soll hier wiedergegeben werden, danach zum Vergleich eine Version, die Ideen und Begriffe aus dem vorliegenden Buch aufnimmt.

Allmächtiger Gott, unser himmlischer Vater,
wir haben gesündigt gegen dich und gegen unsere Mitmenschen
in Gedanken, Worten und Taten,
durch Unachtsamkeit, durch Schwäche,
durch unsere eigenen absichtlichen Fehler.
Wir sind aufrichtig betrübt
und bereuen alle unsere Sünden.
Um deines Sohnes Jesu Christi Willen, der für uns starb,
vergib uns alles, was vergangen ist,
und gewähre, dass wir dir dienen mögen in erneuertem Leben
zum Ruhme deines Namens. Amen.


Gott aller Schöpfung, in dem wir leben und uns bewegen und unser Sein haben,
wir bekennen unsere Trennung von dir im Inneren,
unsere Ichbezogenheit und Härte des Herzens
gegenüber anderen und uns selbst.
Wir sind aufrichtig betrübt und bitten, dass du uns helfen mögest,
unser menschliches Denken zu überwinden
und einzutreten in das Herz deiner liebenden Gegenwart.
Mögen wir erneuert werden nach dem Bilde Jesu des Christus, des Gottmenschen,
auf dass wir die Fülle des Lebens in der Energie deiner Liebe erfahren.
Amen. So sei es.

Im Anhang 3 habe ich eine Version der Liturgie für den Abendmahls-Gottesdienst entworfen, in die ich ebenfalls die Ideen und Begriffe aus dem vorliegenden Buch aufgenommen habe. Auch Kirchenlieder werden einiger Aufmerksamkeit bedürfen. Im Laufe der vergangenen Jahrzehnte entstand eine Fülle christlicher Lieder aus verschiedenen Lagern. Die evangelikalen, charismatischen Bewegungen in Amerika, Großbritannien und Australien konnten einen gewaltigen Aufbruch einer Vielfalt von Autoren verzeichnen aus Organisationen wie der Vineyard-Bewegung in den Vereinigten Staaten, Spring Harvest aus dem Vereinigten Königreich und

Hillsong aus Australien; der Schwerpunkt liegt jedoch, wie zu erwarten, sehr im evangelikalen und „Jesus-ist-der-Herr"-orientierten Bereich. Sie sind auch fest in einem dualistischen Verständnis eines Gottes der Wunder verwurzelt, der Herr und Meister und mächtig ist, statt die Präsenz am Urgrund unseres Seins. Aus der Iona-Gemeinschaft in Schottland haben wir eine große Zahl oft gesellschaftlich radikaler Lieder; viele davon verbinden neue Texte mit den Melodien schottischer Volkslieder. Aus der Communauté de Taizé in Frankreich gibt es Gesänge in einer Vielzahl von Sprachen, und auch darüber hinaus zahlreiche Beiträge von rund um den Globus, die Eingang in neuere Lieder- und Gesangbücher finden. Doch man sieht und hört relativ wenig, das uns ermutigt, die Beziehung zwischen Gott und Mensch in Begriffen von Bewusstsein oder Einssein oder Einheit zu verstehen.

Der Autor und Übersetzer John Henson hat in seinem Buch *Wide Awake Worship* viele Kirchenlieder und Gebete neu formuliert und gebraucht eine frische, einfache Sprache. Er übernimmt zwar nicht die Sprache des Bewusstseins (wie im vorliegenden Buch), zeichnet sich aber durch eine wohltuende, erfrischende Direktheit aus. Hier ist seine Version des Vaterunsers:

Liebender Gott, hier und überall,
hilf uns, deine Werte zu verkünden
und deine Neue Welt einzuführen.
Gib uns, dessen wir von Tag zu Tag bedürfen.
Vergib uns, dass wir dich verletzen,
während wir jenen vergeben, die uns verletzen.
Gib uns Mut, den Prüfungen des Lebens und der Macht des Bösen
zu begegnen.
Wir feiern deine Neue Welt,
voller Leben und Schönheit;
sie währet ewiglich.[18]

Henson übersetzt das Reich Gottes als die „Neue Welt" und erfasst damit einiges von der Verwandlung, die dies impliziert, doch er berücksichtigt nicht die Ideen, die mit Energie und dem vereinenden Bewusstsein zu tun haben, auf das wir alle zugehen, und die in den aramäischen Übersetzungen von Neil Douglas-Klotz mitschwingen. Um sich dem neuen

Verständnis zu nähern, wie es in diesem Buch dargelegt ist, wird es eines grundlegenden Wandels in der Sprache bedürfen, die in den Kirchen gebraucht wird. Doch dieser Wandel ist bereits im Kommen – sei es auch langsam –, da sich die Zeiten verändern. Er kommt auf uns zu, er kommt immer näher, und bevor wir es bemerken, hat er uns bereits erreicht. Neue Kirchenlieder, Gebete und Liturgien gibt es bereits – sie entstehen die ganze Zeit –, und die besten von ihnen werden Bestand haben, wie es immer gewesen ist.

Worte sind so wichtig, sie prägen unser Verständnis, sie tragen unsere Vorstellungen, sie geben unseren Gefühlen Ausdruck. T. S. Eliot beschreibt, welches Problem wir mit Wörtern haben, wenn wir versuchen, dem tiefen Sehnen unseres Herzens Ausdruck zu verleihen:

Worte werden überladen,
Reißen oder brechen unter der Last
Durch die Anspannung, verrutschen, gleiten aus, sterben aus,
In Fehlbenennung verwesend, bleiben nicht an ihrem Ort
Und wollen nicht still sein.[19]

Worte und Sprache sind bekanntlich schwer so zu übersetzen, dass sie die ursprüngliche Bedeutung vermitteln. Wenn wir die Worte Jesu auf Englisch oder Deutsch lesen, die aus dem Griechischen übersetzt, aber ursprünglich auf Aramäisch gesprochen wurden, dann haben wir sehr viel Anlass, Gelegenheit und Spielraum, uns auf die Original-Sprache und -Bedeutung zurück zu besinnen. Die Poesie und Tiefe jener aramäischen Worte könnten unsere liturgische Sprache mit neuem Leben erfüllen. Diese neue/alte Lebendigkeit könnte unsere jüngeren/veralteten Formeln mehr mit unserem Verständnis von der Natur der Wirklichkeit in Übereinstimmung bringen – und mit unserer Erkenntnis über unser eigenes Wesen als einem Meer von interagierenden, kommunizierenden subtilen Energien, das gehalten und getragen ist im Bewusstsein Gottes.

# 10
## ES GEHT WEITER

~

In diesem letzten Kapitel betrachten wir einige der heutigen Anzeichen und Ausdrucksformen der aufkommenden Wahrnehmung des Christentums.

~

### Eine neue Art von Christen

Es gibt eine Reihe von jüngeren Entwicklungen, die die in diesem Buch umrissene Sichtweise unterstützen. Die moderne Wissenschaft hat viel über die Bibel und ihre Ursprünge geforscht und herausgefunden und trägt dazu bei, dass sich auch innerhalb der Kirchen die Wahrnehmung der Evangelien und des Wesens Jesu allmählich verändert. Die Wiederentdeckung und -belebung der Übung in Meditation und kontemplativem Gebet nimmt zu, wie in Kapitel 8 erwähnt. „Fresh Expressions of Church" („Frische Ausdrucksformen der Kirche") ist eine Bewegung innerhalb der Anglikanischen Kirche, die schon manche radikalen Wege ausprobiert hat. In den Vereinigten Staaten entstehen Weisheitsschulen zuhauf, die den christlichen Weg auf neue Weisen vermitteln, die viel mehr mit den Konzepten und Gedanken in diesem Buch gemein haben. Und es gibt zahlreiche weitere Erkenntnisse und Praktiken aus sowohl säkularen als auch spirituellen Richtungen, die sich dem Weg des Herzens widmen, der ein Merkmal dieser Strömungen ist. Manche dieser Erscheinungen werden wir im Laufe dieses Kapitels betrachten. Hier kommen Christen einer neuen Art auf uns zu, die bereit sind, Grenzen zu überschreiten, über den Tellerrand zu blicken und Neues zu lernen, die Vorteile darin sehen, wissenschaftliche Konzepte in ihren Glauben aufzunehmen und zu integrieren, und die willens sind, zu experimentieren und Risiken einzugehen, damit die wahre Lehre von Jesus dem Christus, dem Weisheitslehrer der umwandelnden Liebe, weitergegeben werden kann.

## Moderne Geisteswissenschaft

In den vergangenen hundert Jahren hat die Bibelwissenschaft durch die vielen verschiedenen Formen der Textkritik einen grundlegenden Wandel erlebt. Dies ist ein sehr weites Feld, das Stoff für umfangreiche Diskussionen bietet; hier kann es nur gestreift werden. Die verschiedenen textkritischen Methoden der Bibelforschung haben eine Vielzahl unterschiedlicher Fragen aufgeworfen, wie zum Beispiel:

- Ist der Text, der uns vorliegt, eine zuverlässige Wiedergabe des Originals?
- Aus welchen Quellen hat sein Verfasser geschöpft?
- Welches war der historische und kulturelle Kontext des Autors?
- Gibt es Belege dafür, dass der traditionell bekannte Verfasser tatsächlich der Urheber des Textes ist?
- In welcher literarischen Form ist der Text gehalten?
- Was war die Absicht des Autors und an wen richtete er sich?
- Was vermittelte der Text dem ursprünglichen Leser, und was sagt er uns heute?

Um Antworten auf Fragen dieser Art zu finden, haben Wissenschaftler frühe Manuskripte aller Art und Texte in verschiedenen Sprachen untersucht, um zu vergleichen, gegenüberzustellen und zu datieren. So kann zum Beispiel die Analyse des Sprachstils oft zeigen, dass Briefe nicht vom selben Autor geschrieben wurden. Die Paulus zugeschriebenen Briefe etwa dürften wohl nicht alle tatsächlich von ihm stammen; viele Forscher vermuten, dass Kolosser-, Epheser-, Titus- und die beiden Timotheus-Briefe erst nach Paulus' Tod veröffentlicht wurden, da sie im Stil von den authentischen Paulus-Briefen abzuweichen scheinen. Manche Wissenschaftler argumentieren, dass diese Texte gleichwohl paulinisch seien, jedoch die Gedanken des Paulus in höherem Alter wiedergeben und deshalb andere Ausdrucksformen aufweisen. Andere bringen vor, dass die genannten Briefe von einem Sekretär des Paulus geschrieben wurden. (Für die meisten seiner Briefe nahm er einen Schreiber in Anspruch.) Wieder andere mutmaßen, dass sie von jemandem verfasst wurden, der behauptete, im Geiste von Paulus zu schreiben. (Es war gängige

Praxis, dass jemand im Geiste eines bekannten Autors schrieb und es diesem zuschrieb.) Diese Briefe werden auf die Zeit zwischen 65 und 125 n. Chr. datiert. Sie enthalten unerfreuliche Passagen über Frauen und die Sklaverei, doch sie erwähnen auch Diakoninnen und möglicherweise Priesterinnen. Themen dieser Art sind in jüngeren Jahren eingehend erforscht worden, was zu einem gewaltigen Berg an Wissen führte, das vor hundert Jahren schlichtweg noch nicht existierte.

Die Evangelien waren ein Bereich intensiver Forschung und auch scharfer Dispute, da die Worte und Taten Jesu genau und kritisch unter die Lupe genommen wurden. Handelt es sich tatsächlich um seine Worte oder sind es Paraphrasen, Nachdichtungen oder spätere Erkenntnisse? Vollbrachte er wirklich alle überlieferten Wunder oder sind manche von ihnen durch Dramatisierung und Ausschmückung eher alltäglicher Ereignisse entstanden? Wie viel ist zu der Geschichte des radikalen jüdischen Lehrers und Heilers hinzugefügt wurden, der seinerzeit hingerichtet wurde?

Das "Jesus-Seminar" ist eine Gruppe von etwa 150 kritischen Wissenschaftlern und Laien und wurde 1985 von Robert Funk und John Dominic Crossan gegründet, um sich von neuem mit den Texten auseinanderzusetzen und eine Meinung darüber zu bilden, wie authentisch die überlieferten Worte Jesu sind. Diese Arbeit führte dazu, dass die Jesus-Worte in einer besonderen Ausgabe der Evangelien[1] mit unterschiedlichen Farben kategorisiert wurden. Jene Edition enthält auch das Thomas-Evangelium, das man um 1945 unter den Nag-Hammadi-Schriften fand. (Diese Zufalls-Entdeckung von zweiundfünfzig Texten in einem abgelegenen Teil Oberägyptens, die bis in die Frühzeit des Christentums zurückreichten, umfasst auch viele vorher verloren geglaubte Schriften.) Das Jesus-Seminar unterschied die Worte Jesu nach folgenden Kriterien und markierte sie farblich:

- rot: Jesus hat zweifellos dies oder so etwas gesagt.
- pink: Jesus hat wahrscheinlich so etwas gesagt.
- grau: Jesus hat dies nicht gesagt, aber die enthaltenen Ideen sind seinen verwandt.
- schwarz: Jesus hat dies nicht gesagt; es gibt die Sichtweise oder Ansicht einer späteren oder anderen Tradition wieder.

Dass das ganze Johannes-Evangelium der Kategorie „*keine* wörtlichen Zitate des Jesus von Nazareth, sondern eine spätere Tradition" zugeordnet wurde, löste einige Bestürzung und Dispute aus. Es handelt sich immer noch um wahrlich inspirierte Worte, die einen tiefen Sinn widerspiegeln; aber wahrscheinlich wurden sie damals nicht tatsächlich von Jesus gesprochen. Forschungsarbeiten und -resultate dieser Art ernteten viel Kritik vonseiten der eher konservativen Elemente in der Kirche, wirkten dabei aber für viele befreiend.

Autoren wie John Dominic Crossan und Marcus J. Borg haben anhand der Untersuchungsergebnisse des Jesus-Seminars neue Paradigmen des Christentums entwickelt. Borg nennt diese neue Sicht „aufkommendes" Christentum im Gegensatz zum „früheren" Christentum. Das frühere Christentum legt Wert auf eine buchstäbliche Betrachtung der Bibel und versteht Erlösung im Sinne von „jetzt glauben, um später in den Himmel zu kommen". Es hat einen ausgeprägten Zug von Exklusivismus, da es Jesus als den einzigen Weg und das Christentum als die einzig wahre Religion sieht.

Die zweite Weise, das Christentum zu sehen, das „aufkommende Paradigma", hat sich über einen Zeitraum von mehr als hundert Jahren entwickelt und ist in letzter Zeit zu einer bedeutenden Bewegung an der Basis vieler Kirchen geworden. In einem positiven Sinne ist sie das Produkt des Aufeinandertreffens von Christentum und der modernen bzw. postmodernen Welt, von Naturwissenschaften, Geschichtswissenschaft, religiösem Pluralismus und kultureller Vielfalt. Weniger positiv betrachtet, ist sie das Produkt unserer eigenen Bewusstwerdung darüber, was das Christentum zu Rassismus, Sexismus, Nationalismus, Exklusivismus und anderen Ideologien beigetragen hat.[2]

Bischof John Shelby Spong war ebenfalls eine überzeugungskräftige Stimme in der liberalen Theologie und ersann einen von Grund auf neuen Weg, der zu einer frischen Vision des Christentums führt. Die Titel einiger seiner vielen Bücher vermitteln davon einen Eindruck: *Liberating the Gospels: Reading the Bible with Jewish Eyes („Die Evangelien befreien:*

*die Bibel mit jüdischen Augen lesen"), Why Christianity Must Change or Die: A Bishop Speaks to Believers In Exile,* (dt. Ausg.: *Was sich im Christentum ändern muss. Ein Bischof nimmt Stellung), A New Christianity for a New World: Why Traditional Faith Is Dying and How a New Faith Is Being Born* (dt. Ausg.: *Warum der alte Glaube neu geboren werden muss. Ein Bischof bezieht Position).* In diesen Büchern wirft er einen Blick auf einen Gott, der nicht personal und nicht nach unserem Bilde erschaffen, sondern die Quelle des Lebens und der Liebe ist, sehr ähnlich dem Gott des mitfühlenden Bewusstseins, den wir in diesem Buch skizzieren.

Gott ist der Grund des Seins, der angebetet wird, wenn wir Mut zum Sein haben. Jesus ist die Gottes-Gegenwart, der Durchgang, der Kanal. Die Vollkommenheit seines Lebens offenbart die Quelle des Lebens, die Verschwendung seiner Liebe offenbart die Quelle der Liebe und das Sein seines Lebens offenbart den Grund allen Seins. Deshalb steht Jesus weiterhin im Zentrum meines religiösen Lebens.[3]

Diese Betrachtungsweisen – und viele andere – haben zu einer neuen Grundströmung und zur Stärkung und Verbreitung der Meinung beigetragen, dass es auch eine andere Art gibt, Christ zu sein, und eine Evolution hin zu einem Christentum, das auf alte Sichtweisen Bezug nimmt, aber moderne Erkenntnisse mit einbezieht. Hier wird ein Weg bereitet und gebahnt, der nicht exklusiv ist, sondern im Austausch mit anderen Wegen steht und diese inspiriert. Die Welt ist der Aufrufe zur Exklusivität müde. Sie haben zu vielen Disputen geführt, zu Kriegen und dem Verlust von Menschenleben im Namen des einen Gottes (oder eines anderen), und in jüngster Zeit sogar zu fundamentalistischen Terrororganisationen. Der Ruf der Zukunft muss der Einheit, der Inklusivität und dem Einssein der ganzen Menschheit gelten. Nur das wird zu einer Welt friedlicher Koexistenz führen.

### Frische Ausdrucksformen und aufkommende Kirche

In Großbritannien entstand aus den Reihen der anglikanischen und methodistischen Traditionen die Bewegung „Fresh Expressions of Church".

Ein frischer Ausdruck ist eine Kirchenform für unsere im Wandel begriffene Kultur, die in erster Linie zum Wohle der Menschen ins Leben gerufen wird, die aus dem einen oder anderen Grund mit den traditionellen Kirchenstrukturen ihre Schwierigkeiten haben. In Nordamerika entstand die Bezeichnung "Emerging Church" ("aufkommende Kirche") für Bewegungen, die auf ähnliche Weise versuchen, Formen für die Integrität von Glauben und Leben in der heutigen Kultur zu finden. Die Absicht dieser Strömungen ist es insgesamt, nicht einen Trittstein zu bieten, der in die bestehenden traditionellen kirchlichen Gegebenheiten leitet, sondern neue christliche Gemeinschaften zu bilden, die ihren Glauben in dem kulturellen Rahmen umsetzen, in dem sie leben. In Großbritannien hat dies zahlreiche unterschiedliche Ausdrucksformen hervorgebracht, die aus der Basis heranwuchsen und zu dem jeweiligen Kontext passen. Manche davon existierten schon seit Jahren, bevor das Schlagwort "fresh expression" in Gebrauch kam.

Eine Richtung innerhalb der Fresh-Expressions-Bewegung ist das neue Mönchstum, das manche der Prinzipien des monastischen Lebens übernimmt und für das 21. Jahrhundert neu interpretiert. Ein zentrales Element ist gewöhnlich eine Form von "Regel" oder "Lebensrhythmus", den die Mitglieder der Gemeinschaft einzuhalten versuchen. Die Theologie solcher "frischen Ausdrucksformen" kommt oft aus dem evangelikalen Lager, aber einige sind auch ganz anders. Mancherorts wird großer Wert auf kontemplative Strukturen gelegt und darauf, sich Gott als dem Urgrund des Seins zu nähern, dem mitfühlenden Bewusstsein, das auch das zentrale Thema dieses Buches ist. "Contemplative Fire"[4] in Großbritannien stützt sich vielmehr auf die Schriften der frühen Kirche und der Wüstenmystiker, um eine „verstreute sakramentale Gemeinschaft von Reisegefährten mit einem gemeinsamen Lebensrhythmus aus kontemplativer, kreativer und mitfühlender Praxis" zu bilden. Eine weitere Initiative ist „Still Point",[5] in der man danach strebt, die spirituelle Praxis besonders durch Erforschen der kontemplativen und mystischen Strömungen in der christlichen Tradition zu vertiefen und sich mit anderen spirituellen Traditionen und den Künsten zu engagieren. „Moot"[6] in London bietet einen spirituellen Weg innerhalb der christlichen kontemplativen Tradition für jene, die sich weniger mit traditionellen oder zeitgenössischen Ausdrucksformen der Kirche identifizieren. Das „Norwich Contemplative Forum"[7] sucht seine Vision einer kontemplativen Gemeinschaft mit ökologischem Bewusstsein zu verwirklichen und den Menschen zu helfen, sich mit der Natur, mit Gemeinschafts-Entwicklung und gemeinschaftlichem Entscheiden neu zu verbinden. Diese unterschiedlichen Ausdrucksformen der aufkommenden Kirche – und es gibt wahrscheinlich viele weitere, besonders in Nordamerika –, weisen eine Freiheit und Kreativität auf, die die traditionellen Grenzen überschreiten und sich auf den Gott außerhalb der ausgetretenen Pfade einlassen, den „Blue Sky God", den „Gott ohne Grenzen".

Sie alle schöpfen aus den tiefen Brunnen der kontemplativen Tradition, um einen neuen Strom zum Fließen zu bringen. Dieser neue Strom nimmt die Notwendigkeit ernst, dass das Christentum sich weiter entwickelt, um in die Kultur und den Kontext der westlichen Gesellschaft von heute zu passen, und überschreitet dabei traditionelle Grenzen und Beschränkungen aller Art. Er sucht einen Weg der Transformation, der nicht begrenzt ist auf Dogma oder Doktrin, sondern aus tiefen, verborgenen Brunnen der Vergangenheit schöpft – und er ist willens zu experimentieren und Risiken auf sich zu nehmen. Vor allem aber baut er auf Erfahrung und gründet in der Kommunion mit dem Urgrund des Seins in der Stille des kontemplativen Gebets und der Meditation.

## Weisheitsschulen

Eine der wichtigen Aufgaben beim Entwickeln eines neuen Weges für das Christentum ist, eine angemessene Form für das Angebot einer Synthese der Forschung und Lehre zu finden, die in der jüngeren Vergangenheit erarbeitet wurde. In Nordamerika gibt es eine Reihe von Contemplative Wisdom Schools ("Schulen kontemplativer Weisheit") an verschiedenen Orten, die von Reverend Dr. Cynthia Bourgeault geleitet werden. Sie verfolgen eine zweifache Zielsetzung. Erstens: Christen die Breite und Tiefe ihres eigenen, oft verschütteten christlichen Erbes zugänglich zu machen, insbesondere durch den Blick auf neue Ressourcen und Erkenntnisse aus dem Nahen Osten, wie das Thomas-Evangelium, und aus dem Erbe der Orthodoxen Kirche. In allen diesen Quellen finden wir den Gedanken der Vergöttlichung des Menschen. Er wird in unterschiedliche Begriffe gekleidet, aber die Gottwerdung, Vergöttlichung oder Theosis ist eine starke Tradition in der Geschichte des Christentums, besonders in der Orthodoxen Kirche. Im Protestantismus ist sie weitgehend verloren gegangen, bis auf die Vorstellung, geweiht oder in das Bild Christi verwandelt zu werden. Die Heiligung wird selten verstanden als ein Gemacht-Werden, um das *Gleiche* zu sein wie Jesus, sondern wird einfach als ein Verwandelt-Werden durch den Heiligen Geist betrachtet, um *ein bisschen* wie Jesus zu sein. Nach dem in diesem Buch dargelegten Verständnis ist das Potenzial des Menschen, das Gleiche wie Jesus zu werden und fähig, alles zu sein, was er war – wenn wir erweckt werden können für die Energieschwingung des mitfühlenden Bewusstseins Gottes. Dieser Sinn liegt in den Worten Jesu in der Bibel: *„Wer an mich glaubt, der wird die Werke, die ich vollbringe, auch vollbringen, und er wird noch größere vollbringen als diese."* (Johannes 14,12) Wir finden diese Aussage auch deutlich in vielen Schriften der frühen Kirchenväter:

- Irenäus von Lyon: Gott *„wurde, was wir sind, um uns zu dem zu machen, was er selbst ist."*[8]
- Clemens von Alexandria: *„Wer dem Herrn gehorcht und der Prophezeiung folgt, die durch ihn gegeben wurde ... wird ein Gott werden, während er noch im Fleische einherwandelt."*[9]
- Athanasius von Alexandria: *„Gott wurde Mensch, auf dass wir vergöttlicht werden."*[10]
- Kyrill von Alexandria: Wir *„wurden ‚Tempel Gottes' genannt und sogar ‚Götter', und das sind wir auch."*
- Basilius (der Große) von Cäsarea: *„Ein Gott zu werden"*, ist das höchste Ziel von allen.
- Gregor von Nazianz beschwört uns: *„Werdet Götter um (Gottes) willen, da (Gott) Mensch geworden ist um unseretwillen."*[11]

In der Orthodoxen Kirche, die viel Inspiration von jenen frühen Vätern der Kirche bezieht, ist die Theosis schon immer eine zentrale Doktrin gewesen. Für den orthodoxen Christen besteht die Erlösung nicht darin, von Jesus gerettet zu werden, durch dessen Tod am Kreuz der Zorn Gottes besänftigt wird, sondern darin, sich anzustrengen, mehr wie Gott zu werden und mit der Hilfe der göttlichen Gnade mit Gott vereint zu werden.

Theosis (Vergöttlichung) ist der Vorgang, durch den ein Gläubiger von *hamartia* (Verfehlung, Schuld, Sünde) frei und mit Gott vereint wird ... Für orthodoxe Christen ist Theosis die Erlösung. Sie geht davon aus, dass Menschen von Anfang an geschaffen sind, am Leben oder der Natur der Allheiligen Trinität teilzuhaben ... Die Theosis bestätigt auch prinzipiell die vollständige Wiederherstellung aller Menschen (und der ganzen Schöpfung).[12]

Im christlichen Westen war dies wirklich nur in den Lehren einiger Mystiker zu finden. Meister Eckhart (ca. 1260 – 1327) lehrte die mögliche Vereinigung zwischen der menschlichen Seele und Gott. Cyprian Smith schreibt in einem Artikel in *The Study of Spirituality,* dass Eckhart gewusst habe, dass diese Möglichkeit einer göttlich-menschlichen Vereinigung von der Gnade Gottes abhängig ist, die großzügig gewährt werde; doch er behauptet, dass sie auch auf etwas im Inneren der Seele selbst beruhe, nämlich ihrer innewohnenden Ähnlichkeit mit Gott. Eckhart betonte diese Ähnlichkeit manchmal so sehr, dass er den Unterschied zwischen dem Menschen und Gott darüber zu verwischen schien.[13]

Langsam, aber stetig fanden diese Lehren im Laufe der vergangenen fünfzig Jahre ihren Weg in den Westen und vermitteln die Vorstellung, dass es die Bestimmung des Menschen ist, das Bewusstsein Gottes zu erlangen, jenen vereinenden Zustand oder jene Ganzheit, welche Erlösung ist. Dies ist ein Bestandteil der Lehren von Weisheitsschulen. Ihm liegt das zweite Ziel der Weisheitsschulen zugrunde, nämlich der Zweck der Transformation des Seins durch Entwicklung von zentralen Praktiken wie Meditation, kontemplatives Gebet, *Lectio Divina,* feierlichen Gesang, und die tägliche Übung von Achtsamkeit, innerer Beobachtung und Hingabe. Alle diese Elemente kommen zwar aus der christlichen Überlieferung, sind aber nicht exklusives Gut dieser Tradition, da die Weisheits-Praktiken, die zur inneren Transformation führen, in allen großen Weltreligionen zu finden sind, wie Cynthia Bourgeault verdeutlicht. Sie stellt fest, dass die praktischen Grundlagen des Weges der Transformation weitgehend gleich aussehen, welchem spirituellen Pfad man auch folge: Hingabe, innerer Gelassenheit, Mitgefühl, Vergebung. Sie weist auch darauf hin, dass die Lehren des Weisheitsweges, in eine Vielfalt von Theologien und devotionellen Praktiken gekleidet, über die ganze Familie der Weltreligionen verstreut zu finden sind; sie können nicht nur einer Tradition allein zugeschrieben werden.[14]

Viele dieser weit verstreuten Praktiken wiederzuentdecken, um eine umfassende Lehre zu gestalten, ist das Herzensanliegen der christlichen Weisheitsschulen, die die Lehre von Jesus als einem Weisheits-Meister des Pfades der umwandelnden Liebe in den Mittelpunkt stellen.

> Der erste Titel, der Jesus von seiner unmittelbaren Anhängerschar gegeben wurde, war *moshel meshalim* – "Meister der Weisheit". In der nahöstlichen Kultur, in die er geboren wurde, war diese Kategorie wohlbekannt, und seine Methoden wurden sofort als ein typisches Merkmal erkannt. Er lehrte *mashal,* Parabeln und Weisheitssprüche. Er kam, um den Menschen erwachen zu helfen. Doch das Erwachen ist nicht so einfach, und als *moshel meshalim* hatte Jesus gemischten Erfolg. Wie alle vier Evangelien berichten, gelang es manchen Menschen, einen Blick auf das zu erhaschen, was er sagte, während andere es ganz versäumten. Manche Menschen begriffen es nur zum Teil und versäumten den Rest. Manche Menschen wachten auf, andere schliefen weiter.[15]

In Großbritannien hat sich von diesem Pfad christlicher Weisheit als einem Rahmen, der die Lehre und Praxis der Weisheits-Tradition umfasst, bisher nur wenig entwickelt. Einige Elemente sind eher unsystematisch und fragmentarisch in verschiedenen Strömungen des Christentums zu finden. Die Evangelikalen legen großen Wert auf eine tägliche „Zeit der Stille" zum Nachdenken über Abschnitte aus der Heiligen Schrift und Fürbittegebet, und manche haben die Praxis der „Lectio Divina" aus der benediktinischen Tradition wiederentdeckt. Die Kontemplativen betonen die Notwendigkeit von Stille und Meditation. Die ignatianische Spiritualität hat zu einem Wiederaufleben des Interesses an den ignatianischen spirituellen Übungen und der imaginativen Kontemplation beigetragen. Die Retreat-Bewegung im Allgemeinen macht häufig Gebrauch von kreativen Künsten zur Annäherung an das Göttliche. Die Taizé-Gemeinschaft in Frankreich und viele andere haben die Kraft aus dem sakralen Gesang wiederentdeckt. Den liberalen Gelehrten haben wir Einblicke in die heiligen Schriften zu verdanken. Dies alles sind Praktiken, die zur Transformation des Herzens beitragen, dem zentralen Anliegen der Weisheits-Tradition, und ihre Kombination bildet eine kraftvolle Synthese und Lehre, die weiter reicht als das aufkommende Christentum; sie entfaltet ihre Wirkung im Sinne der weiteren Evolution des menschlichen Bewusstseins. Diese Lehre bietet auch viel Raum für die Aufnahme und Integration der neuen wissenschaftlichen Entdeckungen und betont dabei die Konzepte, die in Teil Eins des vorliegenden Buches skizziert sind:

- die Einheit und das Einssein aller Schöpfung in dem Bewusstsein, dem unsere materielle Wirklichkeit entspringt,
- das unerschlossene Potenzial des Menschen, der Zugang zu jenem erleuchteten Bewusstsein hat,
- der Einfluss, den wir durch morphogenetische Felder und morphische Resonanz aufeinander haben,
- das Verständnis, dass wir effektiv in einem Quantenmeer von Lichtenergie gehalten werden, mit der wir auf der subtilsten und intensivsten Energiestufe des Seins ständig interagieren.

Der andere Bereich, der in das Denken der Weisheitsschulen aufgenommen werden könnte, ist die grüne Agenda, die Achtung und Sorge für das Schöpfungsganze. Wir sind ein Teil des irdischen Lebensraums, und unsere Zukunft hängt davon ab, dass unsere Biosphäre in einem gesunden Gleichgewicht ist. Die Spiritualität muss auch ein ökologisches Bewusstsein umfassen. Matthew Fox hat in seinem Buch *Original Blessing: A Primer in Creation Spirituality* (dt. Ausg.: *Der große Segen: umarmt von der Schöpfung* oder: *Freundschaft mit dem Leben: die vier Pfade der Schöpfungsspiritualität*) viel Grundlagenarbeit geleistet. Er und Rupert Sheldrake veröffentlichten eine fruchtbare Konversation in *Natural Grace: Dialogues on Science and Spirituality,* die viel Material bietet zum Nachdenken über die Idee der Seele und biologische Informationsfelder, Gebet, morphische Resonanz und Ritual. Die Entwicklung einer Theologie, die das Konzept einer Erde enthält, die eine Art von Bewusstsein besitzt, ist ein wichtiger Aspekt bei der Entwicklung einer neuen christlichen Kosmologie.

## Spirituelle/psychologische Praktiken

In dieses kopflastige Konglomerat von Praktiken, die sich unter dem Begriff „Weisheitstradition" zusammenfassen lassen, können wir viele der neuen spirituellen und psychologischen Heilungsprozesse und Behandlungsmethoden eingliedern, die in den letzten Jahren entwickelt wurden und sich häufig auf alte Weisheits- und Heiltraditionen beziehen. Ein anschauliches Beispiel ist die sogenannte Klopfakupressur. In Kapitel 2 stellten wir fest, dass die Meridianlinien der chinesischen Akupunktur als Bahnen im Bindegewebe existieren, das alle Organe des Körpers umgibt. Die Struktur des Bindegewebes ist flüssig-kristallin, was bedeutet, dass es ein sehr guter elektrischer Leiter ist. Wenn man es stimuliert, kann es einen winzigen elektrischen Strom erzeugen; dies geschieht nach dem gleichen Prinzip, nach dem durch Druck auf einen Kristall im Feuerzeug ein piezo-elektrischer Funke erzeugt wird. Von der Akupunktur nimmt man an, dass sie durch Anregung von Meridianpunkten mit Hilfe einer Nadel funktioniert; Akupressur und möglicherweise auch Reflexzonenbehandlung funktionieren durch Druck auf diese gleichen Punkte. Die Methode, einige wichtige Meridianpunkte bei gleichzeitigem Einsatz mentaler Affirmationen zu klopfen, wurde in jüngeren Jahren entwickelt; sie soll emotionale Blockaden und Beschränkungen auflösen und schon vielen Menschen Heilung und eine neue Freiheit gebracht haben. Das Meridian-Klopfen wurde als eine EFT genannte Technik (Emotional Freedom Technique) von Gary Craig entwickelt und basiert auf der „Thought Field Therapy" von Dr. Roger Callahan. Inzwischen hat sie ein Eigenleben angenommen. Sie bewirkt vor allem eine Reduzierung des emotionellen Schmerzes, der mit vielen Themen verbunden ist. Hierzu konzentriert man sich auf das Problem, fasst es in einer Affirmation zusammen und klopft eine Reihe von Meridianpunkten auf Brustkorb, Gesicht und Händen, während man die Affirmation im Sinne behält. Die EFT ergänzt diesen Vorgang durch einige spezifische Augenbewegungen, das Summen einer kurzen Melodie und das Zählen von eins bis fünf. Dies klingt bizarr, aber die Methode konnte rasch große Bekannt- und Beliebtheit gewinnen, weil sie zu funktionieren scheint. Irgendwie gelingt es der Verbindung einer Affirmation mit dem Aussenden winziger elektrischer Impulse über die beklopften Punkte, emotionale Blockaden auszuschalten. Es ist so einfach zu bewerkstelligen, dass jeder es versuchen kann – und es ist gratis, im Unterschied zu vielen neuen Therapien.[16] Ein weiteres Beispiel ist „The Work" von Byron Katie[17], ein Prozess, der psychisch und emotional heilend wirken kann. Hierzu stellt man seine eigenen Gedanken infrage und gelangt zu einer tieferen Erkenntnis darüber, wie man sich in Angst, Depression, Frustration und Leiden verfangen kann. Dies lässt Mitgefühl für einen selbst und andere aufkommen, und das Handeln in Situationen, die früher als belastend empfunden wurden, wird mit dem göttlichen Willen harmonisiert, statt aus Reaktionen aus egobezogenem Denken zu bestehen. Dieses Verfahren ist eine Art von psychotherapeutischem Schnelldurchlauf, kann leicht gelernt und angewandt werden und basiert auf einem zentralen Satz des Vaterunsers: Vergib uns unsere Schuld, wie wir unseren Schuldnern vergeben. Eine andere hilfreiche Technik, die in der Gruppenarbeit angewandt werden kann, ist der „Affinity-Prozess" von Paul Ferrini[18]. Dieser Gruppenprozess erschafft effektiv einen sehr sicheren, urteilsfreien Raum, in dem man Gedanken und Emotionen mitteilen kann, die einen im Augenblick gerade bewegen, und die Gelegenheit hat, bedingungslose Liebe, Akzeptanz und Unterstützung zu geben und zu empfangen. Hier können Menschen ihr Herz öffnen und sich in einem zuverlässigen, vertrauensvollen Umfeld verletzlich zeigen. Diese und viele andere Techniken und Methoden stehen zur Verfügung, um die Transformation des Herzens zu unterstützen; sie ist der Zweck der spirituellen Reise zum Ganz- und Einssein. Sie kommen nicht aus irgendeiner spezifischen religiösen Tradition und können von allen Menschen genutzt werden; sie sind sowohl glaubensfreundlich als auch bekenntnisneutral. Allerdings ist auf diesem Gebiet ein beträchtliches Maß an Unterscheidungsvermögen angebracht, da manche Praktiken im Angebot recht oberflächlich sein können – oder einfach „verrückt".

## Ein neuer-alter Anfang?

Mit das Schwierigste in der Kirche ist es, Veränderung einzuleiten, besonders wenn sie etwas mit der Lehrmeinung oder Tradition zu tun hat. Ich spreche aus den Reihen der Anglikanischen Kirche, deren drei Säulen, wie man sagt, Glauben, Tradition und Vernunft sind – obwohl ich oft das Gefühl habe, dass die beiden Ersteren dominieren und Letzteres eine untergeordnete Rolle spielt. Ich argumentiere aus Vernunft, dass eine Veränderung geschehen muss, wenn der anglikanische Weg für künftige Generationen in der westlichen Welt glaubwürdig sein soll. Diese Veränderung muss das aufkommende wissenschaftliche Weltbild einschließen, dass alles in einem wogenden Meer von interagierenden, nichtlokalen Energiefeldern miteinander verbunden ist und Bewusstsein die Quelle ist, aus der alles hervorgeht. Die Kirche muss an ihrer Theologie arbeiten, um die verschüttete Weisheitstradition zurückzuholen, aus der Jesus lehrte und in der es um die Transformation des Menschen durch dessen Eintreten in das vereinende, mitfühlende Bewusstsein geht. Sie muss auch ihre Sprache ändern, um das dualistische Verständnis von einem Gott „da draußen" hinter sich zu lassen und sich einem Gott im Inneren zu nähern. Es ist von vitaler Bedeutung, dass kontemplatives Gebet oder Meditation zum Bestandteil des regelmäßigen Gottesdienstes wird und gewiss eine Disziplin ist, die für das persönliche tägliche Gebet vertieft und gepflegt werden soll. Die Wiederbelebung dieser meditativen Praktiken wäre ein Neubeginn, der frisches spirituelles Wasser aus alten Brunnen schöpfen würde.

In diesem Buch habe ich ein Spektrum von Konzepten und Ideen vorgestellt. Viele von ihnen sind überhaupt nicht neu, sondern einfach in den letzten Jahren erneut an die Oberfläche gestiegen. Neu sind die Ideen, die aus der wissenschaftlichen Welt kommen – und in Teil Eins behandelt wurden. Sie haben, wie ich meine, der christlichen Theologie viel zu sagen. Ich habe mich bemüht, hier nicht zu weit in die Tiefen der Theologie vorzudringen und dort steckenzubleiben, sondern ein zusammenhängendes Gesamtbild zu präsentieren und aus einer breiten Vielfalt von Sichtweisen zu schöpfen mit dem Ziel, kreative Gedanken und Ideen wie zündende Funken vom feurigen Gestein anderer abzuschlagen. Es gibt einen spirituellen Weg, der Elemente aller großer Weltreligionen aufweist, der nicht exklusiv ist und doch einen Platz von zentraler Bedeutung für Jesus den Christus als einen Weisheitslehrer des Pfades der umwandelnden Liebe hat. Durch sein Leben und seinen Tod veränderte und vervollkommnete er das morphische Feld der ganzen Menschheit – was uns befähigt, jenem Pfad wirklich zu folgen. Die Reise führt zurück zum Herzen Gottes, dem göttlichen mitfühlenden Bewusstsein, aus dem wir gekommen sind und in dem wir existieren. Eine Hilfe auf diesem Weg ist die Praxis der Meditation und des kontemplativen Gebets als einem Mittel, das vereinende Bewusstsein zu erlangen, einen Zustand des Einsseins mit dem Göttlichen, die „heilige Einheit".

Durch Studium, Konversation und spirituelle und devotionelle Praktiken bin ich zu folgenden Erkenntnissen gelangt:

- Gott ist das mitfühlende Bewusstsein, der Urgrund allen Seins, die Heilige Einheit, in der das ganze Universum existiert, aus der alles hervorgeht und die alles im Dasein hält.
- Jesus hat uns gezeigt, was ein Mensch vermag, der sich jenes mitfühlenden Bewusstseins ganz gewahr und eins mit ihm ist. Damit veränderte er das morphische Feld für die ganze Menschheit, machte den Weg zurück zu Gott frei und schuf für uns alle die Möglichkeit, diesen Weg zu beschreiten.
- Der Heilige Geist ist der Ausdruck der Energie jenes mitfühlenden Bewusstseins, die in aller Schöpfung präsent ist.
- Wir sind alle energetisch miteinander verbunden in jenem mitfühlenden Bewusstsein, das Gott ist.

Hier haben wir eine Verbindung zwischen den aktuellen Ansichten darüber, wie das Universum funktioniert, und den Einsichten vieler Mystiker und Visionäre in der christlichen und anderen religiösen Traditionen. Die Essenz der Lehre Jesu und vieler Quellen in der frühen Kirche wird wieder aufgenommen und in einen zeitgenössischen Kontext für das 21. Jahrhundert übertragen.

Rund um den Globus wird davon gesprochen, dass sich die Menschheit einem Punkt nähere, wo sie sowohl ökologisch als auch spirituell auf der Kippe steht. Umweltexperten, Sozialwissenschaftler und Physiker weisen darauf hin, dass die Zukunft der Menschheit aufgrund unserer Lebensweise bedroht ist, doch die Situation ist so facettenreich und hängt so eng mit der menschlichen Natur und Gesellschaft zusammen, dass wir ihrer Komplexität nicht gewachsen scheinen. "Auf der Kippe stehen", ist als Metapher so anschaulich wie hilfreich, denn das Kippen kann in beide Richtungen geschehen; eine kleine Veränderung kann da viel ausmachen. Wir sind jetzt an diesem Punkt, und manche Stimmen verkünden, dass sich eine Umweltkatastrophe abzeichne. Die sensationslüsternen und profitgierigen Unheilsverkünder in den Medien erzählen uns nur allzu gern, dass das Schlimmste passieren müsse. Es verkauft sich gut und zieht Aufmerksamkeit an, aber es ist der Weg in die Angst und Verzweiflung.

Auf die andere Seite zu kippen, entspricht der Sichtweise, dass die Menschheit an der Schwelle zu einem Wachstum im Bewusstsein ist, dass sie vor der nächsten Stufe der Evolution steht. So gesehen, gibt es einen Neubeginn. Wenn der entscheidende Punkt, wie manche spekulieren, von der Zahl der Menschen abhängig ist, die auf eine höhere Bewusstseinsstufe zugehen, dann bestehen sowohl unsere Hoffnung als auch unsere Aufgabe darin, auf jene Veränderung hinzuarbeiten. Am entscheidenden Punkt – auf der Kippe – kann eine kleine Veränderung einen großen Unterschied ausmachen. Aus meiner Sicht kann das Christentum zu der positiven Veränderung beitragen, indem es seine Ansprüche auf Exklusivität ablegt und zu der Weisheitslehre zurückkehrt, aus der es hervorgegangen ist. Das ist die *Evolution von Wissenschaft und Christentum*, das Zusammenkommen beider, in Weisheit vereint. Wenn wir außerhalb der ausgefahrenen Gleise denken können, in welche wir konditioniert wurden, dann können wir beginnen, die Verbindungen zu knüpfen und den „Blue Sky God", den „Gott ohne Grenzen", wiederzuentdecken, die Heilige Einheit und den Urgrund des Seins – den Einen, den der Mensch noch niemals auf irgendeine einzige Religionszugehörigkeit zu beschränken vermochte. Uns selbst auf diesen tiefen Brunnen des mitfühlenden Bewusstseins auszurichten, könnte den Anstoß dazu geben, dass wir in eine andere Art des Seins kippen und einem neuen Weg des Menschen folgen, einem Weg des tiefen Mitgefühls, des Einsseins und der Harmonie. Eine jüdisch-chassidische Geschichte fängt die Essenz dieses aufkommenden Bewusstseins ein:

„Wie können wir die Stunde der Morgendämmerung bestimmen, in der die Nacht endet und der Tag beginnt?", fragt der Lehrer.
„Ist es, wenn man aus der Entfernung zwischen einem Hund und einem Schaf unterscheiden kann?", schlug ein Schüler vor.
„Nein", war die Antwort.
„Ist es, wenn man zwischen einem Feigenbaum und einem Weinstock unterscheiden kann?", fragte ein zweiter.
„Nein."
„Bitte sag uns die Antwort."

„Es ist", sprach der Lehrer, „wenn du in das Antlitz eines anderen Menschen blicken kannst und genug Licht hast, um in ihm deinen Bruder oder deine Schwester zu erkennen. Bis dahin ist es Nacht, und Dunkel umgibt uns."

Nach meiner Wahrnehmung naht die Stunde der Morgendämmerung in Form eines höheren Bewusstseinszustandes, auf den die Menschheit zugeht; es ist ein Zustand des Christus-Bewusstseins, eine Salbung im Einssein mit dem mitfühlenden Bewusstsein Gottes. Wenn diese Stufe des Bewusstseins von einer wachsenden Zahl von Menschen erreicht ist, wird die Sphäre der zwischenmenschlichen Beziehungen weiterschreiten, um den Ruf Jesu zu erfüllen, einander zu lieben – im globalen Maßstab. Dies wird den Zugang zu Politik, Handel, Finanzen und internationalen Beziehungen verwandeln. Die Stunde der Morgendämmerung kommt.

# ANHANG 1

# DIE JUNGFRÄULICHE GEBURT UND DIE WEIHNACHTSGESCHICHTE

Wie die Idee von der jungfräulichen Geburt aufkam, gleicht ein wenig einem Puzzlespiel. Viele Menschen außerhalb der Kirche halten die Geburtsgeschichte für großen Blödsinn, ein Märchen, und wenden sich deshalb vom Christentum ab. Viele Christen haben ihre liebe Not damit. Wie kann es so etwas geben, eine jungfräuliche Geburt? Wo kommt diese Geschichte her? Es ist das Lukas-Evangelium, auf welches die Idee von der jungfräulichen Geburt zurückgeht. Die Geschichte von der Erscheinung Gabriels vor Maria, deren Besuch bei Elisabeth und die Geburt im Stall samt Engeln und Hirten kommen nur im Lukas-Evangelium vor. Im Matthäus-Evangelium wird die Begebenheit lediglich kurz gestreift, und die beiden anderen Evangelien erwähnen sie nicht einmal. Wie also können wir des Lukas Geschichte von der jungfräulichen Geburt verstehen?

Hinweis 1: Wir gehen zurück zum Buch Jesaja, geschrieben etwa 700 Jahre vor der Geburt Jesu. Genauer gesagt, zu Jesaja 7,14. Da lesen wir: *„Seht, eine junge Frau wird empfangen und einen Sohn gebären, und sie wird ihm den Namen Immanuel geben."* (New English Bible 1971) Beachten Sie, dass es heißt: „eine junge Frau", nicht: „eine Jungfrau". Das hebräische Wort an dieser Stelle ist *almah,* es bedeutet buchstäblich „junge Frau". Der spezifische Begriff für Jungfrau, *betulah,* wird von Jesaja nicht verwendet. Die junge Frau konnte Jungfrau gewesen sein, bevor sie empfing, aber das Wort Jungfrau wird in dieser Passage nicht erwähnt. Viele Bibelausgaben übersetzen fälschlich als Jungfrau. Dabei lasen die Übersetzer aus dem Neuen Testament zurück ins Alte, und übersetzten dieses so, dass es mit dem Neuen übereinstimmte – oder so, wie es der Doktrin der Kirche entsprach. Das führt meines Erachtens zu einer Entstellung der ursprünglichen Bedeutung und ist eher irreführend.

Hinweis 2: Nun springen Sie 500 Jahre in die andere Richtung, und Sie gelangen ins 2. vorchristliche Jahrhundert. Jetzt dominiert die griechische Sprache den Mittelmeerraum. Die hebräische Bibel wird ins Griechische übersetzt und als Septuaginta bekannt. Das Wort *almah,* das heißt: „junge Frau", wird falsch übersetzt als das griechische *parthenos,* das heißt: „Jungfrau". In der Griechisch sprechenden Welt rund um das Mittelmeer wird aufgrund dieser Fehlübersetzung bekannt, dass die jüdischen heiligen Schriften verkünden, der Messias werde von einer Jungfrau geboren.

Hinweis 3: Auftritt des Arztes und Schriftstellers Lukas, eines Freundes von Paulus, der diesen auf einigen seiner späteren Missionsreisen begleitete. Als ein zum Christentum bekehrter Nichtjude besaß er nicht die jüdische Vorbildung, die Paulus hatte. Er wurde ebenfalls in Griechenland geboren und dürfte die hebräische Bibel deshalb auf Griechisch gelesen haben; daher hatte er wohl die Falschübersetzung gelesen, dass der Messias von einer Jungfrau kommen werde. Er war ein sehr guter Kommunikator und schrieb sowohl die Apostelgeschichte als auch eines der Evangelien, und er schrieb über Menschen – arme Menschen, Ausgestoßene, und Menschen, die ihr Leben verpfuscht hatten und einer neuen Ausrichtung und Ordnung bedurften. Sein Evangelium zeigt, dass er Sympathie für Menschen in Schwierigkeiten empfand, besonders für Kranke.

Sein schriftstellerisches Werk zeigt auch, dass Lukas ordentlich und systematisch dachte und Dinge gerne in eine Folge brachte, die ihm sinnvoll erschien, so dass seine Leser die Ereignisse, die er berichtet, nachvollziehen können. Er schrieb für die griechisch sprechende Welt, und seine Art zu schreiben reflektierte seine griechische Prägung. Er ist begeistert von der christlichen Botschaft und der Nacherzählung des Lebens von Jesus dem Messias, dem Christus, dem Gesalbten. Er will, dass die Welt an ihn glaubt, daran glaubt, dass er der Auserwählte ist, der Sohn Gottes, und dass Gott durch Christus in die Geschichte eingegriffen hat. Also sammelt er sein Material über das Leben Jesu sehr sorgfältig.

Hinweis 4: Wenn man in jenen Tagen das Leben einer berühmten Person erzählte, war es Brauch, einen Prolog zu dem Leben zu schreiben. Er sollte von der Bedeutung der Fakten künden, die man über jene Person

## Die jungfräuliche Geburt und die Weihnachtsgeschichte

erzählen würde, und richtete die Aufmerksamkeit oft auf die Ereignisse um die Geburt. Die ersten beiden Kapitel des Lukas-Evangeliums sind ein solcher Prolog. Sie wurden im Stil einer jüdischen Legende oder Dichtung geschrieben. Um von der Wichtigkeit der Botschaft zu künden, die das Evangelium enthalten würde, musste gezeigt werden, dass die Geburt Jesu von ganz besonderer Bedeutung war. Lukas studierte aufmerksam die biblischen Prophezeiungen über den kommenden Messias (in der griechischen Übersetzung, der Septuaginta) und konstruierte behutsam seinen Prolog so, dass er mit den Voraussagen übereinstimmte, die er fand. Eine von ihnen war, dass eine Jungfrau empfangen und gebären werde.

Lukas mag auf den jüdischen Glauben gestoßen sein (beschrieben im Talmud, Niddah 31a), dass es bei der Empfängnis jedes Kindes drei Beteiligte gebe: Einen Mann, eine Frau und den Heiligen Geist Gottes, der Leben in die Schöpfung hauchte. Mit diesem Verständnis war es vollkommen natürlich, dass der Engel zu Maria sagte: *„Der Heilige Geist wird über dich kommen, und die Kraft des Höchsten wird dich überschatten."* (Lukas 1,35) Das geschieht bei jeder Geburt. Die Kraft Gottes überstrahlte den Moment der Empfängnis, um neues Leben einzuhauchen. Auch Lukas' andere Themen sind da zu finden: Gott kam in gewöhnliche, bescheidene Umstände, zu gewöhnlichen Menschen, nicht in königliche Pracht. Auch die Ausgestoßenen waren vertreten: Die Hirten, die Schurken, die Sünder, das niedere Gesindel – allen ist in der Geschichte ein besonderer Platz von Bedeutung gegeben, und sie kündeten von dem, was kommen sollte.

So baut Lukas den Prolog auf, um die Wichtigkeit der übrigen Geschichte zu zeigen, die er von Jesu Leben, Tod und Auferstehung zu erzählen hat. Manches von dem Prolog mag auf dem beruht haben, was andere ihm erzählt hatten, einiges davon hat er so konstruiert, dass es zu den Prophezeiungen passte, aber alles ist voller Signifikanz für den Rest des Evangeliums. Im Grunde sagte er zu seinen Lesern: „Hört gut zu: Hier geht es jetzt um eine sehr wichtige Person." Lukas hat einen Prolog konstruiert, der alle Hinweise enthält, die dem Leser zeigen, dass dies ein sehr wichtiger Mann ist. Der Prolog freilich brauchte keine wahrheitsgetreue Wiedergabe der Ereignisse zu sein, die Menschen verstanden das. Dies sehen wir dann wieder in den Hagiografien, jenen verehrenden oder idealisierenden Heiligen-Biografien der frühen Christen. Viele Geschichten aus dem Leben der frühen Heiligen wurden aus den besten Beweggründen mit phantasievollen Begebenheiten ausgeschmückt, um den Leser anzuregen, auf ihre Botschaft zu achten und ihr mehr Autorität zu geben. Für unser heutiges Denken ist dies eine sehr schwierige Vorstellung, da wir erwarten, dass alles, das als eine Lebensgeschichte verschriftlicht wird, akkurat wiedergibt, was tatsächlich geschah. Wir fühlen uns getäuscht, wenn dies nicht der Fall ist. Aber unsere moderne Idee von einer akkuraten Biografie existierte damals noch nicht: Die Denkweise jener Zeit empfand und sah es eben nicht so. Hätte Lukas den großen Prolog nicht auf die Weise geschrieben, wie alle griechischen Legenden geschrieben waren, hätte er Jesus einen schlechten Dienst erwiesen.

Es ist hilfreich, die Frage zu stellen: „Ist es denn von Belang?" Im Mittelpunkt von Lukas' Geschichte stand Maria, die als Jungfrau gezeigt wurde, um mit dem übereinzustimmen, was man für die biblische Prophezeiung hielt. Natürlich hat Maria im Laufe der Jahre in der Tradition der Kirche gewaltig an Bedeutung gewonnen, und die jungfräuliche Geburt spielte hierbei eine zentrale Rolle. Aber wenn Sie die Idee, dass Maria jungfräulich empfangen hatte, einmal außer Acht lassen, ändert dies an der Geschichte tatsächlich kaum etwas. Sie wird in keinem der früheren Briefe erwähnt, auch nicht in den Evangelien, die von Markus und Johannes geschrieben wurden. Für sie beginnt die Geschichte mit dem öffentlichen Wirken Jesu, und Johannes der Täufer ist der Künder, der uns auf die Bedeutung der weiteren Geschichte hinweist. Die einzige andere Stelle, an der man eine Erwähnung konstruieren könnte, ist in einem ähnlichen Prolog im Matthäus-Evangelium. Matthäus sagt einfach: „Als Maria mit Josef verlobt war, noch bevor sie zusammengekommen waren, zeigte sich, dass sie ein Kind erwartete – durch das Wirken des Heiligen Geistes." (Matthäus 1,18) Nach jüdischem Verständnis war jedes Kind, mit dem eine Frau schwanger war, unter der Mitwirkung des Heiligen Geistes entstanden – es war Gottes Atem, Gottes Geist, der jedem Kind das Leben gab. Dies war normal. Nicht normal war allerdings – wenn man davon ausgeht, dass Maria durch Geschlechtsverkehr mit jemand anderem geschwängert worden sein muss –, dass Josef gebeten wurde, die Verlobung aufrechtzuerhalten, und es zeugt von der Großzügigkeit Josefs, dass er sie zu sich nahm.

Lukas erzählt uns von einem speziellen Mann, der als Baby geboren wurde, von einem Mann, der heranwuchs und gottähnlicher war als irgendein anderer Mensch, voller Liebe und Mitgefühl, Weisheit und Stärke – so voll von Gott, dass er der Sohn Gottes genannt und von den Juden in seiner Umgebung als der Messias angesehen wurde, der in ihren heiligen Schriften angekündigt worden war: Der Eine, der ihre Rettung sein würde. Ist es von Belang, ob Gott etwas Wunderbares tat, damit das Kind in Maria empfangen wurde, oder ob es in Wirklichkeit Josef war oder jemand anderes auf ganz natürliche Weise, wobei Gottes Präsenz den Augenblick der Empfängnis überstrahlte? Die Wahrheit und Wirklichkeit ist, dass Jesus aufwuchs, um auf spezielle Weise der Christus zu sein, der Messias, der Gesalbte Gottes.

Die Weihnachtsgeschichte kann man auf zwei Weisen betrachten, entweder als eine buchstäblich wahre Geschichte, die Lukas auf reale Tatsachenberichte stützte, oder als eine allegorische Geschichte, die hinweist auf die signifikanten Wahrheiten der wichtigsten Augenblicke in den Jahren des Wirkens von Jesus dem Messias, bei seinem Tod und der Auferstehung. So oder so steckt sie den Rahmen ab und vervollständigt den Rest des Evangeliums.

Viele Menschen außerhalb der Kirche halten die Weihnachtsgeschichte für ein Märchen. Das ist sie nicht. Es ist eine Geschichte von großer Bedeutung in den Evangelien, ob man sie als eine Schilderung von Tatsachen oder als eine allegorische Geschichte betrachtet. Sie verknüpft Elemente von Erwartung, Vorfreude und Hoffnung aus dem Alten Testament und verbindet das Alte Testament mit dem Neuen. Das ist so, wie der alte indianische Geschichtenerzähler sagt, wenn er die Schöpfungsgeschichte seines Stammes wiedergibt: „Ich weiß nicht, ob es sich auf diese oder auf eine andere Weise zugetragen hat, aber ich weiß: Diese Geschichte ist wahr." Oder wie ein Priester einst erklärte: „Die Bibel ist wahr – und manches davon ist geschehen."

Wir können uns in einer sehr sterilen Debatte darüber engagieren, „ob es sich auf diese oder eine andere Weise zugetragen hat", und dabei die größeren Wahrheiten aus dem Sinn verlieren, die vorhanden sind, wenn wir es als eine metaphorische Geschichte sehen. Die Geschichte von Jesus, der vom Geist Gottes empfangen wurde, bestätigt: Was in Jesus geschah, war von Gott. Die Herrlichkeit Gottes, die den Himmel erfüllt, und der besondere Stern stehen für Licht, das in die Dunkelheit dieser Welt hereinbricht, ein besonderes, salbendes, göttliches Licht, das in die Welt strahlt. Die Geschichte von den heidnischen Weisen aus fernen Ländern bekräftigt, dass Jesus das Licht für alle ist, nicht nur für die Juden. (Diese Geschichte kommt wiederum nur im Matthäus-Evangelium vor.) Die Geschichte von den Hirten zeigt, dass die frohe Botschaft besonders für die Randgruppen, die Armen, die Benachteiligten ist. Der Gesang der Engel verkündet Jesus als Herrn und Heiland – nicht etwa Cäsar, der diese Titel für sich in Anspruch nahm. Es waren königliche Titel, die einem König anstanden.

Metaphorisch gelesen, bedeutet die Weihnachtsgeschichte dies alles und noch mehr. Und das bedeutet sie unabhängig davon, ob wir sie für einen Tatsachenbericht halten oder nicht. Darüber zu streiten, ob sie historisch-faktisch ist oder nicht, kann nur von ihrer tieferen Bedeutung ablenken und ihre Signifikanz schmälern. Ich persönlich halte die Geburtsgeschichte nicht für faktisch, aber ich sehe Wahrheiten in ihr.

# ANHANG 2

# EIN GEBETSGOTTESDIENST ZUM HEILEN MIT HANDAUFLEGUNG UND SALBUNG

Diese Andacht könnte in einer Privatwohnung, einem kirchlichen oder jedem anderen geeigneten Raum stattfinden. Sie kann von einer Person oder mehreren Personen abgehalten werden.

Empfohlener Rahmen: Ein Kreis aus Stühlen oder Sitzkissen. Die Teilnehmer können eingeladen werden, andere Objekte mitzubringen, die ihnen etwas bedeuten, um sie um die Mitte des Kreises zu platzieren.

Material: Im Zentrum eine flache Schale oder ein Tablett mit Sand (falls während der Beichte Papier verbrannt wird), in der Mitte eine große Kerze.

Öl für die Salbung.

Man kann mit einer Zeit der Stille beginnen, vielleicht mit einem Gesang oder Lied.

## Eröffnung

Gepriesen bist du, liebender Gott, Urgrund unseres Seins.
**Gepriesen sei Gott in Ewigkeit.**
Jesus, der Weisheitslehrer, der Gesalbte, bringt Heilung unserer Zerrissenheit und Not; er zeigt den Weg der Liebe, die uns über unser niederes Selbst hinaus verwandelt und führt, auf dass wir teilhaben an seinem Wesen.

Geliebter, gedenke in deinem Mitgefühl aller, für die wir beten; setze dein Werk der Verwandlung in uns fort, auf dass wir wiederhergestellt werden zur Fülle des Seins, und erneuert in deiner Liebe.
**Gepriesen sei Gott in Ewigkeit. Amen**

Heiliger Gott, in dem wir leben und uns bewegen und unser Sein haben, wir richten unser Gebet an dich und sprechen:
Geliebter, höre uns,
**und öffne unsere Herzen.**

Wir kommen vor dich, um das Versprechen deiner Anwesenheit zu empfangen, deiner Macht und deines Friedens.
Geliebter, höre uns,
**und öffne unsere Herzen.**

Wir bekennen unseren Bedarf deiner heilenden Gnade: Führe uns zum Ganzsein an Körper, Seele und Geist.
Geliebter, höre uns,
**und öffne unsere Herzen.**

Höre uns, Heilig-Einer, Mutter und Vater des Lebens und der Liebe:
**Heile uns und mache uns heil.**

*Es folgt eine Zeit der Stille.*

Gott aller, Heilig-Einer, da wir uns an dich wenden: Möge dein Mitgefühl frei in uns fließen; denn du bist gnädig, Liebender der Seelen, und in dir finden wir wahres Leben und unser wahres Zuhause, jetzt und immerdar.
**Amen.**

## Beichte

*Dies ist eine Gelegenheit, Kummer oder Bedauern, Fehler und Versagen in Worten oder symbolisch zu bekennen.*
(Eine praktische Möglichkeit ist zum Beispiel, den Anwesenden die Ge-

legenheit zu geben, auf kleine Zettel zu schreiben, was sie bedrückt, und dann jede Person einzuladen, einige Worte zu sagen, bevor sie das Papier auf dem Sand-Tablett verbrennt – oder einfach alle Zettel zusammen zu verbrennen und dabei einige Worte oder ein Gebet zu sprechen oder zu schweigen.)

*Lied oder Gesang*

## Das Handauflegen

*Der Person, die um Heilung bittet, werden die Hände aufgelegt. Wir handeln dabei als Gefäße, durch welche die göttliche Energie fließt ...*
Im Namen Gottes und im Vertrauen auf seine liebende Gegenwart tief in unserem Wesen: Empfange die heilende Berührung des Heiligen Geistes – die Energie Gottes –, auf dass sie dir Harmonie und Ausgeglichenheit bringe und dich heil mache an Körper, Seele und Geist.

*Lassen Sie der heilenden Energie etwas Zeit zum Fließen.*

Der Geist des lebendigen Gottes, der jetzt in uns gegenwärtig ist, bringe Heilung für Körper, Seele und Geist. Mögen die Liebe und das Bewusstsein des Christus dir Heilsein bringen, dich von schädlichen Gedanken, Gefühlen und früheren Verletzungen erlösen und dir Frieden bringen. Mögest du Liebe erfahren in deinem Leben, auf dass sie wie fließendes Wasser aus dir überströme. Erlebe diese drei: Liebe, Freude und Frieden. **Amen.**

## Die Salbung

*Bibellesung: z.B. Markus 14,3-9; Lukas 7,36-50; Johannes 12,1-8*

*Ein Gebet über dem Salböl*
Gott des Lebens und der Liebe, der du Gesundheit und Erlösung schenkst, heilige und segne dieses Öl zum Symbol der heilenden Liebe Jesu, auf

dass jene, die mit ihm gesalbt werden, frei werden von Leiden und Not, inneren Frieden finden und wiederhergestellt sein mögen zur Fülle des Seins, durch deine umwandelnde Liebe, wie sie der Christus Jesus gezeigt und Maria Magdalena gekannt hat, die Jesus salbte.
**Amen.**

*[Die Salbung kann in Form eines Kreuzes auf der Stirn oder durch Salben der Füße erfolgen. Eine beliebige Version der folgenden Auswahl kann gesprochen werden, während die Salbung verabreicht wird – entweder von einer Person oder von Person zu Person.]*

[Name], ich salbe dich im Namen Gottes, der Leben hervorbringt. Sei ganz heil.

[Name], ich salbe dich. Der Gott allen Mitgefühls schenke dir den Reichtum seiner Gnade, Heilsein und seinen Frieden.

[Name], ich salbe dich im Namen Gottes, der Leben hervorbringt. Wisse: Da du zu dieser Zeit an diesen Ort gekommen bist, ist dir vergeben. Du bist getragen in dem mitfühlenden Bewusstsein Gottes, du wirst wiederhergestellt zur Fülle des Lebens und des Ganzseins durch Liebe und vollständiges Annehmen dessen, was du in Gott bist: gesegnet.
Der Gott allen Mitgefühls schenke dir den Reichtum seiner Gnade, Heilsein und seinen Frieden.
**Amen.**

*Wir sprechen gemeinsam:*
**Der lebendige Gott, in dem wir leben und uns bewegen und unser Sein haben, der das All trägt und erhält, sei jetzt und allezeit die Quelle unseres Seins.**
**Der Christus Jesus sei uns Führung und Inspiration.**
**Der Heilige Geist ströme über, bringe Freude in unser Leben und leite uns auf dem Weg zur Erleuchtung.**
**Mögen wir geheilt und ganz werden und die Fülle des Lebens erfahren.**
**Dies bekräftigen wir von Herzen: Lass es so sein. Amen.**

*Es folgt eine Zeit der Stille.*

Lasset uns zu dem Heilig-Einen beten um die Erkenntnis des Reiches Gottes unter und in uns:
**Ewiger Geist,
Erden-Schöpfer, Schmerzen-Ertrager, Leben-Schenker,
Quelle von allem, das ist und das sein wird,
Vater und Mutter von uns allen,
liebender Gott, in dem der Himmel ist:**

**Die Heiligung deines Namens durchtöne das All!
Dem Weg deiner Gerechtigkeit folgen die Menschen der Welt!
Dein liebevoller Wille geschehe durch alle Geschöpfe!
Dein Weg des Mitgefühls stütze unsere Hoffnung und komme auf Erden.**

**Mit dem Brot, das wir heute benötigen – speise uns.
Von den Wunden, die wir in uns tragen – befreie uns.
In Zeiten der Versuchung und Prüfung – stärke uns.
In Drangsal und Schmerz und Verletzung – halte uns.
Aus dem Griff alles Bösen – befreie uns.**

**Denn du bist die Herrlichkeit der Macht, die Liebe ist, jetzt und immerdar.
Amen.**

Es führe uns der geliebte Gott aller Schöpfung, der Ursprung unseres Seins, das Herz des Mitgefühls, auf dem Weg der umwandelnden Liebe, in die Ganzheit des Lebens und die Freude des Liebens, durch den Christus, unseren Weisheitslehrer, und die Salbung des Göttlichen in uns.
So geschehe es. Amen

*Der Gottesdienst mag mit einem Gesang oder auf andere Weise ausklingen.*

# Anhang

(Dem Vaterunser liegt eine Version von Jim Cotter zugrunde; die Bearbeitung erfolgte mit dessen Erlaubnis. Veränderungen finden sich in den Zeilen 8, 9, 11, 13, 15 (Zeile 1 = „Ewiger Geist", übrige Liturgie © Don MacGregor 2011)

# ANHANG 3

# ABENDMAHL / EUCHARISTIE

*Die folgende Liturgie basiert in Format und Formulierung auf der Fassung der „Church in Wales", die Wortwahl orientiert sich jedoch mehr an den Konzepten, die im vorliegenden Buch skizziert sind. Sie ist nicht für den Gebrauch in der Anglikanischen Kirchengemeinschaft freigegeben.*

## 1. Die Versammlung

*Willkommen und Eröffnungs-Lied oder Gesang*

Im Namen des dreieinen Gottes, der Heiligen Einheit, Quelle von Allen/m
**Amen.**
Gnade und Frieden sei mit uns allen
**und erhalte uns in der Liebe Christi.**

**Gott allen Mitgefühls, dessen Gegenwart im Inneren die Wünsche und verborgenen Geheimnisse unserer Herzen sieht: Lasse deine Energie und Licht fließen, auf dass wir deinen Atem des Lebens in unserem inneren Sein erfahren und aufrichtiges Lob in unserem Leben zeigen, wie es Jesus der Christus getan hat. So geschehe es.**

In dem Gewahrsein, dass wir oft versagen, dem Weg der Liebe zu folgen, der uns in Christus gezeigt wurde, öffnen wir unser Herz der göttlichen Gegenwart im Inneren, auf dass wir heil werden.

Herr, erbarme dich. **Herr, erbarme dich.**
Christus, erbarme dich. **Christus, erbarme dich.**

Herr, erbarme dich. **Herr, erbarme dich.**
*(oder „Kyrie eleison" gesungen)*

*Stille, danach Gebet oder Schuldbekenntnis:*

**Gott aller Schöpfung, in dem wir leben und uns bewegen
und unser Sein haben,
wir bekennen unsere Trennung im Inneren von dir,
unsere Ichbezogenheit und Härte des Herzens gegenüber anderen
und uns selbst.
Wir sind aufrichtig betrübt und bitten, dass du uns helfen mögest,
unser menschliches Denken zu überwinden
und einzutreten in das Herz deiner liebenden Gegenwart.
Mögen wir erneuert werden nach dem Bilde Jesu des Christus,
des Gottmenschen,
auf dass wir die Fülle des Lebens in der dynamischen Kraft deiner
Liebe erfahren.
So geschehe es.**

Gott ist das mitfühlende Bewusstsein, in welchem wir existieren, liebend und vergebend. Gott stärke uns im Guten und helfe uns, zum Ganzsein hin zu wachsen, nach der Art Christi. **Amen.**

*Wir singen zum Lobpreis Gottes.*

***Die Kollekte*** *– das Tagesgebet*

## 2. Die Wortverkündung

*Ein oder zwei Bibellesungen, danach:*
*Dies ist das inspirierte Wort:*
**Dank sei Gott.**

*Lied oder Gesang, passend zur Lesung*

## Abendmahl / Eucharistie

*Hier mag eine weitere Lesung aus der christlichen Tradition folgen.*

*Gespräch, Predigt oder Austausch in Gruppen*

*Eine Bejahung des Glaubens*
Wir glauben an den Gott des schöpferischen Wirkens,
das mitfühlende Bewusstsein, in dem wir leben und uns bewegen und unser Sein haben.
Wir werden im Sein gehalten von Gott,
der unser aller Mutter und Vater ist,
der in uns und in aller Schöpfung wohnt,
und aus dem wir ins Leben geatmet worden sind.

Wir glauben, Jesus der Christus war ein Sohn Gottes,
ein ganz menschliches Wesen, das die Tiefen des Gott-Bewusstseins erreichte,
um ganz göttlich zu werden,
und einen Pfad bereitete für den Rest der Menschheit,
auf dem Wege der Selbstentäußerung und des Mitgefühls.

Wir glauben an den Geist Gottes,
die göttliche Energie, die in der Welt wirkt,
um alles zur Fülle und Wiederherstellung zu führen.

Wir glauben an die heilige Natur der Erde
und jedes Menschenwesens,
und dass die spirituelle Reise heißt,
verwandelt zu werden durch Liebe,
abzulassen von unserem ichbezogenen Wesen
und einzutreten in das mitfühlende Bewusstsein,
das Gott ist.

## 3. Die Fürbitte

*Intentionale Gebete sind zielgerichtetes Denken und Fühlen, um im Zusammenwirken mit dem göttlichen Bewusstsein positive Veränderungen herbeizuführen. Wir sprechen unsere Gebete aus, um diesen Prozess zu verbalisieren.*
*Nach den gesprochenen Gebeten folgt eine Zeit des Schweigens für das stille Gebet.*

*Schlussformel:*
Liebender Gott, nimm unsere Gebete an, die wir im Bewusstsein Christi an dich richteten. Amen.

## 4. Der Friedensgruß

… Gottes Frieden sei allezeit mit euch …
**und auch mit dir**
*Hier mag ein Friedensgruß ausgetauscht werden.*

*Lied oder Gesang. Dabei wird eine Kollekte für das Leben der Kirche eingesammelt.*

## 5. Das Dankgebet

*Wir stehen auf zum Dankgebet.*

*Gabenbereitung:*
Gepriesen bist du, Gott aller Schöpfung.
Durch deine Güte haben wir dieses Brot darzubieten,.
das die Erde gegeben und menschliche Hände bereitet haben.
Es wird für uns zum Brot des Lebens werden.
**Gepriesen sei Gott in Ewigkeit.**

## Abendmahl / Eucharistie

Gepriesen bist du, Gott aller Schöpfung.
Durch deine Güte haben wir diesen Wein darzubieten,
die Frucht des Weinstocks und das Werk menschlicher Hände.
Er wird unser geistiges Getränk werden.
**Gepriesen sei Gott in Ewigkeit.**

Gepriesen bist du, Gott aller Schöpfung.
Durch deine Güte haben wir uns selbst darzubieten,
Früchte des Mutterleibs und Werk deiner Liebe.
Wir werden für dich heile Menschen werden.
**Gepriesen sei Gott in Ewigkeit.**

Gott ist hier.
**Sein Geist ist in uns.**
Öffnet eure Herzen.
**Wir öffnen sie für Gott.**
Lasst uns Dank sagen Gott, unserem Erhalter.
**Es ist recht, Dank und Lob zu sagen.**

Es ist in der Tat recht, es ist unsere Pflicht und unsere Freude, zu allen Zeiten und an allen Orten, dir Dank zu sagen und Lob, Heilig-Einer, Mutter und Vater von uns allen, der du existierst vor aller Zeit, durch Jesus den Christus, den göttlichen Menschen.

In ihm wohnte dein ewiges Wort: Durch selbiges Wort atmetest du das Universum und formtest uns, Mann und Frau, nach deinem Bilde. In Jesus dem Christus, dem Gesalbten, hast du uns den Weg der umwandelnden Liebe gezeigt. Durch sein Leben und Tod entäußerte er sich selbst und umfing uns dabei in vollkommener Liebe und Mitgefühl und überwand die Macht des Bösen, des Leidens und Todes für uns alle. Liebe ist stärker als der Tod, und seine Auferstehung öffnete für uns das Tor zum zeitlosen Leben. Indem wir seinem Weg folgen, erfahren wir deinen heiligen und lebensspendenden Geist, die göttliche Energie im Inneren, und werden umgewandelt zu deinem Ebenbild.

Deshalb verkünden wir zusammen mit den Engeln und Erzengeln und mit allen himmlischen Scharen deine große und herrliche Einheit, wir loben und preisen dich immerdar und sprechen:

**Heilig, heilig, Heilig-Einer,
Gott der Liebe und Gegenwart,
Himmel und Erde strahlen von deiner Herrlichkeit. Hosianna in der Höhe!
Selig ist, der dem Wege Christi folgt. Hosianna in der Höhe!**

Sei mit uns, Heilig-Einer, wie du im Christus Jesus warst, dem Gottmenschen. Wir öffnen uns, dich zu rühmen und diese Erinnerung an das letzte Abendmahl darzubieten. Diese Gaben aus Brot und Wein seien uns Symbole der Essenz seines Wesens und der Vitalität seines Blutes; der in der Nacht, da er verraten ward, einen Laib Brot nahm und segnete; er brach es und gab es zu seinen Jüngern und sprach: „Nehmet und esset, das ist mein Leib." Dann nahm er einen Kelch, und nachdem er gedankt hatte, gab er ihn zu ihnen, und alle tranken daraus. Er sprach zu ihnen: „Das ist mein Blut des Bundes, das für viele vergossen wird."

Und so, heilige Gegenwart in uns, gedenken wir des Todes und der Auferstehung Jesu und bieten dir im Dankgebet dieses Brot und diesen Kelch dar, deine Gaben an uns, auf dass die Essenz und Vitalität Christi in uns sei.

Entfache deinen Geist in uns allen, die wir unsere Herzen für dich öffnen. Stärke unseren Glauben, mache uns eins in dir, und leite uns und all dein Volk auf dem Weg Christi, der zum Reich der Liebe führt, das unsere Bestimmung ist.

In der Einheit mit ihm und dem Heiligen Geist sind alle Ehre und Herrlichkeit dein, oh Gott aller, allezeit und allerorten und darüber hinaus. **Amen.**

Wir sprechen gemeinsam aus seiner eigenen Sprache das Gebet, das uns Jesus gelehrt hat:

**Oh Atem des Lebens, der in aller Schöpfung fließt,
möge das Licht deiner Gegenwart das Universum erfüllen.**

Deine Seinsweise komme, dein Verlangen geschehe,
in dieser und allen Sphären der Existenz.
Bringe hervor, was wir an Nahrung heute brauchen.
Vergib uns Versagen, die uns binden,
wie wir davon ablassen, am Versagen anderer festzuhalten.
Und lasse uns nicht zufrieden sein mit der Oberfläche des Lebens,
sondern erlöse uns von den Irrwegen.
Denn du bist Leben in Fülle, schöpferische Einheit und herrliche Harmonie,
allezeit und darüber hinaus. Amen.

## 6. Die Kommunion

Wir brechen dieses Brot, um am Leib Christi gemeinsam teilzuhaben.
**Wir sind zwar viele, doch wir sind ein Leib, denn wir alle haben Teil an einem Brot.**

*Die Einladung*
Kommt, lasst uns empfangen diese Symbole des Leibes und Blutes von Jesus dem Christus, die für uns gegeben sind, und lasst uns sein Leben im Glauben dankbar in unsere Herzen nehmen.

*Der Priester und die Gläubigen empfangen die Kommunion. Diese mag von Person zu Person weitergegeben werden mit geeigneten Worten wie:*
Der Leib / das Blut Christi sei dein.
Das Leben / die Liebe Christi sei in deinem Herzen.
Das göttliche Leben / die Liebe Christi sei dein.

*Es folgt eine Zeit der Stille.*

*Gebet nach der Kommunion*
Sagt Dank für die Güte Gottes:
**Der da ist immerwährende Liebe, göttliches Bewusstsein, Urgrund allen Seins.**

*Wir sprechen gemeinsam:*
**Gott aller Zeit und allen Raumes, Trost der Betrübten und Heiler der Gebrochenen, du hast uns gespeist am Tisch des Lebens und der Hoffnung: Lehre uns die Wege von Sanftmut und Frieden, auf dass alle Welt den Weg der Liebe erkenne, der uns gezeigt wurde in Jesus dem Christus. Amen.**

*Lied oder Gesang*

## 7. Die Aussendung

Möge Gott sichtbar werden in eurem Leben.
**Und auch in deinem.**

*Der folgende (oder ein anderer) Segen mag gesprochen werden (während das Kreuzzeichen geschlagen wird, falls gewünscht):*
Christus, das Licht der Welt,
öffne eure Herzen mit der frohen Botschaft seines Reich-Gottes-Weges.
Der Segen des einen Schöpfergottes
sei unter euch jetzt und bleibe bei euch immerdar.
**Amen.**

Gehet in Frieden, die Liebe Gottes zu zeigen.
**Auf dem Weg Christi. Amen.**

# ANMERKUNGEN ZU DEN KAPITELN

Für alle Quellenhinweise auf das Internet ohne Angabe eines früheren Abrufdatums gilt: „Abruf am 15.05.2014".

Vorwort
1 Tompkins & Bird 1973
2 Findhorn-Community 1975
3 "Aus dem Quell des Lichtes im Denken Gottes
ströme Licht herab ins Menschen-Denken.
Es werde Licht auf Erden!

Aus dem Quell der Liebe im Herzen Gottes
ströme Liebe aus in alle Menschenherzen.
Möge Christus wiederkommen auf Erden!

Aus dem Zentrum, wo der Wille Gottes thront,
lenke plan-beseelte Kraft die kleinen Menschenwillen
zu dem Endziel, dem die Meister wissend dienen!

Durch das Zentrum, das wir Menschheit nennen,
entfalte sich der Plan der Liebe und des Lichtes
und siegle zu die Tür zum Übel!

Mögen Licht und Liebe und Kraft
den Plan auf Erden wiederherstellen!"

Einführung
1 zitiert in: Trevelyan 1981, p.13
2 zitiert in: Hans Küng (Hrsg.) 1996
3 The Flat Earth Society 1998 http://www.alaska.net/~clund/e_djublonskopf/FlatMisStat.htm
4 Wikipedia: *Vergilius of Salzburg* (Stand: 27.11.2013), verfügbar auf: http://en.wikipedia.org/wiki/Vergilius_of_Salzburg
5 Armstrong 1993, p.332
6 Comby 1989, p.39

| | |
|---|---|
| 7 | de Mello 1984 (zitiert aus dt. Ausg. S.52) |
| 8 | Schweitzer 1955 (zitiert aus dt. Ausg. S.365) |
| 9 | James Bryant Conant, 1893-1978, Chemiker, Wissenschaftspolitiker und Diplomat; 1933-1953 Hochschulpräsident der Harvard-Universität |

Kapitel 1: Quantenwirklichkeit und Gott als Bewusstsein

| | |
|---|---|
| 1 | McTaggart 2007, p.253 (zitiert aus dt. Ausg. S.251) |
| 2 | Goswami 2001, p.13 |
| 3 | Max Planck, zitiert in: Braden 2000, p.110 (dt. Zitat aus: Archiv zur Geschichte der Max-Planck-Gesellschaft, Abt. Va, Rep. 11 Planck, Nr. 1797) |
| 4 | Goswami 2001, p.28 |
| 5 | ebd., p.30 |
| 6 | *What the Bleep Do We Know,* 2005 (DVD) |
| 7 | László 2007, p.117 (zitiert aus dt. Ausg. S.191-192 u.a.) |
| 8 | Beim Doppelspalt-Experiment werden Elektronen auf ein Hindernis gefeuert, das einen doppelten Spalt aufweist. Auf der anderen Seite der Barriere befindet sich ein Schirm, auf dem sichtbar wird, wo die Elektronen auftreffen. Vorausgesetzt, dass Elektronen Teilchen sind, können sie entweder durch den einen Spalt oder durch den anderen passieren; man könnte also erwarten, zwei helle Linien auf dem Schirm zu sehen. Statt dessen entsteht auf dem Schirm ein Interferenzmuster von abwechselnd helleren und dunkleren Linien – genau so, als hätte eine Welle die beiden Spalten passiert, nicht ein Strom von Partikeln. Um dieses Experiment zu begreifen, stellen Sie sich das Hindernis mit den Spalten in einem großen Wassertank vor. Lassen Sie am einen Ende einen Kieselstein hineinfallen, so breitet sich eine kreisförmige Welle aus und trifft auf die Barriere. Die Welle passiert nun beide Spalten zur gleichen Zeit; auf der anderen Seite der Barriere kommen also zwei Wellen hervor, die miteinander interferieren, so dass ein Muster von Wellen-Scheiteln und -Tälern sichtbar wird. Dieses Kreiswellen-Muster ist genau das gleiche Resultat wie beim Doppelspalt-Experiment. Die Elektronen verhalten sich wie eine Welle, nicht wie Teilchen. |
| 9 | McTaggart 2007, p.39-41 (dt. Ausg. S.44-47) |
| 10 | ebd., p.13 (dt. Ausg. S.21) |
| 11 | ebd., p.15 (dt. Ausg. S.22) |
| 12 | Dies überrascht mich nicht, weiß ich doch schon lange, dass meine Frau und unsere älteste Tochter einen Einfluss auf Computer haben! Wenn sie in der Nähe sind, treten seltsame "Verlangsamungen" ein, und es geschehen merkwürdige kleine Dinge. Beide hegen einen Hass auf die Technik, und diese Einstellung gegen die Geräte scheint eine Form von Energiefeld zu erzeugen, das die Elektronik beeinflusst. Viele andere dürften diesen Effekt bestätigen. Es gibt zahlreiche Geschichten von Menschen, die Computer durch ihre bloße Präsenz verrückt spielen lassen. |
| 13 | Gregor von Nyssa: *Life of Moses,* (Patrologia Graeca 44,377), zitiert in: Clement 1993, p.27 |

| | |
|---|---|
| 14 | McGrath 2001, p.321 |
| 15 | John Climacus, *The Ladder of Divine Ascent,* 30th step, 2(6), p.167, zitiert in: Clement 1993, p.34 |
| 16 | Spong 2001, p.70-73 (zitiert aus dt. Ausg. S.89, 93) |
| 17 | 1. Mose 2-3 |
| 18 | Clément 1994, p.84 |
| 19 | Lukas 15,11-32 |
| 20 | Tompkins & Bird 1973 |
| 21 | Bourgeault 2003, p.53 |
| 22 | Church 2007, p.313 (zitiert aus dt. Ausg. S.341) |

Kapitel 2: Epigenetik, Heilen und Gebet

| | |
|---|---|
| 1 | Lipton 2005, p.115 (dt. Ausg. S.113) |
| 2 | ebd., p.114-115 (zitiert aus dt. Ausg. S.113) |
| 3 | Schlitz & Braud 1997, zitiert in: McTaggart 2001, p.133 (dt. Ausg. S.201) |
| 4 | Braud 1991, zitiert in: McTaggart 2001, p.136 (dt. Ausg. S.206) |
| 5 | Lipton 2005, p.111 (zitiert aus dt. Ausg. S.110) |
| 6 | Church 2007, p.32 (zitiert aus dt. Ausg. S.24) |
| 7 | ebd., p.71 (zitiert aus dt. Ausg. S.62-63) |
| 8 | McTaggart 2007, p.135 (dt. Ausg. S.137) |
| 9 | ebd., p.137 (dt. Ausg. S.138) |
| 10 | House of Lords Select Committee on Science and Technology – Sixth Report. Verfügbar auf: http://www.publications.parliament.uk/pa/ld199900/ldselect/ldsctech/123/12301.htm |
| 11 | Church 2007, p.104 |
| 12 | ebd., p.242 |
| 13 | O'Regan, B. & Hirshberg, C., 1993: *Spontaneous Remission: An Annotated Bibliography,* Petaluma/CA: Institute of Noetic Sciences, zitiert in: McTaggart 2007, p.190 (dt. Ausg. S.188). Vgl. auch Peter und Katarina Michel, Spontanheilung, Grafing 2014 |
| 14 | Church 2007, p.256 (zitiert aus dt. Ausg. S.255) |
| 15 | McTaggart 2007, p.131 (dt. Ausg. S.133) |
| 16 | Church 2007, p.136-137 (zitiert aus dt. Ausg. S.129-133) |
| 17 | ebd., p.121 (zitiert aus dt. Ausg. S.110) |
| 18 | McTaggart 2001, p.55 (dt. Ausg. S.96) |
| 19 | Church 2007, p.121 (dt. Ausg. S.110) |
| 20 | Rosenfeld 2006, zitiert in: Church 2007, p.121 (zitiert aus dt. Ausg. S.110-111) |
| 21 | McTaggart 2007, p.187 (dt. Ausg. S.185) |
| 22 | ebd., p.189 (dt. Ausg. S.187) |
| 23 | ebd., p.189 (dt. Ausg. S.188) |
| 24 | ebd., p.190 (dt. Ausg. S.189) |
| 25 | Church 2007, p.223-224 |
| 26 | McTaggart 2007, p.254 (zitiert aus dt. Ausg. S.252) |

## Kapitel 3: Morphische Felder und das Werk Christi
1 Sheldrake 1988, p.113 (dt. Ausg. S.132ff)
2 Jung 1959
3 Fox & Sheldrake 1996
4 Sheldrake 1988, p.174-181 (dt. Ausg. S.219-227)
5 Sheldrake 1987
6 Matthäus 26,36-46; Markus 14,32-42
7 Bourgeault 2010, p.156
8 Macquarrie 1965, p.284
9 ebd., p.288
10 Borg 2003, p.151 (dt. Ausg. S.153-157)
11 Clément 1994, p.46

## Kapitel 4: Das Quanten-Lichtmeer
1 Haisch 2006, p.93. (Dt. Ausgabe, Warum Gott nicht würfelt, Amerang 2014)
2 Original verfügbar auf: http://www.thefieldonline.com/ (Abruf 06.06.2007)
3 „Ein spezifisches Experiment zur Nutzung dieses Energievorrats wurde von dem Astrophysiker Dr. Bernard Haisch vorgeschlagen, der von der NASA und Lockheed Martin unterstützt wurde, um die Nullpunkt-Physik zu untersuchen, sowie von Garret Moddel, Professor der Elektrischen Energietechnik an der Universität von Colorado in Boulder." Gough, W. C., Foundation for Mind-Being Research, (May 2005) *Zero Point Energy*. Original verfügbar auf: http://www.fmbr.org/editoral/edit04_05/edit8-may05.htm
4 McTaggart 2001, p.26 (zitiert aus dt. Ausg. S.53)
5 László 2007, p.70-71 (zitiert aus dt. Ausg. S.67-68)
6 McTaggart 2001, p.85 (zitiert aus dt. Ausg. S.134)
7 ebd., p.95 (dt. Ausg. S.149)
8 ebd., p.77-96 (dt. Ausg. S.121-151)
9 ebd., p.82 (zitiert aus dt. Ausg. S.129)
10 ebd., p.93 (zitiert aus dt. Ausg. S.146)
11 ebd., p.77-96 (dt. Ausg. S.121-151)
12 ebd., p.138 (zitiert aus dt. Ausg. S.209)
13 ebd., p.39-55 (dt. Ausg. S.71-97)
14 Cannato 2006, p.68-77
15 ebd., p.71
16 ebd., p.74-75
17 ebd., p.75
18 Haisch 2006, p.93
19 aus der *Haggada*, zitiert in: Haisch 2006, p.99
20a László 2007, p.76 (zitiert aus dt. Ausg. S.208)
20b László 2007, p.76
21 Chandogya Upanishad, Part I, chapter 9.1, Spirit Mythos: *A World Beyond, Akashic and Akashic Records, References from Various Scholarly and Religious Sources*. Original verfügbar auf: http://www.spiritmythos.org/TM/akashic/akashicref.html

22 László 2007, p.31 (dt. Ausg. S.99)
23 ebd., p.53 (zitiert aus dt. Ausg. S.120)
24 ebd., p.50 (dt. Ausg. S.51-52)
25 ebd., p.76 (zitiert aus dt. Ausg. S.207)
26 ebd., p.105 (zitiert aus dt. Ausg. S.179)

Kapitel 5: Jesus mit neuen augen
1 zitiert in: Bourgeault 2007
2 „Es nicht nicht möglich, genau festzustellen, wann die Handelsroute erstmals genutzt wurde. Doch historische Aufzeichnungen belegen, dass die Römer bereits in der Zeit Julius Cäsars von der feinen Qualität der chinesischen Seide fasziniert waren." (Adel Awni Dajami, 2011: *Islamic Frontiers of China*, London: Tauris)
3 „Im 1. Jahrhundert n. Chr. hatte der Handel auf der Seidenstraße Verbindungen von China zum Mittelmeer eingerichtet." (Xiuni Liu, 2010: *The Spice Road*, New York: OU, p.47)
4 Wikipedia: *Incense Route* (Stand: 01.12.2013), verfügbar auf: http://en.wikipedia.org/wiki/Incense_Route
5 Bourgeault 2008, p.25
6 Hierfür finden wir eine Reihe von Belegen. In Hiob 1,6 lesen wir: "Nun geschah es eines Tages, da kamen die Gottessöhne, um vor den Herrn hinzutreten; unter ihnen kam auch der Satan." (Einheitsübersetzung 1980; bei Luther: "die Kinder Gottes"), und wieder in Hiob 38,7: "… als jubelten alle Gottessöhne"?
7 "Den Beschluss des Herrn will ich kundtun. Er sprach zu mir: 'Du bist mein Sohn, heute habe ich dich gezeugt.'" (Psalm 2,7)
8 Mit der Bezeichnung "Sohn Gottes" wurden im Alten Testament Personen bedacht, die in irgendeiner speziellen Beziehung zu Gott standen. Engel, gerechte und fromme Menschen, die Nachkommen Seths wurden "Söhne Gottes genannt" (Hiob 1,6 und 2,1; Psalm 88,7; Weisheit 2,13 etc.). Ähnliches galt für die Israeliten als ganze Nation (5. Mose 14,1). Auch die Führer des Volkes, Könige, Fürsten, Richter, wurden als von Gott mit Autorität ausgestattete Personen "Söhne Gottes" genannt. (Quelle: The Catholic Encyclopedia (2009): *Son of God in the Old Testament*, verfügbar auf: http://www.newadvent.org/cathen/14142b.htm)
9 Ehrman 2003, p.2
10 Goldsmith 1972, p.17
11 ebd., p.20
12 Persönliche Korrespondenz mit John Henson über den Text vor der Veröffentlichung.
13 Metzger, Bruce M.: *To The Reader* (Geleitwort in der *New Revised Standard Version of the Bible*)
14 siehe 2. Mose 30,22-30
15 siehe Richter 9,8; 2. Samuel 2,4; 1. Könige 1,34; 2. Mose 28,41; 1. Könige 19,16

16 Spong 2001, p.111 (zitiert aus dt. Ausg. S.133-134)
17 Borg 2003, p.82-83 (dt. Ausg. S.90-91)
18 ebd., p.88 (zitiert aus dt. Ausg. S.97)
19 ebd., p.89-91 (dt. Ausg. S.98-99)
20 Macquarrie 1966, p.272
21 ebd., p.252
22 ebd., p.253
23 Spong 2001, p.141 (zitiert aus dt. Ausg. S.166)
24 Cannato 2010, p.56
25 Integral Life (2009). *The Loft Series: Love and Evolution*, verfügbar auf: http://integrallife.com/node/76038
26 Teresa von Avila: *Die innere Burg*, 4. Kapitel
27 James 2008, p. 307
28 Ask The Real Jesus (2009): *Discourse 7. Understanding Christ Consciousness*, verfügbar auf: http://www.askrealjesus.com/askrealjesus/trueteachings/christhood/Christh7.html (Abruf 10.05.2011)

Kapitel 6: Neuerlicher Besuch im Reich Gottes
1 Bourgeault 2008, p.30
2 Cynthia Bourgeault, 2008: *Putting on the Mind of Christ – Transforming your Consciousness through Centering Prayer (CD)*. Vortrag in der Reihe „Silence in the City", Southport: Agape Ministries
3 Das Christentum ist ein lebendiger Glaube in Afrika, Südamerika und China, wo andere Weltanschauungen einen nichtrationalen Blick aufs Leben gepflegt haben und die Bereitschaft besteht, die Bibel als das buchstäbliche Wort Gottes anzunehmen.
4 Borg 1995, p.47
5 Marcus Borg, 2001: *Taking Jesus Seriously;* Lenten Noonday Preaching Series, Calvary Episcopal Church, Memphis, Tennessee, 15.03.2001. Verfügbar auf: http://www.explorefaith.org/LentenHomily03.15.01.html
6 Die berühmte Kritik Jesu gegen die Pharisäer und Schriftgelehrten steht im Matthäus-Evangelium, Kapitel 23, und in den "Weh euch!"-Worten (Lukas 11,39-52).
7 Bourgeault 2003, p.47-49

Kapitel 7: Gedanken über die Erlösung
1 Bourgeault 2010, p.132
2 Church 2007, p.123 (dt. Ausg. S.113)
3 Henson 2004, p.274
4 Für dieses Beispiel danke ich John Henson.
5 Justinus der Märtyrer, *Die erste Apologie*, 46,1-4
6 Global Ministries (2011): *The Sermons of John Wesley: On Faith,* Sermon 106, par.10. Verfügbar auf: http://www.umcmission.org/Find-Resources/John-Wesley-Sermons/Sermon-106-On-Faith

7   Die Erklärung *Nostra Aetate* über das Verhältnis der Kirche zu den nichtchristlichen Religionen wurde verkündet von Papst Paul VI. und ist verfügbar auf: http://www.vatican.va/archive/hist_councils/ii_vatican_council/documents/vat-ii_decl_19651028_nostra-aetate_ge.html

Kapitel 8: Spirituelle Evolution
1   Words of Basil of Caesarea, quoted by Gregory Nazianzen, Eulogy of Basil the Great, Oration 43,48 (PG36,560), zitiert in: Clement 1993, p.76
2   Irenäus, *Gegen die Häresien IV,* 20,7
3   Borg 1998, p.113-115
4   O'Donohue 1997, p.26 (zitiert aus dt. Ausg. S.23-24)
5   Julian of Norwich 1966, p.68
6   Backhouse 1985, p.64
7   Main 1987, p.14
8   ebd., p.17
9   Ward Benedicta (Übers.), 1975: *The Sayings of the Desert Fathers; The Alphabetical Collection,* (Kalamazoo/MI: Cistercian Publications), p. xxi, xxvi
10  Murphy, M., Donovan S., 1988: *Contemporary Meditation Research: A Review of Contemporary Meditation Research With a Comprehensive Bibliography,* p.131 (San Francisco: The Esalen Institute), zitiert in: Church 2007, p.155 (dt. Ausg. S.166)
11  Church 2007, p.155 (zitiert aus dt. Ausg. S.166)
12  Laird 2006, p.10
13  ebd., p.15
14  Bourgeault 2008, p.62-65
15  ebd., p.66
16  Backhouse 1985, p.25
17  ebd., p.33
18  in den Evangelien nach Matthäus (19,30 und 20,16), Markus (10,31) und Lukas (13,30)
20  Helminski, Kabir, 1992: *Living Presence: A Sufi Way to Mindfulness and the Essential Self,* New York: Jeremy Tarcher, p.157, zitiert in: Bourgeault 2008, p.36
21  Institute of HeartMath (2011): *Science of the Heart: Exploring the Role of the Heart in Human Performance,* verfügbar auf: http://www.heartmath.org/research/science-of-the-heart/introduction.html
22  Laird 2006, p.16
23  ebd., p.19
24  Bhagavad-Gita, 18,52-53
25  Ward Benedicta (Übers.), 1975: *The Sayings of the Desert Fathers; The Alphabetical Collection,* (Kalamazoo/MI: Cistercian Publications), p.183
26  Bourgeault 2003, p.74
27  Main, John, 1987: *The Joy of Being,* London: Dartman, Longman & Todd, p.39

28  aus dem *Cántico espiritual* („Geistlicher Gesang") des Johannes vom Kreuz
29  Bailey 1967, p.132 (zitiert aus dt. Ausg. S.153)
30  Die Strophen 1-2 des Liedes lauten: „Es ist ein Ros entsprungen, aus einer Wurzel zart, wie uns die Alten sungen, von Jesse war die Art. Und hat ein Blümlein bracht mitten im kalten Winter, wohl zu der halben Nacht. Das Röslein, das ich meine, davon Jesaia sagt, ist Maria die reine, die uns das Blümlein bracht. Aus Gottes ew'gem Rat hat sie ein Kind geboren und blieb ein reine Magd."
31  Deutsche Übersetzung: Christoph Klaiber, 1999
32  Chandogya Upanishad, III, 14,2-3

Kapitel 9: Die Evolution der religiösen Sprache
1  Borg 1995, p.47. Borg bezieht sich hier auf das hebräische Wort *rah m*, wie verwendet in 2. Mose 34,6: 2. Chronik 30,9; Nehemia 9,17 und 31; Psalm 103,8; Joel 2,13
2  ebd., p.48
3  Dossey, Larry: *Non-Local Mind: Why It Matters,* zitiert in: Pfeiffer 2007, p.5
4  Harvey 1998, p.56 (zitiert aus dt. Ausg. S.75-76)
5  Douglas-Klotz 1999, p.49 (zitiert aus dt. Ausg. S.65)
6  ebd., p.71 (zitiert aus dt. Ausg. S.88-89)
7  ebd., p.79 (zitiert aus dt. Ausg. S.99-100)
8  ebd., p.103 (zitiert aus dt. Ausg. S.128)
9  ebd., p.27 (zitiert aus dt. Ausg. S.41-42)
10  ebd., p.28 (zitiert aus dt. Ausg. S.42)
11  Douglas-Klotz 1994, p.13 (zitiert aus dt. Ausg. S.35-36)
12  ebd., p.14 (zitiert aus dt. Ausg. S.36-37)
13  ebd., p.12 (zitiert aus dt. Ausg. S.34-35)
14  Schmitt, Mary: *If All is Consciousness, What Then is my Body?,* zitiert in: Pfeiffer 2007, p.51
15  ebd., p.52
16  ebd., p.53
17  ebd., p.54
18  Henson 2010, p.7
19  T. S. Eliot, *Vier Quartette: Burnt Norton* (übertragen von Nora Wydenbruck), Frankfurt/M.: Suhrkamp 1972, S.287-289

Kapitel 10: Es geht weiter
1  Funk, R.W., Hoover, R.W., 1993: *The Five Gospels: The Search for the Authentic Words of Jesus,* New York: Harper Collins
2  Borg 2003, p.xii (zitiert aus dt. Ausg. S.8)
3  Spong 2001, p.145 (zitiert aus dt. Ausg. S.170-171)
4  mehr Information auf www.contemplativefire.org
5  mehr Information auf www.thestillpoint.org.uk
6  mehr Information auf www.moot.uk.net

| | |
|---|---|
| 7 | mehr Information auf www.contemplativeforum.org |
| 8 | Irenäus von Lyon: *Gegen die Häresien V*, Vorwort |
| 9 | Clemens von Alexandria: *Stromata* 7,16,101,4 (Ed. Stählin) |
| 10 | Athanasius von Alexandria: *Über die Menschwerdung des Logos*, 54; Migne: *Patrologia Graeca*, 25, 192 |
| 11 | Die (englischen) Zitate 8-11 und andere hier sind verfügbar auf: http://en.wikipedia.org/wiki/Divinization_(Christian)#cite_note-6 |
| 12 | Orthodox Wiki: *Theosis* (Stand: 09.04.2012), verfügbar auf: http://orthodoxwiki.org/Theosis |
| 13 | Artikel über Meister Eckhart in: Jones et al. 1986, p.317 |
| 14 | Bourgeault 2003, p. xvii |
| 15 | ebd., p.4 |
| 16 | Im Internet gibt es zahlreiche Webseiten mit Anleitungen. |
| 17 | mehr Information auf www.thework.com/deutsch/ |
| 18 | Ferrini, Paul, 1998: *Living in the Heart – The Affinity Process and the Path of Unconditional Love and Acceptance*, Greenfield/MA: Heartways; dt. Ausg.: *Im Herzen leben: das Praxisbuch zum Affinity-Prozess*, Bielefeld: Aurum 2003 |

# BIBLIOGRAPHIE

Armstrong, Karen, 1993: *A History of God,* London: Heinemann; dt. Ausg.: *Nah ist und schwer zu fassen der Gott,* Droemer Knaur 1993; *Geschichte des Glaubens,* München: Droemer Knaur 1996; *Die Geschichte von Gott,* München: Pattloch 2012

Backhouse (Hrsg.), Halcyon, 1985: *The Cloud of Unknowing, a new paraphrase,* London: Hodder & Stoughton; dt. Ausg.: *Die Wolke des Nichtwissens* (versch. Verlage ab 1958)

Bailey, Alice, 1967: *A Treatise on White Magic,* London: Lucis; dt. Ausg.: *Eine Abhandlung über weiße Magie,* Genf: Lucis Trust 1970

Bladon, Lee, 2007: *The Science of Spirituality: Integrating Science, Psychology, Philosophy, Spirituality & Religion,* esotericscience.org

Borg, Marcus, 1995: *Meeting Jesus Again for the First Time;* New York: HarperCollins; dt. Ausg.: *Jesus wieder begegnen – zum ersten Mal: Der historische Jesus und das Zentrum heutigen Glaubens,* Frankfurt/M: Otto Lembeck (angekündigt für 2004)

Borg, Marcus, 1998: *The God We Never Knew,* New York: HarperCollins

Borg, M. & Wright, N.T., 1999: *The Meaning of Jesus,* London: SPCK

Borg, Marcus, 2003: *The Heart of Christianity,* New York: HarperCollins; dt. Ausg.: *Heute Christ sein: den Glauben wieder entdecken,* Düsseldorf: Patmos 2005

Bourgeault, Cynthia, 2003: *The Wisdom Way of Knowing – Reclaiming and Ancient Tradition to Awaken the Heart,* San Francisco/CA: Jossey-Bass

Bourgeault, Cynthia, 2007: *Love is Stronger than Death,* Texas: Praxis Publishing

Bourgeault, Cynthia, 2008: *The Wisdom Jesus: Transforming Heart and Mind – a New Perspective on Christ and His Message,* Boston/MA: Shambhala

Bourgeault, Cynthia, 2010: *The Meaning of Mary Magdalene,* Boston/MA: Shambhala

Braden, Gregg, 2000: *The Isaiah Effect: Decoding the Lost Science of Prayer and Prophecy.* London: Hay House; dt. Ausg.: *Der Jesaja-Effekt: die in Vergessenheit geratene Wissenschaft des Gebets und der Prophetie neu entschlüsselt,* Burgrain: Koha 2001

Burton, U. Dolley, J., 1984: *Christian Evolution: Moving Towards Global Spirituality,* Wellingborough: Turnstone

Cannato, Judy, 2006: *Radical Amazement: Contemplative Lessons from Black Holes, Supernovas, and Other Wonders of the Universe,* Notre Dame/IN: Sorin

Cannato, Judy, 2010: *Field of Compassion: How the New Cosmology is Transforming Spiritual Life,* Notre Dame/IN: Sorin

Capra, Fritjof, 1992: *The Tao of Physics* (3$^{rd}$ ed.), Hammersmith: Flamingo

Cheslyn, J., Wainwright, G., Yarnold, E., 1986: *The Study Of Spirituality,* London: SPCK

Church, Dawson, 2007: *The Genie in your Genes,* Santa Rosa/CA: Elite Books; dt. Ausg.: *Die neue Medizin des Bewusstseins: wie Sie mit Gedanken und Gefühlen Ihre Gene positiv beeinflussen können,* Kirchzarten: VAK 2011
Clément, Olivier, 1994: *The Roots of Christian Mysticisms* $2^{nd}$ ed. London: New City; frz. Original: *Sources: Les mystiques chrétiens des origines. Textes et commentaires,* Paris: Éditions Stock 1986
Comby, J. & MacCulloch, D., 1989: *How To Read Church History. Vol. 2: From the Reformation to the present day,* London: SCM
O'Donohue, John, 1997: *Anam Cara: Spiritual Wisdom from the Celtic World,* London: Bantam; dt. Ausg.: *Anam Cara: das Buch der keltischen Weisheit,* München: dtv 1997
Douglas-Klotz, Neil, 1994: *Prayers of the Cosmos: Meditations on the Aramaic Words of Jesus,* New York: HarperCollins; dt. Ausg.: *Das Vaterunser: Meditationen und Körperübungen zum kosmischen Jesusgebet,* München: Droemer Knaur 1992
Douglas-Klotz, Neil, 1999: *The Hidden Gospel,* Wheaton/IL: Quest Books; dt. Ausg.: *Der Prophet aus der Wüste: die verborgenen Botschaften des aramäischen Jesus,* München: Kösel 2001
Ehrman, Bart D., 2003: *Lost Christianities: The Battles for Scripture and the Faiths We Never Knew,* New York: Oxford University
Fabre d'Olivet, Antoine, 1921: *The Hebraic tongue restored and the true meaning of the Hebrew words re-established and proved by their radical analysis,* New York: Putnam's Sons 1921; frz. Original: *La langue hébraïque restituée,* Paris (chez l'auteur) 1815-16
Findhorn-Community, 1975: *The Findhorn Garden: Pioneering a New Vision of Man and Nature in Cooperation,* London: Turnstone/Wildwood; dt. Ausg.: Findhorn-Gemeinschaft: *Der Findhorn-Garten. Ein neues Zukunftsbild: Mensch und Natur im Einklang,* Berlin: Frank Schickler 1975
Fox, Matthew, 1983: *Original Blessing: A Primer in Creation Spirituality,* Santa Fe/NM: Bear & Co.; dt. Ausg.: *Der große Segen: umarmt von der Schöpfung. Eine spirituelle Reise auf vier Pfaden durch sechsundzwanzig Themen mit zwei Fragen,* München: Claudius 1991; *Freundschaft mit dem Leben: die vier Pfade der Schöpfungsspiritualität,* Frankfurt/M.: Fischer-TB 1998
Fox, M. & Sheldrake, R., 1996: *Natural Grace: Dialogues on Science and Spirituality,* London: Bloomsbury
Goldsmith, Joel S., 1972: *The Mystical ‚I',* London: Allen & Unwin
Goswami, Amit, 1993: *The Self-Aware Universe,* New York: Penguin Putnam; dt. Ausg.: *Das bewusste Universum. Wie Bewusstsein die materielle Welt erschafft,* Freiburg: Lüchow 2001
Goswami, Amit, 2001: *Physics of the Soul,* Charlottesville/VA: Hampton Roads
Griffiths, Bede, 1989: *A New Vision Of Reality,* Springfield/IL: Templegate; dt. Ausg.: *Die neue Wirklichkeit,* Grafing: Aquamarin 1990
Haisch, Bernard, 2006: *The God Theory,* San Francisco/CA: Weiser Books, dt. Ausg.: *Warum Gott nicht würfelt,* Amerang 2014
Harvey, Andrew, 1998: *Son of Man. The Mystical Path to Christ,* New York: Penguin Putnam; dt. Ausg.: *Der mystische Weg zu Christus,* Petersberg: Via Nova 2001
Henson, John, 2004: *Good as New: A Radical Retelling of the Scriptures,* Winchester: O Books

Henson, John, 2010: *Wide Awake Worship: Hymns and Prayers Renewed for the 21st Century,* Winchester: O Books

James, William, 2008: *The Varieties of Religious Experience: A Study in Human Nature,* Rockville/MD: Arc Manor; dt. Ausg.: *Die Vielfalt religiöser Erfahrung. Eine Studie über die menschliche Natur,* Olten/Freiburg: Walter 1979, Frankfurt: Insel 1997

Jones, C., Wainwright, G., Yarnold, S.J. (Hrsg.), 1986: *The Study of Spirituality,* London: SPCK

Julian of Norwich, 1966: Revelations of Divine Love, London: Penguin; dt. Ausg.: Juliana von Norwich: *Offenbarungen von göttlicher Liebe* (versch. Verlage ab 1927)

Jung, Carl Gustav, 1959: *The Archetypes and the Collective Unconscious,* Princeton/NJ: Princeton University 1968; dt. Ausg.: *Die Archetypen und das kollektive Unbewusste* (GW 9/1), Olten/Freiburg: Walter 1976, Ostfildern: Patmos 2011

King, Ursula, 1998: *Christian Mystics: The Spiritual Heart of the Christian Tradition,* London: Batsford

Küng, Hans (Hrsg.), 1996: *Yes to a Global Ethic,* London: SCM; dt. Original: *Ja zum Weltethos. Perspektiven für die Suche nach Orientierung,* München: Piper 1995

Laird, Martin, 2006: *Into the Silent Land. A Guide to the Christian Practice of Meditation,* Oxford: Oxford University Press

László, Ervin, 2007: *Science and the Akashic Field,* Rochester/VT: Bear & Company; dt. Ausg.: *Zu Hause im Universum: die neue Vision der Wirklichkeit,* Berlin: Allegria 2005, Ullstein 2010

Lipton, Bruce, 2005: *The Biology of Belief,* Santa Rosa/CA: Elite Books; dt. Ausg.: *Intelligente Zellen: wie Erfahrungen unsere Gene steuern,* Burgrain: Koha 2006

Lipton, B. & Bhaerman, S., 2009: *Spontaneous Evolution,* New York: Hay House; dt. Ausg.: *Spontane Evolution: Wege zum neuen Menschen,* Burgrain: Koha 2009

Macquarrie, John, 1966: *Principles of Christian Theology,* London: SCM

Main, John, 1980: *Word Into Silence,* London: Dartman Longman & Todd

Main, John, 1987: *The Inner Christ,* London: Dartman Longman & Todd

McGinn, Bernard et al. (Hrsg.), 1989: *Christian Spirituality. Origins to the Twelfth Century,* London: SCM; dt. Ausg.: *Geschichte der christlichen Spiritualität, Bd. 1: Von den Anfängen bis zum 12. Jahrhundert,* Würzburg: Echter 1993

McGrath, Alister E., 2001: *Christian Theology, An Introduction* (3rd ed.), Oxford: Wiley-Blackwell; dt. Ausg.: *Der Weg der christlichen Theologie. Eine Einführung,* München: Beck 1997; Gießen: Brunnen 2013

McTaggart, Lynne 2001: *The Field – the Quest for the Secret Force of the Universe,* London: Harper Collins; dt. Ausg.: *Das Nullpunkt-Feld. Auf der Suche nach der kosmischen Ur-Energie,* München: Goldmann 2003, 2007

McTaggart, Lynne, 2007: *The Intention Experiment,* London: Harper Collins; dt. Ausg.: *Intention: mit Gedankenkraft die Welt verändern. Globale Experimente mit fokussierter Energie,* Kirchzarten: VAK 2007

de Mello, Anthony, 1984: *The Song of the Bird,* New York: Doubleday; dt. Ausg.: *Warum der Vogel singt: Geschichten für das richtige Leben,* Freiburg: Herder 1984

Merton, Thomas, 1997: *The Wisdom of the Desert,* London: Burns & Oates; dt. Ausg.: *Die Weisheit der Wüste,* Frankfurt/M.: Fischer-TB 1999
O'Murchu, Diarmuid, 1997: *Reclaiming Spirituality: A New Spiritual Framework for Today's World,* Dublin: Gill & Macmillan
Pfeiffer, T. & Mack, J. (Hrsg.), 2007: *Mind Before Matter, Visions of a New Science of Consciousness,* Ropley: O Books
Robinson, John A. T., 1950: *In the End, God... A Study of the Christian Doctrine of the Last Things,* London: James Clarke
Robinson, John A. T., 1963: *Honest to God,* London: SCM; dt. Ausg.: *Gott ist anders,* München: Ch. Kaiser 1963
Russell, Peter, 2009: *Waking Up In Time: Finding Inner Peace in Times of Accelerating Change,* Llandeilo: Cygnus
Schweitzer, Albert, 1955: *The Mysticism of Paul the Apostle,* New York: MacMillan; dt. Original: *Die Mystik des Apostels Paulus,* Tübingen: Mohr 1930, 1981
Scott-Mumby, Keith, 1999: *Virtual Medicine: A New Dimension in Energy Healing,* London: Thorsons
Sheldrake, Rupert, 1987: „Mind, Memory, and Archetype Morphic Resonance and the Collective Unconscious", in: *Psychological Perspectives (Spring 1987), 18(1) 9-25*
Sheldrake, Rupert, 1988: *The Presence of the Past: Morphic Resonance and the Habits of Nature,* London: Collins 1988; dt. Ausg.: *Das Gedächtnis der Natur: das Geheimnis der Entstehung der Formen in der Natur,* Bern: Scherz 1990, München: Piper 1993, Frankfurt: Scherz 2011
Sheldrake, R. & Fox, M., 1996: *Natural Grace,* London: Bloomsbury; dt. Ausg.: *Die Seele ist ein Feld. Der Dialog zwischen Wissenschaft und Spiritualität,* Leipzig/Heidelberg: O. W. Barth 1998
Smith, Adrian B., 2008: *God, Energy and The Field,* Winchester: O Books
Spong, John Shelby, 1996: *Liberating the Gospels: Reading the Bible with Jewish Eyes,* New York: HarperCollins
Spong, John Shelby, 1999: *Why Christianity Must Change or Die: A Bishop Speaks to Believers In Exile,* New York: HarperCollins; dt. Ausg.: *Was sich im Christentum ändern muss. Ein Bischof nimmt Stellung,* Düsseldorf: Patmos 2004
Spong, John Shelby, 2001: *A New Christianity for a New World: Why Traditional Faith Is Dying and How a New Faith Is Being Born,* San Francisco/CA: Harper Collins; dt. Ausg.: *Warum der alte Glaube neu geboren werden muss. Ein Bischof bezieht Position,* Düsseldorf: Patmos 2006
Tacey, David J., 2003: *The Spirituality Revolution,* London: Harper Collins
Teilhard de Chardin, Pierre, 1966: *Let Me Explain,* London: William Collins; frz. Original: *Je m'explique,* Paris: Seuil 1966
Tompkins, P. & Bird, C., 1973: *The Secret Life of Plants,* New York: Harper & Row; dt. Ausg.: *Das geheime Leben der Pflanzen: Pflanzen als Lebewesen mit Charakter und Seele und ihre Reaktionen in den physischen und emotionalen Beziehungen zum Menschen,* Bern/München: Scherz 1974, Frankfurt/M.: Fischer-TB 1977
Trevelyan, George, 1981: *Operation Redemption. A Vision of Hope in an Age of Turmoil,* Wellingborough: Turnstone; dt. Ausg.: *Unternehmen Erlösung. Hoffnung für die Menschheit,* Freiburg: GTP 1983, Kimratshofen: Greuth Hof 1989
Zukav, Gary, 1979: *The Dancing WuLi Masters: An Overview of the New Physics,*

London: Rider Hutchinson; dt. Ausg.: *Die tanzenden Wu-li-Meister: der östliche Pfad zum Verständnis der modernen Physik,* Reinbek: Rowohlt 1981

# INDEX

## A
Adam und Eva 43f., 49, 136, 190
adonai 124
Akasha-Feld 105ff.
Akupunktur 59, 66ff., 240
alaha 217
Allopathie 61, 63
almah 247f.
Alpha-Rhythmus 96
Anästhesie 69
Angst 20, 169, 181, 188, 241, 244
Aspect, Alain 107
Athanasius von Alexandria 236, 275
Atom 27f., 222
Auferstehung Jesu 80, 149, 264
Augustinus 51, 164
Aura 60, 224
Aussendung 266
Avila, Teresa von 136, 272

## B
Baha'i 208
Baha'ullah 208
Bailey, Alice 11, 47, 134, 200
Basilius von Cäsarea 179, 236
Becker, Robert 68
Beichte 253f.
Beta-Rhythmus 96
betulah 247
Bewusstsein 12, 19, 27, 28, 30ff., 57, 63f., 69, 72, 81ff., 99, 101,ff., 120ff., 134ff., 142ff., 206ff., 221ff., 234ff., 242ff., 255f., 260ff., 268, 277
Bhagavad-Gita 273
Bindegewebe 67f., 71, 240
Bingen, Hildegard von 12, 144
Biologie 52, 55, 79
Biophotonenemission 98
Blavatsky, Helena P. 47
Blutdruck 108, 188
Bohm, David 223
Borg, Marcus 87, 127, 151f., 180, 207, 272
Bourgeault, Cynthia 47, 83, 144, 146, 156, 162, 190f., 199, 235, 237, 272
Braud, William 53
Bruno, Giordano 18
Buddha 83, 209
Buddhismus 9, 11, 209
Bultmann, Rudolph 130
Buße 35, 85, 126, 139f., 143, 151, 154f., 162, 192, 201

## C
Callahan, Roger 240
Cannato, Judy 100, 134
Cassianus, Johannes 185f.
Chakras 224
Chandogya-Upanishad 202
chesed 157
Chiropraktik 59
christed 87, 136f., 154, 159, 171, 173
Christus-Bewusstsein 134f., 137f.
Clément, Olivier 44, 87
Clemens von Alexandria 236, 275
Communauté de Taizé 227
Conant, James Bryant 23
Contemplative Fire 234
Cotter, Jim 258
Coulson, Robert 187
Craig, Gary 240
Cranmer, Thomas 9
Crew, F. A. E. 77
Crossan, John Dominic 231f.

## D

Dawson Church 18, 49, 57, 61f., 67, 188
Depression 167, 188, 241
Descartes 192
Devas 11
Divina, Lectio 237f.
Dogma 16, 235
D'Olivet, Fabre 216
dominus 124
Doppelspalt-Experimente 37
Dossey, Larry 208
Douglas-Klotz, Neil 213, 227
Dreifaltigkeit 38, 39

## E

EFT 70, 240
Ehrman, Bart D. 118
Einsseins mit dem Göttlichen 12, 50, 243
Einstein 21, 25
Elektronen 28ff., 37, 222, 268
Elektronenfeld 75
Eliot, T. S. 228, 275
Ende, Michael 41
Endorphine 68
Energiefelder 18, 21, 28, 51ff., 63, 110, 113f., 133f., 163, 168ff., 224
Energiemedizin 20
Engel 49, 116, 188, 192, 205, 249, 252, 271
Epigenetik 21, 51, 54f., 59, 114, 130, 153, 163ff., 269
Erleuchtung 97, 100, 142, 216f., 256
Escudero, Angel 69
Eucharistie 212, 259
Evolution 4, 18, 21, 33ff., 43f., 76, 100ff., 111, 129, 161, 179, 190, 205, 233, 239, 244, 272ff.

## F

faerie 157
Fasten 191
Feldgedächtnis 76
Ferrini, Paul 241
Findhorn 11, 267, 277
Flat Earth Society 17, 267
Fourier-Transformationen 95
Fox, Matthew 239
Frauenordination 155
Freeman, Lawrence 187
Fresh Expressions of Church 229, 233
Funk, Robert 231
Fürbitte 262

## G

Gábor, Dennis 95
Gaia-Hypothese 46
Galileo Galilei 18
Gebet 19, 36, 48, 51, 58, 64f., 131, 136, 164, 169, 183ff., 197f., 202, 208, 225, 229, 237, 239, 242, 254f., 260, 262, 264f., 269
Gebet, kontemplatives 12
Geburt, jungfräuliche 114, 247, 250
Gene 21, 54ff., 61, 64, 71, 117, 163, 165, 176, 277f.
Genesis 30, 44, 99
Gisin, Nicolas 107
Glaubensbekenntnis 172, 212
Gnade 45, 87f., 101f., 149, 175, 236f., 254, 256, 259
Goldene Regel 208, 211
Goldsmith, Joel S. 121
Goswami, Amit 29, 31
Gottessöhne 116, 271
Grinberg-Zylberbaum, Jacobo 107
Guru Granth Sahib 210

# Index

## H
Haisch, Bernard 90, 104f., 270
hamartia 237
Hameroff, Stuart 95
Harvey, Andrew 215
Heilen 20, 51f., 58f., 62f., 71f., 153, 163ff., 176, 208, 224, 253, 269
Heiliger Geist 11, 36, 39f., 123, 225, 236, 243, 249f., 255, 264
Helminski, Kabir 195
Henson, John 13, 123, 172, 227, 271f.
Herzensgebet 186
Herzkrankheiten 188
hesychia 188
Higgs-Feld 106
Hillel 210
Hinduismus 9, 11, 136, 209
Hologramm 92ff.
Homöopathie 59, 71
Homöostase 165f.
Homosexualität 155
Houston, Jean 111

## I
Immanenz 202
Immunsystem 59, 161, 165ff.
implizite Ordnung 223
Informationsfelder 52, 76, 222
Inquisition 18
Intention 20f., 37f., 48, 51, 53, 58, 64f., 70, 114, 131, 170, 278
Iona-Gemeinschaft 227

## J
Jahwe 36
James, Arthur 15
James, William 136
JHWH 123, 124
Johannes vom Kreuz 273
Josephus, Flavius 114

Judentum 36, 156, 195, 210
Jung, Carl Gustav 76
Justinus der Märtyrer 175, 272

## K
Kabbala 105
Katie, Byron 241
Katze des Gurus 22
Keating, Thomas 187
Kenosis 81, 190
Klimakos, Johannes 41
Klopfakupressur 240
Klopf-Praktiken 70
Koan 192, 193
Kommunion 10, 171, 173, 235, 265
Konfuzius 210
Konzils von Nicäa 213
Konzil von Chalcedon 214
Kopernikus, Nikolaus 18
Körperzellen 51, 62, 165
Kortisol 68, 167
Krebs 55, 62, 98, 188
Kreuzigung 82, 132
Küng, Hans 267
Kyrill von Alexandria 236

## L
Laird, Martin 189, 197
Lao-Tse 211
László, Ervin 33, 91, 105
Lichtgeschwindigkeit 104, 107
Lipton, Bruce 55f.
Liturgie 16ff., 22, 150, 206f., 211f., 218, 221, 225f., 258f.
Logos 35, 122ff., 275
Lovelock, James 46
Lyon, Irenäus von 179, 236, 275

## M
Macquarrie, John 40, 86, 128

Magnetit 75
Mahabharata 209
Mahavira 209
Main, John 186, 200
Mantra 186
Marcer, Peter 95
Maria Magdalena 256
Masoreten 124
Matrix-Film 42
McDougall, William 77
McGrath, Alister 39
McTaggart, Lynne 27, 71, 90, 93, 97
Meader, William 47
Meditation 11,f., 36, 58f., 96, 145f., 150, 179, 184ff., 197f., 200ff., 229, 235ff., 242, 273, 278
Meister Eckhart 237, 275
Menzius 210
Meridiane 224
Merton, Thomas 186f.
metanoia 143, 192, 201
Metaphysik 12
Metzger, Bruce 124
Mikrotubuli 95f.
Mitchell, Edgar 95
Mitgefühl 35, 41, 45, 64, 66, 82, 84, 120, 131, 139, 142, 145, 151ff., 181ff., 207f., 237, 241, 251, 254, 263
Moddel, Garret 270
Möglichkeits-Wellen 37
Mohammed 209
Moot 234
Morphische Felder 73, 269
Moseley, Bruce 69
moshel meshalim 238
Multiple Sklerose 98
Mystiker 12, 37, 127, 136, 145, 157, 186, 207, 237, 243

**N**
Nag-Hammadi-Schriften 231
Neurotransmitter 68
Neutronen 28, 223
Neutronenfeld 75
New-Age 11f., 47, 132
nicht-lokale Verbindungen 38
Nikaya, Samyutta 209
Noradrenalin 68
Norwich Contemplative Forum 234
Norwich, Juliana von 183, 187, 278
Nostra Aetate 272
Nullpunktfeld 89ff., 103, 105f., 109
Numerologie 153
Nurbakhsh, Java 211
Nyssa, Gregor von 39, 268

**O**
O'Donohue, John 181
Okkulte, das 66
Opfer 55, 83ff.
Osteopathie 59

**P**
Panentheismus 212
Papst Zacharias 17
parthenos 248
Paulus 48, 54, 81, 85, 116, 143, 145, 155, 165, 171, 174f., 190, 230, 248, 279
Paul VI. 272
Peschitta 213f., 217
Pflanzenheilkunde 59f.
Pharisäer 153, 272
Photosynthese 100f.
piezoelektrischer Effekt 71
Placeboeffekt 58, 71
Planck, Max 31, 223, 268
Plancksches Wirkungsquantum 223
Platon 51
Popp, Fritz-Albert 97

# Index

Pribram, Karl 94
Protonen 28, 31, 223
Puthoff, Hal 107

## Q
Quantenmechanik 18, 29ff., 89
Quantenphysik 12, 20f., 27f., 43, 103, 132f.

## R
Rechtschaffenheit 152
Reiki 60, 165
Reinkarnation 97
Resonanz 30, 49, 71, 73, 75f., 78, 80, 83, 86f., 133, 135, 145, 202, 239
Resonanz, morphische 73, 78, 80, 86f., 133, 145
Robin, Raphael 113
Robinson, John 32
Rosenfeld, Isador 69

## S
Salaam 160
salvare 160
sarva 159
Savants 120
Schempp, Walter 95
Schlaganfälle 188
Schleiermacher, Friedrich 134
Schlitz, Marilyn 53
Schmitt, Mary 222f.
Schuldbekenntnis 10, 143, 225, 260
Schutzschild 54
Schweitzer, Albert 23
Selbstheilung 63
Selbstheilungskräfte 59
Sepphoris 114f.
Septuaginta 248f.
Serotonin 68
Seth 271

shalom 160
Sheldrake, Rupert 73, 75ff., 86, 239
Sisoës, Abba 199
Smith, Cyprian 237
Sohn Gottes 116, 118, 126, 135, 186, 212, 248, 251, 261, 271
soterion 160
Spezies-Gedächtnis 76
Spong, John 42, 126, 130, 232
Spontanheilungen 70
Spontanremission 63
Stellvertreter-Bestrafung 86
Stigmata 70
Sufismus 136, 195, 210
Sühne-Theologie 80, 83, 88
Sünden 10, 88, 131ff., 151, 153, 159, 162, 169, 226
Sündenfall 43, 44

## T
Talmud 175, 210, 249
Tao 36, 276
Taoismus 36, 211
Targ, Russell 107
Taufe 12, 123, 155
Taufe im Heiligen Geist 12
tefilah 188
Telepathie 38
Tertullian 39
Tetragrammaton 124
Theosis 236f., 275
Theosophie 9, 11, 206
Therapeutic Touch 165
Thomas-Evangelium 85, 231, 235
Tillich, Paul 32
Traditionelle Chinesische Medizin 68
Transformation 9, 47, 150, 182, 184, 235, 237, 239, 241f.
Transzendenz 1, 3, 202
Trinität 39, 40f., 113, 126, 237

## U

Unbewusstes, kollektives 76
Urgrund 19, 27, 31ff., 41ff., 63, 82, 113, 147, 157, 162, 187, 200, 207, 211, 227, 234f., 243f., 253, 265

## V

Vaterunser 205, 258, 277
Verdammnis, ewige 86
Vergebung 151, 153f., 166, 169, 207, 237
Verwünschungen 54
Virgilius 17
Vivekananda, Swami 108
Vodoo 54
Vorahnungen 38

## W

Wachstum 9, 43, 76, 152, 161, 182f., 244
Ward, Benedicta 187
Wellen-Interferenzmuster 93, 95
Welle-Teilchen-Dualismus 29
Weltreligionen 83, 176, 237, 242
Wesley, Charles 201
Wesley, John 175, 272
Wilber, Ken 135, 187
Wüstenväter 185

## Y

yasha 160
yesha 160
yeshua 160
Yin und Yang 66
Yoga 59, 106, 150

## Z

Zehn Gebote 175
Zölibat 152
Zoroastrismus 211
Zweites Vatikanisches Konzil 176
Zwillingsschmerzen 108

**Larry Dossey**
**ONE MIND**
**Alles ist mit allem verbunden**

Larry Dossey ist seit Jahrzehnten einer der wichtigsten Vordenker für ein neues Bewusstsein. Er hat bahnbrechende Arbeiten über den Einfluss von Gedanken auf Heilungsprozesse bei Krankheiten verfasst. Er gilt als entscheidender Brückenbauer zwischen der Avantgarde der modernen Naturwissenschaft und den spirituellen Traditionen der Welt.

Mit ONE MIND legt er seine große Gesamtschau über die verschiedenen Erkenntniswege der Menschheit dar und enthüllt auf beeindruckende Weise, dass hinter allen Phänomenen und Ereignissen EIN BEWUSSTSEIN waltet. Alles ist mit allem verbunden; und nur wer die innere Vernetztheit und Verwobenheit des Lebens versteht, vermag den tieferen SINN hinter allen Geschehnissen zu entdecken! Das Schlüsselwerk zum Verständnis des kommenden großen Bewusstseinswandels!

ISBN: 978-3-86191-051-0
450 Seiten, Hardcover

# NEUES DENKEN

Larry Dossey
**Heilungsfelder**
**Wenn die Seele den Körper heilt.**
Anhand von faszinierenden Fallbeispielen und bewegenden Erfahrungen aus seiner langjährigen ärztlichen Praxis belegt Dr. Dossey, welchen immensen Einfluss die Bewusstseinsstrukturen des Einzelnen auf sein Befinden haben. Das „Heilungsfeld" wird durch Gedanken und Gefühle erbaut – und jeder Mensch wirkt auf alle anderen ein und wird von ihnen beeinflusst.
ISBN: 978-3-86191-023-7

Renée Weber
**Alles Leben ist eins**
**Die Begegnung von Quantenphysik und Mystik**
Renée Weber, Professorin der angesehenen Princeton-Universität, gelingt in ihrem Werk der Brückenschlag zwischen den nur scheinbar getrennten Reichen durch einen faszinierenden Dialog zwischen großen Mystikern und bedeutenden Physikern und Biologen. So zählen die Gespräche zwischen dem Dalai Lama und Bohm auch zu den Höhepunkten des Buches.
ISBN: 978-3-86191-022-0

Marja de Vries
**Nur der ganze Elefant ist die Wahrheit**
**Die universellen Gesetze des Lebens und ihre Anwendung**
Die Grundeinsicht von Marja de Vries lautet: „Alles, was in Übereinstimmung mit den universellen Gesetzen des Lebens geschieht, vollzieht sich mit minimaler Anstrengung!"
Diesem Leitgedanken folgt sie auf einer faszinierenden Reise durch viele spirituelle Traditionen der Menschheit und die neuesten Erkenntnisse der modernen Naturwissenschaft.
Der Teil und das Ganze sind nicht zu trennen!
ISBN: 978-3-86191-049-7

Larry Dossey

# Wahre Gesundheit finden

*Krankheit und Schmerz
aus ganzheitlicher Sicht*

Mit einem Vorwort von Dr. Veronica Carstens

Wahre Gesundheit, was ist das eigentlich? Wir fühlen uns ständig von Krankheit bedroht, und trotz aller Bemühungen um ein gesundes Leben gibt es kaum jemanden, der wirkliches Wohlbefinden, wahre Gesundheit kennt. Daß dies hauptsächlich an einer falschen Einstellung zu unserem Körper sowie zu Krankheit und Gesundheit liegt, macht Larry Dossey deutlich.

Wie Tag und Nacht erst zusammen etwas Ganzes ausmachen, so gehören auch Gesundheit und Krankheit zusammen. Die Flucht vor dieser Grundwahrheit mit Hilfe von Medikamenten und Apparaten, Diätplänen und Fitneßprogrammen macht uns nicht wirklich gesund. Für die Verwirklichung von wahrer Gesundheit ist es unwichtig, ob irgendwelche Laborwerte uns als »krank« oder »gesund« ausweisen. Wichtig ist, daß wir bereit sind, Krankheit, Schmerz und Leid zu akzeptieren, daß wir eins werden mit unseren Gefühlen und Körperempfindungen – so wie sie jetzt sind.

Transzendieren wir in eine ganzheitliche Erfahrung des Lebens, dann verschwindet die Sorge um Krankheit und Gesundheit, und wir verlieren die Angst vor dem Tod.

Wahre Gesundheit: ein Bewußtseinszustand, der als Potential in jedem von uns liegt.

Larry Dossey, Jahrgang 1940, 1967 Doktor der Medizin, praktiziert als Internist. Dossey ist Chefarzt am Medical City Dallas Hospital, betreibt klinische Forschungen und unterrichtet an der psychologischen Fakultät der North Texas State University. 1983 erschien sein erstes Buch: »Die Medizin von Zeit und Raum«.

# Heilen

Herausgegeben von Gerhard Riemann

Vollständige Taschenbuchausgabe August 1991
Droemersche Verlagsanstalt Th. Knaur Nachf., München
Lizenzausgabe mit freundlicher Genehmigung des Scherz Verlages,
Bern und München
Titel der Originalausgabe »Beyond Illness«
Einzig berechtigte Übersetzung von Erwin Schuhmacher
Copyright © 1984 by Larry Dossey
Published by arrangement with Shambhala Publications, Inc.,
Boston, MA 02116
Umschlaggestaltung Peter F. Strauss
Gesamtherstellung Ebner Ulm
Printed in Germany
ISBN 3-426-04272-X
2 4 5 3 1

# Inhalt

Geleitwort . . . . . . . . . . . . . . . . . . . . . . . 7

Vorwort . . . . . . . . . . . . . . . . . . . . . . . . 9

1. Das Licht der Gesundheit, der Schatten der Krankheit: eine lebendige Einheit . . . . . . . . . . . . . . . . 15

   Gesundheit als Erfahrung . . . . . . . . . . . . . . . . 15
   Nicht-Gesundheit . . . . . . . . . . . . . . . . . . . 22
   Die gegenseitige Durchdringung der Gegensätze . . . . . . 24
   «Ist dieser Patient w. k.?» . . . . . . . . . . . . . . . 31
   Der unentbehrliche Schlüssel zum Universum: das Zusammenfallen der Gegensätze . . . . . . . . . . . . . . . . . 38
   «O ihr Krankheiten alle . . .» . . . . . . . . . . . . . 46
   Ist Gesundheit ein Gegenstand? . . . . . . . . . . . . . 52
   Leer sein: die Gesundheitsstrategie des Nicht-Tuns . . . . . 66
   Gesundheit und Krankheit als Vollkommenheit . . . . . . 71
   Krankheit: die notwendige Dimension . . . . . . . . . . 75
   Macht und Kontrolle als Krankheit . . . . . . . . . . . 82
   Jenseits der Krankheit . . . . . . . . . . . . . . . . . 92

2. Der Jonas-Komplex und die Furcht vor der Gesundheit . . 99

3. Jenseits von Schmerz und Tod: ein unerreichbarer Traum? . . . . . . . . . . . . . . . . . . . . . . . 111

4. Von der Zeit, vom Übel und von der Gesundheit . . . . 122

5. Gesundheit und Krankheit aus der Distanz gesehen . . . 136

6. Geist oder Materie?: die falsche Fragestellung . . . . . 148

7. Rhythmen des Lebens: Gesundheit und Krankheit,
   Geburt und Tod .................... 162
8. Bewußte Willensentscheidung und Gesundheit:
   eine neue Betrachtungsweise ............. 174
9. Die lebendige Kraft: Auf dem Weg zu einem neuen
   Modell des Heilens .................. 182
10. Drei Patienten..................... 190
    Martha G.: Krebs .................... 190
    Ted: Bronchialasthma .................. 201
    Anna: Anorexia nervosa (Magersucht) .......... 211
11. Ganzheitliche Gesundheit: Eine kritische Betrachtung . 221
12. Der verwundete Heiler ................ 260

Quellen ........................... 279

# Geleitwort

Es ist immer etwas Besonderes, wenn es ein Arzt unternimmt, über Gesundheit und Krankheit nachzudenken. Vor allem in unserer Zeit des krassen Materialismus scheint dies dringend notwendig, erwartet doch heute jedermann eine perfekte Gesundheit möglichst auf Krankenschein von seinem Arzt, ohne jede eigene Anstrengung.

Der Autor unternimmt es in dieser Situation, einmal hinter die Kulissen der Begriffe «Krankheit» und «Gesundheit» zu leuchten. Er zeigt, daß Krankheit einen unentbehrlichen Kontrast zur Gesundheit darstellt, einen Hintergrund, vor dem Gesundheit überhaupt erst bewußt erlebbar ist. Während die moderne Schulmedizin noch vom mechanistischen Weltbild geprägt ist, hat sich die Physik längst darüber hinaus weiterentwickelt. Man hat erkannt, daß Gegensätze in der Natur sich nicht ausschließen, sondern sozusagen eine höhere Einheit zu bilden vermögen. Ein Beispiel ist das Licht, das als Welle und als Partikel gleichzeitig existiert. Diese physikalische Theorie des «Einsseins» trifft auch auf das menschliche Leben zu.

Der Verfasser zeigt, daß auch Gesundheit eine Frage des Seins, letzten Endes ein Problem der Verwirklichung, nicht der Erwerbung ist. «Ziel dieses Buches ist es, unsere Anschauungen über Gesundheit und ihre Korrelate zu überdenken.» In diesem Konzept sind Gesundheit und Krankheit notwendige Kontrapunkte. Die Krankheit kann dabei als Lehrmeister zur Verinnerlichung dienen. Wenn der Verfasser dies alles mit Beispielen aus der Mystik und den verschiedenen Weltreligionen belegt, so weist er damit auf eine essentielle Dimension hin, die dem modernen Menschen weitgehend abhanden gekommen ist.

Der Verfasser zeigt, daß eine hierarchische Gliederung des Menschen in Geist, Seele und Körper existiert. Wenn er nun das Verhalten der beiden großen therapeutischen Lager in der modernen Medizin, der Schulmedizin und der sogenannten Ganzheitsmedizin, analysiert, so findet er, daß die Schulmedizin ganz auf die materielle Ebene des Körperlichen reduziert ist, die Ganzheitsmedizin aber einseitig in den geistigen Bereich projiziert. Beides wird der Wirklichkeit nicht gerecht. Nur in der Ganzheit der intakten Hierarchie kann der Mensch Gesundheit wirklich erleben und sich zu einer höheren Stufe der Gesundheit läutern, die zeitlos *ist*, im Geist ihren Sitz hat, aber nicht dem Geist untergeordnet wird.

Vor dieser Situation kann der Arzt sich nur in Demut seines eigenen begrenzten Vermögens bewußt bleiben als ein wie Chiron «verletzter Heiler».

Gerade weil der Autor hier so völlig neue Wege beschreitet und in neue geistige Dimensionen der Medizin führen will, in Dimensionen, die sich die moderne Physik bereits teilweise erschlossen hat, ist dieses Buch so wichtig und sollte eine weite Verbreitung finden. Unsere Zeit steht immer in der Gefahr, sich in Einzelheiten der Materie zu versenken und dabei den weiten Blick über die großen Zusammenhänge und insbesondere die auch für den modernen Menschen so essentiellen geistigen Dimensionen zu verlieren. Auf diese Gefahr macht der Autor nicht nur aufmerksam, sondern er zeigt auch gleichzeitig Wege auf, ihr zu entgehen. Das aber ist genau das, was wir heute brauchen.

Dr. Veronica Carstens

# Vorwort

Es gibt Gedanken, die man als Arzt sehr bald für sich zu behalten lernt. Es sind Gedanken über Vorstellungen, die der unnachsichtigen Überprüfung durch die Naturwissenschaft nicht standgehalten haben und deshalb von der Liste der respektablen Anschauungen dieses Berufsstandes nach und nach verschwunden sind. Es sind Gedanken über den Geist.

Die bloße Erwähnung dieses Wortes löst bei Naturwissenschaftlern sofort tiefes Stirnrunzeln aus. Wo der Geist sich bemerkbar macht, wenden ihre Augen sich ab in Richtung des Meßbaren und Präzisen. Und sie warnen im Chor vor den Gefahren eines Flirts mit der «Mystik». Und dennoch: so problematisch der Umgang mit dieser unklaren Vorstellung auch ist, jeder von uns Ärzten weiß insgeheim, daß dieser Begriff nie gestorben ist und nie sterben wird. Denn sonderbarerweise konnte der «Geist» gerade dadurch gedeihen, daß die medizinische Wissenschaft ihn ignoriert hat. Hartnäckig verschaffte er sich bei jedem Gespräch zwischen Arzt und Patient Geltung, wie auch in jeder Auseinandersetzung des Patienten mit seiner Krankheit. Angesichts seiner Zartheit besitzt der Geist ein geradezu unheimliches Durchsetzungsvermögen.

Unsere Gewohnheit, geistige Belange in der Medizin zu ignorieren, ist nicht etwa darauf zurückzuführen, daß wir Mediziner im geistigen Bereich ärmer daran wären als andere akademische Berufe. Vielmehr schien es unnötig, sie in unser wissenschaftliches Verständnis von Gesundheit und Krankheit zu integrieren. Bei der Entschlüsselung der anatomischen und physiologischen

Komplexitäten des Menschen schienen sie nirgendwo von vitaler Bedeutung. Die Neigung, den geistigen Bereich zu ignorieren, ist Zeugnis einer Arbeitsökonomie des Denkens und Handelns, die Teil des wissenschaftlichen Ideals ist.

Doch obwohl wir Mediziner nach außen hin so gern mit der Haltung posieren, daß die medizinische Wissenschaft von geistigen Vorstellungen freigehalten werden müsse, war schon immer etwas anderes mit im Spiel. Die großen Gestalten unseres Berufsstandes haben stets mehr repräsentiert als nur die Macht von Logik und Beobachtung. Sie standen für Eigenschaften, die die medizinische Wissenschaft von anderen abgehoben haben – für Seele, Geist, Liebe, Mitgefühl. Diese Eigenschaften erscheinen weder auf den diagnostischen Krankenblättern noch in Laborbefunden, waren jedoch stets existent. Sie sind es heute ebenso wie zu den Zeiten, als die Ärzte noch ihre eigenen Salben mixten, mit dem Einspänner zu Hausbesuchen fuhren und geduldig an Krankenbetten ausharrten. Es sind zeitlose Qualitäten, die von den Erkenntnissen der medizinischen Wissenschaft und den Fortschritten der «objektiven» Medizin kaum verdrängt wurden.

In diesem Buch wird versucht, die zeitlose Qualität des Geistes in der Medizin zu erforschen, wobei von vornherein zugegeben wird, daß es in diesem Bereich nichts Neues gibt: von einer *Wieder*einführung des Geistes in die Medizin kann keine Rede sein. Er kann nicht auferstehen; er ist niemals gestorben, selbst wenn er in unseren Tagen halb vergessen ist. Wir erschließen keine neuen Wege, sondern folgen uralten Pfaden, die schon vor langer Zeit von ungezählten namenlosen Heilern getreten wurden.

Dennoch – so werden meine Kollegen mir in Erinnerung rufen – wirkt es seltsam, heute von Geist und Gesundheit in einem Atemzug zu sprechen. Sind wir doch eben erst aus vielen Kriegen heimgekehrt, die in jüngster Zeit von der Molekularbiologie gewonnen wurden, siegreich in so vielen Eroberungskriegen, daß wir uns kaum aller erinnern können. Warum also die Wasser trüben durch Einführung eines Begriffs, den wir nicht einmal definieren können, durch die Vorstellung von Geist, also von etwas, was man nicht in Reagenzgläser füllen oder unter dem Mikroskop sehen kann? Warum sollen wir uns nicht weiterhin auf die Methoden der modernen Biowissenschaft konzentrieren oder uns auf streng materialistische Orientierungen verlassen? Sollen sich doch diejenigen, die so etwas brauchen, mit ihren geistigen Problemen an Priester, Pastoren, Laienprediger oder Schamanen wenden, diese Dinge jedoch nicht an der Türschwelle der medizinischen Wissenschaft abladen, wo sie nicht hingehören. Schließlich gehören sie zu einer ganz anderen Kategorie als die Biomedizin, die nur verunreinigt und geschwächt würde, sollte sie vom «Geistigen» unterwandert werden. Die Medizin hat doch zu ihrer eigentlichen Stärke erst gefunden, als sie sich ihrer priesterlichen Funktionen entledigte. Ein Rückzug auf eine solche Rolle käme ihrem Ruin gleich. So sagt man.

Diese vertrauten Argumente haben eine in sich schlüssige, zwingende Logik. Doch es ist eine falsche Logik – nicht falsch im Sinne von fehlerhaft, sondern irreführend, weil unvollständig. Ebenso wie die Geometrie des Euklid heute als nur eine von vielen möglichen in sich schlüssigen Geometrien erkannt wurde, gibt es andere «Logiken der Gesundheit» als die, die uns die moderne Biowissenschaft bietet; und einige davon haben auch Raum für den Geist.

Im allgemeinen wird behauptet, die medizinische Wissenschaft müsse von der Verseuchung durch den Geist gereinigt werden. Sie solle ihren eigenen ästhetischen Idealen folgen und nach ihrer eigenen Form wissenschaftlicher Wahrheit streben. Aber bedeutet das nicht eine subtile Einmischung des *eigenen* Geistes des Wissenschaftlers, seiner eigenen Lieblingsidee, seiner eigenen unbeschreibbaren Mischung aus Logik, Denken und Fühlen? Eine geistfreie medizinische Wissenschaft ist vielleicht ein unerreichbares Ideal, ein Widerspruch in sich selbst.

Einer der großen Zwiespalte der modernen Medizin entsteht dadurch, daß diejenigen, die sie praktizieren, sich genötigt sehen, zwischen dem «Wissenschaftlichen» und dem «Unwissenschaftlichen» zu wählen, zwischen dem Objektiven und dem Subjektiven, dem Präzisen und dem Unwiederholbaren, dem Meßbaren und dem Nichtquantifizierbaren. Diese Unterscheidungen zerren am Innenleben der Ärzte und fordern ihren stillen Tribut. Viele Ärzte entziehen sich diesen Zwängen des Entweder/Oder und entwickeln ihre eigene Umwelt aus Denken, Fühlen und medizinischer Praxis. Viele haben sich unbewußt dafür entschieden, das

Problem überhaupt zu ignorieren. Doch übt der Appell, «wissenschaftlich» zu sein, große Macht aus und erzeugt enorme Konflikte in vielen modernen Ärzten, die danach streben, in ihrem Beruf Großes zu leisten.

Unser Grundproblem ist, daß wir einem Berufsstand angehören, der zwar ursprünglich den geistigen Belangen ein besonderes Gewicht beimaß, dessen neuere Tradition jedoch die Bedeutung oder sogar die Existenz eines spirituellen Elements ableugnet. Wie ist dieser Konflikt zu lösen? Ist doch der Arzt einerseits geprägt durch seine Ausbildung und einen tiefen Respekt vor den Traditionen der Wissenschaft, andererseits jedoch motiviert von den Einflüsterungen des Geistes, der Hinterlassenschaft der Heiler.

Noch können wir keine Lösung präsentieren, doch zeichnet sich die Form einer möglichen Lösung ab. In gewissen Bereichen der Wissenschaft entfaltet sich gegenwärtig ein begrifflicher Pluralismus, eine Form des Erkennens, die das Abdanken der Entweder-Oder-Strukturen ankündigt, die uns heute in der Medizin so behindern. Bekanntlich haben pluralistische und komplementäre Vorstellungen bereits eine begriffliche Erneuerung der Physik bewirkt. Ihre Anerkennung dort verdanken sie *nicht* völlig willkürlichen Begründungen, sondern der Tatsache, daß es sich als notwendig erwies, sie zu übernehmen, um tatsächlichen physikalischen Beobachtungen gerecht werden zu können. Der heute so berühmte Wellen/Partikel-Dualismus ist vielleicht das bemerkenswerteste Beispiel für das komplementäre Denken, das sich in der gesamten Naturwissenschaft ausbreitet. Welche Bedeutung das für die Medizin hat? Wahrscheinlich werden die pluralistischen Anschauungen von der Welt, die die Physiker zu Beginn unseres Jahrhunderts verblüfften, nicht auf die Physik beschränkt bleiben, in der sie ihren Ursprung nahmen, sondern auch die Heilberufe beeinflussen.*

Geschieht das, dann sollte man im Blick behalten, daß die pluralistische Sicht der Wirklichkeit den *besten* wissenschaftlichen Traditionen entstammt, wie die Erfahrungen der modernen Physik beweisen. Pluralismus darf man nicht mit pauschaler Verwässerung wissenschaftlicher Präzision gleichsetzen. Nichts zwingt

* Mit diesen Implikationen habe ich mich in meinem früheren Buch *Die Medizin von Raum und Zeit* auseinandergesetzt.

uns in der Medizin, ein monolithisches Leitideal zu verteidigen, das ganz und gar geistfrei ist, nur weil wir prinzipiell annehmen, es sei die einzige wissenschaftlich legitime Anschauung vom Menschen. Führen unsere besten Selbstbeobachtungen zu komplementären Anschauungen von unserer Welt, dann müssen wir auch den Mut haben, ihnen zu folgen, so wie es Naturwissenschaftler bereits in Bereichen getan haben, die weitaus exakter sind als die medizinische Wissenschaft.

Vielleicht ist es unnötig, genaue Definitionen von Geist, Verstand oder Bewußtsein abzuwarten, bevor wir beginnen, altüberlieferte Annahmen der medizinischen Wissenschaft zu überdenken. Wenn wir abwarten wollen, bis wir etwas über die Welt um uns her wirklich ganz wissen, dann können wir uns auf eine sehr lange Wartezeit gefaßt machen. Schon Einstein hat daran erinnert, daß dieses Problem auch in der Physik nicht anders gelagert ist. Zwar wird mehr und mehr *über* Dinge bekannt, doch weiß man noch überhaupt nichts von der *wahren Natur* der großen Phänomene des Universums, etwa des Lichts, des Magnetismus, der Elektrizität oder der Schwerkraft. Heute wissen wir genug *über* Geist, Verstand und Bewußtsein, um nach einem umfassenden Menschenbild zu forschen. Und der *Spaß* – ja, ich möchte sogar sagen das *Vergnügen* im tiefsten Sinne des Wortes – bei dieser Aufgabe liegt darin, den besten Traditionen von Exaktheit und Präzision in der Naturwissenschaft zu folgen *und* zugleich auf die ewigen geistigen Elemente zu hören, die von jeher Teil der Tradition des Heilens gewesen sind. Das ist überhaupt das Vergnügen bei allen synthetischen Bemühungen – zuzusehen, wie sich das Ganze aus Teilen formt, wie Vielfalt zur Einheit verschmilzt.

Das vorliegende Buch ist das Ergebnis meiner Versuche, einige dieser Fragen zu beantworten. Es handelt von Patienten, die ich persönlich gekannt habe\*, und von den größeren Fragestellungen, die sich aus ihrer Gesundheit oder Krankheit ergaben. Während ich mich dieser Menschen annahm, fühlte ich mich manchmal mehr als Lernender denn als Arzt. Ich bin ihnen für diese Lektionen dankbar.

---

\* Zur Wahrung der ärztlichen Schweigepflicht wurden alle Namen geändert.

Trotz ihrer hervorragenden intellektuellen und technologischen Leistungen hat die Naturwissenschaft des 20. Jahrhunderts unwiderruflich an Faszination verloren. Dafür gibt es zumindest zwei bedeutsame Gründe. Erstens sind sich Wissenschaftler und Laien gleichermaßen der Grenzen und Mängel der naturwissenschaftlichen Erkenntnis bewußt geworden. Zweitens erkennen wir, daß unser immerwährender Hunger nach spirituellem Begreifen real und unleugbar ist. Er läßt sich weder durch subtile Logik zerreden noch dadurch stillen, daß wir das Universum als steril, mechanistisch und vom Zufall bestimmt ansehen.

Roger S. Jones<br>Physics as Metaphor

# 1. Das Licht der Gesundheit, der Schatten der Krankheit: eine lebendige Einheit

... Durch das Leben wird nicht der Tod lebendig; durch das Sterben wird nicht das Leben getötet. Leben und Tod bedingen sich gegenseitig. Sie sind umschlossen von einem großen Zusammenhang. Ob beim Entstehen oder Vergehen, alle Dinge treffen sich letztlich im Einen.

*Chuang-tzu*

> Was halb ist, wird ganz werden
> Was krumm ist, wird gerade werden
> Was leer ist, wird voll werden
> Was alt ist, wird neu werden
> Wer wenig hat, wird bekommen
> Wer viel hat, wird benommen
> Also auch der Berufene:
> Er umfaßt das Eine.
>
> *Tao Te Ching*

## *Gesundheit als Erfahrung*

«Hallo, Doktor! Rauchen Sie eine mit?» flüsterte der alte Mann, zu atemlos, um deutlich sprechen zu können. Er saß aufrecht in seinem Rollstuhl und rang nach Luft. Seine ausgemergelte, ledrige Hand bot mir seine Lieblingsmarke ohne Filter an. Während ich dankend ablehnte, bemerkte ich, daß er einer von den Braunfingerigen war, ein Beiname, den wir Medizinalassistenten unseren Patienten mit Lungenerweiterung gaben, deren jahrzehntelanges leidenschaftliches Rauchen die Finger tiefbraun gefärbt und eingetrocknet hat.

Buck Scranton wurde gegen Mitternacht in die Abteilung 5A eingeliefert. Bei ihm war schon seit längerem eine chronische Bronchitis diagnostiziert, die in seinem Fall zur Lungenerweiterung geführt hatte. Über diesen Patienten gab es nicht weniger als acht Bände Aufzeichnungen von seinen früheren Aufenthalten im Krankenhaus. Buck war ein echter «Stammkunde», der bisher schon dreiundzwanzigmal in dieses Krankenhaus eingeliefert worden war, und zwar zumeist wegen desselben Problems, Lungenerweiterung. Doch gab es dazu noch eine breite Palette anderer Diagnosen in all den Jahren: Lungenentzündung, alkoholbedingte Pankreatitis, Delirium tremens, alkoholische Gastritis, blutende Magengeschwüre und ein ganzes Sortiment anderer Krankheiten. Ich sagte den Schwestern, sie sollten ihn in die Vierbett-Abteilung einliefern, die wir Assistenten «Marlboro Country» nannten, weil die dort befindlichen Patienten ihre Leiden durch ungezügelten Tabakgenuß erworben hatten.

Dieser Mann von 76 Jahren war anders als die meisten Patienten, um die ich mich in jenem Jahr als noch unerfahrener Medizinalassistent kümmern mußte. Obwohl er mit einer Zigarette zwischen den Lippen und nur mühsam atmend eingeliefert wurde, war er bemerkenswert lebendig und zu Scherzen aufgelegt, erstaunlich für einen Menschen in diesem Zustand. Buck rauchte am Tag vier Päckchen Zigaretten und trank außerdem schwer. Die mitgeführte zerschlissene Reisetasche war mit mehreren Kartons Zigaretten prall gefüllt. Als ich mein erstes Gespräch mit ihm führte, um seinen gegenwärtigen Zustand zu diagnostizieren, machte sein Lächeln mich für einen Augenblick unsicher. An sich hätte der ihn umgebende, alles erschlagende Nikotindunst seine Fähigkeit zu Scherzen ersticken müssen. Da er meine Verwirrung spürte, rang er sich noch einige weitere Worte ab.

Ihm sei bewußt, daß ich müde und daß es spät sei, weshalb er auch keine besonderen Umstände machen wolle. Wenn er gespürt hätte, daß er es so lange aushalten könnte, hätte er sein Kommen gerne bis zum Morgen hinausgeschoben. Er habe schon oft derartige Anfälle gehabt und schon einer ganzen Reihe junger

Assistenzärzte «beigebracht», wie sie seine Atemnot zu behandeln hätten. Er wisse genau, was im einzelnen geschehen müsse, um ihn in dieser Nacht über die Hürden zu bringen. Zu meinem Erstaunen begann Buck dann seine Therapie zu diktieren, und zwar mit den präzisen Fachausdrücken. Seine «Anordnungen» waren fast identisch mit denen, die ich zu seiner Betreuung aufschrieb, bevor er zu seinem Bett in «Marlboro Country» gekarrt wurde. Das galt nicht nur für die Bezeichnungen der verordneten Medikamente, sondern sogar für die genauen Dosierungen und die Häufigkeit der Einnahme.

Aus den Krankenblättern seiner früheren Aufenthalte wußte ich, daß er gewöhnlich schnell auf die Behandlung ansprach, und auch dieses Mal machte er keine Ausnahme. Bis zum Morgen hatte sein Zustand sich merklich gebessert. Er war munter und quicklebendig und schwatzte angeregt mit den weniger vitalen Patienten. Bei meinem nächsten Rundgang, nachdem ich Lunge und Herz abgehorcht und abgeklopft und die nach und nach auf seinem Krankenblatt eingetragenen Laborbefunde studiert hatte, unterhielten wir uns. Das Gespräch mit Buck wurde für mich zum Hauptereignis des Tages. Eines wurde mir dabei ganz deutlich: was immer ich diesem dürren, immer zu derben Späßen aufgelegten alten Mann im Laufe meiner Bemühungen um ihn zu geben hatte, er gab soviel, wie er nahm.

Im allgemeinen behandeln Ärzte nur ungern Patienten mit Lungenemphysem. Ist doch diese Krankheit fast stets auf Zigarettenrauchen zurückzuführen und somit selbstverschuldet, wie es scheint. Das macht den Patienten dem Arzt nicht gerade lieb und teuer, vor allem, wenn der Ruf nach Behandlung am Ende eines arbeitsreichen Tages oder mitten in der Nacht erklingt. Bei Buck war das jedoch anders. Sein Fall rief mir die Frage in Erinnerung, die man oft von Patienten in Krankenhäusern hört, in denen Medizinstudenten und Jungärzte ausgebildet werden: «Doktor, tun Sie das für mich, oder tue ich das für Sie?» Bei Buck spürte ich, daß die Wechselwirkung Arzt/Patient großenteils zu meinem Nutzen war.

Buck fand ein geradezu streitsüchtiges Vergnügen daran, seine durch kein Verantwortungsgefühl belastete Vergangenheit zu offenbaren – Bekanntschaften, die kamen und gingen, geschlossene und geschiedene Ehen, gewonnene und wieder verlorene Vermögen. Etwas wurde mir ganz klar: für diesen Mann war das Leben ein andauerndes Bacchanal, ein nicht endender dionysischer Ausflug, der 76 Jahre angehalten hatte. Buck war ein wandelndes Lehrbuch der Pathologie, doch er hatte zahllose Krankheiten überlebt, an denen die meisten Menschen zugrunde gegangen wären.

Die herausragende Eigenschaft dieses Mannes war ein auf bewußtem Erleben beruhender Hang zum Leben – mit ihm zu verschmelzen in einem fast embryonalen Sinn des Einsseins, und das mit einem Enthusiasmus, der in Anbetracht seiner Krankheit völlig unangebracht schien. Selbst wenn er keine Luft bekam, lächelte Buck; und er stellte meine Bequemlichkeit über sein Wohlbefinden, wenn ich an der Reihe war, ihn in den frühen Morgenstunden zu betreuen.

Als die Zeit kam, ihn wieder nach Hause zu entlassen, empfand ich das Bedürfnis, ihm einige gute Ratschläge mit auf den Weg zu geben. Mit Engelszungen redete ich auf ihn ein, seine Lebensweise zu ändern. Er hörte sich geduldig meine Ermahnungen an – wie gewöhnlich lächelnd und mit einem Augenblinzeln. Dabei fühlte ich mich in der Gewalt seiner seltsamen Lebensweisheit, als seien meine Belehrungen nichts weiter als eine sinnlose Moralpredigt. Er ließ mich zu Ende reden und antwortete dann lächelnd: «Danke, Doktor.» Dann griff er nach seiner zerschlissenen Reisetasche und ging – natürlich erst, nachdem er sich eine Zigarette angesteckt hatte.

Drei Tage später wurde ich aus einer Besprechung wegen eines Ferngesprächs zum Telefon gerufen. Die Sekretärin sagte mir, einer meiner Patienten sei am Apparat und es sei dringend. Ich eilte zum Telefon und wurde munter begrüßt: «Hallo, Doktor! Ich bin es, Buck Scranton.»

Verdutzt antwortete ich: «Guten Tag, Buck. Von wo aus rufen Sie an?»

«Ich bin in Louisville. Ich mußte Sie einfach anrufen, um Ihnen zu sagen, daß ich bei einem Pferderennen einen guten Tip hatte. Ich bin wieder zu Geld gekommen. Und ich fühle mich auch prächtig. Sie haben viel für mich getan!»

«Buck?» fragte ich.

«Ja, Doktor.»
«Rauchen Sie noch?»
«Klar!»
«Und Sie trinken auch noch?» Ich fragte, obwohl ich die Antwort im voraus kannte.
«Klar!»
«Und Sie fühlen sich gut ... ich meine *wirklich* gut?»
«Ich würde nicht lügen, Doktor. Sie wissen, ich würde Sie nicht belügen ...»
Das Gespräch lief weiter. Ich sah ihn deutlich vor mir, euphorisch wegen des Wettglücks, zu kurzatmig, um es lange in der Besuchermasse auszuhalten, zu sehr außer Atem, um die oberen Tribünenränge zu besteigen. Doch wußte Buck Scranton etwas, was geschulte Ärzte selten erlernen, nämlich die einfache Tatsache, daß die eigentliche Bedeutung von Gesundheit nicht in objektiven Parametern gefunden werden kann – in seinem Falle nicht in Lungentests oder Röntgenaufnahmen der Brust.

Daher hatte ich nur noch einen einzigen Rat für ihn. «Buck?» sagte ich. Er antwortete nicht, und ich wußte, daß er für eine Antwort zu sehr außer Atem war. «Buck, bleiben Sie bei Ihrer gesunden Lebensweise.»

«Danke, Doktor!» Ich konnte ihn am anderen Ende der Leitung lachen hören oder in seiner Kurzatmigkeit ein Lachen versuchen. Trotz seiner schwer geschädigten Lunge sprühte dieser Mann vor Gesundheit, die sich zwar nicht durch seinen Körper äußerte, aber in seinem Geist Resonanz fand. Buck Scranton war lebendig wie nur wenige andere Leute, obwohl sein Körper schon zerfallen war. Die Eigenschaft, die ihn von anderen abhob, war die Befähigung, bis zum Kern des Erlebens durchzudringen – ob das nun darin bestand, auf das richtige Pferd zu setzen oder zu empfinden, wie es ist, für den nächsten Atemzug von einem Atemgerät abhängig zu sein. Über objektive Gesundheitsparameter konnte er nur lachen, mit ihnen konfrontiert, nur die Fäuste schütteln.

Ich habe nie wieder von ihm gehört und glaube nicht, daß er noch am Leben ist. Doch bin ich sicher, daß Buck dieses Leben so verlassen hat, wie er damals die Abteilung 5A des Krankenhauses betrat – mit einem Lächeln und einem Augenblinzeln, seinem ganz persönlichen Kennzeichen, seiner eigenen Bestätigung dessen, daß Gesundheit nicht nur Erleben *reflektiert*, sie *ist* Erleben.

## Gesundheit als reines Erleben

> Nur das fühlen, was man sich selbst zu fühlen erlaubt, tötet schließlich alle Befähigung zum Fühlen ab, und in den höheren emotionalen Bereichen fühlt man überhaupt nichts mehr. Genau das ist in diesem Jahrhundert geschehen. Die höheren Empfindungen sind absolut tot. Sie müssen vorgetäuscht werden.[1]

Viele von uns sind gegenüber der Gesundheit empfindungslos geworden. Uns ist abhanden gekommen, was wir einst zu empfinden wußten, was wir einst mit Begeisterung empfanden, was wir schon frühzeitig als Reinheit, freudige Erregung und Erfüllung kannten. Heute sind wir dem *Erleben* der Gesundheit gegenüber taub, empfindungslos.

Wohin ist es entschwunden? Wo *ist* das Erleben der Gesundheit, das uns verlorenging? Es verbirgt sich innerhalb unseres wahren Selbst, innerhalb des Teiles von uns, der einst fühlte. Das Erlebnis der Gesundheit verschwand in dem Maße, in dem wir unsere organische Beziehung zur Welt vergaßen. Diese Beziehung muß – wie die Gesundheit – *erlebt* werden. Und wer nicht imstande ist, das Einssein, die Einheit unserer selbst mit der Welt zu erleben, ist auch nicht imstande, Gesundheit zu erleben, die in ihrem Kern Ausdruck unserer organischen Verbundenheit mit der Welt ist.

Wie Lawrence es beschrieben hat, fühlen wir nur das, was wir uns zu fühlen erlauben. Wir erlauben nur einem kläglichen Abbild der Wirklichkeit, sich von Zeit zu Zeit einzuschleichen. Wir halten die Landkarte für das Gelände, um mit dem Semantiker Alfred Korzybski zu sprechen, wobei wir irrtümlicherweise annehmen, Labortests und physikalische Untersuchungen seien dasselbe wie Gesundheit.

Wollten wir zulassen, daß mehr als nur Objekte Eingang in unser Erleben finden – *wirklichen* Einlaß –, dann müßten wir zunächst einmal eine schmerzhafte Überprüfung dessen vornehmen, was wir überhaupt sind. Das würde eine Neubestimmung unserer Beziehungen zur Welt erfordern, den Verzicht auf die Subjekt/Objekt-Weise, in der wir uns gewöhnlich selbst definieren. Das würde ein Eintauchen in jenes «organische System des Lebens» bedeuten, aus dem wir «die wirklichen Blüten des Lebens und Seins ans Licht bringen werden», wie Lawrence es formulierte.[2]

Ein solches Eintauchen kann schmerzhaft sein – so sehr, daß die meisten Menschen lieber der *persona* der Gesundheit nachjagen als der Wirklichkeit und die Symbole der Gesundheit ihrem echten Erleben vorziehen. Vielleicht ist es besser, die Aussagen des Arztes über die Gesundheit zu akzeptieren, statt ihre Unmittelbarkeit selbst zu erleben. Lieber die Maskerade fortsetzen, Gesundheit als Objekt zu erwerben, als sich der Umwandlung hinzugeben, die erforderlich wäre, um Gesundheit als Erleben kennenzulernen. Besser, das Spiel nach irgendwelchen künstlich aufgestellten Spielregeln spielen als nach denen, die für spirituelles Wachstum und spirituelle Entwicklung gelten. Lieber die Speisekarte essen als das Mahl.

Bis wir dann natürlich herausfinden, daß wir in den «höheren emotionalen Bereichen» überhaupt nichts empfinden – weder Gesundheit noch Nichtgesundheit –, nur Leere, ein Nichts. Daß wir uns selbst in die Irre geführt haben mit unserem idealen Körpergewicht, unseren biochemischen Nomogrammen und Werten aus körperlichen Leistungstests – das ist die Erkenntnis, zu der viele Menschen schließlich gelangen. Irgendwann einmal bricht das Licht durch, und wir entdecken, mit welcher Naivität wir all das getan und Gesundheit als Objekt fälschlich für Gesundheit als Erleben gehalten haben. Auf einmal erkennen wir, daß wir uns so verhalten haben, als sei Gesundheit etwas, was wir *besitzen* können.

Dem ist aber nicht so. Wir können nicht Gesundheit *oder* Krankheit besitzen. Das wußte auch Aldous Huxley. In seinem Buch *Island* beschreibt er die alte Frau Lakshmi an der Schwelle des Todes. Während ihr Körper auf dem Bett verharrte, sah sie sich selbst in der gegenüberliegenden Ecke des Zimmers. Und sie sagt: «Was du da entdeckst ... ist, daß dir nichts wirklich gehört. Nicht einmal dein Leiden.»[3]

Gesundheit-als-Erleben läßt uns begreifen, daß es tatsächlich kein solches *Ding* wie Gesundheit gibt und, schlimmer noch, *niemanden*, der gesund ist. Denn

> Im höheren Bereich der Wahren Soheit
> Gibt es weder ein «Anderes» noch ein «Selbst»:
> Wird eine unmittelbare Identifizierung verlangt,
> Können wir nur antworten: «Nicht Zwei.»
>
> Eins in Allem,
> Alles in Einem –
> Ist das einmal erkannt,
> Bekümmert dich nicht mehr, daß du nicht vollkommen bist![4]

## *Nicht-Gesundheit*

> Dreißig Speichen umgeben eine Nabe,
> In ihrem Nichts besteht des Wagens Werk.
> Man höhlet Ton und bildet ihn zu Töpfen,
> In ihrem Nichts besteht der Töpfe Werk.
> Man gräbt Tür und Fenster, damit die Kammer werde,
> In ihrem Nichts besteht der Kammer Werk.
> Darum: Was ist, dient zum Besitz,
> Was nicht ist, dient zum Werk.
>
> *Tao Te Ching*

Es gibt ein besonderes Gesundheitsempfinden, das nicht erworben, gefördert oder entwickelt werden kann. Es ist nicht das Ergebnis aktiven medizinischen Eingreifens, weder medikamentös noch chirurgisch, auch nicht das Produkt energischer Vorbeugungsmaßnahmen. Unseren üblichen Auffassungen von Gesundheit ist es so unähnlich, daß wir es am treffendsten als «Nicht-Gesundheit» bezeichnen.

Die Taoisten verfügten über einen ähnlichen Begriff für eine Art des Wissens oder Erkennens, die sie «Nicht-Wissen» nannten. Das ist nicht das Wissen oder Erkennen, wie es uns Abendländern vertraut ist, nicht das Produkt linearer Verstandestätigkeit, die auf ein Objekt als Ziel des Erkennens zielt, sondern etwas ganz anderes. Siu hat es folgendermaßen formuliert:

> Es [Nicht-Wissen] bezieht sich auf ein Verstehen dessen, was man im Osten *Wu* oder Nichtsein nennt. Das *Wu* transzendiert Geschehnisse und Eigenschaften, hat weder Form noch Zeit. Daher kann es auch nicht Gegenstand gewöhnlicher Erkenntnis sein. Auf der höheren Ebene des Erkennens vergißt der Weise die Unterscheidungen zwischen den Dingen. Er glaubt an die Stille dessen, was im undifferenzierten Ganzen verbleibt.
> Es besteht ein bedeutsamer Unterschied zwischen «kein Wissen» haben und «Nicht-Wissen» haben. Im ersten Fall handelt es sich um einen Zustand der Unwissenheit, im zweiten um einen Zustand höchster Erleuchtung und universalen Empfindungsvermögens.[1]

Auf ähnliche Weise darf man «Nicht-Gesundheit» haben nicht mit «keine Gesundheit haben» verwechseln. Im letzteren Falle sprechen wir von Krankheit, Verzweiflung, langsamer Auflösung und schließlichem Tod. Der erste entspricht dem von Siu beschriebenen Nicht-Wissen der Taoisten, einem Zustand «höchster Erleuchtung und universalen Empfindungsvermögens». Es ist nicht etwa *Super*gesundheit. Es bedeutet *nicht*, niemals krank zu werden, obwohl es Gesundheit und richtige Körperfunktionen nicht ausschließt. Es transzendiert sogar die Einheit und das Einssein von Körper und Geist, das so sehr erstrebte Ziel ganzheitlicher Gesundheit. Nicht-Gesundheit bedeutet *nicht* einen gesunden Geist in einem gesunden Körper, sondern die Einheit des Menschen mit der Natur in einer undifferenzierten Ganzheit, die über die Unterscheidungen von Gesundheit und Krankheit, Geburt und Tod, Geist und Körper hinausreicht.

Nicht-Gesundheit strebt nach nichts, da es außerhalb ihrer nichts zu erstreben gibt – nicht Langlebigkeit, nicht Freiheit von Schmerzen und Leiden, Gebrechlichkeit und Tod. Sie *schließt alles ein*, denn sie ist der Urgrund, der allen unseren Bezugsgrößen und Normen der Gesundheit ihre Bedeutung verleiht. So ist sie zwar der Ursprung solcher für die Praxis wichtigen Unterscheidungen wie zwischen hohem *und* normalem Blutdruck, Herzanfällen *und* richtigem Funktionieren des Herzens, sogar Geburt *und* Tod, aber nicht auf solche Einzelheiten reduzierbar. Sie erscheint nicht in Laborbefunden, zeigt sich nicht in Ergebnissen von Blutuntersuchungen und Röntgenbildern. Sie transzendiert Unterscheidungen zwischen Dingen und ist universale Sensibilität. Sie ist das Schweigen des undifferenzierten Ganzen.

## *Die gegenseitige Durchdringung der Gegensätze*

> Dieses Gefühl des Eingebettetseins in eine universale, innerlich zusammenhängende Dynamik kann nicht nur die Angst vor unserem biologischen Tod beseitigen, sondern auch die Furcht, die «das Überleben der Spezies» als höchsten Wert verteidigt. In der Selbst-Transzendenz greifen wir nicht nur über unsere eigenen Grenzen als Individuen hinaus, sondern auch über die Grenzen der Menschheit.
> Im unbeweglichen All waren der gemeinsame Ursprung der Evolution, Zeit und Raum sowie das Noch-nicht-Entfaltete – also alle Eigenschaften – im Einen vereint. Der höchste Sinn liegt im Nichtentfalteten wie im Vollentfalteten; beide reichen hinaus zum Göttlichen.
>
> Erich Jantsch<br>*Die Selbstorganisation des Universums*

Die Vorstellung von einem dynamischen Zusammenspiel der Gegensätze durchdringt die Tradition des Zen-Buddhismus in Japan und findet ihren Ausdruck in den vitalen Prinzipien der Künste. In einer Abhandlung über japanische Landschafts- und Gartengestaltung beschreibt Mark Holborn die buddhistische Einstellung:

> ... Schönheit und Häßlichkeit waren eins, Teil derselben Wahrnehmung... Dementsprechend würde absolute Vollkommenheit, in der keine Spur von Unvollkommenheit anzutreffen ist, nicht wahre Schönheit verkörpern. Es war

die Unvollkommenheit, an der man die Schönheit messen und schätzen konnte. Eine perfekte Form wäre statisch und tot.[1]

Dieses Verstehen war nicht leere Philosophie, sondern wurde im Alltagsleben praktiziert:

> Diese Empfindung wurde von den Meistern des Tee-Weges verwirklicht, die ein besonderes Vergnügen in asymmetrischen Formen des Teeraumes und der Trittsteine im Teegarten fanden und mit Vorliebe unregelmäßig geformte Utensilien wählten.
> Auch die Architektur des buddhistischen Tempels richtete sich in Japan nicht nach geometrischen Mustern ..., sondern nach natürlichen Gegebenheiten. Der Rhythmus des Gebäudes wurde der Rhythmus seines Hintergrunds.
> Feierlich, eindrucksvoll und anmutig – Symmetrie ist die Manifestation eines logischen, berechnenden Intellekts. Die Japaner hatten keinen Bedarf an der Schaffung einer neuen abstrakten Ordnung. Rein intuitiv fanden sie ihre Identität im Gleichgewicht zwischen der Landschaft und dem Kommen und Gehen der Jahreszeiten. In jeder Hinsicht vermitteln die asymmetrischen Muster von Brücken, Pfaden, Steinen und Bäumen im Garten den Eindruck, daß es überhaupt kein Design gibt. Der Garten wird zum zufälligen Geschehen der Natur.[2]

Die Art von Gleichgewicht, die in der gesamten Tradition des Zen-Buddhismus zum Ausdruck kommt, kontrastiert sehr mit unserem gewöhnlichen Denken über Gegensätze – vor allem hinsichtlich Gesundheit und Krankheit. In der Tradition des Zen waren «Schönheit und Häßlichkeit eins, Teil derselben Wahrnehmung», wie Holborn schrieb. «Eine perfekte Form wäre statisch und tot.» Übertragen wir diese Haltung auf den Bereich der Gesundheit, dann könnten wir sagen, daß Gesundheit und Krankheit ebenso wie Schönheit und Häßlichkeit eins sind, Teil derselben Wahrnehmung. Vollkommen gesund sein heißt statisch und tot sein.

Oberflächlich gesehen scheint diese Ansicht absurd. Ist doch ein andauernder, konstanter und statischer Gesundheitszustand unser *Ideal*. Obwohl wir wissen, daß wir ihn niemals erreichen werden, können wir es zumindest versuchen. Außerdem meint man, die Gleichsetzung von Gesundheit und Krankheit im östlichen Sinne sei pathologisch – eine *Garantie* armseliger Gesundheit durch passives Akzeptieren dessen, «was ist». Derartige Vorstellungen mögen in einer orientalischen, vorwissenschaftlichen Kultur Anklang finden, aber die Übertragung solcher Verallgemeinerungen auf unsere eigenen Taditionen kann einfach nicht funktionieren. So lauten die Einwände.

Also setzen wir unser pausenloses Ringen um einen endlosen Sommer der Gesundheit fort, bemühen wir uns, physiologische Unvollkommenheiten für immer aus unserem Umfeld zu verbannen, fangen wir wieder mit der archetypischen Suche nach dem Jungbrunnen an, indem wir uns alle Jahre wieder einer gründlichen Untersuchung einschließlich Blutproben und Röntgenaufnahmen unterziehen.

Aber das funktioniert nicht. Schlimmer noch – wir wissen das. Irgendwo in uns wissen wir, daß wir in unserem Ringen um ewige, unbeschadete Gesundheit das Ziel verfehlen. Und die Behauptung der modernen Biowissenschaft, nichts sei außerhalb unserer Reichweite – eine Art «Gesundheitsverheißung» –, ist für die meisten von uns inzwischen inhaltslos geworden. Ich glaube nicht einmal, daß man innerhalb der Gemeinschaft der Biowissenschaftler diesen Ankündigungen und Versprechen wirklich glaubt. In uns sitzt der nagende Zweifel, das Gefühl, daß wir im Hinblick auf Gesundheit und Krankheit auf dem falschen Wege sind.

Dieser Irrweg ergibt sich meines Erachtens aus der seltsamen Art, auf die wir die Welt zu betrachten gelernt haben – als eine Ansammlung von Teilstücken von Dingen und Geschehnissen, die aus ihrem organischen Zusammenhang herausgerissen wurden. Diese Art, die Dinge zu sehen, diese Wahrnehmungsweise, hat in der medizinischen Wissenschaft unsere Fähigkeit zerstört, Gesundheit dort zu erkennen, wo sie uns begegnet. Wir brauchen eine neue Sicht der Gesundheit, die uns unsere Befähigung zurückgibt, ihren Wesensgehalt zu erfühlen – eine Sicht, die paradoxerweise Krankheit und Tod als die «bewegenden Prinzipien» einer Gesundheit versteht, die sich unserem Begreifen noch entzieht.

## Zwei Arten des Erkennens: Prajñā und Vijñāna

Der buddhistische Gelehrte D. T. Suzuki hat vielleicht mehr als jede andere Person in der Geschichte dazu beigetragen, das Abendland auf die Art und Weise aufmerksam zu machen, wie östliche Kulturen begriffliche Gegensätze wie etwa Gesundheit und Krankheit gehandhabt haben. Im Mittelpunkt dieser buddhistischen Betrachtungsweise stehen die Vorstellungen von Prajñā und Vijñāna.

> Für «Intuition» verwenden Buddhisten im allgemeinen den Ausdruck Prajñā und für Vernunft oder diskursiven Verstand den Ausdruck Vijñāna.
> Prajñā reicht über Vijñāna hinaus. Vijñāna verwenden wir in unserer Welt der Sinne und des Intellekts, die vom Dualismus in dem Sinne gekennzeichnet ist, daß es jemanden gibt, der sieht, und jemanden, der gesehen wird – wobei die beiden sich gegenüberstehen. Bei Prajñā gibt es diese Differenzierung nicht; das Gesehene und derjenige, der sieht, sind identisch. Der Seher ist das Gesehene, und das Gesehene ist der Seher. Prajñā ist die Selbsterkenntnis des Ganzen im Gegensatz zu Vijñāna, das sich mit Teilen befaßt.[3]

Sollten wir die Möglichkeit ernst nehmen, daß den Erfahrungen von Gesundheit und Krankheit eine wesenhafte Einheit zugrunde liegt, dann würde Suzuki uns daran erinnern, daß diese Einheit durch den Intellekt nicht erkannt werden kann. Und doch befaßt man sich im Abendland *intellektuell* mit der Gesundheit. Gesund sein und gesund bleiben ist bei uns zu einer Frage der *Gerissenheit* geworden. Wir nehmen uns vor, es «trotz allem» zu schaffen, Niedergang und Tod ein Schnippchen zu schlagen, das Unausweichliche so lange wie möglich hinauszuschieben durch die Suche nach einer Formel, die Langlebigkeit und Wohlbefinden garantiert: sei es durch laufende ärztliche Untersuchungen, Impfungen, die im Handel befindlichen Myriaden von Kombinationen aus Vitaminen und Spurenelementen, Anwendung der jeweils modischen «Körpertherapien» oder Aufenthalte in Kurorten, die gerade «in» sind. Wir betreiben unsere Gesundheitsfürsorge im Sinne der alles beherrschenden Annahme, wir könnten unser Ziel vielleicht erreichen, wenn wir nur *gerissen* genug seien.

Diese Methode, gesund zu sein, ist die des Vijñāna – des Intellekts, des diskursiven Verstands, der den Versuch unternimmt, «herauszufinden», wie man gesund sein kann. Sie schneidet das Phänomen Gesundheit in Stücke und Streifen und weist ihnen Namen zu: sich wohl fühlen, Vitalität, Energie, Erkrankung der oberen Atemwege, Kinderlähmung oder verstauchte Knöchel. Gesundheit wird so zu einem Balanceakt, zu einem ständigen Bemühen, alle Teile in der richtigen Ordnung und Kombination zu halten, einige auszusortieren und andere hinzuzufügen. Ist der diastolische Blutdruck in Ordnung, der Cholesterinspiegel normal und die Herz-/Lungenkapazität bei den Tests auf dem Trimmrad akzeptabel, dann *muß* ich einfach gesund sein!

Aus der Sicht von Prajñā ergibt sich eine ganz andere Auffassung von Gesundheit. Hier gibt es keine starren Kategorien wie Krankheit oder Gesundheit. Numerische Werte für Pulsschlag und Blutdruck haben keine endgültige Bedeutung. Ist mein EKG normal? Was soll's! Denn die angesammelten Informationsteilchen, die für die Gesundheitsformel in der Welt des Vijñāna wichtig sind, werden hier ins Ganze einbezogen. Es gibt keine Anschauung von Gesundheit auf analytischer Grundlage. Bemerkenswerterweise wird die Auffassung von Gesundheit als eines Zustandes, «den man erstrebt», als sei sie ein Objekt, das man wie ein Phänomen «da draußen» ergreifen könne, transzendiert. Denn Prajñā unterteilt die Welt nicht in Seher und Gesehenes, Subjekt und Objekt. Gesundheit ist nicht ein Zustand, den man erwerben kann. Bei dieser Art der Betrachtung der Welt ist der Seher Gesehenes, und das Gesehene ist Seher. Ich *bin* Gesundheit, und sie ist Ich. Ich bin beides, und beides ist Ich. Die überragende Wirklichkeit ist das Ganze, das alle Verschiedenheiten umfaßt.

Bei dieser Perspektive mag auf den ersten Blick die Welt der Dinge und Geschehnisse zu einem unkenntlichen Brei verschmelzen. In Sachen Gesundheit wird alles verschwommen – Gesundheit wird Krankheit und umgekehrt; hier regiert doch offenbar nicht die Ganzheit, sondern eher der Unsinn. So ist es jedoch nicht, und wir verlieren nicht automatisch den Verstand, wenn wir zugeben, daß alle getrennten Geschehnisse, die wir im Alltag wahrnehmen, von einer zugrunde liegenden Einheit umschlossen werden. Natürlich werden weiterhin Gegensätze in Erscheinung treten. Wäre das nicht so, dann würden wir nicht einmal imstande sein, diese beiden Formen des Erkennens zu unterscheiden, Prajñā und Vijñāna. Genaugenommen ist es gerade das Erkennen und Wahrnehmen augenscheinlicher Kontraste, was die Vitalität unserer Existenz ausmacht, wie Suzuki klarstellt:

> Während einerseits diese Vijñāna-Sicht eine Tragödie ist, weil sie unseren Herzen und Seelen unaussprechliche Angst bereitet und unser Leben mit vielen Leiden belastet, müssen wir andererseits daran denken, daß wir gerade durch diese Tragödie zur Wahrheit der Prajñā-Existenz erwacht sind.[4]

Selbst wenn unsere Art der Wahrnehmung der Welt durch Aufteilung in Seher und Gesehenes, Subjekt und Objekt menschliches Elend erzeugt, wird doch durch diese «Tragödie» das Erkennen von Prajñā oder der intuitiven, ganzheitlichen Betrachtungsweise geboren. Auf diese Weise werden Gegensätze zu einander bewegenden Prinzipien. So ist es auch mit Gesundheit und Krankheit.

Erfahren wir durch die als Prajñā bezeichnete Weise des Erkennens, daß die Welt von einer grundlegenden Einheit durchzogen ist, die auch Krankheit und Gesundheit als nicht-gegensätzlich einbegreift, so verdammt uns das keineswegs zu einer begrifflichen Verschwommenheit, in der wir nicht Gesundheit von Krankheit, Nacht von Tag, schwarz von weiß unterscheiden können. Was sich *wirklich* ändert, ist der Sinn, den wir den Geschehnissen geben. Gesundheit hört auf, etwas zu sein, was man erlangen und behalten muß; Krankheit und Tod hören auf, bösartig zu sein, äußere Kräfte, die uns in jedem Augenblick überfallen und vernichten können. Für Prajñā bleibt Schmerz weiterhin Schmerz, und hoher Blutdruck macht uns weiterhin anfällig für Schlaganfälle und Herzinfarkte. Nur wird die Qualität dieser Geschehnisse durch unsere innere Erfahrung mit ihnen gewandelt. Sie hören auf, Erfahrungen zu sein, die vermieden oder ausgelöscht werden müssen, und erhalten tatsächlich ein freundlicheres Gesicht – weil es in Prajñā deutlich wird, daß diese Erfahrungen bis zu einem gewissen Grade *notwendig* sind. Denn ohne das kontrastierende Erleben von Krankheit und Gesundheit würde keines von beiden für uns irgendeinen Sinn haben. Wiederum macht Suzuki uns das sehr deutlich:

> Daß Prajñā insofern Vijñāna zugrunde liegt, als es diesem ermöglicht, als Prinzip der Differenzierung zu funktionieren, ist nicht schwer zu erkennen, wenn wir einsehen, daß Differenzierung ohne etwas, was integrierend oder vereinigend wirkt, unmöglich ist. Die Dichotomie zwischen Subjekt und Objekt kann nur bestehen, wenn es etwas Dahinterliegendes gibt, das weder Subjekt noch Objekt ist. Das ist ein Bereich, in dem beide wirksam sein können, in dem das Subjekt vom Objekt getrennt werden kann, das Objekt vom Subjekt. Wären die beiden nicht durch irgendeine Beziehung verbunden, könnte man nicht einmal von ihrer Trennung oder Antithese sprechen. Es muß etwas vom Subjekt im Objekt stecken und umgekehrt, was ihre Trennung ebenso wie ihren Zusammenhang möglich macht.[5]

Aus dieser Perspektive wird vollkommene Gesundheit zu einem Hirngespinst, einem Widerspruch in sich. Denn ohne ihr bewegendes Prinzip Krankheit würden wir sie nie kennen. Die Krankheit zu bannen würde also zu dem unseligen Ergebnis führen, die Gesundheit zu bannen. Um gesund zu sein, müssen wir widerwillig eingestehen: *wir brauchen Krankheit*.

Natürlich fordern solche Bemerkungen unweigerlich Kritik heraus, klingen sie doch wie eine Befürwortung von Leiden und Tod. Und vom rein intellektuellen Standpunkt aus, der von den Buddhisten als Vijñāna bezeichneten Denkweise, sind sie das auch. Nicht jedoch aus der Perspektive von Prajñā. Man muß sich des Prajñā bedienen, um die Notwendigkeit von Krankheit und die Bedeutung des Leidens als Komponenten der Gesundheit zu erkennen. In diesem Sinne stellt Suzuki fest:

> Da dieses Etwas nicht zum Gegenstand verstandesmäßiger Betrachtung gemacht werden kann, muß es eine andere

Methode geben, um zu diesem fundamentalen Prinzip zu gelangen. Die Tatsache, daß es so fundamental ist, schließt die Anwendung des zwiegespaltenen Instruments [des Intellekts] aus. Wir müssen uns an Prajñā-Intuition halten.[6]

Das Thema des «Zusammenkommens» von Gegensätzen wie Gesundheit und Krankheit stammt nicht nur aus dem Osten, sondern ist in allen Kulturkreisen anzutreffen, auch in unserem. Die Implikation, daß Gegensätze und Abgrenzungen künstlich und willkürlich seien, findet sich beispielsweise auch in einem Gedicht von Robert Frost:

> Bevor ich eine Mauer baute, fragte ich,
> Was ich da einmauerte oder ausmauerte
> Und wer wohl Anstoß nehmen könnte.
> Es gibt etwas, das mag die Mauern nicht,
> Es will sie stürzen sehen.[7]

Auch in uns selbst gibt es etwas, das keine Mauern liebt, das sie einreißen möchte – etwa wenn wir durch Prajñā-Weisheit die wechselseitige Durchdringung von Krankheit und Gesundheit erkennen.

## «Ist dieser Patient w. k.?»

Je mehr wir das Lebewesen Mensch in Begriffen unserer artspezifischen Biologie und Entwicklungsfolge verstehen lernen, desto deutlicher zeigt sich, daß «Gesundheit» weniger kulturbedingt ist als vielmehr abhängig von überall gleichen Reifungsfaktoren, die im heranwachsenden Menschenwesen gestärkt werden oder verkümmern können. Und bei diesem «Verkümmern» treffen wir auf das Krankheitsspektrum der psychosomatischen Pathologie und dessen, was wir unglücklicherweise «wirkliche» oder «echte» Krankheit zu nennen pflegen. Wir müssen unsere therapeutische Kommunikation und Interventionsstrategien so gestalten, daß wir gewissermaßen unser Ohr am Entwicklungsprozeß haben, der Krankheit und Gesundheit zugrunde liegt, das heißt, der zu uns durch die Pathologie «spricht» – wenn wir den Mut haben zuzuhören.

Howard F. Stein

«Ist dieser Patient w. k.?» war eine der ersten Fragen, die ich als Medizinalassistent im Krankenhaus zu stellen lernte, wenn ich einen Patienten zu untersuchen hatte. «W. k.» stand für «wirklich krank». Ich gewöhnte mir diese Frage von den im Krankenhaus arbeitenden und wohnenden etwas älteren Kollegen an, die, obwohl auch noch in der Ausbildung, alles zu wissen schienen. «W. k.» war das, wonach wir gierten. In der Tat: je kranker der Patient, desto mehr mochten wir ihn. Denn ein «w. k.» bot wirklichen «Lehrwert». Nichts war langweiliger und ärgerlicher, als wenn man einen Simulanten zu beurteilen hatte, jemanden ohne «w. k.» – wo die Zeit doch so knapp und die Station voll belegt war.

In meinem damaligen Ausbildungsstadium war ich noch nicht klug genug zu erkennen, wie töricht diese Denkweise war. Ich hielt meine Unterscheidung zwischen zwei verschiedenen Arten von Krankheit für zutreffend. Ich *wußte*, daß sie mit der Betrachtungsweise meiner Kollegen übereinstimmte. Außerdem schien es durchaus nützlich, so zu denken, denn wenn ein Patient nicht «w. k.» war, warum sollte ich mich dann abmühen, etwas zu heilen, was gar nicht krank war?

Heute blicke ich auf diese Denkweise mit gemischten Gefühlen zurück – erstaunt über meine damalige Naivität und dennoch überzeugt, daß ich die Medizin damals auf ehrliche Weise praktizierte. Ich weiß auch, daß man solche Denkgewohnheiten nicht so leicht aufgibt, wie man aus der Ausbildung als Medizinalassistent scheidet. Bedauerlicherweise gibt es immer noch Überbleibsel der «w. k.»-Mentalität bei fast allen Ärzten, was nicht nur ihre Gedanken darüber beeinflußt, wo Gesundheit und Krankheit ihren Ursprung haben, sondern auch darüber, welche Behandlung angemessen ist.

## Die Unwirklichkeit «wirklicher» Krankheit

Die «w. k.»-Mentalität ist die medizinische Ausprägung der heute vorherrschenden Theorie des Menschen, und diese Theorie steht im Zeichen des kartesianischen Dualismus.* Diese Denkweise ist nicht nur typisch für unreife Medizinalassistenten, sondern auch bei höchst erfahrenen Fachärzten anzutreffen. Genaugenommen ist sie nicht einmal auf Ärzte beschränkt, sondern typisch für unsere gesamte abendländische Kultur. Es existiert eine fundamentale Teilung zwischen Körper und Geist – sagen wir und glauben, daß es zwischen beiden in der Regel keine Wechselwirkungen gibt. Der Körper besteht aus Materie, der Geist nicht. Gewiß, wir haben zugestanden, daß der Körper den Geist beeinflussen kann; damit hört die Wechselwirkung jedoch schon auf. Denn der Geist, von dem man annimmt, daß er materielos ist, kann nicht einmal im Prinzip auf die materielle Welt einwirken. Krankheit wird als mechanistische Panne angesehen und ist damit schon per definitionem ein materieller Vorgang. Sie ist auf den Körper beschränkt, den einzig materiellen Teil des Menschen. Aus dieser Sicht wird eine Geisteskrankheit zu einem inneren Widerspruch – denn nur Materie kann eine Panne haben, der Geist ist materielos.

«Wirkliche Krankheit» in dem Sinne, wie wir Anfänger damals die Worte gebrauchten, wurde im Licht kartesianischen Denkens zu einem überflüssigen Begriff. Da Krankheit per definitionem physischer Natur war, mußte das, was physisch war, auch offensichtlich «wirklich» sein. Krankheit *mußte* einfach wirklich sein,

---

* Neuerdings hat Descartes Verteidiger gefunden, die nachdrücklich gegen die Behauptung protestieren, er habe jemals gesagt, Körper und Geist seien getrennt. Zweifellos hat Bertrand Russell in seiner *Geschichte der abendländischen Philosophie* zu Recht darauf hingewiesen, daß vieles von dem, was man als kartesianischen Dualismus bezeichnet, auf den Einfluß seiner unmittelbaren Nachfolger und Interpreten zurückzuführen ist, beispielsweise Geulincx. Es ist auch historisch erwiesen, daß Descartes Körper und Geist dadurch zu vereinen suchte, daß er die Zirbeldrüse als die Region im Gehirn postulierte, in der die tatsächlichen Transaktionen zwischen beiden stattfinden. Dennoch kann kaum geleugnet werden, daß der Dualismus von Körper und Geist in der modernen medizinischen Theorie eine dominierende Kraft ist.

oder wir hätten sie überhaupt nicht Krankheit nennen können. Von wirklicher Krankheit auch nur zu reden war ebenso unangebracht, als spräche man von «wirklicher Sonne» oder «wirklicher Erde». Wie für Sonne und Erde gibt es auch für Krankheit keine Gegenbegriffe in der Unwirklichkeit.

Ich weiß nicht, zu welchem Zeitpunkt während des Heranwachsens vom Kind zum Erwachsenen und in der Ausbildung zum Arzt die kartesianische Aufspaltung des Menschen in Geist und Materie am nachdrücklichsten ins eigene Leben eindringt. Wir wissen aber, daß diese Denkweise nicht universal ist und auch unsere eigene Kultur nicht völlig beherrscht. So sagt sie beispielsweise nichts darüber, wie der Künstler, der Poet und der Mystiker die Welt sehen.

Für den durchschnittlichen Arzt tritt jedoch der kartesianische Dualismus wirklich in Erscheinung, und zwar ganz gehörig. Seltsamerweise wird er nur selten als bedeutende Kraft in Denken und Gewohnheiten erkannt – nicht einmal von nachdenklichen Ärzten. Und dennoch ist er in der heutigen medizinischen Wissenschaft die dominierende Anschauung, verbündet mit der vorherrschenden Theorie über das Entstehen der Krankheiten – angeblich durch Pannen auf molekularer Ebene, weshalb sie per definitionem physischer Natur sind. Diese Denkweise legitimiert gewisse Therapieformen mehr als andere: physikalische Methoden – Medikamente und Chirurgie –, die wirkliche physische Veränderungen bewirken, sind am beliebtesten. Andere Therapien, etwa Änderung der Verhaltensweisen, gelten nur in dem Maße als wertvoll, in dem sie vorzeigbare somatische Veränderungen bewirken. Therapien, die den Menschen einfach nur «sich besser fühlen» lassen, gelten als «unergiebig», und man hält sie für grundsätzlich nutzlos.

Es wäre falsch, die Macht des kartesianischen Dualismus in der heutigen Medizin zu unterschätzen. Obwohl ein wachsender Teil der Bevölkerung sich von den traditionellen Gesundheitsmethoden abwendet, ist die dualistische Weltanschauung noch sehr lebendig, ist sie das Leuchtfeuer fast aller theoretischen und klinischen Bemühungen in der abendländischen Medizin.

*Geist oder Materie: die falsche Fragestellung*

Für die Anhänger der modernen dualistischen Medizin – seien es Ärzte oder Patienten – kommt die Erkenntnis, daß die eigentliche Grundlage unseres Denkens auf außerordentlich dürftigen Annahmen beruht, wie ein Schock. Ganz unkritisch akzeptieren wir die Vorstellung, daß es zwischen Geist und Materie keine Wechselwirkung gibt, daß die Natur in Belebtes und Unbelebtes aufgespalten ist und daß Körper und Bewußtsein völlig getrennt sind. Im Hinblick auf diese stillschweigende Annahme sagte der hervorragende Biologe und Philosoph Ludwig von Bertalanffy, den viele als Begründer der allgemeinen Systemtheorie ansehen, folgendes:

> Der kartesianische Dualismus zwischen materiellen Dingen und dem bewußten Ego ist keine ursprüngliche und elementare Gegebenheit, sondern das Ergebnis einer langen Entwicklung. Es existieren andere Sichtweisen, die nicht einfach als illusorisch beiseite geschoben werden können. Andererseits stellt der Dualismus zwischen materiellem Gehirn und immateriellem Geist ein begriffliches Modell dar, das sich historisch entwickelt hat und nicht das einzig mögliche oder zwangsläufig beste ist. In der Tat entspricht die klassische Auffassung von Materie und Geist, *Res extensa* und *Res cogitans*, nicht mehr den heutigen Erkenntnissen. Wir sollten das Körper/Geist-Problem nicht in den Begriffen der Physik des 17. Jahrhunderts diskutieren, sondern im Licht der zeitgenössischen Physik, Biologie, Verhaltenswissenschaft und anderer Naturwissenschaften.[1]

Ohne uns darüber im klaren zu sein, erörtern wir in der Medizin die Frage, wie Geist und Materie zusammenhängen, in Begriffen der Physik des 17. Jahrhunderts. Das ist nicht weiter überraschend, weil die Medizin wie die meisten anderen inexakten Wissenschaften in gewissem Sinne stets neidisch auf die Physik war. Sie hat sich immer gewünscht, die von der Physik demonstrierte Präzision ebenfalls zu verkörpern. Dieses Ziel hat sie bis zu einem gewissen Grad auch erreicht.

Unsere Torheit besteht darin, daß wir die Lösung des rätselhaftesten Problems in der Medizin und Philosophie – die Natur und die Beziehung von Geist und Materie – gerade dort suchen, wo sie niemals gefunden werden kann, nämlich unter Vorstellungen, die inzwischen dreihundert Jahre alt sind. Die Existenz des kartesianischen Dualismus hängt von einem antiquierten Gedankenrahmen ab, der materialistischen und deterministischen Anschauung der veralteten klassischen Physik.

Nur im Rahmen dieser Anschauung können wir vom «blinden Spiel der Atome» und von letzten Bausteinen der Wirklichkeit sprechen. Aber nicht nur die blinden Atome, sondern auch die sie lenkenden Entelechien beruhen auf materialistischer Physik.[2]

Und doch wurden die Atome, deren «blindes Spiel» Hauptbestandteil der materialistischen und deterministischen Weltanschauung ist, die ihrerseits weitgehend die moderne Medizin bestimmt, in der modernen Physik «entmaterialisiert». Von Bertalanffy erklärt dazu:

Nach der Weltanschauung der klassischen Physik bewegen sich winzige feste Körper, Atome genannt, im leeren Raum und stellen die letzte Wirklichkeit dar. Von ihnen gehen geheimnisvolle physikalische und chemische «Kräfte» aus, die das Spiel dieser winzigen Wirklichkeitsteilchen nach unerbittlichen Gesetzen bestimmen. Die moderne Physik basiert auf einer völlig anderen Weltanschauung. Sie hat den klassischen Begriff der Substanz durch die Wellenmechanik radikal eliminiert. «Materialismus» im engeren Sinne, d. h. die Annahme, es gebe irgendeine «äußere, unzerstörbare Materie» aus Atomen als «festen Bausteinen der Wirklichkeit», ist endgültig abgeschrieben.[3]

Was haben diese Wandlungen in den Anschauungen der modernen Physik mit Geist und Materie, Bewußtsein und Körper zu tun? Die Antwort kann nur lauten: sehr viel. Denn die neue Definition der Materie, in der nunmehr von «winzigen Klümpchen Wirklichkeit» nicht mehr die Rede ist, entzieht der Weltanschauung der modernen Medizin die Grundlage. Im Lichte des neuen Verständnisses der modernen Physik ergibt die Behauptung keinen Sinn, daß die Materie alles sei, daß sie letztlich über dem Geistigen stehe. Genausowenig sinnvoll wäre es, das Gegenteil zu behaupten – daß der Geist über das Stoffliche dominiere. Warum? Beide Argumentationen leiden an einem fatalen Denkfehler: *Die Art von Materie, auf die sie sich beziehen, existiert nicht.* Auch hier beschreibt von Bertalanffy die Lage kurz und bündig:

> Die moderne Physik verwandelt Materie in Dynamik. Daher ist die mechanistische Feststellung sinnlos, Materieeinheiten und physikalisch-chemische Elemente oder Kräfte stellten die letzte Wirklichkeit dar. Ebenso sinnlos ist die vitalistische Behauptung, diese Elemente oder Kräfte würden von einer Entelechie gelenkt. Der Weltprozeß ist weder eine blindlings funktionierende Maschine, noch wird er durch eine Entelechie gelenkt. [Die moderne Naturwissenschaft] schafft den Dualismus zwischen metaphysischem Mechanismus und Vitalismus ab.
> ... Diese Argumente erhalten jetzt neue Bedeutung. Da die Vorstellung von «Materie» im alten Sinne aus der Physik verschwunden ist, besteht das physikalisch-chemische Problem nicht mehr darin, wie «Materie» auf «Geist» einwirkt und umgekehrt.[4]

Schon mehr als ein halbes Jahrhundert ist vergangen, seitdem die neuen Vorstellungen über Materie entstanden. Und doch kann man kaum sagen, sie seien schon sehr tief ins Bewußtsein unserer Kultur eingedrungen oder in die Art, wie wir über Geist, Körper, Gesundheit und Krankheit denken. Ich nehme an, die Medizinalassistenten, die heute in den Krankenhäusern und Intensivstationen Dienst tun, in denen ich selbst einst ausgebildet wurde, sprechen immer noch von «w. K.» – «wirklicher Krankheit» – oder etwas Ähnliches. In der medizinischen Wissenschaft wandeln Gewohnheiten sich nur langsam. Dieser Berufszweig ist immer noch von Konservativismus geprägt, und für ihn gilt weiterhin die Bemerkung des Physikers Max Planck: «Die Naturwissenschaften machen Fortschritte von Begräbnis zu Begräbnis.»

Dennoch besteht Hoffnung, daß es schließlich zu einer Revision dieser Denkweise kommen wird, die neue Vorstellungen von Körper und Geist zur Geltung bringt. Meines Erachtens gibt es keinen Weg mehr zurück. Heute wissen wir bereits zu viel über den Einsturz der Schranken zwischen den materiellen und den nichtmateriellen Teilen des Universums. Neue Vorstellungen von Gesundheit und Krankheit liegen vor uns, und wir können dem Tag entgegensehen, an dem todmüde Medizinalassistenten sich nicht mehr darüber beklagen, sich um Patienten kümmern zu müssen, die keine «w. K.» haben.

## *Der unentbehrliche Schlüssel zum Universum: das Zusammenfallen der Gegensätze*

Man könnte vermuten, daß das Bewußtsein, sobald es sich seiner eigenen organischen Grundlage zuwendet, eine Ahnung von jener «Allwissenheit» bekommt, die der Körper in seiner Gesamtsensibilität besitzt und nach der er sich organisiert. Im Licht dieser tieferen und umfassenderen Sensibilität wird uns plötzlich klar, daß die Dinge durch Grenzen zusammengehalten werden, von denen wir gewöhnlich annehmen, daß sie die Dinge trennen. Tatsächlich sind sie selbst nur in Begriffen anderer definierbar, die sich von ihnen unterscheiden.

Alan Watts
*The Two Hands of God*

Gegensätze sind abstrakte Begriffe, die zum Reich des Denkens gehören und relativ sind. Alleine durch die Konzentration auf einen beliebigen Begriff ... schaffen wir auch sein Gegenteil ... Eine tugendhafte Person ist nicht jemand, der nur nach dem Guten strebt und das Böse ablehnt, sondern jemand, der die Begrenzungen dieser Anschauung dadurch transzendiert, daß er ein Gleichgewicht zwischen Gut und Böse bewahrt. Die Einheit der Gegensätze wird niemals als statische Identität erfahren, sondern stets als dynamische Wechselwirkung zwischen beiden Extremen.

John W. Thompson
*The Human Factor*

Bei Anbruch des wissenschaftlichen Zeitalters lebte Giordano Bruno (1548-1600), ein rebellischer italienischer Denker, der schließlich auf dem Scheiterhaufen endete, weil er Ideen über das Universum äußerte, für die Kepler ironischerweise später hoch gepriesen wurde.

Es ist erfrischend nachzulesen, was frühe Wissenschaftler – Männer, die in Bereichen tätig waren, die erst später als «Naturwissenschaften» bezeichnet wurden – uns hinterlassen haben. Diese Vorläufer der heutigen Naturwissenschaftler würden zweifellos einige unserer heutigen Ideen darüber, wie ein Wissenschaftler denken und handeln sollte, reichlich seltsam gefunden haben. Sie verstießen damals nämlich ganz eindeutig gegen die moderne Auffassung von Wissenschaft, daß diese leidenschaftslos betrieben werden sollte und daß Wertvorstellungen, Emotionen, Gefühle und Einstellungen im wissenschaftlichen Prozeß keinen Platz finden dürften. In der Tat war ihre Tätigkeit von diesen Eigenschaften durchdrungen und beflügelt: Philosophie und religiöse Empfindungen standen Seite an Seite neben dem rein Objektiven, und es gab keine klare Trennung zwischen dem Spirituellen und dem Wissenschaftlichen. Giordano Bruno ist in der Frühzeit der Naturwissenschaft keineswegs ein Einzelgänger dieser Denkweise. Galilei, Kepler und Newton haben in ihren Schriften eine ähnliche Art von Vertrauen in die spirituelle und philosophische Weise des Erkennens bezeugt wie in die empirische und analytische.

Bruno sprach vom «unentbehrlichen Schlüssel» zum wahren Verständnis der Natur.[1] Dieser Schlüssel war nicht eine Angelegenheit wissenschaftlicher Entdeckung, sondern eine unerschrockene Behauptung über das Verhalten des Universums – eine Erklärung, die sich ganz einfach aus Brunos Intuition hinsichtlich des Funktionierens der Welt ergab. Der Schlüssel lag in der Wahrnehmung «des Zusammenfallens der Gegensätze» *(Coincidentia oppositorum)*.

> Obwohl logisch gespalten in das, was ist, und das, was sein kann, ist das Sein in Wirklichkeit unteilbar, ungeschieden und eins... ohne Unterschied zwischen den Teilen und dem Ganzen, dem Prinzip und dem vom Prinzip Betroffenen. Alles ist in

allem, und dementsprechend ist alles eins... Einheit in der Vielfalt und Vielfalt in der Einheit.[2]

Wozu aber zu einem Augenblick in der Geschichte der Naturwissenschaft zurückkehren, in dem das Wissen um die Welt nach heutigem Standard primitiv war? Was hat es für einen Sinn, die persönlichen, unbewiesenen Annahmen von Giordano Bruno oder einer anderen Persönlichkeit aus der Frühzeit der Naturwissenschaft auszugraben? Weil wir einen Einblick darin haben wollen, wie die Naturwissenschaft aussah, bevor sie von der Anschauung beeinflußt wurde, sie müsse frei von Empfindungen und Wertvorstellungen werden. Da kann man viel lernen. Denn aus den Anschauungen einzelner früher Naturwissenschaftler, von Männern mit gewaltigen geistigen Kapazitäten, können wir fruchtbare Erkenntnisse im Hinblick auf unser Ziel ableiten – das Ziel, das Wesen von Gesundheit und Krankheit, Schmerzen und Leiden, Geburt und Tod zu verstehen. Dabei können wir ruhig zugeben, daß die persönlichen und aus dem Herzen kommenden Ansichten von Pionieren wie Giordano Bruno in der heutigen Zeit wahrlich nicht als «gute Naturwissenschaft» akzeptiert werden würden. Das soll uns jedoch wenig kümmern. Ist es doch eine Tatsache, daß die «gute Naturwissenschaft» sich willkürlich dafür entschieden hat, in bezug auf die Thematik, mit der wir uns hier befassen, stumm zu bleiben. Auf den Bereich des Nicht-Quantifizierbaren, der uns hier alleine interessiert, ist sie überhaupt nicht ansprechbar.

Was also kann Giordano Bruno, der Mann, der an der äußersten Grenze dessen stand, was einmal die abendländische Naturwissenschaft werden sollte, uns über Leben und Tod, Schmerz und Leiden sagen – jene Gegensätze also, die seinen Geist ebenso beschäftigten wie den unseren? Seine Anschauung ist eindeutig:

... wir brauchen nicht zu befürchten, daß ein Objekt einfach verschwinden könnte oder daß irgendein Teilchen dahinschmilzt, sich im Raum auflöst oder durch Zerstückelung vernichtet wird. Ziehen wir nämlich das Sein und die Substanz des Universums in Betracht, in das man uns unveränderbar hineingestellt hat, dann werden wir entdecken, daß weder wir selbst noch irgendeine Substanz den Tod erleidet. Denn nichts wird in seiner Substanz vermindert, sondern alle Dinge unterliegen bei ihrer Wanderung durch den unendlichen Raum nur Veränderungen von Aspekten.[3]

Dies ist eine Anschauung, die die Möglichkeit des Todes als endgültige Vernichtung leugnet.

> Folgendes steht daher fest: Alle Dinge sind im Universum, und das Universum ist in allen Dingen – wir in dem, und dieses in uns. Deshalb finden sich alle Dinge zu vollkommener Einheit zusammen. Daraus ergibt sich: *Wir sollten unseren Geist nicht plagen, denn es gibt kein Ding, durch das wir beunruhigt werden sollten.*[4]

Und weiter sagt Giordano Bruno:

> Es gibt keine letzte Tiefe, aus der die Dinge wie aus der Hand eines Handwerkers einem unausweichlichen Nichts entgegenströmen.[5]

Nicht einmal die Zeit reicht aus, uns zu zerstören:

> ... vergebens holt die Zeit zu einem grausamen Schlag aus, streckt sie uns drohend die mit der Sense bewaffnete Hand entgegen.[6]

In Brunos Schriften gibt es Elemente von Pathos und Pein, denn seine Beschäftigung mit Leid und Tod «hat wahrlich seine Seele gepeinigt und seinem Herzen Wunden geschlagen», wie Choron uns berichtet.[7] Bruno bemühte sich mit aller Kraft, seine Fragen gründlich zu durchdenken, und verwandte sein ganzes Genie auf die Betrachtung dieser Probleme. Für ihn wie für uns war das beschwerlichste Problem das des Todes.

> Man wird mich jedoch fragen: Warum verändern sich dann die Dinge? Warum zwingt eine bestimmte Materie sich dazu, eine andere Form anzunehmen? Meine Antwort lautet – es gibt keine Mutation, die *ein anderes Sein* zum Ziel hat; sie will

vielmehr nur *eine andere Weise des Seins*. Und das ist der Unterschied zwischen dem Universum und den Dingen des Universums – dieses umfaßt alles Sein und alle Weisen des Seins, und von den letzteren besitzt jede das ganze Sein, jedoch nicht alle Weisen des Seins ... Von den Dingen umfaßt jedes alles Sein, aber nicht ganz und gar, weil hinter jedem unendlich viel andere stehen. Deshalb muß man begreifen, daß alles in allem ist, jedoch nicht in allen Weisen in jedem einzelnen. Begreife also, daß alles eins ist, jedoch nicht in derselben Weise ...

Was wir an Unterschieden bei Körpern, Formen, Gesichtsausdrücken, Gestalten, Farben und anderen Eigenschaften oder an gemeinsamen Qualitäten sehen, ist nichts anderes als die Vielfalt der Erscheinung derselben Substanz; eine *vorübergehende, bewegliche, veränderliche Erscheinung* eines unbeweglichen, stabilen und ewigen Seins.[8]

Nach Ansicht von Giordano Bruno ist es die Qualität des *Lebens*, die das ganze Universum durchdringt und als fundamentale Qualität in allem steckt, was im Universum existiert. Und diese Erkenntnis widerlegte auch die gewöhnliche, auf dem Normalbewußtsein beruhende Anschauung über den Tod. Für Bruno war der Tod nicht nur nichts Endgültiges, er existierte nicht einmal.

Diese Anschauung von Leben und Tod stützte er auf seine Erkenntnis von der Einheit und dem Einssein aller Dinge, die das Universum bewohnen. Die wechselseitige Verbundenheit schließt auch die radikalsten Gegensätze ein, selbst so polare Geschehnisse wie Leben und Tod. Aus dieser Vision erwuchs seine Anschauung von der *Coincidentia oppositorum*, jener Harmonie zwischen getrennten Dingen und Geschehnissen, die so typisch für die Anschauung der großen Mystiker ist. Für Bruno ist sie eine *Tatsache* des Universums, Ausdruck des Wesens aller Dinge. Davon sind keine «Gegensätze» ausgenommen. Es gibt keine Disparitäten, die so unvermischbar sind, daß sie von diesem Prinzip ausgeschlossen werden müßten, nicht einmal Leben und Tod.

Es gibt eine Tendenz, die Vision Brunos als überholt und pittoresk zu beurteilen, was zum Teil an der Sprache jener Zeit liegen mag. Das wäre zumindest aus zwei Gründen ein Fehler. Denn zunächst einmal stimmt sie mit den im Verlauf der Geschichte in allen Kulturkreisen geäußerten Anschauungen der Mystiker überein:

> Jenseits der Zeit ist alles Brahman, Eins und Unendlich. Er ist jenseits von Nord und Süd, Ost und West, oben oder unten. Wer dieses weiß, geht zur Einheit des Einen.[9]

Und:

> Jesus sagte: Ich bin das Licht, das über ihnen allen leuchtet; ich bin das All, das All kam aus mir, und das All gelangt zu mir. Spalte einen Kloben Holz, und ich bin da, hebe einen Stein auf, und du wirst mich finden.[10]

Zweitens besteht eine äußerst überraschende Übereinstimmung zwischen Brunos Weltsicht und den Anschauungen vieler moderner Naturwissenschaftler von großem Ruf. Man nehme etwa die Feststellung des Nobelpreisträgers, Sir Peter B. Medawar: «Die Einheit der Natur ist kein Schlagwort, sondern eine Tatsache, die von allen natürlichen Prozessen bezeugt wird.»[11] Oder die Ansicht des Physikers David Bohm, wonach Leben ein alles durchdringendes Phänomen ist, das der Vorstellung Trotz bietet, der Tod sei etwas Endgültiges. Das stimmt auf bemerkenswerte Weise mit der Anschauung von Bruno überein: «Alles ist lebendig; was wir Tod nennen, ist eine Abstraktion.»[12] Tatsächlich ist die Übereinstimmung der Ansichten von Bohm und Giordano Bruno auffallend. Wie Bruno hat auch Bohm einen fundamentalen Bereich postuliert, den er die «eingefaltete Ordnung» nennt, in der alle Dinge und Geschehnisse enthalten und verwurzelt sind.[13] Dieser Bereich läßt sich auf keine Art und Weise erschöpfend beschreiben, da ihn der Verstand nicht gänzlich erfassen kann. Dennoch können wir ihn wenigstens bis zu einem gewissen Grad begreifen, auch wenn wir ihn niemals angemessen beschreiben können. Diesem Bereich entspringen die scheinbar getrennten Geschehnisse, die unser Leben ausmachen – einschließlich der «Widersprüche und Gegensätze», von denen Bruno gesprochen hat. Da sie alle auf demselben festen Fundament der Wirklichkeit gründen, sind diese Gegensätze in Wahrheit überhaupt keine Widersprüche. Vielmehr haben Part und Widerpart einander nötig, um existieren zu können, denn das eine ist das «bewegende Prinzip» des anderen.[14]

Halten wir also fest, daß wir uns nicht nur bei den Dichtern, Mystikern und Philosophen umzusehen haben, wenn wir versuchen, die Bedeutung der «Gegensätze» Glück und Leid, Leben und Tod, Gesundheit und Krankheit zu verstehen. Auch die traditionelle Naturwissenschaft hat etwas dazu zu sagen, trotz der heute noch weitverbreiteten Meinung, solche Themen seien überhaupt nicht ihre Angelegenheit. Seit der Frühzeit der naturwissenschaftlichen Tradition des Abendlandes haben sich Naturwissenschaftler von großem Ruf mit diesen Problemen befaßt. Das kann ja auch kaum überraschen. Denn sie waren wie wir mit denselben Dichotomien, Widersprüchen und Gegensätzen in ihrem eigenen Leben konfrontiert. *Ihre* Leiden, Sorgen und Ängste waren so real für sie wie die unseren für uns. In der Naturwissenschaft gibt es nichts, was es den Wissenschaftlern erspart, ihren Anteil am menschlichen Elend zu tragen. Naturwissenschaftler und Laien sind gleichermaßen von Giordano Brunos «Wunden am Herzen» betroffen.

*Die Drei Edlen Wahrheiten der Materie*

Brunos Philosophie von der *Coincidentia oppositorum* impliziert, daß jeder *augenscheinliche* Gegensatz im Universum nur eine Illusion ist. «Koinzidenz» entsteht nur als Ergebnis unserer vorgeprägten Meinung, Getrenntsein und Isolation seien ganz natürlich – während es in Wahrheit in der Einheit der Natur kein zufälliges Zusammentreffen gibt.

Viele Menschen neigen dazu, die Vorstellungen von Einssein, Einheit und innerem Zusammenhang als Überlegungen abzutun, die den Mystiker-Wissenschaftlern des 16. Jahrhunderts wie beispielsweise Giordano Bruno angemessen seien, während der moderne Physiker solcher Leichtfertigkeit entwachsen sei. In den «erwachsenen» Naturwissenschaften, wie wir sie seit dreihundert Jahren haben, hätten wir solche Gedanken hinter uns gelassen. Heute sind wir wieder zurückgekehrt zur Diskussion von *Dingen*

– etwa Partikeln, Wellen oder den sich uns stets entziehenden Quarks. In unserer Zeit, so glaubt man, befaßt Naturwissenschaft sich mit ganz konkreten Dingen, so daß es nirgendwo notwendig ist, die verschwommenen Begriffe einzubauen, mit denen Giordano Bruno und andere frühe Naturwissenschaftler seiner Denkrichtung sich vor allem beschäftigten.

So ist es jedoch nicht. In seinem neuen Buch *Quantum Reality – Beyond the New Physics* erörtert der Physiker Nick Herbert die seltsame Art, wie die Ideen vom Einssein und den wechselseitigen Zusammenhängen zwangsläufig zu legitimen Themen der heutigen Physiker geworden sind. Dabei präsentiert Herbert uns «Drei Edle Wahrheiten der Materie» in der modernen Physik:

> Partikeln (Elektronen) verhalten sich wie Wellen; Wellen (Licht) verhalten sich wie Partikeln. Partikeln und Wellen sind alles, was überhaupt existiert. Daher verhält sich alles in der physikalischen Welt wie Partikeln und Wellen. Das ist die Erste Edle Wahrheit der Materie: Die ganze Welt ist Einer Natur.[15]

Herbert fügt noch folgendes hinzu: Obwohl die gewöhnliche Welt aus unterschiedlichen Dingen zu bestehen scheint, vermittelt uns die Quantenwelt («die schließlich unsere Alltagswelt ist») bei näherer Betrachtung andere Bilder, je nach der Perspektive. So ist beispielsweise das Elektron nicht mit einem einzigen Bild zu erfassen, eine Situation, die in Werner Heisenbergs berühmter Feststellung beschrieben wird, «Elektronen sind keine Dinge». Dieses Faktum führt zu dem, was Herbert die Zweite Edle Wahrheit der Materie nennt: Die Welt besteht nicht aus Objekten.

Das bedeutet nicht, daß die Welt letzten Endes völlig subjektiv sei, nur von Gedanken geformt; schließlich sehen verschiedene Leute vom selben Standort aus «dasselbe Ding». Diese sichtbaren «Dinge» jedoch sind nicht spezifizierbare, harte Objekte, so daß «die Quantenwelt zwar objektiv ist, jedoch objektlos».

Und die Dritte Edle Wahrheit der Materie? Giordano Bruno wäre nicht überrascht gewesen: «Die Welt ist ein unteilbares Ganzes.» Dazu schreibt Herbert:

... In der Welt ist alles augenblicklich mit allem anderen verbunden. Die verstreuten Kinder der Mutter Natur sind zutiefst und vollständig miteinander vereint. Bells Theorem beweist, daß zwei beliebige Systeme, die irgendwann einmal aufeinander eingewirkt haben und sich dann voneinander wegbewegen, auch weiterhin in Kontakt miteinander bleiben.* Darüber hinaus ist dieser Kontakt 1. nicht durch irgendeine Kraft vermittelt, 2. nimmt er nicht mit der Entfernung ab, und 3. ist er augenblicklich wirksam. Somit kehren wir mit neuer Hochachtung vor Mutter Naturs Entwurf des Universums zu den Drei Edlen Wahrheiten der Materie zurück. Die Natur ist auf so subtile Weise vernetzt, daß wir das eben erst wahrzunehmen beginnen ... alle Trennung ist Illusion. Dies ist eine bemerkenswerte und erstaunliche Enthüllung.[17]

Es gibt Physiker, die von Herberts «Drei Edlen Wahrheiten der Materie» nicht viel halten. Für sie sind sie weder edel noch wahr. Sie schauen lieber weg und harren vielleicht stumm einer künftigen Entwicklung in unserer Erkenntnis der Naturzusammenhänge, die der «einzig vernünftigen» Anschauung recht gibt, daß die Welt aus lauter getrennten Teilen besteht. Giordano Bruno wäre sicher nicht so reserviert. Er würde vermutlich erkennen, daß die Drei Edlen Wahrheiten der Materie weder esoterisch noch abgründig dunkel sind, sondern einfach das Signum der Natur, das seiner *Coincidentia oppositorum* zugrunde liegt.

## «O ihr Krankheiten alle ...»

Der Dichter Gary Snyder hat einmal gesagt, nur Menschen, die fähig seien, unseren Planeten Erde aufzugeben, seien geeignet, für sein ökologisches Überleben tätig zu sein. Mit dieser Bemerkung rückt er eine häufig vergessene Perspektive ins Licht: Es besteht ein fester innerer Zusammenhang zwischen Gegensätzen, selbst zwischen den Extremen des Todes und des Überlebens unseres Planeten.

* Zur Diskussion über Bells Theorem siehe mein früher erschienenes Buch *Die Medizin von Raum und Zeit*.[16]

Dieselbe vereinigende Kraft verbindet die Extreme von Gesundheit und Krankheit. Da ist eine tiefgreifende Entsprechung am Werk, untrennbar ist die Häßlichkeit der Krankheit mit dem strahlenden Glanz der Gesundheit verbunden. Eine solche Beziehung auch nur anzudeuten scheint verrückt, vor allem angesichts der allgemeinen Haltung, daß Krankheit ausgerottet werden müsse, da sie der Vorbote des Todes ist, ein Vorläufer der persönlichen Auslöschung. Dennoch werden diese Zusammenhänge zwischen «Gegensätzen» nicht verschwinden. Sie bleiben in unseren Knochen und unserem Blut, sind Teil unserer kollektiven Weisheit und in vielen Kulturkreisen noch intakt. Selbst in unserer eigenen Gesellschaft haben wir sie kaum vertreiben können, trotz staatlicher «Feldzüge» gegen eine Reihe von Krankheiten und einer medizinischen Technologie, die uns die endgültige Ausrottung der gefährlicheren Krankheiten der Gegenwart verspricht.

Wir haben vergessen, wie wir über Krankheit denken sollten. Tatsächlich versuchen wir mit aller Kraft, *überhaupt nicht* an sie zu denken. Wir verdrängen sie aus unseren Gedanken, bis es Zeit ist für die jährliche routinemäßige Gesundheitsüberprüfung oder bis wir schließlich doch irgendeine Krankheit einfangen. Man predigt uns, ein Teil des Gesundseins bestehe darin, an Gesundheit *zu denken* – was, wie ich annehme, *nicht* das Nachsinnen über Krankheit einschließt. Wir weichen der Krankheit aus und fürchten uns vor der Teilnahme am Begräbnis von Freunden oder vor Besuchen im Krankenhaus, ja selbst vor Besuchen beim Zahnarzt, Internisten, Hausarzt oder Gynäkologen.

Aber es ist unmöglich, über Krankheit *nicht* nachzudenken. Werden wir doch stets an sie erinnert, sei es aufgrund einer gewöhnlichen Erkältung oder der Erkrankung von Freunden. Tod ist ein Teil der kollektiven gesellschaftlichen Struktur. Und wenn wir uns noch so bemühen – der Konfrontation mit der Krankheit können wir uns nicht entziehen.

Es scheint also, daß die bloße Unfähigkeit, sich vor der Krankheit zu verstecken oder sie dauerhaft gegen Gesundheit einzutauschen, uns etwas über die Beziehung zwischen beiden lehrt, nämlich, daß sie auf seltsame und geheimnisvolle Weise verbunden sind: Wer das eine kennt, der kennt auch das andere; man kann das eine nie ohne das andere haben. Wie man «auf» nicht ohne «ab» kennen kann und schwarz nicht ohne weiß, so können wir auch unsere Wahrnehmung nicht so aufteilen, daß sie Krankheit und Tod zugunsten von Gesundheit ausschließt.

Praktisch können wir uns überhaupt nicht mit irgendeiner Form von Gesundheitsfürsorge befassen, ohne uns die Frage zu stellen: «Was versuche ich zu verhindern?» Selbst wenn wir uns mit etwas so Routinemäßigem wie Impfungen beschäftigen, werden wir auf psychologischer Ebene mit der Frage konfrontiert «*Wogegen* lasse ich mich impfen»? Beteiligen wir uns an zunehmend populärer werdenden öffentlichen Gesundheitsaktionen, bei denen etwa der Blutdruck kostenlos gemessen wird, lauert in uns ständig die untergründige Angst: «Was würde geschehen, wenn ich meinen Blutdruck nicht beachte?» Alle Aktionen im Dienst der Gesundheit haben diese dunkle Kehrseite. Sie erinnern uns an das, was wir am meisten vermeiden wollen: Krankheit und Tod sind unvermeidbar. So angestrengt wir es auch versuchen mögen: niemals werden wir Gesundheit von Krankheit, Tod von Geburt trennen können. Unser krampfhaftes Bemühen, gesund zu sein, verstärkt nur noch unsere Sensibilität gegenüber dem Phänomen von Krankheit und Tod, so wie Licht in der Welt der Objekte stets Schatten wirft. Beide gehören zusammen, ziehen einander vorwärts; sie können niemals getrennt werden.

In den meisten frühen Kulturen scheint man ein tieferes Verständnis für die unauflösliche Verbundenheit von Gesundheit und Krankheit gehabt zu haben. Diese Weisheit finden wir in Mythen und Ritualen verkörpert. In vielen Gesellschaften jener Zeit hat man versucht, mit der Krankheit zu leben, statt sich vor ihr zu verstecken. Natürlich kann man argumentieren, diese alten Kulturen seien nur deswegen nicht vor Krankheit und Tod zurückgeschaudert, weil sie es gar nicht konnten. Wären sie technologisch so fortgeschritten gewesen wie unsere heutige Gesellschaft, dann hätten sie Krankheit und Tod genauso verabscheut wie wir. Natürlich ist an diesem Argument etwas dran. Wahrscheinlicher ist jedoch, daß in vielen prä-modernen Gesellschaften das Verhalten gegenüber Krankheit und Tod Ausdruck einer organischen Seinsweise war, eine Form des Lebens-in-der-Welt, bei der die Hinnahme des Geschehens nicht durch Hilflosigkeit bedingt war, sondern Ausdruck eines tiefen Verständnisses der Welt.

In seinem Buch *Der Goldene Zweig* beschreibt Sir James G. Frazer diese Haltung ausführlich:

> ... Wird im südlichen Teil der Insel Ceram ein ganzes Dorf von Krankheit befallen, dann baut man ein kleines Schiff und belädt es mit Reis, Tabak, Eiern und dergleichen, wozu alle Einwohner beitragen. Dann wird ein kleines Segel gesetzt. Sobald alles bereit ist, ruft ein Mann mit lauter Stimme: «O ihr Krankheiten, Pocken, Masern, Fieber ... die ihr uns so lange besucht und plagt. Wir haben dieses Schiff für euch bereitgestellt und mit ausreichend Proviant für die Reise beladen. Es wird euch nicht an Nahrung fehlen, nicht an Betel-Blättern, Areka-Nüssen oder Tabak. Nun fahrt von dannen und kehrt niemals mehr zurück. Fahrt zu einem Land, das weit weg von hier ist. Mögen Strömungen und Winde eure Fahrt beschleunigen und euch dorthin führen, so daß wir in Zukunft gesund und wohl leben können und daß wir es nie mehr erleben, daß die Sonne über euch aufgeht!»
> Dann tragen zehn bis zwölf Männer das Boot zum Strand und lassen es im ablandigen Wind davontreiben. Sie sind jetzt überzeugt, daß sie von nun an auf Dauer oder zumindest bis zum nächsten Mal von Krankheit befreit sind. Werden sie erneut von Krankheit befallen, sind sie überzeugt, daß es eine andere ist, von der sie sich dann, wenn die Zeit dazu reif ist, auf die gleiche Weise befreien. Sobald das mit Dämonen beladene Boot außer Sicht ist, kehren die Träger zum Dorf zurück, wo einer von ihnen laut ausruft: «Die Krankheiten sind jetzt fort, vertrieben, sie sind fortgesegelt!»
> Daraufhin kommen alle Dorfbewohner aus ihren Häusern gelaufen, geben die frohe Botschaft von Mund zu Mund weiter, lassen Gongs und Glöckchen erklingen.[1]

Hier wird also Krankheit so behandelt, als sei sie fast etwas Lebendiges mit eigenen Bedürfnissen. Man muß sie ansprechen, vernünftig mit ihr reden, sie mit Proviant versorgen. Krankheit galt also als etwas Vernünftiges, mit dem man etwas aushandeln konnte. Die Bewohner von Ceram sahen sich *nicht* in einer hilflosen Situation, wenn sie mit Pocken, Masern, Wechselfieber und dergleichen geschlagen wurden. Das kontrastiert doch erheblich mit unserer eigenen Betrachtungsweise, da wir uns von Krebs, Herzinfarkten, Schlaganfällen und dergleichen wie von Wegelagerern überfallen fühlen. Die Inselbewohner waren Teil des *Prozesses* von Krankheit und Tod und verfügten über beträchtliche Macht, etwas dagegen zu unternehmen.

Heute ist unser Gefühl für unsere enge Beziehung zur Krankheit fast verlorengegangen. Wir haben es gegen technische Interventionsformen eingetauscht, wobei uns auch noch ein erheblicher Teil unseres Gefühls für unsere engen Beziehungen zur Gesundheit verlorengegangen ist. Wir wissen nicht, wie wir Gesundheit erhalten können, weil wir den vitalen Zusammenhang zwischen Gesundheit und Krankheit verloren haben. Man kann die organische Verbundenheit mit der Welt nicht durch Antibiotika ersetzen, nicht durch chirurgische Eingriffe und Verheißung der Unsterblichkeit, ohne daß dabei etwas zerstört wird, das die Gesundheit selbst ist. Damit soll nun nicht etwa behauptet werden, moderne Eingriffe seien «schlecht», sondern nur, daß sie keinen Ersatz liefern für das Wissen darum, «wie die Dinge nun einmal sind» – wie der Religionsphilosoph Huston Smith es formuliert.[2] Technologie ist als solche noch nicht Weisheit; sie ist kein Garant der *Erfahrung* der Gesundheit.

Entdecken wir gegenwärtig wieder etwas vom Organismuscharakter der Welt, der den primitiven Völkern unseres Planeten vertraut war? Vielleicht. Offensichtlich haben wir zur Erkenntnis von Gesundheit und Krankheit nicht das Wissen, das wir uns wünschen, und unsere Gesellschaft kennt viel Empörung gegenüber unerfüllten Versprechen und der erkennbaren Inhumanität der modernen Medizin. Ich glaube nicht, daß dieser Zorn, dessen Existenz man kaum bezweifeln kann, in die richtige Richtung geht. Er zielt ganz offen auf das «System»; doch sind in Wirklichkeit wir selbst dieses System. Wir sind innerlich enttäuscht, daß wir uns haben täuschen lassen, etwas verraten und vergessen haben, was wir einst wußten, daß wir die organischen Bande mit der Welt, in der wir leben, gekappt haben. Auf schmerzliche und einschneidende Weise lernen wir, daß Langlebigkeit nicht das

Äquivalent von Lebensqualität ist. Wir sehen die Inhaltslosigkeit von Begriffen wie «die krankheitsfreie Zwischenzeit». Wir können nicht übersehen, daß unserer Gesundheit etwas Entscheidendes fehlt – etwas, ohne das sie im Grunde überhaupt keine Gesundheit ist.

Was ist dieses «Etwas», dieses fehlende Element? Meines Erachtens ist es der Schatten, der Krankheit bedeutet, der Schatten, der das Licht Gesundheit stets begleiten muß. Es ist die Empfindung der organischen Verbundenheit mit der Welt, das sichere Wissen, daß die Welt sich nicht in Formen zwingen läßt, die nicht zu ihrer Natur gehören. Es ist die Bereitschaft, Krankheit ebenso zu akzeptieren wie Gesundheit, in der Erkenntnis, daß keines von beiden ohne das andere erlebt werden kann.

Es ist nicht leicht, solche Beziehungen wechselseitiger Bedingtheit, wie wir sie im Fall von Gesundheit und Krankheit vor uns haben, auch nur in Erwägung zu ziehen, sind wir doch in unserem Kulturkreis zu dem Glauben gelangt, wir *könnten* es so oder so haben – auf ohne ab, weiß ohne schwarz. Wir *können* Gesundheit ohne Krankheit haben, so glaubt man, vielleicht sogar Geburt ohne Tod. Das sei einfach eine Frage von höheren Forschungsetats, von mehr Fachkräften und Zeit. Die Forderung, über diese «Entweder/Oder»-Form des Denkens hinauszugehen, wirkt wie Reklame für primitive Denkformen, die dem Potential des modernen Zeitalters einfach nicht entsprechen.

Doch hat nicht nur der primitive Mensch die Untrennbarkeit der Gegensätze begriffen. Zu dieser Schau sind Menschen aller Zeitalter gekommen. Sie ist eine beständige Weisheit, ein Teil des Wissensfundus der Mystiker und Poeten aller Zeiten. Sie ist auch ein Teil von uns selbst, genauso sicher, wie sie ein Teil der Inselbewohner von Ceram war. Um uns mit der Frage zu beschäftigen, ob Gesundheit und Krankheit einander bedürfen, brauchen wir gar nicht zu den Primitiven zurückzugehen, sondern nur die natürliche Weisheit zu wecken, die der Mensch stets besessen hat und noch besitzt. Dieses Erwachen wurde von Henry Miller wie folgt beschrieben:

> Um über Schmerz und Leid hinauszugelangen, muß man die Kunst des Seiltänzers erlernen... Beim Wandern auf dem

gespannten Seil hoch über den Gegensätzen ist man aller umgebenden Dinge klar bewußt – auf gefährliche Weise bewußt. Das Bewußtsein erweitert sich und schließt die scheinbar miteinander streitenden Gegensätze ein. Wer in höchstem Grade bewußt ist, also das Leben als das nimmt, was es ist, schaltet die Schrecken des Lebens aus und zerstört falsche Hoffnungen. Vielleicht sollte ich besser sagen, er zerstört die Hoffnung, denn von einer höheren Warte aus erscheint Hoffnung mehr als ein Übel denn als ein Gutes.
Ich sage nichts über Glücklichsein. Versteht man wirklich, was Glück ist, dann erlischt man wie ein Licht. Alle Vorkehrungen für ein besseres Leben hier auf Erden bedeuten vermehrtes Leiden und Elend. Alles, was für morgen geplant wird, bedeutet die Vernichtung dessen, was jetzt existiert. *Die beste Welt ist die, die jetzt ist, in genau diesem Augenblick.*[3]

## Ist Gesundheit ein Gegenstand?

Dies ist das große Bild oder Idol, das unsere Zivilisation beherrscht und das wir voller verrückter Blindheit verehren. Es ist die Vergötterung des Ich. Bewußtsein sollte ein Fließen von innen nach außen sein. Die organische Bedürftigkeit des Menschen sollte sich als spontane Aktion und spontanes Gewahrwerden, als Bewußtsein äußern.
In dem Augenblick jedoch, in dem der Mensch seiner selbst gewahr wurde, machte er ein Bild von sich selbst und begann, von diesem Bild her zu leben: das heißt von außen nach innen. Das ist wahrlich die Umkehrung des Lebens.

D. H. Lawrence

Es ist noch gar nicht so lange her, erst zweihundert Jahre, daß Farbenblindheit noch unbekannt war. Dann entdeckte der große englische Chemiker John Dalton, daß er selbst farbenblind war. Seine Wahrnehmung führte zu der Erkenntnis, daß dieses Problem ziemlich verbreitet ist und einen beachtlichen Prozentsatz der Bevölkerung betrifft.
Was sollen wir nun über Farbenblindheit *vor* dieser Entdek-

kung sagen? Hat sie überhaupt existiert? Die meisten würden das instinktiv bejahen. Dalton hat sie zwar entdeckt, doch hatte das nichts mit ihrer Existenz oder Nichtexistenz zu tun.

Genauso ist es mit der Gesundheit bestellt. Im allgemeinen glauben wir, daß wir entweder gesund sind oder nicht. Unsere Gesundheit hängt nicht von unserer Wahrnehmung oder unseren Gedanken darüber ab. Sie ist ein objektives Faktum und entweder gegenwärtig oder nicht.

Nach kurzem Überlegen fallen uns jedoch Gründe ein, diese Annahme in Frage zu stellen. Für die meisten von uns gab es einmal eine Zeit, in der wir keinen Gedanken an Gesundheit verschwendeten. Das war die Zeit unserer Jugend, eine Zeit, in der Krankheit in unserem Leben noch nicht in Erscheinung getreten war. Es gab keine Anzeichen schlechter Gesundheit, die uns veranlaßt hätten, uns auf unsere Gesundheit zu konzentrieren, keine dunklen Geschehnisse, die hellen gegenüberstanden, keine kontrastierende Erfahrung, die unser Wohlbefinden besonders deutlich machte.

Waren wir in jener Zeit wirklich gesund? Das ist keine rhetorische Frage. Wir hatten doch kaum eine Vorstellung davon, was Gesundheit ist. Wir wurden ihrer gar nicht gewahr. Wie konnten wir etwas erfahren, dessen wir nicht gewahr waren? Ist Gesundheit ein objektives «Ding» oder «Geschehen», das «da draußen» existiert? Oder ist sie an unsere Wahrnehmung ihrer Existenz gebunden? Besitzt sie irgendeinen ganz eigenen fundamentalen Status, oder bedarf es unseres Bewußtseins, um ihr zum Sein zu verhelfen?

Hier können wir ein uraltes philosophisches Problem erkennen, das immer noch von Bedeutung ist. Stürzt im Wald ein Baum um, und es ist niemand da, der das hört: verursacht der Sturz dann ein Geräusch? Kann ein Geschehen, das sich nicht dem Bewußtsein eines Beobachters einprägt, überhaupt ein Geschehen genannt werden? Sind *wir* notwendig, um der Existenz aller Arten von Geschehnissen Glaubwürdigkeit zu verleihen? Kann man einen Vorgang in irgendeinem Sinne *wirklich* nennen, wenn er außerhalb des menschlichen Gewahrseins abläuft? Ich besitze weder die Neigung, noch bin ich durch meine Ausbildung befähigt, mir einen verstandesmäßigen Weg durch dieses erkenntnistheoretische Labyrinth zu bahnen, das abendländische Philo-

theoretische Labyrinth zu bahnen, das abendländische Philosophen seit Jahrhunderten geplagt hat (und noch heute plagt). Doch möchte ich dazu einige Bemerkungen anbringen, die für das von Belang sind, was wir unter Gesundheit verstehen.

*«Existiert Bewußtsein?»*

In seiner klassischen *Geschichte der abendländischen Philosophie* stellt Bertrand Russell fest:

> Bis dahin [1904] hatten die Philosophen es für erwiesen gehalten, daß – bei einem bestimmten Vorgang, dem sogenannten «Erkennen», eine Wesenheit – der Erkennende oder das Subjekt – eine andere – das erkannte Ding oder Objekt – wahrnehme.[1]

Das Ereignis im Jahre 1904, auf das Russell sich bezog, war die Veröffentlichung eines Essays des amerikanischen Philosophen William James mit dem anregenden Titel «Existiert Bewußtsein?» Nach Ansicht von Russell wollte James mit diesem Essay vor allem bestreiten, daß die zeitgebundene Subjekt/Objekt-Beziehung fundamental sei. Russell fährt dann fort:

> Den Erkennenden dachte man sich als Leib oder Seele; das erkannte Objekt konnte ein materielles Objekt, ein ewiges Wesen, ein anderer Geist oder – im Falle des Selbstbewußtseins – mit dem Erkennenden identisch sein. Fast alles in der anerkannten Philosophie hing mit dem Dualismus von Subjekt und Objekt zusammen. Die Unterscheidung von Geist und Materie, das kontemplative Ideal und der traditionelle Begriff «Wahrheit» – alles mußte von Grund auf überprüft werden, wenn der Unterschied zwischen Subjekt und Objekt nicht als fundamental anzusehen war.[2]

Und Russell, Skeptiker durch und durch, gibt zu:

> Ich persönlich bin davon überzeugt, daß James hierin recht hat.[3]

Was hatte James über das «Erkennen» zu sagen. Dazu schreibt Russell:

«Das Bewußtsein», sagt James, «ist die Bezeichnung für ein Nichts und darf überhaupt nicht zu den ersten Prinzipien gerechnet werden. Wer noch daran festhält, klammert sich an ein bloßes Echo, an das schwache Geräusch, das die entschwindende ‹Seele› im Luftraum der Philosophie hinterläßt.» Dann fährt James fort: «Es gibt, im Gegensatz zu dem Stoff, aus dem die materiellen Dinge bestehen, keinen eigenen Seinsstoff oder keine Seinsqualität, aus der unsere Gedanken über die materiellen Objekte bestehen.»

James erklärt, er könne nicht leugnen, daß unsere Gedanken eine bestimmte Funktion, das Erkennen, ausüben, und daß diese Funktion als «sich bewußt sein» bezeichnet werden dürfe. Grob ausgedrückt könnte man sagen, er bestreitet, daß das Bewußtsein als «Ding» anzusehen sei. Er ist der Auffassung, es gäbe nur «einen einzigen Urstoff, ein Urmaterial», aus dem alles auf der Welt besteht. Diesen Stoff bezeichnet er als «reine Erfahrung». Das Erkennen, sagt er, ist eine besonders geartete Beziehung zwischen zwei Teilen der reinen Erfahrung. Die Subjekt/Objekt-Beziehung ist sekundär. «Bei der Erfahrung gibt es nach meiner Überzeugung keine derartige innere Duplizität.»[4]

James stellt damit die jedem von uns mitgegebene Vorstellung des gesunden Menschenverstandes in Frage, wonach es «da draußen» etwas gibt, das wir, die Erkennenden, tatsächlich erkennen. Diese natürliche Art des Betrachtens der Welt ist typisch für die moderne Medizin, etwa wenn wir Gesundheit und Krankheit einen «da-draußen»-Status zuweisen: «Ich habe mir eine Krankheit zugezogen» oder «Ich habe meine Gesundheit verloren». James würde uns fragen, was denn das für Dinge seien, die wir uns «zugezogen» oder die wir «verloren» haben. Er fordert uns auf, die «innere Duplizität» des Subjekt/Objekt-Denkens aufzugeben, bei der wir eine Haltung des «wir gegen es» einnehmen, und er begründet es damit, daß diese besondere Art der Betrachtung der Welt eine Illusion sei.

James fordert uns dagegen *nicht* auf, das Bewußtsein aufzugeben oder nicht mehr bewußt zu sein. Darin wird er weitgehend mißverstanden. Viele fürchten, der Geist werde in einem chaotischen, unlogischen und unbeschreiblichen Durcheinander versinken, wenn man aufhöre, die Welt in Subjekt und Objekt zu unterteilen, so daß wir dann unfähig würden, eine Schnecke vom Mount Everest oder uns selbst von anderen zu unterscheiden. Diese Ansicht ist völlig falsch und würde überdies von der Erfahrung der Mystiker widerlegt, die ja *tatsächlich* die Subjekt/Objekt-Sicht der Welt aufgeben. In den meisten Fällen stellt sich vielmehr als Folge eine *größere* Klarheit ein, eine Klarheit, die uns offenbart, daß die Aufteilung der Welt in Subjekt und Objekt ein Irrtum, eine Täuschung war, die unsere Weltsicht ärmer gestaltete.

Demnach würde James auf die Frage «Existiert Bewußtsein?» antworten, es existiere *nicht* als ein Fragment, das vom Rest der von ihm wahrgenommenen Welt isoliert ist.

*Die Welt als Einssein*

Diese Idee behauptet, es gebe in der Natur eine fundamentale Einheit. Dieses Einssein vereint nicht nur alles, was wir in der Welt «Dinge» nennen, es vereint auch den Seher und Wahrnehmer mit diesen «Dingen» – und zwar durch das, was James als «reine Erfahrung» bezeichnete. Nach dieser Auffassung ist *Erfahrung* «der einzige Urstoff oder das Urmaterial», aus dem alles in der Welt besteht. Die Erkenntnis dieser Tatsache ist der Kern mystischer Erfahrung. Dieses Verständnis kommt in einer Bemerkung des bekannten Erforschers der Mystik, W. T. Stace, zum Ausdruck:

> Die unzähligen Dinge, die das Universum umfaßt, sind untereinander identisch und stellen daher nur *ein* Ding dar, eine reine Einheit. Die Einheit, das Eine ... ist die zentrale Erfahrung und der zentrale Begriff jeder Mystik, welcher Art auch immer.[5]

Diese nicht-dualistische Betrachtungsweise der Welt tut man häufig als wirres Denken von Mystikern und Primitiven ab, die zu ihrer Zeit keine Ahnung von der Komplexität der Natur hatten. Es ist jedoch falsch, diese Anschauung als Rückständigkeit einzustufen, der wir in unserem gegenwärtigen Zeitalter der Aufklärung clever entkommen sind. Tatsächlich begegnen wir ihr an allen Ecken und Enden. Unvermutet stoßen wir auf sie in den Ansichten moderner Philosophen und Naturwissenschaftler. So sagt beispielsweise Whitehead:

> Die Natur wird für Dinge gelobt, die wir lieber für uns in Anspruch nehmen sollten. Man preist den Duft der Rose, das Schlagen der Nachtigall und die Strahlen der Sonne. Doch da irren die Poeten. Sie sollten ihre Lyrik lieber an sich selbst richten, als Hymnen des Eigenlobs für das ausgezeichnete Wirken des menschlichen Geistes. Die Natur ist eine langweilige Angelegenheit, klanglos, geruchlos, farblos, nichts als endloses, sinnloses Aneinanderfügen von Materie.[6]

Whitehead, dessen Anschauungen vom einheitlichen Charakter der Welt denen der meisten Mystiker gleicht, behauptet, es sei unmöglich, die Natur als etwas von uns Getrenntes zu sehen. Es gibt einen Nexus, in dem wir und die Natur vereint sind, eine Matrix, in der die Unterscheidung zwischen «uns» und «ihr» dahinschmilzt.

Wenn Whitehead von «Duft», «Klang» und «Strahlung» spricht, meint er *Erfahrung* – die erkennenden Fähigkeiten des Menschen, die unauflöslich mit der Welt verknüpft sind, um bewußt erkennbare Phänomene zu erzeugen. Wir denken nicht *an* den Duft der Rose, den Gesang der Nachtigall oder das Strahlen der Sonne. Es gibt für diese nicht-duale Betrachtungsweise keine außenstehenden «Es», die darauf warten, von unserem Bewußtsein registriert zu werden. Wer wirklich an die Existenz einer solchen Dynamik glaubt, wird zur Beute jener «inneren Duplizität», vor der James gewarnt hat.

Ganz unerwartet erfolgt diese Warnung auch seitens der modernen Naturwissenschaft. Denn es gibt eine Eigenschaft, die die Naturwissenschaft unseres Jahrhunderts von der früherer Zeiten unterscheidet. Ich meine die Transzendierung jener Sicht der Wirklichkeit, die den Unterschied zwischen Subjekt und Objekt, Seher und Gesehenem betonte. Der Dualismus von Geist und Materie hat einer neuen Anschauung Platz gemacht, die überraschenderweise die Betrachtungsweise des Bewußtseins hervorhebt, die der von James und der meisten mystischen Überlieferungen sehr nahesteht. Man denke an die Bemerkung von Einstein,

> ... daß es Begriffe gibt, die in unserem Denken eine dominierende Rolle spielen und die doch nicht durch einen logischen Prozeß aus dem empirisch Gegebenen abgeleitet werden können. Urteile, die durch rein logische Mittel erzielt wurden, entbehren jeglicher Realität.[7]

Und der Physiker Max Planck, von dem die Definition des Quantenbegriffs stammt, war der Ansicht, «... daß nicht einmal die Existenz der realen Welt logisch bewiesen werden kann».[8]

Plancks Ansicht über das Verhältnis zwischen Bewußtsein und der physikalischen Welt steht der von Einstein nahe, der unter anderem feststellt:

> Der Glaube an eine vom wahrnehmenden Subjekt unabhängige Außenwelt beruht ausschließlich auf Sinneswahrnehmungen.[9]

Es zeigt sich also, daß die häufig vernehmbare Feststellung, Bewußtsein und äußere Welt seien nur im Denken von Naiven, von Primitiven und ungebildeten Mystikern eins, durchaus verfehlt ist. In den Anschauungen von Mystikern und modernen Naturwissenschaftlern finden sich auffallende Ähnlichkeiten. Natürlich wäre die Behauptung übertrieben, es gebe unter modernen Physikern allgemeine Übereinstimmung über das genaue Ausmaß, in dem Bewußtsein und die physikalische Welt in Beziehung zueinander stehen. Ebensowenig gibt es einen allgemeinen Konsensus darüber, welches der Ursprung der «ordnenden Prinzipien» sei, mittels derer wir unseren Eindrücken von der Welt Sinn verleihen. Allgemeine Übereinstimmung besteht jedoch, daß die Vorstellung von einer feststehenden äußeren Welt, die völlig getrennt vom Menschen existiert – sie ist ein Eckpfeiler der älteren Naturwissenschaft –, inzwischen transzendiert wurde. Die neue Anschauung berücksichtigt angemessen eine integrale Rolle des Bewußtseins, was in einer berühmt gewordenen Bemerkung des Physikers John Archibald Wheeler zum Ausdruck kommt:

> Bei der Quantenphysik ist nichts wichtiger als folgendes: Sie hat die Vorstellung von einer Welt zerstört, «die irgendwo da draußen existiert» ... Um zu beobachten, muß der Beobachter eingreifen ... Danach wird das Universum niemals mehr dasselbe sein.[10]

Und weiter schreibt Wheeler:

> Der «Teilnehmer» tritt an die Stelle des «Beobachters» der klassischen Physik. Es ist prinzipiell unmöglich, das, was einem System geschieht, und sei es das Universum, von dem zu trennen, was dieser Teilnehmer tut. Es steht zu erwarten, daß Bohrs Prinzip von der «Ganzheit» der Natur in neuer und weitaus tieferer Form in den Vordergrund treten wird.[11]

Mit diesem Gedankengang wird der zur klassischen Art der Weltbetrachtung gehörende Begriff «Beobachter» eliminiert. Dabei konnte der Beobachter einen sicheren Standort außerhalb der Welt haben. Er konnte sich ihr nähern, sie messen und sich Daten über sie beschaffen, ohne an ihr teilzunehmen. Nach der neuen Sicht der Welt ist dies nicht möglich.

Ähnliche Auffassungen von Bewußtsein und Erfahrung finden sich über die Jahrtausende hin bei zahllosen Denkern, seien sie Mystiker, Philosophen oder moderne Naturwissenschaftler. Dabei gibt es einen inneren Kern von nachdrücklichem Beharren auf den Ansichten über die inneren Zusammenhänge zwischen dem Bewußtsein und der physischen Welt, über die wir uns einen flüchtigen Überblick verschafft haben.

*Kann Gesundheit erworben werden?*

Aus dieser Perspektive ist es unmöglich, Gesundheit als etwas von einem festumgrenzten «Ich» Getrenntes zu postulieren. Denn wenn es kein festumgrenztes «Ich» gibt, gibt es auch keine

Gesundheit zu erwerben – einfach weil es kein «Ich» gibt, das etwas erwerben kann. Es ist doch ganz klar, daß das Erwerben von Gesundheit einen Erwerber voraussetzt und von der dualistischen Aufspaltung der Welt in Subjekt/Objekt, Erkenner/Erkanntes abhängt. Ohne diese Unterscheidung gibt es keine Gesundheit-als-Objekt, nichts, das man an sich nehmen, nichts, das man werden, und nichts, *für* das man tätig sein kann.

Und doch *gibt es* eine Erfahrung der Gesundheit, ebenso wie die Mystiker eine Welt um sich herum erfahren, ohne dabei ein starkes «Ich»-Gefühl zu zeigen. Mehr noch: *Ohne* ein belastendes «Ich»-Gefühl wird die Erfahrung von Gesundheit verstärkt, nicht verringert. Daraus erklärt sich die Betonung der Wahrnehmung und des Empfindens, die Teil unseres mystischen Erbes ist; aber auch das klare und gesteigerte Empfinden, das sich in allen Zeitaltern zu literarischen und künstlerischen Aussagen verdichtet hat, ist Ausdruck dieses Verständnisses. Das steht in krassem Gegensatz zu der Wahrnehmung von Gesundheit, welche die meisten Menschen in der normalen dualistischen Welt haben: Da wird Gesundheit zur bloßen Abwesenheit von Krankheit, eine Erfahrung, die als solche ganz gewiß nicht gesund ist.

In meiner langen ärztlichen Praxis habe ich nie die Empfindung gehabt, daß Gesundheit eine äußere Wesenheit ist, die man erwerben kann. Ebensowenig kann ich glauben, sie sei «etwas», was sich latent in uns befindet, darauf wartend, endlich voll erblühen zu können. Noch mehr verwerfe ich den Gedanken der Gesundheits-«Fürsorge», weil ich noch niemals dieses «Ding» beobachtet habe, das der Fürsorge bedarf. Ich kann mir Gesundheit nur als *Erleben* vorstellen, als Ergebnis einer nicht-dualistischen wechselseitigen Beziehung zwischen menschlichem Bewußtsein und der physischen Welt.

Gesundheit ist zu erfahren, nicht zu erwerben. Ein Beweis für diese Behauptung ist in dem bekannten Aphorismus impliziert, «Gesundheit läßt sich nicht mit Geld kaufen». Wir alle besitzen etwas von der Weisheit der Gesundheit-als-Erleben, vielleicht als eine schwache Erinnerung an nicht-dualistische Beziehungen zur Welt, bei denen Gesundheit nicht als Objekt empfunden wurde, sondern als etwas zum Kern unseres Seins Gehörendes. Und ich bin sicher, daß Ärzte täglich mit Tatsachen konfrontiert werden, die auf dieselbe Anschauung von Gesundheit deuten – wie das folgende Erlebnis verdeutlicht.

*Die Geschichte vom alten Hunter*

Es war mein erster Tag als Medizinalassistent. Ich hatte soeben meinen Dienst in der Notfallabteilung routinemäßig an meinen Nachfolger übergeben. Das Tageslicht war an diesem frühen Wintermorgen noch nicht angebrochen. In den Fluren war es kalt, und im Dämmerlicht sah ich einen Patienten in Decken eingehüllt in einem Rollstuhl sitzen. Für ihn war ein Kollege zuständig, und ich wußte nichts über seinen speziellen Fall. Dennoch sprach ich ihn an und wunderte mich, daß er nicht reagierte. Er schien seine Umgebung überhaupt nicht wahrzunehmen, starrte bewegungslos vor sich hin, wobei seine Hände die Seitenstützen des Rollstuhls so fest umklammerten, daß sie von dieser Anstrengung ganz weiß waren. Obwohl er der Statur nach mittleren Alters zu sein schien, war sein Gesicht das eines alten Mannes und zeigte einen Ausdruck, den ich niemals vergessen werde – einen Ausdruck blanken Entsetzens. Er saß ganz still, wie versteinert vor Furcht, den Rollstuhl im verkrampften Griff.

«Was fehlt ihm?» fragte ich den für ihn zuständigen Kollegen.

«Ach, gar nichts. Das ist der alte Hunter; dem fehlt überhaupt nichts.»

Ich fragte das Nächstliegende. «Warum ist er denn hier? Ihr habt wohl zuviel freie Betten?» Das war der schwache Versuch eines Scherzes, denn freie Betten waren eine Seltenheit.

Der Kollege erzählte mir dann Hunters Geschichte. In seinen dreißiger Jahren begann er, Schmerzen in der Brust zu verspüren, deren Ursache für seine Ärzte rätselhaft waren. Hunter selbst war jedoch sicher, daß sie vom Herzen ausstrahlten. Jeder erdenkliche Test, den Ursachen auf den Grund zu kommen, verlief negativ. Die Ärzte (es waren inzwischen mehrere gewesen) suchten nach den üblichen Entstehungsursachen von Brustschmerzen – Herz, Speiseröhre, Lungen, Brustfell, nervliche Faktoren, Geschwülste, Infektionen und dergleichen –, es führte zu nichts. Hunters Glaube an eine Herzkrankheit wurde um so stärker, je länger die Liste negativer Untersuchungsbefunde wurde.

Er gab seinen Beruf als Metzger auf, da er sicher war, daß die damit verbundenen körperlichen Anstrengungen einen Herzanfall verursachen würden. Nach und nach ließen seine Aktivitäten nach, und er konzentrierte sich ausschließlich auf seine Schmerzen, die niemand als «wirklich» nachweisen konnte. Er wurde dadurch geschwächt und handlungsunfähig. Seine persönlichen Beziehungen verschlechterten sich. Seine Frau konnte es gefühlsmäßig nicht mehr verkraften, wie er dahinsiechte, und verließ ihn, desgleichen Freunde und Bekannte. Mittellos geworden, wurde er zu einem Fall für die öffentliche Wohlfahrtspflege und deren Krankenhäuser. Er zog sich zunehmend auf sich selbst zurück und hatte nur noch selten Kontakt mit anderen. Schließlich wurde er mit der Diagnose «Herzneurose» in die psychiatrische Abteilung eingeliefert. Diese Krankheitsbezeichnung gab man Patienten, die krankhafte Vorstellungen über eine Herzkrankheit entwickeln, obwohl sie ein gesundes Herz haben.

Eines Nachts wachte er in der psychiatrischen Abteilung durch einen seiner vielen Schmerzanfälle auf und wurde in die internistische Station gekarrt, «nur für den Fall, daß» und um einen Herzanfall «auszuschließen». Nachdem sich das mehrfach wiederholt hatte, schien es einfacher, ihn dort zu belassen, um ein ständiges Hin und Her zwischen der Abteilung Psychiatrie und der Abteilung Innere Medizin zu vermeiden. Dem alten Hunter schien es gleichgültig zu sein, wo er sich befand, da er sich inzwischen gar nicht mehr um seine Umgebung kümmerte. Für ihn zählte nur, daß er «im Krankenhaus» war, weil das seine schlimmste Befürchtung, herzkrank zu sein, bestätigte.

Der junge Kollege erlaubte sich eine flapsige Bemerkung: «Seine Krankenblätter füllen eine ganze Bibliothek. Alles normale Befunde. Ein echtes Denkmal der Gesundheit des alten Hunter!»

Während dieser Erzählung saß der alte Hunter in seinem Rollstuhl, wie gelähmt vor Angst, stumpf vor sich hin blickend, taub für alles um ihn herum, entsetzensstarr – mit einem Krankenblatt voller normaler Befunde.

Aber ein Denkmal der Gesundheit? Dieser Gedanke war damals so absurd wie heute. Die objektive und die subjektive Bedeutung von Gesundheit schienen hier völlig konträr.

Ich blickte auf dieses armselige Menschenwesen und wußte nicht, ob er überhaupt etwas sah und hörte. Hinter mir hörte ich den Kollegen sagen: «Ach was, der ist so gesund, wie ein Mensch es nur sein kann!» Als wir Hunter in seiner Welt allein ließen, kam mir die Bemerkung eines ehemaligen Patienten in den Sinn: «Solche Menschen müssen Ärzte haben, die ihnen schmeicheln und drohen und ihnen das einzige Vergnügen bescheren, das sie genießen können – das Vergnügen, nicht tot zu sein.»

Der Fall des alten Hunter schien mir zu bestätigen, daß jede Definition von Gesundheit, die nicht von ihrem Erleben ausgeht, zwangsläufig wertlos sein muß. Gesundheit wird sich niemals alleine in Zahlen oder Kurven auf Krankenblättern ausdrücken lassen. Hunter hatte recht, und wir hatten unrecht. Er war *nicht* gesund, und er wußte es.

Manchmal beharren wir auf dem Standpunkt, Gesundheit sei präsent, obwohl sie es nicht ist, wie im Falle des alten Hunter. Und gelegentlich meinen wir, Gesundheit sei *abwesend*, während sie in Wahrheit präsent ist, wie im folgenden Fall deutlich wird.

*Die Geschichte von John*

Der alte Mann lag sterbend auf der Intensivstation, an ein Gewirr von Kabeln und Schläuchen angeschlossen, die von seinem Körper zu den einzelnen Monitoren führten. Blutdruck, Pulsschlag, Lungendruck, Urinausscheidung und Körpertemperatur wurden gemessen und geräuschlos in rote Kurven umgewandelt. Die leuchtendgrünen Ausschläge auf dem Oszilloskop zeigten die pulsierenden Werte seines Herzschrittmachers an, der ihn am Leben erhielt.

John war 98 Jahre alt, der älteste Patient in meiner bisherigen Praxis. Dennoch verbarg sich sein Alter hinter einem so lebendigen Geist, daß ich ihn niemals als Greis empfand. Alle Ärzte und Schwestern in meiner Abteilung kannten und mochten ihn sehr. Als er noch als ambulanter Patient in meine Sprechstunde kam, war jedesmal die ganze Klinik in begeisterter Aufregung, denn so einen Menschen zu sehen und mit ihm sprechen zu können, das erlebte man nicht alle Tage. Er humpelte herein, den Stock zum Gehen wie zum Gestikulieren benutzend, und kümmerte sich nicht um die Schmerzen, die er, wie ich wußte, in seinen arthritischen Gelenken hatte. Es war stets so, als sei er gekommen, sich *um uns* zu kümmern, denn er sprudelte nur so vor interessierten Fragen: «Nun, wie ist es Ihnen in dieser Woche ergangen?» fragte er die Schwester am Empfang. «Sie arbeiten zuviel und sollten sich mehr Ruhe gönnen», ermahnte er mich. Er klagte nie, lächelte viel, lachte sogar und schien gegen seine starken Schmerzen immun zu sein. Manchmal hatte ich das Gefühl, meine Behandlung sei eine Farce, eine sonderbare Umkehrung der Situation, in der er mir einen Dienst erwies, indem er geduldig meine Behandlung und Medikationen ertrug. Wollte ich ihm ein anderes Medikament verschreiben – nun, ihm sei das recht, wenn *ich* dabei ein besseres Gefühl hätte. Er schien weise auf eine Art, die mich immer wieder überraschte.

Die elektrische Aktivität seines Herzens versiegte langsam, weshalb John meinte, ja, auch er sei der Ansicht, er brauche nun einen Herzschrittmacher. Nach der Einpflanzung bildete sich jedoch an der Narbe eine Infektion, die sich ins Blut ausbreitete. Schließlich entwickelte sich noch eine Lungenentzündung. Nachdem sein Blutdruck gefährlich absackte, hörten auch die Nierenfunktionen auf. So lag er also nun auf der Intensivstation. Die meisten organischen Systeme wurden nur noch künstlich in Gang gehalten und funktionierten schlecht, eines ausgenommen – sein Gehirn. Wie gewöhnlich, und aus Gründen, die mir unerklärlich waren, war er hellwach, sogar heiter.

Während ich die Angaben auf seinem Krankenblatt überflog – Blutdruck, Urinmenge, Körpergewicht und so weiter –, Herz und Lungen abhörte und seinen Körper abtastete, trafen sich unsere Blicke und hielten einander fest. Er lächelte. Es war ein waches klar-äugiges Lächeln, das aus der Tiefe kam und, wie ich wußte, Teil seiner selbst war, so sicher wie sein Puls und sein Blutdruck es waren. Er sagte nichts und brauchte auch nichts zu sagen. Doch glaubte ich, es tun zu müssen, und suchte unbeholfen nach etwas, was ihm ein wenig Hoffnung geben könnte. Da fiel mir ein, daß seine versagenden Nieren in der vorherigen Stunde etwas Urin abgesondert hatten, und ich sagte: «John, Ihre Nieren arbeiten wieder; es geht Ihnen besser.»

Sein Lächeln erlosch, als denke er über diese Enthüllung nach.

Ich wußte sofort, daß er mich und die Sinnlosigkeit meiner Bemerkung durchschaut hatte. Dennoch nahm er meine Aussage an als das, was sie hatte sein wollen – eine Geste der Fürsorge und Liebe. Dann lächelte er erneut und fragte: «Danke Ihnen, Doktor. Und nun sagen Sie mir: besser als was?»

*Besser als was?* Mit drei Worten durchbrach er meine ärztlichen Beteuerungen und meine armseligen Kriterien für «besser», dankbar, doch ohne ihrer zu bedürfen. Seine Antwort machte mich hilflos, und ich wußte einen Augenblick nicht, wie ich darauf reagieren sollte. Auch die diensthabende Schwester fühlte sich nicht wohl in ihrer Haut und suchte nervös, sich irgendwie zu beschäftigen. Eine Weile hielt ich schweigend seine Hand, um ihm schließlich zu sagen, wann ich wiederkommen würde.

Während ich so dastand, durchfuhr mich ein Gedanke, der in diesem Augenblick völlig sinnlos schien: *Dieser Mensch ist gesund.* So wie er dalag, gefesselt an zahlreiche Apparaturen, war dieser weise, sanfte und hellwache alte Mann *jenseits* der Unterscheidungen von Gesundheit und Krankheit. John schien die gängigen Klassifizierungen von «krank oder wohlauf», «besser oder schlimmer» zu transzendieren. Und er *wußte* das auch. Er *erfuhr* diese Transzendenz und strahlte selbst als Todgeweihter Gesundheit aus.

Eine Stunde später starb John – ich bin überzeugt, bei guter Gesundheit.

Unsere Fähigkeit, Gesundheit-als-Erfahrung kennenzulernen, hängt davon ab, ob wir das landläufige Gefühl transzendieren können, daß die Welt und damit Gesundheit und Krankheit «da draußen» existieren. Wir *können* diese Fähigkeit entwickeln, diese Art, die Welt zu erkennen, indem wir aufhören, uns von den illusorischen «Dingen» zu separieren, die wir erfahren. Diese Art des Empfindens der Welt betont die Einheit von Erkennendem und Erkanntem, von Subjekt und Objekt. Es ist die Art, wie Emerson sie beschrieben hat:

> Denn das Gefühl des Seins, das in stillen Stunden aufsteigt, ist nicht unterschieden von den Dingen, vom Raum, vom Licht, von der Zeit. Es ist eins mit ihnen und entstammt derselben Quelle.[12]

## *Leer sein: die Gesundheitsstrategie des Nicht-Tuns*

> Beim Nichtsmachen bleibt nichts ungemacht
> Das Reich erlangen kann man nur,
> Wenn man immer frei bleibt von Geschäftigkeit
> *Tao Te Ching*

«Schaust du nach dem Buddha, wirst du den Buddha nicht sehen!» «Versuchst du bewußt, ein Buddha zu werden, ist dein Buddha Samsara.» «Ein Mensch, der das Tao sucht, verliert das Tao.» «Willst du dich selbst in Übereinstimmung mit dem Sosein bringen, wirst du sofort daran vorbeigehen.» Es gibt ein Gesetz der sich ins Gegenteil kehrenden Bemühungen. Je stärker wir bewußt versuchen, etwas zu tun, desto weniger werden wir Erfolg haben. Tüchtigkeit und deren Ergebnisse fallen nur dem zu, der die paradoxe Kunst erlernt, beim Tun im Nichttun zu verharren, Entspannung mit Aktivität zu verbinden, von sich als Person loszulassen, damit die immanente und transzendente Unbekannte Größe von ihm Besitz ergreifen kann.

Aldous Huxley<br>*Tomorrow and Tomorrow and Tomorrow*

Alles, was wir unternehmen, um eine schwierige Situation zu klären oder aus ihr herauszukommen, verstärkt nur die Illusion, daß *wir* diese besondere Unannehmlichkeit seien. Der Versuch, einer Schwierigkeit zu entkommen oder sie aufzulösen, setzt diese Schwierigkeiten aber letztlich nur fort, wenn auch vielleicht in maskierter Form. Was uns so plagt, ist nicht die schwierige Situation selbst, sondern unser Haften an ihr. Wir identifizieren uns mit ihr, und das alleine ist die wirkliche Schwierigkeit.

Ken Wilber

In einem Gedicht mit der Überschrift «Leere» schreibt D. H. Lawrence:

Im Augenblick fühle ich mich leer, und ich gebe das zu ...
Und ich werde einfach weiterhin leer bleiben,

Bis irgend etwas mich von innen anstößt
Und mich wissen läßt, daß ich nicht mehr leer bin.¹

In diesem Gedicht verkündet Lawrence, daß er sich ergibt – weil er weiß, daß dies nur ein vorübergehender Zustand ist. Irgend etwas wird zweifellos geschehen, wird ihm wieder einen Anstoß geben und die Leere füllen, die er in diesem Augenblick empfindet. Es ist eine Strategie, nichts zu tun – nicht als Folge von Resignation und Hoffnungslosigkeit, sondern infolge des Wissens, daß aus Inaktivität und Nichthandeln etwas Substantielles erwachsen wird.

Dieses Prinzip – nennen wir es «göttliches Abwarten» – ist den meisten von uns in unserer Gesundheitsstrategie fremd. Abwarten, so glauben wir, bedeutet, untätig herumzustehen, bis wir auf einmal von Krebs, Herzkrankheiten oder hohem Blutdruck befallen werden. Wir meinen, Krankheit und Arbeitsunfähigkeit ließen sich nur durch energische Maßnahmen abwenden. Ist das nicht die wörtliche Bedeutung von vorbeugender Medizin? Halte deine Teile fit, gib ihnen keine Chance, reparaturanfällig zu werden. Diät, körperliches Training, periodische Gesundheitsüberprüfungen, vielleicht noch ergänzt durch Riesendosen von Vitaminen sowie etwas Meditation – wer weiß? Man kann nicht vorsichtig genug sein ...

Und so geben wir enorme Summen für Gesundheitsfürsorge aus, und kein Ende ist in Sicht. Wir leben in der Vorstellung, was nicht teuer ist, sei wahrscheinlich nicht viel wert, und was nicht schmerzhaft oder mühsam ist, sei zu nichts nütze. Schließlich heißt es doch «Ohne Fleiß kein Preis!» Diese Haltung reflektiert die zugrunde liegende Annahme, der Weg zur Gesundheit sei mit Geld und Schweiß gepflastert. Gesundheit sei etwas, woran wir zu *arbeiten* hätten.

Unsere Gesundheitsstrategie kennt aber durchaus Gelegenheiten, bei denen gehandelt werden muß. Da ist etwa ein geheimnisvoller Schmerz, der nicht verschwinden will und deshalb diagnostiziert werden sollte, ebenso die chronisch eiternde Wunde, die nicht heilen will. Zu anderen Zeiten jedoch ist Handeln nicht angebracht; da regeln die Dinge sich von selbst. Manchmal kann der Versuch, Gesundheit zu fördern, diese nur behindern. Um mit Lawrence zu sprechen: es gibt Zeiten, in denen wir der Leere bedürfen.

Zahllose Gesundheitsprobleme illustrieren die Weisheit dieser Methode. So sind beispielsweise die meisten Kopfschmerzen entweder auf Verspannungen der Muskeln und Sehnen auf der Schädeldecke zurückzuführen, oder es sind kreislaufbedingte Kopfschmerzen, zu denen auch die Migräne gehört. Typisch für die meisten von uns ist, daß wir bei Kopfschmerzen zur Tablette greifen – zu Aspirin oder stärkeren Medikamenten, die wir uns verschreiben lassen. In unserer aktionsorientierten Perspektive nimmt man bei Kopfschmerzen Tabletten, ein Handlungsablauf, der fortbesteht, weil er funktioniert. Es *ist* möglich, die meisten Kopfschmerzen durch Tabletten zu unterdrücken. Doch gibt es auch einen anderen Weg. Dreiviertel aller Kopfschmerzen lassen sich beseitigen – indem man lernt, leer zu sein.

Auf Menschen, die ein Leben lang an Kopfschmerzen gelitten haben, wirkt diese Behauptung wie ein Schock. Und dennoch wurden inzwischen Methoden entwickelt, die denjenigen, die sie aufgeschlossen anwenden, besser helfen als alle Schmerztabletten. Dazu gehören Biofeedback, Meditation und verschiedene Formen der Entspannung. Eins haben alle gemeinsam: sie betonen das Nichtstun, eine tiefe physische und psychische Entspannung, Ruhigstellen von Körper und Geist. Ist dies geschehen, dann verschwinden die Kopfschmerzen und die betreffende Person spürt, wie die Schmerzen an Häufigkeit und Intensität abnehmen. Oft verschwinden sie für immer.

Nichtstun, die von Lawrence gepriesene Leere, wirkt nicht nur bei geringfügigen Störungen wie Kopfschmerzen therapeutisch, sondern kann auch in Situationen von Bedeutung sein, in denen es um Leben oder Tod geht. Friedman hat uns gezeigt: Innerhalb einer Gruppe von Menschen, die nach überstandenem Herzinfarkt ihr Verhalten durch ein Programm ändern, das auch das «Nichtstun» bestimmter Entspannungstechniken einbezieht, verringert sich der Prozentsatz an darauffolgenden Todesfällen oder wiederkehrenden Infarkten im Vergleich zu einer Gruppe anderer, die diese Übungen nach einem Herzmuskelinfarkt nicht praktizieren.[2] Nichtstun rettet das Leben.

Es vermag auch grundlegend unsere Physiologie zu verändern.

Ein erhöhter Cholesterinspiegel ist ein Hauptrisikofaktor für die Verkalkung der Herzkranzgefäße, die in unserer Gesellschaft am meisten verbreitete Todesursache. Erlernen Personen mit hohem Cholesterinspiegel die Kunst des «Nichtstuns» durch Meditation, sinkt der Cholesterinspiegel um ein Drittel, ein Ergebnis, das sich normalerweise durch Medikamente nicht erzielen läßt.[3]

Für Lawrence war die innere Leere eine berechnende Strategie zur Vorbereitung künftiger Aktionen, ein Weg zu Kreativität und künstlerischem Ausdruck. Sie kann aber auch ein Weg zu besserer Gesundheit sein wie in den oben angeführten Beispielen. Sie ist kein Ersatz für Handeln, denn manchmal ist Handeln angebracht. Es bedarf komplementärer Methoden, des Handelns und des göttlichen Abwartens, der aktiven Leerheit und der absichtslosen Leere. Jeder Ansatz hat seinen bestimmten Platz. Wir müssen die kluge Anwendung jedes einzelnen kennen und nicht unentschlossen zwischen beiden hin- und herpendeln. «Wenn du gehst, geh. Wenn du sitzt, sitze. Schwanke nicht!» – so heißt es im Buddhismus.

Hier haben wir ein Paradoxon, denn es ist eine der schwierigsten Aufgaben, «weiterhin leer zu bleiben», wie Lawrence sagt. Immer wieder fühlen wir uns angetrieben, etwas zu tun, zu handeln, zu denken. Seltsamerweise erfordert also gerade Nichtstun die stärkste Disziplin. Denn diese Disziplin ist von ganz anderer Art als unser normales Handeln – nämlich die Zusammenarbeit mit dem, was ist, ein Zustand von Körper und Geist, der zu einem stillen Gewahrsein führt, bei dem die angestrebte Leere und das Nichts in das fruchtbarste Verstehen umgewandelt werden. Diesen Zustand hat Aldous Huxley besonders deutlich beschrieben. Sein Verständnis wurde später durch seine Erfahrung mit einer Krebserkrankung einer schweren Prüfung ausgesetzt:

> Totales Gewahrsein offenbart demnach folgende Tatsachen: daß ich zutiefst unwissend bin, ohnmächtig bis zur Hilflosigkeit... Diese Entdeckung mag auf den ersten Blick demütigend und sogar deprimierend wirken. Akzeptiere ich sie jedoch mit ganzem Herzen, werden diese Tatsachen zu einer Quelle des Friedens, ein Grund für Gelassenheit und Heiterkeit. Ich bin unwissend und ohnmächtig, und doch – irgendwie,

hier bin ich, zweifellos unglücklich, zutiefst unzufrieden, aber lebendig und auch noch nicht besiegt. Trotz allem überlebe ich, komme zurecht, manchmal sogar voran. Aus diesen beiden Tatbeständen – meinem Überleben einerseits und meiner Unwissenheit und Ohnmacht andererseits – kann ich nur ableiten, daß das Nicht-Ich, das sich um meinen Körper kümmert und mir meine besten Ideen eingibt, erstaunlich intelligent, erkenntnisreich und stark sein muß. Wir wissen sehr wenig und können sehr wenig erreichen; doch haben wir die Freiheit, wenn wir es wünschen, mit einer größeren Macht und einer vollkommeneren Erkenntnis zusammenzuarbeiten, einer zugleich immanenten und transzendenten Unbekannten Größe, die physisch und geistig, subjektiv und objektiv zugleich ist. Arbeiten wir mit ihr zusammen, können wir nicht in die Irre gehen, selbst wenn das Schlimmste eintreten sollte. Verweigern wir die Zusammenarbeit, werden wir selbst unter den günstigsten Umständen ganz und gar im Irrtum sein.[4]

Wir sollten daran denken, daß wir selbst mit der drastischsten und aggressivsten Gesundheitsstrategie unseren Körper niemals zwingen können, untadelig zu funktionieren. Ausnahmslos, selbst wenn wir auf spektakuläre Weise «handeln» – etwa Bypass-Operationen vornehmen, besonders wirksame Antibiotika der «vierten Generation» spritzen, Nieren, Herzen oder Lebern verpflanzen –, stets und in jedem Augenblick sind wir angewiesen auf die von Huxley beschriebene «zugleich immanente und transzendente Unbekannte Größe». Tatsache ist, daß der Heilungsprozeß vor der Medikamentengabe oder der Operation beginnt und anschließend weitergeht. Diese medizinischen Eingriffe, so heroisch sie sein mögen, wären sinnlos, gäbe es nicht die innere Weisheit des Körpers – was wir so zungenfertig als Homöostase, Selbstregulierung, hierarchische Wechselwirkung von Untersystemen und dergleichen bezeichnen. Jeder Arzt weiß, daß jede Therapie ihre Grenzen hat. Jenseits davon wird die Therapie zu einer störenden Einmischung, die sogar gefährlich sein kann, zum Vorläufer einer der verbreitetsten Krankheiten unserer Tage, der iatrogenen Krankheit (Krankheit, die durch den Arzt verursacht wird). Im Grunde ist es die erstaunliche Intelligenz und Stärke, die im Körper steckt und die wiederum ein Teil der den Körper umgebenden Welt ist, die aus Chirurgen Helden und aus Diagnostikern Seher macht.

Leer sein ist also nicht, was es zu sein scheint. Es ist ein Aufruf zum Handeln, zu einer Art des Handelns allerdings, die wir vergessen haben. «Den Dingen ihren Lauf zu lassen» heißt nicht, daß man sich zugrunde richten will. Im Universum herrscht eine Weisheit, die kein Geräusch macht, eine Stärke, die sich nicht selbst verkündet. Manchmal, wenn wir es zulassen, dringt sie in Krankenhauszimmer und OP-Stationen ein, in Notfallambulanzen und, wenn wir still genug sind, in unseren eigenen Körper.

## *Gesundheit und Krankheit als Vollkommenheit*

> Diese Rosen unter meinem Fenster weisen nicht auf frühere oder bessere Rosen hin, sie sind, was sie sind. Sie existieren in Gott heute. Sie kennen keine Zeit. Das ist einfach eine Rose. Sie ist in jedem Augenblick ihres Daseins vollkommen.
> Ralph Waldo Emerson
> *Self-Reliance*

Ganz unten in den Tiefen der menschlichen Psyche befindet sich das sichere Wissen, daß Widrigkeiten eine wesentliche Komponente jeder Existenz sind, wenn diese Existenz vollständig sein soll. Der Stahl muß gehärtet werden, und die Erprobung muß im Feuer erfolgen, wenn es überhaupt eine Erprobung sein soll. Dafür zeugen die mythischen Archetypen aller Kulturen; sie halten den stärksten Feuerproben stand, Schmerzen, Torturen, Verwundungen – bis sie schließlich alles überstanden haben und größer und vollkommener aus allen Prüfungen hervorgehen, als sie zuvor waren. In der abendländischen Mythologie wird das durch die Beispiele von Achilles, Prometheus und Ödipus demonstriert.

Leiden sind stets Teil des Reifeprozesses der Heiligen und Mystiker gewesen. Die Mystiker des Abendlandes haben diesen Vorgang «Abtötung der Leidenschaften» genannt. Er ist ein wesentlicher Bestandteil des mystischen Lebensweges. Evelyn Underhill, die bedeutende englische Expertin auf diesem Gebiet, schreibt:

Abtötung der Leidenschaften, diese Bezeichnung leitet sich aus den wiederholten Feststellungen aller asketischen Autoren ab, wonach die Sinne, der «Körper der Begierden», mit allen durch die verschiedenen Aspekte der phänomenalen Welt hervorgerufenen Gelüsten abgetötet werden müssen.[1]

Man kommt zu dem entschiedenen Eindruck, daß der Mystiker tatsächlich Leiden sucht – oder es zumindest nicht abwendet –, und zwar aus einem elementaren Grund. Und dieser Grund ist, daß Leiden und Krankheit einen wesentlichen Bestandteil des Prozesses spiritueller Reinigung darstellen, die das Ziel des Mystikers ist, der, wie Evelyn Underhill es formuliert, «das Leben wandeln und Energie aus alten in neue Kanäle leiten will»[2].

> Dieser Wandel ist eine Zeit des echten Kampfes zwischen den unharmonischen Elementen des Ich, ihren niederen und höheren Wurzeln des Handelns: eine Zeit voll Mühsal, Ermattung, bitterem Leiden und Enttäuschungen ... Dennoch, Ziel der Abtötung ist nicht der Tod, sondern das Leben: die Aktivierung der Gesundheit und Stärke des menschlichen Bewußtseins.[3]

Es gibt auch einen eindeutigen Zusammenhang zwischen dem Ausmaß des Leidens und der Großartigkeit des mystischen Höhenflugs. Johannes Tauler, der mystische Genius, der ungefähr von 1300 bis 1361 lebte und ein Schüler des bedeutenden Dominikanergelehrten Meister Eckhart war, stellte fest:

> Je stärker der Tod, desto mächtiger und gründlicher das entsprechende Leben. Je verinnerlichter der Tod, desto mehr nach innen gekehrt das Leben. Jedes Leben bringt Stärke und stärkt sich für einen härteren Tod.[4]

Es gibt also die übereinstimmende Aussage von Mystikern verschiedenster Herkunft, daß schwere und schmerzliche Erfahrungen einen festen Platz im Leben haben. Ohne sie, so sagen sie, läßt sich Vollkommenheit des Geistes nicht erreichen. Leiden, schlechte Gesundheit und Schmerzen sind nicht häßliche Fakten des Lebens, sondern die Voraussetzung für das Aufstoßen der Türen der Wahrnehmung. Ohne das Ineinandergreifen von Gut und Schlecht, Gesundheit und Krankheit, gibt es kein Fortschreiten des Geistes, nur Stagnation.

Diese Erkenntnis hat uns einige der bedeutenden lyrischen, poetischen Beschreibungen der Vollkommenheit beschert, die den Dingen innewohnt, so wie sie sind. Damit das Leben vollkommen ist, muß es nicht von allen unangenehmen Dingen befreit werden. Das, was verletzt und Schmerzen bereitet, ist *Teil* der Vollkommenheit. Diese Vision wurde von Walt Whitman in seinem «Song of Myself» beschrieben:

Ich habe gehört, was die Schwätzer schwatzen, Geschwätz von
   Anfang und Ende:
Ich aber schwatze nicht vom Anfang oder vom Ende.
Niemals war mehr Anfang als jetzt.
Nie wird mehr Vollkommenheit sein als jetzt,
Nie mehr Himmel und Hölle als jetzt.
Diese Minute, die zu mir kommt über vergangene Dezillionen,
Nichts Besseres gibt es als sie und jetzt.[5]

Whitman teilt die Vision von Emersons vollkommenen Rosen, die vollkommen sind in ihrer Existenz *jetzt* – jenseits von Zeit, sich jedem Vergleich entziehend, jenseits von Unvollkommenheit, weshalb sie ihre eigene Harmonie enthalten.

Dies ist die in den Berichten von Mystikern und Poeten stets wiederkehrende Vision. Für uns, die wir uns bemühen, den Platz von Gesundheit und Krankheit in unserem Leben zu begreifen, hat das folgende Bedeutung: «Die ganze Vielfalt der Dinge, die nur *ein* Ding bilden»[6], umfaßt das Morbide wie das Sublime, das Schmerzvolle und das Angenehme, die Fakten der Krankheit ebenso wie die der Gesundheit. Das ist die Vision von Gesundheit als Ganzheit, eine Vision, die zu vergessen wir in unserem technologisch orientierten Zeitalter unser Bestes getan haben. Dennoch wird uns das nicht gelingen; denn die Vision des Einsseins von Gesundheit und Krankheit ist archetypisch, und selbst die einfallsreichsten Leistungen der Biotechnologie und der

Medizin in all ihrer Großartigkeit können sie niemals aus unserer tiefsten, innersten Weisheit verbannen.

Für die meisten Menschen jedoch sind solche Aussagen nichts als schön klingende Phrasen. Für sie ist die Wirklichkeit von Schmerzen und Leiden das Primäre, nicht die tiefen Gedanken von Heiligen, Mystikern und Poeten, wie sublim sie auch ausgedrückt sein mögen. In der individuellen Erfahrung eliminiert die Krankheit mit dem hinter ihr stehenden Tod alle blütenreiche Philosophie. Schmerz, Leiden und Tod sind schrecklich, grotesk und böse. Philosophische Gedanken über «Einheit» und «Einssein» von Gesundheit und Krankheit sind hübsch klingende Phrasen, wenn wir fit sind, jedoch kein Trost und wenig überzeugend bei dunklen Lebenserfahrungen.

William James hat uns daran erinnert, daß eine lebendige Metaphysik wie eine lebendige Religion eine Sache der Schau und nicht vernunftgemäßen Argumentierens ist.[7] Das ist eine andere Art zu sagen, daß alle Schau, um überzeugend zu sein, letzten Endes in einfache Begriffe menschlicher Erfahrung übersetzbar sein muß. Gibt es für die Erfahrung, daß Gesundheit und Krankheit nur *zusammen* etwas Vollkommenes bilden, eine Übersetzung, die auch für den überzeugend klingt, der diese Erfahrung nicht kennt?

Gewiß, es sind vor allem die Mitglieder «des am stärksten entwickelten Zweigs der menschlichen Familie»[8], die Mystiker, die für die innige Verbundenheit von Gesundheit und Krankheit einstehen, doch sie sind keineswegs die einzigen. Diese Verbundenheit ist auch Bestandteil der Erfahrung des sogenannten «einfachen Menschen». Die mystische Schau bestätigt nur, was jeder von uns in seinem eigenen Leben erfahren hat, und wird somit zu einer Allgemeinerfahrung, die laut Whitehead, «in ihrer Koordination von Werten von großer Tragweite ist». Im Hier-und-Jetzt des täglichen Lebens gelangen wir zum «Verständnis der Tragödie in der Natur und im Menschenleben, die sich in der Unvermeidbarkeit von Wandel, Zerfall und Verlust ausdrückt», entdecken jedoch auch, «daß hinter der Unmittelbarkeit des steten Wandels die Harmonie der Natur als ein fließender, biegsamer Rückhalt liegt»[9].

Das Wissen, daß Gesundheit und Krankheit in harmonischer

Vollkommenheit zusammengehören, besitzen wir alle, auch wenn unser logischer Verstand hier vor einem Paradoxon zu stehen scheint. Schon durch eine leichte Verschiebung der Perspektive können wir die Tatsache der Einheit der Gegensätze erfassen. Und nach und nach erkennen wir, daß absolute Unterscheidungen zwischen Gesundheit und Krankheit Illusionen sind, die sich in unseren klarsten Augenblicken aufzulösen beginnen. Der Zusammenhang zwischen diesen Fakten des Lebens stellt sich als komplementäres Einssein dar, eine Facette der Wirklichkeit, die besonders ausdrucksvoll von Kabir, einem indischen Mystiker des 15. Jahrhunderts, beschrieben wurde:

> Der Fluß und seine Wellen sind *ein* Wogen: wo ist der Unterschied zwischen dem Fluß und seinen Wellen?
> Wenn die Welle aufsteigt, ist es das Wasser; und wenn sie zusammensinkt, ist es wieder dasselbe Wasser. Sage mir, wo ist der Unterschied?[10]

## *Krankheit: die notwendige Dimension*

> Wie? Das letzte Ziel der Wissenschaft sei, dem Menschen möglichst viel Lust und möglichst wenig Unlust zu schaffen? Wie, wenn nun Lust und Unlust so mit einem Strick zusammengeknüpft wären, daß, wer möglichst viel von der einen haben *will*, auch möglichst viel von der anderen haben *muß*?
>
> Friedrich Nietzsche
> *Die fröhliche Wissenschaft*

... «Erkrankung» und «Krankheit» ... sind für die meisten praktischen Ärzte *der* Feind, etwas, wovon man den Patienten befreien muß, ein schädliches Eindringen in das normale Leben. Und dennoch – kann man nicht auch von und in der Krankheit lernen? Der berühmte deutsche Dirigent Bruno Walter (1876-1962) berichtete, er habe viele Jahre lang die Sinfonien des österreichischen Komponisten Anton Bruckner aufgeführt und dennoch niemals die wirkliche Logik oder Organisation ihrer gewaltigen Partituren verstanden. Dann erkrankte er eines Tages und wurde in ein Krankenhaus eingeliefert. Dort erfuhr er jene Nähe zu Tod und Ewigkeit, die die Wurzel von Bruckners zutiefst religiöser Musik ist. Durch seine Krankheit erfuhr Bruno Walter einen tieferen Sinn des Lebens, enthüllte sich ihm die innere Logik der Partituren Bruckners. Krankheit war weit davon entfernt, ein Feind zu sein. Sie wurde für ihn zum Lehrer, zu einer Erfahrung nicht nur furchterregenden Verfalls, sondern auch des Wachsens.

Howard F. Stein

In seinem Essay «The Suffering Body of the City» schildert Robert J. Sardello, wie unsere Kultur dazu kam, sich so maßlos vor Krankheit und Gebrechen zu fürchten.[1] Wir ziehen uns vor Dingen zurück, die nicht liebenswert, sondern häßlich sind – einschließlich der Kranken und Sterbenden. Für sie haben wir Deponien an den Rändern der Gesellschaft eingerichtet, wie Sardello es ausdrückt, und nennen diese Krankenhäuser, Altersheime und Pensionärssiedlungen. In vielen Fällen mögen sie tatsächlich wohltätigen und humanen Zwecken dienen, und diesen Umstand benutzen wir nur allzu gern als Feigenblatt für unsere Berührungsängste gegenüber den Gebrechlichen, Kranken und Sterbenden.

Unsere Bemühungen, die dunklen, unangenehmen Elemente unserer Gesellschaft abzusondern, sind Ausdruck eines tiefsitzenden inneren Dranges, die Krankheit zugunsten der Gesundheit zu verdrängen, das eine ohne das andere zu haben. Verleugnete Krankheit bedeutet eine schönere Welt. Sie auszuschließen und nur noch Gesundheit zu erfahren, den Krebs zu besiegen und die endlose Kette von Erkrankungen, die, wie man uns sagt, unsere Feinde sind – das ist unser Ziel und tatsächlich der erklärte Zweck der gesamten Biowissenschaft.

Wir sollten damit beginnen, dieses Ziel in Frage zu stellen. Denn es ist eine Fallgrube – nicht, weil wir am Ende doch nicht die Krankheiten ausrotten könnten, sondern aus subtileren Gründen. Wären wir wirklich in der Lage, alle noch verbleibenden Krankheitskeime in der Welt total auszumerzen, würden wir gleichzeitig die Gesundheit auslöschen. Hier ist ein großes Paradoxon am Werk. In gewisser Hinsicht ist der medizinische Fortschritt ein Bumerang, da er genau die Gesundheit verbannt, die er inthronisieren möchte. Warum?

Halten wir zunächst einmal fest, daß unsere Volksweisheit Hinweise auf die Existenz einer solchen verborgenen Dimension enthält. Die bekannte Redensart «Die Gesundheit schätzt man erst, wenn man sie verloren hat» impliziert, daß Gesundheit ohne ihr Gegenteil gar nicht erfahrbar wäre. Man sagt oft, Ärzte sollten von Zeit zu Zeit selbst krank werden, um ihre Wahrnehmung dafür zu schärfen, was sie tun. Neuerdings gibt es ja eine Flut von Veröffentlichungen, in denen Ärzte über eigene Erkrankungen berichten – etwa im Stil von Artikeln mit der Überschrift «Meine Begegnung mit dem Tode». Das sind Hinweise auf einen fundamentalen Zusammenhang zwischen Gesundheit und Krankheit, den wir in unserem eifrigen Bemühen, alles und jedes zu kurieren und Zugang zum Jahrtausend vollkommener Gesundheit zu gewinnen, vergessen haben. Dieser Zusammenhang reicht über die Problematik von Gesundheit und Krankheit hinaus bis zu der großen Frage, wie wir überhaupt etwas erkennen.

*Unterschied und Gewahrsein*

Whitehead sagte:

> Erstes Prinzip unserer Erkenntnistheorie sollte sein, daß die wandelbaren, sich verschiebenden Aspekte unserer Beziehungen zur Natur die Hauptthemen einer bewußten Beobachtung sein sollten.[2]

Mit anderen Worten: Hätten wir niemals eine Verlagerung oder Veränderung in unseren Beziehungen zur Natur erfahren, würden wir wahrscheinlich überhaupt nichts über sie wissen. Gerade das *Fließen* in der Erfahrung der Welt ermöglicht es, daß wir etwas von ihr wissen. Damit diese Feststellung nicht als unwichtige philosophische Randbemerkung abgetan wird, sollten wir festhalten, daß wir durch unsere moderne Biologie auf sie gekommen sind, durch unser Wissen darüber, wie unsere Sinnesorgane arbeiten. So bemerkt etwa der Entwicklungsbiologe Davenport:

Untersuchen wir die Erfahrungen, denen unser Wissen um die Welt entstammt, so zeigt sich, daß sie sehr unterschiedlicher Art sind. Ohne Unterschiede kann es keine Erfahrung geben. Das Erfahren von Unterschieden ist die Grundlage unserer Vorstellungen von unserer Existenz. Das Substantiv Existenz ist aus dem lateinischen Verb *existere* abgeleitet, das die Bedeutung von «danebenstehen» hat, also unterschieden sein. Grundlage jeder gültigen Erkenntnistheorie muß die Feststellung sein, daß die stoffliche Welt für uns nur in Form von Beziehungen existiert, da Eigenschaften nur als Unterschiede begriffen werden können ... Die Natur der Erfahrung zu erkennen, die unserer Erkenntnis zugrunde liegt, ist von Bedeutung für die Einsicht, daß die stoffliche Wirklichkeit nicht als vor uns stehendes Studienobjekt existiert, *sondern während unserer sich ändernden Erfahrung in der Natur aus unserem Bewußtsein entsteht*.[3]

Auch diese Anschauung ist mit der von Whitehead identisch: «Unsere gesamte Erfahrung setzt sich aus unseren Beziehungen zu den übrigen Dingen zusammen.»[4]

Im großen und ganzen verläuft der riesige Komplex physiologischer Prozesse im menschlichen Körper in aller Stille. Wir beachten sie nicht bewußt und brauchen es auch nicht zu tun. Sie liegen tief unterhalb der Ebene des Gewahrwerdens. Wir könnten sogar ihr reibungsloses Funktionieren stören, wenn wir versuchten, ihnen Aufmerksamkeit zu schenken. Ein klassisches Beispiel dafür ist das medizinische Syndrom der Hyperventilation, bei dem man wirklich beginnt, das eigene Atmen zur Kenntnis zu nehmen. Dabei drängt die unterdrückte Sorge an die Oberfläche: «Ich bekomme nicht genug Luft!» Und dann beginnt man, dem Atemzyklus dadurch «zu Hilfe zu kommen», daß man absichtlich tiefe Atemzüge tut, und zwar zu häufig. Wird dieser Vorgang des Überatmens fortgesetzt, sinkt der Kohlendioxydspiegel im Blut, der pH-Wert in den Körperflüssigkeiten verändert sich ebenso wie das Verhältnis zwischen ionisiertem und ent-ionisiertem Kalzium im Blut. Das verursacht schwere Muskelkrämpfe und Schmerzen, Veränderungen im Sensorium und Panik. Die meisten Prozesse im Körper, wie etwa das Atmen, funktionieren am besten, wenn man sie sich selbst überläßt.

Welche Lehre läßt sich daraus ziehen? Meines Erachtens die folgende: Ohne Veränderungen in unseren Beziehungen zur Natur sind wir ohne Wahrnehmung. Solange wir unverändert und stetig atmen, sind wir des Atmens weitgehend unbewußt. Dieses Prinzip können wir ausweiten und auf die Gesundheit im allgemeinen übertragen. Ohne einige sich immer wieder ändernde Aspekte unserer Beziehungen zur Welt würden wir gegenüber der Gesundheit völlig blind sein.

Einige halten diese Auffassung von Gesundheit für pervers und betrachten es als Kapitulation vor der Krankheit, wenn man sagt, Krankheit und Tod seien die Garanten von Gesundheit und Leben. Ist es nicht inhuman, Krankheit und Tod zu wünschen? Aber das tun wir ja gar nicht. Wir *wünschen nicht* Krankheit und Tod, sondern erkennen nur an, daß ohne sie der jeweilige Gegensatz nicht erkennbar wäre, und zwar aus den von Whitehead und Davenport angeführten Gründen.

Deshalb meine ich: Das Ziel der medizinischen Wissenschaft, die Krankheit insgesamt zu verbannen, sowie das Ziel des Individuums, vollkommene und dauernde Gesundheit zu erwerben, ist unsinnig. Beide Ziele lassen sich im Hinblick auf unser Verständnis unserer Beziehungen zur Welt und der Art, wie wir Erkenntnis erlangen, nicht rechtfertigen.

### *Die «Aktivitäten der Erfahrung» und das «Ich»-Gefühl*

Die plötzliche Einsicht in die *Notwendigkeit* der Krankheit erfolgt, wenn wir unsere grundlegenden Ansichten darüber umstrukturieren, was wir unter «Ich» verstehen, dem Ich, das erkennt, das Erfahrungen von Gesundheit und Krankheit hat, dem Ich, das überhaupt etwas erkennt. Auch hierbei ist Whitehead hilfreich:

Solange die Natur als Produkt einer passiven, augenblicklichen Existenz von Materieteilchen im Sinne von Demokrit und Newton aufgefaßt wird, ergeben sich Schwierigkeiten. Denn es besteht ein Wesensunterschied zwischen Materie in jedem gegebenen Augenblick und den Aktivitäten der Erfahrung. Doch ist diese Ansicht von Materie jetzt überholt. Daher lassen sich nunmehr körperliche Aktivitäten als Formen der Erfahrung deuten und Formen der Erfahrung in den Begriffen körperlicher Aktivität beschreiben. Überdies ist der Körper Teil der Natur. So deuten wir also letztlich die Welt anhand jener Art von Aktivitäten, die in unserer innersten Erfahrung offenbar werden.[5]

Wenn Whitehead uns daran erinnert, daß «diese Ansicht von Materie jetzt überholt ist», dann verweist er damit auf eine der großen Offenbarungen der Naturwissenschaft des 20. Jahrhunderts: Die Welt existiert nicht als etwas Gegebenes. Sie besitzt keinen materiellen «da draußen»-Status, der sie vollständig vom nichtmateriellen «Ich» trennt. Zwischen der Natur und uns gibt es ein Wechselspiel, und *nur* aufgrund dieses Wechselspiels können wir überhaupt etwas erkennen. Da ergibt es keinen Sinn zu fragen, was vorrangig oder ursprünglicher ist, Geist oder Materie, denn «der Wesensunterschied zwischen Materie in jedem gegebenen Augenblick und den Aktivitäten der Erfahrung» hat sich aufgelöst.

Auch die alten Anschauungen über Gesundheit und Krankheit müssen verschwinden. Wir klammern uns da immer noch an eine Vorstellung, die fest auf der «passiven, augenblicklichen Existenz von Materieteilchen im Sinne von Demokrit und Newton» beruht, wie Whitehead feststellt. Solange diese Materieteilchen richtig angeordnet sind, bleiben wir gesund – so glauben wir. Diese Anschauung ist jedoch überholt und steht in scharfem Gegensatz zur modernen Naturwissenschaft. Es sind die Materieteilchen, in denen sich nach überlieferter Anschauung Gesundheit und Krankheit befinden, während das Bewußtsein keine besondere Rolle spielt. Diese Anschauung ist archaisch, auch wenn sie in der medizinischen Wissenschaft heute noch überwiegt. Sie verletzt nämlich das von Whitehead erwähnte «erste Prinzip der Erkenntnistheorie», wonach «die wandelbaren, sich verschiebenden Aspekte unserer Beziehungen zur Natur» den Urstoff unseres bewußten Gewahrwerdens darstellen.

Bei der alten Anschauung von der Natur als einer externen, primären und objektiven Entität bestand kein Grund, den Beziehungen zwischen der «Materie im gegebenen Augenblick und den Aktivitäten der Erfahrung» irgendwelche Bedeutung beizumessen. Jetzt jedoch scheinen sie untrennbar, als eigentliche Grundlage des Erkennens. Denn gerade das *Fließende* der Beziehungen zwischen Materie und Sinneswahrnehmungen, die Tatsache der *Unterschiede*, ermöglicht uns eine Anschauung von der Welt. Das kommt den Anschauungen des Physikers Niels Bohr nahe, der erklärte: «Wir dürfen niemals vergessen, daß wir selbst im Drama des Seins Schauspieler und Zuschauer zugleich sind.»[6]

Der Gedanke, mein «Ich» könne bewußt auf alle empfangenen Stimuli reagieren und sei dadurch imstande, die Wirklichkeit selbst «zu bestimmen», ist eine überhebliche und unbegründete Behauptung, sobald wir darüber nachdenken. Nichts von dem, was wir über menschliche Physiologie und Psyche wissen, rechtfertigt den Gedanken, wir könnten abseits der Welt stehen, alle auf uns einwirkenden Reize erkennen und dann leichthin entscheiden, was wirklich ist. Auch hierfür liefert Whitehead eine markante Beschreibung:

> Sollten die Wissenschaften der Physik und der Physiologie nicht nur Märchen sein, dann sind qualitative Erfahrungen wie Sehen, Hören usw. in einen komplizierten Fluß von Reaktionen innerhalb und außerhalb des animalischen Körpers einbezogen. Sie alle sind unterhalb der Schwelle des Bewußtseins im vagen Sinne der persönlichen Erfahrung einer äußeren Welt verborgen. Dieses Empfinden ist massiv und vage – so vage, daß der prätentiöse Satz von der persönlichen Erfahrung einer äußeren Welt unsinnig klingt.[7]

Seit Whitehead dies schrieb, haben wir herausgefunden, wie dynamisch die Grenze zwischen Körper und Welt tatsächlich ist. In jedem Lebensjahr werden 98 Prozent der Atome im Körper erneuert (die tatsächliche Anzahl ist eine 1 gefolgt von 28 Nullen). Im Laufe von fünf Jahren sind hundert Prozent bis herunter zum allerletzten Atom ersetzt. Der Knochen im Körper ist nur ein vorübergehender Halteplatz für ein Phosphor-Atom, das Millionen Jahre vorher von einem weitentfernten Stern seinen Ausgang nahm und seither durch das Leben noch anderer Sterne immer wieder umgewandelt wurde. Aus dieser Perspektive ist es arrogant anzunehmen, der Körper sei quasi der Eigentümer auch nur eines einzigen der Atome, die während ihrer kosmischen Reise für einen Moment in ihm Halt machen.[8] Doch wir vergessen die Dynamik unseres Körpers, unseren Zusammenhang mit der Natur. Statt dessen tauschen wir diese Wahrnehmung gegen die Vorstellung ein, wir stünden getrennt von einer Welt, die wir durch ein isoliertes «Ich» wahrnehmen.

Kehren wir nun zu unseren Begriffen von Gesundheit und Krankheit zurück, dann scheint uns die weitverbreitete Ansicht darüber doppelt fehlerhaft. Erstens sind Krankheit und Tod *von wesentlicher Bedeutung* für das Wahrnehmen selbst der Gesundheit – denn alleine durch die Wahrnehmung von Unterschieden, von sich verlagernden Zusammenhängen, können wir überhaupt etwas erkennen. Zweitens – ist der Gedanke einer persönlichen Erfahrung der äußeren Welt Unsinn, wie Whitehead behauptet, dann sind es auch unsere gewöhnlichen Gedanken über die persönliche Erfahrung von Gesundheit und Krankheit. Wir wissen, daß kein von der Welt getrennter Körper gesund oder krank sein kann, denn wir müssen mit Whitehead sagen: «Wir können gar nicht definieren, wo ein Körper beginnt und wo die äußere Natur endet.» Das Wichtigste ist jedoch folgendes: Der Gedanke einer «persönlichen Erfahrung», in der unserer Annahme nach die Empfindungen von Gesundheit und Krankheit ihren Platz haben, ist eine «massive und vage» Illusion, die man nur intakt halten kann, wenn man die unendlichen Möglichkeiten außer acht läßt, mit denen wir der Welt verbunden sind, und wenn man die Lawine sich stets verändernder Reize und Sinneswahrnehmungen beiseite schiebt, die uns unauflöslich mit dem Universum verknüpfen.

## *Macht und Kontrolle als Krankheit*

> Um seinen Platz in der Unendlichkeit des Seins zu finden, muß man imstande sein, gleichzeitig zu trennen und zu verbinden.
> *I Ging*

Genauso wie Null zugleich plus 10 und minus 10 ist, sind wir aus komplementären Eigenschaften zusammengesetzt. Streben wir nach höchster Ordnung oder größtem Chaos, dann schaffen wir ein Monstrum.

Fred Alan Wolf
*Taking the Quantum Leap*

Die Metamorphose, die zu physischer Krankheit führt, ist kein autonomer Akt unserer körperlichen Mängel: Krankheit ist kein isoliertes Geschehen. Sie entsteht vielmehr durch eine zwanghafte und einengende Überbetonung der Gesundheit. Somatisierung ist undenkbar, ohne daß unsere positiven Kräfte zuvor in falsche Bahnen geleitet wurden. Die Natur scheint nur ein begrenztes Maß an Einseitigkeit zu tolerieren. Wird die Grenze überschritten oder zuviel Energie auf die Einseitigkeit verschwendet, dann gleicht die Natur diese Tendenz durch unseren Körper aus, als suche sie wirksamere oder eindrucksvollere Mittel, die Anerkennung für ihre phantastischen Pläne durchzusetzen. *Die Unsensibilität unseres Gesundseins bestimmt unser Kranksein.*[1]

Einer der entschieden seltsamsten Eindrücke (zugegebenermaßen unbewiesen), die ich als Arzt gewonnen habe, ist der, daß gerade Personen, die sich am hartnäckigsten um ihre Gesundheit bemühen, mehr als den üblichen Anteil an Krankheiten bekamen. Es ist keineswegs offensichtlich, warum das so ist. Unsere Kultur propagiert den Wert der Zweckmäßigkeit, entschlossener Zielbewußtheit und ziel-orientierten Verhaltens. Warum also sollte Gesundheit gerade denjenigen am häufigsten versagt sein, die sie am eifrigsten erstreben?

Andererseits kennt zweifellos jeder Arzt Menschen, die vollkommen gesund wirken und sich dabei über alle Bemühungen lustig machen, unbedingt gesund zu sein. Diese Leute sind keineswegs darauf aus, Mißbrauch mit ihrer Gesundheit zu treiben, nur tun sie einfach wenig zu ihrer Sicherung. Gesundheit fällt ihnen anscheinend ganz natürlich zu, mühelos, als sei sie eine Gnade. Von diesen Menschen sagen viele Mediziner, sie seien «genetisch begünstigt» – das heißt, nicht *sie selbst* sind für ihre gute Gesundheit verantwortlich, sondern ihre Gene.

Dieser Deutung nach ist die Gesundheit solcher Personen einfach eine Sache der Physiologie und Biochemie. Tief in ihnen ist irgendein *Mechanismus* am Werk, den wir anderen nicht haben, der ihnen aber Gesundheit garantiert trotz der Tatsache, daß sie die üblichen Vorbeugungsmaßnahmen einer umsichtigen Gesundheitsfürsorge mißachten. Zum gegebenen Zeitpunkt werden wir dieses Rätsel lösen und die physikalischen Erklärungen dafür finden. So etwa interpretiert man das.

Hier ergibt sich ein wichtiger Gesichtspunkt, der von unserer Kultur oder unserer medizinischen Wissenschaft noch gar nicht zur Kenntnis genommen wurde. Würde man nämlich glauben, die beste Garantie gegen Erkrankungen liege in der Überbetonung der Gesundheit, dann wären die Konsequenzen für unsere Gesellschaft enorm – da wir ja auf so viele Arten in Gesundheit vernarrt sind: Jugendlichkeit, sportliche Leistungen, Schlankheit, Jogging, biologische Ernährung, Kuraufenthalte, Symposien über körperliches Wohlbefinden und dergleichen mehr. Wie wäre es, wenn sich herausstellen sollte, daß man Gesundheit als Teil unseres Lebens ironischerweise *gar nicht* mit der Zielstrebigkeit anvisieren muß, die wir für selbstverständlich halten? Was wäre, wenn es sich bei ihr um etwas handelte, das man eher spielend als durch besondere Anstrengung erreicht? Was wäre, wenn man Gesundheit als Lebensgeschehen mehr durch «treiben lassen» als durch «daran festhalten» und durch «bemühtes Tun» erreichte? Träfe das zu, dann folgten wir irrigen Anschauungen, verfielen einem Irrtum monströsen Ausmaßes, indem wir ein angemessenes Ziel mittels äußerst unangemessener Mittel verfolgen. Da befänden wir uns in der Lage des sprichwörtlichen Affen, der gefangen ist, obwohl er sich außerhalb des Käfigs befindet. Er ist nämlich nicht imstande, seine Pfote durch die Gitterstäbe zurückzuziehen, da er die Faust nicht öffnen will, mit der er das so begehrte Stück Nahrung festhält. Er könnte sich von dem Käfig nur lösen, wenn er seine Faust öffnete und die Beute fallen ließe, wonach er den Arm mit Leichtigkeit aus dem Käfig ziehen könnte.

Es gibt Hinweise darauf, daß unser leidenschaftliches Ringen um Gesundheit auf die gleiche Weise zurückschlägt. Es sind Hinweise, die nicht nur auf Mutmaßungen oder Spekulationen, sondern auf Ergebnissen der heutigen Biowissenschaft beruhen. Bei vielen Personen, die Angst haben, sich bestimmte Krankheiten zuzuziehen, wird diese Angst zur Wirklichkeit – ein häufiger Eindruck bei vielen Ärzten, auch wenn er nicht bewiesen ist. Das Individuum, das sich am meisten vor dem Herzinfarkt fürchtet, stirbt häufig tatsächlich daran. Die Frauen, die stets angstvoll an Brustkrebs denken, ziehen ihn gewissermaßen an. Hat man als Arzt mit Menschen zu tun, die von derartigen Sorgen geplagt sind, dann ergibt sich der Eindruck, daß sie ihr eingebildetes Schicksal tatsächlich bis zum Ende erleben. Sie setzen ihre Ängste in die Wirklichkeit um und werden zu dem, was sie am meisten fürchten.

Normales biowissenschaftliches Denken findet es lachhaft, daß der «bloße» Gedanke an eine spezifische Krankheit wirklich in diese umgewandelt werden kann. Etwas so «Ätherisches» wie Furcht und Einbildung könne doch niemals zu Fleisch und Blut werden. Man sagt uns, Krankheit werde durch einen Mechanismus verursacht. Ein Mechanismus ist jedoch seiner Definition nach etwas Physikalisches und nicht etwas Mentales. Demnach wäre es unsinnig anzunehmen, eigene Ängste vor einer spezifischen Krankheit könnten diese nach dem Prinzip von Ursache und Wirkung wirklich erzeugen. Der übertriebene Drang zur Gesundheit, geboren aus der Furcht vor Krankheit, kann uns doch nicht zur Krankheit verdammen. Erkrankt eine solche Person wirklich, dann müssen materielle Faktoren die Ursache sein und nicht geistige. So wiegelt man ab.

Es gibt gute Beweise dafür, daß diese konservative Standarddeutung des tatsächlichen Ursprungs von Erkrankungen gewisser Einzelpersonen begrenzt und ohne Grundlage ist. In vielen wissenschaftlichen Untersuchungen wird aufgezeigt, daß so unklare Phänomene wie «Angst» und «Gefühl» Krankheiten verursachen *können* – selbst, wie ich vermute, *spezifische* Erkrankungen bei gewissen (wenn auch nicht allen) Individuen. Es wird hier also nicht behauptet, *alles* sei Geist, sondern nur, daß nicht alles Körper ist.

Im Jahre 1983 untersuchten Forscher die Zusammenhänge zwischen den Persönlichkeitstypen von 64 Studenten der Zahnmedizin und ihrer Fähigkeit, Krankheiten zu widerstehen. Auf der Grundlage psychologischer Bewertung wurden die Studenten in zwei Gruppen eingestuft. In der einen waren diejenigen, die sehr motiviert waren, enge Beziehungen zu bilden und aufrechtzuerhalten, in der anderen die mehr «machtorientierten». In Perioden hoher psychischer Streßbelastung, beispielsweise während schwieriger Prüfungen, maßen die Forscher den Gehalt von Immoglobulin A (Ig A) im Speichel der Studenten. (Ig A ist ein Protein, das gegen Viren schützt, die Erkrankungen der oberen Atemwege herbeiführen.) Bei allen Studenten sank der Gehalt an Ig A. Das Absinken war jedoch am stärksten bei den Studenten, die ein größeres Verlangen nach Macht und Beherrschung anderer hatten, als bei denen, die es mehr nach engen Beziehungen verlangte. Außerdem sank der Immoglobulinspiegel der machtorientierten Studenten auch noch, nachdem die schwierigen Examen vorüber waren, während er bei der anderen Gruppe nach der Streß-Periode wieder anzusteigen begann. Die Forscher schlossen daraus, daß für die macht-motivierte Gruppe die Untätigkeit während der Ferien oder Sorgen wegen des bevorstehenden Studienjahres genauso streß-erzeugend sein könnten wie die tatsächliche Erfahrung während des Studiengangs.

Nach Ansicht der Forscher bestätigt diese Studie die schon lange gehegte Vermutung, Streß mindere die Widerstandskraft gegen Infektionen, und zwar durch Verringerung spezifischer Facetten der Immunkräfte des Körpers. Mehr noch: das Absinken der Immunkräfte war mit etwas so «Fadenscheinigem» wie Gefühlen gekoppelt – dem Bedürfnis, Macht und Kontrolle über andere zu besitzen, oder dem Verlangen nach Freundschaften und engeren Beziehungen.[2]

Andere Studien haben gezeigt, daß Adrenalin, das bei psychischem oder physischem Streß verstärkt ausgeschieden wird, die Immunfunktionen beeinträchtigen kann,[3] und daß bei Personen, die schlecht mit Streß-Situationen fertig werden, Mängel in der sogenannten zellenvermittelten Immunität auftreten können (die uns vor Krebs und gewissen infektiösen Krankheiten schützt).[4]

Wir können uns nun fragen: Welcher Zusammenhang besteht zwischen den «machtorientierten» Versuchspersonen und denen, die so verbissen danach streben, Gesundheit zu erlangen? Die Annahme scheint berechtigt, daß Menschen, die hektisch der Gesundheit nachjagen, eine gewisse Art von Macht anstreben – die Macht, der Krankheit zu widerstehen, Krankheit und Siechtum hinters Licht zu führen, dem Tod die Zähne zu zeigen.

Das Verlangen nach Macht über die Krankheit kann daher das Motiv hinter dem Streben nach Wohlbefinden sein. Dieses Verlangen kann andere Gefühle verbergen, etwa die Angst vor der Krankheit selbst. Es kann aber auch, wie die Untersuchung zeigt, jemanden tatsächlich für Erkrankungen prädisponieren. Dementsprechend ist das Verlangen nach Wohlbefinden, *wenn* es sich dabei um ein verstecktes Verlangen nach Macht über die Krankheit handelt, mehr als nur das Streben nach Gesundheit. Es ist ein echter Risikofaktor, krank zu werden – gerade das zu werden, was man zu vermeiden sucht, vor dem man flieht: der Tatsache von Krankheit und Gebrechlichkeit.

*Hilflosigkeit und Krankheit*

Krankheit und Tod sind Geschehnisse, die uns alle erwarten. Und obwohl wir glauben möchten, wir hätten Kontrolle über sie, ist dies am Ende doch nicht der Fall. Denn trotz des Spektrums gesundheits-orientierter Verhaltensweisen, die wir ersinnen, um das Unvermeidliche hinauszuschieben, ist es einfach eine Frage der Zeit, bis unsere Maßnahmen nicht mehr greifen. Und an jenem Punkt gibt es dann kein Entrinnen mehr vor dem Schicksal, das alle Menschen teilen.

Warum das so wichtig ist? Wenn wir resigniert bei dieser Aussicht verweilen, können wir den Tod tatsächlich herbeiführen, wie die folgende Untersuchung vermuten läßt. Im Jahre 1983 führten Laudenslager und seine Mitarbeiter Tierexperimente durch, die ein interessantes Licht auf die Wirkungen des Gefühls von Unvermeidlichkeit und Auswegslosigkeit werfen. Die Studie deutet darauf hin, daß die tatsächliche Wahrnehmung eines bösen

Geschicks und des Verlusts an Kontrolle in eine echte physische Krankheit umschlagen kann. Es wurden drei Gruppen von Ratten beobachtet. Sie erhielten entweder Serien von Elektroschocks, denen sie ausweichen konnten beziehungsweise *nicht* ausweichen konnten, oder sie erhielten überhaupt keine Schocks. Vierundzwanzig Stunden später wurden sie erneut Elektroschocks ausgesetzt, wonach man ihre Immunfunktionen testete – speziell die körperlichen Immunfunktionen, die uns vor zellulären Störungen wie Krebs und vor gewissen Infektionen schützen. Das Ergebnis: Bei den Ratten, die den Schocks nicht entfliehen konnten, war die Immunfunktion erheblich beeinträchtigt. Nicht beeinträchtigt war sie in der Gruppe, die den Schocks ausweichen konnte. Mit anderen Worten – es schien weniger darauf anzukommen, ob die Ratten Schocks ausgesetzt waren, als darauf, wieviel Kontrolle über die Situation sie jeweils hatten. Was wirklich zählte, war also nicht der Streß selbst, sondern wie sie darauf reagieren konnten. Konnten sie den Schocks entgehen oder nicht – das schien entscheidend dafür zu sein, ob das Immunsystem beeinträchtigt wurde oder nicht. «Die Fähigkeit, über den Auslöser des Stresses Kontrolle auszuüben, verhinderte also vollständig die Unterdrückung der Immunfunktion», heißt es im Forschungsbericht. «Auch ohne Kenntnis des hierbei wirksamen Mechanismus lassen diese Ergebnisse eine Verbindung zwischen psychischen Faktoren und Krankheit vermuten... Diese Ergebnisse deuten auch darauf hin, daß sich das Immunsystem durch Variablen ... wie erlernte Hilflosigkeit verändern läßt.»[5]

Die potentiellen Folgen solcher Studien sind bemerkenswert. Auch wenn man die Ergebnisse von Tierversuchen nicht immer auf die menschliche Situation übertragen kann, scheint doch überlegenswert, daß auch wir, wie die Tiere in einer der Testgruppen, mit Hoffnungslosigkeit und einer unausweichlichen Situation konfrontiert werden – mit Krankheit und Tod. Viele von uns haben dann höchstens noch die Hoffnung, «daß es schnell gehen möge», «ohne langsames Dahinsiechen». Entkommen gibt es für uns nicht, und wir wissen es. Und selbst unsere heftigsten Proteste und gesundheitsorientierten Aktivitäten können an unserem endgültigen Schicksal nichts ändern.

Angesichts solcher Forschungsergebnisse können wir uns fragen, bis zu welchem Ausmaß unser eigenes Gefühl der Unausweichlichkeit unsere individuellen Krankheiten erzeugt. Professor George Engel von der medizinischen Fakultät der Universität Rochester ist eine Autorität im Bereich der Wechselbeziehungen zwischen Körper und Geist. Er hat vom «Syndrom des Aufgebens» gesprochen, bei dem man angesichts überwältigender Anzeichen eines bösen Schicksals erkrankt und stirbt.[6]

Im Hinterstübchen unserer Psyche verbirgt sich die unausweichlichste Tatsache unseres Lebens: die des Todes. In dem Maße, in dem wir diese Unausweichlichkeit als Verurteiltsein erfahren, müssen wir uns auf die Möglichkeit einstellen, daß es nicht nur der Tod ist, der uns zerstört, sondern auch unsere Gedanken an ihn.

*Eine Lösung?*

Was glaubst du, ist aus den alten und jungen Männern geworden?
Und was glaubst du, ist aus Weibern und Kindern geworden?
Sie sind am Leben irgendwo und wohlbehalten,
Der kleinste Sproß beweist es, daß es in Wahrheit keinen Tod gibt.
Und wenn es ihn je gab, war er Vorläufer des Lebens.
Und wartet nicht am Ziel, um es aufzuhalten.
Und verging in dem Augenblick, wo das Leben erschien.
In Weite und Breite drängt alles, nichts zerfällt,
Und Sterben ist anders als je einer gedacht, und glücklicher.[7]

Walt Whitman

Eine Ehe mit dem Tode ... ruft die allgemeine mythologische Vorstellung hervor, daß etwas besonders Begehrenswertes sich mit etwas Furchtbarem vereinigt und dadurch «stirbt» – ein Monstrum, das irgendeinen verborgenen Wert enthält. Die ungewöhnliche Verbindung mit «Tod» erzeugt ein Gefühl sich weitender Horizonte – als erfahre der Leidende «die Ewigkeit». Es ist so, als erwerbe das Leben des Individuums zum erstenmal unverkennbare und unabänderliche Einzigartigkeit, besondere Begrenzung und Freiheit zugleich. Es ist so, als verleihe ihm diese Erkenntnis eine unangreifbare Sicherheit mitten im Getriebe und Getümmel der menschlichen Existenz.[8]

Alfred Ziegler

Es gibt keinen Tod, nur ein Überwechseln in eine andere Welt.[9]

Häuptling Seattle

Beobachtungen wie die obigen lassen sehr vermuten, daß unsere Furcht vor Tod und Auslöschen, getarnt als versessenes Streben nach Wohlbefinden, Gesundheit und Macht, einen Bumerangeffekt auslösen könnte. Statt uns in Richtung gesteigerter Gesundheit voranzubringen, garantieren diese Gefühle das Gegenteil, machen uns krank. Die ständig gegenwärtige, wenn auch verdrängte Tatsache unseres unausweichlichen Todes schafft ein inneres Wissen um Unentrinnbarkeit, vor dem wir uns nicht verstecken können. In unseren Bewegungen im Kreise, die wir Gesundheitsstrategien nennen, laufen wir nicht «zu» etwas hin, sondern «von» etwas weg – dem Niedergang, der Unvermeidlichkeit des Todes.

Diese Perspektive impliziert, daß jede umfassende Gesundheitsstrategie zugleich auch eine Todesstrategie sein muß. Gut leben muß zugleich einen Plan für gut sterben enthalten – der einfachen Tatsache wegen, daß Leben und Sterben untrennbar aneinander gekoppelt sind als Tatsachen unseres Lebens und Erkenntnis unserer Psyche. Und doch sind wir in unserem leidenschaftlichen Ringen um Gesundheit absolut einseitig geworden. Wir konzentrieren uns darauf, gesund zu sein, wobei wir die Tatsache der dualistischen Natur unserer Gesundheit außer acht lassen, nämlich daß ihre Kehrseite, die des Todes, ebenso eine Tatsache unseres Lebens ist wie das Wohlbefinden.

Ein flüchtiger Blick auf eine Reihe nicht-abendländischer Kulturen lehrt uns, daß das nicht immer so gewesen ist. Die Vorbereitung auf den Tod galt als wesentlicher Teil des Lebens, und jemanden, der nicht wußte, wie man stirbt, hätte man niemals als gesund im vollsten Sinne des Wortes betrachtet. In diesen Kulturen wurde der Dualismus von Gesundheit und Krankheit auf eine Weise transzendiert, die beide zu einem Ganzen verband, zu Polen, die einander nicht entgegengesetzt, sondern zu einer Einheit wechselseitiger Bedingtheit verknüpft waren. Für diese Gesellschaften *war* Leben zugleich Sterben – nicht im

Sinne von etwas Krankhaftem sondern als klare und einfache Tatsache der Existenz.

In unserer technologisierten Gesellschaft pflegen wir dazu zu sagen, diese Haltung hätten die primitiven Gesellschaften nur eingenommen, weil sie keine anderen Optionen hatten. Wenn man keine Fähigkeit zu «wirklicher» Gesundheitsfürsorge habe, dann mache man einfach das Beste aus den Gegebenheiten – etwa durch Ersinnen von Weltanschauungen, die behaupten, Krankheit und Tod seien wesentliche Bestandteile des Lebens. Heute sei das anders: unsere Biotechnologie mache den großen Unterschied aus. Heute können wir einzelnen Krankheiten offiziell den «Krieg» erklären – und diesen auch gewinnen, wie etwa im internationalen Krieg gegen die Pocken. «Verlängerung des Lebens» ist eine sehr populäre Beschäftigung moderner Forscher und weit mehr als nur fantasievoller Traum. Sie ist eine realistische Möglichkeit. Hätten primitive Gesellschaften unsere heutigen Möglichkeiten, dann brauchtes sie nicht zu so simplen und tröstenden Anschauungen Zuflucht zu nehmen, die behaupten, Krankheit und Tod seien wertvolle Bestandteile des Lebens. Es war einfach ihre Rückständigkeit und Primitivität, die frühere Gesellschaften zu so törichten Vorstellungen verdammte.

Diesen kritischen Anmerkungen kann ich nicht zustimmen. Ich meine vielmehr, uns ist eine Weisheit verlorengegangen, die viele ältere Kulturen gekannt und gefühlt haben – das sichere Begreifen, daß Geburt und Tod, Gesundheit und Krankheit untrennbar verbunden sind; daß die Ächtung des einen zugleich die des anderen ist; daß die Überbetonung des einen die eigene Erfahrung des anderen verdirbt. Keine der vielen Leistungen der modernen Biomedizin kann mich von dieser Ansicht abbringen, ist doch deutlich zu sehen, daß wir mit unseren technologischen Methoden der Gesundheitsfürsorge nichts geschaffen haben, was die wechselseitige Abhängigkeit von Gesundheit und Krankheit, Geburt und Tod aus dem Wege räumt. Und in dem Ausmaß, in dem wir uns von unserer Vernarrtheit dazu verleiten lassen zu vergessen, daß «Todesfürsorge» ein ebenso wesentlicher Teil des Lebens ist wie «Gesundheitsfürsorge», bringen wir uns selbst um die Möglichkeit zu erfahren, was es mit echter Gesundheit auf sich hat.

Was benötigen wir, damit wir auf diese aller Intuition widersprechende Weise denken lernen? Vielleicht die Flexibilität, die Lewis Carroll in *Alice im Wunderland* anspricht:

> Alice lachte. «Es lohnt gar nicht den Versuch», sagte sie. «Man kann nichts Unmögliches glauben.»
> «Ich möchte sagen, da hast du nicht genug Praxis gehabt», antwortete die Königin. «Als ich in deinem Alter war, habe ich das eine halbe Stunde täglich getan. Manchmal habe ich schon vor dem Frühstück an nicht weniger als sechs unmögliche Dinge geglaubt.»

## *Jenseits der Krankheit*

> Vor dreißig Jahren, ehe dieser alte Mönch [d. h. ich] zur Zen-Schulung kam, pflegte ich einen Berg als einen Berg und einen Fluß als einen Fluß zu sehen.
> Danach hatte ich das große Glück, erleuchtete Zen-Meister zu treffen, unter deren Anleitung ich ein gewisses Maß an Erleuchtung erlangte. Wenn ich in diesem Zustand einen Berg sah: siehe da, es war kein Berg. Wenn ich einen Fluß sah: siehe da, es war kein Fluß.
> Inzwischen bin ich jedoch in einer Haltung endlich gefundener Gelassenheit zur Ruhe gekommen. Und wie in meinen früheren Jahren sehe ich jetzt wieder einen Berg als Berg und einen Fluß als Fluß.
>
> Zen-Meister Ch'ing Yuan, 11. Jahrhundert

Der wirkliche Grund, warum das menschliche Leben so verbitternd und enttäuschend sein kann, liegt nicht darin, daß es Tod, Schmerz, Furcht oder Hunger gibt. Das Wahnsinnige daran ist, daß wir – sobald solche Dinge Wirklichkeit werden – uns im Kreise zu drehen beginnen, uns in Geschäftigkeit verlieren, uns drehen und winden in dem Versuch, das «ICH» aus dieser Erfahrung herauszuhalten.
Solange das Gefühl bleibt, daß ich von meiner Erfahrung abgesondert bin, befinde ich mich in Verwirrung und Aufruhr.

Daher gibt es weder Gewahrsein noch Verstehen der Erfahrung und somit keine Möglichkeit der Anpassung. Um diesen Augenblick zu verstehen, darf ich nicht den Versuch machen, mich von ihm zu lösen. Ich muß seiner mit meinem ganzen Wesen gewahr sein. Dies ist nicht etwas, was ich tun *muß*, wie etwa zu unterlassen, den Atem für zehn Minuten anzuhalten. In Wirklichkeit ist es das einzige, was ich tun *kann*. Alles andere ist der törichte Versuch, etwas Unmögliches erreichen zu wollen.

Alan Watts
*Weisheit des ungesicherten Lebens*

Wie sehen die Menschen aus, denen es tatsächlich gelingt, über ihre Krankheit «hinauszugehen», den Groll, die Angst und den Kummer über die Krankheit zu transzendieren, und die schließlich durch das Geschehen selbst verwandelt erscheinen? Ich habe einige von ihnen gekannt, und das haben vermutlich auch die meisten anderen Ärzte. Dabei überragt eine Tatsache alle anderen: diese Personen sind eindeutig ganz normale Menschen. Sie sind nicht von einem Heiligenschein umgeben, der sie von anderen unterscheidet, und dennoch ist irgend etwas an ihnen *anders*. Was ist es?

Auch diese Menschen leiden an ihrer Krankheit. Sie verlangen nach Medikamenten gegen ihre Schmerzen, verlieren an Gewicht, siechen dahin und sterben genauso wie andere. Was ist denn nun das «Darüber hinaus», das sie erfahren?

Die Stadien, die diese besonderen Personen im Verlauf ihrer Krankheit durchlaufen, entsprechen genau den Stufen des Verstehens, die viele Menschen auf spirituellen Wegen erfahren. Die klarsten Beschreibungen dieser Wachstumsstufen findet man in der Literatur des Zen-Buddhismus, die sich seit Jahrhunderten mit diesen Umwandlungen beschäftigt. In einer der klarsten und poetischsten Beschreibungen, die seit Jahren erschienen sind, hat Toshihiko Izutsu diesen Prozeß beschrieben.[1]

Das Anfangsstadium entspricht der Erfahrung, die für ganz normale Menschen typisch ist. Es besteht ein Gefühl des Existierens in einer Welt der Objekte, umgeben von Dingen und Geschehnissen «da draußen». Es besteht ein starkes «Ich»-

Gefühl, und das Ich ist die Instanz, die wahrnimmt und der etwas geschieht – etwa krank werden und leiden.

Im mittleren Stadium kommt es zur Auflösung dieser gespaltenen Welt. Die Unterscheidungen zwischen dem Erkennenden und dem Erkannten weichen einer Vereinigung, und die Vorstellung von einer äußeren Welt schwindet dahin. In diesem Stadium gibt es nichts zu erkennen und niemanden, der das Erkennen vollzieht, denn beide sind eins geworden. Dies ist ein spiritueller Zustand absoluten Einsseins und absoluten ungeteilten Gewahrwerdens. Erfahrungen sind nicht Geschehnisse in einer Welt «da draußen», denn es gibt kein «da draußen» als Gegensatz zu einem «hier drinnen», kein «Es» gegenüber einem «Ich». Die Erfahrung ist unaussprechlich, unbeschreibbar. Normale Sprache kann sie nicht beschreiben, wie auch das an Sprache geknüpfte Denken unzureichend ist. Es ist der Bereich reiner, ungeteilter Erfahrung, der sich jeder Charakterisierung entzieht.

Für die erkrankte Person ist dies ein Stadium des *Aufgehens* in einer Krankheit. Es ist ein Stadium, in dem die Krankheit aufhört, etwas zu sein, was ein «Ich» sich «zugezogen» hat. Es ist das Stadium der Krankheit als reine Erfahrung, mit Worten überhaupt nicht beschreibbar, ja, es geht über alle Gedanken hinaus. Auf dieser Ebene gibt es gar nichts, was geheilt werden kann, weil es nichts gibt, was man sich zugezogen hat, und kein «Ich», auf das die Heilung anzuwenden wäre.

Im Endstadium löst sich dieses Einssein wieder in Subjekt und Objekt auf. Doch ist nunmehr – im Gegensatz zum einleitenden Stadium – das Gefühl des Einsseins nicht zerstört. Das «ungeteilte Etwas» bleibt erhalten, obwohl Subjekt und Objekt wieder getrennt werden. Izutsu beschreibt diesen Vorgang:

> ... als Ergebnis werden Subjekt und Objekt wieder voneinander getrennt und zu etwas anderem verschmolzen. Trennen und Verschmelzen sind ein und derselbe Akt des ursprünglich ungeteilten Etwas.[2]

Da also das «Ich» und die «Krankheit» aus demselben Einen hervorgehen, verschmelzen sie und werden Eines. Und dieses Eine bricht sich Bahn als das Prinzip der Einheit, das alle erkennbaren äußeren Dinge und Erfahrungen einhüllt und vereinigt, die man «Krankheit» oder auch «Gesundheit» nennt.

Es wäre ein Irrtum anzunehmen, dieser Prozeß gelte nur für Personen mit besonderen Neigungen für Zen oder andere nichtabendländische Denkweisen. In der Tat hat keiner der von mir beobachteten Patienten, die diese Verwandlung durchmachten, eine Hinwendung zu östlichen Weltanschauungen gezeigt. Es waren ganz normale Menschen, die vermutlich bestritten hätten, überhaupt irgendeiner formalen Weltanschauung anzuhängen. Diese Stufen der Erfahrung sind typisch für den Entwicklungsgang von Menschen, die zur tiefsten Weisheit über Gesundheit und Krankheit vordringen, und können nicht einer besonderen religiösen oder spirituellen Überlieferung zugeordnet werden.

Personen, die diese Stufen während des Ablaufs einer Erkrankung durchlaufen, scheinen ganz normale Menschen zu sein. Sie sprechen von der Krankheit, als sei sie ein Objekt, und sie befolgen die gleichen Gesundheitsrituale, die andere Kranke befolgen: nehmen Medikamente ein, lassen sich operieren. Oberflächlich gesehen hat es den Anschein, als seien sie wie jeder andere in einer Welt der Objekte und Geschehnisse gestrandet. Und doch gibt es einen Unterschied: ihre innere Erfahrung weist Objekten und Subjekten ihren richtigen Platz zu. Und das ist *nicht* die alte Welt empirischer Erfahrung, wie sie vor dem Bewußtseinswandel wahrgenommen wurde. Izutsu formuliert es:

Denn die uns vertraute Welt offenbart nunmehr ihre vormalige Reinheit und Unschuld. Die empirische Welt, die sich einst im Abgrund des Nichts verlor, kehrt jetzt mit ungewöhnlicher Frische wieder ins Leben zurück.[3]

Izutsu zitiert den Zen-Meister Dogen aus dem 13. Jahrhundert:

Hier erkennen wir, daß die Berge, Flüsse und die große Erde in ihrer ursprünglichen Reinheit niemals mit den Bergen, Flüssen und der großen Erde verwechselt werden dürfen, wie sie von den Augen normaler Menschen erblickt werden.[4]

Kranke, die dies Gewahrsein im Lauf ihres Krankseins erlangen, scheinen eine unverkennbare Freiheit *von* Krankheit auszustrahlen, obgleich sie von ihr betroffen sind. Das ist paradox, da es doch klar ist, daß sie *nicht* von Krankheit frei sind. Sie haben Schmerzen wie andere auch, richten ihr Leben danach ein, daß sie zu bestimmten Zeiten Medikamente einnehmen müssen, befolgen vorgeschriebene Behandlungsprogramme. Woher stammt die Freiheit, die sie ausstrahlen?

Sie entsteht daraus, daß diese Menschen nicht auf die Tatsache der Krankheit fixiert sind, als sei sie ein äußeres Geschehen, das ihr Leben beherrscht. Ihre Welt, ursprünglich eine Ansammlung von Subjekten und Objekten, hat die oben beschriebene Verschmelzung und die nachfolgende Trennung erlebt – als Endstadium des Verstehens, bei dem die befreiende Qualität des Einsseins erhalten bleibt. Diese Einheit der Gegensätze ist es, die uns Freiheit von Besonderheiten wie Krankheit und Gebrechen ermöglicht. Izutsu schreibt dazu:

> Auf dieser letzten Stufe ist der Mensch eine *totale* Verwirklichung des Feldes der Wirklichkeit. Er ist einerseits ein kosmischer Mensch, der in sich selbst das ganze Universum umfaßt ... und andererseits ist er der sehr konkrete individuelle «Mensch», der hier und jetzt lebt, als ein Konzentrationspunkt der gesamten Energie des Feldes. Er ist zugleich individuell und über-individuell.[5]

Der Mensch, der über seine Krankheit hinausgelangt, ist in der Tat ein kosmischer Mensch, der die Dinge mit Distanz, mit der weitesten Perspektive aus der Sicht des Ganzen betrachtet. In diesem Kontext erfährt er die Freiheit, konkret handeln zu können, ohne die Einheit zu zerstören, die dieser Stufe des Verstehens implizit ist.

Im Verhalten dieser Menschen finden wir also die Fähigkeit, sich von den Zwängen der Krankheit freizumachen, selbst wenn sie Schmerzen und Leid empfinden, wenn ihr Zustand sich verschlechtert und sie dahinsiechen. Diese Menschen scheinen befähigt zu sein, die Dinge so zu nehmen, wie sie sind. Das ist dann kein nihilistisches Kapitulieren vor dem Unvermeidlichen, sondern das Wissen um die Harmonie, die dem Einen innewohnt und selbst die unharmonischsten Augenblicke im Leben überwindet. Sie verkörpern die Beschreibung, die uns der Dritte Zen-Patriarch hinterlassen hat:

> Der Große Pfad ist nicht schwierig für den,
> der keine Vorlieben kennt.
> Wenn Liebe und Haß abwesend sind,
> wird alles klar und unverhüllt.
> Triffst du jedoch die kleinste Unterscheidung,
> Werden Himmel und Erde unendlich getrennt.
> Willst du die Wahrheit erkennen,
> Dann habe keine Meinung für oder gegen etwas.
> Das gegenüberzustellen, was man mag oder nicht mag,
> Ist die Krankheit des Geistes.
> Wird die tiefe Bedeutung der Dinge nicht verstanden,
> Dann wird der Frieden, der das Wesen des Geistes ist,
> auf nutzlose Weise gestört.[6]

Häufig stößt man auf die irrige Ansicht, Menschen, die dieses Stadium des «Freiseins von Vorlieben» erreicht haben, seien unerschütterlich und verspürten weder Schmerz noch Zorn, noch Leid. Das ist nicht der Fall. Diese Eigenschaften bleiben wie die Krankheit selbst. Die dunklen Seiten des Lebens werden nicht ausgelöscht, obgleich sie als Folge der Entwicklung innerer Weisheit eine radikale Umwandlung in der Art der Weltbetrachtung erfahren haben. Da gibt es die berühmte Zen-Geschichte von dem Zen-Meister, der in der Nacht auf einsamer Straße von Räubern überfallen wird. Sie bringen ihn um. Vor dem Sterben stößt er einen Schrei aus, der so laut ist, daß man ihn meilenweit hören kann. Diese Handlung gilt als in völliger Übereinstimmung mit der tiefen Weisheit: frei und spontan genug zu sein, um dem Gefühl in jedem Augenblick auf die Weise Ausdruck zu geben, die der Situation angemessen ist; von der Wirklichkeit des Augenblicks nicht so weit entfernt zu sein, daß man *keine* Angst oder Schmerzen empfindet.

Menschen, die über ihre Erkrankung hinauswachsen, sind von einer reizenden, höchst ungezwungenen Normalität. Wer die

Welt am tiefsten erfahren hat, der macht kein Aufhebens mehr um sie. Es ist dies das Stadium, in dem die Berge wieder zu Bergen und Flüsse wieder zu Flüssen werden. Es ist das Gewahrwerden, bei dem Leid wieder zu Leid und Krankheit wieder zu Krankheit wird.

Denn eine bewußt gewordene Seele ist näher am Schmerz und Kummer des Menschendaseins und weiß, daß auch diese akzeptiert und gelebt werden müssen. Die Schattenseite des Lebens negieren und mit abgewandtem Blick an ihr vorbeigehen – sich weigern, einen Teil der gemeinsamen Last zu tragen, während man erwartet, an der gemeinsamen Freude teilnehmen zu können –, das würde bewirken, daß die ungelebten, abgewiesenen Schatten sich in uns zu Furcht vertiefen, einschließlich der Furcht vor dem Tode ... Der Frieden, der sich einstellt, wenn ein hungriger Mensch Nahrung findet, ein Kranker sich erholt oder ein Einsamer einen Freund findet – ein solcher Frieden ist leicht zu begreifen. Der Frieden jedoch, der «höher ist als alle Vernunft», findet sich ein, wenn der Schmerz des Lebens nicht gelindert wird. Er schimmert auf dem Kamm einer Woge des Schmerzes; er ist der Speer der Enttäuschung, in einen Lichtstrahl verwandelt.[7]

## 2. Der Jonas-Komplex und die Furcht vor der Gesundheit

Es geschah das Wort des Herrn zu Jonas ... mache dich auf und gehe in die große Stadt Ninive und predige wider sie ... Aber Jonas machte sich auf und floh vor dem Herrn ... und da er ein Schiff fand und trat hinein, daß er mit ihm gen Tharsis führe, vor dem Herrn.

Das Buch Jonas

Der amerikanische Psychologe Abraham Maslow machte die Beobachtung, daß wir alle den inneren Antrieb haben, uns zu verbessern, höhere Ziele zu erreichen, unser inneres Potential zu verwirklichen. Doch führen wir das oft nicht aus. Es ist so, als gäbe es etwas, was uns zurückhält, uns hemmt, sich dem entgegenstemmt, was wir für möglich halten – wenn wir es nur vollenden könnten. Fast jeder von uns weiß, daß wir besser sein und mehr tun könnten. Warum tun wir es nicht? Maslow gibt darauf die folgende Antwort:

Wir haben Angst vor unseren höchsten Möglichkeiten ... Im allgemeinen fürchten wir uns, das zu werden, was wir in unseren vollendetsten Augenblicken flüchtig schauen können, unter den vollkommensten Bedingungen, mit dem Einsatz großen Mutes. Wir erschauern begeistert vor den göttlichen Möglichkeiten, die wir in solchen Gipfelaugenblicken in uns selbst erkennen. Und dennoch erschauern wir gleichzeitig vor Schwäche, Scheu und Angst vor denselben Möglichkeiten.
So oft laufen wir vor der Verantwortung davon, die uns von

der Natur, vom Schicksal und manchmal sogar vom Zufall nahegelegt wird, so wie Jonas – vergeblich – vor *seinem* Schicksal davonzulaufen versuchte.[1]

Diese Abwehr inneren Wachstums nannte Maslow den Jonas-Komplex. Dieser Jonas-Komplex ist der manchmal unbewußte Versuch, *unter* den eigenen Möglichkeiten zu bleiben, weniger zu tun, als man zu tun in der Lage wäre. Wir nehmen die Haltung ein, daß wir Größeres leisten könnten, *wenn wir es nur wollten*, und machen uns vor, unsere mindere Leistung entspringe *unserer* freien Wahl. *Wir* sind es, die immer noch an den Schalthebeln sitzen, die immer noch Meister unseres Geschicks sind. Und wenn wir im Augenblick weniger leisten als wir könnten, nun, vielleicht werden wir uns im kommenden Jahr anders entscheiden.

Maslow beschreibt auch, wie wir nicht nur gegenüber dem höheren Potential, das wir in uns selbst erkennen, ambivalent sind, sondern ebenso ambivalent gegenüber diesen Möglichkeiten, die in anderen Personen existieren. Gelegentlich verwandelt sich diese Reaktion in regelrechte Feindseligkeit:

> . . . könnte wirklich jemand, der in die Tiefen der menschlichen Natur geschaut hat, unserer gemischten und oft feindseligen Gefühle gegenüber Heiligen nicht gewahr sein? Oder gegenüber schönen Menschen? Oder gegenüber großen Schöpfern? Oder gegenüber unseren intellektuellen Genies?
> Ganz sicher lieben und bewundern wir alle die Menschen, die das Wahre, das Gute, das Schöne, das Gerechte, das Vollkommene, das im höchsten Sinne Erfolgreiche verkörpert haben. Und doch fühlen wir uns ihnen gegenüber nicht wohl in unserer Haut. Wir empfinden ihnen gegenüber Angst, Verwirrung, vielleicht ein wenig Eifersucht oder Neid, etwas Unterlegenheit und Tolpatschigkeit. Gewöhnlich lassen sie uns unsere Selbstsicherheit, unsere Geistesgegenwart und Selbstachtung verlieren.[2]

Wir nehmen übel, daß andere getan haben, was wir auch hätten tun *können*, aber nicht getan haben – nämlich das in uns vorhandene Potential voll zu verwirklichen. Menschen mit großartigen Leistungen erinnern uns an unsere Schwäche, unser Versagen. Vielleicht wissen wir innerlich, daß sie genauso sterblich sind wie wir selbst und daß sie einst nicht großartig waren, sondern Wesen aus Fleisch und Blut wie wir selbst, mit denselben Zweifeln, Befürchtungen und Ängsten. Im Gegensatz zu uns jedoch haben sie sich von ihnen gelöst und sie überwunden. Diese Erkenntnis scheint unserem Gefühl der Unterlegenheit und Wertlosigkeit noch eine besondere Spitze zu geben. In Gegenwart des Großartigen gibt es keinen Ort, an dem wir uns vor unseren inneren Botschaften der Schwäche und des Versagens verstecken könnten. Es ist leichter, die Großen zu hassen als uns selbst.

Diese Bemerkungen Maslows liefern den Hintergrund, vor dem wir eine nur selten gestellte Frage stellen können: Warum sind wir nicht gesünder? Warum sind wir nicht so gesund, wie wir es unserer Erkenntnis nach sein könnten? Es ist eine auffallende Tatsache, daß jeder von uns weiß, wie er einen besseren Gesundheitszustand erreichen könnte, und dennoch tun wir es nicht. Was hält uns davor zurück?

Es ist eine meiner seltsamsten Erfahrungen als Arzt: Ständig untersuche ich Menschen und lege entsprechende Karteikarten über sie an; ich lasse Labortests jeder nur denkbaren Art durchführen; dann gebe ich ihnen Ratschläge, wie sie gesünder sein könnten, und was bekomme ich zu hören? «Aber das *weiß* ich doch alles schon!» Gewöhnlich ist es nutzlos, diesen Patienten darauf zu antworten: «Warum haben Sie mich dann konsultiert? Warum sparen Sie sich nicht die Kosten und tun einfach, was Sie bereits wissen?»

Bei solchen Gelegenheiten wird dem Patienten und mir peinlich klar, daß unsere Gespräche von etwas Seltsamem und Unlogischem durchdrungen sind und daß der Patient nicht gekommen ist, um sich sein persönliches Versagen vorhalten zu lassen. Insofern kann ich meine Kommentare und Predigten für mich behalten. *Aus welchem Grunde auch immer* der Patient den Arzt aufsucht: ganz gewiß *nicht*, um sich daran erinnern zu lassen, daß er ein Mensch mit schwachem Willen, unlogischer Denkweise und einem Hang zur Selbstzerstörung ist. Und so schweige ich und sage mir selbst: Maslow hatte recht. Auf dem Gebiet der Gesundheit bleiben wir ebenso unter unserer Leistungsfähigkeit wie in anderen menschlichen Bereichen. Wir setzen weniger in die Tat um, als wir könnten. Und obwohl meine Gedanken niemals auf dem Krankenblatt des Patienten vermerkt werden, stelle ich für mich die Diagnose: Jonas-Komplex.

In Angelegenheiten der Gesundheit ist es erstaunlich, wie sehr dieses Problem alles durchdringt. Wer würde zum Beispiel die Statistiken bezweifeln, in denen die Wirksamkeit der Gurte in Kraftwagen bezeugt wird? Und doch hat sich der tatsächliche Gebrauch der Gurte unendlich langsam durchgesetzt. Ausreden wie diese wurden vorgeschoben: «Ein Bekannter von mir mußte sterben, weil er sich bei einem Unfall nicht rechtzeitig aus seinem Gurt befreien konnte.» Und wer kann eigentlich noch die zerstörerischen Auswirkungen von anhaltendem und unvermindertem Streß auf die Gesundheit ignorieren? Und doch höre ich immer wieder: «Ich *mag* dieses starke Gefühl der Erregung, Doktor. Bei meinem Job gibt es mir den richtigen ‹Biß› für den Konkurrenzkampf. Wenn Sie mir das nehmen, könnte ich ebensogut aufhören zu arbeiten.» Der Jonas-Komplex in vollem Schwung. Oder denken Sie an einen Manager mittleren Alters, an sitzende Lebensweise gewöhnt, mit Übergewicht, der auf einmal die Idee hat, «das Ruder herumzuwerfen»: Er läßt sich auf ein viel Fleiß erforderndes Programm ein, um Gewicht zu verlieren und sich körperlich fit zu machen – weigert sich jedoch, das Rauchen aufzugeben.

Das sind eindeutige Beispiele aus Behandlungszimmern aller Ärzte überall in der Welt. Unseren Versuchen, im Gesundheitsbereich unter unseren Möglichkeiten zu bleiben, scheinen keine Grenzen gesetzt. Manchmal verstoßen wir dabei so flagrant gegen den gesunden Menschenverstand, daß wir bemüht scheinen, unsere Gesundheit bewußt zu sabotieren.

Während meiner Ausbildung als Medizinalassistent war ich einige Wochen in der Station für Lungenkrankheiten tätig. Die meisten Patienten dort litten an Folgeerscheinungen langfristigen Zigarettenkonsums – an chronischer Bronchitis und Lungenemphysem. Jeden Morgen wurde ein Verkaufskarren mit allerlei Kleinkram durch die Zimmer geschoben – Zeitungen und Zeitschriften, Rasierkrem und – kaum zu fassen – Zigaretten. Nicht einmal eine durch Zigarettenrauchen verursachte und zu Arbeitsunfähigkeit führende Krankheit reichte aus, die Menschen von dieser Sucht abzubringen. Bemühungen, Zigarettenpackungen von diesem Verkaufskarren zu verbannen, scheiterten am heftigen Protest der Patienten. Einer von ihnen war besonders bekannt. Durch das Rauchen hatte er sich eine Lungenkrankheit im Endstadium zugezogen, die ihm solche Schwierigkeiten beim Atmen machte, daß bei ihm ein permanenter Luftröhrenschnitt vorgenommen werden mußte. Aus dieser Öffnung wurden die zähen Sekretionen abgesaugt, da er zu schwach war, sie aus eigener Kraft auszuhusten. Sauerstoff und Medikamente konnten ihm über eine Beatmungsmaschine durch den Luftröhrenschnitt zugeführt werden. Nie werde ich diesen unerschütterlichen alten Mann vergessen. Denn er hatte herausgefunden, daß der Durchmesser der eingeführten Tracheostomie-Kanüle genau den Durchmesser einer Zigarette hatte. Und nun lag er da auf dem Rücken, zündete sich eine Zigarette an, steckte sie in das Loch in seinem Hals und rauchte durch den künstlichen Luftweg, wobei die Zigarette vertikal aus seiner Luftröhre herausragte! Nicht einmal die Gewißheit des bevorstehenden Lungentodes konnte ihn von dieser Gewohnheit abbringen.

Am häufigsten versinken wir jedoch auf subtilere Weise im Jonas-Komplex, subtil genug, daß wir uns selbst zum Narren halten können, indem wir die Folgen unseres Tuns einfach ignorieren. Unsere Verstöße gegen den gesunden Menschenverstand können so simpel sein wie etwa das Versäumnis, täglich die Zähne zu putzen, oder Blut im Anus Hämorrhoiden zuzuschreiben, obwohl wir wissen, es könnte eine Folge von Dickdarmkrebs sein. Frauen beachten einen Knoten in der Brust nicht weiter, weil sie sich sagen, es handle sich nur um eine »Zyste«. Oder wir gehen periodischen Stuhlganguntersuchungen mit der Ausrede aus dem Wege, «in meiner Familie hat es nie Krebs gegeben». Genauso wie wir häufig Menschen ablehnen (oder auch bewundern), die göttlich und vollkommen erscheinen, empfinden wir oft ein Gefühl der Feindseligkeit gegenüber Personen, die vor Gesundheit nur so strotzen. Oft erzählen mir Patienten von einem guten Bekannten, der früher genauso nachlässig gewesen sei wie sie selbst, der «es dann aber gepackt hat» und dadurch

Gewicht verlor, das Rauchen einstellte, sich körperlich mehr betätigte und sein selbstzerstörerisches Verhalten aufgab. Sie kommentierten das dann etwa mit der Bemerkung: «John ist so ein richtiger Gesundheitsfanatiker geworden.» John läßt in seinem Streben nach Gesundheit auf einmal jedes gesunde Maß vermissen. Seine Haltung ist zu radikal für vernünftige Menschen wie mich! Ein typischer Einwand: «Wir wollen es doch nicht übertreiben!» Dabei spielt es für diese Kommentatoren keine Rolle, daß John sich zum erstenmal in seinem Leben als Erwachsener wunderbar fühlt oder daß er nun kreativer und glücklicher zu sein scheint.

Manchmal kehren die Menschen nach einem vorangegangenen spürbaren Wandel in ihrer Gesundheitsstrategie wieder zur alten, ungesunden und selbstzerstörerischen Lebensweise zurück. Ein typisches Beispiel ist die Person, die sich nach massivem Gewichtsverlust als Folge einer Diät ihr früheres Gewicht wieder «anfrißt», oder der Mensch, der endlich den ständigen Alkoholgenuß eingestellt hat, um nach einer Weile wieder mit dem Trinken anzufangen. Sein typischer Kommentar: «Doktor, meine Freunde haben mir gesagt, ehe ich weiterhin so unausstehlich bleibe, sollte ich lieber wieder zu trinken anfangen. Sie könnten es einfach nicht in meiner Nähe aushalten, seitdem ich trocken bin.»

Solche Erfahrungen sind Beispiele dafür, daß *wir nicht stark genug sind, vollkommene Gesundheit auszuhalten*. Es ist dies eine praktische Anwendung der Feststellung von Maslow, daß wir emotionale Gipfelerfahrungen nur in Maßen ertragen. Wir können die Intensität transzendenter psychischer und spiritueller Erfahrung nicht auf Dauer aushalten. Es ist so, als trügen wir in uns einen Thermostaten für derartige Geschehnisse, der auf einen bestimmten Wärmepunkt eingestellt ist und uns abschaltet, sobald wir diesen überschreiten. So ist es auch mit der Gesundheit. Wir alle wissen, daß wir gesünder sein können, und die meisten von uns sind es auch einmal gewesen. Wir ignorieren das Selbstverständliche: wir *könnten* gesünder sein, wenn wir es wollten. Doch haben wir uns für den anderen Weg entschieden – weniger Gesundheit, reduziertes Wohlbefinden, verkümmerte Vitalität. Warum?

Die Antwort liegt meines Erachtens in der Tatsache, daß zur Gesundheit mehr gehört als nur ordentliche Körperfunktionen. Wäre Gesundheitspflege nichts weiter als die Wartung einer Maschine – würde unser Körper etwa wie ein Auto funktionieren –, dann könnten wir alle äußerst gesund sein. Doch verhalten Körper sich nun einmal *nicht* wie Autos, lassen sich nicht mit rein mechanischen Begriffen beschreiben. Tatsache ist, daß alle Bemühungen um bessere Gesundheit über den Körper hinaus in den Bereich der Gefühle, Empfindungen und des Geistes reichen. Rein körperliche Gesundheit ist eine Illusion und existiert nicht. Alle Versuche, den Körper zu verbessern, erstrecken sich auch auf den Geist und das Bewußtsein.

Man kann es auch anders ausdrücken: Gesundheit ist nicht etwas, was man *tun* kann. Sie ist eine Form des *Seins*. Man darf nicht fragen: «Was soll ich *tun*, um gesund zu sein?», sondern: «Wie soll ich *sein*, um Gesundheit zu verwirklichen?» Da Gesundheit auch die Art einbezieht, wie wir fühlen, wie wir das Leben erfahren, hat das erhebliche Rückwirkungen auf unsere Befähigung, sie zu ertragen. Manchmal wird uns Gesundheit zuviel. Wir können sie nicht ertragen, scheuen vor ihr zurück. Und wir ersinnen dafür die windigsten Ausreden, wobei wir uns selbst gegenüber rechtfertigen, warum wir keine andere Wahl haben, als unsere Gesundheit zu zerstören.

Als ein Beispiel für den «Seins»-Aspekt der Gesundheit nehme man das Problem eines erhöhten Cholesterinspiegels im Blut – ein Hauptrisikofaktor für die in unserer Gesellschaft am meisten verbreitete Todesursache, die Arterienverkalkung, die auch die Weichen für den Herzinfarkt stellt. Wir waren stets der Ansicht, der Cholesterinspiegel werde durch eindeutige Faktoren bestimmt: genetische wie verhaltensmäßige, Probleme der Ernährung, der körperlichen Betätigung und des Körpergewichts. Dementsprechend haben wir alle gesagt, zur Senkung sei ein gewisses *Tun* erforderlich, das sich, da wir uns nicht selbst genetisch neu programmieren können, vor allem auf Einhaltung einer Diät, Gewichtskontrolle, körperliche Bewegung und bestimmte Medikamente konzentrieren muß. Nun erfahren wir jedoch, daß das Problem nicht so objektiv ist, wie wir stets angenommen haben, denn es gibt «Seins»-Faktoren, die für die Höhe des Cholesterinspiegels wichtig sind. So erhöht sich beispielsweise der Cholesterinspiegel bei Steuerberatern in der Zeit zwischen dem 1. Januar und dem 15. April – wenn die Steuererklärungen fällig sind – um durchschnittlich 100 Milligramm pro 100 Kubikzentimeter Blut, eine auffallende Steigerung.[3] Bei Medizinstudenten steigt er vor akademischen Prüfungen beträchtlich.[4] Andererseits sinkt er um etwa 30 Prozent, wenn Menschen mit hohem Cholesterinspiegel lernen, zweimal täglich zur Entspannung zu meditieren. (Es gibt kein Medikament, das auf die Dauer so wirksam und sicher wirkt wie Meditation.)

Die Sache ist einfach die: Selbst wenn es um etwas so Spezifisches und Objektives wie den Cholesteringehalt im Blut geht, spielen Seinsfaktoren mit. Was zählt, ist, wie wir leben, nicht nur, was wir tun. Hier liegt der Schlüssel zu der Frage, warum wir vor Gesundheit zurückschrecken, warum es uns so schwerfällt, volle Gesundheit zu ertragen, warum wir sie nicht mit mehr Begeisterung aufnehmen. Wahre Gesundheit stellt Forderungen an uns. Sie dehnt sich auf die Ebenen des Empfindens, der Gefühle und des Verhaltens aus – zu den Wurzeln unseres *Seins*. So kann es sehr unbequem werden, gesund zu sein, so gesund, wie wir es sein könnten. Es ist leichter, diejenigen zu verspotten, die den anderen Weg gewählt haben, und sie Gesundheitstrottel oder Sonderlinge zu nennen. Dabei wissen wir in unserem tiefsten Inneren, daß das falsch ist.

Die Behauptung, Gesundheit sei ein rein körperliches Phänomen, gibt uns große emotionale Sicherheit. Solange wir Gesundheit vom Empfinden trennen, isolieren wir uns selbst von der Notwendigkeit genauer Selbstbeurteilung, Selbsterkenntnis, des Wandels. Da ist es doch viel besser, Röntgenaufnahmen des Brustkorbs und die Ergebnisse der Blutuntersuchungen zu studieren, statt tief in die eigene Psyche hineinzuschauen. Und doch vermehren sich von einer Krankheit zur anderen die Beweise, daß «Seinsfaktoren» ganz entscheidend sind. Manchmal haben sie Konsequenzen, die über Leben und Tod entscheiden.

Professor Reich und seine Mitarbeiter an der medizinischen Fakultät der Harvard University haben Patienten untersucht, die wegen lebensgefährlicher Herzrhythmus-Störungen in der dafür zuständigen Abteilung untergebracht waren. Dabei handelte es sich nicht um das belanglose Herzklopfen, das bei vielen Menschen mit normalem Herzen auftritt, sondern um Störungen, die eine erhebliche Sterblichkeitsrate haben, wenn sie nicht behandelt werden. Reich fand dabei folgendes heraus: In den vierundzwanzig Stunden, die dem Beginn der Rhythmusstörungen vorausgingen, erlebten zwanzig Prozent der Patienten tiefgreifende emotionale Aufregungen, Ärger, akute Depressionen oder Ängste. Interessanterweise gab es bei diesen Patienten im großen und ganzen *weniger* Erkrankungen der Koronargefäße als beim Rest der Gruppe.[5]

Jede Behandlung wäre unvollständig, die bei dieser Gruppe die Art des *Tuns* besonders betonen würde – also Tests aller Art, Blutuntersuchungen, Verordnung von Medikamenten, ständige Beobachtung des Blutdrucks und dergleichen – und dabei die Form des *Seins* vernachlässigte. Hier handelt es sich um eine Dimension der Gesundheit, die man nicht vernachlässigen darf, auch wenn sie neue Anforderungen an den Arzt stellt und den Patienten gelegentlich mit unbequemen Wahrheiten konfrontiert.

Es muß auch erwähnt werden, daß der Jonas-Komplex häufig auch für den Arzt gilt, der sich vielleicht scheut, den besten Rat zu geben, den er kennt – selbst wenn er weiß, daß die Lebensweise seines Patienten selbstzerstörerisch ist und ihn auf Kollisionskurs mit einer katastrophalen Erkrankung bringt. Aber: Wie kann ein Arzt nachdrücklich vor den negativen Auswirkungen von Streß und zerstörerischem, hektischem Lebensstil warnen, wenn sein eigenes Leben in derselben Art verläuft? Wie kann er einem Patienten die negativen Folgen von Bewegungsmangel, Dickleibigkeit und Zigarettenkonsum schildern, wenn er selbst sich nicht besser verhält? Den Rat, von dem er weiß, daß er ihn geben sollte, kann er selbst nicht ertragen – weshalb er dem wirklichen Problem ausweicht. Wenn das eigene Leben vom Jonas-Komplex bestimmt ist und er selbst nicht nach höherer Gesundheit strebt, etwa nach dem Motto «Ich bin zu beschäftigt, mir passiert das schon nicht» – dann ist es sehr unwahrscheinlich, daß er diese Probleme mit seinem Patienten bespricht, aus Angst, sich selbst unbequem zu werden. Die uralte Herausforderung «Arzt, heile dich selbst!» kann schmerzlich sein. Da ist es schon besser, die Dinge nicht zu komplizieren und Gesundheit als rein körperliche Funktion zu betrachten. Schließlich hat man als Arzt genug zu tun und hält sich an die rein physischen Aspekte der Krankheit. Ein Pfarrer operiert ja auch keinen Blinddarm. Warum also sollte man von Ärzten erwarten, daß sie sich mit anderen als rein körperlichen Problemen ihrer Patienten beschäftigen. So argumentiert man.

Da Ärzte und Patienten gleichermaßen vom Jonas-Komplex betroffen sind, findet ein Anpassungsprozeß statt – Patienten wählen sich die Ärzte, die ihnen selbst ähnlich sind. Trifft der Patient auf einen Arzt, der ebenfalls den Jonas-Komplex hat, dann läuft ein sehr komplexes Spiel ab. Bei diesem Vorgang gelten etwa folgende ungeschriebene Spielregeln:

*Patient zum Arzt:* «Wir wollen doch eins gleich einmal klarstellen. Ich bin zu Ihnen gekommen, damit Sie das behandeln, was ich behandelt haben möchte. Ich bezahle die Rechnung, und ich bestimme die Regeln. Sie haben sich ausschließlich auf meine physischen Probleme zu konzentrieren – und nur auf die, die ich auswähle. Also kommen Sie mir nicht mit der ganzheitlichen Masche.»
*Arzt zum Patienten:* «Keine Einwände. Schließlich ist ja alles rein körperlich, nicht wahr? Ich werde Ihnen das Leben nicht mit diesem ‹emotionalen und spirituellen› Quatsch vergällen. Wir bleiben mit beiden Füßen auf der Erde und sprechen nur über das, worüber Sie sprechen wollen. Auf diese Weise kommen auch Sie *mir* nicht zu nahe. Schließlich bin auch ich kein Heiliger. Gott weiß, daß mir bei diesem Gerede von Emotionen und vom Spirituellen stets unbehaglich zumute ist. Es findet eben alles nur im Körper statt, das habe ich schon immer gesagt. Wissen Sie, ich glaube, wir beide werden uns blendend verstehen.»

Es hat mich immer wieder erstaunt, wie sympathisch Arzt und Patient einander finden. Jahre hindurch scheinen viele Ärzte und Patienten sich miteinander zu entwickeln – bis zu dem Punkt, daß sie sich häufig hinsichtlich Sprechweise, Kleidung und Gehabe ähnlich werden. Natürlich gibt es Ausnahmen von dieser Verallgemeinerung. Doch wird die Berufsausübung vieler Ärzte schwerwiegend davon beeinflußt, daß Patienten sich Ärzte aussuchen, die ihnen selbst gleichen und die gewillt sind, sich stillschweigend an Regeln zu halten, die die Notwendigkeit einer tieferen inneren Selbstbeurteilung verdrängen.

Welchen Ausweg gibt es da? Was können wir tun, wenn der Jonas-Komplex unsere Gesundheit beschränkt und selbst Ärzte befällt, von denen wir Weisheit und Anleitung erwarten? Maslow schreibt:

> Der Mensch muß sich der göttlichen Möglichkeiten in sich selbst ebenso bewußt werden wie der existentiellen menschlichen Grenzen. Er muß imstande sein, über sich selbst und alle menschlichen Anmaßungen gleichzeitig zu lachen. Wer imstande ist, über den Wurm zu schmunzeln, der ein Gott zu sein versucht, der mag es weiterhin versuchen, mag anmaßend sein, ohne befürchten zu müssen, daß er dem Wahn verfällt oder den bösen Blick auf sich zieht. Bewußtes Gewahrwerden, Einsicht und «sich hindurcharbeiten» ... das ist die Antwort ... Das ist der beste mir bekannte Weg zur Annahme der größten Kräfte in uns und aller übrigen Elemente der Größe, Güte, Weisheit oder Begabung, die wir vielleicht verborgen halten oder denen wir aus dem Weg gegangen sind.[6]

Manchmal gelangt man zu dem von Maslow erwähnten «Durcharbeiten» als Folge einer körperlichen Erkrankung, die entsteht, wenn wir den Jonas-Komplex bis zu seiner äußersten Grenze treiben. Doch besteht Hoffnung, daß wir unseren eigenen Jonas-Komplex durchschauen, bevor uns die tatsächliche körperliche Krankheit befällt.

Die Fragestellung sollte vielleicht nicht lauten: «Bin ich gesund», sondern: «Bin ich so gesund, wie ich es sein könnte?» Meines Erachtens würde die Antwort für die meisten Menschen ein eindeutiges Nein sein. Fast jeder von uns weiß, wie er seine Gesundheit verbessern könnte. Und wenn die verneinende Antwort uns nicht ein unverkennbar unbehagliches Gefühl bereitet, dann haben wir wahrscheinlich nicht wirklich ehrlich gefragt. Die Antwort «Nein» bedeutet, daß wir uns vor uns selbst verstecken, daß wir unsere innere Klugheit verdrängt haben.

Die Geschichte von Jonas endet bekanntlich nicht tragisch. Obwohl er versuchte, vor seinem Geschick davonzulaufen, schaffte er es nicht, wenn auch ein vorübergehender Aufenthalt im Bauch eines Wals für seine Erleuchtung notwendig wurde. Seine Geschichte lehrt uns, daß es möglich ist, auf den rechten Weg zurückzufinden und daß der Jonas-Komplex nicht unheilbar ist. So wie Jonas können auch wir weiser, gesünder und heil wieder an die Oberfläche kommen.

## 3. Jenseits von Schmerz und Tod: ein unerreichbarer Traum?

> Die Alternative zu dieser ungewissen Welt ist eine gewisse Welt. In einer solchen Welt ... würde alles Leben enden. Denn wie wir wissen, kann Leben nur durch den Segen der Unsicherheit existieren, und Sicherheit ist ein Mythos.
> Und dennoch ist die Sicherheit da. Wir fühlen ihre Gegenwart. Doch müssen wir die Unsicherheit unserer Lage akzeptieren. Ohne diese Unsicherheit gibt es keine Welt.
>
> Fred Alan Wolf
> *Taking the Quantum Leap*

In den vorangegangenen Abschnitten haben wir die Kommentare vieler sehr unterschiedlicher Personen über die Natur von Schmerzen und Leid, Kummer, Schrecken und Tod untersucht. Mehrere philosophische Aspekte dieser Diskussion lassen uns hoffen, daß es möglich ist, unsere krankhaften Empfindungen in bezug auf Schmerz und Tod zu überwinden. Wir haben auch festgestellt, daß einige dieser Aspekte mit Perspektiven aus Schlüsselbereichen der modernen Naturwissenschaften übereinstimmen. Doch liegt gerade hier die Schwierigkeit, denn viele derartige Behauptungen sind *logisch*. Sie appellieren an den rationalen, verbalen, denkenden Geist. Sie versuchen sich über den Intellekt Geltung zu verschaffen – ein Weg, der bisher nicht sehr überzeugend wirkte, wenn es darum ging, Gedanken, Gefühle und Leben der Menschen zu beeinflussen. Mögen sie noch so «wasserdicht» in ihrer logischen Folgerichtigkeit sein: bei Fragen von Schmerzen und Leid, Leben und Tod läßt unser Geist sich nicht sehr von Logik beeindrucken. Im Grunde handelt es sich auch gar nicht um Belange der Logik, da es in erster Linie um emotionale Angelegenheiten geht und nicht um solche des Intellekts. Denn nicht trockene Ideen entflammen das Herz des Menschen, sondern das Feuer der Gefühle. Es hilft uns nicht, wenn Philosophen und Naturwissenschaftler mit einer Stimme sprechen (was sie ja auch gar nicht tun) und uns mit einer Fülle verstandesmäßiger Gründe die schwärenden Ängste vor Tod und Pein auszutreiben versuchen. Die unumstößliche Tatsache bleibt bestehen: das genügt nicht.

Damit soll nicht geleugnet werden, daß die Gewalt von Ideen viele Menschen beeinflußt hat. Man kann nicht die Lebensgeschichte großer Denker lesen und die Kraft intellektueller Erkenntnis leugnen. Aber sind es wirklich die Ideen, die einen verwandelnden Einfluß auf diejenigen ausüben, die mit ihnen in Berührung kommen, oder sind es irgendwelche tieferen Kräfte? Ich glaube an das letztere – an eine Macht, die über den rationalen Geist und den denkenden, argumentierenden Intellekt hinausreicht, etwas, was sowohl den Kopf wie das Herz anrührt. Die Lektüre der Lebensgeschichte von zwei der bedeutendsten Männern der naturwissenschaftlichen Epoche, Newton und Einstein, bestätigt diese Ansicht. Beide verkörperten in ihrem Sein tiefempfundene Ideen über die Vollkommenheit des Universums – Ideen, die all ihren Bemühungen Gestalt gaben. Sie schienen die Vorstellung von einer kalten und leidenschaftslosen Naturwissenschaft ohne Werte und Gefühle abzulehnen. Für sie ging es nicht nur um bloßes Formulieren von Hypothesen, Sammeln von Daten und Analysieren von Informationen. Vielmehr scheinen ihre wissenschaftlichen Erkenntnisse von einem tieferen Wissen angetrieben und mit Kraft ausgestattet. Dabei spielt es keine Rolle, ob die Visionen dieser großen Wissenschaftler in allen Einzelheiten richtig und gültig waren. Wichtig ist vielmehr folgendes: Treten im Leben bestimmter Personen großartige Ideen als machtvolle Geschehnisse auf, dann müssen wir tiefer nach der Kraft der Transformation schauen und diese weniger in der Kraft der Logik und des Verstandes als in Emotionen, Visionen und der Seele suchen.

Üblicherweise sehen wir nicht, daß unsere Verhaltensweisen

auf diese Weise geformt werden. Fragt man uns etwa, was mit uns geschehen wird, wenn wir sterben, dann wird unsere Antwort vermutlich mit den Worten beginnen: «Nun, ich *glaube*, daß ...», während die genauere Antwort für die meisten von uns sein würde: «Ich *fühle*, daß ...» Denn es ist eine Tatsache, daß das meiste, was wir hinsichtlich Leiden und Tod «glauben», nicht rationaler Logik entstammt, sondern Vorstellungen, die fundamental an Gefühle und Empfindungen gebunden sind. In diesen Dingen sprechen wir aus dem Herzen und kleiden unsere Gedanken erst später in verstandesmäßige Ausdrucksformen.

Bei Gesprächen mit Kranken, die mich konsultierten, faszinierte es mich immer wieder, mit welchen Worten sie ihre Situation beschrieben. Beim Notieren der Krankengeschichte frage ich gewöhnlich an einer bestimmten Stelle: «Warum haben Sie sich gerade jetzt entschlossen, zu mir zu kommen?» Dann höre ich in der Regel nicht etwa die Antwort: «Nun, ich glaube, daß etwas mit mir nicht stimmt», sondern: «Ich habe das *Gefühl*, daß etwas nicht stimmt», oder: «Ich *weiß*, etwas ist nicht in Ordnung» – wobei dieses Wissen eine Art nichtverbalen Gewahrseins ist, die nichts mit kühlem Verstand und Logik zu tun hat. Die Antworten der Patienten zeigen, daß unser Vertrauen in irrationale, innere Weisheit nach oben drängt, ehe wir es hinter linearem Denken verbergen können. Das erweist sich besonders dann, wenn der Arzt diese Frage ganz überraschend stellt.

Wir möchten also nicht wissen, ob es zwingende philosophische oder sogar naturwissenschaftliche Gründe gibt, unsere Schreckensvisionen von Leiden und Tod zu revidieren, sondern ob wir Wege finden können, die Furcht zu transzendieren, die aus unserem Herzen zu uns spricht. Gibt es irgendeinen anderen Weg – einen Weg des Herzens oder der Seele –, der uns von der Furcht, dem Schmerz, der Angst vor Leid und Tod befreit? Gibt es irgendein Verstehen, mit dem sich die tiefste, innerste Art des Erkennens und das «bloße» Begreifen des Intellekts vereinigen lassen?

Es ist wichtig, das Wort «vereinigen» zu betonen. Nach Möglichkeit sollten die beiden Formen des Erkennens, die intellektuelle und die aus der Seele kommende genau ineinanderpassen. Andernfalls werden weiterhin falsche Ausdrucksformen entstehen, wie es in der Vergangenheit mit den Dissonanzen «Naturwissenschaft versus Religion», «Verstand versus Geist» oder Varianten der Dichotomie «Kopf versus Herz» der Fall war. Unser Ziel ist es, wenn möglich Kopf und Herz zusammenzuführen – nicht im Sinne der Behauptung, beide Arten des Erkennens seien identisch oder entstammten derselben Quelle, sondern damit das Weltbild, das beide Weisen des Erkennens vermitteln, harmonisch ist.

Es kommt auch darauf an, nicht gleich in eine Falle zu geraten, nämlich stillschweigend anzunehmen, Verstand und Intuition des Menschen würden ewig durch einen unüberwindlichen Abgrund getrennt bleiben. Diese Vorstellung lehne ich rundweg ab; sie scheint mir das Kernstück eines großen Teiles der oben erwähnten «versus»-Kontroversen zu sein. Solange wir darauf bestehen, daß es nur *ein* Bild von der Welt gibt und *nur* das Licht der Vernunft es erleuchtet oder *allein* die Kraft der inneren Weisheit und Intuition es erfassen könne – so lange werden wir uns eine Vision der Welt und unserer selbst vorenthalten, die man erst erkennen kann, wenn wir von allen Wegen der Erkenntnis Gebrauch machen, den rationalen *und* den intuitiven, den logischen *und* den spirituellen. Diese Wege des Erkennens sind eindeutig *nicht* dieselben. Dennoch braucht das Bild vom Universum, das sie uns vermitteln, nicht zwangsläufig unüberbrückbar widersprüchlich zu sein.

Ziel dieses Buches ist es, unsere Anschauungen über Gesundheit und ihre Korrelate zu überdenken: was wir meinen, wenn wir von Geburt und Tod, Gesundheit und Krankheit, Schmerz und Ekstase, Schlaffheit und Vitalität, Furcht und Hoffnung, Niedergeschlagenheit und Frohsinn, Sich-gut-Fühlen und Sich-schlecht-Fühlen sprechen. In diesem Rahmen wird die Behauptung aufgestellt, es gebe einen inneren Zusammenhang, der diese Gegensätze vereint. Sie *sind wirklich* unauflöslich verknüpft, nicht nur philosophisch und rein begrifflich, sondern ebenso aus reiner Erfahrung. Wäre es möglich, diese Fakten auf der tiefsten Ebene zu *kennen*, dann würde es zu einer erstaunlichen Revolution in unserer persönlichen Lebenserfahrung kommen. Denn dann würden die dunklen Kräfte, die uns bedrängen, ihrerseits transformiert.

## Die beiden Arten des Erkennens

> Uns stehen demnach *zwei grundlegende Arten des Erkennens* zur Verfügung ...: die eine hat man als symbolisch, ableitend oder dualistisch bezeichnet – als Erkennen mit Hilfe von «Landkarten»; die andere dagegen bezeichnet man als innerlich, unmittelbar oder nicht-dualistisch.
>
> ... Diese beiden Formen des Erkennens sind universal, das heißt, sie sind in der einen oder anderen Form zu den verschiedensten Zeiten und an den verschiedensten Orten während der Menschheitsgeschichte erkannt worden, vom Taoismus bis zu William James, von Vedanta bis zu Alfred North Whitehead, vom Zen bis zur christlichen Theologie.[1]

So beschreibt Ken Wilber in seinem bemerkenswerten Buch *The Spectrum of Consciousness* die komplementären Wege zum Erkennen der Welt. Unsere Art des *Denkens* über Gesundheit in all ihren Facetten – Geburt, Tod, Schmerzen, Lust – gehört zur symbolischen, ableitenden oder dualistischen Art. Diese Denkart verzerrt die Welt auf eine Weise, die zu Täuschungen führt und die uns hypnotisch dazu verleiten kann, das Symbolische für das Wirkliche zu halten.

### *Schmerz als Abbild*

Befassen wir uns nun mit einem von vielen möglichen Beispielen – der Erfahrung des Schmerzes. Hängen wir dieser Erfahrung das Wort «Schmerz» an, dann wird Schmerz von unserem Geist in eine Art Abbild umgewandelt. Von da an sind wir nicht mehr davon abzubringen, das Symbolische – das *Wort* «Schmerz» oder den Gedanken oder die Erinnerung an Schmerz – für eine Art «Ding» zu halten. Und wir reagieren auf dieses «Ding», als sei *es* real.

Auch auf der physiologischen Ebene verwirrt sich jetzt das Symbolische mit dem Realen. Denn Gedanken an Schmerzen können echte physiologische Veränderungen im Körper bewirken – erhöhten Puls und Blutdruck, kalte und feuchte Hände, beschleunigtes Atmen und sogar die tatsächliche Empfindung des

Schmerzes. Auf diese Weise wird das Symbolische so wirklich, daß wir uns selbst an der Nase herumführen und sozusagen an Gespenster glauben – weil wir so gespenstische Dinge wie Begriffe, Worte und Erinnerungen in etwas umgewandelt haben, was *wirklich in Erscheinung tritt*. Mit unseren emotionalen Reaktionen reagieren wir also auf diese «Dinge», als seien sie Objekte – als besäßen sie eine eigene substantielle und konkrete Eigenschaft, als besetzten sie tatsächlich Punkte in Raum und Zeit, als seien sie «wirklich» in jeder Hinsicht.

Derartige Reaktionen werden in uns nicht nur von der Erfahrung des Schmerzes hervorgerufen. Das gilt für alle Begriffe, die wir in die umfassendere Kategorie Gesundheit einbeziehen. Wir vergegenständlichen unsere Begriffe von Geburt, Tod, Krankheit und Wohlergehen auf dieselbe Weise, reagieren auf sie, als wären sie Objekte-in-der-Welt. Es ist nicht die Erfahrung, vor der wir uns fürchten (etwa die Erfahrung von Schmerzen), sondern eher die *Erinnerung an* oder *Erwartung von* Erfahrung, auf die wir reagieren – ohne Rücksicht darauf, ob es sich bei der Erfahrung um Schmerzen oder eine der vielen anderen Eigenschaften handelt, die wir der umfassenden Kategorie Gesundheit zuordnen.

Es gibt einen entscheidenden Unterschied zwischen dem nachempfundenen Schmerz und dem wirklichen Ding. Beim Nachempfinden, bei dem man das Symbolische für das Wirkliche hält, spüren wir, daß es etwas von uns Getrenntes gibt, etwas, das unserer Ansicht nach «da draußen» ist, etwas Externes, das weit von uns existiert. Wir fürchten «es». «Es» ist schmerzhaft und verletzend; «es» ist das, was das Leiden verursacht. Und doch gibt es in der tatsächlichen Erfahrung heftiger Schmerzen nichts oder nur wenig von dieser «Es»-Erfahrung. Bei wirklicher Verletzung *sind wir* der Schmerz. Bei heftigen Schmerzen geben wir uns dem Unbehagen ganz hin, wir werden selbst der Schmerz. Da lassen wir uns nicht mehr darauf ein, Begriffe zu bilden, um Befürchtungen vor dem Schmerz zu formulieren und davor, was er uns antun könnte. Unterscheidungen zwischen dem Ich und dem anderen schmelzen im Verlauf der Erfahrung dahin.

Ganz anders bei den gewöhnlichen, alltäglichen Schmerzen, die uns nicht durch schiere Unerträglichkeit überwältigen. Bei mildem oder mäßigem Schmerz pfuschen wir auf die fantasiereichste Weise an der Erfahrung herum. Der Schmerz erscheint als ein «Es», etwas Übelwollendes, das sich anschickt, uns tatsächliche Schmerzen zu bereiten, und wir statten ihn mit den farbenprächtigsten Eigenschaften aus, die wir früheren Erfahrungen mit schmerzhaften Geschehnissen entnehmen. Die Grenzen zwischen tatsächlicher Schmerzempfindung und Einbildung verwischen sich. Was dabei herauskommt, ist etwas vom aktuellen Schmerz sehr Verschiedenes. Es ist teils Schmerz, teils Angst, teils Grauen und Entsetzen und Kummer. Als sei der tatsächliche Schmerz nicht genug, verstärken wir ihn noch.

Diese Art des Erkennens bezeichnet Wilber als «Landkarten-Erkenntnis». Denn anstelle des Dinges selbst bedienen wir uns einer Darstellung, gezeichnet nach Gedächtnis und Erwartung.

Und dennoch werden wir im Verlauf unseres Lebens fortlaufend darauf hingewiesen, daß es einen anderen, gültigeren Weg zur Erfahrung von Gesundheit und Krankheit gibt. Intensiver Schmerz kann unsere Neigung ausschalten, die Landkarte mit dem Gelände zu verwechseln, sobald wir in der Erfahrung zum Schmerz selbst werden. Derselbe Prozeß vollzieht sich, wenn wir *ernstlich krank* sind. Wir werden unsere Krankheit. Wir verhalten uns nicht so, als wären wir von ihr getrennt, vereinigen uns mit ihr und hören auf, sie als ein «Es» zu empfinden. In den Tiefen der Krankheit und der Malaise, die viele Krankheiten begleitet, äußern viele Patienten häufig als eigene Erfahrung: «Ich *bin* krank.» Das ist die Identifizierung des Ich mit der Krankheit. Damit hört man auf, Krankheit in etwas umzuwandeln, was von uns getrennt existiert. Da ist ein Prozeß im Gange, bei dem das Leiden und der Leidende eins werden.

Es wäre falsch anzunehmen, daß diese Einsicht sich nur bei sehr schweren Erkrankungen durchsetzt. Man braucht nicht Krebs oder einen Herzinfarkt zu haben, um ein existentielles Einssein mit Krankheit und Schmerz zu erfahren. Das kann vielmehr schon im Gefolge viel harmloserer Erkrankungen geschehen, etwa bei einer normalen Erkältung oder Grippe. Jede Erkrankung, die an unserer Vitalität zehrt, physisch oder mental, kann bei uns die Identität von Ich und Leiden hervorrufen. Es mag schwieriger sein, sich mit den spektakulären Krankheiten der Gegenwart zu identifizieren – Krebs, Herzinfarkt, Schlaganfall –, weil sie leider zu allzuvielen «Es» symbolisiert wurden, die wir entweder «einfangen» oder die uns «packen». Unversehens wird man von außen von «dem großen Etwas» angegriffen, von irgendeinem «Ding» gerade dann niedergeschlagen, wenn wir es am wenigsten erwarten. Tatsache ist, daß die ganz normale Erkältung die Hauptursache für die meisten verlorenen Arbeitstage in unserer Gesellschaft ist – und zwar durch das ausgeprägte Unwohlsein, das sie begleitet und an unserer physischen und psychischen Energie zehrt. Daher können so «harmlose» Erkrankungen wie eine gewöhnliche Erkältung ein großer Lehrmeister sein, wenn es darum geht, durch die Empfindung der Unmittelbarkeit des Gesundheitsgeschehens mit der Erfahrung zu verschmelzen.

*Krankheit als Lehrmeister*

In vielen Perioden und Kulturen der Geschichte hat man Krankheit als bedeutenden Lehrmeister angesehen. Allmählich erkennen wir jetzt einen der Gründe dafür. Sobald wir mit der Krankheit eins werden, wenden wir die zweite der vorhin beschriebenen Erkenntnisarten an, diejenige, zu der wir auf «verinnerlichte oder unmittelbare oder nicht-dualistische Weise» gelangen.[2] Jedes Krankheitsgeschehen, das uns zur Einheit und zum Einssein mit ihm verhilft, ist eine lebendige Erfahrung dieser Form des Erkennens. Die unmittelbare Erfahrung von Krankheit, Schmerz und Leiden, nicht vermittelt oder verfälscht durch Symbolik, Phantasie, Erinnerung oder Erwartung, ist eine Übung in der nicht-dualistischen Weise des Erkennens.

Diese Art der Erkenntnis besaßen die großen Mystiker, denen wir in allen kulturellen Überlieferungen begegnen. Denn es ist das Ziel der Mystik, eine unvermittelte Wirklichkeit zu erfassen, die Welt unmittelbar zu erfahren – eine Aufgabe, bei der Krankheit oft eine entscheidende Rolle zu spielen scheint. Das Thema Krankheit-als-Lehrmeister veranlaßte die bedeutende Expertin für abendländische Mystik, Evelyn Underhill, von der «heroischen Annahme von Mühsal und Leiden» durch den Mystiker zu sprechen. «Oft gehen Kranke gesund aus einer Ekstase hervor, mit neuen Kräften versehen; dann wird der Seele Großartiges geschenkt.»[3]

Die Quellen dieser «neuen Kräfte», die «der Seele geschenkt» werden, liegen zumindest teilweise in der Befähigung, die Welt so zu sehen, wie sie ist, selbst den Teil der Welt, den wir gewöhnlich für unerfreulich halten – weil er aus Krankheit, aus Schmerzen und Leiden besteht.

Diese Haltung gegenüber der unerfreulichen Seite des Lebens ist nicht einfach ein Beispiel für «christliches Erdulden», denn dieselben Erkenntnisse finden wir in vielen großen Religionen, zum Beispiel im Buddhismus. In seinem klassischen Werk über den Zen-Buddhismus, *Die drei Pfeiler des Zen*, beschreibt Philip Kapleau (beim Zitieren des Zen-Meisters Yasutani) «das Grundprinzip, die grundlegende Lehre und Philosophie des Buddhismus». Es besteht darin, daß die «Matrix aller Phänomene», die man im Buddhismus als Buddha-Wesen oder Dharma-Wesen bezeichnet, «etwas Lebendiges, Dynamisches» ist, «frei von Masse, beweglich, jenseits von Individualität und Persönlichkeit . . .»[4] Diese Welt ist jenseits des Bereichs der Vorstellung oder des Intellekts, so daß jedes Bild, das man sich von dieser realen Welt macht, die allem Existierenden zugrunde liegt, wahrlich nichts anderes ist als eben ein Bild, nicht die Wirklichkeit selbst. Obwohl wir uns diese zugrunde liegende Unterschicht nicht vorstellen oder sie auch nur denken können, läßt sie sich auf dem Wege der Erfahrung dennoch unmittelbar erkennen und erfassen. Welche Auswirkung hat diese unmittelbare Erfahrung auf unsere Vorstellungen von Schmerz, Leiden und Tod? Sie bewirkt äußerst tiefgreifende Veränderungen:

> Sind wir einmal der Welt von Buddha-Wesen gewahr geworden, so sind wir dem Tod gegenüber gleichgültig . . . [Dies wird uns klar:] Was wir Leben nennen, ist nichts mehr als eine Abfolge von Umwandlungen. Wenn wir uns nicht wandeln, sind wir leblos. Wir wachsen und altern, weil wir leben. Unser Sterben ist der Beweis dafür, daß wir gelebt haben. Wir sterben, weil wir leben. Leben bedeutet Geburt und Tod. Schöpfung und Vernichtung bedeuten Leben.
> Wenn Sie dieses Grundprinzip wahrhaft begreifen, werden Sie sich um Leben und Tod keine Sorgen machen . . . Selbst wenn bei Himmel und Erde das Oberste zuunterst gekehrt würde, werden Sie doch keine Furcht haben.[5]

Das verschafft uns einen flüchtigen Blick auf das Zentralthema vieler großer Religionen: Die Welt läßt sich nicht begreifen, wenn man sie in eine endlose Aufeinanderfolge unvereinbarer, sich gegenseitig ausschließender Paare von Gegensätzen aufteilt, etwa Geburt und Tod, Schmerz und Vergnügen. Nur wer das allesdurchdringende Einssein begreift, das den scheinbar isolierten Geschehnissen in der Welt zugrunde liegt, kann wirklich erkennen, «wie die Dinge sind». Diese Einheit schließt nichts aus, sonst wäre sie keine Einheit. Daher umfaßt sie auch Gesundheit und Krankheit, Geburt und Tod.

Es muß festgehalten werden, daß die unschönen Fakten des Lebens, jene Geschehnisse, die wir durch ein ganzes Sortiment von Gesundheitsstrategien zu verbannen suchen, mit der direkten Erfahrung des Dharma-Wesens nicht wie mystische Rauchschwaden verschwinden. Schmerzen und Tod bleiben. Sie sind weiterhin unsere Erfahrung. Doch verwandelt die nicht-dualistische, unmittelbare, verinnerlichte und unvermittelte Form des Erkennens diese Lebens-Geschehnisse zu etwas, was sich von unserem gewöhnlichen Verständnis grundlegend unterscheidet. Wir erkennen, daß sie *zu uns gehören*, daß sie nichts «Unnatürliches» sind und auch keine fremden Eindringlinge wie etwa krankheitserzeugende Bakterien oder Viren, die immer wieder den mit Glück und Freude beladenen Karren umstoßen, den wir gewöhnlich für unseren wohlverdienten Anteil am Leben halten. Der Schmerz bleibt, er muß bleiben – jedoch auch sein Gegenteil. Beide sind wesentliche Bestandteile des Buddha-Wesens. Das Einswerden mit der Erfahrung ist es, was ihn transformiert, ohne ihn zu beseitigen:

... Wenn Sie in ein Großfeuer gerieten, [würden Sie] unweigerlich verbrennen. Werden Sie also eins mit dem Feuer, wenn es kein Entkommen gibt! Wenn Sie in Armut geraten, so leben Sie darin, ohne zu grollen; dann wird ihnen die Armut keine Bürde sein. Und ebenso: Wenn Sie reich sind, leben Sie mit Ihren Reichtümern. All das ist das Wirken von Buddha-Wesen.[6]

Was bedeutet es also, über Schmerz und Tod hinauszugehen? Ist das überhaupt möglich? Nehmen wir uns dieser Frage in unserer gewöhnlichen Denkweise an – auf die Weise, die aus Schmerz und Lust, Geburt und Tod Gegensätze macht, dann lautet die Antwort nein. Denn wir können uns nicht mit logischen Tricks weismachen, daß diese gegensätzlichen Eigenschaften des Lebens auf irgendeine Weise miteinander versöhnt werden können. Sind wir jedoch gewillt, die nicht-dualistische Form des Erkennens anzuwenden, die von innen geleitete, verinnerlichte und unmittelbare Art, das Leben zu erfahren, dann lautet die Antwort zweifellos ja.

# 4. Von der Zeit, vom Übel und von der Gesundheit

Man sagt, es gebe schöpferische Pausen,
Pausen so gut wie der Tod, leer und tot. Wie der Tod selbst.
Und in diesen Pausen finde der evolutionäre Wandel statt.

D. H. Lawrence, *Nullus*

Das größte Übel in der zeitlichen Welt sitzt, wie Whitehead aufgezeigt hat, tiefer als jedes spezifische Übel wie Haß, Leiden oder Tod. Es liegt in der Tatsache, daß Zeit ewiges Vergehen bedeutet und daß Gegenwärtigsein zugleich Vernichtung bedeutet.
Die Natur des Übels läßt sich daher in zwei einfachen aber endgültigen metaphysischen Behauptungen zusammenfassen: «Dinge schwinden dahin» und «Alternativen schließen aus». In der zeitlichen Welt ... ist das Vergehen von Zeit mit Verlust verbunden, und ... die Eigenheiten vieler Dinge behindern sich gegenseitig.[1]

Es liegt in der Natur unseres Denkens, unkritisch zu akzeptieren, was als gesunder Menschenverstand angesehen wird. Die Geschichte der Menschheit ist übersät mit Ideen, die selbstverständlich schienen und später dennoch auf den großen Müllhaufen der Täuschungen geworfen wurden, zum Beispiel die Vorstellung, die Erde sei eine flache Scheibe und die Sonne drehe sich um die Erde; es gebe einen unsichtbaren Äther, der alle energetischen Wellenphänomene in der Welt weiterleite; die Erde sei der Mittelpunkt des Universums – und vieles mehr.

In Fragen der Gesundheit wird eine künftige Interpretation der Geschichte unserer Zeit wahrscheinlich aufzeigen, daß wir im Namen des gesunden Menschenverstandes Ideen akzeptierten, die genauso trügerisch waren wie die eben genannten.

Im Kern unseres Denkens über Gesundheit und Krankheit gibt es zwei Vorstellungen, die wir wirklich transzendieren könnten, wenn wir den Mut dazu aufbrächten. Sie sind verantwortlich für die absurdesten Eigenschaften von Schmerzen und Leiden und Tod und bilden den Urgrund unerhörten menschlichen Elends – eines Elends, das zum größten Teil durch falsches Denken verursacht und somit selbstverschuldet ist. Um welche beiden Ideen handelt es sich? Auf eine einfache Formel gebracht: Erstens, wir leben in einer Welt separater Objekte, die, zweitens, innerhalb einer linearen Zeit existieren, die unausweichlich von der Vergangenheit über die Gegenwart in die Zukunft fließt.

*Gesundheit in einer Welt der Objekte*

In meinem Buch *Die Medizin von Raum und Zeit*[2] habe ich die Gründe untersucht, warum beide Vorstellungen im Lichte der Entdeckungen der modernen Naturwissenschaft angezweifelt werden. Sie gehören einer Naturwissenschaft früherer Tage an, die ihr Weltbild mehr auf den gesunden Menschenverstand als auf Beweise gründete.

Für die früheren Naturwissenschaftler bestand die Welt aus nicht wechselwirkenden Objekten. Für sie gab es im Universum nur zweierlei Objekte und leeren Raum. Von den Griechen, etwa von Demokrit, stammt die Idee der Atome als erstrangigen und reinsten Bausteinen der Natur. Diese Einheiten konnten so miteinander kombiniert werden, daß sich daraus Formen zunehmender Komplexität bildeten. Weil sie fundamental waren, behielten sie in diesem Prozeß ihre individuelle Identität, als nicht weiter reduzierbare Objekte der Natur.

Inzwischen hat sich herumgesprochen, daß in unserem Jahrhundert diese Vorstellung von einer aus festen Bausteinen zusammengesetzten Natur in Schwierigkeiten geraten ist. Eine der zentralen Botschaften der Physik des 20. Jahrhunderts ist, daß die Versuche, sich die Natur als solche aus Objekten bestehend zu vergegenwärtigen, experimentell nicht bestätigt werden können. Den Begriff des «Objekts» hatte man rein begrifflich aus der Welt makroskopischer Erfahrung abgeleitet; er hält Experimenten der modernen Physik nicht stand. Denn inzwischen sind an die Stelle des Objekts ganz neue Vorstellungen getreten, etwa der Begriff des «Feldes». Heute sagt man uns, massive Objekte und leerer Raum seien *nicht* untrennbar, da jeder die «Geometrie» des anderen bestimme. Versuchen wir, die energetischen Geschehnisse zu beobachten, die wir früher Objekte nannten, dann können wir uns selbst nicht völlig von ihnen separieren, denn der bloße Versuch, ihr Verhalten zu erforschen, beeinflußt bereits die Eigenschaften, die wir beobachten wollen. So sind wir zu einer Anschauung von der Natur gekommen, in der es keine wesenhaften Objekte gibt. Kein Ding, nichts, nicht einmal wir selbst, steht außerhalb der Wechselwirkung mit anderem.

In diesem Zusammenhang ist besonders wichtig, daß das Prinzip der wechselseitigen Beziehungen und Einwirkungen sich nicht nur bis zu den Tiefen des mikroskopischen Bereichs der Natur erstreckt, sondern auch auf die makroskopische Welt der Lebewesen. Diese Situation wird eindeutig von Whitehead beschrieben, dessen Schau einer Welt des Einsseins diese modernen Prinzipien fest einbezieht:

> ... man kann weder die physische Natur noch das Leben verstehen, wenn wir nicht beide als wesentliche Faktoren bei der Zusammensetzung «wirklich realer» Dinge miteinander verschmelzen, deren wechselseitige Beziehungen und individuellen Eigenschaften das Universum ausmachen.[3]

Wir haben diese Vorstellung fast vollständig aufgegeben, wo es um die Formung unserer Ideen von Gesundheit und Krankheit, Geburt und Tod geht; denn dabei bedienen wir uns immer noch eines fast reinen «Objekt-Denkens». Da sind es für uns völlig voneinander isolierte Objekte, die geboren werden, leben, dahinsiechen und sterben – Objekte, die wir Personen, Individuen, Menschen nennen. Wir halten viel auf unsere Individualität, stärken und fördern sie, wo immer es geht, und halten nicht viel von denen, die keine gefestigte Individualität zeigen. Wir konstruieren unsere Gesundheitsethik um das Individuum-als-Objekt herum und stehen dabei nicht mehr im Einklang mit den zutreffendsten Beschreibungen der Welt, die es jemals gegeben hat. Damit meine ich nicht nur die Botschaften der modernen Physik über die subatomaren Ebenen, sondern auch die Welt auf der Ebene des Lebendigen, des Großen, Makroskopischen, die Welt, in der Häuser, Hospitäler und Kliniken existieren. Auf dieser Ebene gründen unsere Vorstellungen von Gesundheit und Krankheit, Geburt und Tod nach wie vor auf Anschauungen, die in unserer Zeit längst transzendiert wurden.

In diesem Verhalten steckt eine besondere Ironie. Denn die medizinische Wissenschaft, der wir viele unserer Modelle entnehmen, hat die Vorbilder für die eigenen Vorstellungen stets bei der Physik gesucht. In der Anfangszeit der Naturwissenschaft hat die Medizin als akademischer Berufsstand stets die Präzision und Reproduzierbarkeit beneidet, die sich in der Physik verkörperte. Die Ironie liegt nun darin, daß gerade jene Physik, die für uns Vorbild war, im Laufe des Jahrhunderts in allen wichtigen Facetten modifiziert wurde. Daher finden wir die medizinische Wissenschaft heute mit Modellen ausgestattet, die sich nicht etwa durch die von uns gewünschte Genauigkeit auszeichnen, sondern eher dadurch, daß sie längst überholt sind.

Betrachten wir uns als Objekte, die sich in einem Meer von Objekten bewegen, dann ist es natürlich und vielleicht unvermeidlich, daß wir dieses Objektdenken auf unsere eigenen Vorstellungen von Gesundheit und Krankheit übertragen. So werden Gesundheit und Krankheit ihrerseits zu Objekten und Geschehnissen – sozusagen Atome, Bausteine der Erfahrung – statt zu den grenzenlosen Prozessen, von denen Whitehead spricht. Uns geht die fließende Einheit der Erfahrung in einer endlosen Wiederholung von Objekten verloren – seien diese Objekte physikalische Untersuchungen, Labortests oder spezifische Krankheiten. Wir treiben in einer Welt des «Entweder/Oder» umher: Entweder wir sind gesund oder wir sind es nicht; entweder ist der Blutdruck normal oder er ist es nicht; entweder werden wir noch ein Jahr weiterleben oder wir werden es nicht. Das Leben in einer Welt der Objekte ist eine Aufeinanderfolge von Auswahlvorgängen, eine Selektion von Optionen und Alternativen. Die

Erfahrung der Einheit ist nicht möglich, wenn wir nichts als Einheiten sehen.

Dies ist eine der Eigenschaften der «Natur des Übels», von der Whitehead sagte: «Alternativen schließen aus.» Man kann sich nicht alles aussuchen. Wählen wir unter Alternativen, dann schließen wir alle anderen aus und zerbrechen damit die Ganzheit von Leben und Gesundheit. Gesundheit wird zu einem Zwischenspiel zwischen Krankheiten, zu einer Erfahrung, die andauert, bis wir uns irgendwann wieder eine Krankheit zuziehen. Das Leben wird dann zu einer Aufeinanderfolge von Geschehnissen der Gesundheit *oder* Krankheit, bei der eine Alternative alle anderen ausschließt.

Wir sind blind für das Übel, von dem Whitehead sprach, für das Übel, das dieser gewöhnlichen Art der Betrachtung und des Verhaltens gegenüber Gesundheit inhärent ist. Dieses Übel besteht in der Annahme, Schmerz und Leiden, aufeinanderfolgende Perioden von Gesundheit und Krankheit, von Siechtum und anschließendem Sterben, seien ein Teil des Preises, den wir dafür bezahlen müssen, daß wir Menschenwesen sind. Wir *setzen voraus*, daß das Leben absurd ist, daß Kummer, Schrecken und das Unerträgliche unvermeidbar sind. Wir sind höchstenfalls dafür dankbar, daß «die Dinge» nicht schlimmer sind, und sind blind für die Tatsache, daß unsere typische Art der Zerstückelung der Welt in unzusammenhängende Dinge und Geschehnisse gerade den Nährboden dieses Übels liefert, das uns wie ein Grabtuch umhüllt. Geblendet durch Gewohnheit und angetrieben vom gesunden Menschenverstand, sind wir lebendige Beispiele für das Denken in Begriffs-Gegensätzen, das krank macht, und für das Kranke, das Gegensätze schafft.

*Gesundheit in einer zeitlichen Welt*

Zusätzlich zur Natur des Übels, die darin zum Ausdruck kommt, daß «Alternativen ausschließen», hebt Whitehead hervor, daß auch der Gedanke, daß «Dinge vergehen», die Natur des Übels verkörpere. Was meint er mit der so harmlos klingenden Bemerkung vom Vergehen der Dinge? Damit deutet er auf den Begriff der irdischen Vergänglichkeit, den Gedanken des Nichtdauerhaften. Um es ohne Umschweife beim Namen zu nennen – Lebendiges stirbt. Schuld daran ist die Zeit – eine *lineare* Zeit, die fließt und die man in Vergangenheit, Gegenwart und Zukunft aufteilen kann. Die Bhagavad Gita sagt: «Ich bin als Zeit gekommen, als Verderber von Völkern, bereit für die Stunde, die zu ihrem Ruin heranreift.»

Wir unterschätzen die Rolle, die unser Zeitbegriff bei unseren Vorstellungen von Gesundheit spielt. Es ist tatsächlich nicht möglich, eine Philosophie der Gesundheit ohne eine Philosophie der Zeit zu haben. Denken wir darüber nach, dann wird uns diese Tatsache ganz klar, wie es auch aus der Feststellung von Cassell hervorgeht:

> ... Leiden hat ein zeitliches Element. Damit eine Situation zur Quelle von Leiden wird, muß sie die Wahrnehmung der betreffenden Person hinsichtlich künftiger Geschehnisse beeinflussen. («Dauert dieser Schmerz noch lange, dann *werde ich* von ihm überwältigt werden»; «Kann der Schmerz nicht unter Kontrolle gehalten werden, *werde ich* ihn nicht mehr aushalten»; «Ist der Schmerz eine Folge von Krebs, *werde ich* sterben.») In dem Augenblick, in dem der Patient sagt: «Dauert dieser Schmerz noch lange an, werde ich von ihm überwältigt werden», ist er noch nicht überwältigt. Die Angst selbst bezieht sich stets auf die Zukunft.[4]

Das ist nicht nur ein philosophisches Problem, denn die tatsächliche Erfahrung von Schmerz und Leiden verstärkt sich noch, wenn man spürt, daß die Zeit fließt. Dieser Zusammenhang hat es möglich gemacht, tatsächlich Methoden zur Linderung von Schmerzen und Leiden zu ersinnen, die das Empfinden für das Fließen der Zeit ausschalten, anstatt den Schmerz selbst zu beseitigen, wie es mit einer Morphiumspritze möglich wäre. Heute gibt es Therapien, die das Zeitempfinden verändern und bei den darauf ansprechenden Personen die Wahrnehmung von Schmerzen stark verringern. Beispiele hierfür sind Biofeedback, autogene Therapien, progressive Entspannungsübungen und Hypnose. Das sind nicht bloß «Rand»-Therapien; sie sickern bereits in die Schulmedizin ein.

Ein Beispiel dafür ist das Programm zur Schmerzbehandlung, das an der Medizinischen Fakultät der University of Massachusetts von Dr. Jon Kabat-Zinn entwickelt wurde. Die Patienten erlernen einen Vorgang, der «Achtsamkeitsmeditation» genannt wird, eine «bewußte Selbstregulierung der Aufmerksamkeit von Augenblick zu Augenblick»[5]. Diese Methode hat ihre Wurzeln im Theravada- und Mahayana-Buddhismus wie auch in Yoga-Überlieferungen. Obwohl sie nicht zum Zweck der Schmerzbeherrschung entwickelt wurde, zeigen die Ergebnisse deutlich, daß sie in dieser Richtung wirksam ist. Und obwohl es nicht der Zeitsinn *per se* ist, den der Anwender dieser Methode zu modulieren versucht, ist doch offensichtlich, daß das Zeitgefühl dabei eine Rolle spielt:

> Bewahrt man während Perioden formaler Meditation eine bestimmte Perspektive ... bei der keinem mentalen Geschehen (einschließlich Wahrnehmungen) irgendein inhaltlicher Wert beigemessen wird, dann kann die starke Alarmreaktion (die Deutung der Empfindung als Schmerz etwa im Sinne von «Das bringt mich noch um», häufig begleitet von *Zukunftsdenken* – «Das wird noch lange oder für immer andauern») erheblich an Kraft und Dringlichkeit verlieren ... Die Schmerzsignale mögen unvermindert sein, doch werden die emotionalen und kognitiven Komponenten der Schmerzerfahrung, das Wehtun, das Gefühl des Leidens, reduziert.[6]

Es ist kein Zufall, daß gewisse schmerzlindernde Medikamente das Gefühl für das Vergehen der Zeit modifizieren. Der mit solchen Medikamenten behandelte Patient hat das Gefühl, die Zeit verlangsame sich oder halte an. Das Bewundernswerte an der Arbeit von Kabat-Zinn und vielen anderen Forschern und Praktikern auf diesem Gebiet ist, daß sie dasselbe Ergebnis ohne Medikamente erreichen.

An dieser Stelle möchte ich noch einmal auf die Bemerkung von Levi verweisen, die dieses Kapitel einleitete: «... die Dinge schwinden dahin ... In der zeitlichen Welt ... ist das Vergehen von Zeit mit Verlust verbunden ...» Das Gefühl, zum Untergang verurteilt zu sein, zur Auslöschung und Vernichtung, das

Gefühl des bevorstehenden Nichtseins und Todes, das ein Teil der Erfahrung von Schmerz und Leiden ist, verbindet sich mit einem Gefühl des Fließens der Zeit. «Verlust» setzt lineare Zeit voraus, impliziert eine Vergangenheit und erfordert seiner ganzen Bedeutung nach eine Gegenwart und eine Zukunft. Aus diesem Grund sind Zeitlichkeit, Leiden und Kummer erfahrungsgemäß aneinander gebunden. Und daher verstärkt ein gesteigertes Empfinden für das Fließen der Zeit auch die Erfahrung von Schrekken, Schmerz und Kränkung in all ihren Formen.

Es gibt natürlich Leute, die sagen: «Nun ja, Zeit ist nun einmal so. Sicher akzentuiert sie menschliches Leid, aber wer kann schon Zeit verändern? Bestenfalls können wir uns durch Methoden wie etwa Meditation dazu bringen, daß sie uns vorübergehend anders erscheint. Aber das ändert doch nicht ihre fließende Natur, sondern nur die Art, wie wir sie sehen.» Diese Haltung reflektiert eine der wirklichen Halluzinationen der Gegenwart, nämlich den Glauben, wir könnten eine äußere, fließende Zeit objektiv dokumentieren. Es mag für manche ein Schock sein zu erfahren, daß es noch niemals ein physikalisches Experiment gegeben hat, mit dem das Fließen von Zeit dokumentiert werden kann.[7] Die folgende Aussage des Physikers Thomas Gold erläutert die Ansicht der modernen Physik über die Zeit:

> Der Fluß der Zeit ist offensichtlich ein unpassendes Konzept für die Beschreibung der physikalischen Welt, die keine Vergangenheit, Gegenwart und Zukunft hat, sondern einfach *ist*.[8]

Und Bertrand Russell bestätigt das mit den Worten:

> Ein wahres Bild der Welt erhalten wir, wenn wir uns vorstellen, daß die Dinge aus einer außen befindlichen Welt in den Strom der Zeit eintreten, anstatt die Zeit als das Ungeheuer zu betrachten, das alles Seiende verschlingt.[9]

Russells «alles verschlingendes Ungeheuer», eine linear fließende, äußere «reale» Zeit, ist für Whitehead die Verkörperung der «Natur des Übels». Es ist das unterstellte, nicht hinterfragte, dem gesunden Menschenverstand entsprechende Geschehen, das die Dinge dazu bringt, sich zu verflüchtigen, das den Prozeß in Gang setzt, der zum Verlust führt. *Ohne fließende Zeit geht nichts verloren.* Tod, Schmerz und Leiden manifestieren ihre Rache im selben Maß, wie wir die Zeit als äußerlich und verstreichend empfinden.

Wenn nun aber unsere genaueste Anschauung von der Welt, wie sie uns von der modernen Physik geliefert wird, *nicht* die allgemein gehegte Vorstellung bestätigt, daß die Zeit fließt: Was sagen wir dann zu den mit Zeit befrachteten Erfahrungen von Schmerz, Leiden, Kummer und der Erwartung des Todes? Die Feststellungen der modernen Physiker haben doch offenkundig diese schmerzlichen Geschehnisse nicht aus dem Leben der Menschen verbannt. Gibt es dann eine fast totale Trennung zwischen dem, was wir über das Verhalten der Zeit *beweisen* können, und dem, wie wir es *erfahren*? Vielleicht sollten die modernen Begriffe von Zeit besser dort bleiben, wo sie herkamen, nämlich in den Labors der Physiker. Denn wenn es um den praktischen Nutzen geht, scheinen sie zur Linderung persönlicher Schmerzen und persönlichen Leidens nichts beizutragen.

Ich glaube nicht an einen unüberbrückbaren Abgrund zwischen der Zeitvorstellung der modernen Physik und der menschlichen Erfahrung. Tatsächlich liegt es *in der Natur des Menschen, die Zeit der Physiker auf dem Wege der Erfahrung erkennen und erfühlen zu können*, die «ewige Welt da draußen», wie Russell sie beschreibt. Ganze Kulturen tun das, und selbst in unserer heutigen Gesellschaft gibt es dafür Beispiele. Unsere zeitbesessene abendländische Weltanschauung wird von vielen anderen Völkern keineswegs als normal angesehen. Alternative Formen der Erfahrung von Zeit sind auch uns möglich. Sie werden übrigens nicht nur durch aufgezeichnete Überlieferungen bestätigt, sondern auch durch die Beschreibungen der modernen Physik.

## *Ein Ausweg*

Es gibt also einen Ausweg – ein potentielles Entkommen aus dem selbstverschuldeten, krankhaften Gefühl von Leiden, Krankheit, Schmerz und unausweichlichem Tod, das wir als notwendigen Bestandteil des Lebens akzeptieren. Dieser Ausweg wird neue

Anschauungen über das Universum zum Inhalt haben, insbesondere über das Verhalten der Zeit und den Gedanken, das Universum setze sich aus Einzeldingen zusammen. Er wird eine Zeit des «alles gleichzeitig» betonen und die Vorstellung verwerfen, die Welt bestehe aus nicht aufeinander einwirkenden Einheiten. Für diesen Ausweg wird es nicht länger notwendig sein, lebendige Dinge endlos in nichtlebendige Einheiten zu unterteilen. Auch der ebenso endlosen Folge von Wahlakten zwischen einander ausschließenden Alternativen wird es nicht mehr bedürfen. Statt Vereinzelung und Isolation werden Prozeß, Wechselwirkung und Ganzheit im Vordergrund stehen. Dieser Ausweg wird sich unendlich mehr in Übereinstimmung mit den altüberlieferten Botschaften der Menschheit und mit der aufkommenden neuen Weltsicht der Naturwissenschaften befinden.

Schmerzen, Leiden und Kummer werden wir auch weiterhin empfinden – jedoch gemildert durch eine neue Sicht der Welt. Wir werden lernen, sie aus einer ganz neuen Perspektive zu erfahren. Es wird eine Perspektive sein, die den *Sinn* modifiziert, den wir der Erfahrung geben, ohne die Erfahrung selbst auszuschalten. Denn wir wissen, daß die emotionalen und kognitiven Komponenten des Erfahrens in andere Eigenschaften umwandelbar sind, in Eigenschaften, die Trauer, Schmerz und Kummer transformieren können. Bei diesem Prozeß bleibt das *Faktum* der Erfahrung bestehen; das *Geschehen* wird nicht zerstört. Entscheidend ist vielmehr die *Bedeutung*, die ihm zugewiesen wird. Das Verlockende an diesem «Ausweg» ist letztlich, daß wir den Erfahrungen des Lebens einen neuen Sinn zu geben lernen, der dem Wesen der Dinge gerechter wird, der sie nimmt, wie sie nun einmal sind.

*Beweisführung und das Problem der Sprache*

«Krankheit existiert außerhalb der Zeit.»

«Jemand anderen behandeln heißt sich selbst behandeln.»

«Gesundheit und Krankheit teilen sich der Umgebung mit.»

«Der Körper ist kein Objekt und läßt sich nicht einer spezifischen Zeit und einem spezifischen Raum zuordnen.»

«Geburt und Tod sind nicht die endgültigen Pole des Lebens –

denn da Zeit nicht fließt, lassen sich keine endgültigen Abgrenzungen in der Zeit festlegen.»

Das sind typische Aussagen über Gesundheit und Krankheit, wie sie sich aus den neuen Ideen über Raum, Zeit, Gesundheit, Krankheit und Körper ergeben, und die ausführlich in meinem Buch *Die Medizin von Raum und Zeit*[10] erörtert werden. Häufig lösen sie folgende Reaktionen aus: «Nun, wenn das wahr sein soll, dann beweisen Sie es.» Unser rationaler Verstand rebelliert dagegen, protestiert bei jedem Schritt des Weges.

Natürlich ist es vernünftig, nach Beweisen zu fragen. Doch sollte man darauf achten, welche Art von Beweisen wir verlangen. In einigen Fällen mag es möglich sein, einen akzeptablen Beweis zu erbringen, in anderen mag es schwieriger sein. Nehmen wir etwa das Prinzip, daß Gesundheit und Krankheit Phänomene sind, die sich der Umgebung mitteilen. Es läßt sich leicht aufzeigen, daß dies auf *klinischer Ebene* von Bedeutung ist. Wir wissen, daß unsere Krankheiten psychophysische Auswirkungen auf unsere Umgebung haben. Bewirkt der Tod uns nahestehender Personen Kummer und Depressionen, dann leidet darunter auch unsere Gesundheit, wie Schleifer und andere eindeutig nachgewiesen haben.[11]

Einige der neuen Ansichten über Gesundheit, Krankheit und Körper sind jedoch schwerer zu beweisen – etwa der Gedanke, Gesundheitsgeschehnisse könnten außerhalb der Zeit existieren. Wie kann etwas wahr sein, das so sehr dem gesunden Menschenverstand widerspricht?

Ein großes Problem bei der Diskussion der neuen, die bisherigen Vorstellungen sprengenden Ideen ist, daß wir sie in einer Sprache führen müssen, die für diesen Zweck ungeeignet ist. Unsere Sprache ist darauf abgestellt, eine nach linearer Zeit geordnete Welt zu beschreiben: die Zeitformen unserer Verben zeugen davon. Wie können wir eine auf dem Zeitbegriff beruhende Sprache zur Beschreibung eines Vorgangs verwenden, der außerhalb der Zeit liegt?

Das Problem ist nicht neu und hat die Physiker geplagt, lange bevor es den Ärzten Schwierigkeiten bereitete. Man denke an die vorhin angeführte Bemerkung eines Physikers: «Kein physikalisches Experiment hat jemals das Fließen der Zeit nachweisen können.» Diese Feststellung impliziert, daß die Zeit nicht fließt, daß man sie nicht in Vergangenheit, Gegenwart und Zukunft unterteilen kann. Und dennoch spricht gerade die Sprache, derer wir uns bedienen, um diese Implikation auszudrücken, dagegen – denn der Ausdruck «jemals» impliziert eine fließende Zeit. Der Versuch mag schwierig, wenn nicht unmöglich sein, solche Phänomene in unserer Alltagssprache zu beschreiben. Unsere Sprache hat sich aus einer Erfahrung entwickelt, die wir für in die Zeit eingebettet halten, und man verlangt zuviel, wenn man erwartet, daß sie Vorgänge angemessen beschreibt, die außerhalb der Zeit liegen.

Wir sollen nicht auf unser Verlangen nach Beweisen verzichten, sondern nur lernen, welche Art von Beweisen man verlangen kann. Die Gültigkeit der die Zeit transzendierenden Eigenschaften von Gesundheit und Krankheit durch etwas nachzuweisen, was an lineare Zeit gebunden ist, wäre ebenso verfehlt, als versuchte man, den Wert der Wandmalereien in der Sixtinischen Kapelle durch chemische Analysen der dabei verwendeten Farbstoffe nachzuweisen.

Wir müssen lernen, nach Beweisen für die neuen Vorstellungen zu verlangen, die in einer für diese Aufgabe der Beschreibung geeigneten Sprache formuliert sind – einer Sprache, wie wir sie bei Walt Whitman finden, der sich zwar weiterhin einer auf Zeitbegriffen beruhenden Sprache bediente, ihre Grenzen jedoch ganz und gar transzendierte.

> Raum und Zeit! Nun sehe ich, daß wahr ist, was ich geahnt.
> Was ich geahnt, als ich schlenderte durch das Gras,
> Was ich geahnt, als ich im einsamen Bett lag, und wieder,
> Als ich am Strande ging unter den verblassenden Sternen des Morgens.[12]

Sobald unsere zeitgebundene Sprache ihrer Bindung entflieht, kann sie zu der Aufgabe heranreifen, etwas jenseits der Zeit Liegendes zu beschreiben. Dieses Entkommen über die Begrenzungen kann sich aus der furchtlosen Anwendung von Poesie und Metaphern entwickeln. Durch bildliche Vorstellungen erreichen wir die Stille des zeitlos Gegenwärtigen, selbst wenn die bildliche Vorstellung in die Sprache linearer Zeit gekleidet ist:

> ... Aber dann wende ich mich und rufe Dich an, o Seele,
> du wirkliches Ich ...
> Und siehe, du meisterst Zeit und lächelst ruhig dem Tode.[13]

Es zeigt sich auch, daß unsere gewöhnliche Sprache uns gelegentlich ganz gut dient, die neuen Anschauungen über Gesundheit und Krankheit zu beschreiben. Im oben angeführten Beispiel, bei dem Schleifer die nichtlokalen Wirkungen von Erkrankungen demonstrierte, kann unsere Sprache das Geschehen voll und ganz beschreiben. Mit unserer Alltagssprache können wir angemessen die Tatsache beschreiben, daß Krankheit «sich mitteilt», sich räumlich nicht lokalisieren läßt, daß andere buchstäblich Anteil nehmen und daß es zwischen Körper und Geist verschiedener Menschen Wechselwirkungen gibt. Doch ist die Sprache nur deshalb dafür geeignet, weil das in diesem Fall zu beschreibende Bild nicht allzu ungewöhnlich ist. Erst wenn wir unserer Sicht der Wirklichkeit einen wirklich schweren Schlag versetzen – etwa durch die Aussage, daß wir nicht gesund oder krank «werden» (was ja das Aufgeben des linearen Zeitbegriffs bedeutet), dann versagt die Sprache bei der ihr übertragenen Aufgabe jämmerlich. Dann legen wir die Stirn in Falten, bäumt unser Geist sich auf, rebelliert unsere Logik. Dann ist eine neue Sprache erforderlich oder dieselbe, nur anders verwendete Sprache – metaphorisch, bildhaft, poetisch.

Wir sollten stets daran denken, daß es leichter wird, für diese neuen Anschauungen Beweise zu finden, wenn wir nicht länger darauf beharren, daß es nur eine gültige Form des Erkennens gibt; eine einzige Art, die Wirklichkeit zu beschreiben. Die empirisch-analytische Beweismethode können wir, in Umgangssprache gekleidet, benutzen, so weit uns das bringt; doch müssen wir bereit sein, alternative Methoden des Erkennens der Welt anzuwenden, wenn die gewöhnlichen uns einengen. Die intuitive Methode, die Welt zu erkunden, beschreibbar in der nichtlogischen Sprache der Poesie und Metapher, kann neben den linearen Formen des Erkennens bestehen, die für die traditionelle Wissenschaft typisch sind. Gemeinsam verwendet, können die beiden Methoden die Beschreibung der Welt bereichern, lebendiger gestalten und ausweiten, besser als wir das durch ausschließliche Anwendung nur einer Methode tun könnten.

Wer sich den neuen Methoden des Erkennens und der Beschreibung der Wirklichkeit verschließt, muß sich mit einer begrenzten Anschauung davon begnügen, was mit Gesundheit und Krankheit gemeint ist. Denn für die normale Sprache gibt es keine Möglichkeit, das vollständige Bild zu vermitteln.

Fragen wir also nach Beweisen für die neuen, scheinbar seltsamen Vorstellungen von Gesundheit und Krankheit, die unsere üblichen Vorstellungen von Raum, Zeit und Objekten verletzen, dann sollten wir dieser bedeutsamen Tatsache gewahr sein. Das Beharren auf Beweisen in der normalen zeit-orientierten Sprache, für die die Subjekt/Objekt-Unterscheidung fundamental ist, macht höchstwahrscheinlich jeden Beweis unmöglich. Zeit-transzendierende und Objekt-transzendierende Wahrheit kann nicht ohne weiteres in einer Sprache vermittelt werden, die schon ihrer Grundstruktur nach die bloße Existenz dieser Wahrheit verneint. Fordern wir Beweise für neue Ideen, dann müssen wir bereit sein, eine andere Art von Sprache anzuwenden – beispielsweise die Sprache, in der Whitman seine Begegnungen mit der Welt beschrieb:

> O Seele, du gefällst mir und ich dir,
> Ja, wenn ich segle auf diesen Meeren oder wandle
> Auf diesen Hügeln, oder wache bei Nacht,
> Tragen Gedanken, stumme Gedanken von Zeit, Raum und Tod,
> Wie Wasser flutend, mich durch grenzenlose Bereiche.[14]

# 5. Gesundheit und Krankheit aus der Distanz gesehen

Jede Tatsachenbehauptung muß im Grunde den allgemeinen Charakter des für diese Tatsache vorauszusetzenden Universums mitbehaupten. Es gibt keine selbsttragenden oder frei schwebenden Tatsachen.

Alfred North Whitehead

Die objektive Welt *ist* einfach, sie geschieht nicht. Nur durch den staunenden Blick meines Bewußtseins, der die Lebenslinie meines Körpers entlang nach oben wandert, erhält ein Ausschnitt dieser Welt Leben, als fließendes Vorstellungsbild im Raum, das sich in der Zeit ständig wandelt.

Hermann Weyl
*Philosophy of Mathematics and Natural Science*

Die Verteidigung der «panoramahaften» Sicht des Lebens brachte Goethe dazu, die Erfindung des Mikroskops zu beklagen. Er war zweifellos Wissenschaftler und Naturkundler genug, um das größere Beobachtungspotential zu erkennen, das durch das Mikroskop geschaffen wurde: es erlaubt uns, das bisher Unsichtbare zu sehen, eine Welt, die zuvor eine Domäne magischer und mystischer Spekulation gewesen war. Goethe fürchtete jedoch die Reduzierung des Lebens auf das eingeengte Beobachtungsfeld, das durch die Vergrößerungsmöglichkeiten des Mikroskops entstand, und seine Prophezeiung erfüllte sich. Das Auge opferte nunmehr seinen Wirklichkeitssinn diesem magischen neuen Instrument und der neuen begrenzten und zugleich vergrößerten Wirklichkeit, die das Instrument bot. Das Problem ist nicht, was das Mikroskop als Instrument uns einzuschließen gestattet, sondern was es uns erlaubt, aus dem Bereich relevanter Daten auszuschließen. Das Problem ist nicht das Instrument, sondern die Weltanschauung, die bestimmt, wie wir dieses Instrument verwenden.

Howard F. Stein

So mögen Geist und Körper also Schmerz, Demütigung oder Furcht empfinden; solange der Mensch jedoch willens ist, einfach als Zeuge dieser Dinge zugegen zu sein, sie «aus der Vogelperspektive» zu betrachten, bedrohen sie *ihn* nicht. Deshalb braucht er sie nicht zu manipulieren; er muß nicht mit ihnen ringen, muß sie nicht unterwerfen oder zu «verstehen» versuchen. Da er gewillt ist, sie wie ein Zeuge ganz unvoreingenommen zu betrachten, ist er in der Lage, sie zu transzendieren. So auch der heilige Thomas: «Was gewisse Dinge erkennt, kann keines von ihnen in seiner eigenen Natur haben.»

Jedesmal, wenn wir ausschließlich mit der *persona*, dem Ego oder Körper identifiziert sind ... scheint alles, was deren Existenz bedroht ... unser Ich schlechthin zu bedrohen. Jedes Haften an Gedanken, Sinneswahrnehmungen, Gefühlen oder Erfahrungen ist nichts als ein weiteres Glied in der Kette unserer Selbstversklavung.

Ken Wilber

Das Haupthindernis für das Erkennen des inneren Zusammenhangs und des Einsseins, der wechselseitigen Bedingtheit von Gesundheit und Krankheit ist vor allem psychologischer Art. Sobald wir darüber nachdenken, wird es äußerst schwierig, die beiden Entitäten säuberlich in klare Kategorien getrennt zu halten. Dieser Gedanke kommt in einem Sufi-Märchen zum Ausdruck. Einem armen Mann war sein Pferd weggelaufen. Er klagte laut darüber, da er zu arm war, sich ein anderes zu kaufen. Am nächsten Tag jedoch kehrte das Pferd zurück, in Begleitung eines wunderschönen wilden Hengstes. Die Freude des Mannes war übergroß. Sein Sohn versuchte den Hengst zu bändigen, wurde abgeworfen und brach sich ein Bein. Nun war der alte Mann verzweifelt. Wie konnte er ohne die Arbeitskraft seines Sohnes existieren? Am folgenden Tag kamen Beauftragte des Provinzstatthalters zum Haus des alten Mannes. Sie sollten junge Männer für den Kriegsdienst einziehen. Als sie den Sohn mit gebrochenem Bein im Bett liegen sahen, gingen sie weiter und kehrten nicht mehr zurück. Da freute sich der Alte über das große Glück.

Das Sufi-Märchen könnte endlos so weitergehen, immer wieder Ereignisse schildernd, die zunächst tragisch erscheinen und sich dann als großes Glück erweisen. Sufi-Märchen sind für diese Art des Erzählens berühmt. Sie überraschen den Zuhörer, weil sie seine Annahmen und Erwartungen, wie die Dinge sich entwickeln werden, immer wieder durchkreuzen. Worum es dabei geht, ist klar: Jeder Versuch, ein Geschehen im Leben als gut oder schlecht zu bezeichnen, muß fehlschlagen. Zwischen den Geschehnissen des Lebens besteht ein Zusammenhang und ein Fließen, nicht Isolation und Stillstand. Und diese Eigenschaften machen es unmöglich, ein einzelnes Geschehen prüfend herauszuheben und zu behaupten, es sei gut oder schlecht.

Es liegt auf der Hand, daß unsere Schlußfolgerungen hinsichtlich scheinbar tragischer Geschehen im Leben von der «Brennweite» unserer Beobachtungen abhängen. Wie weit treten wir zurück, während wir beobachten? Von einem sehr nahen Standpunkt aus kann man nur ein einzelnes Ding zur Kenntnis nehmen. Kommt uns nur ein einziges Geschehen vor Augen, dann stufen wir es als entweder gut oder böse ein, da wir uns weismachen, wir hätten alles beobachtet, was es zu erkennen gab. Im Augenblick seelischen Leides oder großer Schmerzen, die uns oder nahe Angehörige befallen, verengt unser Gesichtsfeld sich so, daß wir nur das deutlich Erkennbare erblicken – die tatsächliche Erfahrung des Leidens, der Krankheit, des Kummers oder der Kränkung. Das sind die Augenblicke, in denen wir zu festen Kategorien und handlichen Einstufungen Zuflucht nehmen.

Aus entfernter und umfassenderer Perspektive beginnen wir jedoch, die eindeutige gegenseitige Durchdringung aller Dinge und Geschehnisse anzuerkennen, der absurdesten ebenso wie der sublimsten. Aus größerer Distanz nehmen wir die Fäden der

Zusammenhänge wahr, die alles zu einem Gewebe verknüpfen, das niemals reißt. Wir können natürlich näher herangehen und nur einzelne Fäden des Gewebes betrachten, im irrigen Glauben, wir hätten das Ganze gesehen. Doch nur die umfassendere Schau zeigt auf, was wir erkennen möchten.

Whitehead wußte um diese Perspektive und sagte: «In der modernen Weltsicht ... gibt es keine Möglichkeit einer losgelösten, auf sich selbst beruhenden Existenz.»[1] Und der bedeutende englische Astronom und Physiker Sir Arthur Eddington wußte es auch und stellte mit einer poetischen Formulierung fest: «Wenn das Elektron vibriert, bebt das ganze Universum.»

Diese Zusammenhänge sind nicht auf jene fernen Bereiche der Natur beschränkt wie etwa das Reich der Elementarteilchen und die weit entfernte Galaxis. Sie durchdringen genauso das Zwischenreich solcher Lebewesen, wie wir Menschen es sind. Dies ist in der Tat die *raison d'être*, die eigentliche Bedeutung der wissenschaftlichen Ökologie, deren Aufgabe es ist, die verwickelten inneren Zusammenhänge zwischen den Organismen und ihrer Umwelt zu beschreiben. Die Botschaft der Ökologie besagt, daß lebendige Dinge nicht aus der sie umgebenden Welt herausgerissen oder von allen anderen Lebewesen um sie herum getrennt werden dürfen. Das Ganze läßt sich nur aus größerer Distanz erblicken und der Lebensprozeß nur durch aufmerksame Betrachtung des Ganzen entziffern. Es mag zwar eine Versuchung sein, die kurze Distanz zu wählen und die Geschehnisse des Lebens durch Begrenzung des Augenmerks zu studieren. Dabei opfern wir jedoch eine viel wichtigere Erkenntnis, nämlich die, daß das Universum ein Ganzes ist.

*Die distanzierte Schau und die Erfahrung des Schmerzes*

Der sicherste Weg zu Schmerz, Leiden und einem tragischen Lebensgefühl ist es, den einengenden und beschränkten Blick aus der Nähe zu wählen. Beschränkung der Aufmerksamkeit auf den Schmerz heißt, ihn noch zu verstärken. Wer alles andere aus dem eigenen Wahrnehmungsbereich ausschließt, vergrößert sein Leiden. Das ist eine ganz einfache Beobachtung, die jeder selbst versuchen kann. Wenn Sie das nächstemal Kopfschmerzen haben, versuchen Sie nach Möglichkeit, Ihre Aufmerksamkeit auf den Schmerz zu konzentrieren und jeden anderen Input von Sinneswahrnehmungen auszuschließen. Machen Sie den Schmerz zur zentralen Wahrnehmung des Augenblicks, merken Sie sich seine Stärke. Nach einigen Minuten wählen Sie dann eine Perspektive, in der Sie sich selbst weiter weg von dem sehen, dem etwas weh tut. Denken Sie daran, daß der schmerzende Kopf Teil eines Körpers ist, der seinerseits in einen größeren Raum eingebettet ist: in ein Haus, einen Wohnblock, eine Gemeinde, eine Großstadt und so weiter. Dann weiten Sie die Perspektive aus, vielleicht auf einen Standpunkt außerhalb der Erde, als sähen Sie diese von einem Satelliten im Weltraum aus. Schließlich lassen Sie die Erde in der Galaxis aufgehen und diese dann im ganzen Universum. Halten Sie diese Zusammenhänge im Geist fest, so lebendig wie möglich, und kehren Sie dann wieder zur Empfindung des Kopfschmerzes zurück. Und dann vergleichen Sie ihn im Geist mit der Intensität, die Sie vor diesem Experiment empfunden hatten. Die meisten Menschen werden dann finden, daß der Schmerz erheblich nachgelassen hat. Die größere Perspektive kann tatsächlich die Last der schmerzlichen Augenblicke im Leben mildern. Und das nicht etwa durch Selbstbetrug, sondern weil man das jeweilige Geschehen als Teil eines umfassenderen erkennt.

*Das Leben selbst: ein einziges Gesundheitsgeschehen*

Dieses einfache Experiment demonstriert, daß unsere persönliche Entscheidung, ein Geschehen aus kurzer oder größerer Distanz zu betrachten, im tiefsten Innern mit dem verknüpft ist, was wir gut oder böse nennen. Anders ausgedrückt – *es ist nichts Absolutes am Guten oder Schlechten von Gesundheit und Krankheit*. Einstein sagte einmal über Raum und Zeit, sie seien keine Zustände, in denen wir leben, sondern Formen, in denen wir denken. Das trifft auch auf Gesundheit und Krankheit zu. Das sind keine starren Kategorien der Erfahrung, sondern dynamische, fließende Phänomene, verknüpft mit der gesamten Struktur der Welt, in der sie auftreten. Wörtlich sagt Sir James Jeans:

Es gibt keine wissenschaftliche Rechtfertigung dafür, das Geschehen in der Welt in voneinander getrennte Ereignisse aufzuteilen, und noch weniger für die Annahme, sie träten in Paaren auf, wie Reihen von Dominosteinen, von denen jeder die Ursache des folgenden Geschehens und zugleich die Wirkung des vorangegangenen ist. Die Veränderungen in der Welt sind ihrer Natur nach zu kontinuierlich und auch zu eng miteinander verwoben, als daß ein solches Verfahren Gültigkeit haben könnte.[2]

*Es gibt nur ein Gesundheits-Geschehen,
und das ist das Leben selbst*

Das Sezieren des Lebens in kleine Teile von Gesundheit und Krankheit schafft eine Illusion, die die nahtlose Existenz des Lebens zerstört.

Greifen wir ein beliebiges Gesundheitsgeschehen heraus – etwa Ihre Blutdruckmessung bei Ihrem letzten Arztbesuch. Angenommen, sie war höher als gewöhnlich, vielleicht erstmals höher als normal. Es wäre dann typisch, daß Sie sich den Kopf zerbrechen, warum er so hoch war. In dieser Situation sagen Patienten häufig: «Mein Blutdruck ist sicher deshalb so angestiegen, weil ich mich so beeilen mußte, pünktlich hier zu sein. Ich geriet in einen Verkehrsstau und fand auch nicht gleich einen Parkplatz.» Da baut der Patient also die gefühlsmäßige Belastung als Ursache für den erhöhten Blutdruck auf. Ein wenig Überlegung würde uns jedoch sagen, daß die Kausalkette mehr als nur zwei Glieder hat. Vielleicht entstand der Verkehrsstau wegen eines Unfalls auf der Schnellstraße. Dieser Unfall war möglicherweise durch einen Fahrer verursacht, der wegen Übermüdung vor sich hin döste, nachdem sein Chef ihn drei Tage hintereinander zu Überstunden genötigt hatte. Der Chef seinerseits war vielleicht bemüht, infolge unerwartet starker Käufernachfrage einen Produktionsplan im Unternehmen einzuhalten. Diese Situation war ihrerseits durch einen Wirtschaftsaufschwung verursacht, der den Konsumenten dieser besonderen Produktlinie größere Kaufkraft bescherte. Der wirtschaftliche Aufschwung wurde vielleicht durch größere Getreideernten im Mittleren Westen der USA bestimmt, der seinerseits die Folge stärkeren Regenfalls im Vergleich mit vorangegangenen Dürrejahren war. Der stärkere Regenfall war auf Klimaveränderungen zurückzuführen, ausgelöst durch mehrere Vulkanausbrüche in der Welt während der vorangegangenen Jahre, und so weiter und so fort. Diese Betrachtung aus größerer Perspektive macht klar, daß es keine *einzelne* Ursache für den erhöhten Blutdruck des Patienten gibt.

*Aus der Distanz gesehen: Beispiele aus der Chemotherapie*

Die Neigung, Gesundheit und Krankheit die Qualität reiner Objektivität zuzuweisen, ist nur eine üble Angewohnheit, die wir alle schon früh annehmen, die jedoch nicht unabänderlich ist. Wir *können* lernen, Gesundheit und Krankheit auf unterschiedliche Weise zu empfinden. Und wenn wir das tun, sollten wir daran denken, daß wir uns dabei eindeutig *nicht* Halluzinationen oder Verzerrungen «der Wirklichkeit» hingeben. Denn das würde ein Inventar von externen, objektiven «Dingen» implizieren, über die wir uns selbst täuschen. Nichts von unseren Kenntnissen über die innere Natur von Gesundheit und Krankheit rechtfertigt es, sie als Geschehnisse aufzufassen, die «da draußen» existieren und nur darauf warten, daß wir unsere Wahrnehmung auf sie richten. Das nachfolgende Beispiel illustriert, wie dieses Prinzip in Situationen des «tatsächlichen Lebens» funktioniert.

Zu den Schwierigkeiten der Chemotherapie gehört, daß die Einnahme von Medikamenten gegen Krebs Übelkeit und Erbrechen hervorruft. Jeweils einer von vier Patienten macht diese Erfahrung, und die vielen anderen Medikamente, mit denen man dem entgegenzuwirken versucht, sind gewöhnlich nur unzureichend wirksam. Das Problem ist sehr ernst. Denn es verursacht bei den Betroffenen nicht nur große Beschwerden, sondern erzwingt in schweren Fällen sogar den Verzicht auf chemotherapeutische Behandlung überhaupt.

Es ist bekannt, daß bei einigen Patienten Übelkeit und Erbrechen schon vor der Einnahme des Medikaments eintreten. Typisch ist, daß diese Personen berichten, die Übelkeit setze am Tage vor der geplanten Einnahme des Medikaments ein. Sie steigere sich am Vorabend, während des Frühstücks am Behandlungstage und während der Fahrt zur Klinik, in der die Behandlung stattfindet. Aus der Sicht der weiter oben geschilderten Betrachtungsweise könnte man sagen, diese Patienten hätten sich für eine sehr kurze und enge Perspektive entschieden. Ganz eng konzentrieren sie sich auf ein Geschehen, das ihrem Urteil nach ihr Leben dominiert – auf die Verabreichung von Anti-Krebs-Medikamenten. Diese Fixierung ist so stark, daß sie damit beginnen, die Übelkeit «vorwegnehmend» schon vor der Einnahme der Medikamente zu erleben.

An der University of Rochester haben Morrow und Morrell eine Gruppe solcher Patienten studiert.[3] Wer Übelkeit und Erbrechen vorwegzunehmen pflegte, wurde aufgefordert, seine Erfahrungen mit der Chemotherapie neu zu strukturieren, wurde gelehrt, das Geschehen auf ganz andere Weise zu betrachten. Diese Patienten erlernten die Technik der Jacobsonschen Progressiven Entspannung, bei der sie die aufeinanderfolgende Entspannung ihrer Körperteile visualisierten – Unterarme, Hände, Augen, Stirn, Mund, Zunge, Nacken, Schultern, Brust, Magen, Beine und so weiter. Sie lernten, das Wort «entspannen» mit tatsächlichen Empfindungen von Entspannung in diesen Körperteilen zu assoziieren. Sobald sie dazu imstande waren, vergegenwärtigten sie sich den Gang der Dinge, die zur Verabreichung des Medikaments hinführten – den Tag und den Abend davor, das Frühstück am Behandlungstag und die Fahrt zur Klinik. Das Ergebnis? Die Patienten, die es lernten, die Chemotherapie aus einer anderen Perspektive zu sehen, verzeichneten eine deutliche Abnahme der Häufigkeit, Schwere und Dauer ihrer vorwegnehmenden Übelkeit.

Wir kennen zwar nicht die tatsächlichen Wahrnehmungen dieser Patienten, aber sie berichten, sie hätten gelernt, sich von dem Glauben zu lösen, Übelkeit sei ein allgegenwärtiger, unvermeidlicher und dominierender Teil der Chemotherapie. Sie betrachten sie jetzt aus einer weiteren Perspektive und konzentrieren sich nicht nur auf das, was sie vorher für unabänderlich hielten, sondern auf andere Teile ihres Körpers und andere Empfindungen als gerade Übelkeit, beispielsweise auf das Gefühl der Entspannung. Während des chemotherapeutischen Prozesses erweiterten sie ihr Repertoire möglicher Erfahrungen – wozu auch die Möglichkeit gehörte, daß ihnen *nicht* übel wurde. Als Ergebnis dieser Einstellung verringerten sich die mit ihrer Behandlung assoziierten Probleme.

Eine weitere Studie untersuchte eine andere unangenehme Nebenwirkung der Chemotherapie, den Haarausfall, der sich häufig bei der Einnahme von Medikamenten gegen den Krebs einstellt. Bei dieser Untersuchung erhielten einige Patienten statt des erwarteten Krebsmedikaments ein Placebo und bekamen *dennoch* Haarausfall. Sie waren so sehr auf ihre enge Sicht der Dinge eingestellt, nämlich die Erwartung, ja Gewißheit bevorstehenden Haarausfalls, daß sie diese ihre «Wirklichkeit» selbst erzeugten.

Solche klinischen Beispiele könnte man endlos fortsetzen. Sie zeigen, daß wir dazu neigen, unsere Erwartungen zu lebendiger Erfahrung zu machen. Wird ein Geschehen wie das einer chemotherapeutischen Behandlung aus enger Sicht als tragisch empfunden – wenn man es beispielsweise für unvermeidlich hält, daß es Haarausfall und Übelkeit erzeugt –, dann ist es in hohem Maße wahrscheinlich, daß es auch eintreffen wird. Ist man jedoch der Ansicht, dies müsse nicht ohne weiteres der Fall sein, dann werden diese bedauerlichen Wirkungen mit geringerer Wahrscheinlichkeit eintreten. Die klinischen Beispiele lehren uns immer wieder, daß Gesundheit und Krankheit nichts Absolutes und Objektives an sich haben. Es sind nicht Bedingungen, unter denen wir nun einmal leben müssen, sondern Formen, in denen wir denken.

*Große Tragödie: Kann die größere Perspektive helfen?*

Oder sind sie es doch? Es ist eine Sache, über Haarausfall und Übelkeit bei chemotherapeutisch behandelten Patienten zu sprechen; wie steht es jedoch um die Tragödie, die die Mutter eines totgeborenen Kindes empfindet? Was ist mit den Kindern, die schon geistig behindert geboren werden, ohne Gliedmaßen oder mit einem Wasserkopf? Was ist mit den Kindern, die in jeder Minute auf diesem Planeten verhungern, oder mit denen, die sinnlos in Kriegen getötet werden? Ganz gewiß haben diese Beispiele keine Ähnlichkeit mit den eben erwähnten klinischen Beispielen.

Auf die Gefahr hin, für gefühllos zu gelten, muß ich feststellen, daß ich zutiefst der Ansicht bin, daß es da Ähnlichkeiten gibt. Damit ist nicht gesagt, daß solche Geschehnisse bei uns nicht Leid und Kummer hervorrufen, die manchmal fast unerträglich erscheinen, oder ein Schmerzgefühl von solcher Heftigkeit, daß es das Leben selbst auszuschließen scheint. Wir haben alle einmal eine Zeit erfahren, in der wir vor den schwärzesten Aspekten des Lebens zurückschreckten. Doch zerstörten diese Augenblicke nicht das Prinzip des inneren Zusammenhangs eines Geschehens mit allen anderen, denn das Gewebe der Ganzheit läßt sich nicht zerschneiden.

In solchen Augenblicken mag es wenig tröstlich sein, von größeren Perspektiven und umfassenderer Sicht zu sprechen. Doch es gibt Menschen, die wirklich in der Lage sind, einen größeren Sinn inmitten der dramatischsten Tragödien zu erkennen, auch wenn sie selbst dabei den tiefsten Kummer erfahren. Ebenso wie dunkle Wolken nicht die Tatsache beseitigen, daß über ihnen die Sonne scheint, kann eine Tragödie nicht das Faktum auslöschen, daß alle Geschehnisse, die tragischen einbezogen, Teil eines größeren Ganzen sind, ganz gleich, welche unmittelbare und lokale Auswirkung sie haben.

Wie hartnäckig klammern wir uns doch an Ideen wie die von der *Einzigartigkeit* des individuellen Leidens, der *Notwendigkeit* von Kummer und Sorgen! Dagegenzuhalten, es handle sich dabei nicht um absolute Geschehnisse oder Vorstellungen, kommt für manch einen der Behauptung gleich, das ganze Leben sei eine Art bekleckster Malerleinwand, auf der man eine Erfahrung nicht von einer anderen unterscheiden könne. Das Leben wird zu etwas Verschwommenem, wenn wir annehmen, daß es ein «Ganzes» gibt, das Geburt und Tod, Gesundheit und Krankheit, höchstes Glücksgefühl und Leiden in sich vereinigt. Werden die Grenzen der Erfahrung nicht scharf genug gezogen, verliert das Leben schon alleine deswegen seinen Sinn, weil die individuellen Erfahrungen nicht mehr auseinanderzuhalten sind. In einer solchen Situation wäre das Leben so, als befinde man sich in einem Schneesturm – ohne feste Umrisse, ohne Richtung. Wenn daher Tragödien oder Krankheit Schmerzen notwendig machen, so verhindern sie zumindest, daß das Leben zu einer klebrigen Masse degeneriert, ganz gleich, ob man diese Ganzheit, Interaktion, gegenseitige Durchdringung, Einssein, Einheit nennt, oder welche sonstigen mystischen Bezeichnungen man ihr vielleicht geben mag.

Es ist wahrlich ein seltsamer Zug der menschlichen Natur, daß wir uns im Namen von Individualität und Sinn ans Elend klammern. Wir fürchten das Unvertraute und bemühen uns nach Kräften, ihm zu entgehen, selbst bis zu dem Extrem, daß wir uns dabei für Schrecken und Tragödie entscheiden. Diese innere Angst ist Teil der Tatsache, daß es uns schwerfällt, die größeren Perspektiven anzunehmen, die die Gegenpole des Lebens umfangen: Gesundheit und Krankheit, Geburt und Tod, Kummer und Glücksgefühl. Wir müssen fest umrissene Ansichten haben und unsere Definitionen und Grenzen bewahren, aus Furcht, überwältigt zu werden, wenn wir vom Vertrauten lassen – selbst wenn das Vertraute Tragödie, Tod, Krankheit und Leid bedeutet.

*Ein alternativer Ansatz*

Das Bedürfnis, sich an das Vertraute zu klammern, um sich Gewißheit zu bewahren, ist nicht neu. Eines der Ziele buddhistischer Meister war es stets, den Suchenden Anleitung zu geben, was diese Leere, dieses Nichts, in dem alle Unterschiede verschwimmen, wirklich ist. Viele der großartigen Geschichten, die es im Zen-Buddhismus in Hülle und Fülle gibt, sind durchdrungen von Vorstellungen des Unvertrauten. Sie handeln von Leere, Nichtsein, Nichtdenken, Stille und dergleichen mehr. Es sind Phänomene, die wir, wie der große Gelehrte des Buddhismus, D. T. Suzuki, sagt, «... als nihilistisch oder als Befürwortung eines negativen Quietismus ansehen könnten»[5]. Doch weit davon entfernt, nihilistisch oder unmenschlich zu sein, gelten Leere und das Nichts als Ursprung der Fülle, ja, als Ursprung von allem, was ist. Dieses große Paradoxon offenbart sich in der folgenden Auswahl aus einem Klassiker der buddhistischen Literatur, dem Prajñāpāramitā-Sūtra:

> Auf diese Weise, Sariputra, haben alle Dinge den Charakter der Leere; sie haben keinen Anfang und kein Ende, sie sind fehlerlos und nicht fehlerlos, nicht vollkommen und nicht

unvollkommen. Daher, o Sariputra, gibt es in dieser Leere keine Form, keine Wahrnehmung, keinen Namen, keine Begriffe, keine Erkenntnis. Kein Auge, kein Ohr, keine Nase, keine Zunge, keinen Körper, keinen Geist. Keine Form, keinen Klang, keinen Geruch, keinen Geschmack, kein Berühren, keine Objekte ... Es gibt keine Erkenntnis, keine Unwissenheit, keine Zerstörung der Unwissenheit ... Es gibt keinen Verfall und keinen Tod. Es gibt keine vier Wahrheiten, also auch keinen Schmerz, keinen Ursprung des Schmerzes, kein Aufhören des Schmerzes und keinen Weg, den Schmerz zum Aufhören zu bringen. Es gibt kein Erkennen, kein Erlangen und kein Nichterlangen des Nirvāna. Daher, o Sariputra, da es das Erlangen des Nirvāna nicht gibt, verweilt ein Mensch, der der Prajñāpāramitā nahe gekommen ist, ungehindert im Gewahrsein. Werden die Behinderungen des Gewahrseins ausgeschaltet, dann wird er frei von Furcht, befindet sich außerhalb der Reichweite des Wandels, erfreut sich des endgültigen Nirvāna.[6]

So zu sprechen, erscheint auf den ersten Blick unsinnig. Das ist selbst für diejenigen schwer verständlich, die sich ganz besonders um Verständnis bemühen, etwa die Schüler und Mönche des Zen. Für den Augenblick wollen wir nur festhalten, daß in der Menschheitsgeschichte tatsächlich Methoden ersonnen wurden, das vor uns liegende Problem zu lösen: Wie Gegensätze wie Gesundheit und Krankheit, Schmerz und Glück als komplementäre Komponenten in etwas einbegriffen werden können, das über beide hinausreicht. Das ist die Suche nach dem Begreifen der umfassenderen Sicht – des Ganzen, des Einen, der Einheit, nach der alle großen Überlieferungen schon immer gesucht haben.

Seltsamerweise hat sich der Medizin dasselbe Problem gestellt, das Begreifen des Ganzen. Die oben zitierten klinischen Beispiele besagen, daß sich das einzelne Geschehen – Gesundheit, Erkrankung, spezielle Krankheit – nicht begreifen (und mittels klinischer Medizin richtig behandeln läßt), ohne daß man zumindest bis zu einem gewissen Grad das Prinzip des Einsseins begreift.

# 6. Geist oder Materie?: die falsche Fragestellung

Solange wir uns an die konventionellen Vorstellungen von Geist und Materie halten, sind wir gezwungen, uns die Wahrnehmung als etwas höchst Wunderbares vorzustellen. Wir nehmen an, daß ein physikalischer Prozeß von einem sichtbaren Objekt seinen Ausgang nimmt, dann zum Auge reist, sich dort in einen anderen physikalischen Prozeß verwandelt, im Sehnerv erneut einen physikalischen Prozeß verursacht und schließlich irgendeine Wirkung auf das Gehirn ausübt, wobei wir gleichzeitig das Objekt sehen, von dem der Prozeß ausging. Dieses Sehen ist nun etwas «Mentales» geworden, grundsätzlich verschieden von den vorangegangenen und begleitenden physikalischen Prozessen. Diese Anschauung ist so abwegig, daß die Metaphysiker allerlei Theorien erdacht haben, um etwas weniger Unglaubwürdiges an ihre Stelle zu setzen ... Alles, was wir von der physikalischen Welt unmittelbar beobachten können, geschieht innerhalb unseres Kopfes und besteht aus *mentalen* Geschehnissen in zumindest einem Sinne des Wortes *mental*. Es besteht aber auch aus Geschehnissen, die Teile der physikalischen Welt sind. Das führt uns zu der Schlußfolgerung, daß die Unterscheidung zwischen Geist und Materie illusorisch ist. Man mag den Stoff, aus dem die Welt besteht, physikalisch oder mental oder keines von beiden nennen, wie es uns beliebt: Tatsächlich haben die Worte keinen Sinn.

Bertrand Russell

Die Welt ist viel zu großartig, als daß man sie in einer einzigen Sprache beschreiben könnte. Musik erschöpft sich nicht in einer Aufeinanderfolge von Stilen. Ebensowenig lassen sich die wesentlichen Aspekte unserer Erfahrung jemals in einer einzigen Beschreibung zusammenfassen. Wir müssen viele Beschreibungen verwenden, von denen keine auf die andere reduziert werden kann; alle sind jedoch durch genaue Regeln der Übertragung miteinander verbunden... Die wissenschaftliche Arbeit besteht aus der selektiven Forschung und nicht aus der Entdeckung einer gegebenen Wirklichkeit. Sie besteht aus der Auswahl der Fragen, die gestellt werden müssen.

Ilya Prigogine

... eine Konsequenz der Quantenmechanik ist die Untrennbarkeit der Teilchen, die demselben Geschehen entstammen... Hier scheint ein Prinzip angesprochen, das einen grundlegenden Zusammenhang dynamischer Phänomene in einem Universum garantiert, das in all seinen Teilen aus dem Urknall hervorging... Die Verknüpfung in rückwärtiger Richtung bis zum Ursprung gibt die Möglichkeit eines neuen Anfangs... Daher kann es nicht überraschen, wenn Hoffnungen eschatalogischen Ausmaßes gehegt werden, etwa wenn man die biologische Entwicklung der Menschheit dadurch beeinflußt, daß man das Bewußtsein bis zu den Ebenen der Zellen, Moleküle und Atome zurückverfolgt...

Erich Jantsch

... wir haben keinerlei Hinweise darauf, wo genau die Psyche aufhört und nur noch Reflexe und neurologische Geschehnisse bleiben.

Ludwig von Bertalanffy

Vor über zwei Jahrzehnten schrieb der große Biologe und Philosoph Ludwig von Bertalanffy:

Man sage nicht, der kartesianische Dualismus sei ein totes Pferd oder eine Strohpuppe, die man aufgestellt hat, um sie umstoßen zu können, da wir heute Vorstellungen von Einheit hegen und den Menschen als «psychophysisches Ganzes» sehen. Das sagt sich zwar ganz nett. Tatsächlich jedoch ist der kartesianische Dualismus immer noch unter uns als Grundlage unseres Denkens in der Neurophysiologie, der Psychologie, Psychiatrie und in verwandten Fachgebieten.[1]

Diese Sätze besitzen heute noch soviel Geltung wie damals. Trotz allem, was wir in jüngster Zeit über «ganzheitliche» Gesundheitsmethoden gehört haben, bei denen die Bedeutung der Psyche ebenso hervorgehoben wird wie die des Körpers, kann niemand, der als Arzt oder Patient am System der Gesundheitsfürsorge teilgenommen hat, im geringsten daran zweifeln, daß dieses den Schwerpunkt eindeutig auf den physischen und nicht den psychischen Bereich legt. Es ist eine eindeutige Tatsache, daß *der Körper* in der ärztlichen *Praxis* wie in der *Erfahrung* dieser Praxis durch die Patienten von größter Bedeutung ist. Psyche, Geist und Bewußtsein bleiben meist sich selbst überlassen.

Was ist denn so tadelnswert an der besonderen Betonung des Körpers? Schließlich hat sie uns Heilmöglichkeiten beschert, von denen wir vor Jahrzehnten kaum träumen konnten. Man sagt uns oft, wir sollten dankbar sein für den materialistischen Ansatz. Er verdient unverminderte Beachtung, schon alleine wegen der langen Liste seiner Errungenschaften und Siege. Gerade die physikalisch orientierte Medizin hat uns die vielen Triumphe über die Krankheit beschert, und aus dieser Richtung sind auch künftig Wohltaten zu erwarten.

Doch daß der gegenwärtige Ansatz Mängel hat, werden wohl nur seine ganz erbitterten Verfechter bestreiten. Welches sind denn nun die Mängel der heutigen Methodologie? In diesem Zusammenhang sollte man mehr die Patienten fragen als die Ärzte, sollte man zu denjenigen gehen, die «behandelt werden», und nicht zu denjenigen, die behandeln. Was sagen die Patienten?

Das Problem ist, daß sie *alles mögliche* sagen. Einige sehen in der modernen Medizin etwas Wunderbares – etwa die Patienten, deren chronische, zur Arbeitsunfähigkeit führende Brustschmerzen durch eine Bypass-Operation an den Herzkranzgefäßen beseitigt wurde. Oder Patienten mit Krebs, dessen frühe Entdeckung heilende Operationen und Chemotherapie ermöglichte. Für andere jedoch ist die moderne Medizin schlechthin wertlos – etwa für denjenigen, den jede Infektion zum Sterben verurteilt, weil alle seine weißen Blutkörperchen wegen Nebenwirkungen eines ihm verschriebenen Medikaments zerstört wurden. Man kann von Patienten keine einhellige Antwort über den Wert der modernen Medizin erhalten.

Und doch bilden sich erste Strukturen heraus. Beispielsweise wissen wir aus jüngsten Meinungsumfragen, daß der Arzt im allgemeinen heute weniger geachtet wird als in vergangenen Zeiten. Rufe nach alternativen Formen der Gesundheitsfürsorge werden unüberhörbar. Überall bilden sich Selbsthilfegruppen. Viele Kranke sehen in der medizinischen Wissenschaft jetzt nur ein letztes Hilfsmittel statt einer ersten Anlaufstelle. Unorthodoxe Heiler und von der Schulmedizin abweichende Praktiker jeder Couleur machen blendende Geschäfte. Diese Trends beweisen sicher nicht, daß die Patienten auf moderne Behandlungsformen verzichten wollen, offenbaren aber doch, daß sie der modernen Medizin nicht in unkritischer Zuneigung ergeben sind.

Was geht da vor sich? Wenn die Wunder und der Nutzen der modernen Medizin so offenkundig sind, wie die meisten Biowissenschaftler und Ärzte behaupten, warum gibt es dann diese unterschwellige Unzufriedenheit der Konsumenten der Gesundheitsfürsorge? Warum schilt die auf ihre Leistungen stolze eine Seite die andere undankbar und naiv? Warum klagen die abtrünnigen Patientengruppen über die kalte, rein technologische und physikalische Orientierung der modernen Medizin? Warum spricht man unaufhörlich von engstirnigem Materialismus, von Enthumanisierung und von eskalierenden Kosten?

Beide Seiten sind in ihren Argumenten selten spezifisch. Die Verfechter der modernen Medizin behaupten, sie sei *gleichmäßig* wirksam; von den Pessimisten aber verlautet, sie sei *rundum* ein Fehlschlag, und selbst die augenscheinlichen Erfolge des «Systems» seien nur vorübergehend und hätten mit anderen Mitteln ebenso erzielt werden können. Beide Standpunkte scheinen eher übertrieben als zutreffend.

Worin bestehen die echten Erfolge der modernen Medizin?

Was *kann* sie leisten? Gelingt es uns, über die extremen Positionen beider Seiten hinauszugehen, dann können wir ein klareres Bild von dem erhalten, was in der tatsächlichen Praxis geschieht.

Tatsache ist, daß die meisten Patienten, die einen Arzt aufsuchen, an einer psychosomatischen oder streßbedingten Störung leiden.[2] Bedauerlicherweise ist gerade dieses Gebiet, auf dem die meisten Patienten Beschwerden haben, nicht die stärkste Seite der modernen Medizin. Hierzu schreibt Dr. Franz J. Ingelfinger, der jahrelang die höchst angesehene Fachzeitschrift *New England Journal of Medicine* herausgab:

> Wir können annehmen, daß 80 Prozent der Patienten an Störungen leiden, die von selbst wieder abklingen, oder an Zuständen, die selbst durch die moderne Medizin nicht verbessert werden können ... Doch bringt in etwa zehn Prozent der Fälle ärztliches Eingreifen beachtliche Erfolge ... Leider wird der Arzt jedoch in den verbleibenden zehn Prozent eine falsche Diagnose stellen und eine falsche Behandlung geben, oder aber er hat vielleicht nur Pech gehabt.[3]

Ingelfingers Schätzungen wurden inzwischen durch neuere Studien bestätigt. Sie zeigen auf, daß dreiviertel aller dem Arzt vorgetragenen Krankheitsbilder in der ganz speziellen Persönlichkeit des Betroffenen ihre Ursache haben. Und in dem verbleibenden Viertel kann die medizinische Wissenschaft nur bei der Hälfte der Fälle spürbar helfen.

Es ist jedoch schwierig, eine solche Behauptung zu beweisen. Ich fürchte, die meisten Anhänger der modernen medizinischen Techniken glauben, die «zehn Prozent der Fälle», in denen die Medizin wahrhaftig erfolgreich ist, seien in Wahrheit mehr. Man überschätzt sich ja selbst so gern. Andererseits glaube ich, daß diejenigen, die die moderne Medizin an den Pranger stellen, die Erfolgsquote von zehn Prozent noch für übertrieben halten. Häufig wird vergessen, daß Statistik bedeutungslos wird, wenn man ein *Patient* innerhalb der Zehn-Prozent-Gruppe ist, in der die Medizin auffallend erfolgreich ist. Denn wenn man höchstpersönlich betroffen ist, wenn das *eigene* Leben auf dem Spiel steht, dann verwandeln sich zehn Prozent auf magische Weise in *100* Prozent.

Wie steht es denn nun um die 80 Prozent der Menschen, bei denen die moderne Medizin nicht sehr erfolgreich ist? Die ganzheitliche Gesundheitsbewegung ist aus den Bedürfnissen eben dieser Gruppe erwachsen. Im Gegensatz zur orthodoxen Methode legt diese Gruppe den Akzent auf die Psyche, nicht auf den Körper, und laut einigen Befürwortern ebenso auf das Spirituelle. Das *Ganze* sei das Wichtige, nicht die Teile, sagt man. Große Bedeutung mißt man den gesundheitsfördernden Wirkungen des Lebensstils bei – körperlicher Betätigung, Ernährung und Techniken der Selbstregulierung, die schädliche Auswirkungen von Streß auf den Körper beseitigen sollen.

Weil man diese Methoden für wertvoll hielt, wurde im Mai 1978 die American Holistic Medical Association gegründet. Es entstanden überall Basisgruppen, denen sich ein breites Spektrum von Akademikern und Laien inner- und außerhalb medizinischer Berufe angeschlossen hat. Bedauerlich ist die Polarisierung der Meinungen, die diese Entwicklung bei den Schulmedizinern hervorgerufen hat. Typisch hierfür ist ein Leitartikel im offiziellen Organ der American Medical Association mit der abfälligen Überschrift «Holistische Gesundheit oder holistischer Humbug?» Er vermittelt die typische Haltung der offiziellen Ärzteverbände gegenüber ganzheitlichen Bemühungen und wird daher hier ausführlich zitiert.

> Ganzheitliche Gesundheit – alle Welt scheint diesen Begriff im Munde zu führen, mal reserviert, mal voll gläubiger Verehrung, je nach der persönlichen Ausrichtung; für viele Ärzte bezeichnet er ein noch unerforschtes oder zumindest verschwommenes Gebiet. Zu ihren Verfechtern gehört eine seltsame Allianz von Geistheilern, Chiropraktikern, Geistlichen und Doktoren der Philosophie, Arm in Arm mit Doktoren der Medizin, ausgebildeten Krankenschwestern, Fachärzten verschiedener Richtungen und Personen ohne erkennbare Qualifikationen. Sie alle predigen eine Botschaft so alt wie die Bibel und so amerikanisch wie Apple Pie. Persönliches Wachstum durch Selbstverwirklichung und maximales Funktionieren von Verstand, Körper und Geist. Ihre Methoden zum Erreichen solch lobenswerter Ziele umfassen ein breites Spektrum vom

Handauflegen und der Bewegungstherapie über innere Reinigung oder äußerliches Auftragen von Rhizinusöl bis hin zu Meditation oder ungewöhnlicher Diät. Auch einige der allerneuesten wissenschaftlichen Entwicklungen, einschließlich Biofeedback, gehören dazu.
Ganzheitliche Praktiker behaupten, sie behandelten den ganzen Menschen und nicht nur eine Krankheit. Sie sagen, die abendländische oder naturwissenschaftliche Schulmedizin sei zu krankheitsorientiert und trenne den Geist vom Körper. Diese Praktiker integrieren nicht nur beides, sondern tun noch ein übriges, indem sie auch noch den spirituellen Bereich einbeziehen. Einige behaupten, die Krankheit komme von der Sünde und die Heilung von Gott. Andere sind weltlicher gesonnen. Sie schreiben Gott zwar nicht ab, erklären jedoch, die Heilung komme aus dem Inneren des Menschen, aus seinem Selbst, und daß der Geist die Macht habe zu heilen.
Das ganzheitliche Ich umfaßt nicht nur den physischen Körper des Menschen, sondern auch seine Umwelt, die ihn umgibt wie ein unsichtbarer Hof ein Haus. Östlich orientierte Holistiker gründen ihre Philosophie auf den Ausgleich von Positivem und Negativem nach dem Wippen-Prinzip von Yin und Yang. Einige mehr zu heimatlichen Ursprüngen tendierende Holistiker akzeptieren die Vorstellung der Indianer, Krankheiten seien auf eine Disharmonie mit der Natur zurückzuführen. In diesem Beispiel gehören Familie, Freunde und Umwelt zur Natur. Abweichende und konvergierende Kräfte werden fast im Stile der klassischen Psychoanalyse bewertet, bei der Geisteskrankheit als Ego angesehen wird, das unter dem Druck des Es und des Über-Ich aus dem Gleichgewicht geraten ist.
... In jüngster Zeit blüht der Holismus an der amerikanischen Westküste; angefacht durch das Feuer der «Ich-Generation», einer Generation von Egozentrikern, breitet er sich ins Landesinnere aus. Wie eine unkontrollierte Kernexplosion überschwemmen unzählige fiktive Institute für dies, Akademien für jenes, Organisationen für die Integration von Ost und West und Befürworter der körperlichen Berührung, des Denkens und des Joggens die Szene.
Die holistische Medizin (man nennt sie auch ganzheitlich,

humanistisch, alternativ, New-Age- oder Bewußtseins-Medizin) versucht, eine Art Superheilen zu praktizieren. Diese Praktiker begnügen sich nicht mit dem bloßen Behandeln der Erkrankung, sondern befürworten «vollständiges Wohlbefinden», wobei sie darauf beharren, daß es zwischen diesem und Gesundheit einen entscheidenden Unterschied gebe. Vielleicht gibt es den, doch dürfte es schwerfallen, ihn mittels objektiver, wissenschaftlicher Methoden aufzuzeigen. Es läßt sich jedoch wenig gegen die Philosophie sagen, zu der die ganzheitliche Medizin sich bekennt, nämlich vollständige persönliche Selbstverwirklichung, wie unrealistisch oder grandios dieses Ziel auch scheinen mag.[4]

Der insgesamt feindselige Ton dieses Artikels läßt darauf schließen, daß der letzte Satz als eine «Verurteilung durch schwaches Lob» gedacht war. Doch stammen viele der Einwände gegen die ganzheitliche Anschauung von Ärzten, die zwar entschieden anderer Meinung sind, sich bei ihrer hingebenden Betreuung kranker Menschen aber eindeutig human und wohlmeinend verhalten. Nachfolgend eine Antwort aus dieser Gruppe von Ärzten:

... Wo um Himmels willen steht geschrieben, daß ein Arzt mehr sein muß als ein Heiler von Krankheiten? Und warum hat der Ärztestand sich so in die Defensive drängen lassen durch die «Anklage», wir beschränkten uns darauf, Krankheiten diagnostizieren und behandeln zu wollen. Das ist doch weiß Gott ein wertvolles Anliegen, eine höchst schwierige und anspruchsvolle Aufgabe und ein ehrenwerter Beruf dazu. Warum in aller Welt erwartet man von uns, daß wir für alle Menschen alles sind und uns um jedermanns Probleme kümmern? Und warum, und das ist das Schlimmste, gehen wir Ärzte in Sack und Asche, schlagen uns an die Brust und rufen *«mea culpa»*, wann immer man uns beschuldigt, daß wir uns nicht mit «dem ganzen Menschen» befassen?
Gewiß erwartet niemand von einem Pfarrer, daß er Blinddärme operiert, oder von einem Soziologen, daß er eine akute Nierenschrumpfung behandelt. Aus irgendeinem seltsamen Grunde ist es für diese und andere akademische Berufe, die

sich mit Hilfe für andere Menschen beschäftigen, absolut akzeptabel, daß sie sich auf gewisse Fachbereiche beschränken. Es ist höchste Zeit, daß wir Ärzte den Heiligen und Holistikern in unserer Gesellschaft raten, sich um ihre eigenen Angelegenheiten zu kümmern. Wir sollten unsererseits stolz von unserem Dachfirst rufen: «Wir haben es satt, von jedem beliebigen Politiker und Guru heruntergeputzt zu werden. Wir haben eine sehr komplexe, schwierige und anspruchsvolle Aufgabe zu verrichten, und zwar nur eine einzige – die Diagnose und Behandlung von Krankheiten.»
Die Feststellung erübrigt sich, daß wir natürlich unsere Aufgabe gut erledigen wollen und stets nach hervorragenden Leistungen in unserem Fach streben. Wir müssen um unsere Patienten und ihre vielen Bedürfnisse besorgt sein. Wir haben alle Hände voll zu tun, wenn wir uns nur nach bestem Vermögen um die Krankheit kümmern.[5]

Die Mehrheit der mir bekannten Ärzte würde im Prinzip dieser Erklärung zustimmen. Es sind von hohen Zielen beseelte, hoch motivierte Praktiker, die sich intensiv um ihre Patienten kümmern. Ihr fachliches Können ist in vielen Fällen achtunggebietend – ebenso ihre Arbeitsbelastung. Ich will hier kein Loblied auf Qualifikation und Berufsethos der Ärzte singen, sondern nur feststellen, daß die philosophische Ernüchterung über «das System» aus der Sicht vieler höchst geschulter und hart arbeitender Ärzte schwer zu ertragen ist. Befindet man sich «im Grabenkrieg» zur Verteidigung jener «zehn Prozent», die wirklich krank sind, dann erscheint einem diese Ziffer wie 90 Prozent. Hat man einen beschwerlichen Tag und eine schlaflose Nacht hindurch mühsam um die Rettung eines Menschen mit diabetischer Azidose gerungen, um dann weitere Tage und Nächte Bereitschaftsdienst zu haben, dann nimmt man Beschuldigungen, nicht «den ganzen Menschen» behandelt zu haben, nicht gerade mit einem freundlichen Lächeln zur Kenntnis. Daß selbst ein *Teil* des Patienten überlebt hat, scheint manchmal ein Wunder.

Die Verfechter «des Systems» erheben meines Erachtens auch berechtigte Vorwürfe gegenüber einigen offensichtlichen Fehlschlägen gewisser «holistischer» Behandlungen. Ich erinnere an mehrere Todesfälle in einer «holistischen» Klinik, die sich auf die Klistier-Therapie (Reinigung des Dickdarms durch Einläufe) spezialisiert hat, eine populäre alternative Gesundheitsmethode.[6] Infolge mangelhafter Desinfizierung der Geräte verbreitete sich ein todbringender Mikroorganismus von Patient zu Patient – *Entamoeba histolytica*, ein Darmparasit, der sich im ganzen Körper ausbreiten und sogar das Gehirn infizieren kann. Von den infizierten Patienten starben sechs – alle durch eine Technik, die, wie Gegner behaupten werden, im Grunde gar nicht angewendet werden mußte. Und spöttisch fügen sie hinzu, es sei nicht besser, auf «holistische» als auf andere Weise zu sterben.

Die Beschuldigungen wogen hin und her. Frau Nagelberg-Gerhard, eine amtlich zugelassene Krankenpflegerin, die sich in der modernen Gesundheitsfürsorge sehr gut auskennt, beschrieb ihre Erfahrungen in einem New Yorker Lehr-Hospital in einem Essay mit der Überschrift «Das Zeichen über dem Bett lautet ‹Bitte fassen Sie mich an›. Ein persönlicher Erfahrungsbericht.» Sie schreibt:

> ... Ich ging «direkt ins Gefängnis» – ins Krankenhausbett. Von Untersuchung zu Untersuchung ging es mir immer schlechter. Das viele Herumdrücken und Betasten war keineswegs dazu angetan, meine Schmerzen zu lindern oder meinem Geist irgendwie zu Hilfe zu kommen. Ganz offensichtlich waren sich auch die Ärzte nicht klar, was mit mir los war. Dieser Krankenhausaufenthalt ließ mich nun einmal Erfahrungen eines Empfängers der Gesundheitsfürsorge sammeln statt eines Gebers. Man kann in noch so vielen Ausbildungsstationen praktiziert haben und wird doch nicht verstehen, wie hilflos ein Mensch sich fühlt, der zwischen den Sicherheitsstangen einer engen Bahre liegt, ohne einen Klingelknopf in Reichweite, oder wie unangenehm und schmerzhaft es ist, wenn dieselbe «hilfsbereite» Krankenschwester zum fünftenmal «versehentlich» gegen das Bett rempelt.[7]

Dieselben Probleme der Entpersönlichung werden von einer hochangesehenen Persönlichkeit der amerikanischen medizinischen Wissenschaft beschrieben, von Dr. med. Bernard Lown von der Harvard University. Er schildert die Behandlung von Patienten nach einem Herzanfall und schreibt in diesem Zusammenhang: «Ein sehr wichtiger Behandlungsfaktor ist das Handauflegen – eine Praxis, zu der die Ärzte sich kaum noch Zeit lassen, da sie zu sehr damit beschäftigt sind, Instrumente anzulegen.»[8]

Auch hier gibt es keine einfache und eindeutige Reaktion der Ärzte auf die durch holistische Methoden aufgeworfenen Fragen. Das wird in einem Essay von Dr. med. Peter Black deutlich. Er trägt die Überschrift «Müssen Ärzte den ‹ganzen Menschen› behandeln, wenn sie eine angemessene medizinische Versorgung anstreben?» Dr. Black behauptet, es sei niemals das eigentliche Ziel der Ärzte gewesen, ihre Patienten tugendhaft zu machen oder sie in einen idealen Zustand zurückzuversetzen:

> Die medizinische Wissenschaft des 20. Jahrhunderts beschäftigt sich mit Krankheiten und nicht mit der Gesundheit. Diese Akzentsetzung beruht auf der sehr viel weitergetriebenen Aufschlüsselung der im 19. Jahrhundert gebräuchlichen Klassifizierung und der damals bekannten pathologischen Mechanismen... Mir scheint, es war diese Ausrichtung auf spezifische Wirkzusammenhänge, die Untergliederung des Menschen in seine Organe und Gewebe, die der Medizin in diesem Jahrhundert ihre größten Fähigkeiten der Heilung verschafft hat. Das Ignorieren des «ganzen Menschen» hat sie in die Lage versetzt, ein Maximum von Freiheit bei einem Minimum an allgemeinem Unbehagen zu vermitteln.[9]

Für diese Art von Aussagen zu beiden Grundhaltungen – für und wider die Behandlung des «ganzen Menschen», die über die gewöhnliche Medizin hinausgreift – ließen sich beliebig viele weitere Beispiele anfügen. Was können wir daraus lernen?

Viele Beobachter sehen darin das Aufkommen einer neuen Anschauung vom »Patienten«: ein ganzer oder «heiler» Mensch, der nicht endlos durch den grenzenlosen Spezialisierungsprozeß in der medizinischen Wissenschaft seziert wird. Andere sehen darin die Rückkehr zu älteren Werten und behaupten, der in Gang gekommene Wandel bringe gar nichts Neues, da wir nur wiederentdecken, was wir vergessen hatten. Diese Anschauung enthält, wie mir scheint, eine Sehnsucht nach alten Zeiten, in denen der Mensch noch ein Ganzes war und von seinen Ärzten auch als Ganzes betrachtet wurde. Wir werden ein Wiederauferstehen der *Fürsorge* als Ergänzung der heute üblichen *Versorgung* erleben, sagt man. Das ist eine Rückkehr zu alten Prinzipien, wie sie von vielen großen Persönlichkeiten in der Geschichte der amerikanischen medizinischen Wissenschaft praktiziert wurde, etwa von Dr. Francis Peabody. Folgende Bemerkungen dieses bedeutenden Arztes geben den Kern dieser Anschauung wieder:

> Medizinische Praxis im weitesten Sinne umfaßt die gesamte Beziehung des Arztes zu seinem Patienten. Natürlich setzt medizinische Praxis Kenntnisse der modernen Medizin voraus. Doch ist ganz offensichtlich, daß eine gründliche Berufsausbildung ein weit umfassenderes Rüstzeug vermitteln sollte.[10]

Und dieses «weit umfassendere Rüstzeug» ist das, was Befürworter der ganzheitlichen Medizin beim modernen Arzt vermissen, und es ist «die gesamte Beziehung», die sie gerne wiederherstellen möchten.

## *Wohin steuern wir?*

Untersucht man die Auseinandersetzungen über den Stand der Dinge in der Medizin, so erkennt man, daß beide Seiten voreingenommen sind. Aus beiden Lagern ertönt emotional aufgeladene Rhetorik, wobei die Vernunft oft auf der Strecke bleibt.

Diese Polemik hat einen bedeutenden Faktor ganz in den Hintergrund gedrängt: *Die Holisten wie die Traditionalisten* argumentieren von einer dualistischen Position aus, die unter vielen Gesichtspunkten der modernen Naturwissenschaft nicht mehr haltbar ist. Dabei macht es keinen wesentlichen Unterschied, ob die Holisten für eine beherrschende Rolle von Geist und Bewußtsein bei der Evolution von Gesundheit und Krankheit eintreten, oder die Traditionalisten der Materie die überragende Rolle zuweisen. Solange die Debatte sich um das Problem der *Dominanz* dreht, werden beide Seiten aus demselben Grunde ihr Ziel verfehlen: In der jetzt aufkommenden neuen Sicht des Menschen ist die Dominanz eines Aspekts unseres gesamten Seins über alle anderen Aspekte eine archaische, unzulässige und nicht haltbare Vorstellung. Denn die Materie beherrscht den Geist ebensowenig wie der Geist den Körper.

Daß sie diese Tatsache nicht erkannt haben, hat viele wohlmeinende Verfechter ganzheitlicher Medizin zu unangebrachten Therapien verleitet, die implizieren, daß der Geist alles sei – genauso wie die Schulmedizin das entgegengesetzte Extrem befolgt und die Materie als «alles» angesehen hat. Diese Fehler werden so lange unvermeidbar sein, wie wir auf der Ansicht beharren, ein Teil unseres Seins sei anderen Teilen *überlegen*.

Die Anschauung von der Dominanz des *Geistes* führt zu Therapien, die genauso grotesk und inhuman sind wie die Anschauung, die *Materie* dominiere. Derartige Ansichten ignorieren den stofflichen Aspekt des Seins, genauso wie die materialistischen Ansichten den mentalen und spirituellen Teil ignoriert haben. Keine der beiden Seiten hat ein Monopol auf begriffliche Irrtümer. Beide machen Schnitzer in Hülle und Fülle.

Die verstandesmäßigen und spirituellen Eigenschaften des Menschen werden niemals dadurch geadelt, daß man die physischen herabsetzt und umgekehrt. Das zu begreifen ist von entscheidender Bedeutung für das Heranreifen einer ganzheitlichen Gesundheitstheorie, die die zeitgenössische Medizin bitter nötig hat. Bis dieses Verständnis wirkungsvoll in Erscheinung tritt, wird das ganzheitliche Bemühen dazu verdammt bleiben, viele der Irrtümer immer wieder neu zu begehen, die es aus den modernen Formen der Gesundheitsfürsorge zu vertreiben bemüht war.

Wir haben es mit ganz neuen Vorstellungen von Geist und Materie zu tun, deren Implikationen weder die Holisten noch die Traditionalisten bisher begriffen haben. Von Bertalanffy beschreibt die Situation so:

> In der Naturwissenschaft ist die Antithese von «Materie» und «Geist» charakteristisch für das mechanistische Modell und die Weltanschauung der Physik. «Geist» und «Materie» sind vergegenständlichende Vorstellungen, die in der modernen Naturwissenschaft in zunehmendem Maße unangemessen sind. Die moderne Physik hat den Begriff der «Materie» im klassi-

schen Sinne aufgegeben. In ähnlicher Weise ist die Vorstellung von «Geist» eine Vergegenständlichung von etwas, was in Wirklichkeit ein dynamischer Prozeß ist. In der Naturwissenschaft der Gegenwart hat diese Vorstellung keine Gültigkeit mehr.[11]

Die traditionelle wie die holistische Methode halten an der Unterscheidung von Geist und Materie beim Menschen fest und verschreiben sich damit einer überholten dualistischen Vorstellung von dem, was den Menschen ausmacht und wie er zur Welt in Beziehung steht. Wir brauchen eine neue Denkweise über Geist und Materie – Möglichkeiten, die der Dichotomie von Geist und Materie, die unsere moderne Medizin für selbstverständlich hält, übergeordnet sind. Jede Anschauung über Gesundheit und Krankheit, die die Rolle von Geist und Bewußtsein höher bewertet als die der Materie – *oder umgekehrt* –, ist doppelt mangelhaft: Sie ist schlechte Naturwissenschaft und auch schlechter Humanismus.

# 7. Rhythmen des Lebens: Gesundheit und Krankheit, Geburt und Tod

*Rhythmus* 1. Die stetige Wiederkehr von Wiederholung und Streß, Beat, Klang, Betonung, Bewegung usw., gewöhnlich in einem regelmäßigen oder harmonischen Muster auftretend.

Funk and Wagnall's *Standard Desk Dictionary*

Das Detail des Musters ist Bewegung.

T. S. Eliot

Die moderne Physik hat gezeigt, daß der Rhythmus von Erzeugung und Zerstörung nicht nur im Wechsel der Jahreszeiten sowie Geburt und Tod aller lebenden Geschöpfe liegt, sondern auch die eigentliche Essenz der anorganischen Materie ist ... Der Tanz von Erzeugung und Vernichtung ist die Basis der Existenz der Materie.

Fritjof Capra
*Das Tao der Physik*

Dies deutet darauf hin, daß der Rhythmus das kausale Gegenstück des Lebens ist. Damit soll gesagt sein: wo immer es einen Rhythmus gibt, da gibt es auch Leben, für uns nur wahrnehmbar, wenn die Analogien nahe genug beieinander sind. Der Rhythmus ist also das Leben ... Das Wesentliche am Rhythmus ist die Verschmelzung von Gleichheit und Neuheit, so daß das Ganze niemals die essentielle Einheit des Musters verliert, während die Teile den Kontrast zur Geltung bringen, der aus der Neuheit ihrer Details entsteht. Reine Wiederholung tötet den Rhythmus ebenso, wie es ein bloßes Gewirr von Unterschieden täte. Einem Kristall fehlt der Rhythmus, weil er übermäßig strukturiert ist. Nebel ist dagegen unrhythmisch, weil er eine strukturlose Vermischung von Details darstellt.

Alfred North Whitehead
*An Enquiry Concerning the Principles of Natural Knowledge*

Die kontrapunktische Anordnung von Gesundheit und Krankheit ist notwendig, wenn wir jemals die Musik des Wohlergehens vernehmen wollen. Wie beim Kontrapunkt in der Musik existieren Krankheit und Gesundheit als zwei melodische Teile des Lebens, die gleichzeitig gehört werden sollen. Eine einzige anhaltende Note schafft noch kein musikalisches Werk. Ebensowenig stellt anhaltende Gesundheit wirkliches Wohlergehen dar.

Dennoch erkennen die meisten von uns dieses Prinzip nicht, wenn es um die eigene Gesundheit geht. Wir streben vielmehr nach einem dauerhaften, ungetrübten Gesundheitsrekord – ein Ziel, das so töricht ist, als wollte ein Komponist eine Sinfonie aus einer einzigen klingenden Note komponieren. Eine derartige Komposition wäre überhaupt nicht als Musik zu erkennen, genauso wie ein sich niemals verändernder physischer Zustand nicht als Gesundheit wahrgenommen würde.

*Die Bedeutung des Unterschieds*

Ohne ein Gefühl für den Unterschied, ohne Krankheitsgeschehen als Gegengewicht zu Gesundheit, ist Gesundheit nicht existent. Ohne die Tatsache des Abgesetztseins kann es keine Unterschiede, kein Erkennen und daher auch keine Existenz geben. Bertrand Russell war sich dieser erkenntnistheoretischen Notwendigkeit bewußt, als er die Bemerkung machte, wir wüßten zwar nicht, wer das Wasser entdeckt hat, könnten jedoch sicher sein, daß es nicht ein Fisch war. In Analogie dazu können wir sagen: Sollten unsere Träume von ungetrübter Gesundheit jemals wahr werden, so würde uns dieser Umstand gar nicht bewußt werden. Denn ohne Krankheit ist die «Tatsache» Gesundheit ein Widerspruch in sich. Damit aus Fakten wirklich Fakten werden, müssen sie zunächst einmal erkannt werden. Und um erkennbar zu sein, müssen sie sich von anderen unterscheiden – in diesem Falle von Rückfällen in periodische Nichtgesundheit, sprich Krankheit.

*Die Bedeutung der Nähe*

Whitehead sagt, wo es einen Rhythmus gibt, da ist auch Leben. Doch sei dieses Phänomen für uns *nur* wahrnehmbar, wenn die Analogien (die gegeneinanderstehenden Geschehnisse) «nahe genug beieinander sind». Das müssen sie auf zumindest zwei grundlegende Weisen sein: zunächst zeitlich nahe; zweitens muß es eine deutliche Ähnlichkeit zwischen den Geschehnissen geben, damit wir zumindest einen mentalen Zusammenhang zwischen ihnen herstellen können.

Die Bedeutung zeitlicher Nähe der gegenpoligen Geschehnisse von Gesundheit und Krankheit wird im Leben der Kinder deutlich. Die meisten Kinder kümmern sich wenig um ihre Gesundheit und sorgen sich kaum darum, gesund zu bleiben. Der Gesundheitswahn beginnt eben noch nicht in so jungen Jahren. Warum? Nicht weil Kinder niemals krank wären – die meisten sind es von Zeit zu Zeit –, sondern zum Teil deswegen, weil diese kontrapunktischen Geschehnisse zeitlich nicht nahe genug beieinander liegen, um einen ausreichenden Kontrast abzugeben. Kinder erholen sich im allgemeinen schnell von sporadischen Erkrankungen. Ist die Mandelentzündung vorbei, wird sie schnell vergessen. Sie gibt keinen kontrastierenden Hintergrund für den nächsten Krankheitsfall ab, der gewöhnlich weit in der Zukunft liegt. Und bis er dann tatsächlich eintritt, hat man den letzten praktisch vergessen. Hier wirkt ein Mangel an zeitlicher Nähe und schafft Rhythmen, die so stark gedehnt sind, daß sie nicht mehr als solche aufgefaßt werden.

Außerdem haben kleine Kinder ein anderes Zeitgefühl als Erwachsene. Kinder brauchen Jahre, um ein voll ausgeformtes Gefühl für lineare Zeit zu entwickeln. Die Vorstellung von Vergangenheit, Gegenwart und Zukunft wird erst nach und nach erworben. Kinder haben eine angeborene Fähigkeit, in der Gegenwart zu leben, eine Befähigung, die erst mit wachsender Reife abnimmt. Infolge des Lebens im «Jetzt» wird die Erfahrung, krank gewesen zu sein, ausgelöscht. Es kann also nicht überraschen, daß Kinder selten darüber nachdenken, ob sie gesund oder krank sind.

Das gilt jedoch nicht für chronisch kranke Kinder oder solche, die unter stetig wiederkehrenden, genau lokalisierten medizinischen Problemen leiden. Kinder mit chronischer oder akuter Leukämie, die regelmäßig den Arzt zur Blutentnahme und Behandlung aufsuchen müssen, oder Kinder mit chronischem Nierenversagen, die von einer Dialyse zur anderen leben, sind sich des Gegensatzes von Gesundheit und Krankheit deutlich bewußt. Vielleicht geben sie diesen periodischen Erfahrungen andere, ungenaue Namen wie «sich gut fühlen» und «sich schlecht fühlen», doch machen die Rhythmen sich für sie drastisch bemerkbar. Sie haben ein inneres Gespür für Gesundheit, von dem ihre gesünderen Altersgenossen keine Ahnung haben.

Das Erkennen der Rhythmen von Gesundheit und Krankheit ist bei diesen Kindern manchmal so stark entwickelt, daß die Beschäftigung mit ihnen zu einer Herausforderung wird. Die meisten Ärzte, die sich um chronisch kranke Kinder kümmern, sind selbst gesund. Sie wissen wenig über die Lebensrhythmen von Gesundheit und Krankheit in ihrem eigenen Leben. Da das für sie nur ein Phänomen ist, das sie bei ihren Patienten beobachten, verschlägt es ihnen die Sprache, wenn sie ihre eigene Unwissenheit um die wechselseitige Verbundenheit von Geburt und Tod, Gesundheit und Krankheit mit blendender Klarheit im Gesichtsausdruck eines todkranken Kindes widergespiegelt sehen. Wie ist es möglich, daß ein sechsjähriges Kind mehr über Geburt und Tod zu wissen scheint als ich? Warum bin ich schokkiert, Lebensweisheiten aus dem Munde dieses chronisch kranken, des Lesens und Schreibens noch nicht kundigen Kindes zu hören, das weiß, daß es in einem Monat nicht mehr am Leben sein wird? Warum befinde ich mich in der Defensive, wenn ich unverständliches Kindergeschwätz über das Davor, das Jetzt und das Danach von einem Kind höre, das sich dessen bewußt ist, daß es keinen weiteren Geburtstag mehr erleben wird?

## Die Geschichte von Tim

In ihrem zupackenden und tiefschürfenden Buch *The Human Patient*[1] beschreibt die Kinderärztin Dr. Naomi Remen ihre Reaktionen in Situationen wie der eben beschriebenen. In ihren Vorlesungen hat sie auch die Lebensrhythmen beschrieben, die kranke Kinder erlernen und die manchmal selbst für die Ärzte und die Hilfspersonen, die sie medizinisch betreuen, unverständlich sind. Ein Beispiel dafür ist der Bericht über den siebenjährigen Tim mit Leukämie im Endstadium. Er hatte den größten Teil seines jungen Lebens an dieser Krankheit gelitten. Obwohl er zu Beginn der Behandlung ein Abklingen der Krankheit erfahren hatte und ein oder zwei Jahre seines Lebens von Wochen des «Wohlergehens» durchsetzt waren, lag er nun völlig entkräftet in seinem Krankenhausbett. Er war zu schwach, um auch nur ins Badezimmer gehen zu können. Sein Körper war mit blutunterlaufenen Stellen übersät, Folge der vielen Blutentnahmen und der Bemühungen, das Bluten danach zu stoppen. Die Wände seines Zimmers waren bepflastert mit dem üblichen Sammelsurium, mit dem ein Siebenjähriger sein Zimmer dekoriert, wenn er lange Zeit im Krankenhaus verbringen muß – Poster von Helden aus Film und Fernsehen, Luftballons, ausgeschnittene Bilder und Zeichnungen. Überall sah man mit ungelenker Hand gekritzelte persönliche Mitteilungen seiner Freunde. Um ihn herum lagen seine Lieblings-Stofftiere. Das Zimmer wäre kaum als Krankenhauszimmer erkennbar gewesen, wäre da nicht das typische Bett mit den weißen Leinentüchern gewesen und der Infusionsständer, von dem aus ein Schlauch zu einer Kanüle im Arm lief.

Dr. Remen fand eines Morgens zu Beginn ihres Rundgangs das Pflegepersonal in heller Aufregung. Ärzte, Schwestern und Hilfspfleger diskutierten aufgeregt folgendes Problem: Tim, der inzwischen zu schwach zum Essen und Aufstehen war und auch kaum noch sprechen konnte, hatte angekündigt, er werde noch heute nach Hause gehen. Er habe das Krankenhaus satt. Nun habe er von allem genug – dem Essen, den Medikamenten, den Tropfflaschen. Die Medizinalassistenten, Jungärzte und Schwestern waren empört. Wer konnte wohl diesem todkranken Kind erzählt haben, es könne nach Hause gehen? Sie wurden beinahe handgreiflich, um den Schuldigen zu ermitteln, denn der, so war beschlossen worden, mußte die unangenehme Aufgabe übernehmen, diesem von allen geliebten Kind beizubringen, daß es *nicht* nach Hause gehen könne.

Dr. Remen, Leiterin der Kinderabteilung, hörte sich diese hitzige Diskussion an und verkündete dann, sie selbst werde das Mißverständnis mit Tim klären. Dann ging sie alleine zu ihm. Tims Augen fixierten sie, als sie sein Zimmer betrat. Blaß und schwach, aber hellwach und vollkommen gefaßt und friedlich lag er da. Wie, so fragte sich Dr. Remen, konnte jemand aus ihrem Stab einen so schwerwiegenden Fehler begangen haben, diesem engelgleichen Kinderskelett zu sagen, es könne noch heute das Krankenhaus verlassen? Sie begann die Unterhaltung.

«Tim, man sagt mir, du willst das Krankenhaus heute verlassen. Stimmt das?»

Fast unhörbar antwortete Tim: «Nein, Dr. Remen, ich werde das Krankenhaus nicht verlassen.»

«Aber einer der Ärzte hat mir doch gesagt, du wirst nach Hause gehen.»

«Ach so», antwortete Tim in dem geduldigen Versuch, den offensichtlichen Irrtum des Arztes aufzuklären. «Ich verlasse nicht das Hospital. Aber ich gehe HEIM!» Nach diesen Worten schwieg er. Er hatte genug gesagt und schien es nunmehr ihr zu überlassen herauszufinden, was er damit sagen wollte. Also schloß er ein wenig die Augen, da das Sprechen ihn erschöpft hatte.

Dr. Remen saß an seinem Bett, hielt die Hand des Armes, in dem keine Kanüle steckte, und weinte still. Sie spürte den Toren im weißen Mantel. Und Toren waren auch alle anderen – die Medizinalassistenten, die Stationsärzte und die Schwestern, die in diesem Augenblick auf ihre Rückkehr warteten. Jetzt wußte sie, daß niemand Tim gesagt hatte, er könne nach Hause gehen, und daß er es dennoch tun werde. *Er* hatte die Entscheidung getroffen, nicht die anderen.

Sie erhob sich leise und setzte eines der Stofftiere dorthin, wo sie selbst gesessen hatte, damit Tim nicht ganz alleine war. An der Tür drehte sie sich noch einmal nach ihm um. Er lag schweigend und vollständig gelassen da, atmete leicht und ruhig, als wäre er ohne Schmerzen. Sie konnte nichts mehr tun, brauchte auch nichts mehr zu tun. Weinend ging sie zum Schwesternzimmer zurück.

«Nun, wie war's?» fragte jemand vom Pflegepersonal. «Haben Sie ihm gesagt, daß er nicht nach Hause kann?»

Die Gruppe war in düsterer Stimmung und folgerte aus ihren geröteten Augen, in denen noch Tränen standen, daß sie eine schmerzliche Aufgabe hinter sich hatte. Und dann waren sie alle geschockt, als sie antwortete: «Nein, ich habe ihm nicht gesagt, er könne nicht nach Hause. Heim gehen ist aber genau das, was er heute tun wird.» Und dann erklärte sie ihnen, was geschehen war.

Niemand hatte noch etwas zu sagen. Die Ansammlung von Ärzten und Schwestern zerstreute sich langsam. Jeder suchte sich irgendeine Arbeit oder vielleicht auch nur einen stillen Platz zum Weinen.

Dr. Remen wußte, daß es nun Zeit für sie war, in Tims Zimmer zurückzugehen. Sie wußte auch, was sie dort vorfinden würde. Als sie das Zimmer betrat, sah sie, daß Tim HEIM gegangen war.

Wir brauchen nicht nur zeitliche Nähe, um mentale Zusammenhänge herzustellen; es muß zwischen den Geschehnissen zumindest auch eine artgemäße Nähe bestehen. So ist es beispielsweise viel leichter zu begreifen, daß ein durch Verspannung verursachter Kopfschmerz mehr zu unserem Gespür für Gesundheit beitragen kann als ein ausgesprochen krankhaftes Geschehen. Kopfschmerz als Folge nervlicher Anspannung macht uns darauf aufmerksam, daß wir uns zu großem Streß aussetzen, und hat damit eine positive Funktion. Er liefert uns einen gewöhnlich nicht allzu schmerzhaften Kontrast zwischen den Empfindungen von Schmerz und Behagen, steigert unser Gefühl, *keine* Kopfschmerzen zu haben, und vertieft auf diese Weise unser Empfinden des Wohlergehens.

Was aber, wenn ein Kind mit Geburtsfehlern geboren wird? Oder wenn eine fünfköpfige Familie durch einen Autounfall umkommt? Oder wenn ein Sohn im Krieg fällt? Wie könnten wir aus solchen Wahrnehmungen Gewinn ziehen? Für die meisten von uns ist der Kontrast zu groß, als daß man auf ihn so reagieren könnte wie auf einen durch nervliche Anspannung bedingten Kopfschmerz. Hier geht es um Geschehnisse des Lebens, die ins Mark treffen, deren Schrecken wir glauben nicht ertragen zu können. Sie sind unaussprechlich in ihrer Härte, ihrer Grausamkeit und im Schmerz, den sie hervorrufen.

Die Zusammengehörigkeit der dunklen Elemente des Lebens und der strahlenderen Augenblicke ist nur wahrnehmbar, wenn die Analogien zwischen den rhythmischen Komponenten nahe genug beieinanderliegen, wie Whitehead uns sagt. Was die eben erwähnten unerträglichen Geschehnisse betrifft, so spüren wir überhaupt keine Beziehung zwischen ihnen und den positiven Perioden des Lebens. Der Rhythmus dringt nicht durch, und das Leben selbst scheint auszusetzen.

Aber vielleicht setzt der Rhythmus gar nicht aus oder reißt ganz ab, sondern ist nur komplexer geworden. Wir bevorzugen einfache rhythmische Botschaften des Lebens und scheuen vor komplizierten Kadenzen zurück. Wir ziehen durch Verspannungen verursachte Kopfschmerzen katastrophalen Unannehmlichkeiten vor. Wenn wir unseren Sinn für Rhythmik schärfen, können wir vielleicht auch in den dunklen Augenblicken des Lebens noch erkennen, daß den schmerzlichen Erfahrungen tröstliche gegenüberstehen, und dann hören wir den Rhythmus durch alles hindurchklingen, hören «die Verschmelzung von Gleichheit und Neuheit», wie Whitehead sagt, so daß «das Ganze des Lebens niemals die essentielle Einheit des Musters verliert». Dann hört das Leben auf, eine zusammenhanglose Aufeinanderfolge von Gut und Böse zu sein, und wird zu einem einheitlichen Phänomen.

## Gesundheit und Ganzheit

Die englischen Wörter für «Gesundheit» und «Ganzheit» [*health* und *wholeness*] leiten sich aus derselben Quelle ab, und die Suche nach Gesundheit ist eine Suche nach Ganzheit. Wer um Gesundheit ringt, wehrt sich gegen Fragmentierung und Uneinheit. Gesundheit in ihrer reinsten Form involviert die Fähigkeit, das Ganze zu akzeptieren – in der sicheren Erkenntnis, daß *alle* Erfahrungen des Lebens in einer verknüpften wechselseitigen Abhängigkeit existieren. Auch hier kann uns die Metaphysik von Whitehead helfen:

> Die Teile einer Erfahrung tragen zum massiven Gefühl für das
> Ganze bei, und das Ganze trägt zur Intensität des Gefühls für
> die Teile bei.[2]

Wir können das Leben zu einigen wenigen annehmbaren Erfahrungen verstümmeln, wenn es um Gesundheit geht, und können damit auch durchkommen. Wir können für alles einen Spielraum des «Annehmbaren» festsetzen, etwa für Blutdruck, Körpergewicht, körperliche Leistungsfähigkeit, ja selbst für psychische Verhaltensweisen. Wir können uns jede Störung unseres Lebensvollzugs durch Halsschmerzen, Arthritis, Schlaganfall und Herzinfarkte, eingewachsenen Zehennägeln und Haarschuppen rundweg verbitten, doch damit bewirken wir das, was für Whitehead das Haupthindernis für alle Arten von Vollkommenheit ist: die «gegenseitige Verdrängung» gewisser Elemente, die zusammen die Erfahrung ausmachen.[3] Den Prozeß, gewisse Elemente der Lebenserfahrung einfach auszuschalten, nennt er «Anästhesie» – ein besonders passender Ausdruck, weil wir unsere Sinne durch dieses Ausschalten tatsächlich einschläfern, manchmal bis zur totalen Wahrnehmungslosigkeit.

Wieviel Möglichkeiten zur Bewältigung der Wechselfälle des Lebens hätten wir doch gehabt, hätten wir nicht diese «Anästhesie» vorgenommen – hätten wir nicht begonnen, unsere volle emotionale Erfassung aller Geschehen, die das Ganze des Lebens ausmachen, zu begrenzen. An welchem Punkt haben wir begonnen, uns gegen das Eindringen dessen, «was wir einfach nicht ertragen können», zu schützen? Welche Fähigkeiten besaßen wir, bevor überwältigender Kummer und Schmerz einsetzten und wir gegen die Unfairneß und die Unannehmlichkeiten des Lebens zu rebellieren begannen? Je begrenzter unsere Fähigkeiten, die schwierigen Erfahrungen als Teil des Ganzen in unser Leben einzugliedern, desto früher behauptet sich das Gefühl, in einer bösen Welt zu leben, und um so mehr scheint uns das Leben mit üblen Dingen verseucht.

## Wiederholung als Tod und Verfall

Der Philosoph Albert William Levi sagt uns:

> Und doch sollte man dessen eingedenk sein, daß die Vermischung von Schönheit und Häßlichkeit in der Natur der Dinge liegt ... Fortschritt beruht auf der Erfahrung widersprechender Gefühle. Die fatale Krankheit ... besteht darin, daß bald nach Erreichen der Vollkommenheit die Inspiration verwelkt; Wiederholung setzt ein, und nach und nach verfliegt die Frische.[4]

Dieser Prozeß befällt ganze Gesellschaften, nicht nur Individuen:

> ... Gesellschaften leiden unter der Eintönigkeit ewiger Wiederholung und unzulänglicher Kontraste in den Eigenschaften ihrer Teilkomponenten. Dadurch wird demonstriert, wie das Verlangen nach Harmonie durch Anerkennung der Notwendigkeit des Abenteuers ergänzt werden muß.[5]

Diese Bemerkungen gelten auch für unsere Erfahrungen mit der Gesundheit. Endlose Wiederholungen von Gesundheitserfahrungen, so attraktiv das auch klingen mag, sind tatsächlich das Sterbeglöckchen für das Wohlbefinden. Ein andauernder, sich niemals wandelnder Gesundheitszustand ist nicht Gesundheit. Er ist ein Produkt der Einbildung.

Die Erkenntnis der Notwendigkeit des Abenteuers (daß also keine statische Bewahrung der Vollkommenheit möglich ist) ist die Grundlage aller Theorien über den Menschen und die Gesellschaft. In der Kunst erfordert sie die Ergänzung der konventionellen Ausbildung durch neuartige Experimente; in der Soziologie mehr die hellenische als die byzantinische Mentalität; in der akademischen Welt den Vorrang der Spekulation vor der reinen Gelehrsamkeit. Letzten Endes jedoch beruht auch das auf einem metaphysischen Prinzip: dem Prinzip des Prozesses. *Jedes tatsächliche Ding läßt sich nur aus der Sicht seines Werdens und Vergehens begreifen. Es gibt kein Anhalten, bei dem die Wirklichkeit nur ihr statisches Selbst ist* ... Kein Höhepunkt kann sich stets auf der gleichen Höhe halten. Ohne jeweils neue Experimente erschöpfen sich die kleineren Varianten. *Es kommt zu einem Absacken der Lebendigkeit der Erfahrung in den Individuen.*[6]

Krankheit fördert also Gesundheit, macht sie wahrnehmbar, ist ihr Erzeuger, ihr Garant, das Silber hinter dem Spiegelglas, ohne das der Spiegel nichts als eine durchsichtige Glasscheibe wäre.

Doch wie steht es denn um die tragischen Ereignisse im Leben, jene widersprechenden Gefühle, die uns befallen, wenn das Erhoffte mit der Wirklichkeit konfrontiert wird – wenn zum Beispiel die Gesundheit tatsächlich versagt, und zwar auf schmerzhafte und tragische Weise? Darauf antwortet Whitehead:

> Jede Tragödie ist das Aufdecken eines Ideals: Was hätte sein können und nicht war: Was sein kann. Die Tragödie war nicht umsonst.[7]

Und weiter sagt er:

> Diese Überlebenskraft in der motivierenden Energie markiert als Folge eines Appells an die Schönheit den Unterschied zwischen dem tragischen Übel und dem bösartigen Übel. *Wer den Sinn der Tragödie so auffaßt, gelangt zum inneren Gefühl des Friedens, der Läuterung der Emotionen.*[8]

Auch Whitman brachte die Vision des Einsseins der Gegensätze in seinen Gedichten zum Ausdruck. Sie war stets ein wesentlicher Bezugspunkt in den Schilderungen dieses Poeten:

> Hervor aus dem Dämmer steigen zwiefältige Gleiche.
> Stoff immer und Wachstum, immer Geschlecht,
> Immer ein Weben von Identität, ein Sich-Sondern,
> Immer des Lebens Brut.[9]

Dieselbe Vision hatte auch C. G. Jung:

> Es muß stets oben und unten, heiß und kalt geben, damit der ausgleichende Prozeß – der Energie ist – stattfinden kann ... Dabei geht es nicht um die Umwandlung ins Gegenteil, sondern um die Bewahrung früherer Werte zusammen mit der Anerkennung ihrer Gegensätze.[10]

Ohne das Oben und Unten, das Heiße und Kalte wäre das Leben eine nahtlose, undifferenzierte Erfahrung von Eintönigkeit. Ohne die Rhythmen von Gesundheit und Krankheit, Geburt und Tod würden wir nicht etwa zu Erben einer einstigen Vollkommenheit, sondern eines Zustands «anästhesierter» Erfahrung. Unsere Gesundheitsstrategie muß stets durch dieses Gewahrsein ergänzt werden. Denn würden wir jemals das Ziel totaler Gesundheit erreichen, würden wir nicht Erfüllung, sondern Leere finden. Gesundheit als Ganzes gesehen bewahrt uns vor diesem fürchterlichen Irrtum. Denn das Ganze enthält alles – selbst, woran wir stets denken sollen, die Gegensätze von Geburt und Tod, Schmerz und Lust, Krankheit und Gesundheit.

# 8. Bewußte Willensentscheidung und Gesundheit: eine neue Betrachtungsweise

... Das Gesetz hilft uns in unserem Ringen, frei zu sein. Denn wären die Dinge in ihren Eigenschaften nicht konstant, würden wir nicht wissen, wie wir uns verhalten sollen. Das Gesetz hilft uns, uns in unserem Leben zurechtzufinden.

Lama Govinda

Für die meisten Begründer der klassischen Naturwissenschaft – selbst für Einstein – war Naturwissenschaft ein Versuch, hinter die Welt der Erscheinungen zu blicken, eine zeitlose Welt höchster Rationalität zu erreichen – Spinozas Welt. Doch vielleicht gibt es eine subtilere Form der Wirklichkeit, die beides umfaßt, Gesetze und Spiele, Zeit und Ewigkeit.

Ilya Prigogine
*From Being to Becoming: Time and Complexity in the Physical Sciences*

Wenn etwas unsere freie Wahl bestimmt, sind wir wieder beim Determinismus. Im gegenteiligen Fall handeln wir aus reiner Laune, und das führt uns zu einem freien Willen, der nicht von der Art ist, wie wir ihn haben möchten, noch von der Art, wie wir ihn zu haben glauben.

Ebensowenig gibt uns ein launischer Indeterminismus überhaupt einen freien Willen, der dem unserer Erfahrung oder unserer eingebildeten Erfahrung ähnelt. Würde nicht jedes Geschehen durch einen ausreichenden Grund determiniert, wäre die ganze Welt ein Chaos, wie Leibniz bemerkte. Ein mit freiem Willen der launenhaften Art ausgestatteter Verstand würde spontanen und gänzlich irrationalen Impulsen zum Opfer fallen. Wir würden ihn als den Verstand eines Wahnsinnigen beschreiben, obwohl in Wirklichkeit kein Verstand eines Wahnsinnigen jemals so verrückt sein könnte.

Sir James Jeans<br>*Physics and Philosophy*

Aus prozeß-orientierter Sicht ist die Evolution spezifischer Strukturen nicht prä-determiniert. Sind dann aber Funktionen – Prozesse, die sich selbst in einer Vielfalt von Strukturen realisieren – prä-determiniert? Anders ausgedrückt: Folgt die Evolution des Geistes einem prä-determinierten Muster? Oder führt eine solche Annahme wiederum zu einer im Prozeßdenken bereits angelegten falschen Schlußfolgerung, so wie der Gedanke der Prädetermination von Strukturen bereits im mechanistischen, struktur-orientierten Denken angelegt war? Ist die Formel fernöstlicher Mystik, das Universum sei auf Selbstreflexion hin angelegt, nur Ausdruck einer inhärenten Begrenzung der östlichen Prozeßphilosophie?
Vielleicht ist es gar nicht so wichtig, auf diese Fragen überhaupt Antworten zu finden. Schließlich zielt unser Forschen nicht darauf ab, eine genaue Kenntnis des Universums zu erlangen, sondern etwas über die Rolle zu erfahren, die wir darin spielen – über den Sinn unseres Lebens. Die Dimensionen der Verbundenheit aller Formen der sich entfaltenden Dynamik der Natur sind dazu angetan, das Erkennen dieses Sinnes zu vertiefen.

Erich Jantsch<br>*Die Selbstorganisation des Universums*

Es gehört zu unseren beharrlichsten Denkgewohnheiten, in Gegensätzen zu denken: Freiheit versus Versklavung, Geist versus Körper, Verstand versus Intuition, Geburt versus Tod, und so weiter. Unsere Art, die Wirklichkeit in solche Entweder/Oder-Kategorien zu zerschneiden, ist so selbstverständlich geworden, daß wir ihre Berechtigung selten in Frage stellen.
Die Frage, ob man in diesen Begriffen über die Welt nachden-

ken kann, stellt sich in der Medizin auf besonders akute Weise. Wir möchten wissen, ob bewußte Entscheidungen in bezug auf unsere Gesundheit von Belang *oder* ob Gesundheit und Krankheit nur eine Angelegenheit des persönlichen Schicksals sind. Ist Gesundheit eine Angelegenheit des Bewußtseins *oder* Chemie? Kann unsere freie Wahl uns gesünder machen? Oder befinden wir uns in der Gewalt unserer Gene, unserer Anatomie und Physiologie? Täuschen wir uns, wenn wir meinen, unsere Gedanken wären von Gewicht, während sie in Wirklichkeit nur die Grundgesetze von Chemie und Physik widerspiegeln? Das sind natürlich alte Fragestellungen, mit denen schon viele Generationen gerungen haben. Die Frage ist heute noch dieselbe wie vor Jahrhunderten: Ist bei unserer Gesundheit freier Wille oder Determinismus am Werk?

Dieser Frage ist implizit, daß sie nur mit gegensätzlichen Begriffspaaren angepackt werden kann: Freier Wille und die Macht des Bewußtseins werden ein für allemal in Opposition zu Determinismus und blinden Gesetzen gestellt. In der Welt muß es so sein oder so, beides kann es offensichtlich nicht geben. Der Vorrang des Bewußtseins kann nicht neben dem Determinismus bestehen, ebenso wie Schwarz nicht da sein kann, wo Weiß schon ist.

Dieses Problem ist von besonderer Bedeutung für die ganzheitliche Gesundheitsfürsorge, deren Credo ja im Konzept der Selbstverantwortung verankert ist. Und Selbstverantwortung wäre ein leeres Prinzip in einem physikalisch determinierten Universum. Aufstieg oder Abstieg der Bewegung für eine ganzheitliche Gesundheitsfürsorge dürfte also davon abhängen, welche Antwort man auf das uralte Problem «freier Wille versus Determinismus» findet.

## Der Kodex und die Strategie

In den letzten Jahren sind andere Alternativen zur Behandlung der Entweder/Oder-Natur des Problems «freier Wille und Determinismus» entstanden. Eine der interessantesten stammt von Arthur Koestler. Er hat die Begriffe «Kodex» und «Strategie» vorgeschlagen, um zwischen den Vorstellungen von Determinismus und freiem Willen zu unterscheiden, sie aber auch zu verbinden. Der Kodex, das sind laut Koestler die möglichen Grenzen, innerhalb derer Geschehnisse sich ereignen können. Ein Beispiel dafür sind die Grenzen, die uns durch unsere Gene gesetzt werden, durch unseren genetischen Code, der unsere Anatomie und Physiologie auf gewisse Weise begrenzt. So ist es zum Beispiel unwahrscheinlich, daß eine Person, die infolge von Störungen des Knorpelwachstums (Achondroasie) ein Zwerg ist, jemals olympischer Gewichtheber werden wird, so wie es unwahrscheinlich ist, daß aus dem athletischen Verteidiger einer Fußballmannschaft jemals ein großer Ballettänzer wird. Andererseits gibt es «Strategien», die *innerhalb* des Kodex bewußt gewollt werden können. Es gibt also Freiheit, wenn auch in Grenzen. So kann beispielsweise ein professioneller Fußballspieler beschließen, seine athletischen Fähigkeiten auch auf andere Weise außerhalb des Fußballstadions zu nutzen. Sein «Kodex» bestimmt nicht starr sein genaues Geschick. Es gibt Optionen, vorausgesetzt, der Kodex wird nicht verletzt.

Der Kodex definiert also alle möglichen Auswahlentscheidungen; die Strategie ist die Art, wie diese möglichen Entscheidungen in die Tat umgesetzt werden. An dieser Stelle tritt also das Bewußtsein in der Form von Auswahl und Wollen in Erscheinung.

Es scheint mir ein Fehler, diese Art des Wählens als eine verdünnte Form des freien Willens zu betrachten. Denn ohne Einschränkungen, ohne irgendeinen Kodex, ergibt die Macht des Bewußtseins – die wir hier freier Wille nennen – einfach keinen Sinn. Zum besseren Verständnis des Zusammenspiels zwischen bewußter Wahl und Beschränkung und um zu verstehen, warum der freie Wille Beschränkung erfordert, wollen wir einmal den großartigsten Kodex von allen betrachten – die Naturgesetze, zu denen wir auch das Phänomen der Schwerkraft rechnen. Die Tatsache der Schwerkraft macht es möglich, daß sich bestimmte Ereignisse in unserem Leben stets auf die gleiche Weise abspielen. Setzen wir ein Glas auf den Tisch, so nehmen wir an, daß es stehen bleiben wird. Werfen wir einen Ball in die Luft, zweifeln wir nicht daran, daß er herunterfallen wird. Vor diesem verläßlichen Hintergrund muß das Bewußtsein tätig sein, wenn seine

Entscheidungen ein voraussehbares Ergebnis haben sollen. Wäre die Schwerkraft nicht konstant, dann würden wir niemals wissen, ob das Glas, das wir auf den Tisch stellen, dort stehen bleiben wird oder nicht. Dementsprechend wäre unsere «Wahl», es aufzunehmen, sinnlos, da wir ja keine Möglichkeit hätten zu wissen, ob es beim Zugreifen noch da sein oder nicht irgendwo im Raum schweben würde. Das völlige Fehlen von Beschränkungen – hier in der Form von Schwerkraft – würde den Begriff der Freiheit der Wahl ad absurdum führen. Das völlige Fehlen eines einschränkenden Kodex, der einen Kontext für freie Wahl liefert, müßte zu totalem Chaos führen. Aus dieser Perspektive ist Freiheit nur möglich als natürliche Folge von Einschränkungen.

Das ist auch der Sinn der Bemerkungen von Lama Govinda zur Einleitung dieses Kapitels. Es gibt keinen Konflikt zwischen Gesetz und Freiheit. Das Gesetz hilft uns, frei zu sein; es ist nicht etwas, was uns versklavt, wie wir im allgemeinen denken. Vor diesem Hintergrund erhält bewußtes Entscheiden und Wählen in Fragen der Gesundheit eine neue Lebendigkeit.

Gegner der Entscheidungsfreiheit in der Medizin verweisen häufig auf die Unmöglichkeit, genetisch gebundene Faktoren wie Farbe der Augen, unsere Statur oder den Umfang unserer Ohren oder Nase zu ändern. Die extremen Reduktionisten behaupten sogar, daß nicht nur unsere äußeren Merkmale genetisch bestimmt werden, sondern auch unser Denken. Nach dieser Anschauung heben die Einschränkungen durch die Körperchemie die Befähigung zu freier Entscheidung auf. Aus der Sicht von Lama Govinda und Arthur Koestler sind es gerade diese Einschränkungen, die der freien Entscheidung ihren Sinn geben. Weit davon entfernt, die Macht des Bewußtseins zu neutralisieren, ermöglichen die «Gesetze» unserer inneren Natur, die in unserer Anatomie, Physiologie und Chemie ihren Niederschlag finden, gerade diese Macht. Genauso wie das unveränderliche Gesetz der Schwerkraft den Hintergrund abgibt, vor dem Gedanken auf vorhersehbare und zuverlässige Weise zur Geltung gebracht werden können, geben uns auch unsere genetischen Einschränkungen die Gewißheit, daß bewußtes Auswählen zu einem konstanten und vorhersehbaren Ergebnis führen wird. Wäre dem nicht so, könnte ich unmöglich sicher sein, daß bestimmte Aktionen auch nur die geringste Wirkung auf meine Gesundheit haben werden: daß eine Kugel im Gehirn schädlich sein würde; daß Zigarettenrauchen für meinen Kreislauf und meine Lungen ein Risiko ist; oder daß ich eine Verbrennung dritten Grades erleiden würde, legte ich meine Hand ins offene Feuer. In Abwesenheit irgendeines Kodex von anatomisch-physiologisch-biochemischen Einschränkungen würde die Welt der Gesundheitsfürsorge auf dem Kopf stehen – nicht nur für diejenigen, die für eine ganzheitliche Medizin eintreten («Auf den Geist kommt es an»), sondern auch für diejenigen, die einem unvergänglichen Physikalismus das Wort reden («Geist ist Materie»). Lama Govinda formulierte das so: «Das Gesetz hilft uns, uns in unserem Leben zurechtzufinden.»

Alles das ist nur eine Art, die Interdependenz der Gegenstände und die Einheit der scheinbaren Widersprüche zu beschreiben. Aus dieser Sicht gibt es keinen Widerspruch zwischen Kodex und Strategie. Letztere ist ohne Kodex unmöglich, und der Kodex wird durch die Strategie definiert. Beide kann man als das «bewegende Prinzip» des jeweils anderen betrachten, wobei jedes in seiner eigentlichen Bedeutung vom anderen abhängt.

Angenommen, ich kann tatsächlich nicht «meinen Krebs wegdenken», nicht absichtlich ein abgetrenntes Glied neu wachsen lassen oder Augen, die durch eine schwere Hornhautverletzung erblindet sind, wieder sehend machen. Angenommen, ich kann meine Zuckerkrankheit nicht ausrotten oder nach einem Herzinfarkt das vernarbte Gewebe in meinem Herzen nicht ersetzen. Sollten wir deswegen einfach annehmen, bei der Gesundheit habe der Körper die Oberhand und das Bewußtsein spiele keine Rolle? Können diese augenscheinlich unabänderlichen physiologischen Situationen als Beweis dafür dienen, daß die Materialisten recht und die Mentalisten unrecht haben? Natürlich nicht. Denn genauso wie Kodex und Strategie interdependent, Gesetz und Freiheit eng miteinander verbunden sind, sind auch die Argumente des Materialisten und des Mentalisten unauflöslich verknüpft. Keines kann das andere ausschließen, ohne sich dabei selbst zu zerstören.

Dieser Zusammenhang ist wichtig. Denn in vielen Kreisen der medizinischen Wissenschaft tendiert man zu folgender Denkweise: Wenn sich aufzeigen läßt, daß genetische Einflüsse *gewisse* physiologische Funktionen beherrschen (was sie natürlich tun), dann ist doch sonnenklar und muß nur noch bewiesen werden – eine reine Zeitfrage –, daß sie *alle* menschlichen Funktionen beherrschen. Punktum! Der Geist in allen seinen Ausdrucksformen wird neutralisiert. Wille, freie Wahl und bewußte Entscheidungen werden illusorisch. Die Ergebnisse mancher Forschungsrichtungen – beispielsweise des Biofeedback, dessen zentrale Bedeutung darin besteht, daß man gewisse physiologische Geschehen unter die Kontrolle des Bewußtseins bringen *kann* – werden bestenfalls als naiv und schlimmstenfalls als unwissenschaftlich abgetan. Angesichts der vorhin erörterten Perspektive ist jedoch die Entweder/Oder-Logik, daß entweder *alles* genetisch kontrolliert wird oder daß es *keine* genetische Dominanz gibt, keineswegs notwendig. Das Bewußtsein kann immer noch seine Herrschaft ausüben, hat immer noch Macht, jedoch innerhalb von Grenzen. Man braucht die Vorstellung vom Geist als Gesundheitsfaktor nicht einfach deshalb aufzugeben, weil genetische Geschehnisse in gewissen Situationen unausweichlich sind. Geist und Materie können koexistieren, und der Waffenstillstand zwischen ihnen braucht nicht zwangsläufig unbehaglich zu sein.

Statt die konventionelle Anschauung zu übernehmen, wonach unsere persönliche Chemie, Anatomie, Physiologie und die Gene unsere Gesundheit und Krankheit determinieren, wäre eine modifizierte Ansicht möglich. Unsere physischen Eigenschaften liefern wahrscheinlich einen stabilen Hintergrund, vor dem Auswahlmöglichkeiten bestehen und das Bewußtsein tätig sein kann. Sie sind ein Gegenmittel gegen das Chaos und können den Dingen eine gewisse Stabilität verleihen. Wie die Schwerkraft sind sie einfach da, stets am Werk, in ihrer Aktion alles durchdringend, aber nicht versklavend. Die Schwerkraft gibt uns die Sicherheit, daß unser Kaffee während des Frühstücks in der Tasse bleiben, nicht herausschwappen und unser Hemd verschmutzen wird, nötigt uns jedoch nicht, den Kaffee zu trinken. Sie ist ein ordnendes Prinzip, jedoch kein Diktator. So ist es auch mit unserer physischen Natur, die es uns beispielsweise erlaubt, ein Sirloin-Steak oder Bohnensprossen zu essen, uns jedoch nicht zwingt, entweder Fleischesser oder Vegetarier zu sein. Ohne physische

Beschränkungen würden wir ein physiologisches Chaos erleben. Der Körper würde in Anarchie versinken und wäre vielleicht gar kein Körper mehr. Totale Freiheit von physischen Beschränkungen wäre ein höllischer Alptraum.

Physikalische Gesetze sind also nicht ehern und versklavend, wie wir uns angewöhnt haben zu glauben. Im Gegenteil: Das Gesetz enthält die gegensätzlichen Eigenschaften von Beschränkung und Freiheit. Es gibt ein dynamisches, interdependentes Zusammenspiel zwischen Begrenzung und Wahl innerhalb dieser Perspektive. Vollständige, unbeschränkte Entscheidungsfreiheit in Angelegenheiten der Gesundheit ist ein Widerspruch in sich, näher dem Chaos als der Freiheit.

Das Gesetz ist nicht etwas, vor dem wir flüchten sollten, sondern etwas, *innerhalb dessen* wir funktionieren. Es ist das belebende Prinzip, das der Freiheit einen Sinn verleiht. Es liefert uns den Kodex, der unsere Freiheitsstrategien nicht ausschließt, sondern sie enthält und überhaupt erst ermöglicht.

# 9. Die lebendige Kraft: Auf dem Wege zu einem neuen Modell des Heilens

Es ist vorstellbar, daß das Leben eine größere Rolle zu spielen hat, als wir uns bisher eingebildet haben. Entgegen aller Wahrscheinlichkeit könnte es dem Leben gelingen, das Universum nach seinen eigenen Zielsetzungen zu formen. Und der Plan des unbelebten Universums ist vielleicht gar nicht so losgelöst von den latenten Möglichkeiten des Lebens und der Intelligenz, wie die Naturwissenschaftler des 20. Jahrhunderts anzunehmen geneigt sind.

Freeman J. Dyson

Aus platonischer Sicht könnte man zu Recht behaupten, daß ein Mangel an Gesundheit ein Mangel an Ganzheit ist ...
Das fundamentalste dieser holistischen Prinzipien ist die Behauptung, es gebe nur *eine* Wirklichkeit. Diese streng nichtdualistische Basis für den ganzen Kosmos ist der Ausgangspunkt für jede Erläuterung des Heilens. Sie postuliert eine organische Einheit der unseren Sinnen evidenten Vielheit, eine Einheit, die primär und kausal ist, verglichen mit dem abgeleiteten und sekundären Status der manifesten Dinge in der Welt (d. h. der Objekte unserer Sinneswahrnehmung) ... Nachdem das der Fall ist, sind Materie und Bewußtsein nichts als zwei Ausdrucksformen der einen ungebrochenen Wirklichkeit. Sie unterscheiden sich höchstens im Grad und in der Funktion, jedoch nicht in der Art. Oberflächlich betrachtet mag diese Einstellung ebenfalls reduktionistisch klingen und demnach Erinnerungen an genau den Behaviorismus hervorrufen, der

zuvor abgelehnt wurde... Tatsächlich jedoch unterscheidet sich die gegenwärtige Anschauung diametral von der kartesianisch-Skinnerschen, da das hier verkündete, in sich zusammenhängende Einssein eine lebendige Kraft darstellt, die alle Wesen *durch Integration, nicht Reduktion vereint*. Ein hier entdeckter scheinbarer Reduktionismus bekräftigt, daß Bewußtsein die primäre Natur der Wirklichkeit ist, ein Bewußtsein, in dem das Universum geeint wird.[1]

Renée Weber

Wir wissen, daß der Glaube an die Autonomie dieser beiden Teile [Geist und Körper] eine Illusion ist. Im Menschen gibt es nicht zwei getrennte Teile, sondern nur zwei verschiedene Aspekte ein und desselben Wesens. Der Mensch ist in Wirklichkeit ein *Individuum*, das man künstlich durch eine irrige Interpretation seiner analytischen Beobachtung gespalten hat. Der Irrtum unserer dualistischen Vorstellung liegt nicht in der Unterscheidung zwischen zwei Aspekten in uns – denn es gibt tatsächlich zwei Aspekte –, sondern in der Schlußfolgerung, daß diese beiden Aspekte zwei verschiedene Entitäten seien.
Um die Wahrheit zu sagen: Unsere Beobachtung zeigt uns nicht, daß es zwei Teile in uns gibt. Sie zeigt uns nur, daß alles in uns so geschieht, als gebe es in uns zwei durch eine Kluft getrennte Teile. Unser unwissender Intellekt ist es, der den illusorischen Sprung vollzieht von der Feststellung «alles geschieht als ob» zu der irrigen Behauptung, es gebe in uns zwei durch eine Kluft getrennte Teile.

H. Benoit<br>
*The Supreme Doctrine*

Krankheit, so scheint es, ist unvermeidlich, und der Tod wird uns alle früher oder später ereilen. Diese unübersehbaren Fakten lassen vermuten, das Leben sei durch Desorganisation, Auflösung, Verfall und letztlich Chaos charakterisiert. Zu behaupten, das genaue Gegenteil sei der Fall, scheint absurd.

Was aber, wenn das Universum durch Einssein und Ganzheit statt durch Desorganisation und Vereinzelung charakterisiert wäre? Was, wenn die ins Auge fallenden «Sprünge» in unseren physischen Funktionen nichts weiter wären als lokale Strudel im Strom, die hierhin oder dorthin wandern, jedoch nicht die Hauptrichtung des Stroms verändern? Was wäre, wenn die Welt eine ungebrochene Wirklichkeit ist, die selbst im Prinzip nicht auseinandergerissen werden kann?

Nehmen wir für einen Augenblick an, es sei so. Was wären dann die Konsequenzen für die Gesundheit und das Heilen?

*Die Konsequenzen der Ganzheit für das Heilen*

1. Heilen wird unmöglich. Was nicht zerbrochen ist, kann nicht zusammengefügt werden. Ist das Ganze die fundamentale Wirklichkeit, dann werden die ins Auge fallenden molekularen Fehlfunktionen, die wir «Krankheit» nennen, in einem tieferen Sinne von einer umfassenderen Wirklichkeit einbezogen. Dieser umfassendere Bereich ist der primäre Zustand aller Dinge, das wahre Gesicht des Universums, das alle Dinge einschließt (sonst wäre es nicht das Ganze), auch Krankheit, und zwar als «lokale Strudel» im größeren Strom. Die lokalen Störungen, die wir Krankheit, Kummer und Pech nennen, sind nicht primär. Mit ihnen koexistiert eine fundamentalere und vollkommenere Ganzheit, die nicht einmal durch die katastrophalsten Ereignisse zersplittert werden kann.

2. Heiler können keine Ganzheit herstellen, denn sie existiert bereits. Täte sie das nicht, wäre sie nicht das Ganze. *Das eigentliche Ziel des Heilens ist es, dieses Gewahrwerden bei der Person zu wecken, die geheilt werden soll*. Man sollte jedoch stets daran denken, daß die kranke Person auf ihrer tiefsten Ebene nicht krank ist und keiner Heilung bedarf, weil die Ganzheit, die nicht zerbrochen werden kann, sie umfaßt und umhüllt.

3. Heilen bedeutet nicht, Ordnung in die Moleküle zu bringen. Es soll vielmehr demjenigen, der geheilt werden soll, zum Gewahrwerden der Ganzheit verhelfen. Man hilft ihm bei der Erkenntnis, daß ungebrochene Einheit und Vollkommenheit der natürliche Zustand der Welt ist und daß Krankheit daher in einem grundlegenden Sinn eine Illusion ist. In seinem fundamentalsten Wesen ist Heilen weniger ein «Tun» – das heißt Anwendung physikalischer Techniken – als Hilfestellung für den Patienten beim «Sein» und «Erkennen».

4. Die Perspektive der Ganzheit ist nicht die einzige, aus der man Gesundheit und Krankheit betrachten kann. Wie die gängigen Krankheitsmodelle bezeugen, kann man auch die genau entgegengesetzte Perspektive wählen und Krankheit als Verfalls- und Auflösungsprozeß betrachten. Diese Perspektive funktioniert in gewissen Zusammenhängen: Chirurgie *kann* eine Blinddarmvereiterung heilen, Impfung kann wirklich Krankheiten verhindern, und Medikamente gegen Hypertonie senken wirklich den Blutdruck und verhindern Schlaganfälle und Herzinfarkte. Welche Perspektive man wählt, das hängt von dem Ziel ab, das man erreichen will.

5. Es gibt also eine Hierarchie der Heilungsstrategien. Am einen Ende steht die Strategie, die den Akzent auf Ganzheit legt. Sie betont, wie Renée Weber feststellt, «das in sich verknüpfte Einssein... und ist eine lebendige Kraft, die alle Wesen vereint». Für sie ist «Bewußtsein die primäre Natur der Wirklichkeit, ein Bewußtsein, in dem das Universum vereint wird». Die Perspektive der Ganzheit betont die Macht des Bewußtseins bei der Beeinflussung der Gesundheit. Tatsächlich erfordern die Verwirklichung und Erfahrung der verkündeten Ganzheit Bewußtsein.

Am anderen Ende der Hierarchie schwächt die mechanistisch orientierte Perspektive die Bedeutung des Bewußtseins ab und weist ihm eine minimale Rolle als Heilungsfaktor zu. Materielle Interventionen gelten als erforderlich, um einen Wandel im Zustand der physischen Welt, der Welt des Körpers, zu bewirken. Bewußtsein gilt als eine zu substanzlose Entität, als daß sie beim Heilen wirklich eine Rolle spielen könnte.

6. Die Perspektive der Ganzheit führt zu einer anderen Weltanschauung als die mechanistische Form des Heilens. Aus ganzheitlicher Sicht wird die Zeit nicht unter dem Aspekt der Dauer betrachtet. Hier geht es um die Zeit des Seins, nicht die Zeit des Werdens. Es gibt keine strenge Trennung zwischen den Bereichen von Materie und Bewußtsein und daher auch keine unüberwindlichen Unterscheidungen zwischen dem Lebendigen und dem Nichtlebendigen. «Es gibt nur eine Wirklichkeit», sagt Renée Weber, keine getrennten Bereiche für das Lebendige und das Tote oder für das Bewußte und das Unbewußte. In der neuen

Anschauung stürzt die Trennung zwischen Energie und Materie, Raum und Zeit, der materiellen Welt und der Leere in sich zusammen.

Im Gegensatz dazu betont der mechanistische Ansatz die entgegengesetzten und traditionellen Facetten der Weltanschauung: Zeit ist linear, aufteilbar in Vergangenheit, Gegenwart und Zukunft. Es ist die Zeit des Werdens, nicht des Seins. In dieser Zeit geschieht nichts ohne Ursache. Man nimmt an, daß Bewußtsein und Materie, das Lebendige und das Nichtlebendige, die materielle Welt und die Leere streng getrennt sind.

7. Aus der Perspektive der Ganzheit unterscheiden sich die Ziele des Heilens von denen der entgegengesetzten mechanistischen Anschauung. In der gegenwärtigen mechanistischen Anschauung ist die Länge des Lebens von überragender Bedeutung. Das folgt aus der Ansicht, die Zeit sei linear, der Tod sei endgültig und müsse so weit wie möglich hinausgeschoben werden. Die mechanistische Sicht betont die Beseitigung von Schmerz und Leiden und betrachtet diese als Vorboten von Tod, Siechtum und Auslöschung. Es sind Vorspiele des Endes – wiederum eine Perspektive, die aus der Annahme einer unausweichlich dahinfließenden linearen Zeit folgt.

Die Strategie der Ganzheit hebt *keines* dieser Ziele als besonders bedeutungsvoll hervor – eine Tatsache, die sich aus der unterschiedlichen Weltanschauung ergibt. Denn in einer nichtandauernden Zeit gibt es keine Finalitäten wie den Tod. Daher ist die Länge des Lebens nicht von größter Bedeutung. Schmerz und Leiden werden auch nicht als Vorläufer des Todes angesehen, und zwar aus demselben Grunde: In einer nichtlinearen Zeit, die keine Vergangenheit, keine Gegenwart und keine Zukunft hat, kann der Tod nicht das Ende bedeuten. Dennoch verwirft diese Perspektive nicht die gewöhnlichen Ziele der Gesundheitsfürsorge. Man kann sich aus dieser Perspektive genauso wie aus jeder anderen für die Förderung einer längeren Lebenserwartung und für die Linderung von Schmerzen und Leiden einsetzen. Doch impliziert ein solches Bemühen keinen strengen Imperativ.

8. Diese beiden therapeutischen Ausgangspunkte können daher gemeinsam genutzt werden. Man kann die Ziele der

mechanistischen Strategie erreichen, während man von der ganzheitlichen Perspektive aus operiert.

9. In den Begriffen der Ganzheitsphilosophie lassen sich alle Krankheiten erklären; mit der mechanistischen Philosophie nicht. Also ist die ganzheitliche Perspektive als Modell für Gesundheit und Krankheit umfassender als die gegenwärtige mechanistische.

Die Grenzen der mechanistischen Strategie ergeben sich weitgehend aus ihrer Neigung, das Bewußtsein als etwas Kraft- und Wirkungsloses zu betrachten. Für sie sind es die Moleküle, worauf es ankommt, nicht der Geist. Deshalb gibt es in der Medizin so viele «einschränkende Fälle» – klinische Beobachtungen, die die Grenzen der Theorie des Mechanismus aufzeigen und sich nur erklären lassen, wenn man dem Bewußtsein eine Wirkkraft zugesteht. Wenn der Cholesterinspiegel beim Meditieren absinkt; wenn die Abwehrkräfte im Körper sich während einer Periode des Kummers oder eines schmerzlichen Verlusts abschwächen; wenn sich im Zuge einer emotionalen Erregung eine tödliche oder beinahe tödliche Herzrhythmusstörung einstellt – immer dann sind wir Zeugen von Fällen, welche die mechanistische Theorie nicht erklären kann. Diese Grenzen werden von der Philosophie der Ganzheit transzendiert, für die das Bewußtsein eine fundamentale, nicht reduzierbare Entität im Universum ist. Diese Philosophie wird von klinischen Beobachtungen wie den eben erwähnten nicht so leicht umgestoßen. Sie braucht sie nicht als irrelevant beiseite zu schieben, denn sie kann sie erklären – und nicht, weil sie *erklären* kann, was Bewußtsein ist, sondern weil sie dessen Kraft anerkennt.

10. Die ganzheitliche Perspektive des Heilens kann die mechanistische potenzieren und umgekehrt. Nehmen wir als Beispiel einen Menschen, der bewußtlos mit einem Herzinfarkt auf die Intensivstation gebracht wird. Seine Lungen sind mit Flüssigkeit gefüllt, er hat keinen Blutdruck und einen chaotischen Herzrhythmus. Es wäre sinnlos, zu diesem Zeitpunkt an das Bewußtsein dieses Menschen zu appellieren, um sein Verständnis für die allesdurchdringende innere Ganzheit zu wecken. Da setzt man besser zunächst die mechanistischste aller Therapien in Gang, um Herz und Lunge wieder zu beleben, führt ihm Sauerstoff und

Entwässerungsmittel sowie andere Medikamente zu, um zunächst seine psychophysiologische Lebensfähigkeit wiederherzustellen. *Danach* kann man versuchen, auf breiterer Grundlage aktiv zu werden. Hier erleben wir die komplementäre Methode in Aktion. Keine der beiden Perspektiven, weder die ganzheitliche noch die mechanistische, darf als einzige Heilweise betrachtet werden. Obwohl die ganzheitliche als umfassender und fundamentaler gilt als die mechanistische, kann sie diese nicht völlig als medizinische Strategie ersetzen.

Wir können heute noch nicht sagen, ob wir in Zukunft Heilungsfähigkeiten entwickeln oder gegenwärtig schon latent vorhandene Potentiale aktivieren werden, die imstande sind, die heute üblichen mechanistischen Therapien gänzlich überflüssig zu machen. Ich habe so ein Gefühl, daß sich dies tatsächlich als möglich erweisen wird und daß wir eines Tages weniger von Therapien abhängig sein werden, die wir zur Zeit noch für unentbehrlich halten. Was aber sollen wir in der Zwischenzeit tun? Ich meine, wir sollten weiterhin *beide* Formen des Heilens anwenden, die Strategie der Ganzheit ebenso wie die mechanistische – Medikamente, Chirurgie, Ernährungsweise etc. Diese Therapieformen können genutzt werden in dem Wissen, daß sie begrenzt sind, daß es noch etwas anderes gibt in der Natur der Welt, das sich gerade zu zeigen beginnt und das die Notwendigkeit dieser spezifischen Aktionen transzendiert. Man kann vom Gefühl der Ganzheit und vom Primat des Bewußtseins beseelt sein und *trotzdem* sinnvollen Gebrauch von mechanischen Behandlungsformen machen.

11. Ein konkreter Wandel im Zustand der physikalischen Welt läßt sich durch Erkenntnis der inneren Ganzheit des Universums herbeiführen. Es ist offenkundig *nicht* zwingend, zur Veränderung des Körpers ausschließlich mechanistisch orientierte Therapien anzuwenden. Ist nämlich das Gefühl des Einsseins erreicht, dann folgen physiologische Veränderungen – ein bemerkenswerter Faktor, der in zahlreichen Labors demonstriert wird, die sich mit physischen Veränderungen während Meditation, Biofeedback und zahlreichen anderen Zuständen der Körper/Geist-Integration befassen. Ist das Ziel des Heilens, das Gewahrsein des Ganzen, erreicht, so wird dadurch eine Vielfalt körperlicher Veränderungen in Gang gesetzt, die sich messen lassen. Die Tatsa-

che, daß der physiologische Wandel sich aus der Integration von Geist, Körper und Welt ergibt, kann als Beweis dafür gelten, *daß man die Erkenntnis der Ganzheit als Medizin ansehen kann* – als eine Technik, die physische Veränderungen bewirkt, die genauso substantiell sind wie die nach der Einnahme von Medikamenten oder nach chirurgischen Eingriffen.

Das Erkennen der Ganzheit verharrt nicht im Geist, sondern durchdringt den ganzen Körper und verursacht Veränderungen, die wir bislang nur vermuten konnten. Die Formulierung eines Heilungsmodells, das diese Wirkung einbezieht, scheint dringend geboten.

Die Umrisse eines solchen Modells werden sich um so deutlicher abzeichnen, je mehr wir über die inneren Zusammenhänge zwischen Körper, Geist und Universum lernen. Die oben erwähnten Züge sind nur der Beginn, nur das Skelett eines neuen Modells. Man sollte in ihnen nur einen ersten Versuch sehen, das Heilen in einer Art der Wahrnehmung der Welt zu verankern, die weit weniger begrenzt ist als die Anschauung, an die wir gegenwärtig noch gekettet sind.

# 10. Drei Patienten

Betrachten wir uns selbst in Raum und Zeit, dann ist jedes Bewußtsein eines der separaten Individuen in einem Teilchen-Bild. Gehen wir jedoch über Raum und Zeit hinaus, dann ist jedes einzelne Bewußtsein vielleicht Bestandteil eines einzigen kontinuierlichen Lebensstromes. Wie mit Licht und Elektrizität ist es vielleicht auch mit dem Leben. Die Phänomene mögen Individuen sein mit separaten Existenzen in Raum und Zeit, während wir alle in der tieferen Wirklichkeit jenseits von Raum und Zeit Teile eines einzigen Körpers sein könnten.

Sir James Jeans
*Physics and Philosophy*

## *Martha G.: Krebs*

> Durch meinen unsichtbaren neuen Schleier
> Der Endlichkeit sehe ich
> Novemberwelt –
> Niedrige vom Wind gejagte Wolken,
> Glitschige Straßen, drei kichernde Mädchen –
> Und sonderbar – nicht düster wie Dezember,
> Sondern grün wie nur irgend etwas:
> Wie Frühling.
>
> L. E. Sissman
> (nachdem er herausgefunden hatte, daß er an Krebs sterben würde)

Daß Geburt und Tod abwechseln, daß Winter und Sommer immer wieder aufeinander folgen und daß alle Dinge sich vorwärts bewegen wie ein Strom – daran glauben die Menschen gewöhnlich. Ich meine jedoch, das ist nicht der Fall.

Seng Chao

In der Unmittelbarkeit der Existenz wird lineare und unumkehrbare Zeit aufgehoben. Die erlebten Vorgänge der Vergangenheit und die Visionen einer erahnten offenen Evolution werden unmittelbar in einer vierdimensionalen Gegenwart erfaßt. Poetische Wirklichkeit bricht in die profane Realität des Alltags ein.

Erich Jantsch
*Die Selbstorganisation des Universums*

Das pausenlose Ringen um Gesundheit und Wohlbefinden ist hoffnungslos. Wir vermeinen, unser Wunsch nach einem ungetrübten, von Krankheit freien Leben sei erfüllbar, wenn wir nur hartnäckig genug daran arbeiten und die richtigen «Gesundheitsregeln» entdecken und geschickt anwenden. Das ist die typisch abendländische Denkweise mit ihrer Grundannahme, bei genügendem Bemühen und Intellekt sei keine Aufgabe zu groß. Wir könnten das Ziel Gesundheit erreichen, wenn wir uns noch mehr anstrengen.

Nicht alle Kulturen haben so gedacht. Die alten Chinesen behaupteten, in jedem Zustand des Lebens, also auch in Gesundheit und Krankheit, sei sein Gegenstück impliziert. Die Qualitäten des Lebens existieren nicht isoliert, sondern sind in ihren Gegensätzen enthalten und rufen sie hervor. Diese Anschauung entstand nicht durch Wortspielerei, sondern galt als ein universales Prinzip, das jedermann durch eigene Beobachtungen bestätigen konnte.

Lao Tzu (etwa 480–390 v. Chr.), der die grundlegenden Thesen des Taoismus zusammenfaßte und aufzeichnete, gab diesem grundlegenden Einssein der gegensätzlichen Erfahrungen des Lebens in seinem klassischen Werk *Tao Te Ching* Ausdruck:

> Wenn auf Erden alle das Schöne als schön erkennen,
> So ist dadurch schon das Häßliche gesetzt.
> Wenn auf Erden alle das Gute erkennen,
> So ist dadurch schon das Nichtgute gesetzt.
> Denn Sein und Nichtsein erzeugen einander.
> Schwer und leicht vollenden einander.
> Lang und kurz gestalten einander.
> Hoch und Tief verkehren einander.
> Stimme und Ton vermählen einander.
> Vorher und Nachher folgen einander.[1]

Nachdem er dieses Prinzip erkannt hat, sagt uns Lao Tzu, es beeinflusse die Art, wie wir das Leben erfahren:

> Also auch der Berufene:
> Er verweilt im Wirken ohne Handeln.
> Er übt Belehrung ohne Reden ...
> Er erzeugt und besitzt nicht.
> Er wirkt und behält nicht.
> Ist das Werk vollbracht,
> So verharrt er nicht dabei ...[2]

Auf welche Weise kann man wirklich Verständnis dafür entwickeln, wie Gesundheit und Krankheit zusammengehören? Schließlich ist dieser Gedanke der gewöhnlichen Erfahrung so fremd, daß die Annahme absurd erscheint, diese und andere Gegensätze könnten zu einer Einheit verschmelzen. Dieses Problem wurde in seiner Tiefe von denen erkannt, die es in den frühen Entwicklungsstadien der taoistischen Philosophie vortrugen. Die erste Erkenntnis ist: Aus der Perspektive des alltäglichen Lebens ist die Verschmelzung von Gegensätzen wirklich absurd. Aus der Sicht gewöhnlicher Logik ist sie paradox und rätselhaft. Intuitiv betrachtet ist sie dagegen klar und gar nicht esoterisch. Auch hier findet Lao Tzu die richtigen Worte:

> das auge sieht es nicht – ihr nennt es unsichtbar
> das ohr hört es nicht – ihr nennt es unhörbar
> die hand faßt es nicht – ihr nennt es unfaßbar

> dreifach trotzt es dem verstand
> denn es ist eines, in sich selbst verwoben
> oben ohne licht
> unten ohne dunkelheit
> es dehnt sich hin unendlich, namenlos
> und strömt zurück in das nichtdingliche
> so nenn ich es gestaltlose gestalt
> ding der nichtdinglichkeit
> nennen mag man es formlos, nebelhaft
> entgegentretend sieht man nicht sein gesicht
> ihm folgend nicht den rücken
> haltet fest am Tao der alten
> mit ihm zu leiten das neue
> den uranfang erkennen
> nenn ich leitspur des Tao[3]

Das Verständnis dafür, wie Gegensätze sich vereinen, ist also nicht faßbar und dennoch erkennbar. Es ist formlos, gesichtslos und rätselhaft und kann dennoch verstanden werden. Seine wahre Natur läßt sich nicht mit Worten beschreiben, obwohl diejenigen, die sie kennen, unaufhörlich Worte benutzen, um zu tun, was sie nicht tun können. Dieses Einssein zu erfahren ist das Ziel wahrer Weisheit.

Wir werden von dem unaufhörlich wiederkehrenden Impuls beherrscht, die Gegensätze des Lebens fein säuberlich getrennt zu halten. Wir *wissen*, daß Gesundheit und Krankheit verschieden sind, und keine noch so große Menge esoterischer taoistischer Wortklauberei wird uns vom Gegenteil überzeugen. Und zu behaupten, wahre Gesundheit lasse sich nicht erzielen, erarbeiten, entwickeln oder sonstwie erlangen, ist einfach Ketzerei. Und dennoch: So eifrig wir auch wünschen, uns von der Vorstellung vom Einssein der Gegensätze zu befreien, so gibt es doch in den Erfahrungen jedes einzelnen von uns Augenblicke, die die formlose, gesichtslose und unbegreiflich mysteriöse Tatsache bestätigen, daß Gesundheit und Krankheit *tatsächlich* eins sind.

Diese Erkenntnis tritt nirgends nachdrücklicher zutage als in der Erfahrung einer schweren Krankheit. Angesichts der Möglichkeit, das Leben zu verlieren, erlangt der Mensch gelegentlich eine besondere Klarheit der Schau. Diese Augenblicke bilden eine Art Nährboden für Weisheit und Verstehen, den wir selten wahrnehmen, wenn wir gesund sind. Und diese Erfahrungen sind nicht selten. Bei einigem Nachdenken werden die meisten von uns sich an Freunde erinnern, die während einer schweren Erkrankung dieser Weisheit nahegekommen sind. Ich bin überzeugt, daß solche Fälle auch den Ärzten bei ihrer Arbeit immer wieder begegnen.

*Die Geschichte von Martha*

Martha G. wurde von ihrem Sohn in meine Sprechstunde gebracht. Er hatte hartnäckig darauf bestanden, sie solle endlich einen Arzt aufsuchen. Als Witwe von 65 Jahren lebte sie in einer nahe gelegenen kleinen Stadt. Sehr darauf bedacht, in allen Lebenslagen allein zurechtzukommen, reagierte sie nicht gerade freundlich auf das Drängen ihres Sohnes, einen Arzt zu konsultieren – obwohl ihre Schmerzen im Unterleib inzwischen so stark geworden waren, daß sie nicht schlafen konnte. Sie saß mir gegenüber an meinem Schreibtisch, ihr Sohn hinter ihr. Widerwillig erzählte sie ihre Geschichte, und ohne die zahlreichen Kommentare des Sohnes hätte ich nur wenige Fakten gehabt, um ihr Problem verstehen zu können.

«Warum haben Sie sich jetzt entschieden, mich aufzusuchen?» fragte ich sie.

«Weil ich nicht mehr in meinem Garten arbeiten kann.»

Ich fand heraus, daß ihr Gemüsegarten einen zentralen Platz in ihrem Leben einnahm. In der ganzen Gemeinde galt sie als eine Zauberin im Umgang mit Pflanzen. Sie bearbeitete ihren Garten rein biologisch und vermied die Verwendung von Chemikalien für den Boden und die Pflanzen. Ihr Garten ernährte nicht nur sie selbst, sondern auch noch eine beträchtliche Zahl von Nachbarn. Ich stellte ihr viele Fragen, und sie strahlte vor Begeisterung, als sie mir in leuchtenden Bildern ihre Pflanzen schilderte. Schnell erkannte sie mein ehrliches Interesse als Gartenliebhaber, wonach sie in Umkehrung des Prozesses begann, *mir* Fragen zu stellen. Ihr Sohn im Hintergrund lächelte still vor sich hin; denn im Verlauf des Gesprächs erkannte er, daß seine Mutter froh war, gekommen zu sein, auch wenn sie das niemals zugeben würde.

Langsam erhielt ihre Krankheitsgeschichte Inhalt. Vor einigen Wochen hatte sie Schwellungen im Unterbauch festgestellt, die sie «einer Ansammlung von Flüssigkeit» zuschrieb. Daraufhin nahm sie zu einer eigenen organischen Rezeptur Zuflucht, natürlich aus Pflanzen ihres Gartens. Das bewirkte jedoch keine Besserung. Die Schwellung nahm derart zu, daß ihre Kleider ihr nicht mehr paßten. Dann trat ein dumpfer Schmerz im Unterleib auf, zunächst in Intervallen, dann wurde er stärker und konstant. Sie versuchte weiter eigene Rezepturen, die ebenfalls versagten. Der Schmerz war manchmal kaum erträglich. Sie versuchte, ihn «durch Arbeit loszuwerden», was bedeutete, daß sie in der brütenden texanischen Mittagshitze Schwerarbeit im Garten leistete. Bei einer solchen Gelegenheit fand ihr Sohn sie eines Tages. Schweißüberströmt von der Hitze und infolge der Schmerzen einer Ohnmacht nahe, klammerte sie sich an einen Pfahl des Gartenzaunes. Er brachte sie ins Bett und bemerkte dabei zum ersten Male die beachtliche Schwellung im gesamten Bauchbereich. Da sich alle eigenen Behandlungsversuche als nutzlos erwiesen hatten, kam sie am folgenden Tag in mein Sprechzimmer.

Die Untersuchung ergab eine massive Bauchwassersucht – eine Ansammlung von Flüssigkeit in der Bauchhöhle – sowie steinhartes Material, das den mittleren und unteren Bauch ausfüllte. Ich war überrascht, daß sie es in diesem Zustand so lange ausgehalten hatte. Schließlich waren die ersten Anzeichen schon vor Monaten aufgetreten, und seither hatte sie in den Nächten kaum Schlaf gefunden und ständig Schmerzen gehabt.

Zunächst meinte ich, bei ihr eine massive Form von Verweigerungshaltung zu erkennen, ein psychologisches Spiel, das Menschen anwenden, um der Tatsache einer Erkrankung nicht ins Auge zu schauen. Ich erkannte jedoch schnell, daß dies bei ihr nicht der Fall war. Martha war sich des Problems voll und ganz bewußt. Genaugenommen war es gerade die Erkenntnis seiner Existenz, die es ihr ermöglichte, sich zunächst ihr eigenes Repertoire von Heilpflanzen aus ihrem biologischen Gartenbau nutzbar zu machen. Verweigerung war keine Erklärung. Martha «tat» etwas anderes.

Sie wurde nun von Kopf bis Fuß gründlich untersucht, einschließlich einer Laparatomie (Bauchspiegelung), wobei ein Krebsgeschwür in den Eierstöcken festgestellt wurde. Ihr Verhalten gegenüber den diagnostischen Tests und dem chirurgischen Eingriff war ungewöhnlich. Sie zeigte weder das zu erwartende Grauen noch den Wunsch, die Untersuchungen fortzuführen, weder Verzweiflung noch die gereizte Agressivität, die man bei vielen Krebspatienten erlebt. So seltsam das klingen mag – sie schien jemand zu sein, der krank und nicht krank zugleich war. Die Krankheit deprimierte sie nicht, und sie schien sie auch nicht zu verdrängen. Irgendwie «war» sie einfach. Zu keiner Zeit ließ sie erkennen, ob sie ihre Krankheit als gut oder böse ansah. Auch nahm sie niemals eine nihilistische oder fatalistische Haltung ein, ebensowenig machte sie jemals betont hoffnungsvolle oder positive Bemerkungen über ihren Zustand.

Während der Rekonvaleszenz nach der Operation begann sie sich um meine Tomaten zu sorgen. Wie machten sie sich? Benutzte ich Kunstdünger und Schädlingsbekämpfungsmittel, oder wußte ich, wie man sie «natürlich», biologisch wachsen ließ? Ich faßte diese Fragen nicht als oberflächlich auf. Dahinter stand ein echtes Interesse an meinen Pflanzen, das auszusprechen ihr auch keinesfalls seltsam vorkam. Tomaten gehörten zu den wichtigsten Fakten des Lebens, ob es nun ihre waren oder meine. Als sie zu ahnen begann, daß ihr Arzt als Gärtner nicht so ein Purist war wie sie selbst, veranlaßte sie ihren Sohn, mir ein paar Fachbücher aus ihrer Bibliothek für biologischen Gartenbau mitzubringen.

Ich bat einen Kollegen, sich in seiner Eigenschaft als Onkologe, als Spezialist für die Behandlung von Krebs, ebenfalls um sie zu kümmern. Nach einer Visite bei ihr kam er überraschend in mein Zimmer und platzte gleich heraus: «Was ist mit dieser Frau? Die ist ja hart wie Stahl!» Ich hatte sie ihm als «eine ältere Frau mit Krebs der Eierstöcke» beschrieben und mich bewußt ungenau ausgedrückt, damit er sie in ihrer Gesamtheit unbeeinflußt erleben konnte.

Onkologen gelten häufig als ziemlich sonderbare Spezialisten – als distanziert und ohne Mitgefühl; das Sterben und der Tod gehören zu ihrer täglichen Arbeit, und sie stehen das alles durch, unberührt, wie es scheint. Diese Einschätzung als gefühllos und fast schon unmenschlich ist, wie ich glaube, so gut wie immer unzutreffend. In den meisten Fällen sind es großherzige und tief empfindende Ärzte, die oft mehr als die anderen tun, um menschliches Elend zu mildern – auch wenn viele ihnen das Gegenteil vorwerfen. (Es mag seltsam klingen, wenn man sagt, daß auch Ärzte Liebe brauchen. Aber «ärztliche Fürsorge» funktioniert am besten, wenn die Fürsorge in beiden Richtungen tätig ist, wenn der Arzt sich um den Patienten und der Patient sich um den Arzt sorgt.)

Mein Onkologie-Kollege entwickelte ein Gefühl von Ehrfurcht gegenüber dieser Frau, die «hart wie Stahl» war. Er sprach von ihr nur in bewundernden Superlativen und entwickelte ein scharfes Gespür für ihre Haltung gegenüber ihrer Krankheit. Und er wußte diese Haltung ebensowenig zu benennen wie ich, obgleich wir häufig darüber sprachen. Durch den bloßen Kontakt beeinflußte Martha sein Leben ebenso, wie er das ihre durch den Einsatz seiner fachlichen Fähigkeiten veränderte. Ich merkte sofort, wenn er sie besucht hatte, da er dann stets vielsagend lächelte, was bei seinem normalen Tagesablauf selten der Fall war.

Ihr Krebs hatte sich im ganzen Körper verbreitet – von den Eierstöcken zur Leber, zur Milz, zum Bauchfell und zu den Lymphknoten. Es war einfach unmöglich, alles chirurgisch zu entfernen. Doch sie erholte sich im Nu von der Operation und reagierte prächtig auf die Chemotherapie. Nachdem sie aus dem Krankenhaus entlassen war, besuchte Martha ihren Onkologen gelegentlich als ambulante Patientin.

Eines Tages wußte ich, daß sie auch in meinem Zimmer gewesen war: auf meinem Schreibtisch stand ein Korb voller Tomaten. Nicht von der Art, wie ich sie zog oder wie sie in Supermärkten verkauft werden, sondern Tomaten, die geradezu überirdisch waren in Färbung, Größe und Geschmack. Daß sie von Martha kamen, wußte ich schon, bevor ich den auf einen Zettel gekritzelten Gruß las:

«Chemotherapie wirkt. Tomaten auch. Danke. Martha G.»

Während ich dies niederschreibe, ist Martha noch am Leben. Sie ist nicht frei von Krankheit, denn Hinweise auf ihren Krebs sind weiterhin da. Doch ist sie frei von Schmerzen, fühlt sich energiegeladen und vital. Sie arbeitet immer noch in ihrem Garten und zeigt nach wie vor ihre rätselhafte, unergründliche Haltung gegenüber Gesundheit und Krankheit.

Ich möchte nicht behaupten, daß der Verlauf ihres Lebens nach der Krebsdiagnose entscheidend davon beeinflußt wurde, daß sie innerlich über der Tatsache ihrer Erkrankung stand – obwohl ich es glaube. Ich will auch keinen kausalen Zusammenhang zwischen ihrem wunderbaren klinischen Behandlungsverlauf und ihrem mentalen Zustand herstellen, weil ich das nicht beweisen kann. Genaugenommen halte ich es letzten Endes nicht einmal für wichtig, ob es ihr nach der Diagnose «gutging» oder «schlechtging». Denn sie selbst hatte solche Gedanken nicht. Ihre Anschauung von Leben und Tod hatte nichts mehr mit der Anwesenheit oder Abwesenheit von Krankheit zu tun. Meines Erachtens war sie über die «Bedingtheiten» von Gesundheit und Krankheit hinaus zu einem von beiden gleichmäßig entfernten Grundzustand vorgestoßen. Diese Haltung nahm sie nicht aus Resignation ein, sondern aus dem sicheren Gewahrsein des «wie die Dinge sind». Wenn ihre Haltung rätselhaft und mysteriös erschien, dann, wie ich annehme, weil das Einssein, das sie erkannte, «gesichtslos» und «formlos» ist, wie Lao Tzu es formulierte.

Wie so viele andere Menschen entdeckte auch Martha G. eine besondere Art von Gesundheit. Ich meine die «Nicht-Gesundheit», von der schon die Rede war, das «Sosein» der Existenz, das nicht davon abhängt, ob der Krebs geheilt wird oder nicht, ob es zu einem Herzinfarkt kommt oder ob ein Schlaganfall durch Kontrolle des Blutdrucks verhindert wird. Es kann diese und noch größere Probleme *einbeziehen*. Es ist ein bedingungsloser Zustand, der nicht von den Wechselfällen des Gesundheits- und Krankheitsgeschehens abhängt. Dementsprechend ist es Gesundheit und ist es nicht. Es ist Gesundheit im Sinne von Ganzheit, Einssein, jedoch nicht unsere gewöhnliche Art von Gesundheit, definiert durch Aufteilung in individuelle Geschehen und Besonderheiten.

Ganz gewiß stand Martha nicht deshalb über ihrer Krankheit, weil sie sich selbst die Frage stellte: «Welche psychologische Strategie soll ich mir aneignen, um meinen Krebs ‹zu besiegen›?» In diesem Falle wäre sie sicherlich zu einer streng utilitaristischen Anschauung gekommen, mit dem gedanklich genau fixierten Ziel, ihre Krankheit zu heilen. Dieses Ziel hatte sie offensichtlich nicht. Sie gab sich «nur» dem nichtbedingten «Sosein» und dem «verinnerlichten» und «unbegreiflichen Geheimnisvollen» hin, das keinen Platz für Strategien zum Gesünderwerden hat. Sie hatte den Bereich der wahren Gesundheit, der «Gesundheit-jenseits-Gesundheit» betreten. Und was hat man davon? Man ist dann nicht gesünder im üblichen Sinne, besitzt jedoch die Gewißheit, in dem «Einen», dem «Unsichtbaren», «Unhörbaren» und «Unberührbaren» zu leben, einem Zustand, den die Medizin nicht beschreibt.

In neuester Zeit wurden viele Formen der Krebsbehandlung entwickelt, die den Zusammenhang zwischen der Psyche und den Immunreaktionen berücksichtigen. Dies zeichnet sich ab in der heutigen Medizin: Nicht nur Krebs, sondern alle schweren Erkrankungen stehen in engem Zusammenhang mit der Psyche. Das Verhalten des Menschen, seine Emotionen und Gefühle, fließen als entscheidende Faktoren in den Krankheitsprozeß ein. Von den Methoden, die dieses neue Verständnis bei der Krankheitsbehandlung nutzen, kann man sagen, daß sie mit unseren besten Erkenntnissen übereinstimmen. Wir können jedoch auch sagen, daß sie zu kurz greifen.

Versuche, mentale Zustände positiv für die Behandlung von Krankheiten einzusetzen, werden ganz gewiß bessere Ergebnisse erzielen als die üblichen, nicht psychisch orientierten Behandlungsformen allein. Der Schmerz kann gelindert, das Ausmaß der Krankheit abgeschwächt und die Lebenserwartung verlängert werden. Dabei kann ein Gefühl entstehen, die Krankheit «unter Kontrolle zu haben», ein Ziel, dem man Beifall spenden sollte. Doch darf man diese Ergebnisse nicht mit der von Martha G. im geschilderten Fall angewandten «List» verwechseln, denn sie hatte ganz einfach nichts Derartiges im Sinn. Sie hat nicht absichtlich einen besonderen Bewußtseinszustand herbeigeführt, um damit ihre Gesundheit zu verbessern. Obwohl ihre Krankheit in bemerkenswerter Weise zum Stillstand kam, hätte es sie meines Erachtens wenig berührt, wäre ihre körperliche Reaktion nicht so positiv ausgefallen. Ihre Ziele lagen jenseits von «Stillstand»,

«Ansprechrate» und «Heilung». Sie versuchte nicht, irgend etwas zu «werden» oder zu «erlangen». Solche Vorstellungen implizieren Zeit, sind in einer kontinuierlich fließenden Vergangenheit, Gegenwart und Zukunft verankert. Martha befand sich mit ihrer Perspektive jenseits kontinuierlicher Zeit. Es gab da nichts zu gewinnen und nichts zu werden. In dem «Sosein», das sie erfuhr, gab es nur den gegenwärtigen Augenblick.

Künftige Therapieformen, die die Bedeutung des Bewußtseins für Entstehung und Verlauf von Krankheiten berücksichtigen, werden diese Tatsache anerkennen. Sie werden psychologische Mittel nutzen, um Krankheiten wirksamer und humaner zu behandeln, jedoch mit dem zusätzlichen Verständnis, daß der Patient etwas noch Wichtigeres zu lernen hat. Man wird dann einen Gesundheitszustand anerkennen, der das jeweils vorliegende Problem oder jede beliebige Krankheit transzendiert. Diese neuen Therapieformen werden dafür einstehen, daß der höchste Nutzen der Psyche nicht im Heilen von Krankheiten liegt, sondern in der Möglichkeit, die bedingten Geschehnisse, die wir Gesundheit und Krankheit, Geburt und Tod nennen, zu transzendieren.

Die Ironie wird meines Erachtens darin bestehen, daß die Patienten durch dieses «Aufgeben» in der Lage sein werden, ihr mentales Leben viel wirksamer zum eigenen Wohl zu nutzen als alles, was wir heute kennen. Das «Aufgeben» als Hinausgehen über die Relevanz von Schmerzen, Leiden und Krankheit wird zur Entdeckung besonders wirksamer Gesundheitsstrategien führen. An dem Punkt wird man sie nicht mehr «Strategien» nennen, da sie dann nicht als Reaktion auf die Tatsache von Krankheit entstehen, sondern aus ihrer Transzendierung.

Die vor alters tüchtig waren als Meister,
waren im Verborgenen eins mit den unsichtbaren Kräften.
Wer kann (wie sie) das Trübe durch Stille allmählich klären?
Wer kann (wie sie) die Ruhe durch Dauer allmählich erzeugen?
Wer diesen SINN bewahrt, begehrt nicht Fülle.
Denn nur weil er keine Fülle hat, darum kann er gering sein,
das Neue meiden und die Vollendung erreichen.[4]

Der Zustand wahrer Gesundheit ist unverletzlich, unberührt von der «Flüchtigkeit des Körpers». Er ist das Ziel aller auf tiefes Wissen gegründeten Therapien. Ihn zu erlangen ist keine moderne Aufgabe und auch keine alte – denn er liegt jenseits der Zeit. Er ist das «Sosein», die «Istheit» dieses gegenwärtigen Augenblicks, aller gegenwärtigen Augenblicke, das Jetzt, neben und außer dem es keine Zeit gibt.

## *Ted: Bronchialasthma*

Was immer daher das Blut zum Kochen oder zur Raserei bringt, wie die heftige Bewegung des Körpers oder Geistes ... verursacht asthmatische Anfälle bei denen, die dafür anfällig sind.

Thomas Willis, 1679
*«Of an Asthma»*

Mein Asthma ist ein Teil meiner selbst. Ich kann es nicht aus mir heraus*zwingen*, also nehme ich eine mehr spielerische Haltung ihm gegenüber ein. Ich versuche, mich in die Welt zu integrieren.

Ted Frank, Asthmatiker

Ted Frank war auf dem Höhepunkt seiner Laufbahn. Er war ein achtundvierzigjähriger Anwalt, Leiter einer höchst angesehenen Anwaltskanzlei. Sein Büro befand sich dort, wo man es von angesehenen Anwälten in Dallas erwartet, wobei das Prestige seiner Kanzlei sich in der richtigen Proportion zur Höhe des Stockwerks befand, auf dem sie gelegen war. Ted war der Staranwalt seiner Firma und dennoch unzufrieden mit seiner Arbeit – er war gelangweilt von seinen Aufgaben, wenig befriedigt, selbst wenn alles nach seinem Willen verlief, und, was am schlimmsten war, verärgert über die Art und Weise, mit der seine Teilhaber die Firma leiteten. Jahrelang übte er seine Tätigkeit nach dem Motto «Immer nur lächeln und stillhalten» aus, mit ruhiger Langeweile und unterdrückter Feindseligkeit. Er funktionierte rein beruflich mit klarer Kompetenz und wurde dennoch zunehmend unzufriedener mit seinem Los.

Dann stellten sich erstmals in seinem Leben Asthmaanfälle bei ihm ein, völlig unerwartet, ohne Vorgeschichte etwa der Art, daß er in der Kindheit Asthma oder Allergien gehabt hätte. Auch in der Familie hatte es keine Präzedenzfälle gegeben. Zunächst versuchte er, das Problem nicht zu beachten. Aber das Keuchen und die Atemnot wurden stetig schlimmer, und er begann, seine Aktivitäten einzuschränken. Er konnte mit seinen Mandanten nicht mehr sprechen, ohne dabei hörbar zu keuchen, und die bisher nur am Tage aufgetretenen Beschwerden fanden sich nun auch nachts ein. Als er schließlich nicht mehr richtig schlafen konnte, gab er nach. Es war eines der wenigen Male in seinem Leben, daß er einen Arzt aufsuchte.

Sein Hausarzt konnte nichts finden. Abgesehen vom Asthma schien er sich sogar in physischer Höchstform zu befinden. Der Arzt verschrieb ihm allerlei Medikamente gegen Asthma und überwies ihn schließlich an einen Facharzt für Allergien. Dieser prüfte eine ganze Batterie von Stoffen an ihm durch, die als allergieauslösend bekannt sind. Auch diese Tests ergaben keinen brauchbaren Hinweis. Obwohl die Medikamente variiert wurden, blieb das Asthma bestehen, wenn auch mit geringerer Intensität. Sechs Monate lang versuchte man es mit den verschiedensten Kombinationen von Medikamenten, um nach jedem Fehlschlag die Dosis zu erhöhen und auf noch andere Mittel zurückzugreifen. Aber alles, was er verspürte, waren die schädlichen Nebenwirkungen – Nervosität, Beklemmungen, Schlaflosigkeit – ohne sonstigen erkennbaren Nutzen. Als es schließlich soweit war, daß er erhebliche Dosen von hydrokortison-ähnlichen Medikamenten einnahm, beschloß der Anwalt, eine ganz andere Richtung einzuschlagen.

Man hatte ihm von einem Spezialkrankenhaus berichtet, das sich auf Allergieprobleme konzentrierte. Die Patienten mußten ziemlich lange stationär behandelt werden, manchmal monatelang, und wurden streng von allen in der Umwelt befindlichen Chemikalien isoliert, sogar von solchen im Wasser und in der Nahrung. Selbst die Bettwäsche und die Kleider wurden genauestens untersucht. (Synthetische Fasern wurden nicht erlaubt.) Das galt auch für die Tapeten oder den Anstrich der Wände, für den Fußboden und die Zimmerdecke, aus Besorgnis, dort gelöste organische Bestandteile könnten sich als Schuldige am Asthma herausstellen. Es gab nur eine von Chemikalien freie spezielle biologische Ernährung. Während ihrer Tätigkeit in der Isolierabteilung durften die Krankenschwestern weder Make-up noch Parfum benutzen, und selbst die in die Krankenzimmer geleitete Luft wurde durch große Kohlefilter geführt, um alle Schadstoffe fernzuhalten.

Das Ziel war «vollständige ökologische Kontrolle und Isolierung von der Umwelt». Sobald die Asthmaanfälle dann langsam nachließen, wurden einzeln und nacheinander verschiedene allgemein bekannte Substanzen zugeführt. Flammte das Asthma dann wieder auf, nach Einführung einer bestimmten Nahrung, Seife oder besonderen Kleidung, dann konnte man daraus folgern, daß dies die verursachende Substanz war. Sobald diese Substanz oder dieser Gegenstand aus dem Umkreis des Patienten entfernt war, wurde erwartet, daß die Asthmaanfälle nicht wiederkehren würden.

Ted Frank war von der Logik und der verstandesmäßigen Begründung dieses Programms überzeugt und ließ sich begeistert zur Behandlung ins Hospital aufnehmen. Er befolgte alle Anweisungen so strikt, wie er in seinem Beruf die juristischen Regeln beachtete – bis ins letzte Detail –, und war erfreut, als die behandelnden Ärzte ihm vollen Erfolg voraussagten.

Es gab nur ein Problem: Die Sache funktionierte nicht. Einen Monat später wurde Ted aus der Klinik entlassen, kehrte er zurück in die Welt der unreinen Luft, der Nahrungsmittel mit chemischen Zusätzen und chemisch behandeltem Wasser. Er war um einige tausend Dollar ärmer und keuchte immer noch asthmatisch. Die zwingende Logik des Isolierungsprogramms erschien ihm jetzt falsch, und er fühlte sich getäuscht. Er begann, seine eigene Logik darüber zu entwickeln, warum das Programm versagt hatte, Gedanken, die er mit niemandem teilte, nicht einmal mit wohlmeinenden Ärzten, die ihn zu heilen versucht hatten. Ted begann jetzt zu glauben, die Methode des ökologischen und umweltfreundlichen Programms sei naiv, weil sie «Ökologie» und «Umwelt» als etwas Physisches, etwas von außen kommendes, etwas «da draußen» auffaßte. Niemand beachtete dabei den inneren Zustand des Menschen, seine Emotionen, Verhaltensweisen, Gefühle – die Welt des Bewußtseins. Widerwillig hatte er gefolgert, daß es *zwei* Umwelten gibt, eine innere und eine äußere, und daß in seinem persönlichen Fall die Ökologie seiner inneren Umwelt, sein Bewußtsein, für den Einfluß auf sein Asthma von größerer Bedeutung war als die äußere Welt. Welchen Beweis hatte er dafür? Es war vor allem seine Intuition, aber auch eine Aufeinanderfolge von Fehlschlägen der Behandlungsmethoden, die sein Asthma als Ergebnis einer Attacke aus der äußeren Welt aufgefaßt hatten. Ted fühlte zutiefst, daß dieser Ansatz falsch war.

Für ihn war es jetzt kein Zufall, daß die offizielle Diagnose «Asthmabeginn im Erwachsenenalter» zu einer Zeit erfolgte, als er wegen zunehmender Abneigung gegen seine Tätigkeit und seine Kollegen emotional stark belastet war. Er konnte den Schlußfolgerungen seiner Ärzte nicht mehr zustimmen, der Ursprung seines Leidens sei eine äußere Quelle. Möglich, daß seine Krankheit zum Teil auch von außen verursacht wurde, doch war das für ihn nicht die ganze Geschichte. Er spürte, daß seine Sorgen und sein inneres Chaos ebenfalls Krankheitsfaktoren waren – vielleicht nicht die ganze Erklärung, aber wichtig. Es schien ihm zu vordergründig, das zu tun, was man mit verschiedenartigen Methoden an ihm ausprobiert hatte – seinen *Körper* zu behandeln oder ihn von irgendwelchen Krankheitsüberträgern zu isolieren. Er war überrascht, daß Ärzte, Krankenschwestern oder Atemtherapeuten ihn nie über den Zustand seiner Psyche befragt hatten.

Ted Frank spürte einen Zusammenhang zwischen Körper und Geist, den seine Ärzte ganz außer acht gelassen hatten. Er fühlte, daß alle Bemühungen zur Beherrschung des Asthmas ergebnislos bleiben würden, wenn dieser Zusammenhang zerschnitten war und nicht wiederhergestellt wurde. Daher setzte er seine eigene analytische und logische Erforschung dieses unlösbaren Zusammenhangs fort. Er las Bücher über psychosomatische Theorien und die Beziehungen zwischen Körper und Geist bei verschiedenen Krankheiten.

Als er mich zur Konsultation aufsuchte, war er bereits zu einer Laien-Autorität für seine eigene Krankheit geworden. Er brachte sogar eine Bücherliste mit, um die Aufrichtigkeit seiner Bemühungen und die Tiefe seines Glaubens zu demonstrieren. Dieses Kompendium war weitaus umfassender als etwa die Pflichtlektüre für Kurse in psychosomatischer Medizin an den medizinischen Fakultäten. Seine Intensität und Aufrichtigkeit überzeugten mich, daß dieser Mann alles daransetzen würde, sein Wohlbefinden zurückzugewinnen, und daß er bereit war, dafür enorme persönliche Energie aufzuwenden. Von da an erschien er in meiner Praxis jedesmal mit einem neuen Buch, das er im Wartezimmer zu lesen pflegte. Immer wieder fragte ich mich, womit er wohl beim nächsten Mal aufkreuzen würde und was ich aus seiner neuesten Auswahl lernen konnte.

Ted Frank war aus seiner Anwaltskanzlei ausgeschieden und hatte sich beruflich in einem kleinen Ort in der weiteren Umgebung der Stadt niedergelassen. Da er sich entschlossen hatte, allen Ärger und alle Aufregungen in seinem Beruf loszuwerden, betrachtete er seinen Umzug als notwendig und therapeutisch ebenso bedeutsam wie die Medikamente, die er weiterhin gegen sein Asthma einnahm. Bei unseren einleitenden Gesprächen erklärte er mir auch, daß er Biofeedback erlernen wolle, eine Entscheidung, die er nach der Lektüre einiger Bücher zu diesem Thema getroffen hatte. Er war fasziniert von der Möglichkeit, seine Asthmaanfälle bewußt kontrollieren oder sogar beseitigen zu können. Mit der ihm eigenen Energie und Begeisterung schien er fest überzeugt, das schaffen zu können.

Ich genoß unsere Gespräche. Bei ihm gab es kein starres Glaubenssystem zu durchstoßen, keine Weltanschauung des Typs «Doktor, *Sie* werden mich schon gesund machen». Er war davon überzeugt, daß er selbst an seinem Asthma beteiligt war, und noch überzeugter, daß er selbst auch zu seiner Beherrschung beitragen könne. Außerdem hatte er die psychophysiologischen Prinzipien grundlegend und richtig erfaßt. Zwischen uns beiden gab es von Anfang an eine echte Beziehung und einen Zusammenhang, etwas spürbar Magisches, das aus dem Verhältnis Arzt–Patient eine wunderbare Erfahrung macht.

Nach gründlicher Aufzeichnung seiner Krankheitsgeschichte und körperlicher Untersuchung überprüften wir gemeinsam seine gegenwärtige Medikamentierung und nahmen einige Änderungen vor. Dann legte er mir seine Gründe dar, warum er als

Patient in mein Biofeedback-Labor aufgenommen werden wollte. Ich erinnerte ihn an Bekanntes: Die Beurteilung der Rolle von Biofeedback bei der Behandlung von Asthma ist uneinheitlich, die Ergebnisse sind gemischt, und das Problem muß noch weiter studiert werden. Andererseits gibt es eine Fülle von Berichten und unkontrollierte Serien von Einzelfällen, bei denen Biofeedback erfolgreich war, doch noch keinen allgemein anerkannten Beweis für seine Wirksamkeit. Es stimmt, wir wissen seit Jahren, daß Emotionen bei Asthma eine Schlüsselrolle spielen können, und wir wissen auch, daß Asthma keine homogene Krankheit ist. Ganz gewiß gibt es etliche Erscheinungsformen von Asthma, und einige werden eindeutig mehr oder weniger stark von Emotionen beeinflußt. Ich schenkte ihm reinen Wein über den gegenwärtigen Stand dieses Zweigs der Wissenschaft ein, um ihn vor Illusionen und falschen Hoffnungen über die Wirksamkeit von Biofeedback zu bewahren. In der Vergangenheit hatte man bei ihm schon eine ganze Menge unzutreffender Erwartungen über mögliche Behandlungserfolge geweckt, und er brauchte wirklich keine weiteren mehr.

Wir entschieden dann gemeinsam, daß er ein geeigneter Kandidat für ein Biofeedback-Training sei. Die Biofeedback-Therapeutin, mit der er dann arbeitete, war zugleich geprüfte Atemtherapeutin. Sie kannte sich in den seiner Krankheit zugrunde liegenden physiologischen Vorgängen sehr gut aus und verstand es wunderbar, bei ihren Patienten ein Gewahrwerden des Körper-Geist-Zusammenhanges hervorzurufen. Die beiden paßten gut zusammen, und er erlernte sehr schnell die Grundzüge des Biofeedback.

Bald begann er seine inneren Spannungen zu erkennen, spürte, wie emotionaler Streß sich im Körper auswirkt, und war noch mehr als zuvor davon überzeugt, daß die Asthmaanfälle durch seinen psychischen Zustand ausgelöst wurden. Sie begannen bald danach nachzulassen.

Jedoch nicht vollständig. Obwohl er im Labor beneidenswerte Fähigkeiten zur tiefen Entspannung seines Körpers entwickelte, ging es ihm wie den meisten Menschen zu Beginn eines Biofeedback-Trainings: Er hatte Schwierigkeiten, seinen Zustand außerhalb des Labors in der «realen Welt» aufrechtzuerhalten. Teds

Asthma pflegte immer noch zu voraussagbaren Zeiten aufzuflammen, gewöhnlich in Verbindung mit gefühlsmäßigen Spannungen. Doch war die Besserung nicht zu übersehen, und er fühlte, daß er auf dem richtigen Weg war. Immer wieder bekräftigte er seinen festen Glauben an den Zusammenhang von Körper und Geist, der ihn ursprünglich veranlaßt hatte, sich dem Biofeedback zuzuwenden.

Mit bewundernswerter Disziplin führte er seine Übungen im Labor und zu Hause fort. Seine Bücherliste, an der er mich weiterhin teilhaben ließ, wurde zunehmend qualifizierter. Nach und nach entwickelte er eine innere Gelassenheit, die von erworbener Weisheit über das Wesen seiner Krankheit zeugte. Teds logisch-intellektuelle Studien und seine Erfahrungs-Ausflüge in die Körper-Geist-Bereiche mit Hilfe des Biofeedback kombinierten sich auf unergründliche Weise und brachten etwas hervor, was man nur als spirituelle Betrachtungsweise des Problems beschreiben kann.

Krankheit erhielt für ihn eine neue Bedeutung. «Mein Asthma ist ein Teil meiner selbst», sagte er, und wir beide sprachen oft über die verschiedenen Ansätze zur Lösung seines Problems, die ihm seine Formulierung eingegeben hatten. Zu Beginn seiner Anfälle war das Asthma zunächst als böswilliger Eindringling von außen dargestellt worden, als Dieb in der Nacht, der einen Unaufmerksamen bestiehlt. Diese Anschauung entsprach kaum seinen eigenen Beobachtungen, daß Krankheitssymptome von seinen Emotionen beeinflußt wurden. Die Vorstellung, die Krankheit komme von «da draußen», konnte er einfach nicht bestätigen. Es hatten ja auch alle auf dieser Anschauung basierenden therapeutischen Methoden versagt. Seine Bemerkung, «Ich kann das Asthma nicht heraus*zwingen*», reflektierte die Anschauung, Krankheit könne durch keine Technik mit Stumpf und Stiel ausgerottet werden, weil sie Teil des Menschen ist. Seine Krankheit hassen bedeutet, sich selbst zu hassen. Das wußte er. Wegen des inneren Zusammenhangs von Körper und Geist kann man sich nicht nur auf die Physiologie konzentrieren, ohne zugleich Rückwirkungen auf die Psyche auszulösen. Diesen inneren Zusammenhang hatten die rein physischen Methoden nicht beachtet, denen er sich anfänglich ausgeliefert hatte. Sein Begreifen, daß *er selbst* nicht von seinem Asthma zu trennen war, führte ihn zu einer neuen therapeutischen Strategie: «Ich verhalte mich jetzt eher spielerisch dem Asthma gegenüber.» In Erkenntnis des Zusammenhangs zwischen dem Ich und der Krankheit transzendierte er den strengen Imperativ, sein Problem «zu besiegen», es in die Vergessenheit zu verdrängen, sich davon zu reinigen. Schließlich gelangte er zu einem neuen ontologischen Verständnis: «Ich versuche, mich in die Welt zu integrieren.»

*Einssein von Körper und Geist: Mehr als nur eine Metapher*

Ted Franks neues Gewahrsein erwuchs aus der Konfrontation mit der Krankheit. Er hatte erfahren, daß jedes Mißgeschick, selbst schwere Krankheit, auf dem Höhepunkt zu einem Durchbruch im Bewußtsein führen kann. Diese altbekannte Beobachtung haben wir durch unsere blinde Klassifizierung jeder Krankheit als Feind jedoch vergessen. Es geschieht nicht gerade häufig, daß wir in einer Krankheit eine echte Möglichkeit zu Wachstum und Transzendenz sehen und erkennen, daß wir ein Element unseres Ichs bekämpfen, wenn wir kategorisch Krieg gegen die Krankheit führen.

Diese Feststellungen sind mehr als nur eine Metapher. Der innere Zusammenhang von Geist und Körper ist nachweisbar und kann in jedem Labor eines Physiologen aufgezeigt werden. Gerade am Asthma wird besonders deutlich, wie falsch es ist, eine Krankheit als entkörperlichte Entität zu betrachten, die in keinem Zusammenhang mit der Psyche steht. Der Name dieser Krankheit ist aus dem griechischen Verb *azein* abgeleitet, das «schwer atmen» bedeutet. Das Wort impliziert *ersticken*, eine sehr zutreffende Beschreibung eines akuten Asthmaanfalls.

Hinshaw, eine Autorität auf dem Gebiet der Erkrankungen der Atemwege, formulierte den inneren Zusammenhang von Psyche und Soma beim Asthma folgendermaßen:

> Angst ist sowohl Ursache als auch Folge von Asthma. Jede Behandlung, die dazu dient, die Angst zu lindern, durch Medikamente oder mit psychologischen Mitteln, ist eine gute Behandlung.[1]

Nicht nur Angst kann Asthma auslösen; eine falsche Vorstellung kann dasselbe. Experimente mit Erwachsenen und Kindern haben gezeigt, daß die bloße Behauptung einem Asthmatiker gegenüber, er atme einen allergischen Wirkstoff ein (obwohl das in Wahrheit nicht zutrifft), bereits einen Anfall hervorrufen kann.[2]

Die Einheit von Körper und Geist bei Asthma ist nicht irgendeine mystische Fabel, wie von der Medizin häufig angenommen wird. Über den Mechanismus muß zweifellos noch viel erarbeitet werden; doch wird behauptet, daß die über das autonome Nervensystem einwirkenden Emotionen Veränderungen im Belag der Bronchien hervorrufen, wodurch sie für infektiöse und allergieauslösende Wirkstoffe empfänglicher werden.[3] Zusätzlich zu den Auswirkungen der Emotionen auf die Lungen werden die Emotionen ihrerseits vom asthmatischen Prozeß beeinflußt, sobald dieser einsetzt – ein Circulus vitiosus also. Angst und Sorgen sind, wie Hinshaw ausführt, Teil des Asthmas.

Ted Frank hatte diese Verknüpfungen empirisch erfahren und machte sich daran, sie zu ändern. Er trat sozusagen in die Fußstapfen vieler Forscher mit seiner Ansicht: Da so viele physiologische Variablen durch eine Vielfalt von Entspannungstechniken erheblich modifiziert werden können (etwa Blutdruck, Herzschlag, galvanische Reaktion der Haut, Muskelspannung und gewisse Aspekte des Respirationszyklus),[4] sei es nur sinnvoll, Entspannungstechniken auch auf die Behandlung von Asthma anzuwenden. Das Ergebnis? Ted kam zu denselben Resultaten wie viele Forscher vor ihm: Mit und ohne Biofeedback kann Entspannungstraining bei Asthmatikern zu einer sofortigen Verbesserung der Lungenfunktion führen. Mit seinem Versuch, sein Asthmaleiden aus eigenem Antrieb zu bessern, befand Ted sich auf festem Boden.

Ted Franks Asthma illustriert, wie töricht es ist, eine Krankheit nur als einen einfachen Ursache/Wirkung-Zusammenhang zu sehen. Je mehr wir über das komplizierte Zusammenspiel von Körper und Geist lernen und begreifen, wie ein psychisches Geschehen einer ganzen Kaskade physischer Geschehnisse folgen *oder* ihr vorausgehen kann, desto mehr verhaspeln wir uns in einer verschlungenen Kette von Geschehnissen im Bereich menschlicher Krankheiten. Die Erkenntnis dieser Komplexität läßt einfache kausale Erklärungen für die meisten Krankheiten viel von ihrer einstigen Autorität verlieren.[5]

Die ökologisch-umweltbezogene Behandlungsform, zu der Ted sich im Anfangsstadium seiner Erkrankung hingezogen fühlte, beging den simplen Beurteilungsfehler, allergische Wirkstoffe einfach aus kausaler Sicht zu betrachten. «Allergisch» gegen eine Substanz zu sein, das war ein rein objektives Phänomen, dessen man sich therapeutisch annehmen konnte – so dachte man. Man beseitige den Allergiestoff, und das Asthma wird geheilt. Das derart vereinfachte Denken ließ die Tatsache unberücksichtigt, daß *nicht*allergische Personen asthmatische Beschwerden bekommen, wenn man ihnen suggeriert, sie seien gegen eine bestimmte (in Wahrheit unschädliche) Substanz allergisch. Unberücksichtigt bleibt dabei auch, daß *allergische Personen*, ebenfalls durch Suggestion, ihre Beschwerden als Reaktion auf Allergie-erzeugende Substanzen erheblich mindern können.

Diese Erkenntnis ist keineswegs neu. Schon im Jahre 1930 beobachtete Hill, daß bereits das Bild einer Wiese mit Heublumen bei besonders empfindlichen Personen einen Anfall von Heuschnupfen hervorrufen kann.[6] Und im Jahre 1933 beschrieben Smith und Salinger eine frühere klinische Beobachtung von Sir William Osler, einer überragenden Persönlichkeit der amerikanischen medizinischen Wissenschaft. Einer seiner Patienten erlitt einen Asthmaanfall, als man ihm eine künstliche Rose reichte.[7] Solche Beispiele sind nicht selten, wie Ader festgestellt hat.[8] Sie bilden einen auffallenden Kontrast zur vorherrschenden extremen Anschauung, Krankheit sei *entweder* subjektiv (alles «im Geist») *oder* objektiv (alles «da draußen»). Nur wenn wir Krankheit als Teil der *ganzen* Welt ansehen, wenn wir die inneren und die äußeren Landschaften einbeziehen, werden wir die klinischen Komplexitäten begreifen, die mit Problemen wie Asthma verbunden sind.

Der Patient Ted Frank hatte sich zu seinem eigenen Körper/Geist-Labor gemacht. Seine Erkenntnis, «Mein Asthma ist ein Teil meiner selbst», war ein eher untertriebener Ausdruck der Einheit von Psyche und Soma, die nicht nur für das Asthma gilt, sondern für alle größeren Erkrankungen unserer Tage.

## Anna: Anorexia nervosa (Magersucht)

> Es ist ganz in Ordnung, krank zu sein. Man macht es sich allzu leicht, wenn man Krankheit nur als eine gegen sich selbst gerichtete Kalamität und persönliches Pech ansieht. Das verträgt sich nicht mit der Anschauung, Krankheiten seien die notwendige Ergänzung zur Gesundheit ...
>
> ... Es ist auch durchaus normal, Krankheit als unerwünscht anzusehen und alle Kraft und Intelligenz darauf zu verwenden, ihre Schwere und Dauer zu vermindern. Nur dürfen wir sie nicht als etwas abwerten, was es überhaupt nicht geben sollte, und sie nicht als Feststellung über unseren Wert als Menschen interpretieren. Krankheit hat keine bestimmte Bedeutung; sie ist einfach da.
>
> Krankheit ist der Weg zur nächsten Periode relativer Gesundheit. Keiner der beiden Zustände kann ohne den anderen existieren, ebensowenig wie der Tag ohne die Nacht. Ärger und Schuldgefühle darüber, krank geworden zu sein, gehen nicht nur Hand in Hand mit unerfüllbaren Träumen von perfekter Gesundheit, sondern *stören auch* den Prozeß, der ein neues Gleichgewicht erreichen will.
>
> Andrew Weil
> *Health and Healing*

> Die Maske wird zum Gesicht selbst – wenn man ihr Zeit läßt.
> Marguerite Yourcenar
> *Memoirs of Hadrian*

Eine der seltsamsten Krankheiten unserer Zeit ist die *Anorexia nervosa* (Magersucht). Sie ist ein Lehrstück dafür, wie Uneinheit und Störung des Zusammenhanges von Körper und Geist nicht nur zu einer Krankheit, sondern sogar zum Tode führen können. *Anorexia nervosa* bleibt auch für die moderne Medizin ein Rätsel. Sie ist

> ein selbst auferlegter Zustand von Kachexie (Kräfteverfall) und Fehlernährung und kann gelegentlich lebensbedrohend werden. Begleitet wird sie von schweren psychischen Störun-

gen, die zu der krankhaft übersteigerten Vorstellung führen, unbedingt abnehmen zu müssen.[1]

Es ist schon frustrierend, daß eine Therapie für Patienten mit Magersucht nicht allgemein erfolgreich ist. Die besondere Ironie bei dieser Erkrankung ist, daß es zu tödlichem Gewichtsverlust kommen und der Patient sterben kann, ohne daß irgendwelche sonstigen physischen Abnormitäten erkennbar sind. Häufig, oft sogar bis zum Augenblick des Todes, pflegt eine Person mit Magersucht vehement zu bestreiten, daß mit ihrer Gesundheit etwas nicht stimmt.

Es kann zu eigenartigen Verhaltensweisen kommen, die von den betroffenen Patienten als völlig vernünftig interpretiert werden. So bringen sie sich nach Mahlzeiten oft selbst zum Erbrechen, um nur nicht zuzunehmen. Nahrung wird heimlich versteckt oder weggeworfen. Man nimmt Abführmittel ein, um Mahlzeiten auszuscheiden, ehe sie verdaut werden können. Oder es kommt nach den Mahlzeiten zu exzessiver körperlicher Betätigung, um die Kalorien zu verbrennen, bevor sie zu einer Gewichtsvermehrung führen können. Mit fortschreitender Krankheit entwickeln diese Personen eine gestörte Vorstellung vom Aussehen des Körpers und bilden sich ein, ihr ausgemergelter Körper sei vollkommen normal.

Wegen dieses verkümmerten und unterernährten Zustandes treten allerlei Probleme auf. Die Menstruation kommt zum Stillstand; die Haut wird trocken und schuppig; auch die Körpertemperatur kann anormal sein. Folgeerscheinungen von Vitaminmangel treten auf. Zahnverfall ist weit verbreitet, weil der Zahnschmelz durch das häufige Erbrechen beschädigt wird. Die aus dem Magen aufsteigende Salzsäure, die normalerweise zur Verdauung der Speisen erzeugt wird, kann die Zähne zerstören.

Obwohl ihn Probleme wie schwere Depressionen, Zwangsvorstellungen, Insichgekehrtsein und gelegentlich auch Wahnvorstellungen plagen, wirkt der Patient nach außen kooperativ, aufgeweckt und intelligent, zeigt er gegenüber Familienangehörigen und Freunden häufig ein Verhalten des «Warum regt ihr euch eigentlich so auf?»

Die Sterblichkeitsrate bei dieser Krankheit ist erschreckend:

20 bis 30 Prozent der Betroffenen sterben daran. Bei zunehmendem Gewichtsverlust und infolge der Unterernährung kann der Kaliumspiegel im Blut auf lebensgefährliche Werte absinken. Kalium wirkt in den Flüssigkeiten und Zellen des Körpers, die für einen normalen Herzschlag zuständig sind, als Ion. Bei kritisch niedrigem Niveau wird die elektrische Stabilität des Herzens gefährdet, so daß es zu zusätzlichen Herzschlägen kommt. Der Tod tritt ein, wenn der Herzschlag zu einem chaotischen und unwirksamen, sich überschlagenden Rhythmus degeneriert, den man als Herzflimmern bezeichnet.

*Die Geschichte von Anna*

Anna kam unter heftigen Protesten in meine Sprechstunde. Diese neunundzwanzigjährige Frau sagte mir, sie sei nur auf dringendes Verlangen ihrer Mutter gekommen, die sich ebenso wie ihr Ehemann Sorgen um ihre Gesundheit machte. Sie selbst war sicher, völlig gesund zu sein. Aus Gründen, die sie sich nicht erklären konnte, redeten die Eltern, der Ehemann und Freunde ständig wegen ihres Gewichts auf sie ein. Bei einer Körpergröße von 1,72 m wog sie knapp 33 Kilo, was doch für ihre Größe ein durchaus vernünftiges Gewicht sei, wie sie meinte. Ihre dürre Gestalt war unter einem langen Kleid mit Ärmeln bis zu den Handgelenken verborgen. Anna hatte regelmäßige, kosmetisch gepflegte Gesichtszüge. Sie sprach überlegt und gab sich charmant. Außerdem gab sie bereitwillig über sich Auskunft.

Sie sei schon immer schlank gewesen, berichtete sie, jedoch früher nie so, wie sie es sich wünschte. Dickleibigkeit sei ihr zuwider, wenn sie auch nicht sagen konnte, warum. Soweit sie sich erinnern könne, habe sie schon immer Angst gehabt, dick zu werden. Als sie von der High School abging, habe ihr Höchstgewicht 50 Kilo betragen. Das hielt sie bis vor drei Jahren; dann begann sie abzunehmen.

Anna war eine begeisterte Sportlerin und schrieb ihren Gewichtsverlust ihrem harten Training zu. Sie hatte mit Jogging angefangen und lief in der Woche durchschnittlich 50 Kilometer – bis vor kurzem, als sie plötzlich unerklärlicherweise leicht müde und erschöpft zu werden begann. Obwohl sie sich diese neuen

Symptome nicht erklären konnte, war sie überzeugt, sie hätten keine Bedeutung und würden sich als nur vorübergehend erweisen.

Die körperliche Untersuchung ergab schwere Auszehrung. Die Haut hing nur noch auf Knochen. Die mir assistierende Krankenschwester war im allgemeinen durch nichts zu erschüttern. Ein kurzer Seitenblick machte mir jedoch klar, daß Annas Erscheinung sie schockierte. Anna sah so aus, als könnte sie jeden Augenblick tot zusammenbrechen.

Nach der Untersuchung gingen wir in mein privates Sprechzimmer, um die Ergebnisse zu besprechen. Ich erklärte ihr, daß ich um ihr Leben fürchtete, und schlug ihr vor, sie solle zum Zwecke einer gezielten Ernährung und psychischen Beurteilung für eine Weile ins Hospital kommen. Nach diesem Vorschlag sah sie mich derartig schockiert und ungläubig an, als hielte sie mich für geistesgestört. Sie betonte nochmals, daß sie mich nur gegen ihren Willen konsultiert habe, um ihrer besorgten Mutter und dem Ehemann zu beweisen, daß ihr nichts fehle. Ins Hospital werde sie auf keinen Fall kommen, da sie schließlich nicht krank sei. Ich würfe ihr lediglich vor, was sie schon laufend von Freunden und der Familie höre – daß sie «zu dünn» sei. Ihr Körper gehöre *ihr*, und wenn sie 33 Kilo wiegen wolle, dann sei das ihre ganz persönliche Entscheidung und nicht meine.

An dieser Stelle unseres Gesprächs öffnete sie ihre Handtasche, zog drei Farbfotos heraus und schob sie mir ärgerlich über den Tisch. «Wenn Sie mir nicht glauben wollen, wie hübsch ich bin, dann sehen Sie sich das an», stammelte sie, den Tränen nahe. Auf den Fotos posierte Anna nackt und lächelnd in ihrem Wohnzimmer, von vorne, von hinten und im Profil. Für sie selbst bedeuteten diese Fotos einen unangreifbaren Beweis ihrer schlanken Schönheit. Augenscheinlich meinte sie, jetzt könne es keinen Widerspruch mehr geben und ich müßte ihrer Ansicht sein. Ich fragte sie, ob ich die Fotos in meine Kartei aufnehmen könne. Sie stimmte zu, vielleicht, weil sie der Ansicht war, ihr Urteil würde dokumentiert und bestätigt, wenn die Fotos ständiger Bestandteil der ärztlichen Unterlagen würden.

Die Laborantin erschien mit dem Ergebnis der Blutproben. Sie waren alle normal, mit Ausnahme des gefährlich niedrigen

Kaliumspiegels. Ich versuchte herauszufinden, wie es zu einem so drastischen Absinken gekommen sei. Mußte sie erbrechen oder nahm sie häufig Abführmittel oder entwässernde Medikamente ein? – alles bekannte Möglichkeiten, Kalium aus dem Körper auszuscheiden. Sie tue nichts dergleichen, antwortete sie. Das einzige, was sie unternehme, um «dünn zu bleiben», seien harte körperliche Übungen. Anna schien beleidigt, daß ich andere Möglichkeiten in Betracht gezogen hatte.

Erst als ich ihr sagte, wie lebensgefährlich ihr niedriger Kaliumspiegel sei, willigte Anna ein, zur Behandlung ins Hospital zu kommen. Sie diktierte jedoch energisch ihre Bedingungen: ein Einzelzimmer, orale und nicht intravenöse Zuführung von Kalium und *keine* psychiatrische Untersuchung. Nach Beendigung der Kur werde sie das Krankenhaus sofort verlassen. Da kein Einzelzimmer zur Verfügung stand, akzeptierte sie widerwillig, ein Zimmer mit einer anderen Patientin zu teilen, als ihr versichert wurde, es handle sich um eine Dame gleichen Alters.

An jenem Abend machte ich nach Abschluß meiner Büroarbeiten meine Krankenhausrunde. Die Patienten hatten bereits das Abendessen eingenommen. Anna hatte ihr Essen kaum angerührt. Interessanterweise trug sie nicht das vom Krankenhaus gestellte Nachthemd, sondern einen schicken Jogginganzug, der ihren Körper vom Nacken bis zu den Fußknöcheln bedeckte, so daß sein Zustand geschickt getarnt war. Anna trug sogar Läuferschuhe.

Wir unterhielten uns eine Weile, ihre Feindseligkeit schien nachgelassen zu haben. Ich erwähnte nochmals mit Nachdruck das Ziel der Wiederherstellung eines normalen Kaliumgehalts im Blut, was durch die ihr verschriebene Diät erreicht werden könne, und ermahnte sie, die ihr gereichte Nahrung aufzuessen und die Medikamente nach Vorschrift einzunehmen. Um so schneller würde das Ziel erreicht werden.

Zwei Tage danach war ihr Blutspiegel immer noch unverändert. Das war schwer zu verstehen, da sie begonnen hatte, ihre Mahlzeiten aufzuessen, und auch alle Tabletten eingenommen hatte, wie die sie betreuende Krankenschwester bezeugte. Das Kalium mußte doch *irgendwo* geblieben sein. Es war dann die Zimmergefährtin, die das Rätsel löste.

Als ich am folgenden Morgen das Krankenzimmer verließ, folgte sie mir in den Flur. «Herr Doktor, ich muß Ihnen etwas von Anna sagen.» Diese junge Frau, die keine Ahnung von den klinischen Erscheinungsformen von Magersucht hatte, konnte immerhin seltsames Verhalten erkennen, wenn sie es sah. Da sie inzwischen mit Anna Freundschaft geschlossen hatte, zögerte sie, sich mir anzuvertrauen. Da sie sich um Anna sorgte, tat sie es dann doch. Sie berichtete folgendes. Anna hatte sich vom ersten Augenblick an seltsam verhalten. Nach dem Essen schloß sie sich stets im Badezimmer ein, wonach man unverkennbare Geräusche des Erbrechens hörte. Wenn Anna danach wieder auftauchte, leugnete sie, sich nicht wohl zu fühlen. Dann pflegte sie das Zimmer für etwa eine Stunde zu verlassen, und wenn sie dann in ihrem Jogginganzug und ihren Laufschuhen zurückkehrte, war sie außer Atem und verschwitzt. Die Zimmergenossin war verblüfft und fragte sich, wie Anna sportliches Training betreiben konnte, wenn sie so krank war, daß eine Krankenhausbehandlung notwendig war. Und dann war da noch die Frage: Wo konnte sie ihr Training im Bereich eines Hospitals überhaupt durchführen? Das alles ergab für sie keinen Sinn. Ich dankte ihr für diese Information, und sie kehrte in ihr Zimmer zurück.

Die nächsten Hinweise erhielt ich von den Stationsschwestern. Bevor ich noch meine Eintragung in Annas Krankenregister machen konnte, sprach mich die Oberschwester wegen mehrerer Beschwerden an. Sie war aufgeregt: «Ihre Patientin muß sich endlich den Hausregeln fügen oder sie muß gehen!» Dann berichtete sie, wie Anna von der Nachschwester während ihres Dienstes zwischen 23 und 7 Uhr dabei ertappt wurde, als sie von Tür zu Tür ging und mit Patientinnen sprach, die sie nie zuvor kennengelernt hatte. Sie stellte sich vor und verwickelte diese anderen Patientinnen zu dieser ungewöhnlichen Stunde in Gespräche, bei denen sie immer auf dasselbe Thema hinsteuerte: «Merken Sie denn gar nicht, wieviel Übergewicht Sie haben? Sehen Sie denn nicht ein, daß das nicht gut für Ihre Gesundheit ist?» Die erste Beschwerde kam um zwei Uhr morgens von einer Patientin, die von Anna wegen angeblichen Übergewichts kritisiert worden war. Diese Frau war im achten Monat schwanger; sie klingelte nach der Nachtschwester und beschwerte sich.

Die Oberschwester hatte noch mehr Klagen auf Lager. Der Nachtwächter hatte Anna in zwei aufeinanderfolgenden Nächten gesehen, wie sie die Treppen des Krankenhauses rauf- und runterlief. Beim erstenmal hielt er sie an, da er sich fragte, warum diese schwächliche Patientin mitten in der Nacht in Joggingkleidung die Treppen als Übungsgelände benutzte. «Ich versuche nur eben, meine Körperkraft wieder aufzubauen», hatte sie ihm geantwortet. Damit verblüffte sie ihn in der ersten Nacht. Beim zweiten Male folgte er ihr in gewisser Entfernung und fand heraus, auf welcher Station sie untergebracht war. Dann informierte er die diensthabende Schwester über dieses seltsame Gebaren.

Später an diesem Tage, als der Kaliumspiegel bei ihr noch niedriger war als zuvor, konfrontierte ich Anna mit meinem Wissen, nachdem ich lange überlegt hatte, wie ich sie am wirkungsvollsten ansprechen könne. Wie üblich leugnete sie, etwas falsch gemacht zu haben. «Das muß ein Irrtum sein.» Warum sollte sie willentlich erbrechen und sich sportlich betätigen, wenn ihre Blutwerte so gefährlich niedrig seien? Ihre (am Vormittag entlassene) Zimmergefährtin habe wohl nur versucht, ihr Schwierigkeiten zu machen. Ich brauche mich überhaupt nicht zu sorgen, denn sie fühle sich schon viel besser.

Ich sagte ihr, von jetzt an würden wir Kaliumkarbonat intravenös spritzen, da die orale Einnahme nichts erbracht habe; außerdem hätte ich einen Psychiater gebeten, sich mit ihr zu unterhalten. Die Probleme seien zu kompliziert, als daß man sie noch ignorieren könne. Unsere gegenwärtige Methode sei unzureichend, und wir brauchten Hilfe. Anna sagte zu diesem Vorschlag nicht nein. Genaugenommen sagte sie überhaupt nichts, was ich als schweigende Zustimmung deutete.

«Sie ist weg! Ich kann sie nirgendwo finden, auch ihren Koffer nicht!» Bei dieser telefonischen Meldung der Nachtschwester wußte ich, daß mein Glaube an Annas Zustimmung naiv, ja dumm gewesen war. Anna hatte das Krankenhaus verlassen – «gegen ärztlichen Rat», kurz nachdem ich ihr Verhalten kritisiert und ihr eine psychiatrische Beratung vorgeschlagen hatte. Ich telefonierte mit ihrem Ehemann und ihrer Mutter; niemand hatte sie gesehen. Dabei erzählte ich ihrem Mann, was geschehen war und wie gefährlich krank Anna sei. Ich riet ihm, sie sofort zur Intensivstation zu bringen, sobald sie zu Hause auftauchte.

Anna kehrte nie wieder nach Hause zurück. Man fand sie tot auf dem Bürgersteig etwa eine Meile vom Hospital entfernt. Sie hatte ihren Koffer bei sich und war wie immer mit ihrer geliebten Joggingausrüstung bekleidet. Sie starb, da bin ich sicher, wie viele andere, die an Magersucht leiden – an Herztod, Herzflimmern als Folge der Erschöpfung des Vorrats an Kalium im Körper. Eine gesetzlich vorgeschriebene Autopsie erbrachte keine organischen Schäden, was der die Obduktion vornehmende Pathologe angesichts des ausgemergelten Körpers kaum glauben wollte.

## Mehr als Philosophie

Noch monatelang habe ich über den Fall Anna nachgedacht und überlegt, was ich hätte anders machen sollen. Hätte eine frühere psychiatrische Behandlung etwas geändert? Hätte man sie gegen ihren Willen dabehalten und intravenös spritzen sollen? Wie hätte ich wirkungsvoller ihrer Verweigerungshaltung und Schläue begegnen können? Ich weiß es bis heute noch nicht.

Seit damals habe ich weitere Annas gesehen, ich meine Patienten mit Magersucht unterschiedlichen Grades. Einige erzielten Besserung, andere nicht. Keiner der Psychiater, die mir bei solchen Fällen beigestanden haben, war sehr darauf aus, mit solchen Menschen zu arbeiten. Denn trotz allem, was über die verwickelte Psychodynamik des Problems geschrieben wurde, kommt es nur selten zur «Heilung». Die Fachliteratur belegt, daß viele Methoden ausprobiert wurden. Die meisten davon funktionierten nur gelegentlich.

Was läßt sich nun über Magersucht aus der Perspektive von Körper und Geist, die uns hier speziell beschäftigt, sagen? Die Magersucht ist eine Krankheit, die zu einer fast völligen Zerstörung der Körper/Geist-Einheit führt, zu einer völligen Auflösung der psychophysischen Integration. Annas jammervolle Fotos drückten es richtig aus: Der Körper ist ein «Es» – eine Idee, ein Bild, ein Objekt. Er ist ein *Ding*, das ich nach Belieben ernähre, hungern lasse oder trainiere. Ich kann dieses Ding nach meinem

Willen so manipulieren, daß es mager oder fett wird. Ich kann es reinigen, ich kann es sich erbrechen lassen, ich kann es sogar töten.

Über die offensichtlich verzerrte Vorstellung eines Magersüchtigen von seiner körperlichen Erscheinung ist schon viel geschrieben worden. Aus einem geheimnisvollen psychischen Grund (sagt man) wird der Körper verstoßen und mißhandelt. Je mehr Mißhandlung und Abmagern zunehmen, desto stärker bekennt der Patient seine Liebe zu diesem dürren und zerstörten Körper. Doch ist es mehr Haß als Liebe, weil es eine «Liebe» ist, die zum Tode führt, der letzten Endes Selbstmord ist.

Nach zuverlässigen Erhebungen nimmt das Auftreten von Magersucht in der modernen Gesellschaft sehr schnell zu, da diese in Vorstellungsbilder vom Körper als Objekt vernarrt ist. Das bevorzugte Image ist geschmeidige, schlanke Jugend. Der Magersuchtkult umfaßt ein breites Spektrum: Neben extremen Fällen wie dem von Anna gibt es zahlreiche mildere Fälle, die selten entdeckt werden.

Wir sollten uns nicht mit dem Vorstellungsbild befassen, sondern mit der Neigung, dieses Image über das «gefühlte Ich» zu erheben und das Objekt höher zu bewerten als die Erfahrung. Es ist die Aufspaltung von Körper und Geist, von Psyche und Soma, die uns hier Sorgen bereitet, nicht die besondere Form, die die Vorstellung des Patienten von Schönheit vielleicht annimmt. Ohne Erkenntnis dieser Diskrepanz kann vermutlich keine Therapie erfolgreich sein. Damit es zur Heilung kommt, muß das Gefühl für die Einheit von Körper und Geist wiederhergestellt werden. Alle anderen Therapien – die Wiederherstellung des Kaliumspiegels im Blut, Einstellen des Erbrechens und dergleichen – sind zwar wichtig, jedoch nur begleitende Maßnahmen.

Trennen wir uns auf Dauer vom Gegenstand unserer Erfahrung, dann ebnen wir den Weg zur Erkrankung. Der Magersucht-Patient ist die lebendige Verkörperung der physischen Zerstörungen, die durch diese Form des Seins angerichtet werden können. Bei dieser Erkrankung wird das «Ich» zu etwas vom «Körper» sehr weit Entferntem. Es ist ziemlich unwahrscheinlich, daß diese Krankheit bei Menschen auftritt, deren Gefühl für das Einssein von Körper und Geist intakt ist.

Die Magersucht ist ein markantes Beispiel dafür, daß der Begriff Körper/Geist-Einheit mehr ist als frömmelnde, poetische Träumerei. Wird die wechselseitige Bezogenheit von Psyche und Soma zu sehr mißachtet, dann kommt es häufig zur Katastrophe. Dieses Thema transzendiert die Ebene des Philosophischen. Die Geschichte von Anna zeigt, daß es eine Frage von Leben und Tod sein kann.

# 11. Ganzheitliche Gesundheit: Eine kritische Betrachtung

In unserer Kultur betrachtet man die Naturwissenschaft mit solcher Ehrfurcht, daß jeder Naturwissenschaftler die besondere Verantwortung hat, seinem Auditorium klarzumachen, wo sein Fachwissen wissenschaftlich verifizierbare Ergebnisse bringt und wo er sich nur Spekulationen oder seinen eigenen persönlichen Hoffnungen hinsichtlich des Erfolgs seiner Forschung hingibt. Das ist eine wichtige Aufgabe, weil das Laienpublikum nicht in der Lage ist, das zu unterscheiden.

Noam Chomsky

Die Integration unserer intellektuellen und spirituellen Neigungen oder von Naturwissenschaft und Religion ... ist wesentlich für das Heilen der gesamten Kultur. Dient die Naturwissenschaft als spiritueller Pfad, dann gibt es Augenblicke, in denen man in Wundern nur so badet. Man steht voller Entzücken vor dem Geheimnisvollen. Es ist ein Geheimnisvolles, das sich durch Kontemplation noch erweitert und vertieft. Man gelangt zum Mysterium des eigenen Ich und dem Mysterium von allem Bestehenden. Irgendwie weiß man, daß man Naturwissenschaft ausüben muß, so wie andere einfach dichten oder komponieren müssen. Alles das ist der Mensch ... Es scheint, wir müssen theoretisieren, um über die Theorie hinauszuwachsen. Wir müssen uns des Intellekts bedienen, um zu einem Stillwerden des Geistes, müssen Musik machen, um zum Schweigen zu gelangen.

Ravi Ravindra

Ein Wald von Fakten, die nicht durch gedankliche Vorstellungen und konstruktive Beziehungen in eine Ordnung gebracht werden, mag existentiell anziehend wirken oder wegen seiner Lebendigkeit geschätzt werden, man mag seine Freude an ihm haben oder ihn verabscheuen – jedenfalls ist er sinnlos, unbedeutend und gewöhnlich auch uninteressant, wenn er nicht von der Vernunft geordnet wird.

Henry Margenau

Daher hat die amerikanische Vorliebe für Neues und ihr Mangel an Umsicht in praktischen Angelegenheiten zu großen Leistungen geführt, die zu gut bekannt sind, als daß man sie noch aufzählen müßte. Im Gegensatz dazu führte das Wirken derselben Vorliebe zu furchtbaren Ergebnissen in Bereichen, wo es keine immanenten Mechanismen für die Ausschaltung von Irrtümern gibt, wo Korrektheit und Unredlichkeit normalerweise nur graduell unterschieden sind und die Wahrheit durch mühsames Kriechen über gefährlichen Untergrund zwischen attraktiv getarnten Fallen nur teilweise geschaut werden kann, wo jeder weitere Schritt argwöhnische Überprüfung und häufig einen Verzicht auf Urteile erfordert und wo, zu allem Überfluß, übertriebene Ungläubigkeit ebenso irreführend sein kann wie Leichtgläubigkeit.

Stanislav Andreski<br>*Social Sciences as Sorcery*

Jeder möchte die Welt verändern, aber niemand möchte seinen Geist verändern.

Seaborn Blair

Die nachfolgende Kritik ist herb. Sie entspringt jedoch einem tiefen Gefühl der Sorge um und der Liebe zur Ganzheitsphilosophie, die endlich ihren Weg in die medizinische Wissenschaft zu finden beginnt.

Sollte sich jemals ein respektvoller Dialog zwischen der Schulmedizin und der ganzheitlichen Medizin entwickeln, wird es für die Verfechter der Ganzheit notwendig sein, in klaren und unzweideutigen Begriffen zu erklären, was es mit der ganzheitlichen Anschauung auf sich hat. Soll man ihnen zuhören, müssen sie sich einer disziplinierten Sprache bedienen. Deswegen brauchen sie keineswegs alle eine gemeinsame Sprache zu sprechen; doch müssen sie sich verständlich und gewissen geistigen Konstruktionen angepaßt ausdrücken.

Eine Philosophie der Ganzheit ist keine Luxusidee – sie ist ein wesentliches Erfordernis für das Weiterbestehen der medizinischen Wissenschaft. Die nachfolgende Kritik soll diese notwendige Verschmelzung fördern.

Wir suchen eine Antwort auf die Frage: Wie können wir in der Welt der Schul- *und* der ganzheitlichen Medizin leben? Wie können wir das Beste von beiden in einer Form der Gesundheitsfürsorge vereinen, die uns vielleicht etwas Besseres beschert, als jede für sich alleine das könnte? Oder sind beide qualitativ so verschieden, daß eine Mischung unmöglich ist? Sind es völlig getrennte Welten, die sich unmöglich vereinen lassen? Sehen wir uns erst einmal die Grundannahmen beider Ansätze an.

*Schulmedizin und ganzheitliche Medizin: Stärken und Schwächen*

Das Modell der Schulmedizin ist gewissermaßen an dem aufgehängt, was man die «Molekulartheorie der Krankheitsverursachung» genannt hat. Diese Theorie behauptet, der Ursprung aller Krankheiten liege ausnahmslos in der Materie. Wenn sich auf der Ebene der Moleküle gewisse Anomalien ergeben, dann habe das auf der Ebene des Körpers entsprechende Auswirkungen. Dort findet die Wahrnehmung von «Krankheit» statt.

Nehmen wir ein typisches medizinisches Problem. Zu viele Cholesterinmoleküle im Blut sind ein Hauptrisikofaktor für Herzinfarkte. Diese Moleküle bilden Ablagerungen in den Arterien des Herzens und des übrigen Körpers. Es kommt zur Arteriosklerose, einer «Verhärtung der Arterien». Die übliche Therapie zielt speziell auf das Cholesterinmolekül – eine Diät mit geringem Cholesteringehalt, Gewichtsabnahme und körperliche Bewegung, Einnahme von Medikamenten (anderen Molekülen), die die Konzentration von Cholesterin im Blut verringern. Diese Therapie konzentriert sich auf das Materielle. Geist oder Psyche werden nicht als wichtige Faktoren gewertet.

Im Gegensatz dazu betont die ganzheitliche Medizin, Krankheit sei nicht nur ein materieller Prozeß. Der Mensch sollte als Ganzes und nicht in Teilen betrachtet werden. Und Teile des Ganzen sind Geist und Psyche ebenso wie der Körper. Die Konzentration auf die materiellen Aspekte der Krankheit sei kurzsichtig und unvollständig. Daher brauche die Therapie nicht nur aus Medikamenten oder chirurgischen Eingriffen zu bestehen. Man sollte auch die Wirkung des Bewußtseins auf den Körper nutzen – da die ganzheitliche Anschauung impliziert, daß der Geist tatsächlich auf die Materie einwirkt und diese nicht nur von materiellem Geschehen beeinflußt wird.

Jede dieser beiden Grundanschauungen hat unverkennbare Stärken. Die Molekulartheorie läßt sich ohne weiteres in Labors und im klinischen Bereich demonstrieren: Cholesterinmoleküle *blockieren wirklich* die Arterien; ist der Cholesterinspiegel im Blut hoch, dann kommt es mit alarmierender Häufigkeit zu Herzinfarkten. Andere Moleküle, das heißt Medikamente, können den Cholesterinspiegel senken.

Aber auch die ganzheitliche Position hat gute Argumente. Schließlich scheint es doch wirklich zuzutreffen, daß Geist und Seele eine Rolle spielen. Dieses Empfinden wird jedem von uns durch die eigene Erfahrung deutlich vermittelt. Wie könnte die ganzheitliche Anschauung falsch sein, da sie doch so sehr mit der menschlichen Erfahrung übereinstimmt?

Beide Seiten haben aber auch ihre Schwächen. Die Molekulartheorie der Schulmedizin ist, um beim Beispiel des hohen Cholesterinspiegels im Blut zu bleiben, nicht in der Lage, die Tatsache zu erklären, daß das Problem *tatsächlich* eine psychische Komponente hat. Was die Moleküle tun, wird offensichtlich vom Geist beeinflußt. Man denke an das schon erwähnte Beispiel der Steuerberater, deren Cholesterinspiegel unter dem psychischen Druck der baldigen Fertigstellung der Steuererklärungen ansteigt – bis zu 50 Prozent, ohne daß sie ihre Eßgewohnheiten geändert haben. Auch bei Medizinstudenten wird kurz vor dem Examen ein plötzlicher Anstieg beobachtet. Und umgekehrt: Lehrt man Menschen mit hohem Cholesterinspiegel, zweimal täglich für eine Weile ruhig zu sitzen und ihren Geist von äußeren Eindrücken freizuhalten, dann fällt der Cholesterinspiegel. Selbst die Theorie, Gesundheit und Krankheit würden letzten Endes ganz materiell von den Genen gesteuert, scheint nicht das ganze Bild zu vermitteln. Bei eineiigen Zwillingen, die ja gleiche Gene haben, entsteht Arteriosklerose bei demjenigen, der größerem beruflichen Streß unterworfen ist. Ganz eindeutig scheint also der Geist eine Rolle zu spielen, sind die Moleküle nicht die einzige Ursache.

(Diese Schlußfolgerung kann man natürlich leicht beiseite schieben und die Molekulartheorie allein aufrechterhalten, wenn man behauptet, der Geist selbst sei nichts weiter als das Verhalten von Molekülen. Das ist die berühmte Identitätstheorie vom Ursprung des Geistes, bei der der Geist keinen eigenen fundamentalen Status hat. Nur die Moleküle im Hintergrund zählen, die sich selbst in Form von Biochemie, Anatomie und Physiologie darstellen. Nach dieser Anschauung bezeugen die obengenannten Beispiele kein Einwirken des Geistes auf Materie, sondern nur das Wirken von Materie auf Materie.)

Aber auch die Schwäche der ganzheitlichen Theorie ist deutlich erkennbar. Man mag es drehen und wenden wie man will und kann doch nicht bestreiten, daß es eindeutige Beweise dafür gibt, daß jede Erkrankung eine beträchtliche materielle Komponente hat. So besteht ein klarer Zusammenhang zwischen der allgemeinen genetischen Prädisponiertheit für einen hohen Cholesterinspiegel und einer höheren Sterberate als Folge von Herzkrankheiten. Obwohl sie uns sicher nicht die ganze Geschichte erzählen, lügen die Zahlen doch nicht ganz: Materie ist wirklich wichtig. Im Augenblick können wir nur spekulieren, was die Medizin der Zukunft uns über den Einfluß des Geistes auf Gesundheit und Krankheit enthüllen wird. Bis jetzt kann die ganzheitliche Medizin mit der traditionellen Molekularmedizin auch nicht annähernd konkurrieren, wenn es darum geht, einen empirisch-analytischen Beweis für die eigenen Behauptungen zu liefern.

Beide Modelle sind unvollständig. Jedes verfügt über Stärken und Achillesfersen. Schon alleine die Tatsache, daß keines der beiden Modelle das ganze Bild liefert, sollte dazu führen, eine komplementäre Methode zu erwägen. Und die Unvollkommenheit beider Modelle sollte uns wachsam gegenüber jedem machen, der dazu rät, das eine System aufzugeben und sich ganz und gar dem anderen zu verschreiben.

## Schulmedizin und ganzheitliche Medizin: Welche Ziele?

Die Verwirrung hinsichtlich beider Systeme ist zum großen Teil ihren unterschiedlichen Zielsetzungen zuzuschreiben. Das mag überraschend erscheinen – denn bemühen sich nicht beide um Heilung und Wohlbefinden des Menschen? Nach außen hin, ja. Was jedoch beide unter Gesundheit verstehen, ist so verschieden, daß man die Ziele der beiden Systeme kaum gleichsetzen kann.

Nehmen wir als Beispiel folgende Anzeige in einem Magazin für ganzheitliche Gesundheit. Darin wird eine Chelat-Therapie angeboten, eine populäre «alternative Behandlung» von arteriosklerotischen Gefäßerkrankungen, Arthritis und anderem. Dabei werden bestimmte Chemikalien in die Blutbahn injiziert, um schädliche Ablagerungen an den Wandungen der Blutgefäße abzubauen (ob diese Behandlungsform richtig ist, steht in diesem Zusammenhang nicht zur Debatte). Es heißt in dieser Anzeige:

> Die Chelat-Therapie beseitigt schädliche Ansammlungen in den Blutgefäßen Ihres Körpers. Sie normalisiert in mangelhaft versorgten Organen die natürliche Blutzirkulation und stellt damit das Energiegleichgewicht und die Vitalität von Körper und Geist wieder her. Ohne richtige Blutzirkulation werden unsere Energiefelder geschwächt. Die Chelat-Therapie stellt dieses Gleichgewicht wieder her und führt zu einem ordentlichen Funktionieren von Körper, Geist und Seele.

Aus ganzheitlicher Perspektive ist diese Beschreibung absolut vernünftig. Sie wendet sich an die «ganze Person» und betont das richtige Verhältnis zwischen Körper, Seele und Geist. Dabei spielt es keine Rolle, daß der dabei angewendete Chelat-Wirkstoff eine chemische Substanz ist. Es wird ja behauptet, er transzendiere den materiellen Bereich durch Herstellen eines Energiegleichgewichts und damit letzten Endes einer spirituellen Harmonie. Aus diesem Grund ist er ganzheitlich – anders als etwa eine Bypass-Operation zur Umgehung der verstopften Arterie –, eine Methode, die sich nur auf den materiellen Aspekt konzentriert.

Dieser Anzeige über eine Chelat-Therapie möchte ich Anzeigen für zwei verschiedene Medikamente gegenüberstellen, die jüngst in einer angesehenen medizinischen Zeitschrift erschienen. Die eine Überschrift lautet: «Sich geheilt fühlen ist eine Sache. Wirklich geheilt sein ist eine andere.» Es folgte der Name des angepriesenen Medikaments. Und die andere Anzeige: «Ärztliche Beratung mag Ihrer Beunruhigung abhelfen, aber (Name des Medikaments) hilft Ihren Beschwerden ab.»

Beide Anzeigen implizieren die Botschaft, daß die Gefühle, Emotionen und Sorgen des Patienten belanglos sind und nur der tatsächliche physische Zustand zählt. Der Geist trägt weder zur Heilung noch zur Gesundheit bei. Nur die objektive Welt der Materie ist wirklich, und dieser Bereich ist es, der mittels Medikamenten manipuliert wird. «Energie», «Felder» oder «Geist» werden überhaupt nicht erwähnt. Es zählt nur, was sich quantifizieren und messen läßt, was also per definitionem physisch und nicht mental ist.

Man könnte diese Beispiele endlos fortsetzen. Sie sollten jedoch ausreichen, um das zu belegen, worum es hier geht. Traditionalisten und Anhänger der Ganzheitslehre leben in zwei verschiedenen Welten. Sie verwenden nicht dieselben Begriffe. Selbst wenn sie sich derselben Worte bedienen, etwa «Heilung» oder «Gesundheit», meinen sie damit Verschiedenes.

Will man beiden Systemen das Beste entnehmen, dann muß man frühzeitig diese gewaltigen Unterschiede erkennen und anerkennen. Man *kann einfach nicht* einen Schulmediziner und einen ganzheitlichen Arzt konsultieren, um dann befriedigt nach Hause zu gehen – da die von beiden verwendeten Worte verschiedene Bedeutungen haben. Was der eine Arzt unter «Gesundheit» versteht, wird vermutlich etwas ganz anderes sein, als was der andere damit meint. Die Konfusion entsteht, wenn die Patienten das übersehen. Ein weiteres offenkundiges Problem ist, daß beide Typen von Heilern oft unterschiedlicher Ansicht über die Ursachen der Krankheit sind oder darüber, wie man sie behandeln solle. Das fundamentalste Problem ist jedoch, daß beide sogar in bezug auf die Frage, was Krankheit überhaupt ist, in verschiedenen Welten leben.

*Schulmedizin und ganzheitliche Medizin:*
*Ein Leitfaden für Betroffene*

Prüfen wir einmal gründlich die Thesen der Schulmediziner und der ganzheitlichen Ärzte, um herauszufinden, warum die Holisten von den Traditionalisten zornig der Unwissenschaftlichkeit geziehen werden und warum die Holisten die Schulmediziner tadeln, sie seien geistig ausgetrocknet. Und dann wollen wir der Frage nachgehen, wie jede der beiden Gruppen die Welt tatsächlich sieht.

Zum Zweck dieser Analyse wollen wir zunächst annehmen, die Welt um uns könne in drei Ebenen aufgeteilt werden – Materie, Geist (engl. *mind* = «mentale Fähigkeiten», also Denken, Verstand, Intellekt, Wahrnehmung etc.) und GEIST (engl. *spirit* = «beseelender» oder «transzendenter» Geist). Dies ist keine wissenschaftliche Aussage und würde gewiß von den meisten Naturwissenschaftlern abgelehnt. Meines Erachtens ist sie jedoch heuristisch nützlich. Dieselbe Kartographie hat im wesentlichen Ken Wilber bei seiner Erörterung des «New-Age-Paradigma» verwendet.[1] Alle großen Weltreligionen stimmen überein, wenn sie diese grundlegenden Schichten der Wirklichkeit beschreiben, obgleich einige, wie etwa die Hindu-Religion (mit sieben Schichten) noch viele andere einbeziehen.

Laut Wilber werden diese allgemeinen Bereiche von Materie, Geist und GEIST auf verschiedene Weise durch andere Begriffe ausgedrückt:

> Unbewußtes, Selbstbewußtes und Überbewußtes oder Instinkt, Verstand, Intuition und so weiter. Diese drei Bereiche wurden beispielsweise von Hegel, Berdjajew und Aurobindo erwähnt.[2]

Entscheidend ist, daß diese Formulierungen, die viele kulturelle und spirituelle Traditionen überbrücken, den Gedanken der *Hierarchie* enthalten – das heißt, diese drei Ebenen Materie, Geist und GEIST sind nicht äquivalent. Höhere Ebenen lassen sich nicht völlig in Begriffen niederer Ebenen erklären. So reicht zum Beispiel Materie nicht aus, um den Geist zu erklären, und GEIST ist etwas, was beiden irgendwie zugrunde liegt.

Alles Niedere ist im Höheren, aber nicht alles Höhere ist im Niederen. Ein dreidimensionaler Würfel enthält zweidimensionale Flächen, aber nicht umgekehrt. Und dieses «nicht umgekehrt» ist es, was die Hierarchie ausmacht.[3]

In unserem aus drei Ebenen bestehenden Wirklichkeitsschema steht jede Ebene als ein irgendwie vereintes Ganzes für sich selbst. Obwohl sie die unter ihr stehenden Ebenen enthält (Körper enthalten beispielsweise Minerale), enthält oder subsumiert sie nicht die Ebenen darüber (Minerale enthalten keine Körper).

Doch *dienen* niedere Ebenen höheren Ebenen und sind ein Teil von ihnen (Wassermoleküle sind notwendig, um Körper zu bilden; Zellkerne sind notwendige Bestandteile von Zellen).

Diese Art hierarchischer Struktur, die man in vielen bedeutenden religiösen Überlieferungen antrifft, ist auch absolut modern. Zwar wird der GEIST häufig nicht berücksichtigt, doch immerhin bildet die Grundidee der hierarchischen Beziehungen in der gesamten Natur, von den Elementarteilchen bis zur Biosphäre, das Kernstück der allgemeinen Systemtheorie. Diese entwickelte sich aus der Arbeit von Bertalanffy und anderen, die versuchten, die biologische Welt zu begreifen, und enthält auch dieselbe wesentliche Vorstellung von Mustern, Schichten und Zusammenhängen in einer hierarchischen Daseinsform.[4] Sie wurde in jüngster Zeit populärwissenschaftlich von Arthur Koestler dargestellt, der das Wort «Holon» vorschlug, um die individuellen Einheiten zu benennen, die jede Ebene umfassen.[5] Die Unterkomponenten blicken wie der römische Gott Janus (der zwei Gesichter hatte, nach vorne und nach hinten) gleichzeitig nach oben und nach unten. Ihnen dienen die Funktionen der «niederen», weniger komplexen Einheiten, während sie ihrerseits den darüberliegenden komplexeren «Holons» dienen. Neuerdings hat Fritjof Capra eine höchst lesenswerte Synthese der Systemtheorie gegeben, die eindeutig enthüllt, daß die wesentlichen Hierarchievorstellungen sich über die biologische Welt hinaus bis in die sozio-kulturelle erstrecken.[6]

Es muß also unbedingt festgehalten werden, daß die Ebenen von Materie, Geist und GEIST aufeinander einwirken, jedoch *nicht gleichwertig sind*. Das kann man nicht eindringlich genug hervorheben. Nichts von allem, was wir über die Welt der Natur wissen, rechtfertigt es, eine Ebene mit anderen gleichzusetzen. In Beziehung zueinander stehen bedeutet *nicht* Gleichwertigkeit. Materie ist nicht Geist, und beides ist nicht GEIST. Minerale sind nicht die Mona Lisa, obwohl Gemälde Minerale und Farbstoffe enthalten. Ohne Aufrechterhaltung dieser Unterscheidungen würde die ganze Hierarchievorstellung sinnlos. Vergißt man die Unterschiede zwischen Ebenen, «fällt die Hierarchie in sich zusammen», wie Wilber es scharfsinnig formuliert. Das führt dann zu «reiner Pop-Mystik», bei der alles zu einem undifferenzierten, gallert-artigen Mischmasch – «Alles ist Eins» – erklärt wird. Diese Erkenntnis kann zwar momentanes Entzücken hervorrufen, ist jedoch bestenfalls verzerrt und unvollständig. Sie stimmt nicht mit der großartigen mystisch-religiösen Schau des «Wie die Dinge sind» überein, um es in den Worten des Religionsphilosophen Huston Smith zu sagen, aber auch nicht mit gewissen modernen Anschauungen wie etwa der Systemtheorie.

Wir kommen also zu einer Anschauung von der Welt, in der zumindest drei unterschiedliche Schichten erkennbar sind. Jede Schicht wird von der darüberliegenden einbezogen, und jede höhere Ebene (wobei GEIST in diesem Zusammenhang als höchste gilt) schließt alle darunterliegenden ein – *wobei sie nicht dasselbe ist* wie die darunterliegenden.

Um noch bei Wilber zu bleiben: Wir können weiterhin feststellen, daß es unterschiedliche Wege gibt, Kenntnis von diesen drei Ebenen zu erlangen. Wollen wir etwas über die materielle Welt wissen, dann funktioniert am besten der Weg der Logik und des linearen Denkens, der von den Naturwissenschaften begangen wird. Das ist dann der empirisch-analytische Rahmen des Denkens und Analysierens, der zu den technischen Hochleistungen geführt hat, die es uns erlauben, diesen Bereich zu erforschen. Wollen wir jedoch die Ebene des Geistes studieren, dann sind Mikroskope und lineare Beschleuniger nicht sehr hilfreich. Hier braucht man eine andere Erkenntnisform – das Wissen um Symbole und ihre Bedeutungen, eine Bewertung all dessen, was in der Welt des intersubjektiven Gedankenaustausches zwischen Menschen enthalten ist. Hier haben wir es mit Bedeutungen zu tun, die weit über die Beschreibungen der physikalischen Ebene hinausreichen. Wir können das Verhalten von Menschen und Elektronen beschreiben und dabei sogar ähnliche Wörter benutzen – beispielsweise können wir sagen, daß keines von beiden letztlich «isoliert» betrachtet werden dürfe; dann müssen wir jedoch eingestehen, daß solche Ähnlichkeiten Menschen und Elektronen nicht als ein und dieselben Entitäten identifizieren. Versuchen wir, uns selbst mit der technischen Sprache der Naturwissenschaft zu beschreiben, die für die materielle Welt wunderbar geeignet ist, dann wird etwas fehlen. Und dieses «Etwas» ist das unaussprechlich Wesentliche, das eine andere Form der Beschreibung erzwingt, wenn wir von Geist sprechen.

In gleicher Weise ist eine andere Form des Erkennens für den GEIST erforderlich. Hier leisten nicht einmal die für die Ebene des Geistes angemessenen symbolischen Beschreibungen gute Dienste. Hier versagen alle Worte. Warum? Irgendwie scheint GEIST der allerletzte, endgültige und höchste Bereich der Hierarchie zu sein, alles, was ist. Und wenn wir versuchen, dieses Höchste auf irgendeine Weise zu beschreiben, ergeben sich Probleme, weil wir durch die Attribute, die wir ihm geben, automatisch etwas von ihm *Getrenntes* schaffen. Wenn es aber nicht *alles* enthält, dann ist es nicht mehr das Absolute oder Höchste. Auf diese Weise schlagen alle Versuche fehl, das Absolute zu beschreiben. Sie stürzen wie ein Haufen von Wort-Gerümpel zusammen, wobei deutlich wird, was sie wirklich sind: *Wörter*, nicht das wirkliche Ding.

Trotz dieser Schwierigkeiten ringen wir weiter mit dem Absoluten, versuchen wir immer wieder, es mit Wörtern zu beschreiben. Wer hat sich nicht als Kind mit solchen Dilemmas abgemüht wie: «Woher kommt der liebe Gott?» oder «Wer hat den lieben Gott gemacht?» Alle Versuche, das Unfaßbare zu erfassen, führen zum Paradoxen – so daß wir schließlich zu der unsinnigen Schlußfolgerung kommen, Gott sei zugleich faßbar *und* unfaßbar, charakterisierbar *und* nicht charakterisierbar, gesehen und ungesehen, das Eine und das Viele. Der Versuch, die Abhängigkeit von Symbolen und verbalen Konstruktionen zu zertrümmern, indem er versuchte, die Ebene des Geistes zu verstehen, brachte zum Beispiel den buddhistischen Meister dazu, auf die Frage: «Was ist das Tao?», die Antwort zu geben: «Ein verfaulter Kohlkopf!»

Das Problem aller Beschreibungen des GEISTES ist so zugespitzt, daß wir eines mit Sicherheit sagen können: Wer wirklich Worte benutzt, um diese Ebene zu beschreiben, kann sicher sein, etwas anderes beschrieben zu haben. Die Konfusion über den GEIST wird von unserem hartnäckigen Beharren auf der Ansicht erzeugt, wir könnten schließlich doch einen verbalen oder symbolischen Schlüssel finden, wenn wir nur clever und beharrlich genug sind. Doch das Ergebnis kann nur ein Paradoxon sein – es mag einfallsreich sein und bleibt dennoch paradox. Auch das cleverste Paradoxon ist keine geeignete Beschreibung von GEIST, sondern letztlich nur Wortgeklingel.

Wilber schreibt: «GEIST ist nicht paradox; er ist überhaupt nicht beschreibbar.»[7] Paradox ist eine Eigenschaft aus dem Bereich der Sprache und nicht eine Eigenschaft des spirituellen Bereichs selbst. Wo es um die spirituelle Ebene der Welt geht, um den GEIST, müssen wir uns also einer transverbalen Weise des Erkennens bedienen. Ihr hat man viele Namen gegeben – Kontemplation, Meditation, Gebet, Intuition. Wichtig ist, daß es sich hier um eine andere Ebene der Welt handelt, die eine andere Form des Erkennens erfordert. Benutzt man empirische Analyse oder sogar Worte, so ist das, was damit beschrieben wird, eine *niedere* Ebene und nicht die Ebene des GEISTES.

Genauso wie jede niedere Ebene des Seins von jeder höheren einbezogen wird (Materie wird vom Geist einbezogen und dieser vom GEIST), stehen die entsprechenden Erkenntnisformen in Beziehung. Intuition transzendiert das Symbolische, bezieht es aber ein. Das Symbolische transzendiert das Empirisch-Analytische, bezieht es jedoch ein. Die hierarchische Qualität gilt also ebenso für die Formen des Erkennens wie für die von ihnen beschriebenen Ebenen.

Wir haben uns etwas ausführlich mit diesen Unterscheidungen befaßt, weil das Territorium der traditionellen und das der ganzheitlichen Medizin ohne eine Art von Landkarte hoffnungslos verwirrend ist. Mit einer Anleitung ist es leichter, der Debatte einen Sinn zu geben.

*Der beiderseitige Irrtum*

Der ungeheuerlichste Irrtum in der Debatte zwischen ganzheitlicher und Schulmedizin besteht darin, daß *beide* die «Hierarchie zum Einsturz bringen», wie Wilber es formuliert. Beide Seiten ignorieren die Gliederung der Welt in die Bereiche Materie, Geist und GEIST, und die für die verschiedenen Ebenen gültigen Weisen des Erkennens sind nahezu vergessen. Das Problem, obwohl unglückselig in seinen Konsequenzen, ist nichtsdestoweniger subtil – denn der «Einsturz» verläuft in verschiedenen Richtungen: Die Traditionalisten lassen die Hierarchie «nach unten» kollabieren, so daß alles materiell wird, und die Holisten geben ihr einen Stoß «aufwärts», so daß alles mental oder GEIST wird. Der erste Fehler führt zum Reduktionismus, der zweite zu einer Art von therapeutischem Pan-Psychismus, bei dem das Mentale oder der GEIST als die große Medizin vom Himmel angesehen werden.

Beide Fehler sind gleich naiv. Jedes System befaßt sich mit der Welt nur in Begriffen des Entweder/Oder oder Schwarz/Weiß. Jedes vergißt die heiklen Komplexitäten, die zusammen das Gewebe der Wirklichkeit ausmachen. Jedes versucht, die Welt nach seiner eigenen speziellen Geometrie auszumessen, den eigenen Raster auf eine Welt zu legen, die nicht in eine eindimensionale Begriffsform gepreßt werden kann. Jedes ignoriert den Wert des anderen und versucht, sein Gegenstück zu diskreditieren, als sei man in ein Armageddon der Prinzipien verwickelt.

Wie läßt die Schulmedizin «die Hierarchie kollabieren»? Indem sie darauf beharrt, daß der Ursprung aller Krankheiten tief in der Materie verborgen liegt, weshalb alle therapeutischen Strategien am besten von da ihren Ausgang nehmen, mit Materie, die auf Materie wirkt. Nach dieser Denkweise ist selbst eine psychische Krankheit eine falsche Namensgebung, da die Psyche lediglich als Ausdruck von Chemie, Anatomie und Physiologie gilt. Daher wird «Gesprächstherapie» bei psychischen Problemen, die ja heute noch in Mode ist, häufig durch psychotrope Medikamente ergänzt, «damit sie besser funktioniert». Und die Stoßkraft der modernen Psychiatrie scheint klar in die Richtung der Entwicklung neuer Medikamente zu gehen, die alle mentalen Störungen spezifisch behandeln, so wie etwa Lithium-Karbonat sich als unschätzbar bei der Behandlung manischer Depression erwiesen hat.

Es ist ja nicht so, daß diese Methode nicht funktioniert. Sie ist sogar erstaunlich wirksam, wie Techniken der Operation am offenen Herzen, chemotherapeutische Krebsbehandlung und Immunisierung mit fast hundertprozentiger Wirksamkeit bezeugen. Aber sie ist unvollständig. Indem diese Therapie die Hierarchie zum Einsturz bringt und den Geist (im mentalen wie im spirituellen Sinn) auf die niederste Ebene zwingt, die der Materie, leugnet sie nicht nur die Existenz der höchsten Eigenschaften des Menschen, sondern *begrenzt auch ihre eigene Wirksamkeit*.

Bestreitet man etwa die Legitimität der mentalen Ebene, so werden wirksame Therapien übergangen, als seien sie nichtexistent, beispielsweise die, daß ein Mensch seinen erhöhten Cholesterinspiegel alleine dadurch senken kann, daß er zweimal täglich für kurze Zeit ruhig und entspannt dasitzt; auch Thrombose kann mit mentalen Mitteln beeinflußt werden.[8] Ferner ist bekannt, daß die Fähigkeit des Immunsystems des Körpers, einer Invasion schädlicher Mikroorganismen zu widerstehen und krebsartige Veränderungen zu bekämpfen, durch psychische Geschehnisse beeinflußt werden kann.[9] Solche Feststellungen werden von den Schulmedizinern im allgemeinen für bedeutungslos oder nebensächlich gehalten oder ganz und gar ignoriert. Nimmt man sie zur Kenntnis, dann häufig mit der abfälligen Bemerkung, es handle sich nicht um Manifestationen der Psyche, sondern um als mental maskierte physiologische Geschehen.

Als Beispiel für den Kollaps einer Hierarchie kann der folgende Auszug aus einem Interview mit dem bedeutenden zeitgenössischen Immunologen Baruch Benacerraf dienen, der 1980 den Nobelpreis für Physiologie und Medizin erhielt.

Interviewer: «Eine der American Psychiatric Association vorliegende Studie nennt vorläufige Beweise dafür, daß das Immunsystem von gerade verwitweten Personen erheblich reduziert ist.»
Benacerraf: «Nun ja, so einem Menschen passiert in einer solchen Zeit ja allerlei. Es ist bekannt, daß Personen, die den Lebensgefährten verlieren, früher sterben als andere, die einen

solchen Verlust nicht erleiden. Aber das kann viele Ursachen haben. Ihre Eßgewohnheiten können sich ändern; vielleicht setzen sie sich auch mehr als zuvor der Gefahr von Erkältungen aus. Vielleicht ist nun niemand mehr da, der ihnen etwas Liebe schenkt. Was wissen wir schon?»[10]

Wenn ich diesen Kommentar von Benacerraf erwähne, dann will ich diesen bedeutenden Wissenschaftler damit nicht herabsetzen. Vielmehr will ich nur verdeutlichen, wie entscheidende Beobachtungen aus einer Ebene (hier der mentalen) durch einen Zusammenbruch der Hierarchie auf eine niedere (materielle) reduziert werden. Die Bemerkung, das Versagen des Immunsystems bei Verwitweten könne auf schlechte Eßgewohnheiten oder ein stärkeres Erkältungsrisiko zurückzuführen sein, schaltet den Geist als Faktor keineswegs aus. Sie bringt nur eine andere Variable in die zusammenhängende Geist-Materie-Kette – in diesem Falle Ernährung oder Infektion. Denn man müßte dann doch fragen, *warum* ißt der Witwer auf einmal anders? *Warum* ändert er sein Verhalten so, daß sein Immunsystem betroffen ist? Ein Mechanismus ist noch keine Erklärung, weil ein «Wie» nicht ein «Warum» ist. Wer mehr «Wie» in das Geist-Körper-Kontinuum einbringt, gestaltet nur das Phänomen der verringerten Immunkraft komplexer, schaltet jedoch *nicht* die psychische Variable selbst aus.

Diese Art von Argumentation und Reduktionismus bringt keinen Nutzen, wie wir schon an anderer Stelle gesehen haben. Und die «Ganzheitler», die den «Reduktionismus» zugunsten einer Art «Erhöhung» aufgeben wollen, als sei er eine Form des Bösen, sind total naiv. Selbstverständlich *könnten* schlechte Ernährung und stärkere Gefährdung der Atemwege bei trauernden Witwern beseitigt und ihre Lebenserwartung verlängert werden. Anders gesagt: In jeder beliebigen klinischen Situation läßt sich gewöhnlich ein auf reduktionistischen Gedankengängen beruhender therapeutischer Ansatz finden, der seine guten Seiten hat.

Aber auch dann würde das Problem des seelischen Kummers weiterbestehen – und *das* sind die Probleme, die bei der reduktionistischen Methode übersehen werden. Kummer ist eindeutig mehr als nur Erkältung und schlechte Eßgewohnheiten. Es ist ein

Problem *auf einer anderen Ebene der Hierarchie*, die zu betrachten die Schulmedizin nicht gewohnt ist und auf der sie sich nicht zu Hause fühlt. Wendet sie sich wirklich einmal dieser Ebene zu, dann vermutlich nur im Rahmen der ihr vertrauten Strategie: Kummer ist Depression oder Angst – beide haben chemische Korrelate im Gehirn. Daher – und damit bricht die Hierarchie zusammen – verschreibt man eben Medikamente oder Tranquilizer gegen Depressionen.

Die Schulmediziner neigen also dazu, Lösungen nach der niedersten, der materiellen Ebene zu strukturieren, während die ganzheitlichen Mediziner dazu tendieren, sie nach der höchsten, der spirituellen, zu strukturieren. Der Fehler wird also im anderen Extrem begangen, physische Probleme werden zu Problemen des GEISTES. Für die «Ganzheitler» sollen Medikamente nach Möglichkeit «natürlich» sein, denn natürliche Substanzen enthalten die «Energieträger», die im Menschen «Resonanz» bei seinen «spirituellen Energiemustern» auslösen, während synthetische Medikamente das nicht tun. *Nicht*materielle Formen des Heilens erlangen zunehmend Bedeutung – Massage, Musik, Worte, Meditation –, weil sie uns helfen, eine Verbindung zu den «höchsten Zentren» herzustellen, die die «Quelle alles wahren Heilens» sind. Da diese Methoden in der empirisch-analytischen Sprache der Naturwissenschaft schwer zu quantifizieren sind, weicht man der wissenschaftlichen Analyse häufig aus, indem man sie verächtlich macht, und in gewissen Kreisen gilt es als Zeichen moralischer Schwäche, sich gewöhnlichen medizinischen Methoden zu unterwerfen.

Wer das eben Gesagte aufmerksam gelesen hat, kann ohne besondere Mühe einige Probleme des ganzheitlichen Szenarios erkennen. Hier läßt man die hierarchischen Ebenen von Materie, Geist und GEIST so ineinanderfließen, als gebe es gar keine trennenden Unterscheidungen. «GEIST» – der sich in Worten nicht ausdrücken läßt – wird gleichbedeutend mit Energie, Schwingungen, heilender Quelle. Er läßt sich nicht nur durch nichtverbale Intuition erahnen, sondern auch durch materielle Techniken (beispielsweise Massage) und sogar durch Einnehmen von Wurzeln, Kräutern und anderen natürlichen Substanzen. Nachdem das Spirituelle mit dem Mentalen und das Mentale mit der Materie verschmilzt, wird der ganze Mischmasch dann in unseren begrifflichen Kühlschrank geschoben, aus dem er als homogenes, ganzheitliches Gelee, «Heilen» genannt, wieder herauskommt. Darauf angesprochen, antworten die Anhänger einer solchen Handlungsweise häufig mit Banalitäten, etwa: «Was haben Sie denn daran auszusetzen? Der Mensch ist doch ein Kontinuum von Körper-Psyche-Geist. Wir sind ein ‹Ganzes›. Darum geht es doch überhaupt in der ganzheitlichen Medizin.»

Ich habe Respekt vor der ganzheitlichen Anschauung, ebenso, wie viele Ganzheitler Respekt vor den großen Leistungen der Schulmedizin haben. Ich weiß nicht, was für den menschlichen Geist beleidigender ist – der oben beschriebene volkstümliche Holismus oder der sterile Reduktionismus. Beides sind Entstellungen, anämische Versionen der Wirklichkeit, eine unleserliche Kurzschrift dessen, was Menschen eigentlich sind.

*Geistheilung*

Gibt es in der hierarchischen Struktur Platz für Phänomene wie Geistheilungen? Oder schließen die genannten Ebenen das aus?

Erinnern wir uns zunächst eines zentralen Begriffs der Materie-Geist-GEIST-Hierarchie. Die unterste Ebene, Materie, ist im Geist enthalten, die mittlere Ebene, Geist im GEIST. Jede höhere Ebene beeinflußt die darunterliegende und kann von ihr beeinflußt werden, obwohl sie letztlich die darunter befindlichen Ebenen transzendiert. Da GEIST schließlich Materie und Geist transzendiert, könnten wir erwarten, daß der GEIST im Geist «seine Spuren hinterläßt», wie Wilber es formuliert. Und gleichermaßen könnten wir erwarten, daß der Geist seine Spuren in der Materie hinterläßt, um das Materielle zu beeinflussen. Der Geist *kann* auf Materie einwirken, wovon sich jeder beim Besuch eines Labors für Biofeedback überzeugen kann, in dem Menschen auf mentalem Wege ganz routinemäßig ihren Herzschlag, Blutdruck, die Hauttemperatur und das Verhalten ihrer Haut modifizieren. Auf diese Weise lassen sich Herzrhythmusstörungen beseitigen und die Struktur der Gehirnwellen nach Belieben verändern. Aber wenn auch der Geist das «unter» ihm liegende, das heißt den materiellen Bereich, beeinflussen kann – kann der GEIST dasselbe mit dem Geist und der Materie tun, kann er auf beide tieferen Ebenen einwirken? Für die Gesundheit ergibt sich daraus die sehr direkte Fragestellung: Ist Geistheilen möglich?

Schon bei dieser Fragestellung komme ich mir vor, als würde ich vom Committee for the Scientific Investigation of Claims of the Paranormal verhört (ein Ausschuß für die wissenschaftliche Untersuchung von Behauptungen über paranormale Phänomene). Das ist in der Medizin ein schwer durchschaubares Gebiet, und ich bin durchaus bereit, das zuzugeben. Meine ganz persönliche Art, darüber nachzudenken, beginnt mit einer Bemerkung des Heiligen Augustinus: «Wunder geschehen nicht im Widerspruch zur Natur, sondern nur im Gegensatz zu dem, was wir über die Natur wissen.»

Aus dieser Sicht sind «Wunder» wie Geistheilungen überhaupt keine Wunder, sondern nichts als Geschehnisse, die in den Lücken unseres Verständnisses von der Welt beheimatet sind.

Viele der heutigen therapeutischen Methoden wären in früheren Zeiten als Wunder betrachtet worden. Denken Sie nur an Impfungen. Hätte jemand in dem von Pocken verheerten Europa um das Jahr 1400 behauptet, diese Geißel der Menschheit könnte verhindert werden, wenn man die Menschen mit einer ähnlichen, von der Kuh stammenden Krankheit infiziert, und hätte sich gezeigt, daß die Methode wirklich funktioniert, dann wäre von einem Wunder die Rede gewesen. Nun, sie *hat* funktioniert. Heute gilt das überhaupt nicht mehr als Wunder, weil wir inzwischen unser Wissen um Fakten über Antikörper, Antigene und das Funktionieren unseres eigenen Immunsystems bereichert haben. Unser Gespür für das Wunderbare scheint im umgekehrten Verhältnis zu unserem Wissen um die Welt zu stehen.

Geistheilungen könnten also, wenn es sie gibt (und ich glaube daran), ein vollkommen normales Geschehen darstellen, das «nicht im Widerspruch zur Natur» steht. Ihre Einzigartigkeit steht vielleicht in einem direkten Verhältnis zu unserer Unwissenheit darüber, «wie die Dinge wirklich sind». Ich selbst neige als Arzt dazu, sie als eine spezielle Form des Heilens anzuerkennen, denn ich kann nicht die vielen Menschen als verrückt abqualifizieren, die über dieses Phänomen geschrieben und behauptet haben, daß sie es selbst erfahren hätten. Ich habe wenig Verständnis für einen wissenschaftlichen Kritiker, der einfach verurteilt, was er nicht erklären kann, obwohl ich die Notwendigkeit einsehe, daß wir uns vor Scharlatanerie schützen müssen. Wir sollten doch stets daran denken, daß seinerzeit die führenden Naturwissenschaftler den Glauben an Meteoriten verwarfen und den Begriff des Äthers im Weltraum verteidigten. Mir scheint die Annahme blanke Arroganz, wir hätten bereits das ganze Inventar der Natur an Heilmethoden vereinnahmt. Vielmehr sollten wir auf Überraschungen gefaßt sein. Ferner glaube ich, daß wir ständig von solchen «Überraschungen» umgeben sind – maskiert als unerwartete Wendungen im Ablauf von Krankheiten. Ich denke da an den Krebspatienten, der nach naturwissenschaftlichem Urteil längst tot sein müßte, es aber nicht ist; oder an die Person, die nicht hätte sterben sollen und es doch tat. (Wenn geistiges *Heilen* existiert, kann man auch GEISTES-*Krankheiten* erwarten). Es gibt sehr kluge Abhandlungen über Geistheilungen, etwa die von Weber, Kunz und LeShan. Wenn ich das Thema Geistheilen hier anschneide, dann, um zu behaupten, diese Form des Heilens sei aufgrund der hierarchischen Betrachtung der Welt nicht nur zu erwarten, sondern werde durch diese Struktur geradezu *gefordert*.

Sicherlich wird so mancher gegen die Nutzung der hierarchischen Struktur zum Erforschen des Heilens Einwände erheben. Der reduktionistische Einwand wird sein, diese Methode führe etwas Unnötiges ein, den Geist – ganz zu schweigen vom GEIST. Denn man brauche zur Erklärung von Gesundheit und Krankheit nur die Moleküle. Doch waren viele der klügsten Begründer der modernen reduktionistischen Naturwissenschaft anderer Ansicht, etwa der große Rudolf Virchow, der Begründer der Pathologie. Er hat einmal gesagt: «So manches Kranksein ist ein Werte-Konflikt, der unter psychologischer Flagge segelt.»[11]

Andererseits mögen die Vertreter der Ganzheit einwenden, die Einführung von Ebenen könne die «Einheit» des Menschen zerbrechen. Meines Erachtens kann das Einssein des Menschen mit dem Kosmos durch eine rationale Landkarte des Territoriums der Wirklichkeit nicht zerbrochen werden. Zerbrechen würde daran vielmehr die undisziplinierte, schlampige Metaphysik, die die vollkommen legitime Philosophie der Ganzheit besudelt und das disziplinierte Denken, das stets das Herzstück der großen mystischen Wege gewesen ist, beträchtlich entstellt. Ohne eine klarere Anschauung dessen, was ganzheitliche Medizin wirklich ist, werden wir am Ende noch den Abgrund erweitern, der jene um ein humanistischeres und umfassenderes Modell der Gesundheit ringenden Schulmediziner von jenen Holisten trennt, die ein Gespür für die großen Leistungen der materialistischen Medizin haben.

Alan Watts sprach einmal vom Gebrauch psychedelischer Drogen. «Wenn du die Botschaft gehört hast, lege den Telefonhörer auf.» In der ganzheitlichen Medizin haben wir unsere aufrüttelnde und beseligende «Wow!»-Botschaft längst empfangen. Jetzt wird es Zeit, den Hörer aufzulegen, eine Landkarte zu erstellen, ein Modell, einen Weg zu bahnen. Es ist Zeit, das Gelände auszumessen, sich an die Arbeit zu machen, und zwar nicht mit törichter Energieverschwendung, sondern durch Ausformung einer Disziplin richtigen Denkens und richtigen Tuns. Dabei müssen wir nicht bei Null anfangen. Es gibt ein riesiges Reservoir von Werten in der Schulmedizin einerseits, und es gibt auf der anderen Seite die großen Religionen und spirituellen Überlieferungen, aus denen man schöpfen kann.

GEIST: *Jenseits von Gesundheit und Krankheit*

In der popularisierten Form der ganzheitlichen Bewegung wird häufig übersehen, daß der GEIST in dem Kompositum «Körper-Geist-GEIST», das den Menschen bildet, in jeder Weise *jenseits* von Gesundheit steht. Er schließt alle Eigenschaften ein, da er keinem Dualismus unterworfen ist. Demnach ist er Gesundheit *und* Nichtgesundheit und besteht paradoxerweise aus allen Kontrasten, die man überhaupt ersinnen kann.

Die hochtrabende «spiritualisierte» Sprache vieler ganzheitlich orientierter Menschen verführt zu der Anschauung, der GEIST des Menschen throne oben auf der Dreieinigkeit von Körper-Geist-GEIST in wohlwollender Sorge um unsere Gesundheit. «Er» bringt stets alles in Ordnung (wenn nur Körper und Geist nicht zu laut sind, um zuzuhören), denn sein natürlicher Zustand ist Gesundheit. Dieser Anschauung nach verhält «GEIST» sich antithetisch zu

Krankheit und Tod. Er meidet peptische Magengeschwüre, hohen Blutdruck, Herpes und Krebs. Wenn wir nur in Kontakt mit unserem «höheren Zentrum» kommen, können wir nicht nur geistiges Wohlgefühl, sondern auch vollkommene Gesundheit beanspruchen. Meines Erachtens lehnt die «Ewige Philosophie» diesen Gedanken durchweg ab. (Aldous Huxley beschreibt die *Philosophia perennis* als ein bemerkenswert stimmiges Ganzes spiritueller Weisheit, das im Laufe der Geschichte in vielen Kulturen in Erscheinung tritt. Siehe Aldous Huxley *Die Ewige Philosophie*.)

Zu sagen, der GEIST enthalte alle Dinge, ist nicht dasselbe, wie wenn man sagt, er huldige der Gesundheit. Derart kostümiert, ist der GEIST nichts weiter als eine Manifestation des Geistes, unseres mentalen Apparates. Damit schmuggeln wir mentale und anthropomorphe Gesichtspunkte in Bereiche ein, wo sie einfach nicht hingehören. Denn es ist der Geist und nicht der GEIST, der durchlässige Herzkranzgefäße verstopften vorzieht. Von physischer Gesundheit und spiritueller Erleuchtung im gleichen Atemzug zu sprechen heißt, die Hierarchie erneut zum Einsturz zu bringen. Dann werden sinnvolle Unterscheidungen zwischen Psyche, Soma und GEIST derart verwischt, daß man nichts mehr erkennen kann.

Schließlich gibt es eindeutige Hinweise darauf, daß ein idealer Gesundheitszustand *nicht* eine obligatorische Begleiterscheinung spiritueller Erleuchtung ist. Lesen Sie beispielsweise Evelyn Underhills großartige Studie *Mysticism*[12], die sich mit der Ewigen Philosophie des Abendlandes beschäftigt. Da wird man von der Tatsache überrascht, daß die Mystiker häufig ein krankes Völkchen waren – ihre physische Gesundheit stand manchmal in direktem Mißverhältnis zur spirituellen. Und selbst heute, in einer Zeit, in der die Gesundheitsfürsorge viel verbreiteter und auch die Ernährung um ein Vielfaches besser ist als im Mittelalter, über das Evelyn Underhill schrieb, scheinen weltweit bekannte Mystiker ihren Anteil an Krankheiten einzuheimsen. Gingen vollkommene Erleuchtung und vollkommene Gesundheit Hand in Hand, dann würden Mystiker vermutlich niemals sterben. Verknüpfen wir diese Beobachtung mit der Tatsache, daß viele geistig heruntergekommene Personen sehr alt werden und frei von Krankheiten leben, dann liefert uns das wohl eine unbestreitbare Lehre: Es ist nicht Sache des GEISTES, unsere physische Gesundheit zu überwachen, und spirituelle Gesundheit ist keine Garantie für physisches Wohlergehen.

Dennoch erleben viele Menschen beim Beschreiten spiritueller Pfade ein Gefühl von Vitalität, Energie und psychophysischem Wohlbefinden, und ich bezweifle nicht, daß größere physische Probleme im Laufe der spirituellen Weiterentwicklung gelegentlich fortfallen. Und doch scheinen diese wunderbaren Geschehnisse fast nur ein Nebenprodukt – gewissermaßen eine Gnade – des höchsten Zieles der Erleuchtung zu sein. Untersucht man einmal genauer, wie wenig Wert große Mystiker der Gesundheit beigemessen haben, dann scheint es, daß drängende Sorgen um die Gesundheit an einem gewissen Punkt des spirituellen Weges beiseite geschoben, ja irrelevant werden. Natürlich kann zu solchen Zeiten die Gesundheit blühen – wahrscheinlicher ist jedoch, daß ein *Gefühl* der Gesundheit vorherrscht, das über Anwesenheit oder Abwesenheit von Schmerzen und Leiden, Krankheit oder Gebrechlichkeit hinausreicht. Normale Gesundheitsindikatoren – Herzkrankheit, Krebs oder hoher Blutdruck – versinken einfach in Bedeutungslosigkeit. *Das* ist die Gesundheit des GEISTES, und sie bezieht Krankheit und Tod als wesentliche Bestandteile ein.

Diese Anschauung von den Beziehungen zwischen spiritueller und physischer Gesundheit unterscheidet sich in jeder Weise von gewissen «ganzheitlichen» Vorstellungen, wonach vollkommene spirituelle Bewußtheit dazu führe, daß der Mensch seine Krücken und sein Hörgerät beiseite legt und seine Krebsgeschwulste dahinschmelzen. Eine solche Anschauung ist alles andere als ganzheitlich, weil sie gewisse Eigenschaften wie Leiden, Krankheit und Gebrechlichkeit vom Allerhöchsten abtrennt und damit Dualismen schafft, die im Gegensatz zur Ganzheit stehen.

Genaugenommen begeht schon die Benennung des Höchsten als «Höchstes» oder «Ganzes» denselben Fehler, behauptet sie doch, es gebe Eigenschaften, die das Höchste nicht besitze. Sobald wir diese sprachliche Fallgrube erkannt haben, können wir uns weiterhin unserer Sprache bedienen, um über das Höchste und den GEIST zu sprechen, hoffentlich klug genug, um zu vermeiden, daß wir bei diesem Vorgang getäuscht werden.

Mit dem Bestreben, das spirituelle mit dem physischen Wohlergehen zu verknüpfen, ist eine weitere Täuschung verbunden. Werden gewisse Dinge absichtlich oder aus dem Streben nach Gewinn getan, dann funktioniert das einfach nicht. So bringt man unweigerlich die eigene Meditation zum Scheitern, wenn man aus einem bestimmten Grund meditiert. Meditation erweist sich dann als fruchtbar, wenn man dabei jeden Zweck und jedes Bestreben vergißt, selbst das Bestreben, gut zu meditieren. Ähnlich wie der Versuch, sich an den eigenen Stiefelschlaufen hochzuziehen, gehen manchmal auch aktive Bemühungen absolut daneben. Nur aufgrund des «Loslassens» können sich Ergebnisse einstellen. Dies trifft nirgendwo mehr zu als in Labors für Biofeedback. Dort führt der aktive Versuch, etwas auf den Monitoren «geschehen zu lassen», unweigerlich zu armseligen Leistungen, und dort funktioniert einfaches «Nichtversuchen» oder ein Zustand «passiven Wollens» am besten. Das ist die Philosophie des «Tun durch Nicht-Tun», so sehr verteufelt von der üblichen abendländischen Geisteshaltung, die sich der Devise «Packen wir's an!» verschrieben hat.

Auch spirituelle Anstrengungen zur Verbesserung des körperlichen Zustands führen zu nichts. Denn solange man im Hinterkopf den Gedanken pflegt, Krebs könne geheilt werden, wenn man nur Erleuchtung erzielen kann, wird stets ein Kern von *Verlangen* zurückbleiben. Doch fordern die spirituellen Wege aller Kulturkreise von uns, jedem Verlangen abzuschwören, bevor man den Weg beschreitet, selbst dem Verlangen nach Gesundheit. Es ist daher hoffnungslos, das Verlangen nach physischer Gesundheit mit spiritueller Erleuchtung zu verknüpfen. Nur durch «zielloses Nichtbemühen», mittels Tun durch Nichttun, werden wir das Ziel körperlicher Gesundheit mit dem spirituelle Gesundheit verbinden können.

Wenn man also physische Gesundheit nicht durch aktives Bemühen *erreichen kann*, dann muß sie doch irgendwie schon *sein* – und das ist die Vision, die uns viele Mystiker vermittelt haben. Diese Vision überrascht uns zunächst, bei ihr erfährt der Begriff der Gesundheit selbst eine Wandlung. Er entzieht sich dualistischer Strukturierung, ist unlösbar mit dem Begriff Krankheit verbunden.

Gesundheit und Krankheit werden in spirituellem Licht als das bewertet, was sie sind: einander bewegende Prinzipien. Sie werden nicht länger als ewige Kontrahenten angesehen, die in einen Titanenkampf verwickelt sind. *Das* ist der Sinn, in dem der GEIST gemäß der hierarchischen Perspektive alles Darunterliegende einbezieht. Der GEIST verwirft nichts – auch nicht Schmerzen, Leiden und Gebrechlichkeit – denn bei näherem Hinsehen erweisen sich diese höchst unangenehmen Eigenschaften des Lebens als innigst mit ihren Gegensätzen verbunden, und zwar auf eine Weise, bei der das Gegensätzliche transzendiert wird. Erkennt man das, dann schließt spirituelle Gesundheit tatsächlich auch physische Gesundheit ein – was jedoch gar nichts mit Langlebigkeit, Krankheit und Gebrechlichkeit zu tun hat.

Der Mystik-Lehrer und Schriftsteller Tarthang Tulku sagte einmal: «Vollständige Gesundheit und geistiges Erwachen sind dasselbe.» Diese Worte reflektieren meines Erachtens die Schlußfolgerung, zu der wir vorhin gelangt sind. Auf irgendeiner fundamentalen Ebene *ist* Gesundheit. Sie ist nicht ein Zustand, der sich durch Impfungen, Körpertraining, Kontrolle des Blutdrucks oder Diät erreichen läßt, hat auch nichts mit der Durchlässigkeit der Herzkranzgefäße zu tun. Gesundheit existiert als ein Zustand, der weder durch das Auftreten von Krebs noch durch einen plötzlichen Herzinfarkt zerstört werden kann. Es ist ein Grundzustand, ein Zustand der Ganzheit, der nichts ausschließt. Er hat *im* GEIST seinen Sitz, wird *vom* GEIST subsumiert. Und das Wissen um Gesundheit wird durch spirituelles Gewahrsein ermöglicht.

Nun kann man dagegen einwenden, diese Anschauung von Gesundheit sei so ätherisch, daß sie zu nichts tauge, und daß die Behauptung, Gesundheit sei ein Grundzustand, in dem wir alle verwurzelt sind, nichts als blühender mystischer Unsinn sei. Sie ignoriere den uns umgebenden Hunger, das Leiden und den Tod. Schlimmer noch, sie führe zur Selbsttäuschung, zur Vernachlässigung der Gesundheit, und verewige genaugenommen die Krankheit. Daher sei diese Anschauung inhuman.

Doch enthält diese Anschauung nichts, was zur Lähmung unserer allgemein akzeptierten Normen der Gesundheitsfürsorge führt. Meines Erachtens ist sogar das Gegenteil der Fall. Sie verleiht unseren Bemühungen um Gesundheit zusätzliche Kraft. Das wird durch eine Bemerkung des modernen Mystikers Sri Aurobindo verdeutlicht:

> Es ist daher notwendig, fortschreitende Erkenntnis auf einen klaren, reinen und disziplinierten Verstand zu gründen. Ferner ist notwendig, daß sie ihre Irrtümer korrigiert, manchmal durch Rückkehr zu den Beschränkungen der mit den Sinnen erfaßten Fakten, zu den konkreten Realitäten der physischen Welt. Die Berührung mit der Erde belebt die Söhne der Erde immer wieder neu... Man kann sogar sagen, das Über-Physische könne in seiner Fülle nur gemeistert werden, wenn wir mit unseren Füßen fest auf dem Boden des Physischen bleiben.[13]

Wir sollten uns dazu bekennen, daß wir Söhne und Töchter der Erde *sind* und die Möglichkeit haben, unser Wissen über diese Erde, auf der wir stehen, zu vertiefen. Die wissenschaftlichen Methoden zum Erkennen physischer Erkrankungen, beruhend auf empirisch-analytischer Zergliederung der Welt, haben wertvolle Kenntnisse gebracht. Wir können heute Kinderlähmung verhindern, gewisse Krebsformen heilen und das Leben verlängern. Wir *sollten* und *brauchen* auch nicht auf diese Werkzeuge verzichten, um etwa zur windelweichen populären Vorstellung Zuflucht zu nehmen, «alles ist Gesundheit», nur weil «alles eins ist». Verhungernde Kinder, Schmerzen und Leiden sind Tatsachen aus dem materiellen Bereich, und alles fromme Sinnen über Einssein und Einheit wird sie nicht weniger real machen. Wie Sri Aurobindo sagte, wir *haben* Berührung mit der Erde, einer Erde, die manchmal mit Dornen und Stacheln übersät ist und manchmal mit Krankheiten.

Die Welt der Schulmedizin darf also weiterhin genutzt werden. Materie *kann* auf Materie einwirken, wie durch Medikamente und die Chirurgie bezeugt. Wir sollten sie jedoch von einem weniger verzweifelten Standpunkt aus als zuvor nutzen und brauchen nicht fortwährend Krebs und Herzkrankheiten den Krieg zu erklären. Auch brauchen wir uns nicht von einem Gefühl äußerster Dringlichkeit und der Panik verzehren zu lassen. Auf der materiellen Ebene können wir vernünftiger und weiser handeln, wenn wir uns von Verständnis für die höhere Ebene des GEISTES, der gegenseitigen Durchdringung von Gesundheit und Krankheit leiten lassen – wenn wir mit Huston Smith wissen, «wie die Dinge wirklich sind».

In bezug auf Gesundheit werden wir zu dem, was wir fürchten. Es ist etwas Erbärmliches an dem Menschen, der aus Furcht vor dem Altern und Krankwerden täglich massenhaft Vitaminpillen schluckt, seinen Körper mit endlosem Training belastet und immer rückwärts schaut, um sich zu vergewissern, daß die Krankheit ihn nicht einholt. Sei das Ergebnis seiner physischen Untersuchung noch so gut, sein Cholesterinspiegel bewundernswert, seine Körpergröße, sein Gewicht und seine Körperfettwerte in bestem Gleichgewicht – da er ständig im Schatten seiner Angst lebt, kann er niemals wirklich gesund sein, wird er doch von etwas angetrieben, was er nicht beherrschen kann, seiner Furcht vor der eigenen Sterblichkeit.

Unsere Gesellschaft strotzt von solchen «Gesundheitssüchtigen». Diese Menschen werden ebenso sehr von der Angst vor physischer Degeneration wie von Gesundheitsliebe motiviert. Sie strukturieren ihre Idee von Gesundheit auf der untersten Stufe der von uns verwendeten Leiter – auf der hierarchischen Ebene des Materiellen. Richtiges *physisches* Funktionieren – das bedeutet für sie Gesundheit. Aus der hierarchischen Perspektive von Körper, Geist und GEIST reicht Gesundheit jedoch über die unterste Stufe hinaus. Sie umschließt – aber transzendiert auch – Blutdruck- und Cholesterinwerte. Im radikalsten Sinne ist diese Anschauung von Gesundheit *trans*physisch.

Fordern wir von unserem fiktiven Gesundheitsfanatiker, er solle seine Perspektive erweitern, dann braucht er deswegen nicht seine disziplinierte Selbstfürsorge aufzugeben. Er, der sich ausschließlich auf das Physische konzentriert, sollte jedoch seinen strengen Gesundheitsimperativ und sein bewußtes Verfluchen von Krankheit, Altern und Tod aufgeben. Bei einer umfassenderen Perspektive würden seine Bemühungen durch die tiefere Weisheit angereichert, daß Gesundheit und Krankheit untrennbar sind wie Innen und Außen. Und er würde erfahren, daß Krankheit um so deutlicher erkennbar wird, je aktiver er versucht, sie aus seinem Gesichtsfeld zu verdrängen. Er würde begreifen, daß er mit dem Akzeptieren des Fundaments, das Gesundheit und Krankheit umschließt, seine Erfahrung von Gesundheit bereichert und nicht verringert, wie er befürchtet. Er würde lernen, daß er sich paradoxerweise für die bewegenden Prinzipien von Gesundheit, Krankheit und Tod öffnen muß, wenn er das eigentliche Wesen der Gesundheit erfahren will.

Anhänger einer ganzheitlichen Gesundheitsfürsorge sind in dieser Hinsicht eher zimperlich. Oft scheint die ganzheitliche Anschauung ebenso hartnäckig wie die Schulmedizin daran festzuhalten, *nur* Gesundheit gelten zu lassen und Krankheit mit Stumpf und Stiel auszurotten. Das bedeutet lediglich einen Austausch von alten Techniken gegen neue, bringt aber wenig für die Vertiefung von Verständnis und Weisheit. «Biologisches» wird «Synthetischem» vorgezogen; «Vitamine» gelten mehr als «Medikamente», und chirurgische Eingriffe sowie Bestrahlungen gelten als verabscheuungswert und sind nur als allerletzte Auswege akzeptabel. Es entstehen ganz neue Therapien ohne oder mit nur geringer wissenschaftlicher Grundlage, deren Rechtfertigung vor allem davon abzuhängen scheint, daß sie in scharfem Widerspruch zur überlieferten Methodologie stehen. Doch ist diese Art «ganzheitlicher» Medizin letzten Endes ein Rauchschleier, nichts als ein anderer Set von Techniken und ebensosehr eine Travestie der tiefen Bedeutung der ganzheitlichen hierarchischen Struktur der Wirklichkeit, wie die etablierten Methoden es sind. Die orthodoxen Methoden verleugnen ja keineswegs ihre Motive: sie sind zugegebenermaßen auf der physischen Stufe der Leiter angesiedelt; sie streben danach, eine empirische und analytische wissenschaftliche Grundlage zu haben; genaugenommen verdanken sie dem ihre Stärke. Und so sehr die Verfechter der Ganzheit über diese nur auf das Physische beschränkte Anschauung grollen mögen, so ist doch nicht zu bestreiten, daß diese Methode auf spektakuläre Leistungen verweisen kann. Selbst diejenigen, die sich gegen diese blutlose Definition des Menschen wehren, sind Empfänger ihrer Wohltaten – gewöhnlich gut geimpft, gut genährt und in Räumen mit Klimaanlage lebend. Beweise genug, daß die moderne Medizin nicht so verdammenswürdig ist, wie sie manchmal dargestellt wird.

Die Bewegung für ganzheitliche Medizin ist zu einem unerschöpflichen Füllhorn neuer Methoden geworden, deren begriffliche Grundlage analytische Kritiker mit unpräzisen Begriffen wie «Energie» und «Schwingungen» verblüfft. Dennoch wird die tiefste Kraft der ganzheitlichen Medizin niemals daraus erwachsen, daß man alte Methoden gegen neue eintauscht, ganz gleich, ob sie mitfühlender und fürsorglicher und mehr «Handauflegen» sind. Es steht nicht zur Debatte, ob solche Methoden besser wirken als herkömmliche Medikamente oder Chirurgie, sondern daß das Wesentliche am Holismus *nicht aus der Technik kommt* – und diese Tatsache ist es, die sich in der ganzheitlichen Bewegung erst einmal durchsetzen muß.

Aus der Perspektive der Ewigen Philosophie macht es keinen wirklichen Unterschied, ob wir Schmerzen durch eine Morphiumspritze lindern oder ob wir bestimmte Punkte am Körper massieren oder akupunktieren, um dadurch im Gehirn einen Ausstoß schmerztötender endorphiner Chemikalien auszulösen. Aus dieser Perspektive spielt es auch keine Rolle, ob wir uns zur Beseitigung von Schmerzen der Meditation, des Biofeedback, der Autosuggestion oder Hypnose bedienen – Geschehen, die den inneren Zusammenhang zwischen Körper und Geist aufzeigen, den beiden untersten Stufen unserer hierarchischen Leiter. Alle diese Methoden bleiben immer noch Techniken, seien sie nun schulmedizinisch, ganzheitlich oder «New Age».

Die Vertreter der *Philosophia perennis* würden letztlich sagen, daß wir die Schmerzen auf *jede beliebige Weise* behandeln können, die wirksam ist – daß jedoch auf der obersten Stufe der Leiter, auf der hierarchischen Ebene des GEISTES, eine neue Ebene des Verstehens hinzukommt. «Schmerz» wird zu etwas anderem als einer belästigenden Empfindung auf der Ebene der Sinneswahrnehmungen und auch anders, als wir ihn auf der mentalen Ebene erfuhren, wo wir ihm eine böse symbolische Bedeutung gaben. Auf der Ebene des GEISTES transzendieren wir diese materiellen und mentalen Hüllen, und der Schmerz verliert seine Absolutheit als etwas Finsteres, als das Gegenteil von Behagen. «Schmerz» tut auf der Ebene des GEISTES weh, aber «er tut auch nicht weh» – denn auf dieser Ebene, auf der die Gegensätze verschmelzen und die Dualismen in sich zusammenfallen, regiert das Paradoxe. Hier läßt das blinde Davonlaufen vor Schmerz und

Leid nach. Es ist nicht so, daß wir nichts tun könnten, um Schmerzen zu lindern. Doch während wir das tun, erleben wir, daß Schmerz umgewandelt wird und nicht mehr die böse Eigenschaft ist, die auf den untersten Ebenen des Seins unser psychisches und materielles Gleichgewicht bedrohte.

Diese Perspektive ist wiederum transphysisch und transmental. Sie ist ganzheitlich, weil sie alle Ebenen unseres Seins betont – die materielle, die mentale und die spirituelle. Im großen und ganzen hat die ganzheitliche Gesundheitsbewegung diese transphysische und transmentale Anschauung noch nicht begriffen. Obwohl es kluge Anhänger dieser Bewegung gibt, die diese Unterscheidungen von Grund auf verstehen, befürchte ich, daß die Bewegung weitgehend das Spiel der orthodoxen Medizin spielt – das Spiel der Techniken und Methoden, wenn auch in neuartigem Gewande. Ich sehe auch ein, daß keine neue Bewegung sofort voll ausgeformt und philosophisch voll erblüht in Aktion tritt. Die ganzheitliche Medizin macht da keine Ausnahme. Sie braucht Zeit und Unterstützung, wenn sie zu der Rolle heranreifen soll, die sie für sich selbst erwählt hat, nämlich die einer Medizin, die den ganzen Menschen anspricht. Meine Kritik soll daher nur ein Versuch sein, zum Reifeprozeß beizutragen.

Ich wünsche der ganzheitlichen Gesundheitsbewegung, daß sie die empirisch-analytischen Methoden der Naturwissenschaft nicht ablehnt. Denn Körper können wirklich durch Anwendung der Ergebnisse der modernen Biowissenschaft gesünder gemacht werden, wie die Erfahrung beweist. Ich empfinde es als alarmierend, wenn einige Holisten alles abzulehnen scheinen, was zu stark nach «linker Gehirnhälfte» schmeckt – ein Ausdruck, der häufig benutzt wird, um auf die logische Seite des Menschen zu verweisen. Ich halte das für naiv und für einen Betrug am Begriff des ganzen Menschen. Ich rate der Bewegung dringend, die wissenschaftlichen Methoden rigoros anzuwenden, um die eigenen Therapien genau zu prüfen. Sie sollte aufhören, sich hinter der ewig wiederholten Ausrede zu verstecken, einige ganzheitliche Therapien seien, obwohl sie physische Auswirkungen haben, zu ätherisch, um wissenschaftlich genau bewiesen werden zu können.

Schließlich war es die empirische Naturwissenschaft, die uns beträchtliche Erkenntnisse über den Zusammenhang von Geist und Körper verschafft hat, Entdeckungen, die der ganzheitlichen Weltanschauung als Eckpfeiler dienen. Daher bin ich überzeugt, daß die Zurückweisung der naturwissenschaftlichen Methoden der ganzheitlichen Bewegung schweren Schaden zufügen und das Erreichen ihrer Ziele verzögern wird.

*Kann ganzheitliches Heilen Erfolg haben?*

Warum sollen wir uns eigentlich nicht weiterhin auf eine Medizin für Psyche und Soma des Menschen konzentrieren und den spirituellen Bereich den Mystikern überlassen? Warum versuchen wir, ihn zu einem Bestandteil der medizinischen Wissenschaft zu machen?

Zunächst einmal, weil die Medizin den ganzen Menschen ansprechen sollte und nicht nur ein Rudiment. Vor allem aber, weil es schon Landkarten für dieses Gelände gibt. Es gibt sie in der reichen Hinterlassenschaft der *Philosophia perennis*, den Aufzeichnungen der Mystiker innerhalb der großartigen spirituellen Überlieferungen der ganzen Welt – jener Gruppe von Menschen, die nach der Formulierung von Evelyn Underhill «alle aus demselben Land kommen und dieselbe Sprache sprechen». Es ist die Übereinstimmung und die Tiefe dieser Erkenntnisse, die uns glauben läßt, sie könnten Teil der Medizin werden.

Wilber hat zu Recht eine Gemeinschaft von Experten beschrieben, die auf beiden Ebenen existiert – der Ebene des GEISTES und der Ebene der Materie. Die spirituellen «Gelehrten» nennen wir Mystiker, Eingeweihte, Heilige, Bodhisattvas und dergleichen. Sie bilden die Gruppe von Experten auf der Ebene des GEISTES. Und die Gelehrten, die das Studium der materiellen Ebene am besten verstehen, nennen wir Naturwissenschaftler. In jedem Falle bilden sie ein Gremium von Kritikern, die mit den Spielregeln in ihrem jeweiligen Bereich vertraut sind. Diese Gemeinschaft von Wissenden und Gelehrten ist es, die über den wachsenden Fundus an Einsichten und Zeugnissen aus dem materiellen wie aus dem spirituellen Bereich zu urteilen hat. Auf jeder Ebene ist die Qualität des sich entwickelnden Erkennens schwach, wenn der Daten-Input schwach ist. Ist die Qualität der «Schiedsrichter» gering, wird auch die Qualität ihrer Urteile darunter leiden. Diese Probleme bestehen in beiden Bereichen, im materiellen wie im spirituellen. Wichtig ist, daß auf beiden Ebenen ähnliche Regeln der Überprüfung und Disziplin angewendet werden.

Disziplin *kann* also aufrechterhalten werden, wenn man in die medizinische Wissenschaft ein spirituelles Element einbringt, um etwas zu erarbeiten, was wir noch nicht haben, eine wahrhaft ganzheitliche Medizin. Dabei spielt es keine Rolle, daß die Regeln des GEISTES intuitiv und trans-sensorisch sind, daß sie nicht die empirisch-analytischen Methoden sind, die von den Naturwissenschaftlern benutzt werden, um dem materiellen Teil des medizinischen Spektrums Sinn zu verleihen. Es gibt viele Wege, Kenntnisse über unsere Welt zu erlangen, ebenso wie es verschiedene Arten von Geometrie gibt. Sie alle funktionieren gemäß wiederholbaren, voraussagbaren, überprüfbaren und verifizierbaren Prinzipien.

*Ganzheit, ja; Gesundheit, vielleicht*

Die Gleichsetzung von physischer und spiritueller Gesundheit führt zu schneller Häufung von Problemen. Das augenfälligste Problem entsteht dadurch, daß das Ganze (GEIST) alle möglichen Teile enthält, daß jedoch der Teil (das Materielle) nicht das Ganze enthält. GEIST *ist*. Das höhere Selbst *ist*. Es kann nicht entwickelt oder erworben werden wie etwa Immunität gegenüber Masern. In diesem Zusammenhang sagt Sri Ramana Maharshi:

> Es gibt kein Erreichen des Selbst. Könnte man es erreichen, würde das bedeuten, daß das Selbst nicht hier und jetzt ist, sondern noch erlangt werden muß. Was neu erworben wird, kann auch verlorengehen. Deshalb würde es unbeständig sein. Was nicht beständig ist, ist nicht erstrebenswert. Deshalb sage ich, das Selbst kann nicht erlangt werden. Du *bist* das Selbst, du bist bereits DAS.[14]

Im Gegensatz dazu betrachten die meisten von uns Gesundheit auf der materiellen Ebene als etwas, das ständiger Fürsorge bedarf, damit es nicht zerfällt. GEIST jedoch kann nicht wie materielle Gesundheit versagen. Er braucht keine aufmöbelnden Spritzen oder jährliche Überprüfungen. Daher sollten wir uns davor hüten, spirituelle und körperliche Gesundheit gleichzusetzen, weil wir es hier mit zwei deutlich verschiedenen ontologischen Ebenen und mit zwei verschiedenen Ebenen des Erkennens zu tun haben.

Andererseits *gibt es* eine durchaus gültige Weise, physische und spirituelle Gesundheit miteinander zu verknüpfen. Das hat mit dem im ersten Kapitel beschriebenen Begriff «Nichtgesundheit» zu tun. Es ist die Erkenntnis, daß Langlebigkeit, Abwesenheit von Schmerzen, Leiden und Krankheit für die Gesundheit bedeutungslos sind. Es ist nicht das Zusammenfallen der einen ontologischen Ebene mit einer anderen und auch nicht die Verschmelzung einer Erkenntnisform mit einer anderen, sondern die Erkenntnis, daß GEIST alles einbezieht und in sich zusammenfaßt. Höhere Gesundheit oder Nichtgesundheit ist *trans*materiell (jenseits des Körpers) und *trans*mental (jenseits des Geistes). Diese Unterscheidung wird jedoch von den Befürwortern ganzheitlicher Gesundheit selten geäußert, die unaufhörlich darauf bestehen, man müsse dieses oder jenes tun oder einnehmen, um einen höheren Gesundheitszustand *zu erreichen*.

Der höchste Gesundheitszustand kann weder *gewonnen* noch der Natur abgerungen werden; man kann ihn auch nicht davor bewahren, zu Krankheit zu entarten. Höhere Gesundheit oder Nichtgesundheit *ist*, ebenso wie der GEIST *ist*.

Und wie GEIST ist Nichtgesundheit oder höhere Gesundheit nicht in Raum und Zeit. Wie könnte sie unter diesen Umständen erreicht, erzielt oder erworben werden, da sie außerhalb von Raum und Zeit in diesem Augenblick bereits hier ist? Und wie kann man höhere Gesundheit pflegen, wenn sie jenseits der Zeit liegt und daher niemals zerfallen kann? Zerfall impliziert einen Vorgang und damit lineare Zeit. Was jedoch jenseits linearer Zeit ist, ist keinem Vorgang unterworfen. Für die höhere Gesundheit existiert also keine Gesundheits*fürsorge*. Sie braucht keine Krankenversicherung, weil sie nicht versagt. Sie ist Vollkommenheit, da sie nicht durch die Störungen und Wechselfälle bewegt wird, die die Welt der materiellen Gesundheit erschüttern.

Die Unfähigkeit, zwischen diesen beiden Gesundheitsformen zu unterscheiden – zwischen rein körperlicher Gesundheit und transmaterieller und transpsychischer Gesundheit –, hat unter den Anhängern des Holismus zu Verwirrung geführt. Es ist einfach so, daß die Bewegung für ganzheitliche Gesundheit nicht beides zugleich haben kann. Sie kann nicht unaufhörlich von «Höchster Gesundheit und Erleuchtung» sprechen und gleichzeitig voll und ganz im Bereich des materiellen Körpers verankert bleiben – mit einer endlosen Aufeinanderfolge von Vorschriften für Diät, körperliches Training, Einnahme von Vitaminen, Entspannung und Gott weiß was sonst noch. Denn genau das sind Maßnahmen zur Steigerung physischer Gesundheit. Und so angemessen sie für diese Ebene sein mögen – kein noch so gewagter Salto der Imagination wird Materie auf alchemistische Weise in GEIST verwandeln oder körperliche in spirituelle Gesundheit. Noch einmal: Spirituelle Gesundheit *ist*; sie ist nicht irgend etwas, was aus etwas anderem gemacht wird. Ken Wilbers Worte über das Absolute sind auch auf die vollkommene Gesundheit anwendbar:

> Und daher ist es wichtig, zu erkennen: Da das Absolute bereits eins mit allem überall ist, können wir unsere Vereinigung mit ihm in keiner Weise herstellen oder erreichen. Was immer wir tun oder nicht tun, versuchen oder nicht versuchen, wir können es niemals erreichen. Um mit Shankara zu sprechen:
> «Da das Brahman das Selbst eines Menschen darstellt, ist es nicht etwas, was von diesem Menschen erreicht werden kann. Und selbst wenn das Brahman vom Selbst einer Person ganz und gar verschieden wäre, dann wäre es immer noch nicht etwas, was zu erreichen wäre. Denn da es allgegenwärtig ist, liegt es in seiner Natur, daß es jedermann stets gegenwärtig ist.»[15]

Und doch muß man immer wieder der Versuchung widerstehen, die auf höherer Ebene bestehende «höhere Gesundheit» in «vollkommene Gesundheit» auf der materiellen Ebene zu verwandeln – eine Falle, in die viele Holisten geraten. Es kann nicht stark und häufig genug betont werden, daß so mancher kranke Mystiker existiert hat, wie andererseits so manch gesunder, spirituell unerleuchteter Bösewicht. Perfekte körperliche Gesundheit wird *nicht* gleichzeitig mit spiritueller Gesundheit verliehen. Höhere Gesundheit kehrt sich nicht einen Deut um numerische Werte des Cholesterinspiegels, die Amplituden und Frequenz der Gehirnwellen oder die Länge der Zeit, die man in regungsloser Entspannung verbringt. Sie ist in jeder Hinsicht und fundamental jenseits aller solcher Maßnahmen des Fleisches.

Man muß entschlossen der Versuchung widerstehen, die höchste physische Gesundheit mit Satori, Erleuchtung oder innerer Befreiung gleichzusetzen. Physische und spirituelle Zustände unterliegen nicht denselben Regeln. Zwar kann man den Körper physisch konditionieren, hohen Blutdruck senken und eine bessere Herz/Lungen-Leistung entwickeln – dasselbe gilt jedoch *nicht* für den GEIST. Der läßt sich nicht konditionieren. Man kann ihn nicht entwickeln wie die Atmungskapazität für höhere Körperleistung. Wäre er verbesserungsfähig, wäre GEIST nicht das Absolute. Er wäre nicht der höchste Zustand – denn dann gäbe es eine noch höhere Ebene über ihm, die er noch erreichen müßte. Jenseits von ihm gibt es keine Ebenen mehr. Er ist nicht «prä» von irgend etwas, befindet sich nicht im Training für einen höheren Zustand. Daher gibt es außerhalb seiner nichts – auch nicht, und daran sollten wir stets denken, schlechte physische Gesundheit.

Daher ist der höchste spirituelle Zustand eindeutig nicht dasselbe wie vollkommene physische Gesundheit. Es handelt sich um ganz unterschiedliche Bereiche – der eine ist absolut und schließt nichts aus, während der andere (der physische) das nicht tut. Daher geschieht es immer wieder, daß Mystiker jung sterben und daß bedeutende spirituelle Lehrer Tuberkulose, Darmparasiten, Hämorrhoiden und Plattfüße haben wie andere Sterbliche – und daß sie sich darüber noch lustig machen. Deshalb sollten wir uns nicht zu dem Glauben verleiten lassen, daß ein großer geistiger Führer nur wegen seiner spirituellen Leistung ein Alter wie Methusalem erreicht. Denn er steht jenseits der Zeit, außerhalb von ihr, wo alle Erwägungen über ein langes Leben in sich zusammenfallen.

Zu dieser Erkenntnis gelangen häufig Menschen, die mit dem Tod und schwerer physischer Krankheit konfrontiert sind. In extremen Krankheitszuständen oder bei einer akuten physischen Gefahr, in der der Tod unmittelbar bevorzustehen scheint, erlebt der Mensch häufig eine klärende Vision, so daß er sich zumindest für den Augenblick außerhalb der kontinuierlichen Zeit fühlt. Betrachtungen über Langlebigkeit schmelzen dahin; seine alles durchdringende Empfindung ist ein nichtlineares zeitliches Gewahrsein, in dem alles gleichzeitig gegenwärtig ist. Sogar die Krankheit selbst wird auf völlig andere Weise gesehen, als spiele sie überhaupt keine Rolle, höchstens als Störung und Belästigung – etwas, was nicht wirklich von Belang ist. Ich glaube nicht, daß solche Augenblicke Produkte einer gestörten Geistesverfassung sind, denn in einigen Fällen scheinen die mentalen Fähigkeiten sogar geschärft, wie bei Menschen in schwerer Gefahr. Für wahrscheinlicher halte ich es, daß die von der Zeit abgenutzten Denkweisen ebenso fortfallen wie viele andere einengende Behinderungen, so daß die Welt und der Platz, den man in ihr einnimmt, klarer empfunden werden. Berichte über solche Fälle offenbaren eine Zeitlosigkeit, die dem Bereich des GEISTES angehört.

Zu diesem Bereich gehört höhere Gesundheit. Weil er außerhalb der Zeit steht, nehmen die Elemente von Furcht, Leiden, Schmerzen andere Gesichter an. Im zeitlosen Bereich von GEIST und höherer Gesundheit gibt es keinen Platz für dunkle Emotionen, die wir mit schlechter physischer Gesundheit und mit Krankheit assoziieren – Angst, Depression und Sorgen über das, was noch kommen kann: weil es einfach nichts gibt, was «noch kommen kann».

Aus dieser Perspektive gesehen ist höhere Gesundheit *jetzt*. Sie ist jetzt, weil sie zeitlos ist. Sie ist nicht etwas in der Zukunft, nicht etwas, was zu erreichen ist. Außerdem ist sie *überall*, also zu jeder Zeit an allen Orten. Man kann ihr also nicht entrinnen, sich nicht vor ihr verstecken, weil es keinen Ort und keine Zeit gibt, wo sie nicht ist. Sie ist hier und jetzt und gehört jedem, ob man es mag oder nicht. Sie ist in dir, in diesem Augenblick.

Es ist die schockierendste Lehre von allen, daß wir – mit unserer Schleimbeutelentzündung, spastischem Dickdarm, Schuppen im Haar, Herzleiden und Krebs – die Möglichkeit höherer

Gesundheit besitzen. Höhere Gesundheit erwirbt man nicht; wir brauchen uns da gar nicht besonders anzustrengen. Wir brauchen nicht einmal mehr wachsende Bewußtheit. Bei Geschehnissen jenseits von Raum und Zeit ist kein Erreichen möglich. Man sollte deshalb dessen gewiß sein, daß vollkommene Gesundheit ein Geburtsrecht ist, auf das man nicht verzichten kann. Vollkommene Gesundheit, das bist du, und sie ist jetzt – gerade bevor es Zeit ist, die nächste Tablette einzunehmen ...

## «Sind Sie ein ganzheitlicher Arzt?»

Eine der merkwürdigsten Fragen, die man mir als Arzt oft stellt, ist: «Sind Sie ein ganzheitlicher Arzt?» Sie kommt von Personen, die mehr als die sterilen, unpersönlichen Angebote der Schulmedizin erwarten. Sie verlangen Beachtung ihrer «Ganzheit», nicht nur ihrer Teile. Obwohl mir bewußt ist, daß das der Grund für ihre Frage ist, wünsche ich stets, sie würde anders gestellt.

Schließlich ist es eine offenkundige Tatsache, daß es unmöglich ist, *nicht* ein ganzheitlicher Arzt zu sein, wenn die grundlegenden Prinzipien der Philosophie der Ganzheit wahr sind. Auf den Körper bezogen bedeutet Ganzheit, daß man die Funktionen des Menschen nicht verstehen kann, wenn man nur die Tätigkeit seiner Teile beachtet, seien es Elektronen, Atome, Moleküle, Zellen oder Organe. Eine solche Methode erzählt nicht die ganze Geschichte. Die entscheidende Konsequenz dieses Gedankens besteht darin, daß Bewußtsein oder Psyche unablösbare Teile des Körpers sind, so eng mit unserer eigenen Materie verbunden, daß die Meinung, sie könnten getrennt werden, zu Fehlurteilen führt. Wie kann man etwas anderes als das Ganze behandeln, wenn dieses unteilbar ist? Es ist unmöglich, *nicht* das Ganze zu behandeln, und zwar wegen der unauflöslichen Zusammengehörigkeit von Körperstellen, Psyche und Bewußtsein. Auch nur zu vermuten, es gebe so etwas wie einen nicht ganzheitlich orientierten Arzt, käme der Behauptung gleich, es gebe Menschen, auf die die Grundsätze der Ganzheit nicht anwendbar sind – eine Möglichkeit, die meines Erachtens nicht existiert.

Ich glaube, die Fragesteller meinen mit ihrer Formulierung folgendes: «Wie tief *empfinden* Sie die Prinzipien der Ganzheit, und in welchem Ausmaß wenden Sie diese in Ihrer medizinischen Praxis an?» Denn kein Arzt hat jemals «nur» Körperteile behandelt, wie energisch er das vielleicht auch behaupten mag. Es wäre sogar arrogant anzunehmen, ich könnte als Arzt alleine durch meinen Arbeitsstil die machtvollen Prinzipien der Ganzheit quasi päckchenweise versenden und ihre Anwendung auf *meine* Patienten beschränken. Weder wartet Ganzheit auf mich, um ins Sein gerufen zu werden, noch kann ich ihre Existenz durch meine eigene Ignoranz oder Dummheit beschädigen. Ich kann mit ihr nur kooperieren oder die Kooperation mit ihr versäumen. In jedem Falle *ist* die Ganzheit, und ich kann als Arzt höchstens sagen, daß ich den Versuch unternehme, ihre Verzweigungen in meine persönliche Ausübung der Medizin einfließen zu lassen, oder ich tue es nicht. Ich habe jedoch nicht die Wahl, ein ganzheitlicher Arzt zu sein oder nicht zu sein; nur meine Kooperation mit diesem alles durchdringenden Prinzip ist eine Frage des Mehr oder Weniger.

*Schlußfolgerung*

Das Bewußtsein schreitet fort ... vom Begrenzten zum Weiteren, von niederen zu höheren Dimensionen, und jede höhere Dimension schließt die Eigenschaften der niederen ein, das heißt, sie bezieht sie in ein höheres System von Zusammenhängen ein ... Daher besteht das Kriterium des Bewußtseins oder des Erkennens einer höheren Dimension in der koordinierten und gleichzeitigen Wahrnehmung mehrerer Bewegungsrichtungen innerhalb einer umfassenderen Einheit, ohne jene individuellen Eigenschaften zu zerstören, die für die auf diese Weise integrierten niederen Dimensionen charakteristisch waren.
Es ist wichtig, dies hervorzuheben. Denn nichts wäre gefährlicher, als das unserer Welt eigene logische Denken leichtfertig über Bord zu werfen, wie es bei einigen intellektuellen Bewegungen unserer Zeit Mode geworden ist ... Bis wir eine klar dimensionierte Welt erreicht haben, ist es nutzlos, sich mit höheren Dimensionen zu beschäftigen. *Wir müssen zunächst die Grenzen unseres Denkens erreicht haben, bevor wir dazu qualifiziert sind, sie zu überschreiten.*[16]

Diese Worte von Lama Govinda sind es wert, herausgehoben zu werden, um der Behauptung zu begegnen, «ganzheitlich» sei irgendwie mit «unlogisch» gleichzusetzen. Diese Tendenz zeigt sich in der Meinung mancher Leute, eine Gesundheitsfürsorge könne eigentlich nicht ganzheitlich sein, wenn sie nicht auf irgendeine Weise seltsam und ätherisch ist. «Logisch» gilt als charakteristisch für die orthodoxe Schulmedizin, nicht für die ganzheitliche Medizin, und daher als Ursache vieler unserer Schwierigkeiten in der Medizin – zunehmende Entpersönlichung, inhumanes Auftreten gegenüber Patienten und manches mehr. Um die Medizin wieder menschlicher zu machen, sollten wir die logischen Ansätze in der Gesundheitsfürsorge aufgeben oder zumindest verringern. In einer strengeren Version wird «logisch» mit «wissenschaftlich» gleichgesetzt. Und «wissenschaftlich» gilt als kalt, unpersönlich, inhuman. In der ganzheitlichen Medizin soll logisches Denken also zugunsten von intuitiven Formen des Erkennens und von nichtlinearem Denken etwas herabgestuft werden.

Lama Govinda, ein Mystiker und Gelehrter ersten Ranges, nennt diese Haltung kurzsichtig. Denn die höheren, ganzheitlichen Formen des Denkens verdrängen nicht die logischen, niederen und begrenzteren Formen des Erkennens der Welt, sondern *beziehen sie ein*. Es gibt keinen abkürzenden Weg zum Intuitiven, zum Mystischen. Das Wissen um das Himmlische muß das Wissen um das Irdische einschließen. Anderenfalls wäre der Bereich des Mystischen, des Intuitiven, *nicht* ganzheitlich – er wäre eine begrenzte Form des Verstehens und würde jeden Anspruch darauf verlieren, das Ganze genannt zu werden.

Ich glaube also nicht, daß der Weg zu den ganzheitlicheren Formen der Medizin dadurch beschritten werden kann, daß man rücksichtslos über die logischen, berechneten, linearen und analytisch-empirischen Wege des Verständnisses von Gesundheit und Krankheit hinwegmarschiert. Ich hege keine Sympathie für das Drängen, unsere rationalen Fähigkeiten aufzugeben und ihnen durch Intuition «Flügel zu geben». Ich sehe keinen Grund, warum wir unseren Patienten gegenüber jemals ein «Sie können mir vertrauen, das funktioniert» an die Stelle eines Vorgehens setzen sollen, bei dem man sagt: «Lassen Sie mich Ihnen *zeigen*, *warum* Sie dieser Therapie trauen können.» Lama Govinda lehrt uns, daß Intuition und höhere Formen des Erkennens, die nicht durch niedere, «normal logische» Formen der Wahrnehmung abgestützt sind, keinesfalls höher sind. Sie stellen einen verwirrten, niederen Zustand des Erkennens dar statt eines höheren, und sie werden niemals die Sache einer wahrhaft ganzheitlichen Medizin fördern.

Das bedeutet, daß wir intellektuelle Formen des Erkennens niemals total durch spirituelle Formen ersetzen oder die intellektuelle Form der Einsicht gänzlich durch einen Ansatz umstoßen sollen, der seiner Qualität nach völlig spirituell ist. Der richtige Zugang besteht darin, die Anwendbarkeit und die Grenzen beider Formen zu kennen. Wir müssen klug wählen, *wie* wir erkennen.

Das richtige Gleichgewicht zwischen diesen Erkenntnisformen wird von dem Physiker Ravi Ravindra beschrieben:

Ein weiterer äußerst folgenreicher Aspekt der modernen naturwissenschaftlichen Verfahren ist: Was immer untersucht wird, ist im Prinzip der Möglichkeit ausgesetzt, von den Wissenschaftlern und Technologen kontrolliert und manipuliert zu werden. Das, was man untersucht, mag ein Elementarteilchen, eine andere Kultur, der menschliche Geist oder außersinnliche Wahrnehmung sein – die allgemeine wissenschaftliche Haltung dabei ist Manipulation und Kontrolle. Worauf läuft dieses Beharren auf Kontrolle und Manipulation hinaus, wenn es darum geht, etwas zu erkennen? Garantiert das nicht, daß wir alles, was subtiler oder intelligenter ist als wir selbst, was höher ist als wir, mit dieser Methode nicht erkennen können, wenn es sich unserer Kontrolle entzieht? Wenn Physiker erklären, es gebe keine Beweise dafür, daß es etwas Höheres gibt als den Menschen, dann war das zu erwarten, denn gerade ihre Methoden schließen die Möglichkeit eines solchen Beweises aus.[17]

Ebenso erfordern die dem Konzept ganzheitlicher Gesundheit inhärente Reichhaltigkeit und Vielfalt mehr als nur *eine* Form des Erkennens. Wir brauchen eine *Wissenschaft* des Erkennens, deren Anwendung hoffentlich zum vollen Erblühen einer medizinischen Wissenschaft für den ganzen Menschen führen wird.

# 12. Der verwundete Heiler

Obwohl das Leben aus Licht und Schatten besteht, akzeptieren wir das niemals so. Wir greifen stets nach dem Licht und den hohen Gipfeln. Von Kindheit an ... versieht man uns mit Wertvorstellungen, die nur einer idealen Welt entsprechen. Die Schattenseite des wirklichen Lebens wird ignoriert. Daher sind wir nicht imstande, mit der Mischung aus Licht und Schatten fertig zu werden, aus der das wirkliche Leben besteht. Wir haben keine Möglichkeit, die Tatsachen unserer Existenz mit unseren vorgefertigten Vorstellungen des Absoluten zu verknüpfen. Die Glieder, die das Leben mit universalen Symbolen verbinden, sind daher zerbrochen, und Verfall setzt ein.

Miguel Serrano
*C. G. Jung and Hermann Hesse: A Record of Friendship*

Während des Ablaufs der Behandlung geschieht etwas sowohl mit dem behandelnden Arzt wie mit dem Patienten (z. B. Angst, Distanzierung, Ärger, Frustration, Freude, Befriedigung). Häufig reagiert der Arzt mit Abwehrmanövern, um die Konfrontation mit Emotionen und Erinnerungen zu vermeiden, die der Patient in ihm wachruft. Indem wir einen Teil des Patienten ausschließen, verschließen wir auch den Zugang zu einem wichtigen Teil unserer selbst. Wir können gemeinsam mit unseren Patienten emotional wachsen (auch wenn das schmerzhaft ist) ... wenn wir über chirurgisches «Reparieren», dem Patienten «gefällig sein» oder «Wirksamkeit» der Medikamente hinausblicken. Nicht daß diese Dinge unwichtig wären; aber von welchem Ganzen sind sie ein Teil? Was uns geschieht, ist ebenso wichtig wie das, was dem Patienten geschieht. Tatsächlich geschieht folgendes: Was wir uns und unseren Patienten an Erfahrung zugestehen, bestimmt doch entscheidend unsere diagnostische Methode, unsere Einschätzung der Krankheitsentstehung, unsere Prognose sowie die Formulierung und Durchführung eines Behandlungsplanes. Die philosophische und psychologische Frage ist nicht, *ob* wir uns selbst in diese klinische Begegnung einbringen, sondern *wie*. Das gilt selbstverständlich für die gesamte Medizin.

Howard F. Stein

Um zu einem Patienten «Du» zu sagen und es auch zu meinen, muß man imstande sein, zu sich selbst «Ich» zu sagen. Man kann dann zu seinem Patienten stehen, weil er für sich selbst stehen kann. Das ist das Wesen der Medizin, der therapeutischen Kommunikation, ja des Lebens.

Howard F. Stein

M. Eliade sagt: «... der Mythos offenbart die *tiefsten Aspekte* der Wirklichkeit»... Das besagt, Sprache und Vorstellungsbilder der Mythologie sind der Natur der Wirklichkeit vielleicht viel näher als lineare Logik und abstraktes Denken. Denn wenn die wirkliche Welt tatsächlich holographisch ist, dann wäre nur die multivalente Natur des mythischen Bildes in der Lage, diese Vision aufrechtzuerhalten und Verständnis dafür hervorzurufen. Das holographisch-mythische Bild, bei dem das Ganze der Teil und der Teil das Ganze ist, wäre imstande, diesen Stand der Dinge zu erfassen... Mythologisches Bewußtsein ist holographisch, weil es konventionelle Grenzen zu transzendieren beginnt, wie sie zwischen Raum und Zeit, zwischen Gegensätzen und um das Ich gezogen wurden. Und aus diesem Grunde alleine könnte mythologisches Bewußtsein der wirklichen Welt einen Schritt näher sein, «dem nahtlosen Gewand des Universums», wie Whitehead es formulierte.

Ken Wilber

Unsere Neigung, die dunklen Seiten des Lebens zu ignorieren, ist eines der größten Hindernisse für das Verständnis, warum Gesundheit und Krankheit ein einheitliches Faktum unserer Existenz bilden und Krankheit in unserem Leben genauso notwendig ist wie die Gesundheit. Wenn es um die Gesundheit geht, dann konzentrieren wir uns auf das Licht und die hohen Gipfel, verkriechen wir uns vor Schmerz, Leiden und Krankheit. Wir ignorieren diese unwürdigen Aspekte des Seins, bis wir irgendwann einmal auf deutliche Weise mit ihnen konfrontiert werden und nicht mehr davonlaufen können. Sie treten dann vielleicht als Krankheit in unserem eigenen Leben oder als Tod eines Freundes in Erscheinung. Wir versuchen weiter das Unmögliche: diese Dinge aus unserer Existenz zu verbannen, indem wir nur auf das Licht blicken. Doch das ist nutzlos. Tief im Inneren wissen wir, daß wir eine Lüge geschaffen haben und daß unsere nächste Konfrontation mit der Schattenseite des Lebens unvermeidlich früher oder später erfolgen wird.

Damit will ich nicht raten, auf jeden Optimismus in bezug auf unsere eigene Gesundheit zu verzichten und in einen krankhaften Zustand zu verfallen, in dem wir uns ständig nur mit unserem Verfall und Ende beschäftigen; denn dieses Extrem wäre genauso einseitig wie sein Gegenstück. Die Ärzte sollen auch nicht aufhören, den Patienten Hoffnung zu vermitteln, und sollen ihnen keineswegs vor Augen halten, sie müßten unweigerlich sterben – wenn nicht jetzt, dann vielleicht beim nächsten Mal. Ich will ja nur herausstellen, daß wir die Dinge nicht einfach so haben können, wie wir es wünschen. Es ist nun einmal eine Tatsache, daß es kein Licht ohne Schatten, keine Gesundheit ohne Krankheit gibt. Etwas anderes glauben hieße, in einer märchenhaften Scheinwelt ununterbrochener Gesundheit zu leben, die mit der realen Welt nichts zu tun hat. Wer es versäumt, die dunkle Seite der Gesundheit anzuerkennen, untergräbt die Gesundheit – denn man braucht Energie, um mit einer Lüge zu leben, und zehrt seine Kraft auf bei dem Versuch, stets den Deckel auf dem Topf des Unangenehmen festzuhalten. Für die Annahme, es gebe nur Licht, müssen wir eine Strafe zahlen. Und diese Strafe besteht darin, daß die Intensität des Lichts, unsere Gesundheit, verringert wird.

## Der Mythos von den «Halbgöttern in Weiß»

Eine der seltsamsten Traditionen, die in der modernen Medizin festen Bestand haben, ist die Tradition des allmächtigen Arztes. Dieser Glaube ist pathologisch, weil er eine grobe Entstellung ist, und hält so lange an, weil er ein Bedürfnis erfüllt – das Bedürfnis des Patienten, seinen Heiler zu vergöttern und ihm übermenschliche Fähigkeiten zuzuschreiben. Er entspricht aber auch dem Bedürfnis mancher Ärzte, deren Ego danach verlangt, dieses Märchen andauern zu lassen. Solange sich eine gottähnliche Gestalt um das Wohlergehen des Patienten kümmert, läuft alles gut. Damit wird jede Selbstverantwortung des Patienten, die er vielleicht zugunsten seiner eigenen Gesundheit auf sich nehmen würde, auf ein Minimum reduziert, denn mit einem allmächtigen Arzt zu seiner Verfügung kann er sich sicher fühlen. Schließlich können Götter alles «richten». Wie sehr meine Gesundheit auch angegriffen sein mag, mein Arzt-als-Gott kann es wieder hinbiegen. Und es kann nicht überraschen, daß Ärzte wenig tun, um diesen Heiligenschein zu beseitigen. Sie lassen die Show weiterlaufen, anstatt ihre eigenen Grenzen und ihre Unwissenheit einzugestehen.

Diese Beteiligung von Ärzten und Patienten am Mythos des allmächtigen Arztes ist eine der Arten, wie wir uns vor dem Schatten verstecken. Solange wir einen guten Heiler an unserer Seite haben, brauchen wir die dunklen Seiten der Krankheit und des Leidens nicht zur Kenntnis zu nehmen. Schon wahr, eines Tages wird es zu einer Erkrankung kommen; aber die mythologischen, gottgleichen Heiler werden sie bei ihrem Auftreten beiseite schieben, als wäre sie nichts als eine Belästigung. Mit Göttern und Heilern gibt es nichts als das Licht. Täler und Schatten kann man einfach ignorieren.

Die wirklich bedeutenden Heiler spielen bei diesem Mythos jedoch nicht mit. Sie kennen ihre eigenen Grenzen so genau wie ihre Stärken. Sie wissen auch um die Notwendigkeit der Krankheit im Menschenleben und deren dynamischen Zusammenhang mit der Gesundheit, und sie versuchen nicht, eines zugunsten des anderen zu ignorieren.

## Der Mythos von Chiron

Nirgendwo anders wird die innere Verschmelzung von Gesundheit und Krankheit lebendiger verdeutlicht als in Chiron, einer Gestalt der griechischen Mythologie. Der brillante zeitgenössische Mythologe Karl Kerényi nennt ihn den verwundeten Heiler. Chiron war ein Zentaur, halb Mensch und halb Pferd. Der Sage nach wurde der Held Herakles von dem Zentaur Pholos in dessen Höhle empfangen. Auf Anraten des Gottes Dionysos reichte Herakles ihm eine Kanne süßen Weines, dessen Duft die anderen Zentauren anlockte. Berauscht vom ungewohnten Wein, begannen die Zentauren miteinander zu kämpfen. Bei diesem Kampf verwundete ein von Herakles abgeschossener Pfeil Chiron am Knie. Herakles versorgte die Wunde entsprechend Chirons Anleitung. Da die Pfeilspitze jedoch mit dem Gift der Hydra getränkt war, erwies die Wunde sich als unheilbar. Chiron konnte weder geheilt werden noch sterben, da er unsterblich war. Er ist eine rätselhafte Gestalt: unsterblich, aber verwundet, Gottähnliches und Sterbliches zugleich in sich vereinend.

Auf dem Berg Pilion, wo sich seine Höhle befand, empfing Chiron Helden und lehrte sie seine Kunst. Zu ihnen gehörte Äskulap, dem Chiron das Wissen um die Kraft der Kräuter und die Schlangenkraft vermittelte. Und doch konnte Chiron, der größte Lehrer der Heilkunst, sich nicht selbst heilen. Das war ein Teil der Weisheit, die Chiron an Äskulap weitergab, war die in der Wunde des großen Heilers verkörperte Weisheit.

## Arzt und Lehrer: Eine enge Beziehung

Die etymologische Bedeutung des englischen Wortes *physician* (Arzt) ist «Lehrer», eine gedankliche Verbindung, die durch die Beziehung zwischen Chiron und Äskulap symbolisiert wird. Der Psychologe und Schriftsteller Robert J. Sardello hat auf die ähnlichen Rollen von Lehrer und Heiler hingewiesen. In seiner tiefschürfenden Abhandlung *Teaching as Myth* (Lehren als Mythos) beziehen sich seine Bemerkungen über das Lehren ganz besonders auf die Rolle des Arztes:

Unser Lehren ähnelt oft nicht dem des größten aller mythischen Lehrer, Chiron. Solange der Lehrer voll im Licht steht, als jemand, der alles weiß, und ihm gegenüber jemand, der nicht weiß, ist der Lehrer seiner eigenen Verwundbarkeit nicht gewahr, nimmt er nicht am Unternehmen des Lernens teil. Das ursprüngliche und grundlegende Bild des Lernens wird radikal in zwei Teile gespalten, solange der Lehrer sich als jemanden empfindet, der weiß, und den Lernenden als jemanden, der Anleitung braucht. Der Lernende muß in völliger Dunkelheit stehen, wenn der Lehrer im vollen Licht steht. Ein derart gespaltenes Bild, bei dem das Lehren mit Wissen und das Lernen mit Unwissenheit identifiziert wird, läßt sich nur durch Macht aufrechterhalten. Diese Haltung entspricht der eines Arztes, der glaubt, die Heilung erfolge durch ihn persönlich, obwohl er nur das Zwischenglied ist, mittels dessen Heilung als eine Gnade erfolgt. Und bei dieser Art von Ärzten wird die Macht durch Autorität ausgeübt, durch eine Fachsprache, dadurch, daß man sich als Spezialist darstellt und einen betont professionellen Status anstrebt.[1]

Das ist eine verzerrte Sicht des Lehrens, ein entmenschlichendes, inhumanes Szenario, in dem ein Mensch beherrschend über einem anderen steht, der zum unterlegenen Bittsteller wird. Dieser Rollenverteilung begegnet man in der Arzt-Patient-Beziehung allzu häufig. Der Arzt vergißt seine eigene Verwundung, sein eigenes drohendes oder potentielles Kranksein, seinen eigenen unausweichlichen Tod. Er ist gewillt, sich vom Patienten gottähnlich erhöhen zu lassen. Der Irrtum liegt auf beiden Seiten, beim Arzt *und* beim Patienten – wobei der Arzt sich zugunsten der Vergöttlichung von seiner eigenen Fehlbarkeit und Verwundbarkeit lossagt und der Patient sich einen Gott schafft, um ihn für sich als privaten Heiler in Anspruch zu nehmen.

Es wird oft behauptet, diese Art von Beziehung sei tatsächlich wünschenswert, weil der Arzt von dieser Position höchsten Respekts und größter Bewunderung aus den Patienten leichter motivieren könne, notwendige Veränderungen in seiner Lebensführung vorzunehmen, seinen Rat zu befolgen, sich operieren oder dieses oder jenes Medikament verschreiben zu lassen. Nun ist nichts verloren, wenn der allmächtige, glorifizierte Arzt seine Macht in gutem Sinne gebraucht. Stehen wirklich die besten Interessen des Patienten im Vordergrund, dann kann diese Art von Beziehung unerhört therapeutisch sein, so sagt man. Es hilft nichts, den Arzt bei diesem Szenario an seine eigene Verwundbarkeit zu erinnern, denn in dieser Beziehung zählt nur die Macht und nicht die Schwäche. Warum? Weil der Patient den Respekt verlieren würde, wenn er die Verwundbarkeit auch des Arztes spüren würde. Wer kann schließlich wünschen, daß sein Arzt auf diese Weise bloßgestellt wird? Es ist, so scheint es, besser, den Begriff des verwundeten Heilers in der mythischen Folklore zu belassen.

Trotz der Tatsache, daß diese Beziehung häufig vom Arzt wie vom Patienten bevorzugt wird, geht sie meines Erachtens an der Wirklichkeit vorbei. Sie verewigt nämlich den Gedanken, Verwundbarkeit sei etwas Erschreckendes und dürfe vor allem nicht in Verbindung mit Heilern erwähnt werden. Nur Macht und Gesundheit zählen. Der innere Zusammenhang von Gesundheit und Krankheit bleibt dabei unbeachtet. Man könnte argumentieren, wir sollten uns nicht gegen diese Beziehung wehren, solange sie in hohem Maße wirksam ist. Hier genau ist jedoch der Punkt, an dem sie auf tiefgreifende Art versagt: sie funktioniert therapeutisch nicht so, wie es sein sollte. Wir müssen jetzt untersuchen, warum das so ist.

*Die Beziehung Arzt-Patient: Ein lebendiger Archetypus*

Adolf Guggenbühl-Craig, ein Psychiater Jungscher Prägung, hat die Arzt-Patient-Beziehung auf sehr provokative Weise beschrieben. In seinem Buch *Power in the Helping Professions* stellt er fest:

> Die Beziehung zwischen Heiler und Patient ist so fundamental wie die zwischen Mann und Frau, Vater und Sohn, Mutter und Kind. Sie ist in dem von C. G. Jung herausgestellten Sinne archetypisch, ist eine inhärente, potentielle Form menschlichen Verhaltens. In archetypischen Situationen nimmt das Individuum wahr und handelt es in Übereinstimmung mit einem ihm selbst inhärenten Schema, das jedoch im Prinzip für alle Menschen dasselbe ist.[2]

Die Arzt-Patient-Beziehung ist also in der Natur enthalten, ein angeborenes, von der Natur mitgegebenes Verhalten, das sich je nach den gegebenen Umständen auszudrücken sucht. Es wird aufgeboten, wenn wir krank, verletzt oder kurz vor dem Tode sind. Dann blicken wir so selbstverständlich auf den Heiler wie ein Kind auf seine Mutter. Dann kopieren wir das Verhalten zahlloser Mitglieder unserer Spezies, die ihrerseits nach Heilern Ausschau gehalten haben, Personen, die andere Bezeichnungen als «Doktor» hatten: Schamane, Curandero, Medizinmann. In Zeiten, in denen man krank ist, ist das Blicken auf den Arzt so natürlich wie die Suche nach Nahrung und Wasser.

Oberflächlich betrachtet scheint archetypisches Verhalten einfacher, als es in Wahrheit ist. Beispielsweise scheint es, als reagiere die Mutter einfach auf ihr Kind als ein Objekt «da draußen». Eine Frau reagiert auf einen Mann, der seinerseits ein von ihr getrenntes Objekt ist. Patienten reagieren auf Heiler, die ebenfalls Objekte mit einem eigenen und vom Patienten unterschiedenen fundamentalen Status sind. Die Grundsituation ist jedoch komplexer. Jede archetypische Situation enthält eine Polarität – das heißt, beide Pole sind in ein und demselben Individuum enthalten. Oder mit Guggenbühl-Craig: «Jeder von uns hat schon bei der Geburt beide Pole des Archetypus in sich.» Und noch einmal: «In der menschlichen Psyche, so wie wir sie kennen, sind beide Pole in demselben Individuum enthalten.»[3]

Dieser entscheidende Punkt steht in Widerspruch zu unserer normalen Vorstellung vom Arzt-Patient-Verhältnis. Wir nehmen doch immer an, auf der einen Seite stehe der Heiler und auf der anderen als passives Objekt sein Patient, für den gewisse Dinge getan werden. Die Vorstellung vom Archetypus sagt uns jedoch, daß dieses Denken fehlgeleitet ist. Sie besagt nämlich, daß die Polarität *in* beiden Individuen existiert, die den Heiler-Patient-Archetypus bilden, und läßt keinen Zweifel daran, daß der Patient in seinem Sein etwas vom Heiler hat und daß der Heiler zugleich auch Patient ist – mit seiner vorhin beschriebenen eigenen Verwundbarkeit.

Guggenbühl-Craig verdeutlicht, wie die Polarität des Archetypus funktioniert:

Ein Kind ruft in seiner Mutter mütterliches Verhalten hervor. Der Psyche jeder Frau ist das Potential mütterlichen Verhaltens in einer Mutter-Kind-Situation angeboren, was auf mysteriöse Weise bedeuten muß, daß das Kind der Mutter bereits innewohnt. Das entspräche etwa dem Gedanken Goethes, wenn er schreibt: «Wär' nicht das Auge sonnenhaft, die Sonne könnt' es nie erblicken.» Vielleicht sollten wir nicht von einem Mutter-Archetypus, einem Kind-Archetypus oder einem Vater-Archetypus sprechen. Es wäre vielleicht besser, von einem Mutter-Kind- oder Vater-Kind-Archetypus zu sprechen.[4]

Weitet man diese Analogien auf das Arzt-Patient-Verhältnis aus, dann gibt es etwas von jedem in beiden: die Polarität des Heilers und des zu Heilenden ist im Heiler und im Patienten enthalten. Es gibt in der Tat nur einen einzigen Archetypus, der sowohl Arzt als auch Patient enthält, und nicht für jeden einen unterschiedlichen Archetypus.

Warum mühen wir uns eigentlich mit solchen Formulierungen ab? Was macht es für einen Unterschied, wenn die antike Mythologie vom «verwundeten Heiler» spricht oder wenn die Jungsche Psychologie behauptet, es gebe so geheimnisvolle Konstruktionen wie Archetypen und Polaritäten? Ich bin der festen Überzeugung, daß es in der modernen Medizin wenige Dinge gibt, die wichtiger sind als eine Klärung gerade dieses Themas – weitaus wichtiger als etwa ein Projekt im Manhattan-Stil für die Heilung von Krebs, Herzkrankheiten oder jeder sonstigen Krankheit. Ehe wir nicht wirklich grundlegend verstehen, wie wir selbst, wir Ärzte und Patienten, beschaffen sind, werden alle Heilungsversuche mißlingen, und augenscheinliche Heilungserfolge werden nichts als Talmi sein. Wir werden dann weiterhin endlos versuchen, die Schatten zu bannen und nur das Licht zu behalten oder die Täler unseres Lebens zuzuschütten, um nur noch auf Höhen zu leben. Es wird nicht viel bedeuten, ob wir tatsächlich «Heilung» für irgendeine Erkrankung finden, denn ohne sichere Kenntnis darüber, wie wir selbst beschaffen sind, werden wir niemals erfahren, wer oder was es ist, was geheilt wurde oder wer oder was die Heilung bewirkt hat.

Was bedeutet also die Feststellung, daß beide Pole des Archetypus im Arzt wie im Patienten existieren? Diese Feststellung braucht nicht durch eine Metapher oder psychologische Theorie verteidigt zu werden, sondern man kann sie wörtlich nehmen und mit streng wissenschaftlichen Ausdrücken beschreiben. Betrachten wir zunächst die Behauptung, der kranke Mensch habe seinen eigenen Heiler in sich. Welchen Beweis gibt es dafür?

*Der innere Heiler: mehr als ein Mythos*

Man könnte dafür zahllose Beispiele anführen. Da ist zum Beispiel die gründliche Studie von Jerome Frank von der Medizinischen Fakultät der Johns Hopkins University.[5] Frank untersuchte die Geschwindigkeit des Heilungsprozesses bei chirurgischen Wunden unmittelbar nach der Operation. Die Patienten, die dem Chirurgen und dem Pflegepersonal fest vertrauten, wurden am schnellsten geheilt. Die Wunden heilten langsamer bei Patienten, die ihren Ärzten nicht trauten und die ängstlich und widerwillig waren. Diese Studie geht über die *metaphorische* Verwendung des Begriffs innerer Heiler hinaus und stellt einen Zusammenhang her mit etwas so Konkretem wie dem Verheilen von Operationswunden. Der Endpunkt ist meßbar: Der innere Heiler ist etwas in uns, dessen Wirkung meßbar ist. Insofern ist er nicht nur ein Thema für Mystiker und Philosophen, sondern eignet sich auch für Überlegungen von Biowissenschaftlern. Es ist wichtig, darauf hinzuweisen, denn wir sollten stets dessen eingedenk sein, daß wir nicht nur von Psyche oder Poesie sprechen, sondern auch von Physiologie.

Polares Gegenstück des mythisch durch Chiron repräsentierten verwundeten Heilers ist der «gesunde Verwundete». Gesunde Verwundete sind wir alle, haben wir doch alle das in der Studie von Frank aufgezeigte Heilungspotential. Wir müssen es gar nicht erst schaffen; es ist bereits vorhanden, existiert in unserem Innern als Heilkraft genauso sicher, wie wir in uns die Fähigkeit zum Krankwerden tragen. Das ist die in allen Menschen steckende Polarität des Archetypus.

Die medizinische Forschung erkennt zunehmend an, daß Patienten selbst-korrigierende, angeborene innere Fähigkeiten zur Selbstheilung besitzen. Bei einer Vielfalt von Krankheiten sind diese sogenannten «Bewußtseinsfaktoren» – Emotionen, Verhaltensweisen, Gefühlszustände unterschiedlichster Art – als hochwirksame Heilungsfaktoren in Erscheinung getreten.[6]

*Der innere Patient*

Das Schwert der archetypischen Polarität ist jedoch zweischneidig:

> Es fällt nicht schwer, sich den Heilungsfaktor im Patienten vorzustellen. Wie aber steht es um den Arzt? Hier begegnen wir dem Archetypus des «verwundeten Heilers». Der Zentaur Chiron, der einst Äskulap in der Heilkunst unterwies, litt selbst an unheilbaren Wunden. In Babylon gab es eine hundsköpfige Göttin mit zwei Namen: Als Gula brachte sie den Tod und als Labartu Heilung. In Indien ist Kali die Göttin der Pocken und zugleich ihr Heiler. Die mythologische Vorstellung vom verwundeten Heiler ist sehr weit verbreitet. Psychologisch bedeutet dies, daß der Patient nicht nur einen Arzt in sich selbst hat, sondern daß es auch einen Patienten im Arzt gibt.[7]

Dem Heiler fällt es natürlich schwer, diese Vorstellung einzugestehen, ist sie doch das Eingeständnis einer in seinem Wesen liegenden, unausweichlichen Schwäche.

Das Eingeständnis der Fehlbarkeit kommt viele Heiler schwer an. Es kann kaum überraschen, daß wir Ärzte viel einfallsreiche Mühe darauf verwenden, diese ewige Tatsache zu verbergen. Doch waren Heiler zu allen Zeiten mit diesem Dilemma konfrontiert. Guggenbühl-Craig bemerkt dazu:

> Es fällt der menschlichen Psyche nicht leicht, die Spannungen der Polarität zu ertragen. Das Ego liebt Klarheit und versucht, innere Ambivalenz auszumerzen. Dieses Verlangen nach eindeutiger Klarheit kann zu einer gewissen Spaltung der polaren Archetypen führen. Der eine Pol kann verdrängt werden und dann weiter im Unbewußten agieren, dadurch vielleicht psychische Störungen verursachen. *Der verdrängte Teil des Archetypus kann in die äußere Welt projiziert werden.*[8]

Modernen Ärzten, die während einer Ära ausgebildet wurden, als das medizinische Credo Tun, Handeln, Heilen hieß, fällt das Eingeständnis der eigenen Verwundbarkeit besonders schwer. Sie halten es für ratsamer, etwas zu tun, notfalls auch irgend etwas, und dafür werden sie häufig noch gepriesen. («Er war bereit, den Fall zu übernehmen, als kein anderer Arzt das wollte. Er war bereit zu operieren, obwohl dem viele Unwägbarkeiten entgegenstanden. Auch wenn Mutter gestorben ist, der Arzt hat es zumindest versucht.») In der modernen Schulmedizin ist es außergewöhnlich schwierig geworden, nichts zu tun. Denn Nichtstun gilt häufig als Eingeständnis der Ohnmacht, der Fehlbarkeit. Es erinnert den Arzt an etwas, was er lieber vergessen möchte – seine eigene Verwundung.

Vielen Ärzten ist die Tatsache der eigenen Verwundung durchaus bewußt, und sie handhaben dieses Wissen in einer Haltung, die sie zu noch besseren Heilern macht. Andere tun dies nicht und projizieren die innere Tatsache ihrer Verwundung in die Außenwelt – als Versuch, sich dadurch von etwas Schmerzlichem zu befreien. Sie rationalisieren diese Tatsache auf folgende Weise: Es ist doch viel besser, wenn jemand anderes verwundet, schwach und fehlerhaft ist und nicht ich. Das Objekt der vom Arzt nach außen projizierten Schwäche ist allzu oft der Patient, wie durch die nachfolgende Fallgeschichte deutlich wird.

*Die Geschichte von Tom B.*

Tom B. wurde nach einem durch Brustschmerzen und Atemnot gekennzeichneten körperlichen Zusammenbruch in die Intensivstation eines größeren Krankenhauses eingeliefert. Er war achtundsiebzig Jahre alt, hatte bereits zwei Herzanfälle hinter sich und litt unter hohem Blutdruck. Er nahm zwar ihm verordnete Medikamente folgsam ein, hatte es aber nicht geschafft, das Rauchen aufzugeben und sein Gewicht abzubauen. Diese Tatsache ärgerte stets seinen Hausarzt, der es auch niemals versäumte, Tom daran zu erinnern.

Toms Ehefrau hatte sofort einen Krankenwagen bestellt und dann den Hausarzt Dr. Ponder angerufen, der ihr sagte, er werde seinen Patienten umgehend in der Intensivstation aufsuchen. Die

Besatzung der Ambulanz, die Tom ohne erkennbaren Blutdruck und mit einem chaotischen Herzrhythmus vorgefunden hatte, leitete die üblichen Wiederbelebungsversuche ein. Tom wurde schließlich mit Infusionskanülen in beiden Armen in die Intensivstation eingeliefert. Diagnose: Akuter Herzinfarkt und Verstopfung der Herzkranzgefäße.

Toms Ehefrau blieb die ganze Zeit über schweigend im Hintergrund. Dr. Ponder hatte ihren Mann schon nach zwei früheren Herzattacken gerettet, und so blieb ihr nur zu glauben, daß es ihm auch jetzt wieder gelingen werde. Trotz der brennenden Ungeduld, vom Arzt zu hören, wie es ihrem Mann ging, wagte sie nicht, ihn zu belästigen. Sie erhielt nur Informationen aus zweiter Hand von den Krankenschwestern, die geschäftig hin und her liefen. Sie hielt es allerdings für seltsam, daß Dr. Ponder keinen Augenblick für sie Zeit hatte.

Eine Stunde nach der Einlieferung ihres Mannes stand sie weinend vor der Tür der Intensivstation. Immer noch kein Wort. Dann wurde die Tür abrupt aufgestoßen, und Dr. Ponder stürmte heraus, offensichtlich sehr verärgert. Mein Gott, dachte sie, warum ist er so wütend? In dieser Situation wäre doch jede andere Gefühlsregung angebrachter als Wut, erlaubte sie sich zu denken.

Dann platzte Dr. Ponder heraus: «Ihr Mann macht alles sehr schwierig. Er weigert sich zu kooperieren, was ich auch tue!»

Mit vor Wut gerötetem Gesicht stand Dr. Ponder vor der Frau, eine Hand um sein Stethoskop gekrallt. Mrs. B. spürte, daß er eine Antwort von ihr erwartete, und stammelte mit tränenerstickter Stimme: «O Dr. Ponder, bitte verzeihen Sie Tom; ich weiß, er meint das nicht so!»

Dr. Ponder nahm diese Entschuldigung nicht zur Kenntnis, drehte sich abrupt um und verschwand wieder hinter der Tür, eine Wolke von Zorn hinter sich zurücklassend. Mrs. B. hat ihren Ehemann nicht lebend wiedergesehen. Eine Stunde später war er tot.

Ich glaube nicht, daß die meisten Ärzte sich in entscheidenden Situationen so verhalten. Diesen Vorfall erwähne ich nur als klassisches Beispiel dafür, wie Heiler einen Teil des eigenen Archetypus verdrängen (ihre Verwundung, Schwäche, Fehlbarkeit, Hilflosigkeit) und ihn in die äußere Welt projizieren, um ihn auf diese Weise zur Schwäche des Patienten zu machen. («Er weigert sich zu kooperieren, was ich auch tue.») Der Heiler kann jedoch seine eigenen Wunden auf subtilere Weise projizieren, als Dr. Ponder es tat. Es müßte ja nicht der arme Patient sein, auf den der Arzt die eigene Schwäche projiziert, sondern die Krankheit. («Das der schlimmste Fall von hohem Blutdruck, der mir in meiner ärztlichen Praxis jemals begegnet ist.») In diesem Fall hat nicht der Patient die Schwäche des Arztes zu verantworten, sondern eine unpersönliche Entität namens Krankheit. Diese Methode, die Krankheit zum Feind zu erklären, ist weit verbreitet. Die Beziehung Arzt–Patient kann sich stark um diesen gemeinsamen Feind aufbauen, ohne daß einer von beiden die Schatten in sich selbst eingestehen muß.

Eine andere Variante, wie der Heiler es vermeidet, seine eigene Verwundung einzugestehen, ist die Projektion des Versagens «auf das System». Dann heißt es: «Für dieses Problem haben wir leider noch kein Heilmittel.» Hier wird das ganze Gebäude der Medizin zum Sündenbock, das bisher dabei versagt hat, ein passendes Heilmittel zu schaffen. Nicht der Arzt ist hier der Schwache. Er tut vielmehr alles, was er mit dem ihm verfügbaren Handwerkszeug tun kann.

*Der Schaden durch Leugnen der inneren Polarität*

Ich will nicht behaupten, es gebe keine Rechtfertigung für den gelegentlichen Gebrauch solcher Argumente. Der große Schaden tritt erst ein, wenn Patient und Arzt tatsächlich glauben, diese Haltung entspreche der Wirklichkeit. Denn wenn jeder die innere Polarität seines eigenen Archetypus leugnet, lassen sich bestimmte Ereignisse voraussehen. Beim Arzt werden die eigenen psychischen Vorgänge blockiert; er hat eine entstellte Anschauung von sich selbst und beginnt vielleicht, seinen Patienten etwas vorzulügen. Solange er seine eigene Verwundbarkeit leugnet, *reduziert* er einen wesentlichen Teil seiner Heilungskraft, indem er lieber sein eigenes Ego beruhigt, statt sich mit den schattenhaften Elementen auseinanderzusetzen, die ein Teil von ihm selbst sind. Er verbindet seine entstellte Anschauung von sich selbst mit dem Element der Macht – persönlicher Macht, seiner persönlichen Vorstellung, wie ein Heiler sein sollte. Der Arzt wird zum Macher; denn nur durch Tun glaubt er, seine Macht ausüben zu können. Diese Strategie macht aus seinen Patienten bloße Empfänger seines Tuns; auf dem «Tun des Doktors» müssen Behandlung und Heilen beruhen. Er wird zu einem Hausierer mit Techniken; auch wenn es sich um höchst komplizierte Ausdrucksformen der Biotechnologie handelt, bleiben sie doch Techniken. Dabei spielt es auch keine Rolle, daß sie gelegentlich funktionieren. Auf diese Weise wurde ein tieferes Potential von Heilen und Ganzheit geopfert. Auf welche Weise? *Der Patient wird zum Opfer.* Denn dadurch, daß der Arzt seine eigenen Wunden auf den Patienten projiziert, wird dieser noch hinfälliger. Jetzt ist es nur noch der Heiler, der ihn durch unaufhörliches Tun, durch unaufhörliche Handhabung der Technik heilen kann. Die Bühne ist hergerichtet für die «Instandsetzungsmedizin», die zum Kennzeichen unserer Zeit geworden ist.

Der Arzt ist in unseren Tagen eine leichte Zielscheibe; doch sollten wir nicht vergessen, daß das Szenario *nicht ohne Komplizenschaft des Patienten* fortdauern könnte. Der Patient ist es, der es dem Arzt erlaubt, seine Strategie in die Tat umzusetzen. Schließlich wird dadurch ein eigenes Bedürfnis befriedigt, denn durch Verdrängen seiner eigenen Kraft, seines eigenen «inneren Heilers», kommt der Patient darum herum einzugestehen, daß er «der gesunde Verwundete» ist. Er kann seine eigene innere Heilkraft auf den Arzt projizieren, dessen Pflicht es dann wird, alle Arbeit zu leisten. Es ist ein Ausweichen vor der Verantwortung, das der Patient selbst so einfädelt. Er selbst ist zum reinen Objekt geworden: zur hilflosen, klagenden, unschuldigen Person, befallen von einer Krankheit, die er nicht unter Kontrolle bringen kann, weshalb er zwecks Heilung nach der Quelle der Macht Ausschau halten muß, dem Arzt.

In den meisten Fällen ist die Beziehung zwischen Arzt und Patient so aufgebaut. Treffen ein Arzt und ein Patient aufeinander, von denen der eine seine Verwundung und der andere seine Gesundheit verdrängt hat, dann wird ein stillschweigender Handel abgeschlossen. Der Arzt willigt unbewußt ein, zur Schwächung der inneren Kraft des Patienten beizutragen, indem er seine eigene Heilkraft ins Spiel bringt. (Er muß die Macht sich selbst vorbehalten, denn nur dadurch kann er die Tatsache der eigenen Verwundung tarnen.) Der Patient jedoch willigt stillschweigend ein, nicht auf seine eigene Kraft zu vertrauen (andernfalls würde damit eine eigene Verantwortung für sein Wohlergehen geschaffen), nicht auf die Wunden seines Heilers zu deuten (was die Gefahr des Zusammenbruchs der ganzen Beziehung bedeuten könnte). Im Kontext eines solchen Abkommens schleppt sich die Arzt-Patient-Beziehung dahin – manchmal funktioniert sie, manchmal nicht.

*Ein alternativer Ansatz zur Neugestaltung der Arzt–Patient-Beziehung*

Wo ist da ein Ausweg? Er liegt im Eingeständnis des Arztes und des Patienten, daß in jedem von beiden düstere Schatten lauern – die Verwundung des Heilers und die latente Gesundheit des Patienten. Ein solches Eingeständnis würde eine Atmosphäre schaffen, in der eine neue Art des Heilens erblühen könnte. Sie würde nichts Geringeres als eine radikale Umwandlung des Verhältnisses zwischen Arzt und Patient zur Folge haben.

> Das Bild vom verwundeten Heiler symbolisiert ein akutes und schmerzliches Gewahrwerden der Krankheit als Gegenpol zur Gesundheit des Arztes, eine anhaltende und verletzende Gewißheit der Degeneration des eigenen Körpers und Geistes. Diese Art von Erfahrung macht den Arzt mehr zum Bruder des Patienten als zu seinem Herrn ...
> Letzten Endes muß der Arzt stets danach streben, den Heilfaktor im Patienten aufzubauen. Ohne ihn kann er nichts bewirken. Und er kann tatsächlich den Heilfaktor aktivieren, wenn er Krankheit als existentielle Möglichkeit in sich selbst trägt. Er ist weniger erfolgreich, wenn er versucht, die beiden Pole des Archetypus durch kleinliche Macht zu vereinigen.[9]

Auf diese Weise bildet sich langsam eine neue Sicht der Arzt-Patient-Beziehung heraus, da Arzt und Patient sich auf die beiden Pole ihres Archetypus einstellen. Die traditionelle hierarchische Schichtung, bei der der Arzt als mächtiger Meister gilt, der das innere Funktionieren des Körpers des ihm unterlegenen Patienten dirigiert, wird transzendiert. Das besagt nicht, daß der Arzt mit dem Eingeständnis der eigenen Verwundung tatsächlich die Krankheit auf sich nehmen muß; denn das wäre eine sentimentale Perversion der Anerkennung der Schwäche. Und das besagt auch nicht, daß der Patient, seines inneren Gesundheitspotentials sicher, niemals einen Heiler aufsuchen sollte. Denn auch das wäre eine verfehlte Schlußfolgerung. Die Heilbeziehung, bei der weder der Heiler noch der zu Heilende über dem anderen steht, reicht über die Hierarchie hinaus.

In diesem neuen Kontext entsteht langsam ein grundlegender Humanismus, eine Qualität, die in der gewöhnlichen Arzt-Patient-Beziehung entschieden unterdrückt wird. Robert J. Sardello hat das Erblühen dieser humanistischen Qualität beschrieben, wenn er von der richtigen Beziehung zwischen dem Lehrer und dem Lernenden spricht. Unter dem Gesichtspunkt, daß die Grundbedeutung der Wörter «Arzt» und «Lehrer» [im Englischen] dieselbe ist, lassen die Feststellungen von Sardello sich durchaus auch auf das Verhältnis zwischen Arzt und Patient anwenden:

> Stellt man sich Lehren und Lernen als *ein* Geschehen vor, das dem Lehrer wie dem Lernenden widerfährt, dann wird ein Lernmodell in die Tat umgesetzt, das dem ewigen Muster des Lehrers besser entspricht. Der Lehrer gibt zu, ein Lernender zu sein, und die Lernenden erfahren, wie in ihrer Beziehung zum Lehrer der Wunsch nach Erkenntnis erwacht. Der Lehrer erfährt seine eigene Verwundbarkeit, wird immer wieder daran erinnert, daß es vieles gibt, was er nicht weiß. Er wird zutiefst von seinen Schülern berührt, wird angeregt, erschreckt, erschüttert. Nur wenn der Lehrer ein ständig Lernender ist, strebt der Lernende nach Wissen. Wie Chiron, dessen Name sich auf die Hand bezieht und Nebenbedeutungen hat wie «berühren mit der Hand, eine handwerkliche Kunst ausüben», kann der Lehrer berühren, der sich selbst berühren läßt.[10]

So wie Sardello das Lehren-Lernen-Erlebnis beschrieben hat, beinhaltet auch die neue Sicht des Heilens, daß hier «*ein* Geschehen» vorliegt. Hierarchische Unterschiede auf der Grundlage der Ausübung der Macht einer Person über eine andere treten in den Hintergrund. Macht kann zwar ins Spiel gebracht werden, *fließt jedoch nicht vom Arzt zum Patienten*. In voller Kenntnis der Polarität in sich selbst übt der Patient ebenfalls Macht aus – diesmal für sich selbst, nicht damit zufrieden, den Arzt alles tun zu lassen. Der Appell des Patienten an den Arzt, «die Dinge zu richten», löst sich auf in dem «*einen* Geschehen» wechselseitiger Bemühungen.

Diese Form von Interaktion mag einigen unmöglich erscheinen. Wie kann Heilen «*ein* Geschehen» sein, wenn dabei mehr als eine Person beteiligt ist? Das scheint genauso verdächtig wie der verwaschene Appell zum «Einssein», zum «Teilhaben» und zur «Vereinigung» der Transpersonalisten, die uns tatsächlich vergessen machen wollen, wer wir sind, und uns zu einer nicht festumrissenen Beziehung auflösen, in der man den Patienten nicht vom Arzt und umgekehrt unterscheiden kann. Wir können nicht vergessen, wer und was wir sind, und diese Heilungsform als «*ein* Geschehen» zu bezeichnen ist nichts als Wortgeklimper.

Und doch ist dieses «Eins-sein», von dem hier gesprochen wird, nicht ein kennzeichenloses Verschmelzen von Identitäten, keine Fusion getrennter Eigenschaften zu einem unkenntlichen Brei, sondern genau das Gegenteil. Es ist eine Art, Heilung zu bewirken, und zwar nicht durch *Vergessen* der vielen Eigenschaften, die uns zu dem machen, was wir sind, sondern durch ihre ausdrückliche Anerkennung. Es ist eine neue Art des Tuns und Seins, die dadurch möglich wird, daß wir *alles* wissen, was wir sind. Da wir jetzt in uns sowohl den Schatten als auch das Licht erkennen, haben wir die Kraft zu neuen existentiellen Prämissen erhalten, die etwas völlig anderes darüber aussagen, wie Heiler und Patienten zusammenwirken können und wie Heilung zustande kommen kann.

Lewis Thomas hat einmal gesagt, es könnte unerhört fruchtbar sein, uns auf das zu konzentrieren, was wir *nicht* wissen, statt stets das hervorzuheben, was wir in der Naturwissenschaft tatsächlich wissen. Denn in diesem Bereich warten die großen Wunder auf uns. Das Gewußte ist die Domäne der Gewißheit, in der man keine Risiken mehr einzugehen braucht. Ständig in diesem Bereich zu verharren heißt, niemals mehr Fortschritte zu machen. Es heißt, uns selbst zu täuschen und ein falsches Bild von uns selbst zu haben, zu glauben, wir wüßten mehr, als es tatsächlich der Fall ist, und wir seien mächtiger, als wir es wirklich sind.

Ich kann mir auch vorstellen, daß die medizinischen Fakultäten eines Tages nicht ausschließlich das Bekannte herausstellen, sondern auch eine gesunde Dosis des Unbekannten. Das könnte uns nicht nur ein getreues Bild der medizinischen Wissenschaft vermitteln, sondern auch eine echtere Anschauung von uns selbst. Es würde uns etwas ins Gedächtnis zurückrufen, was wir als moderne Ärzte fast vergessen haben und woran wir uns unbedingt erinnern sollten: daß wir an erster Stelle und in letzter Instanz ausnahmslos verwundete Heiler sind.

# Quellen

## 1. Kapitel

*Gesundheit als Erfahrung*
1 Lawrence, D. H.: *Sex, Literature, and Censorship*, New York 1959, S. 88–90.
2 –: *Phoenix: The Posthumous Papers of D. H. Lawrence*, London 1961, S. 610f.
3 Huxley, Aldous: *Island*, New York 1962, Kap. 14.
4 Dōshin, *Shinjinmei*, in D. T. Suzuki: *The Essentials of Zen Buddhism*, New York 1962, S. 127.

*Nicht-Gesundheit*
1 Siu, R. G. H.: *The Tao of Science*, Cambridge, Mass., 1957, S. 75.

*Die gegenseitige Durchdringung der Gegensätze*
1 Holborn, Mark: *The Ocean in the Sand*, Boulder 1978, S. 22.
2 –: Ebenda.
3 Suzuki, D. T.: *Studies in Zen Buddhism*, New York 1955, S. 84.
4 –: Ebenda, S. 93.
5 –: Ebenda, S. 93f.
6 –: Ebenda, S. 94.
7 Frost, Robert: *North of Boston*, New York 1977, S. 6.

*«Ist dieser Patient w.k.?»*
1 Bertalanffy, Ludwig von: «The Mind-Body Problem: A New View», in: *Psychosomatic Medicine* 26 (1964), S. 32.
2 –: *Perspectives on General Systems Theory*, New York 1975, S. 71.
3 –: Ebenda, S. 69f.
4 –: Ebenda, S. 71f.

*Der unentbehrliche Schlüssel zum Universum*
1 Choron, Jacques: *Death and Western Thought*, New York 1963, S. 106.
2 Greenberg, Sidney: *The Infinite in G. Bruno*, New York 1950, S. 161.
3 Singer, Dorothea: *G. Bruno, His Life and Thought*, New York 1950, S. 243 f.
4 Greenberg, Sidney: *The Infinite*, S. 161.
5 –: Ebenda, S. 245.
6 –: Ebenda.
7 Choron: s. o., S. 108.
8 Greenberg: s. o., S. 162–165.
9 Wilber, Ken: *The Spectrum of Consciousness*, Wheaton, Ill., 1977, S. 62.
10 –: Ebenda.
11 Medawar, Sir Peter B., and Jean S.: *The Life Science*, New York 1977.
12 Bohm, David: «Der Physiker und der Mystiker», in Ken Wilber (Hrsg.): *Das holographische Weltbild*, Bern 1968.
13 –: *Wholeness and the Implicate Order*, London 1980, S. 147 (dt. *Die implizite Ordnung*).
14 –: «A Conversation...», S. 26.
15 Herbert, Nick: *Quantum Reality – Beyond the New Physics*, New York 1985.
16 Dossey, Larry: *Space, Time and Medicine*, Boulder, Colo., 1982, S. 98–101 (dt. *Die Medizin von Raum und Zeit*).
17 Herbert, Nick: s. o.

*«O ihr Krankheiten alle...»*
1 Frazer, James: *The Golden Bough*, New York 1922, S. 652 f. (dt. *Der Goldene Zweig*).
2 Smith, Huston: *Forgotten Truth*, New York 1976, S. 1–18.
3 Miller, Henry: «The Enormous Womb», in: *The Wisdom of the Heart*, New York 1942, S. 99.

*Ist Gesundheit ein Gegenstand?*
1 Russell, Bertrand: *A History of Western Philosophy*, New York 1945, S. 812 (dt. *Geschichte der abendländischen Philosophie*).
2 –: Ebenda.
3 –: Ebenda.
4 –: Ebenda, S. 813.
5 Stace, W. T.: *Mysticism and Philosophy*, New York 1960, S. 66.
6 Marquette, J. de: *Introduction to Comparative Mysticism*, New York 1949, S. 15.
7 Schilpp, P. A. (Hrsg.): *Albert Einstein: Philosopher-Scientist*, New York 1959, S. 391 (dt. *Albert Einstein als Philosoph und Naturforscher*).
8 –: Ebenda, S. 140.
9 –: Ebenda, S. 132.

10 Wheeler, J. A., und C. M. Patton: «Is Physics Legislated by Cosmogony», in: *The Encyclopedia of Ignorance*, New York 1977, S. 21.
11 –: Ebenda.
12 Emerson, Ralph Waldo: «Self-Reliance», in: *The collected works of R. W. E.*, New York 1971 ff.

*Leer sein ...*
1 Lawrence, D. H.: *The Complete Poems*, New York 1977, S. 501.
2 Friedman, M., et al.: «Feasibility of Altering Type A Behavior Pattern After Myocardial Infarction», in: *Circulation* 66: 1 (1982).
3 Cooper, M., und M. Aygen: «A Relaxation Technique in the Management of Hypercholesterolemia», in: *Journal of Human Stress*, Dec. 1979.
4 Huxley, Aldous: *Tomorrow and Tomorrow and Tomorrow*, New York 1964, S. 54.

*Gesundheit und Krankheit als Vollkommenheit*
1 Underhill, Evelyn: *Mysticism*, New York 1961, S. 220.
2 –: Ebenda, S. 217.
3 –: Ebenda.
4 –: Ebenda, S. 218.
5 Whitman, Walt: *Leaves of Grass*. New York 1891/92, S. 25, 42 (dt. *Grashalme*).
6 Stace, W. T.: *Mysticism and Philosophy*, New York 1960, S. 66.
7 James, William: «A Pluralistic Universe», in: *Hibbert Lectures*, London 1909.
8 Underhill, Evelyn: *Mysticism ...*, S. 3.
9 Levi, Albert William: *Philosophy and the Modern World*, Bloomington: University of Indiana Press 1959, S. 527.
10 Rabindranath Tagore (Übers.): *One Hundred Poems of Kabir*, New York 1961, S. 14.

*Krankheit: die notwendige Dimension*
1 Sardello, Robert J.: «The Suffering Body of the City», in: *Spring: An Annual of Archetypal Psychology and Jungian Thought*, 1983.
2 Whitehead, Alfred North: *Modes of Thought*, New York 1938, S. 29.
3 Davenport, Richard: *An Outline of Animal Development*, Reading, Mass., 1979, S. 353.
4 Whitehead, Alfred North: s. o., S. 31.
5 –: Ebenda, S. 115.
6 Schilpp, P. A.: s. o., S. 236.
7 Whitehead, Alfred North: s. o., S. 121.
8 Dossey, Larry: «The Biodance» in: *Space, Time and Medicine*, Boulder, Colo., S. 72–81 (dt. *Die Medizin von Raum und Zeit*).

*Macht und Kontrolle als Krankheit*

1 Ziegler, Alfred J.: *Archetypal Medicine*, Dallas 1983, S. 13.
2 Jemmott, J. B., Borysenko, J. Z., and McClelland, D. C.: «Academic Stress, Power Motivation, and Decrease in Secretion Rate of Saliva Secretory Immunoglobin A», in: *Lancet*, Juni 1983.
3 Crary, B., et al.: «Decrease in Mitogen Responsiveness of Mononuclear Cells from Peripheral Blood after Epinephrine Administration in Humans», in: *Journal of Immunology* 130 (1983).
4 Bahnson, B.: «Stress and Cancer, the State of the Art», Teil 1, in: *Psychosomatics* 21 (1980); Teil 2 in: *Psychosomatics* 22 (1981). Einen umfassenderen Überblick über dieses umfangreiche Gebiet vermitteln S. E. Locke und M. Hornig-Rohan: *Mind and Immunity: Behavioral Immunology*, New York 1983.
5 Laudenslager, M. L., et al.: «Coping and Immunosupression: Inescapable but Not Escapable Shock Suppresses Lymphocyte Proliferation», in: *Science* 221 (1983).
6 Engel, George: «A Life Setting Conductive to Illness, the Giving-up-Given-up Complex», in: *Annals of Internal Medicine* 69 (1968).
7 Whitman, Walt: «Song of Myself», in: *Leaves of Grass*, New York 1891, S. 29 (dt. *Grashalme*).
8 Ziegler, Alfred: s. o., S. 40.
9 Chief Seattle, Häuptling der Squamish und der Duwamish (1786–1866), in: *Indian Oratory*, zusammengestellt von W. C. Vanderwerth, New York 1971, S. 102.

*Jenseits der Krankheit*

1 Izutsu, Toshihiko: *Toward a Philosophy of Zen Buddhism*, Boulder 1982, S. 108 f. (dt. *Philosophie des Zen Buddhismus*).
2 –: Ebenda, S. 209.
3 –: Ebenda, S. 51.
4 –: Ebenda, S. 61.
5 –: Ebenda, S. 55.
6 Levine, Stephen: *Who Dies?*, New York 1982, S. 69.
7 Smith, Huston: «The Sacred Unconsciousness», in: Roger Walsh and D. H. Shapiro (Hrsg.): *Beyond Health and Normality*, New York 1983, S. 269 f.

## 2. Kapitel

1 Maslow, A. H.: *The Farthest Reaches of Human Nature*, New York 1971, S. 35 f.
2 –: Ebenda, S. 36 f.
3 Eliot, R. S., und J. C. Buell: «The Role of CNS [Central Nervous System] in Cardiovascular Disorders», in: *Hospital Practice*, Mai 1983.

4 –: Ebenda.
5 Reich, P., et al.: «Acute Psychological Disturbances Preceding Life-Threatening Ventricular Arrhythmias», in: *Journal of the American Medical Association*, 246: 3 (1981).
6 Maslow, A. H. s. o., S. 37 f., 39.


## 3. Kapitel

1 Wilber, Ken: *The Spectrum of Consciousness*, Wheaton, Ill., 1977, S. 43.
2 –: Ebenda.
3 Underhill, Evelyn: *Mysticism*, New York 1961, S. 61.
4 Kapleau, Philip: *The Three Pillars of Zen*, Boston 1967, S. 74 (dt. *Die drei Pfeiler des Zen*).
5 –: Ebenda, S. 75.
6 –: Ebenda, S. 75 f.


## 4. Kapitel

1 Levi, Albert William: *Philosophy and the Modern World*, Bloomington 1959, S. 527.
2 Dossey, Larry: *Space, Time and Medicine*; Boulder, Colo., 1982 (dt. *Die Medizin von Raum und Zeit*).
3 Levi, s. o., S. 494.
4 Cassell, Eric: «The Nature of Suffering and the Goals of Medicine», in: *The New England Journal of Medicine* 306 (1982).
5 Kabat-Zinn, Jon: «An Outpatient Program in Behavioral Medicine for Chronic Pain Patients on the Practice of Mindfulness Meditation: Theoretical Considerations and Preliminary Results», in: *General Hospital Psychiatry* 4 (1982).
6 –: Ebenda.
7 Dossey, Larry: s. o., S. 151.
8 –: Ebenda, S. 31.
9 –: Ebenda, S. 34.
10 –: Ebenda.
11 Schleifer et al.: «Suppression of Lymphocyte Stimulation Following Bereavement», in: *Journal of the American Medical Association* 250 (1983).
12 Whitman, Walt: «Song of Myself», in: *A Choice of Whitman's Verse*, London 1968, S. 54.
13 Whitman, Walt: «Passage to India», in: *A Choice...*, s. o., S. 167.
14 –: Ebenda, S. 166.

## 5. Kapitel

1 Whitehead, Alfred North: *Nature and Life*, London 1934, S. 30.
2 Jeans, Sir James: *Physics and Philosophy*, New York 1981, S. 103.
3 Morrow, G. R., und C. Morrell: «Behavioral Treatment for the Anticipatory Nausea and Vomiting Induced by Cancer Chemotherapy», in: *New England Journal of Medicine* 307 (1982).
4 Fielding, J. W. L., et al.: «An Interim Report of a Prospective Randomized, Controlled Study of Adjuvant Chemotherapy in Operable, Gastric Cancer, British Stomach Cancer Group», in: *World Journal of Surgery* 7, 1983.
5 Suzuki, D. T.: *The Essentials of Zen Buddhism*, New York 1962, S. 31.
6 –: Ebenda, S. 31–33.


## 6. Kapitel

1 Bertalanffy, Ludwig von: «The Mind-Body Problem: A New View», in: *Psychosomatic Medicine* 26 (1964).
2 Shealy, C. N.: Brief an den Hrsg., in: *Journal of the American Medical Association* 5, 1979.
3 Ingelfinger, Franz J.: «Health: A Matter of Statistics of Feeling», in: *New England Journal of Medicine* 276 (1977).
4 Callan, John B.: «Holistic Health or Holistic Hoax?», in: *Journal of the American Medical Association* 241: 11 (1979).
5 Friedlieb, P. P., Brief an den Hrsg., in: *Journal of the American Medical Association* 242: 14 (1979).
6 Istre, G. R., et al.: «An Outbreak of Amebiasis Spread by Colonic Irrigation at a Chiropractic Clinic», in: *New England Journal of Medicine* 307, 1982.
7 Borelli, Marianne D., und Patricia Heidt (Hrsg.): *Therapeutic Touch*, New York 1981, S. 155–159.
8 Lown, B., und J. Segal: «Post-M. I. Care: How to Manage Your Patients' Arrhythmias», in: *Modern Medicine*, September 1978.
9 Black, P. McL.: «Must Physicians Treat the ‹Whole Man› for Proper Medical Care?» in: *Pharos* 39 (1976).
10 Peabody, F. W.: «The Care of the Patient», in: *Journal of the American Medical Association* 88 (1927).
11 Bertalanffy, Ludwig von: «The Mind-Body Problem», s. o.

## 7. Kapitel

1 Remen, Naomi: *The Human Patient*, New York 1980.
2 Levi, Albert William: *Philosophy and the Modern World*, Bloomington 1959, S. 525.
3 –: Ebenda.
4 –: Ebenda.
5 –: Ebenda.
6 –: Ebenda, S. 526.
7 –: Ebenda, S. 527.
8 –: Ebenda.
9 Whitman, Walt: «Song of Myself», in: *Leaves of Grass*, S. 26.
10 Jacobi, Jolande: *The Psychology of C. G. Jung*, New Haven und London 1962, S. 61.


## 8. Kapitel

1 Koestler, Arthur: *Janus. A Summing Up*, New York 1978, S. 38 (dt. *Der Mensch. Irrläufer der Evolution*).


## 9. Kapitel

1 Weber, Renée: «Philosophical Foundations and Frameworks for Healing», in: *ReVision* (1979).


## 10. Kapitel

*Martha G.: Krebs*
1 Laotse: *Tao te king*, übers. v. R. Wilhelm, Düsseldorf/Köln 1978.
2 –: Ebenda.
3 –: Landse: *Daudedsching*, übers. v. E. Schwarz, München 1980.
4 –: Laotse: *Tao te king*, a. a. O.

*Ted: Bronchialasthma*
1 Hinshaw, H. C.: *Diseases of the Chest*, Philadelphia 1969, S. 332.
2 Phillip, R. I., G. J. S. Wilde, und J. H. Day: «Suggestion and Relaxation in Asthmatics», in: *Journal of Psychosomatic Research* 16 (1972). M. J. Weiss, C. Martin, und J. Riley: «Effects of Suggestion on Respiration in Asthmatic Children», in: *Psychosomatic Medicine* 32 (1970). T. Luparello et al.: «Influence of Suggestion in Airway Reactivity in Asthmatic

Subjects», in: *Psychosomatic Medicine* 30 (1968). E. Dekker, H. E. Pelser, und J. Groen: «Conditioning as a Cause of Asthmatic Attacks», in: *Journal of Psychosomatic Research* 2 (1957). E. R. McFadden, Jr., et al.: «The Mechanism of Action of Suggestion in the Induction of Acute Asthma Attacks», in: *Psychosomatic Medicine* 31 (1969).
3 Moorefield, C. W.: «The Use of Hypnosis and Behavior Therapy in Asthma», in: *American Journal of Clinical Hypnosis* 13 (1970).
4 Spevack, M.: «Behavior Therapy Treatment of Bronchial Asthma: A Critical Overview», in: *Canadian Psychological Review* 19 (1978).
5 Vaisrub, S.: «Groping for Causation», in: *Journal of the American Medical Association* 241: 8 (1978).
6 Hill, L. E.: *Philosophy of a Biologist*, London 1930. Dazu noch: Higgins, Patricia D.: «Classical Conditioning of the Immune System», vorgelegt an der East Texas State University, März 1984.
7 Smith, G. H., und R. Salinger: «Hypersensitiveness and the Conditioned Reflex», in: *Yale Journal of Biological Medicine* 5 (1933).
8 Ader, R.: «A Historical Account of Conditioned Immunobiology Responses», in: *Psychoneuroimmunology*, Hrsg. R. Ader, New York 1981.

*Anna: Anorexia nervosa*
1 Isselbacher, K. J., und J. B. Shumaker: «Anorexia, Nausea, and Vomiting», in: *Harrison's Principles of Internal Medicine*, New York 1974.


## 11. Kapitel

1 Wilber, Ken: «Das holographische Weltbild – Paradigma des New Age?», in Ken Wilber (Hrsg.): *Das holographische Weltbild,* Bern 1986.
2 –: Ebenda.
3 –: Ebenda.
4 Eine gründliche Erörterung der Allgemeinen Systemtheorie findet der Leser bei James Grier Miller: *Living Systems,* New York 1978.
5 Koestler, Arthur: *Janus. A Summing Up,* New York 1978, S. 27 ff. (dt. *Der Mensch. Irrläufer der Evolution*).
6 Capra, Fritjof: *The Turning Point,* New York 1982 (dt. *Wendezeit*).
7 Wilber, Ken: «Das holographische Weltbild – Paradigma des New Age?», in Ken Wilber (Hrsg.): *Das holographische Weltbild,* Bern 1986.
8 Gonzalez, E. R.: «Constricting Arteries Expand Views of Ischemic Heart Disease», in: *Journal of the American Medical Association,* Januar 1980.
9 Schleifer, S. J., et al.: «Suppression of Lymphocyte Stimulation Following Bereavement», in: *Journal of the American Medical Association* 250, 1983.
10 Benacerraf, Baruch, Interview in: *OMNI,* Juli 1983.

11 Remen, Naomi: *The Human Patient*, Garden City, N. Y., 1980, S. 107.
12 Underhill, Evelyn: *Mysticism*, New York 1961.
13 LeShan, Lawrence: *The Medium, the Mystic, and the Physicist*, New York 1966, S. 283.
14 Osborne, A. (Hrsg.): *The Collected Works of Ramana Maharshi*, London 1959.
15 Wilber, Ken: *Eye to Eye*, s. o., S. 298 f.
16 Lama Govinda: «Logic and Symbol in the Multi-dimension Conception of the Universe», in: *The American Theosophist* 69 (1981).
17 Ravi Ravindra: «Science and the Mystery of Silence», in: *The American Theosophist* 70 (1982).


## 12. Kapitel

1 Sardello, Robert: «Teaching as Myth», in: *The Soul of Learning*, Dallas (in Vorb.).
2 Guggenbühl-Craig, Adolf: *Power in the Helping Professions*, Dallas 1982, S. 85.
3 –: Ebenda, S. 89.
4 –: Ebenda, S. 90.
5 Frank, Jerome: «Mind-Body Relationships in Illness and Healing», in: *Journal of the International Academy of Preventive Medicine*, 2: 3, 1975.
6 Dossey, Larry: *Space, Time and Medicine*, Boulder, Colo., 1982 (dt. *Die Medizin von Raum und Zeit*); und Kenneth Pelletier: *Mind as Healer, Mind as Slayer*, New York 1977.
7 Guggenbühl-Craig: *Power...*, s. o., S. 91.
8 –: Ebenda.
9 –: Ebenda, S. 97, 100 f.
10 Sardello: *Teaching...*, s. o.

# Praktische Medizin für jedermann

288 Seiten / 17 Illustrationen
Leinen

Schritte zur Gelassenheit, zu innerer Ruhe und Gesundheit – mit einfachen Entspannungs- und Meditationsübungen.

Dieses Buch eines westlichen Praktikers ist geschrieben für mitten im Alltag und Berufsleben stehende Menschen, die die wohltuende, heilsame Kraft der Meditation kennenlernen möchten, ohne gleich einem Guru folgen oder eine Weltanschauung übernehmen zu müssen.